国家职业技能等级认定培训教材
新形态职业技能鉴定指导教材
高技能人才培养用书

电工（技师、高级技师）

国家职业技能等级认定培训教材编审委员会　组编

主　编　王兆晶
副主编　刘传顺　阎　伟
参　编　王灿运　周照君　宋明学　侯明冬
　　　　屈安山　宋玉庆

机械工业出版社

本书是依据《国家职业技能标准 电工》对电工技师和高级技师的知识要求和技能要求，按照岗位培训需要的原则编写的。主要内容包括：应用电子电路调试维修、交直流传动系统调试维修、可编程控制系统调试维修、单片机控制的电气装置装调维修、复杂机械设备电气控制电路的测绘和检修工艺、电气设备和自动控制系统调试维修、工业机器人应用技术、新能源发电系统电路应用、论文答辩与培训指导。本书还配套多媒体资源，扫描封底二维码，关注后即可观看。

本书主要用作企业培训部门、职业技能鉴定机构的教材，也可作为高级技校、技师学院、高职、各种短训班的教学用书。

图书在版编目（CIP）数据

电工：技师、高级技师/王兆晶主编．—北京：机械工业出版社，2021.3
（2025.3重印）
新形态职业技能鉴定指导教材 高技能人才培养用书
ISBN 978-7-111-67665-2

Ⅰ.①电… Ⅱ.①王… Ⅲ.①电工技术-职业技能-鉴定-自学参考资料
Ⅳ.①TM

中国版本图书馆 CIP 数据核字（2021）第 037402 号

机械工业出版社（北京市百万庄大街22号 邮政编码100037）
策划编辑：王振国　责任编辑：王振国
责任校对：张　征　责任印制：常天培
北京机工印刷厂有限公司印刷
2025年3月第1版第4次印刷
184mm×260mm · 24印张 · 3插页 · 633千字
标准书号：ISBN 978-7-111-67665-2
定价：69.80元

电话服务　　　　　　　　网络服务
客服电话：010-88361066　　机 工 官 网：www.cmpbook.com
　　　　　010-88379833　　机 工 官 博：weibo.com/cmp1952
　　　　　010-68326294　　金 书 网：www.golden-book.com
封底无防伪标均为盗版　　　机工教育服务网：www.cmpedu.com

国家职业技能等级认定培训教材
编审委员会

主　任　李　奇　荣庆华

副主任　姚春生　林　松　苗长建　尹子文
　　　　　周培植　贾恒旦　孟祥忍　王　森
　　　　　汪　俊　费维东　邵泽东　王琪冰
　　　　　李双琦　林　飞　林战国

委　员（按姓氏笔画排序）
　　　　　于传功　王　新　王兆晶　王宏鑫
　　　　　王荣兰　卞良勇　邓海平　卢志林
　　　　　朱在勤　刘　涛　纪　玮　李祥睿
　　　　　李援瑛　吴　雷　宋传平　张婷婷
　　　　　陈玉芝　陈志炎　陈洪华　季　飞
　　　　　周　润　周爱东　胡家富　施红星
　　　　　祖国海　费伯平　徐　彬　徐丕兵
　　　　　唐建华　阎　伟　董　魁　臧联防
　　　　　薛党辰　鞠　刚

序

新中国成立以来,技术工人队伍建设一直得到了党和政府的高度重视。20世纪五六十年代,我们借鉴苏联经验建立了技能人才的"八级工"制,培养了一大批身怀绝技的"大师"与"大工匠"。"八级工"不仅待遇高,而且深受社会尊重,成为那个时代的骄傲,吸引与带动了一批批青年技能人才锲而不舍地钻研技术、攀登高峰。

进入新时期,高技能人才发展上升为兴企强国的国家战略。从2003年全国第一次人才工作会议,明确提出高技能人才是国家人才队伍的重要组成部分,到2010年颁布实施《国家中长期人才发展规划纲要(2010—2020年)》,加快高技能人才队伍建设与发展成为举国的意志与战略之一。

习近平总书记强调,劳动者素质对一个国家、一个民族发展至关重要。技术工人队伍是支撑中国制造、中国创造的重要基础,对推动经济高质量发展具有重要作用。党的十八大以来,党中央、国务院健全技能人才培养、使用、评价、激励制度,大力发展技工教育,大规模开展职业技能培训,加快培养大批高素质劳动者和技术技能人才,使更多社会需要的技能人才、大国工匠不断涌现,推动形成了广大劳动者学习技能、报效国家的浓厚氛围。

2019年国务院办公厅印发了《职业技能提升行动方案(2019—2021年)》,目标任务是2019年至2021年,持续开展职业技能提升行动,提高培训针对性实效性,全面提升劳动者职业技能水平和就业创业能力。三年共开展各类补贴性职业技能培训5000万人次以上,其中2019年培训1500万人次以上;经过努力,到2021年底技能劳动者占就业人员总量的比例达到25%以上,高技能人才占技能劳动者的比例达到30%以上。

目前,我国技术工人(技能劳动者)已超过2亿人,其中高技能人才超过5000万人,在全面建成小康社会、新兴战略产业不断发展的今天,建设高技能人才队伍的任务十分重要。

机械工业出版社一直致力于技能人才培训用书的出版,先后出版了一系列具有行业影响力、深受企业、读者欢迎的教材。欣闻配合新的《国家职业技能标准》又编写了"国家职业技能等级认定培训教材"。这套教材由全国各地技能培训和考评专家编写,具有权威性和代表性;将理论与技能有机结合,并紧紧围绕《国家职业技能标准》的知识要求和技能要求编写,实用性、针对性强,既有必备的理论知识和技能知识,又有考核鉴定的理论和技能题库及答案;而且这套教材根据需要为部分教材配备了二维码,扫描书中的二维码便可观看相应资源;这套教材还配合天工讲堂开设了在线课程、在线题库,配套齐全,编排科学,便于培训和检测。

这套教材的出版非常及时,为培养技能型人才做了一件大好事,我相信这套教材一定会为我国培养更多更好的高素质技术技能型人才做出贡献!

中华全国总工会副主席
高凤林

前　　言

党的二十大报告中指出：坚持把发展经济的着力点放在实体经济上，推进新型工业化，加快建设制造强国、质量强国、航天强国、交通强国、网络强国、数字中国。实施产业基础再造工程和重大技术装备攻关工程，支持专精特新企业发展，推动制造业高端化、智能化、绿色化发展。

随着经济发展方式的转变、产业结构的调整、技术革新步伐和城镇化进程的加快，劳动者技能水平与岗位需求不匹配的矛盾越来越突出，要想解决这一问题，必须加大技能型人才的培养力度。当前，我国正在由制造业大国向制造业强国挺进，与产业转型升级相伴而来的，是对应用技术人才、技能人才的迫切需求。

本教材依据《国家职业技能标准　电工》中的相关知识与技能要求编写，编写方式上进行了大胆尝试和创新，力求尽可能以实物图解形式来表达相关知识和技术要领。

本教材共9个项目，主要包括：应用电子电路调试维修、交直流传动系统调试维修、可编程控制系统调试维修、单片机控制的电气装置装调维修、复杂机械设备电气控制电路的测绘和检修工艺、电气设备和自动控制系统调试维修、工业机器人应用技术、新能源发电系统电路应用、论文答辩与培训指导。本书的内容既有科普性、先进性，又有较高的实用性；既有利于培训讲解，也有利于读者自学；既可作为企业培训部门、职业技能鉴定机构的教材，也可以作为高级技工学校、技师学院、高职、各种短训班的教学用书。

本书由王兆晶任主编，刘传顺、阎伟任副主编。项目1由王兆晶编写，项目2由刘传顺编写，项目3由周照君编写，项目4、项目7由王灿运编写，项目5由屈安山编写，项目6由宋明学、宋玉庆编写，项目8由侯明冬编写，项目9、模拟试卷样例由阎伟编写。编者在编写过程中参阅了大量的手册、图册、规范及技术资料等，并借用了部分图表，在此向原作者致以衷心的感谢。

由于教材知识覆盖面较广，涉及的标准、规范较多，加之时间仓促、编者水平有限，书中难免存在缺点和不足，敬请各位同行、专家和广大读者批评指正。

编　者

目 录

序
前言

项目1 应用电子电路调试维修 ... 1
1.1 电力电子器件 ... 1
1.1.1 绝缘栅双极型晶体管 ... 1
1.1.2 集成门极换流晶闸管 ... 1
1.1.3 智能电力模块 ... 2
1.2 晶闸管可逆调速系统 ... 4
1.2.1 晶闸管有源逆变工作原理 ... 4
1.2.2 晶闸管电动机驱动器中的环流及控制 ... 5
1.2.3 有环流可逆调速系统 ... 6
1.2.4 逻辑无环流可逆调速系统 ... 9
1.3 综合技能训练 ... 18
技能训练1 数字电子电路测绘 ... 18
技能训练2 寄存器型N进制计数器应用电路的调试 ... 23
复习思考题 ... 26

项目2 交直流传动系统调试维修 ... 27
2.1 变频调速系统 ... 27
2.1.1 通用变频器的工作原理 ... 27
2.1.2 通用变频器的基本结构 ... 29
2.1.3 变频器的类别 ... 30
2.1.4 变频器的额定值和频率指标 ... 32
2.1.5 变频器的主电路 ... 33
2.1.6 通用变频器的控制电路原理 ... 34
2.1.7 变频器参数的设定和功能选择 ... 40
2.1.8 变频器的安装与调试 ... 47
2.1.9 变频器的维护 ... 51
2.2 步进电动机及驱动器的使用 ... 52
2.2.1 步进电动机及驱动器的选型 ... 52
2.2.2 步进电动机及驱动器控制回路的接线 ... 54
2.2.3 步进电动机驱动器的设置 ... 55
2.3 伺服电动机及驱动器的使用 ... 57
2.3.1 伺服电动机驱动器及伺服电动机的选型 ... 57
2.3.2 伺服电动机驱动器及伺服电动机的接线 ... 58
2.3.3 伺服电动机驱动器参数设置 ... 59

目　录

2.4　综合技能训练 …………………………………………………………………………… 71
　技能训练 1　双闭环可逆直流调速系统的接线与调试 ……………………………… 71
　技能训练 2　西门子变频器频率设定实例 …………………………………………… 77
2.5　技能大师高招绝活——PID 变频调速控制 …………………………………………… 84
复习思考题 …………………………………………………………………………………… 89

项目 3　可编程控制系统调试维修 …………………………………………………… 90

3.1　S7—1200 PLC 的安装维护与接线 ……………………………………………………… 90
　3.1.1　西门子 S7—1200 PLC 简述 ………………………………………………………… 90
　3.1.2　西门子 S7—1200 PLC 的硬件安装和拆卸 ……………………………………… 92
3.2　西门子 TIA 博途编程软件的使用 ……………………………………………………… 97
　3.2.1　TIA Portal 软件简述 ……………………………………………………………… 97
　3.2.2　TIA Portal V15 软件的操作使用 ………………………………………………… 100
3.3　人机界面应用 …………………………………………………………………………… 109
　3.3.1　西门子精简系列面板简介 ……………………………………………………… 109
　3.3.2　精简面板 KTP700 Basic 的安装 ………………………………………………… 111
　3.3.3　精简面板 KTP700 Basic 的调试 ………………………………………………… 115
3.4　运动控制应用 …………………………………………………………………………… 118
　3.4.1　S7—1200 CPU 的运动功能 …………………………………………………… 118
　3.4.2　S7—1200 CPU 的运动控制指令 ……………………………………………… 121
3.5　综合技能训练 …………………………………………………………………………… 123
　技能训练 1　PLC 在三相交流异步电动机正反转控制中的应用 ………………… 123
　技能训练 2　PLC 在三级带式输送机控制中的应用 ………………………………… 126
　技能训练 3　PLC 在交通信号灯控制中的应用 …………………………………… 130
3.6　技能大师高招绝活 ……………………………………………………………………… 135
　3.6.1　PLC+HIM 触摸屏控制应用 …………………………………………………… 135
　3.6.2　PLC+步进电动机运动控制应用 ……………………………………………… 150
复习思考题 …………………………………………………………………………………… 163

项目 4　单片机控制的电气装置装调维修 ……………………………………… 164

4.1　单片机控制系统 ………………………………………………………………………… 164
　4.1.1　单片机控制系统开发流程 ……………………………………………………… 165
　4.1.2　单片机应用程序编译方法 ……………………………………………………… 168
4.2　单片机应用程序仿真调试 ……………………………………………………………… 172
4.3　单片机应用程序烧录 …………………………………………………………………… 178
4.4　综合技能训练 …………………………………………………………………………… 180
　技能训练 1　基本指令的单片机程序调试 ………………………………………… 180
　技能训练 2　单片机控制的电气装置电气故障排除 ……………………………… 183
复习思考题 …………………………………………………………………………………… 191

项目 5　复杂机械设备电气控制电路的测绘和检修工艺 ………………… 192

5.1　复杂机械设备的电气控制电路的测绘 ………………………………………………… 192
　5.1.1　复杂机械设备电气测绘的基本分类 …………………………………………… 192
　5.1.2　复杂机械设备电气控制系统的测绘 …………………………………………… 193
5.2　复杂机械设备电气控制电路故障分析和处理方法 …………………………………… 207

5.2.1	高级电气维护人员应具备的条件	207
5.2.2	继电器—接触器控制系统的分析步骤	208
5.2.3	自动化生产线电气控制电路的分析方法	208
5.2.4	复杂机械设备电气控制电路故障的一般检查和处理方法	209

5.3 电气设备大修的工艺编制 … 210
    5.3.1 确定修理项目 … 210
    5.3.2 编制修理要求 … 211
    5.3.3 大修准备工作 … 213
    5.3.4 修理施工安排 … 214
    5.3.5 试运行与完工验收 … 215
复习思考题 … 216

项目 6 电气设备和自动控制系统调试维修 … 217

6.1 数控机床电气系统故障诊断与维修 … 217
    6.1.1 数控机床电气系统 … 217
    6.1.2 数控机床主轴电气系统 … 219
    6.1.3 数控机床伺服系统 … 221
    6.1.4 数控机床检测系统 … 223

6.2 工业控制网络系统调试与维修 … 229
    6.2.1 计算机网络技术 … 229
    6.2.2 现场总线技术及应用 … 239
    6.2.3 工业以太网技术及应用 … 247

6.3 电气抗干扰技术 … 248
    6.3.1 干扰的基本知识 … 248
    6.3.2 抑制干扰的措施 … 249
    6.3.3 消除干扰的方法 … 249

6.4 综合技能训练 … 251
    技能训练1 数控机床主轴电气控制电路故障排除 … 251
    技能训练2 工业控制网络系统的参数配置 … 255
复习思考题 … 270

项目 7 工业机器人应用技术 … 271

7.1 工业机器人的工作原理 … 271
    7.1.1 示教再现的概念及其特点 … 272
    7.1.2 离线编程的概念及其特点 … 273

7.2 工业机器人示教编程的语言及常见指令 … 273
    7.2.1 运动指令 … 274
    7.2.2 程序调用指令 … 277
    7.2.3 I/O 指令 … 278
    7.2.4 条件指令 … 280
    7.2.5 等待指令 … 280
    7.2.6 流程控制指令 … 282

7.3 示教器使用和操作规程 … 285
    7.3.1 示教和手动操作时 … 286

7.3.2 再现和生产时 ……………………………………………………………… 287
7.3.3 示教再现的方法与步骤 ……………………………………………………… 288
7.4 综合技能训练 …………………………………………………………………… 289
　　技能训练1　工业机器人搬运 …………………………………………………… 289
　　技能训练2　工业机器人码垛 …………………………………………………… 303
7.5 技能大师高招绝活 ……………………………………………………………… 314
　　7.5.1 机器视觉系统模板设置、编程与调试 ………………………………… 314
　　7.5.2 智能视觉系统与工业机器人综合应用 ………………………………… 321
复习思考题 …………………………………………………………………………… 322

项目8　新能源发电系统电路应用 …………………………………………… 323

8.1 风力发电基础知识 ……………………………………………………………… 323
　　8.1.1 风资源概述 ……………………………………………………………… 323
　　8.1.2 风力发电的特点 ………………………………………………………… 324
　　8.1.3 风力发电机的结构与组成 ……………………………………………… 324
8.2 风力发电系统维护 ……………………………………………………………… 326
　　8.2.1 变桨控制系统常见故障原因及处理方法 ……………………………… 326
　　8.2.2 风力发电解缆系统维护 ………………………………………………… 328
8.3 光伏发电基础知识 ……………………………………………………………… 328
　　8.3.1 太阳能电池应用电路维护 ……………………………………………… 328
　　8.3.2 光伏发电系统电路维护 ………………………………………………… 331
8.4 综合技能训练 …………………………………………………………………… 335
　　技能训练1　太阳能光电池能量转换组合实验 ………………………………… 335
　　技能训练2　逆变电源输出功率与光伏能量变换实验 ………………………… 338
8.5 技能大师高招绝活 ……………………………………………………………… 339
　　8.5.1 力控组态软件简介 ……………………………………………………… 339
　　8.5.2 太阳能并网发电系统监控软件开发演示 ……………………………… 341
复习思考题 …………………………………………………………………………… 347

项目9　论文答辩与培训指导 …………………………………………………… 348

9.1 论文编写与答辩 ………………………………………………………………… 348
　　9.1.1 论文编写的目的和要求 ………………………………………………… 348
　　9.1.2 论文编写的一般方法 …………………………………………………… 349
　　9.1.3 论文评阅和答辩 ………………………………………………………… 352
　　9.1.4 电工技师论文范例 ……………………………………………………… 354
9.2 理论培训与指导 ………………………………………………………………… 362
　　9.2.1 培训与指导的方法和要求 ……………………………………………… 362
　　9.2.2 培训与指导教学的基本环节 …………………………………………… 363
　　9.2.3 培训与指导的注意事项 ………………………………………………… 365
复习思考题 …………………………………………………………………………… 365

模拟试卷样例 …………………………………………………………………… 366
模拟试卷样例答案 ……………………………………………………………… 373
参考文献 ………………………………………………………………………… 374

项目 1 应用电子电路调试维修

培训学习目标：
熟悉常用电力电子器件的结构原理；掌握晶闸管直流调速系统的安装、调试方法；熟悉有环流和无环流直流调速系统的基本控制原理；掌握逻辑无环流可逆直流调速系统的基本原理、安装与调试方法。

1.1 电力电子器件

1.1.1 绝缘栅双极型晶体管

绝缘栅双极型晶体管（IGBT）集金属-氧化物-半导体场效应晶体管（MOSFET）和电力晶体管（GTR）的优点于一身，具有输入阻抗高、开关速度快、驱动电路简单、通态电压低、能承受高电压大电流等优点，已广泛用于变频器和其他调速电路中。IGBT（耗尽型，N 型沟道）的图形符号及等效电路如图 1-1 所示。

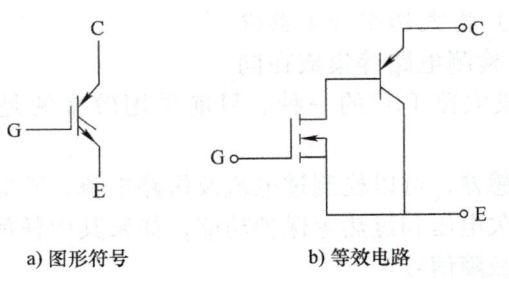

a) 图形符号　　b) 等效电路

图 1-1　IGBT 的图形符号及等效电路

1.1.2 集成门极换流晶闸管

集成门极换流晶闸管（IGCT）是一种中压、大功率半导体开关器件。该器件将门极驱动电路与门极换流晶闸管（GCT）集成于一个整体。GCT 是基于门极关断（GTO）晶闸管结构的电力半导体器件，不仅有 GTO 的高阻断能力和低通态压降的特点，而且有 IGBT 的开关性能，集 GTO 和 IGBT 的优点于一身，是理想的中压（用于 6kV 和 10kV 电路）、大功率（兆瓦级）开关器件。另外，IGCT 开关过程一致性好，可以方便地实现串、并联，进一步扩大功率范围。IGCT 的图形符号和门极驱动电路如图 1-2 所示。

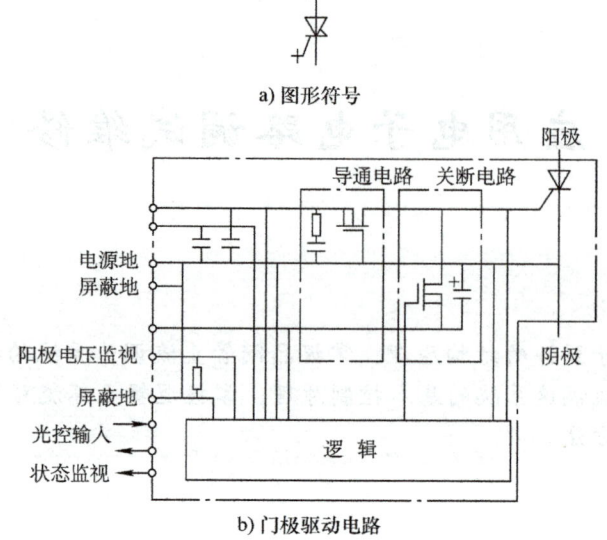

图 1-2 IGCT 的图形符号和门极驱动电路

对于三相 IGCT 逆变器,尽管其不需要限制电压上升率的缓冲电路,但是由于 IGCT 本身不能控制电流上升率,因此,为了限制短路电流上升率,在实际电路中常常串入适当的电抗器,如图 1-3 所示。

1.1.3 智能电力模块

智能电力模块(IPM)将大功率开关器件和驱动电路、保护电路、检测电路等集成在同

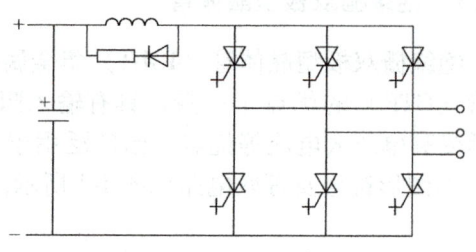

图 1-3 三相 IGCT 逆变器的应用

一个模块内,是电力集成电路 PIC 的一种。目前采用较多的是以 IGBT 作为大功率开关器件。

模块内集成了电流传感器,可以检测过电流及短路电流,不需外加电流检测元件。智能模块内有过电流、短路、欠电压和过热等保护功能,如果其中任何一种保护功能动作,则输出为关断状态,同时输出故障信号。

IPM 具有的特点如下:

1)开关速度快,驱动电流小,控制驱动更为简单。

2)内含电流传感器,可以高效迅速地检测出过电流和短路电流,能对功率芯片给予足够的保护,故障率大大降低。

3)由于在器件内部电源电路和驱动电路配线设计上的优化,所以由浪涌电压、门极振荡、噪声引起的干扰等问题均能有效地得到控制。

4)保护功能较为丰富,如电流保护、电压保护、温度保护一应俱全,随着技术的进步,保护功能将进一步日臻完善。

智能电力模块内部的基本结构如图 1-4 所示,其中包括用于电动机制动的功率控制电路和三相逆变器各桥臂的驱动电路及各种保护电路。智能电力模块应用实例如图 1-5 所示。

项目 1　应用电子电路调试维修

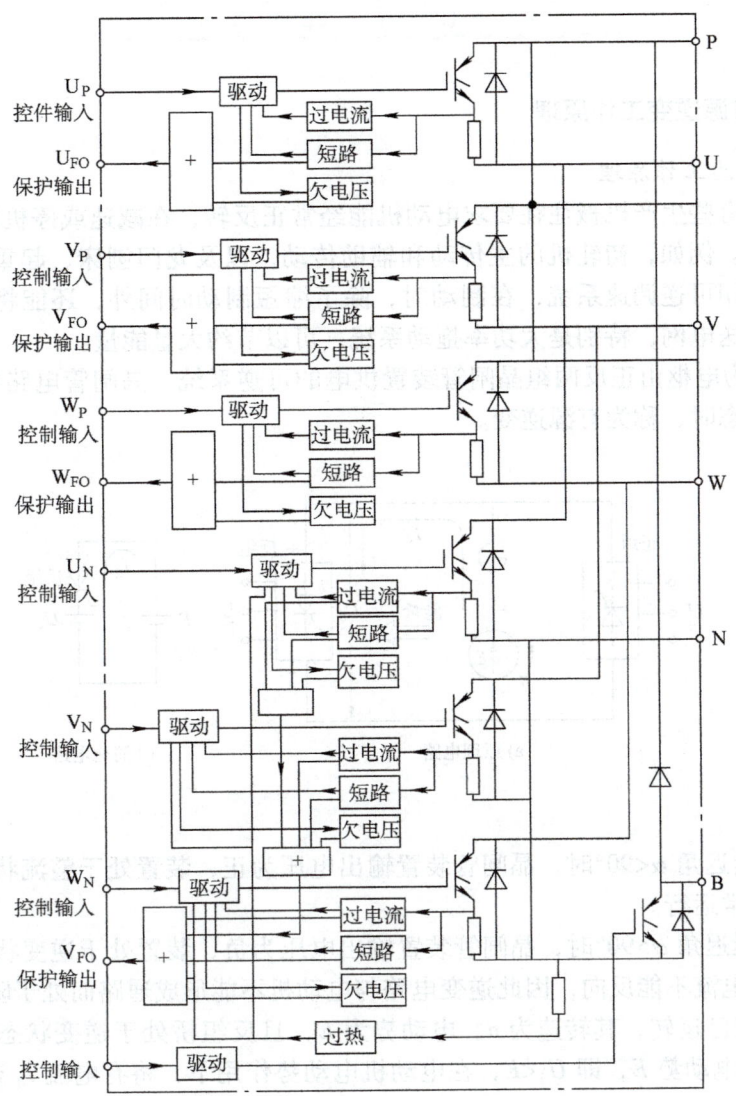

图 1-4　智能电力模块内部的基本结构

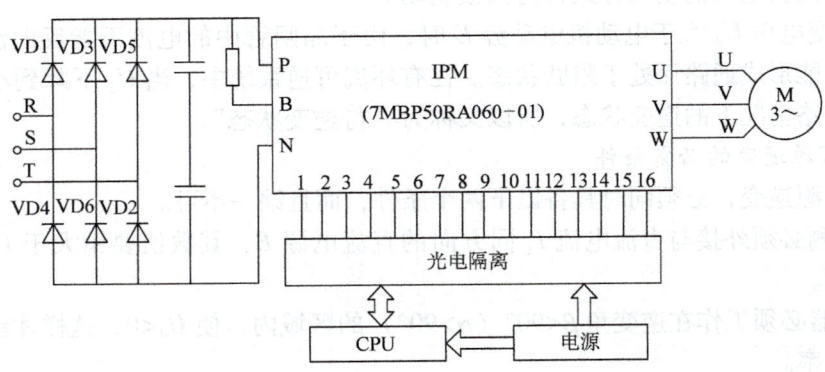

图 1-5　智能电力模块应用实例

1.2 晶闸管可逆调速系统

1.2.1 晶闸管有源逆变工作原理

1. 有源逆变的工作原理

在生产中,有些生产机械往往要求电动机能经常正反转,在减速或停机时要有制动作用,以缩短制动时间。例如,初轧机的主传动和辅助传动,以及龙门刨床、起重机、提升机和电梯等。此外,采用可逆调速系统,在制动时,除了缩短制动时间外,还能将拖动系统的机械能转换成电能回送电网,特别是大功率拖动系统,可以节约大量能量。

图1-6所示为电枢由正反两组晶闸管装置供电的可逆系统,晶闸管电路接在交流电源上,当它处于逆变状态时,称为有源逆变。

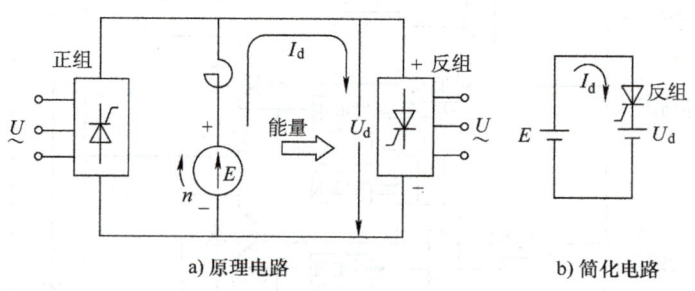

a) 原理电路　　　　b) 简化电路

图1-6　有源逆变工作原理

1) 当触发延迟角 $\alpha<90°$ 时,晶闸管装置输出电压为正,装置处于整流状态,它向电动机供电,电动机正常运行。

2) 当触发延迟角 $\alpha>90°$ 时,晶闸管装置输出电压为负,装置处于逆变状态,由于晶闸管是单向导电的,电流不能反向,因此逆变电路与电动机不能形成通路而处于阻断状态。

3) 设电动机已运转,其转速为 n,电动势为 E,且反组桥处于逆变状态。若其输出电压 U_d 小于电动机的电动势 E,即 $U_d<E$,在电动机电动势作用下,将有电流 I_d 通过晶闸管装置。这时电动机转变成发电机,输出电能。而晶闸管装置则将直流电转变成交流电,并将电能送回电网。由于电动机成为发电机,其电磁转矩的方向与转速相反,因而电动机处于制动状态。这种将能量反送回电网的制动方式称为回馈制动。

4) 当逆变电压 U_d 大于电动机电动势 E 时,由于晶闸管中的电流不能反向流动,逆变电路与电动机不能形成通路而处于阻断状态。在有环流可逆系统中,当 U_d 下降到小于 E 时,就能变为处于通路情况下的逆变状态,所以又称为"待逆变状态"。

2. 实现有源逆变的必需条件

要实现有源逆变,必须同时具备以下两个条件,而且缺一不可。

1) 直流侧必须外接与直流电流 I_d 同方向的直流电源 E,其数值要稍大于 U_d,这样才能提供逆变能量。

2) 逆变器必须工作在逆变角 $\beta<90°$($\alpha>90°$) 的区域内,使 $U_d<0$,这样才能把直流功率逆变为交流功率。

对于半控桥式晶闸管整流电路或有续流二极管的电路,因为它们不可能输出负电压,也不允许在直流侧接上反极性的直流电源，故不能实现有源逆变。

1.2.2 晶闸管电动机驱动器中的环流及控制

所谓环流，就是不经过负载而只经过两组晶闸管装置的电流，也称为均衡电流。

1. 反并联电路中的环流

反并联电路中的环流如图1-7所示。环流可分为静态环流和动态环流。

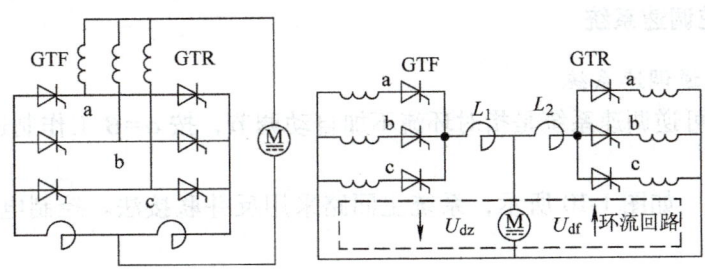

图1-7 反并联电路中的环流

（1）静态环流 是指晶闸管装置在固定的触发延迟角之下稳定工作时，系统中出现的环流。经分析可知，消除静态环流的办法是采用 $α_z ≥ β_f$，最典型的配合控制是采用 $α=β$ 工作制。

（2）动态环流 是指当触发器的控制电压突然改变时，系统从一种状态变为另一种工作状态的过渡过程中产生的环流，如图1-8所示。为防止动态环流，必须限制电压的变化率。

经分析可知，消除动态环流的办法是安装均衡电抗器。由图1-7可以看到，为了限制动态环流而设有两个电抗器 L_1 和 L_2，当GTF组工作时，L_1 中通过负载电流和动态环流，铁心处于饱和状态，失去限制环流的作用，此时只能依靠无负载电流流过的 L_2 来限制环流。同理，当GTR组工作时，则依靠 L_1 限制环流。

在三相桥式电路中，因为有两条并联的环流回路，所以用了4个均衡电抗器，如图1-9所示。

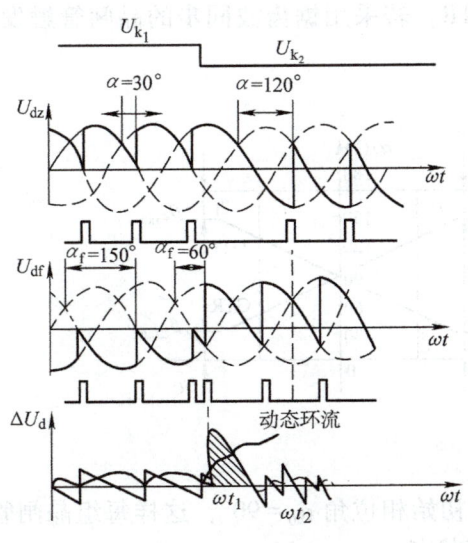

图1-8 动态环流

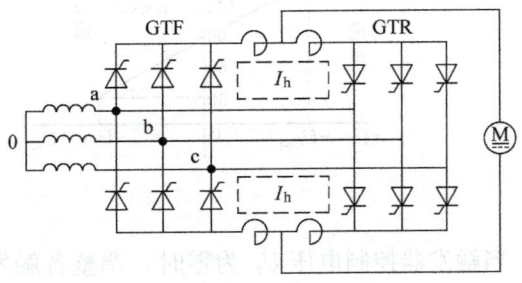

图1-9 三相桥式电路中的环流

2. 环流的二重性

一般来说，产生环流是不利的，它不做有用功而且增加设备容量，因此需要增加均衡电抗器。但环流又有它有利的一面，少量的直流环流可以作为晶闸管的基本负载，也就是在电动机空载或轻载时可使晶闸管装置仍工作在电流连续区，避免了电流断续引起的非线性现象对系统静态和动态性能的影响，而且存在环流可以保证电流的无间断反向，做到两组晶闸管装置切换时无死区，使过渡过程加快。

1.2.3 有环流可逆调速系统

1. 自然环流可逆调速系统

所谓自然环流可逆调速系统是指对环流不加自动调节，按 $\alpha=\beta$ 工作制进行工作的有环流可逆系统。

（1）系统组成 如图 1-10 所示，系统主回路采用反并联接法。控制电路是典型的转速、电流双闭环系统。

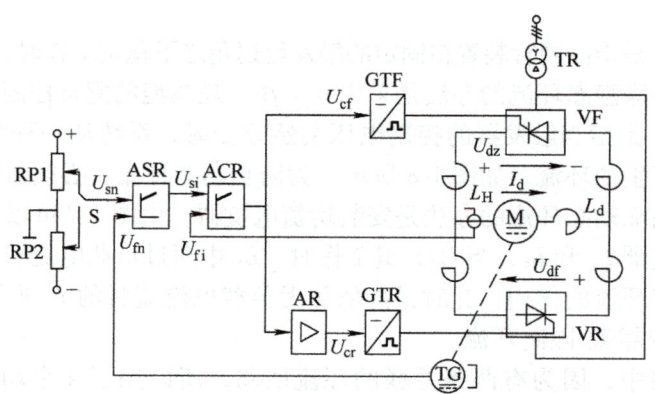

图 1-10 自然环流可逆调速系统

正反两组晶闸管装置各有一套触发器 GTF 和 GTR，若采用锯齿波同步的晶闸管触发器，它们的移相控制特性是线性的，如图 1-11 所示。

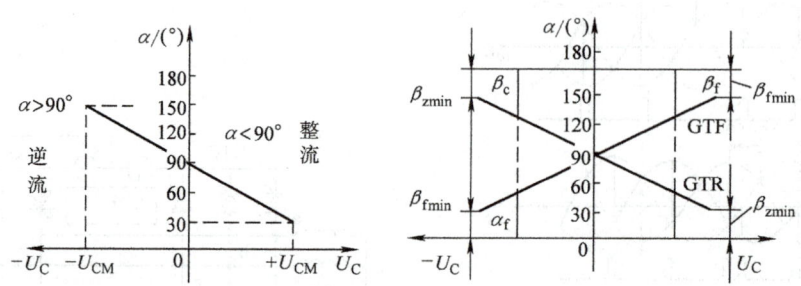

图 1-11 触发器移相控制特性

当触发器控制电压 U_c 为零时，调整各触发器的初始相位角 $\alpha_0=90°$，这样每组晶闸管装置根据要求可以工作在整流状态，也可以工作在逆变状态。

（2）角度控制和电流限制 为了防止逆变颠覆，对于最小逆变角 $\beta_{\min}$ 必须严格控制。如

果只限制 $β_{min}$，而对 $α_{min}$ 不加限制，那么处于 $β_{min}$ 状态的时候，系统将会发生 $α<β$ 的情况，从而引起直流环流，这是绝不允许的。为了实施对 $β_{min}$ 和 $α_{min}$ 的限制，可以在电流调节器 ACR 和反相器 AR 的输出端设置双向限幅装置，$±U_{CM}$ 限幅值可按移相控制特性选取，一般取 $β_{min} = 30°$。

为了限制主回路正反向的最大电流，速度调节器 ASR 也应设置双向限幅装置，正反向的限幅值可以根据生产机械对正反向的加速度要求而定。

(3) 系统工作过程

1) 电动机处于停止状态时，给定电压 $U_{sn}=0$，速度调节器输出 U_{si}、电流调节器输出 U_{cf}、反相器输出 U_{cr} 均为 0，则 $α_z = α_f = 90°$，两组晶闸管装置的输出平均电压 $U_{dz} = U_{df} = 0$，故电动机停止不动，即 $n = 0$。

2) 电动机正向起动运转与大信号作用下双环系统起动过程相同。

(4) 正向制动停机 这一过程在不可逆的调速器系统中是不可能产生的，但却对不同的可逆系统有着普遍的意义。制动过程分为两个阶段，如图 1-12 所示。

1) 本桥逆变阶段：主回路电流迅速下降至零，方向未变。该阶段无制动效果。

2) 它桥制动阶段：电流方向变负，又分为它桥建流、逆变和减流 3 个阶段。

① 它桥建流阶段：电动机反接制动。

② 它桥逆变阶段：它桥逆变阶段是正向制动的主要阶段，电动机回馈制动。

③ 它桥减流阶段：电流由 $-I_{dm}$ 减至 0。

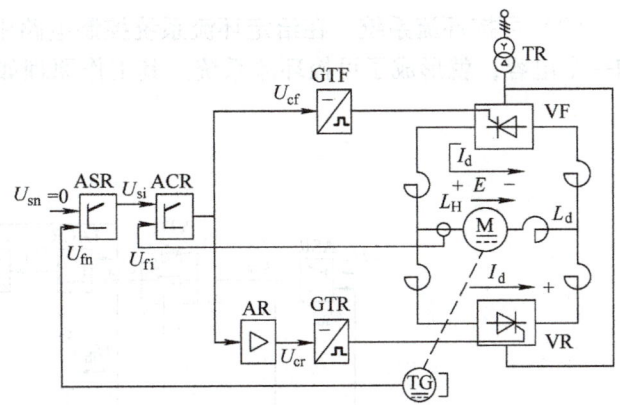

图 1-12 晶闸管可逆调速系统

2. 给定直流环流和可控环流的可逆调速系统

从利用直流环流的目的出发，出现了可控环流调速系统。当系统中电流很小或为零时，可能发生电流断续现象，如果此时系统中有直流环流，那么它就使得晶闸管整流装置中的电流保持连续，对调速系统的静、动特性都是有利的，而且有直流环流可以保证电流反向时没有死区，有助于缩短过渡过程，提高切换的平滑性。电动机负载电流越小，所需要的环流越大，电动机负载电流大到一定程度后，它本身就连续了，此时的环流是多余且有害的，这时希望环流能够自动消失。如果系统无论工作在什么状态，无论负载大小如何，都存在同样大小的直流环流，那么系统就叫作给定环流系统。如果空载时有给定的直流环流，随着负载的增加，直流环流逐渐较小，负载大到一定程度，直流环流消失，这种系统称为可控环流系统。

(1) 给定环流系统 给定环流系统的工作原理如图 1-13 所示，其主电路常采用交叉连接的线路。

控制电路中用两个电流调节器 1ACR 和 2ACR 分别控制正组和反组电流，用两套电流检测装置 TA1 和 TA2 分别从交流侧检测两组电流。反组电流调节器 2ACR 前面设置反相器，使它得到的电流给定信号 U_{si} 与 1ACR 的电流给定信号 U_{si} 大小相等，方向相反。在 1ACR 和 2ACR 的输入端都加上固定的环流给定信号 $-U_{ih}$。二极管 VD1 与 VD2 用于选择 U_{si}。

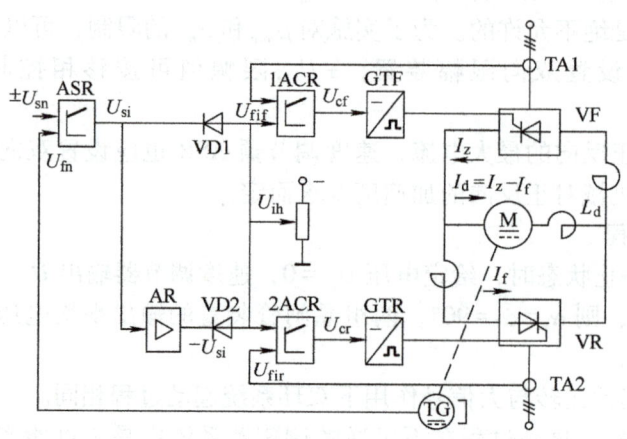

图 1-13　给定环流系统的工作原理

（2）可控环流系统　在给定环流系统控制电路中的二极管 VD1 和 VD2 上各并联一个电阻和一个电容，就形成了可控环流系统。其工作原理如图 1-14 所示。

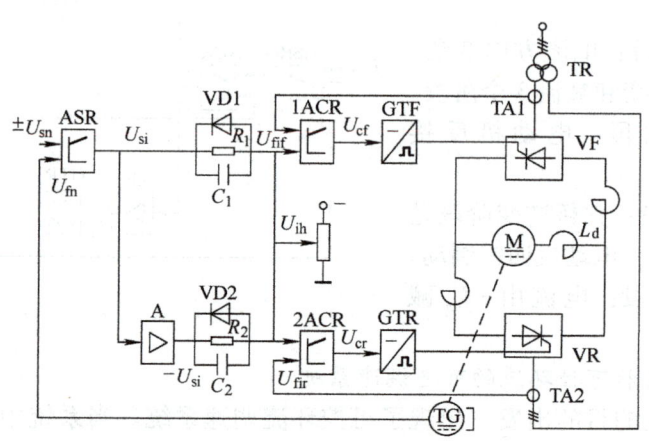

图 1-14　可控环流系统的工作原理

图 1-14 中，R_1 的作用是随负载电流的增长，自动抵消环流给定电压。对于工作在整流状态下的一组整流装置来说，二极管导通，如果没有 R_1，电流给定信号 U_{si} 被二极管截止，对 ACR 不起作用；但有了 R_1 后，可以通过 R_1 把正的电流给定信号引到 ACR 的输入端，对负的环流给定信号产生抵消作用，抵消的程度与电流给定信号 U_{si} 的大小有关。由于稳定时 U_{si} 和负载电流基本上成正比，当负载电流较小时，抵消一部分 U_{ih}，系统中环流比以前小但还有环流，随着负载电流的增加，U_{si} 抵消 U_{ih} 的程度增大，环流自动减弱，当负载电流增大到一定程度时，U_{si} 完全抵消了 U_{ih}，环流完全消失。电容 C_1 的作用是改善系统的动态品质。

在可控环流系统中，由于增加了 R_1 和 C_1，而且它们与二极管并联在一起，此环节称为环流限制电路。有了它就可以对环流进行自动调节。由此看来，均衡电抗器并不是限制电流的唯一手段。对于可控环流系统，由于过渡过程中无死区，快速性好，所以其在各种快速可逆调速系统和随动系统中得到日益广泛的应用。

1.2.4 逻辑无环流可逆调速系统

1. 逻辑无环流可逆调速系统的分类

无环流可逆系统是指既无直流环流又无交流环流的可逆系统,它又分为两种类型:一种是借助逻辑装置实现无环流,这种系统称为逻辑无环流可逆系统;另一种利用错开触发脉冲位置的原理来实现无环流,这种系统称为错位无环流可逆系统;在无环流调节系统中,主电路都采用反并联接线,而且取消了环流电抗器。

这里仅讨论逻辑无环流系统,它是工业上最常用的一种可逆系统。这种系统在任何时候只有一组晶闸管工作,而另一组关断。它是由逻辑装置来实现控制的,该装置对工作的一组晶闸管发出脉冲,并封锁另一组晶闸管的脉冲,从而使另一组晶闸管完全处于阻断状态,这样由于切断了环流的通路,也就不会产生环流,从而提高了系统的可靠性。图1-15所示为逻辑无环流可逆调速系统的工作原理。

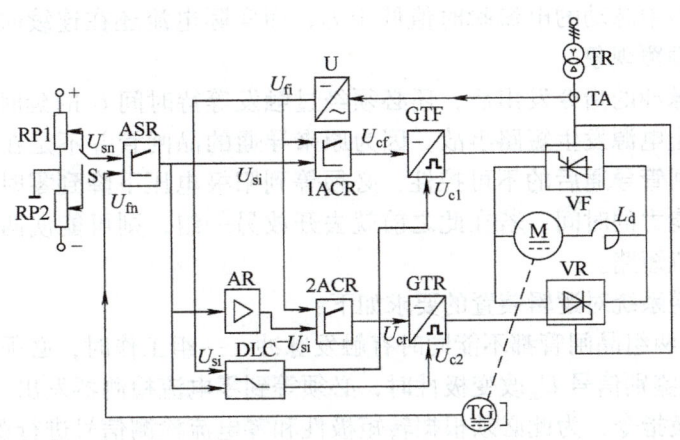

图 1-15 逻辑无环流可逆调速系统的工作原理

该系统的主电路为两组整流装置反并联接线,不设置环流电抗器。与其他可逆系统不同之处就是增设了逻辑装置。根据系统的工作情况,逻辑装置分别输出 U_{LKZ} 和 U_{LKF},对两组整流装置发出开放或者封锁脉冲的信号。另外,DLC 还发出 U_{LBZ} 和 U_{LBF} 的信号,用作将触发延迟角推到 β_{min} 的指令,分别送到 1ACR 和 2ACR,以限制换相冲击电流。

2. 可逆系统对逻辑装置的基本要求

逻辑装置必须能够鉴别系统的各种运行状态,并严格控制两组晶闸管触发脉冲的开放与封锁,从而正确地对两组晶闸管装置进行切换。

逻辑装置是根据什么来指挥两组晶闸管中的哪一组工作、哪一组关断以及在什么情况下两组应该相互切换呢?这就要分析系统的各种工作状态和晶闸管装置的工作状态。

每组晶闸管都有整流和逆变两种工作状态,但是无论它们处于何种工作状态,其电枢回路电流方向都是一样的。具体来说,当电动机正转和反向制动时,电枢电流的方向都为正,这时正组晶闸管分别工作在整流与逆变状态;当电动机反转和正向制动时,电枢电流的方向都为负,这时反组晶闸管工作。因此,逻辑装置首先应该根据系统对电枢也就是转矩的要求来指挥正反组晶闸管进行切换。当系统要求电动机转矩方向为正时,逻辑装置 DLC 应开放正组触发脉冲而将反组触发脉冲封锁。反之,当系统要求电动机转矩方向为负时,DLC 应开放反组触发脉冲而将正组触发脉冲封锁。由此可见，首先应该用转矩的极性鉴别信号来指挥逻辑切换。从系统工作原理图可以看出，速度调节器 ASR 的输出 U_{si} 也就是电流给定信号，它的极性正是反映了转矩的极性。由于正组工作时，U_{si} 为负，反组工作时 U_{si} 为正，所以 U_{si} 可作为逻辑装置的一个输入信号。但是，转矩极性的改变只是逻辑切换的必要条件，在 U_{si} 的极性刚刚开始改变时，还不能马上实现切换，例如系统在进行制动时，U_{si} 极性已改变，可是在电枢电流过零以前，仍要保证本组整流装置工作，以便实现本桥逆变。若本桥逆变时，电流尚未过零，而强行封锁处在逆变状态下的本组触发脉冲，势必会引起逆变颠覆，造成严重事故。因此，逻辑装置还需要零电流检测器，对实际电流进行检测，当测得电流过零时，送出零电流信号，只有当主回路电流为零时才允许两组切换，因此系统可以进行切换的必要和充分条件是转矩极性改变和主回路电流为零。所以把零电流检测信号作为 DLC 的另一个输入信号。

为保证系统工作的可靠性，在检测出零电流以后，必须再通过一个关断等待时间 t_1 的延时后，才允许封锁原来一组的触发脉冲，以保证可靠关断，不致发生逆变颠覆现象。因为零电流检测器的灵敏度总是有限的，它不可能在电流绝对为零时才工作，它有一个最小的动作电流 I_0，若电枢回路中脉动的电流瞬时值低于 I_0，而实际电流还在连续时，就将原组脉冲封锁，则会发生逆变颠覆现象。

封锁原组触发脉冲的指令发出后，还必须经过触发等待时间 t_2 的延时后，才可以开放另一组晶闸管，以防止电源发生短路事故。因为原来导通的晶闸管并不是在脉冲封锁的那一瞬时就关断，由于晶闸管导通后的不可控性，必须等到阳极电压下降到零时才关断，关断之后还需要有恢复阻断能力的时间，若在此之前就去开放另一组，则可能使两组晶闸管同时处于导通状态，形成环流短路。

综上所述，可逆系统对逻辑装置的要求如下：

1）任何情况下两组晶闸管都不能同时有触发脉冲，一组工作时，必须封锁另一组脉冲。

2）当转矩极性鉴别信号 U_{si} 改变极性时，必须等到零电流检测器发出"零电流"信号后，才允许发出逻辑切换指令，为此必须根据转矩极性和零电流检测信号进行逻辑判断。

3）发出切换指令后，经过关断等待时间的延时封锁原导通组脉冲，在经过触发等待时间后才能开放另一组。

3. 双闭环逻辑无环流可逆调速系统的控制原理

如图 1-16 所示，双闭环无环流可逆调速系统由两组反并联的三相全控整流桥组成。

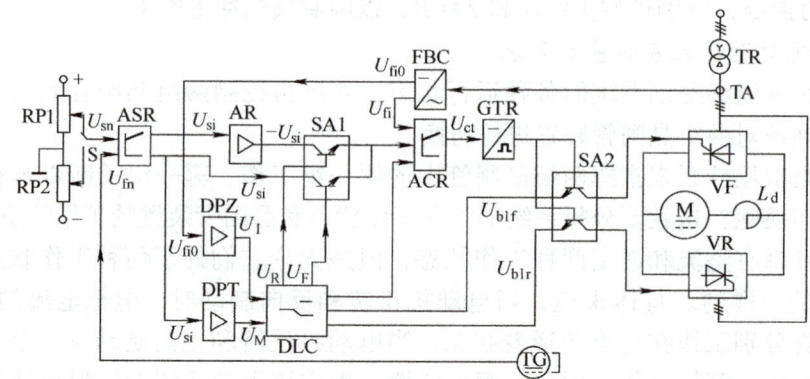

图 1-16 双闭环逻辑无环流可逆调速系统的控制原理

双闭环逻辑无环流可逆调速控制系统，就是对反并联两组晶闸管的触发器，在任何时刻只能让一组输出触发脉冲，而将另一组触发脉冲封锁，从而使一组晶闸管工作在整流状态，而另一组晶闸管处于阻断状态，无法形成环流。因为无环流，主电路无须设置均衡电抗器，正反两组晶闸管用一套触发器和一套电流调节器，哪一组晶闸管导通由逻辑控制装置控制电子开关进行转换。图 1-16 中符号表示的含义为：VF—正组晶闸管；VR—反组晶闸管；ASR—速度调节器；ACR—电流调节器；DLC—逻辑控制器；SA1—电子开关；SA2—触发脉冲控制电路。

双闭环逻辑无环流可逆调速电路工作原理分析如下：

(1) 主电路　双闭环逻辑无环流可逆调速系统主电路如图 1-17 所示。主电路采用三相全控桥式整流，正反两桥并联连接输出，为了保证电动机在低速轻载时电流连续，主电路设有平波电抗器 L。

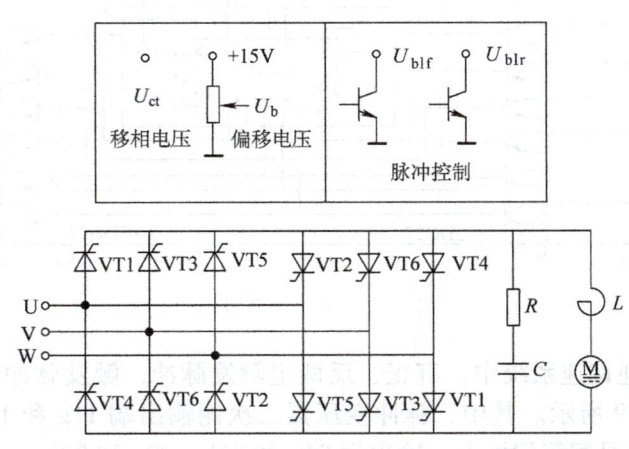

图 1-17　双闭环逻辑无环流可逆调速系统主电路

正向起动时，给定电压 U_{sn} 为正电压，无环流逻辑控制器的输出端 U_{blf} 为"0"态，U_{blr} 为"1"态，即正桥触发器脉冲开通，反桥触发器脉冲封锁，主电路正组可控整流桥工作，电动机正向运行。

减小给定电压时，令 $U_{sn}<U_{fn}$，使 U_{si} 反向，整流装置进入本桥逆变状态，而 U_{blf}、U_{blr} 不变，当主电路电流减小并过零后，U_{blf}、U_{blr} 输出状态转换，U_{blf} 为"1"态，U_{blr} 为"0"态，即进入它桥制动状态，使电动机的速度降至设定的转速，然后再切换成正向运行状态；当 $U_{sn}=0$ 时，电动机停转。

反向运行时，U_{blf} 为"1"态，U_{blr} 为"0"态，主电路反组可控整流桥工作。

无环流逻辑控制器的输出取决于电动机的运行状态，正向运转时，正转制动本桥逆变及反转制动它桥逆变状态，U_{blf} 为"0"态，U_{blr} 为"1"态，保证了正桥工作，反桥封锁；反向运转时，反转制动本桥逆变，正转制动它桥逆变阶段，则 U_{blf} 为"1"态，U_{blr} 为"0"态，正桥封锁；反桥触发工作。由于逻辑控制器的作用，保证任何情况下两组整流桥都不会同时触发导通，一组触发工作时，另一组被封锁，因此系统工作过程中既无支流环流也无脉冲环流。

(2) 触发电路　采用 3 个 KC04 组成集成移相触发器，一个 KC41C 作为 6 相双脉冲形成器，以及外接元件组成触发电路，如图 1-18 所示。此电路在一个周期内输出 6 个双窄脉冲，用于晶闸管三相全控桥的触发。

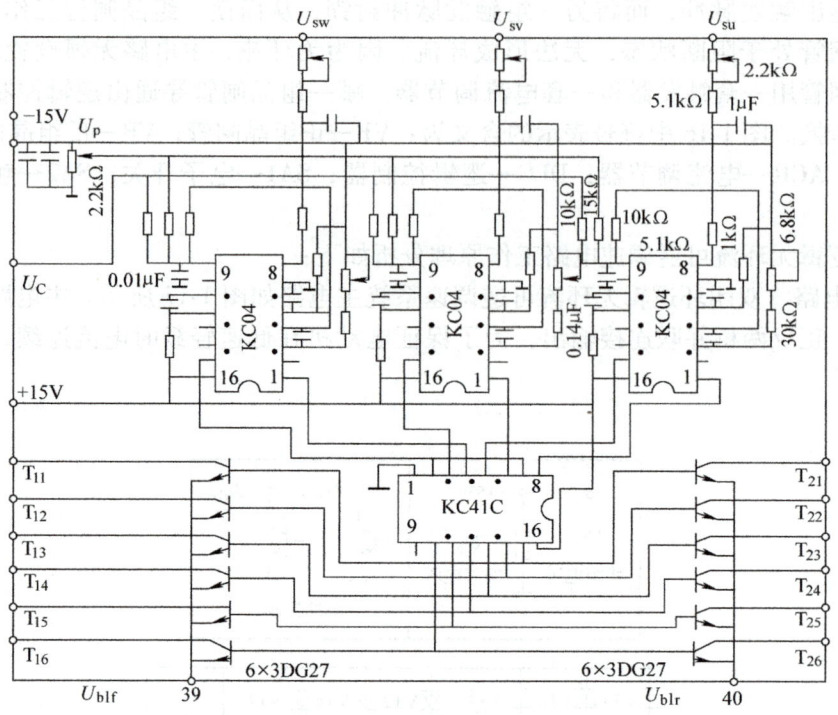

图 1-18 集成触发电路

在逻辑无环流可逆调速系统中,有正、反两组触发脉冲,触发脉冲取自脉冲变压器的二次侧输出端,如图 1-19 所示。其中,脉冲变压器二次侧输出端 11g 和 11k,12g 和 12k,…,16g 和 16k 接在正转组晶闸管门极上;输出端 21g 和 21k,22g 和 22k,…,26g 和 26k 接在反转组晶闸管门极上。由逻辑控制电路输出 U_{blf} 和 U_{blr} 信号,控制正反组晶闸管的触发脉冲。

(3) 速度调节器 速度调节器 ASR 的功能是对给定和反馈两个输入量进行加法、减法、比例、积分和微分等运算,由运算放大器,输入与反馈网络及二极管限幅环节组成。其工作原理如图 1-20 所示。

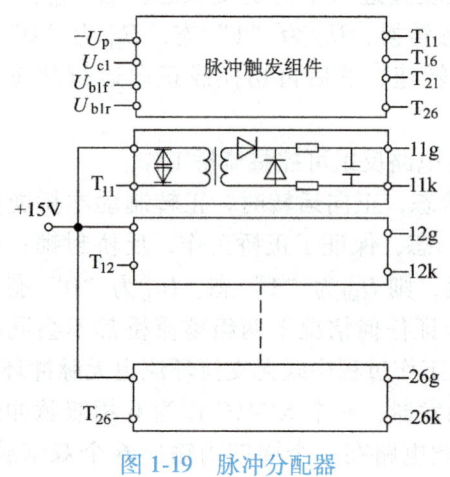

图 1-19 脉冲分配器

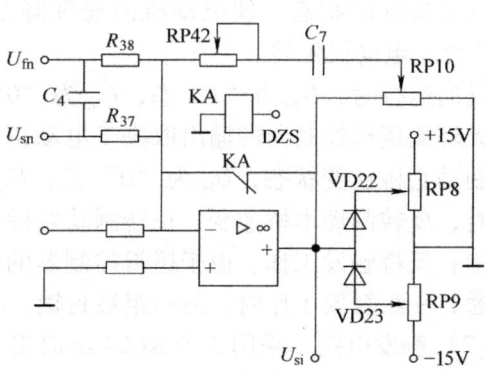

图 1-20 速度调节器的工作原理

运算放大器具有开环放大倍数大、零点漂移小、线性好、输入电流小、输出阻抗低等优点，是理想的调节器。二极管 VD22、VD23 和电位器 RP8、RP9 组成正负幅度可调的限幅电路。RP42、C_7 组成微分反馈校正网络，能抑制振荡，减小超调。C_4、R_{37} 组成速度环串联校正网络。

当给定信号为 0 时，电动机转速应为 0，但由于温度等原因而引起零点漂移，造成电动机自转或失控，所以调节器设有零速封锁电路。当给定信号为 0 时，继电器 KA 不得电，常闭触点 KA 将调节器反馈网络短接而封锁；当有给定信号时，继电器 KA 得电，常闭触点 KA 断开，零速封锁解除，调节器正常工作。RP10 为放大系数调节电位器。

（4）电流调节器　电流调节器 ACR 由以下几部分组成：运算放大器、二极管 VD27 和 VD28 限幅电路、输入阻抗网络、反馈阻抗网络，如图 1-21 所示。

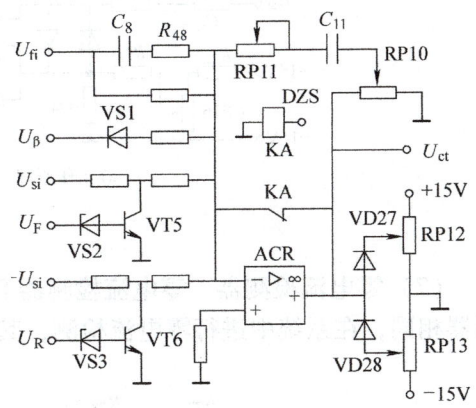

图 1-21　电流调节器的组成

电流调节器和速度调节器相比，增加了 4 个输入端，其中 U_β 端接过电流推 β 电路，电路的信号来自逻辑控制器的过电流信号 U_β，当该点电位高于某值时，VS1 击穿，正信号输入，ACR 输出负电压，使触发脉冲后移。U_F、U_R 端接逻辑控制器的相应输出端，控制加到电流调节器的正转信号或反转信号，当 U_F 为高电平时，击穿稳压二极管 VS2，晶体管 VT5 导通，将 U_{si} 信号对地短接，反转信号加到电流调节器，电动机反转。

当 U_R 为高电平时，击穿稳压二极管 VS3，晶体管 VT6 导通，将 $-U_{si}$ 信号对地短接，正转信号加到电流调节器，电动机正转。

接在运算放大器输入端前面的阻抗为输入阻抗网络，改变输入和反馈阻抗网络参数，就能得到各种运算特性。

（5）反号器　反号器 AR 由运算放大器及外围元器件组成，如图 1-22 所示。

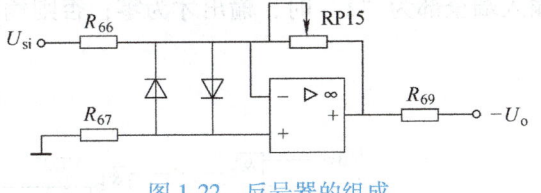

图 1-22　反号器的组成

反号器用于系统中信号的倒相。其输入信号由运算放大器的反相输入端接入，输出电压为 $-\dfrac{RP15}{R_{66}}U_{si}$，调节 RP15 的阻值，使 RP15 = R_{66}，则 $U_{si} = -U_{si}$，即输入与输出成倒相关系。

（6）转矩极性鉴别器　转矩极性鉴别器 DPT 用于检测系统中转矩极性的变化，它是一个模/数转换器，可将控制系统中连续变化的电平变成逻辑运算所需要的"0"和"1"状态信号，如图 1-23a 所示。其输入、输出特性如图 1-23b 所示。

调节同相输入端电位器 RP16，可以改变特性曲线相对于零点的位置，特性的回环宽度（简称环宽）为

$$U_c = U_{si2} - U_{si1} = K_1(U_{scm2} - U_{scm1})$$

式中，K_1 为正反馈系数，K_1 越大，则正反馈越强，回环宽度就越大；U_{si2} 是输出由正反馈到负所需要的最小输入电压；U_{si1} 是输出由负反馈到正所需要的最小输入电压，U_{scm2} 和 U_{scm1} 分别为正向和负向饱和输出电压。逻辑控制系统中的电平检测环宽一般取 0.2~0.6V，环宽大时能提高系统的抗干扰能力，但太宽时会使系统动作迟钝。

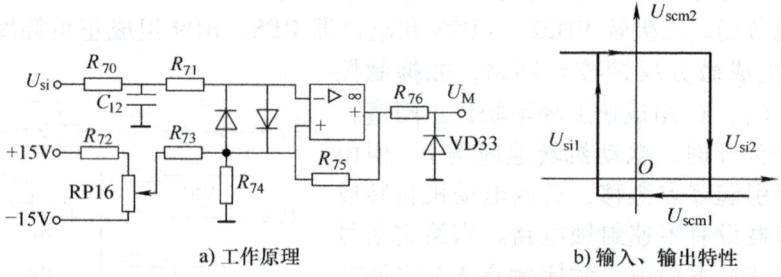

图 1-23 转矩极性鉴别器

（7）零电流检测器 零电流检测器 DPZ 也是一个电平检测器，其工作原理与转矩极性鉴别器相同，在系统中进行零电流检测，其工作原理和输入、输出特性如图 1-24 所示。

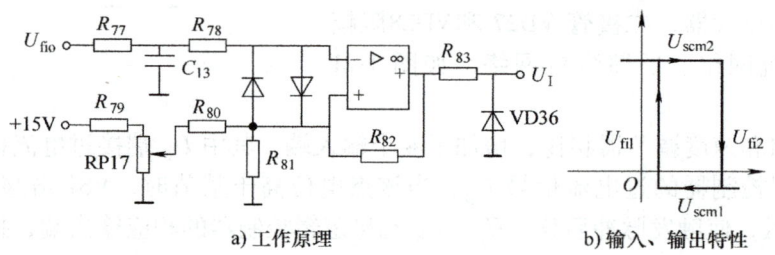

图 1-24 零电流检测器

（8）逻辑控制器 逻辑控制器 DLC 用于可逆无环流调速电路中，对转矩极性指令和主电路零电流信号进行逻辑运算，切换加到正组桥和反组桥的触发脉冲。对于与非门电路，只有输入端全部为"1"时，输出才为零；否则输出端为"1"，如图 1-25 所示。

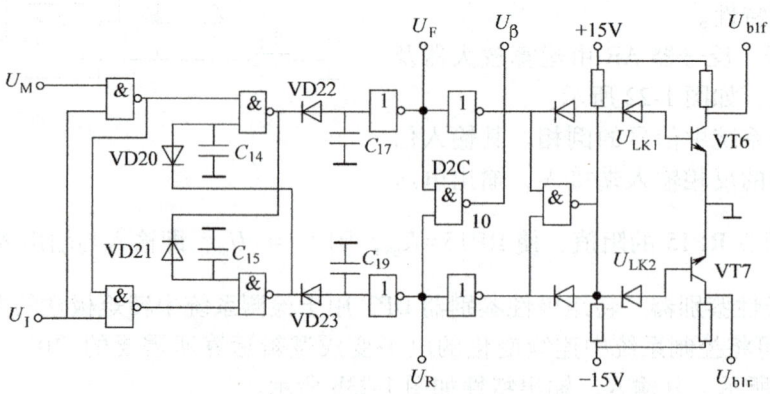

图 1-25 逻辑控制器

逻辑控制器由以下几部分组成：

1）逻辑判断电路。它的任务是根据转矩极性电平检测和零电流电平检测的输出 U_M 和 U_I 状态，正确判断晶闸管的触发脉冲是否需要进行切换，即当 U_M 变换后，零电流检测器检测到主电路电流过零时，逻辑电路立即翻转，同时保证在任何时刻逻辑判断电路的输出 U_R 和 U_F 状态必须相反。

2）延时电路。要使正、反两组装置安全可靠地进行切换，必须在逻辑判断电路发出切换指令 U_F 和 U_R 后，经关断等待时间 t_1（3ms）和触发等待时间 t_2（10ms）之后，才能执行切换指令，故设置相应的延时电路，电路中 VD20、C_{14}、VD21、C_{15} 起到 t_1 的延时作用，VD22、VD23、C_{17}、C_{19} 起到 t_2 的延时作用。

3）逻辑保护电路。当逻辑判断电路发生故障时，U_F 和 U_R 的输出同时为"1"状态，逻辑控制器两个输出端 U_{blr} 和 U_{blf} 全为"0"状态，造成两组整流装置同时工作，引起短路事故。加入逻辑保护电路后，当 U_Z 和 U_F 同时为"1"状态时，逻辑保护电路输出"A"点电位变为"0"，使 U_{blr} 和 U_{blf} 都为高电平，两组触发脉冲同时封锁，避免产生短路事故。

4）推 β 电路。在正、反桥切换时，D2C 的第 10 脚输出"1"状态信号，此信号送入 ACR 的输入端，作为脉冲后移推 β 命令，从而可以避免切换时电流的冲击。

5）脉冲输出控制电路。由逻辑信号 U_{LK1} 或 U_{LK2} 控制 VT6 和 VT7 的通或断，即控制 U_{blr} 和 U_{blf} 为高电平或低电平，从而控制触发脉冲加到正组或加到反组。

（9）电流变送器　电流变送器 FBC 与电流互感器配合，检测可控变流器交流进线电流，以获得与变流器电流成正比的直流电压信号、零电流信号和过电流逻辑信号，如图 1-26 所示。

电流互感器的输出接至输入 TA1、TA2、TA3，反映电流大小的信号经三相桥式整流电路整流后加至 R_1、R_2、VD7 及 RP1 组成的各支路上，其中：

1）R_2 与 VD7 并联后再与 R_1 串联，在其中点取零电流检测信号。

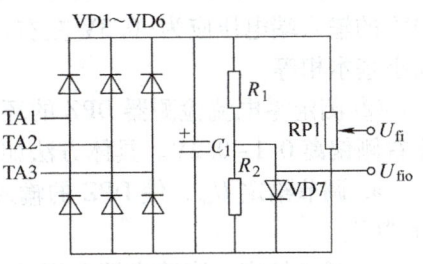

图 1-26　电流变送器的工作原理

2）将 RP1 可动触点输出作为电流反馈信号，反馈强度由 RP1 进行调节。

4. 双闭环无环流可逆调速系统的安装与调试

按照原理图或接线图进行正确接线，检查系统中设备、元器件及部件的型号、规格；检查电气设备的绝缘以及装置接地是否良好；用示波器或相序表测定交流电源（系统的进线电源和同步信号的电源）的相序。

（1）调试原则

1）先进行部件调试，后进行系统调试。

2）先进行开环调试，后进行闭环调试。

3）先调试电阻性负载，后调试电感性负载。

4）先调试内环，后调试外环。

5）先进行不可逆调试，后进行可逆调试。

（2）单元部件调试

1）速度调节器 ASR 的调试。

① 调整正、负限幅值。在 ASR 调节器的输入端加入一定的输入电压，调整正、负限幅电位器 RP8、RP9，使输出正负值等于 ±5V。

② 测定输入输出特性。将反馈网络中的电容短接，使 ASR 调节器接成 P 调节器，在调节器输入端逐渐加入正负电压，测出相应的输出电压，直至输出限幅值。

③ 测定 PI 特性。把反馈网络中的电容短接线拆掉，把 ASR 调节器接成 PI 调节器，施加给定电压，用慢扫描示波器观察输出电压的变化，改变调节器的放大倍数及反馈电容，观察输出电压的变化。

2）电流调节器 ACR 的调试。

① 调整输出正、负限幅值。把调节器接成 PI 调节器，加入一定的输入电压，调整正、负限幅电位器，使输出正、负限幅值分别大于 6V 和低于-6V。

② 测定输入输出特性。将反馈网络中的电容短接，使 ACR 调节器接成 P 调节器，在调节器输入端逐渐加入正负电压，测出相应的输出电压，直至输出限幅值。

③ 测定 PI 特性。将反馈网络中的电容短接线拆掉，把 ACR 调节器接成 PI 调节器，施加给定电压，用慢扫描示波器观察输出电压的变化，改变调节器的放大倍数及反馈电容，观察输出电压的变化。

3）电平检测器的调试。

① 测定转矩极性鉴别器 DPT 的环宽，要求环宽为 0.4~0.6V，具体方法如下：

a. 调节给定电压 U_{sn}，使 DPT 的输入端"U_{si}"约为 0.3V；调节电位器 RP16，使 DPT 输出端 U_M 从"1"变为"0"。

b. 调节负给定，从 0V 起开始调整，当 DPT 的输出端 UM 从"1"变为"0"时，检测 DPT 的输入端电压应为-0.3V 左右，否则调整电位器 RP16，使输出电平变化时，输入端电压大小基本相等。

② 测定零电流检测器 DPZ 的环宽，要求环宽也为 0.4~0.6V，调节 RP17，使回环向纵坐标右侧偏离 0.1~0.2V。具体方法如下：

a. 调节给定 U_{sn}，使 DPZ 的输入端为 0.7V 左右，调整电位器 RP17，使端输出从"1"变为"0"。

b. 减小给定，当输出端电压从"0"变为"1"时，输入端电压应在 0.1~0.2V 范围内，否则应继续调整电位器 RP17。

4）反号器 AR 的调试。测定输入输出比例关系，给输入端施加+5V 电压，调节 RP15 使输出端为-5V。

5）逻辑控制器 DLC 的调试。把+15V 电源与 DLC 的输入端 U_I 直接连接，U_M 和给定输出"1"直接相连，把给定电压调到最高，约为 12V。

上下拨动给定开关 S2，U_{blf}、U_{blr} 的输出应为高、低电平变化，同时用示波器观察 DLC 的 $U_β$ 端，应有脉冲波形，用万用表测量，U_F 与 U_{blf}，U_R 与 U_{blr} 电位应相等。

把+15V 电源与 DLC 的 U_I 连线断开，把 DLC 的 U_I 接地，此时拨动开关 S2，U_{blr}、U_{blf} 输出应无变化。

（3）系统开环调试

1）安全保护措施：

① 将系统装置中所有控制单元部件脱开，所有开关均处于断开状态，熔断器全部分离。

② 根据调试步骤，接通熔断器，逐步合上需用的开关。

2）相序及相位检查：

① 校验接入系统装置中的电源相序。

② 检查主变压器和同步变压器二次侧间的相位关系，是否符合电路要求。

③ 检查送至控制单元部件接线端的同步信号，其相位是否正确。

④ 进行控制电源测试。用万用表检查送至各处的电源电压是否正常。

3）系统开环联调：系统联调，即将主通道上的控制单元全部接入，且使 $U_{ct}=0$，主电路接负载电阻 R，接通电源后，用示波器观察 R 两端 U_d 波形。开始闭合电源时，可能出现波形很不整齐，甚至存在断相现象，如图 1-27 所示。

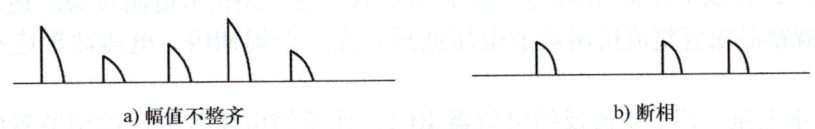

a) 幅值不整齐　　　　　　　　　b) 断相

图 1-27　开环联调时不正常的 U_d 波形

若相序、相位在前面已经校正好，一般只要调节触发板的相位微调（例如同步锯齿波的斜率）和偏移电压，就可以得到图 1-28 所示的正常"小毛刺"波形了。这些正常的"小毛刺"波形必须间隔均匀、幅值整齐。实际就是单组三相全控桥式电路为电阻性负载 $\alpha=120°$、$U_d=0$ 时的波形。若波形正常，则可慢慢调节 U_{ct}，使 U_d 慢慢上升。若 U_d 波形能平滑连续地跟随 U_{ct} 变化，则说明系统开环正常。

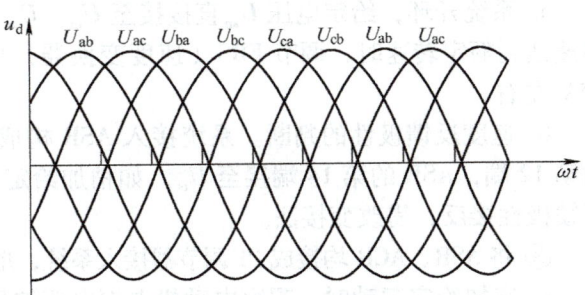

图 1-28　三相全控桥式电路为电阻性负载
$\alpha=120°$ 时 U_d 的波形

（4）系统闭环调试

1）保护环节的整定。实际运行的工业装置或实验装置，必须有相关的保护环节，如过电流保护、励磁欠电压保护、电枢过电压保护、电动机超速保护、电源断相保护和电动机零速封锁等。

因开环系统的调试大多数是在电阻性负载的情况下进行的，且负载电流小，所以系统保护的问题还不明显，一旦接上电动机进行闭环调试，电流很大，对系统的保护问题比较明显，故在开环调试好后，应先对部分保护电路功能进行整定。

① 过电流继电器的整定。过电流继电器的作用是在过载或短路时保护电动机和变流器不受损坏。过电流继电器的动作值一般为电动机允许的工作过载值，即电流额定值的 1.5~2.0 倍。

② 欠励磁继电器的整定。直流电动机在电枢已供电的情况下，一旦失去励磁，就会使电动机超速而造成损坏。所以一般的直流调速系统都设有欠励磁保护。对于不采用弱磁调速的系统，欠励磁继电器的动作值一般整定在额定励磁电流的 80%~85% 时动作。弱磁调速系统，则整定在 $0.9I_{fmin}$（I_{fmin} 为对应于最高工作转速时的励磁电流）时动作。

③ 过电压继电器的整定。对于额定电压高于 400V 的直流电动机，调速系统以及采用弱磁调速的系统，通常都装有过电压继电器，其动作值一般整定为额定电压的 110%~115%。

④ 超速继电器的整定。在中、大功率电动机轴上一般都装有离心开关作为超速保护。超速保护一般整定在最高工作转速 1.1 倍时动作，也可以通过测速发电机发出超速信号来整定。

⑤ 电源断相和电源电压监视。在变流器处于逆变状态时，交流电源断相、电压过低或瞬时断电，都会造成逆变失败而形成短路，烧毁快速熔断器或晶闸管。当发生上述异常现象时，通过故障综合单元电路，发出报警信号和主电路断开信号。在整定这种保护时，要注意防止由于变流器换相重叠角，引起电压瞬时降低而产生误动作。

2）无环流不可逆调试。双闭环不可逆调速系统由电流调节器和转速调节器综合调节，其中 U_{blf} 接地，U_{blr} 悬空。

① 电流环的调试。此时电动机不加励磁（有欠励磁保护的应做处理），处于堵转状态。

a. 系统开环，控制电压 U_{ct} 由给定电路直接接入，主电路接入电阻负载。逐渐增加给定电压，用示波器观察晶闸管整流桥两端的电压波形。在一个周期内，电压波形应有 6 个对称波头平滑变化。

b. 增加给定电压，调节电流反馈电位器 RP1，使反馈电压接近速度调节器的输出限幅值电压（ASR 的输出限幅值±5V）。

② 速度变换器的调试。此时电动机施加额定励磁。

a. 系统开环，给定电压 U_{sn} 直接接至 U_{ct}，U_{sn} 作为输入给定，逐渐增加给定值，当电动机转速达到额定转速时，调节 FBS（速度变换器）中速度反馈电位器 RP6，使速度反馈电压为 +5V 左右。

b. 速度反馈极性的判断。系统接入 ASR 构成转速单闭环系统，即给定电压 U_{sn} 接至 ASR 的第 12 端，ASR 的第 14 端接至 U_{ct}。如稍加给定，电动机的转速即达最高且不可控，则速度反馈极性接反，需改变接法。

③ 将 ASR、ACR 均接成 PI 调节器接入系统，形成双闭环不可逆系统，观察系统的动态波形：

a. 突加给定起动时，观察电动机电枢电流波形和转速波形。

b. 突加额定负载时，观察电动机电枢电流波形和转速波形。

c. 突降负载时，观察电动机电枢电流波形和转速波形。

3）无环流可逆调试。未加主电源之前，观察触发脉冲是否正常。对于可逆系统，正组和反组均需独立进行开环调试，然后再分别进行闭环调试，即将反馈单元依次接入，最后才能进行可逆系统的调试。

① 用示波器观察触发脉冲，正常情况下应为间隔均匀、幅度相等的双脉冲。

② 检查脉冲相序是否正确，如不正确，则调整输入电源相序。

③ 将 U_{blr} 接地，观察反桥晶闸管的触发脉冲。

④ 用万用表检查 U_{blf}、U_{blr} 的电压，应为一个高电平，一个低电平，不能同时为低电平。

⑤ 对电平检测器的输出有下列要求：

转矩极性鉴别器 DPT：电动机正转，输出 U_M 为"1"态；电动机反转，输出 U_M 为"0"态。

零电流检测器 DPZ：主电路电流接近零，输出 U_I 为"1"态；主电路有电流，输出 U_I 为"0"态。

⑥ 用双踪慢扫描示波器观察给定值阶跃变化（正向起动→正向停机→反向切换到正向→正向切换到反向→反向停机）时的动态波形。

⑦ 观察电动机稳定运行于额定转速、U_{sn} 不变、突加或突减负载时的动态波形。

⑧ 改变 ASR、ACR 的参数，观察动态波形的变化。

1.3　综合技能训练

技能训练 1　数字电子电路测绘

（一）电子电路测绘方法和步骤

1. 电子电路测绘方法

（1）了解被测绘电路板有关设备的情况　在不了解与被测绘的电路板有关的情况时，也可以完成电路板的测绘，但实际上由于各种原因，如果不了解相关情况，就可能测绘不出正确的原理图。随着电子技术的高速发展，电器元件的种类越来越多，元器件的结构越来越复杂,仅仅通过外观是无法判定其功能、性质和型号的。印制电路板分为单面板、双面板、多层板,仅从外表也是无法完全了解其走线结构的。如果不了解设备的有关情况,要想完成对复杂电路板的测绘,就会有很大困难。所以,尽可能多地了解设备的有关情况,将有助于正确地测绘电路板。

(2) 测绘前准备　拿到电路板后,要开始准备一些测绘工具,如测绘纸、铅笔、万用表、电烙铁等。如果电路板是单面布线板,用一支铅笔画线就可以了;如果是双面布线板,最好用两支不同颜色的铅笔,每一面用一种颜色来画;对于多层板,最好用多种颜色的笔,每一层用一种颜色的笔来画。

(3) 用手工测绘法进行测绘　用万用表的欧姆挡对印制电路板上的各外露焊点和元器件引脚进行连接测试,即首先测量第一个焊点(或引脚)与第二、第三个焊点(或引脚)之间的电阻,直至测量完所有焊点和引脚,从而得到第一个焊点(或引脚)在电路板上的连接图。用同样的方法,再测第二个焊点(或引脚)与第三、第四个焊点(或引脚)之间的电阻,直至测量完所有焊点和引脚,得到第二个焊点(或引脚)在电路板上的连接图。依此类推,可以得到电路板上各焊点和元器件引脚的连接关系(即网络图)。

(4) 扫描测绘法进行测绘　这种方法相对比较先进,先用扫描仪将电路板实物扫描后产生图像文件(黑白 bmp 文件),然后再通过相应软件转换成印制板文件(即 bmp 转 pcb 文件),将 pcb 文件导入设计文件中,最后按照导入的扫描图像放置元件封装和铜箔线,连线过程好比"描红",这种方法在转换软件出来后开始广泛使用,效率相对较高。

2. 电子线路测绘步骤

(1) 手工测绘方法步骤

1) 记录电路板实物的原始数据。拿到电路板实物后,首先最好用数码相机拍下印制电路板实物的原图,照片要反映出实物的外形、与其他元器件的连接以及印制电路板上各元器件的位置等具体情况。接着在纸上记录好所有元器件的型号、参数以及位置,尤其是二极管、晶体管的极性,IC 缺口的方向等。

2) 测定 PCB 的尺寸和外形。

3) 画出电路板的元器件装配图。给所有元器件编上统一的代号,绘出仪器的元器件装配图(包括散件分布图、面板装配图、印制电路图)。

4) 查出电源正负端位置。凡是与电源正端相连的散件焊点、印制电路结点均用彩笔画成红色,凡与电源负端相连的所有焊点、结点均画成绿色。

5) 用万用表测量元器件间的连接线及其与印制板引出脚的连线,并画在装配图上。

6) 绘出电路草图。为防止出现漏查和重查现象,每查一个焊点,应把此点相连的所有元器件、引线查完后再查下一个点。边画边查,同时用铅笔将装配图上已查过的点、元器件勾去。

7) 复查。草图画完后再将草图与装配图对照检查一遍,看有无错漏之处。

8) 将草图整理成标准电路图。

9) 测量记录 PCB 布线情况。

由实物还原电路原理图对于理解电路工作原理和工作情况很有帮助,但对于复杂的电路板,特别是多层板,直接还原电路原理图是非常困难的,这时通常需要借助计算机的帮助,利用扫描仪扫描电路板,多层板还要设法分层,然后利用抄板软件,得到各层的 PCB 文件,在需要的情况下再由 PCB 文件还原电路原理图。这一过程对于被分析的电路板无疑是破坏性的。此处仅限于讨论由实物直接分析还原简单的原理图。

（2）扫描测绘方法步骤

1）首先记录好所有元器件的型号、参数以及位置以备后用，尤其是二极管、晶体管的极性，IC 缺口的方向。最好用数码相机拍两张元器件位置的照片，现在的 PCB 上面的二极管、晶体管有些不注意根本看不到。

2）拆掉所有元器件，并且将焊盘孔里的锡用吸锡器等去掉。用酒精等洗板液将 PCB 清洗干净，再用水砂纸将底层 BOTTOMLAYER 轻微打磨（若是双面板还要将顶层 TOPLAYER 也做同样处理），打磨到铜膜发亮，目的是增强焊盘、导线与其他部位的对比度。

3）放入扫描仪，启动 Photoshop 软件，用彩色方式将铜箔层扫入。这一步非常关键，是扫描抄板是否成功的关键所在。用扫描仪扫描的时候需要稍调高一些扫描的像素，以便得到较清晰的图像。调整画布的对比度、明暗度，使有铜膜的部分和没有铜膜的部分对比强烈，然后将此图转换为黑白图片，检查线条是否清晰，如果不清晰，则重复本步骤。如果清晰，将图片保存为黑白 BMP 格式文件 *.BMP（或 *.BMP，顶层），如果发现图形有问题还可以用 Photoshop 软件进行修补和修正。

4）用特殊软件将底层的 BMP 格式文件 BOT.BMP 转为 PROTEL 格式文件 *.PCB（将 TOP 层 BMP 转化为 *.PCB）。

5）建立设计（项目文件），将转换成"*.PCB"的文件导入进来。双击此文件进入 PCB 设计环境。打开测绘文件，将板子图像转到中间层，照此转换图在顶层上放置元件，在底层画铜箔线，依样画出电路，最后再把中间层删除。

（二）手工测绘电子电路实例

任务描述：根据实际数字电子电路，用手工测绘法进行电路的测绘，根据测绘结果，做出电路元器件明细表，分析电路，绘出电路电气原理图。

现以简单数字电子电路板为例来说明测绘的基本过程，实物图如图 1-29 所示。对电子产品实物测绘的过程由表及里、层层深入。

实施步骤：

（1）记录电路板实物的原始数据　首先用数码相机拍下印制电路板实物的原图，照片要反映出实物的外形、与其他器件的连接以及印制电路板上各元器件位置等具体情况。图 1-29 所示为电路板的顶层，图中顶层只有元器件，没有印制线，图 1-30 所示为底层，即布线层，只有焊点和印制线，没有元器件，这是典型的单面板电路。下面就根据单面板的绘制方法进行测绘。

图 1-29　电子电路实物图

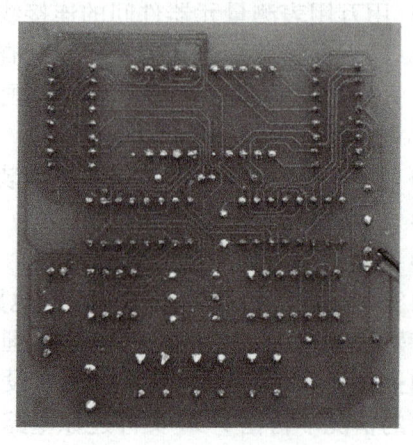

图 1-30　PCB 铜箔面

项目1 应用电子电路调试维修

接着在纸上记录好所有元器件的型号、参数以及位置，尤其是二极管、晶体管的极性、IC 缺口的方向等。根据实物记录元器件明细表，见表 1-1。

表 1-1 元器件明细表

序 号	名 称	规 格	位 置	数 量
1	集成电路	CD40511	U1、U2	2
2	集成电路	CD40192BE	U3、U4	2
3	集成电路	NE555P	U5	1
4	集成电路	SN74LS00N	U6	1
5	二极管	5mm 红色	D1	1
6	色环电阻	22k 1/4W	R1	1
7	色环电阻	82k 1/4W	R2	1
8	色环电阻	5.1k 1/4W	R3、R4	2
9	色环电阻	1k 1/4W	R5	1
10	色环电阻	10R 1/4W	R6	1
11	色环电阻	200R 1/4W	R7、R8	2
12	电解电容	10μF/25V	C1	1
13	瓷片电容	103	C1	1
14	数码管	共阴极 10 脚	DS1 DS2	2
15	蜂鸣器	5V 分体式	B1	1
16	轻触开关	6mm×6mm×5mm	S1、S2、S3	3
17	PCB 板	75mm×70mm		1

（2）测定 PCB 的尺寸和外形　经测量，印制电路板实物的外形尺寸如图 1-31 所示。

（3）画出电路板的元器件装配图　在绘出了电路板走线图后，要逐一将电路板上的元器件用相应的符号画到图中的相应位置，并标出它们的编号、型号、参数等。对于不同的元器件，其测绘方法有所不同。

1）电阻、电容、二极管、晶体管和变压器：一般在电路板上都标有相应元器件的符号、编号、容量值等主要参数，记录下这些参数即可。如果电路板上没有标出相应元器件的参数，通过检查元器件上的参数标识，再根据元器件相关的知识，判断其他参数。如果元器件上没有标识，就要将元器件焊下，用万用表或其他仪表测量其有关参数。

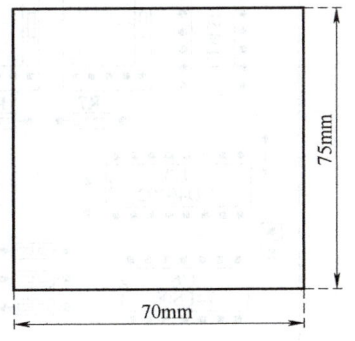

图 1-31　印制电路板实物的外形尺寸

2）集成电路：一般在电路板上标有集成电路的符号、编号、型号等主要参数，记录下这些参数即可。如果电路板上没有这些参数，通过检查集成电路的标识型号，可得到集成电路的相关参数。有些集成电路的标识没有了，就要通过仪器、仪表和集成电路周围相关的元器件来帮助判断其功能，再通过对集成电路知识的了解和对这类电路工作原理的了解来判断其型号，或合适的替代型号。

3）其他元器件：元器件的种类很多，有许多元器件的外形非常相似，但其功能可能完全不同，对于这种情况，如果在电路板上标有它的符号、编号、容量值等主要参数，记录下这些参数即可。如果元器件上有型号，也能得到它的参数，如果没有有关的标识，只能靠我们对这种电路的理解并借助相关的仪器来判断其类型、参数，找出合适的替代元器件，然后在 PROTEL 软件中绘出仪器的元器件装配图，如图 1-32 所示。

（4）测试电路板中各元器件的连线情况　测绘时首先在纸上按电路板走线的形式测绘出电路板的走线图，电路板上的覆铜线在测绘图中用一条细线表示，可以不按电路板的实际尺寸去画。对于单面板来说，画出电路板走线比较容易；如果是双面板，由于板的两面都有覆铜线，又有焊接在上面的元器件，有些走线被压在元器件下面，而且两面的走线是相通的，这时可用万用表来测量相通的线，测量时万用表要用低阻挡，以防止将阻值小的元器件当成相通的线，这一点要注意。如果要测绘的是多层板，由于夹在板中间的导线看不见，只能通过用万用表逐点测量的方法来判定连线导通的情况。必要时要将电路板上的元器件焊下来，然后测量各板层之间连线的相通情况。

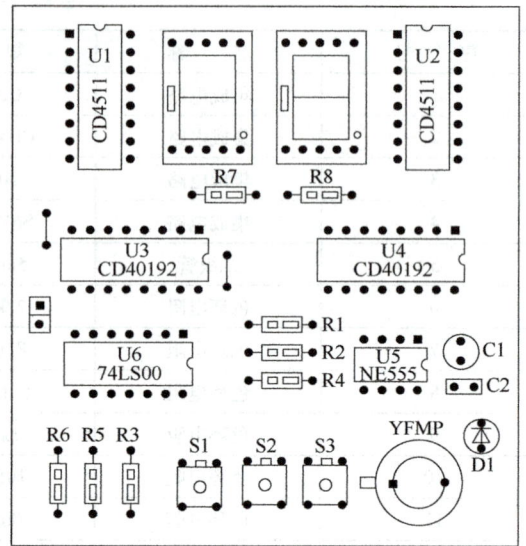

图 1-32　元器件装配图

最后将印制电路板上的所有元器件在电路板上的连接图都测绘完成。将整个电路实际的连线画在元器件装配图中，我们要测绘的印制电路板实物虽然是一个单层板，装配图连线情况仍然把两个层都绘制出来，便于对比和查找连线点，如图 1-33 所示。

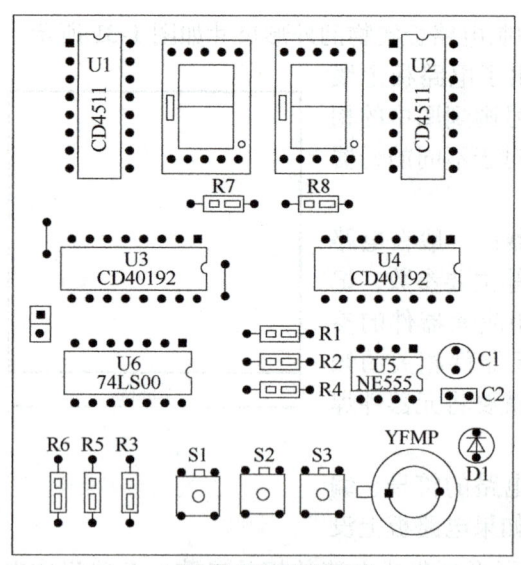

a）印制电路板顶层连线图

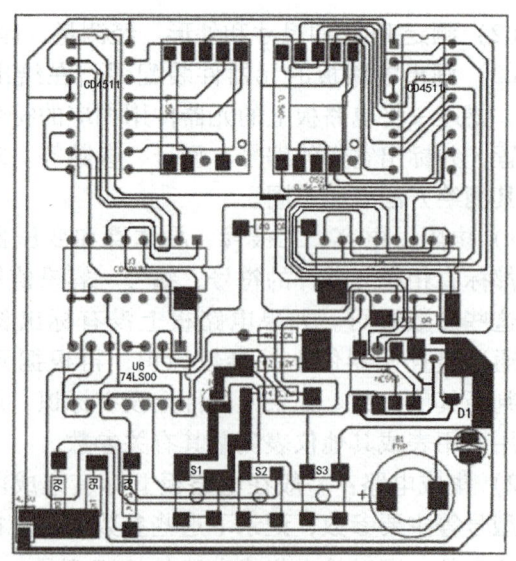

b）印制电路板底层连线图

图 1-33　元器件装配图的连线情况

（5）在 PROTEL 软件上绘制出电路草图　为防止出现漏查和重查现象，每查一个结点（或焊点），必须把此点相连的所有元器件、引线查完后再查下一个点。边画边查，同时用铅笔将装配图上已查过的元器件勾去。

（6）复查　草图画完后再将草图与装配图对照检查一遍，看有无错漏之处。

（7）将草图整理成标准电路图　完成了对电路板的实际测绘后，接下来的工作是将绘图展开，调整元器件的摆放位置，使其尽可能不出现交叉连线，并按左进右出的顺序画出原理图。在完成了原理图的绘制后，检查有没有错误，再分析电路的工作原理是否合理，如果不合理，则需重新测绘有异议的地方，确保测绘的正确性，最终完成原理图的测绘，如图1-34所示。

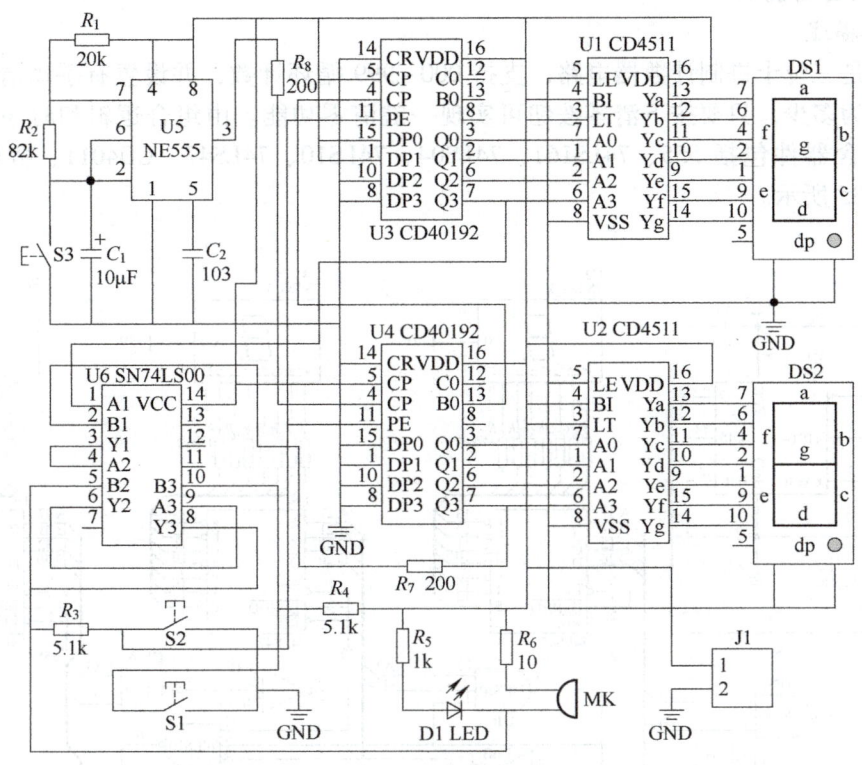

图1-34　电路原理图

通过元器件的型号和参数以及电路连接线路，分析出电路的工作原理。这是一个倒计时电路，NE555及周围元器件组成时基电路，根据元器件参数计算出是一个秒信号发生器，秒信号脉冲送到CD40192计数器，计数脉冲通过译码器CD4511到数码显示DS1、DS2，显示两位数字。

CD40192是同步十进制可逆计数器，且有清除和置数功能，此电路U3的输入DP3DP2DP1DP0为0011，即"3"，U4的输入DP3DP2DP1DP0为0000，即"0"。所以预置数为"30"，按下启动开关"S1"，U6的第"10"脚输入低电平，"8"脚输出高电平，计数器"14"脚低电平，"11"脚高电平，执行计数功能，计数脉冲由"4"脚接入，执行倒计时功能。

按下复位键"S2"，计数器"11"变成低电平，计数器读入预制数"30"。"S3"为暂停，按下"S3"，U5的"2"和"6"脚为低电平，秒信号停止输出，倒计时暂停。

技能训练2　寄存器型N进制计数器应用电路的调试

（一）目的

1）熟悉4位2进制同步计数器74LS161的使用方法。

2）熟悉集成六反相器 74LSO4 的使用方法。
3）熟悉 555 时基电路做双稳态触发电路的应用方法。
4）熟悉集成三输入与非门 74LS10 的使用方法。
5）熟悉 BCD-7 段数码管译码器/驱动器 74LS47 的使用方法。
6）熟悉集成二输入四与非门 CD4011 的使用方法。
7）掌握数据译码电路、数码管显示电路的设计、安装方法。

（二）内容与说明

1. 电路描述

本电路是三位十进制计数器电路，支持 000～999 循环计数，并设置有手动清零按钮，不论当前计数为多少，只要按下清零按钮可实现一键清零功能。由组合逻辑和时序逻辑电路组成实现，所含器件包括 555、74LS161、74LS04、74LS10、74LS47、CD4011、数码管显示器等，如图 1-35 所示。

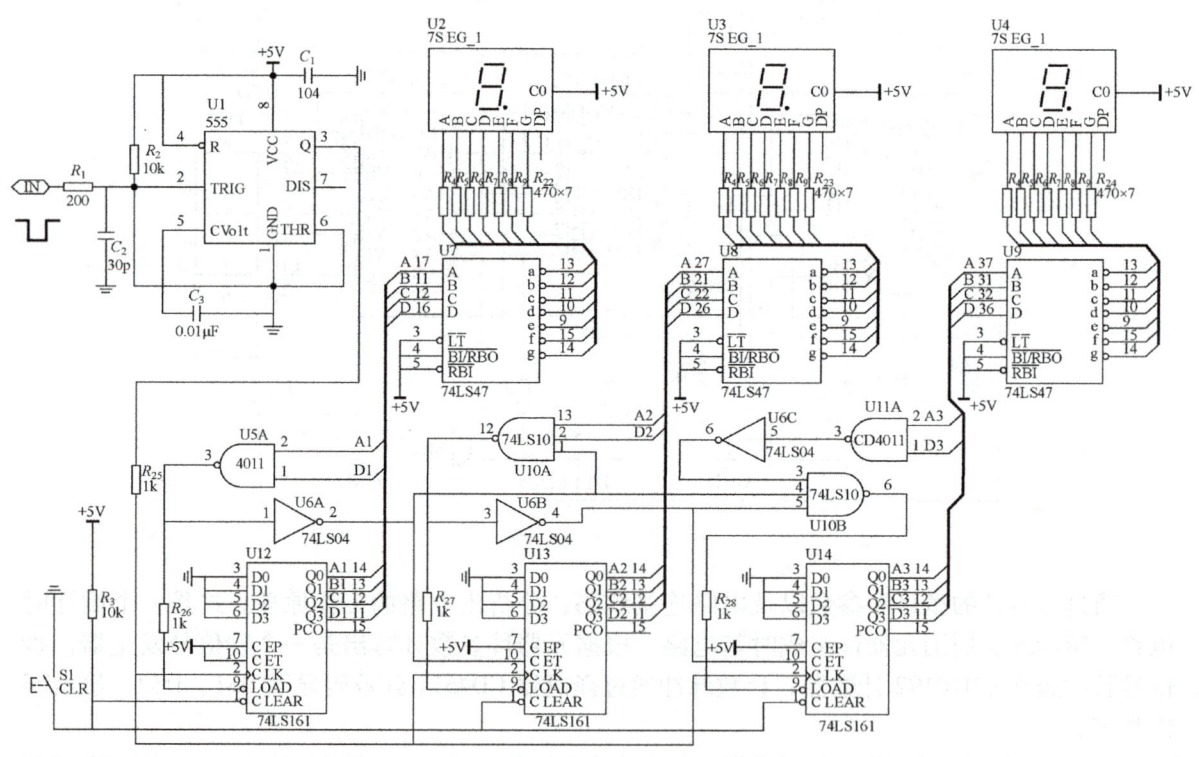

图 1-35　三位十进制计数器电路

2. 计数原理

前级是由 U1 基本定时芯片 555 组成的双稳态触发电路，对输入的脉冲信号（低电平有效）进行整形，整形后（电平同时被翻转）分别送到三位计数器 U12、U13、U14 的时钟输入端（CLK）。由于 U12 的计数控制端 CEP 和 CET 都接了高电平，所以 CLK 端只要有脉冲过来 U12 就产生计数。由于芯片 74LS161 是 BCD 码格式输出，当 U12 计数到 9 时，计数器输出 Q3Q2Q1Q0 = 1001，经过与非门 U5A 反馈给同步预置端 LOA，使 LOAD = 0。同时，此信号经非门 U6A 翻转后送到 U13 的计数控制端 CET，使 CET = 1。此时 U10A 的 1 脚和 U10B 的 5 脚都为 1。当第 10 个 CLK 脉冲上升沿到来时，由于先前 D3D2D1D0 都接了地，计数器将 D3D2D1D0＝0000 置入计数器，迫使计数器重新从零开始计数，实现清零功能。与此同时，十位计数器 U13 的计数控制端 CEP＝CET＝1，在 U12 清零的同一个脉冲，U13 会自动加 1。此后 U12 输出端＝0000，LOAD＝1，U6A 的 2 脚＝0，U13 的 CET＝0，有脉冲过来时，U13 不会再继续计数，只有当 U12 再次计数到 9 时，有脉冲到来 U13 才会再次加 1。当 U13 加到 9 且 U12 也加到 9 时，U10A 的 1 脚、2 脚和 13 脚都为 1，3 个信号与非后送到 U13 的 LOAD 端，下一个脉冲到来计数器将 D3D2D1D0＝0000 置入计数器，迫使计数器重新从零开始计数，实现清零功能。依此类推，实现 00～99 的计数功能。

实现 000～999 的计数，当个位 U12、十位 U13 都计数到 9 时，下一个脉冲到来，个位十位都清零，百位 U14 才允许加 1。

看电路，U12 计数到 9 时，U5A 的 1 脚和 2 脚都等于 1，3 脚等于 0；电平翻转后 U6A 的 2 脚＝1，U10A 的 1 脚和 U10B 的 4 脚＝1。

U13 计数到 9 时，U10A 的 2 脚和 13 脚都等于 1；当 U12 计数到 9 时，U10A 的 1 脚也等于 1，3 个与门成立，U10A 的 12 脚输出 0，U6B 的 4 脚输出 1，所以 U14 的计数控制端 CET＝1，且 CEP 又接了高电平。此时允许 U14 计数，当下一个 CLK 的上升沿到来时，U14 会自动加 1。依此类推可以加到 9。

个位十位百位的加 1 以及个位十位的清零分析完了，我们再来看百位如何实现清零。当且仅当 U12 输出等于 9，U13 输出等于 9，U14 输出也等于 9 的时候，允许百位清零（个位和十位的清零都各自实现）。也就说，U14 的清零同时受 U12 和 U13 的限制。当 U12 输出为 9、U13 输出为 9、U14 输出为 9 时，U11A 的 1 脚和 2 脚都为 1，3 脚为 0，经 U6C 翻转后又为 1，U10B 的 3 脚、4 脚和 5 脚都等于 1，3 个信号与非后为 0 送到 U14 的清零端 LOAD，当下一个 CLK 脉冲到来从而实现清零。

3. 显示原理

74LS47 是 BCD-7 段数码管译码器/驱动器，74LS47 的功能是将 BCD 码转化成数码块中的数字，通过它解码，可以直接把数字转换为数码管的显示数字。每一位上的 74LS161 输出的 BCD 码直接送到与之对应的译码器上，译码器译码后经限流电阻再送到数码管上显示。由于 74LS47 的输出为低电平有效，所以显示用数码管要采用共阳极型，公共端直接接高电平。

4. 一键清零计数器

根据 74LS161 计数器引脚特性看，其 1 脚为异步清零控制端，当为 0 时实现清零功能，即 Q3Q2Q1Q0。由于清零功能和时钟无关，故这种清零称异步清零。三个计数器的异步清零控制端常态由电阻 R3 一并上拉至高电平，下面接了按键。一旦按键触发，三个计数器的清零端都为 0，实现清零功能。

5. 说明

脉冲信号输入端可接光电传感器、光电耦合器、按键等信号源，实现计数功能。

（三）安装与调试

1）按电路安装 555 组成的双稳态触发电路，使用示波器观察电路输出波形。

2）安装译码与显示电路并通电调试，以实现数码管正常显示功能。

3）连接触发电路与译码电路并验证线路功能。

（四）元器件选择

元器件明细表见表 1-2。

表 1-2 元器件明细表

序号	标号	型号	规　格
1	C3	0.01μF	涤纶或瓷介电容
2	R25~R28	1k	贴片电阻
3	U2~U4	7SEG_1	7段数码管
4	R2、R3	10k	贴片电阻
5	C2	30pF	涤纶或瓷介电容
6	U6	74LS04	6非门
7	U10	74LS10	集成3路4与非门
8	U7~U9	74LS47	BCD-7段数码管译码器/驱动器
9	U12~U14	74LS161	4位2进制同步计数器
10	C1	104	涤纶或瓷介电容
11	R1	200	贴片电阻
12	R22~R24	470×7	电阻排
13	R4~R21	470	贴片电阻
14	U1	555	时基电路
15	U5	4011	与非门
16	U11	CD4011	与非门
17	S1	CLR	按钮

复习思考题

1. IGCT 和 IPM 的应用特点是什么？
2. 开环控制与闭环控制的特征、优缺点和应用场合有何不同？
3. 晶闸管直流调速系统中，有环流和无环流各自的应用特点是什么？
4. ASR、ACR 为何要限幅？如何调整？
5. 如何测定速度反馈极性？如何调整反馈系数？

项目 2

交直流传动系统调试维修

培训学习目标：
熟悉变频器的基本工作原理；熟悉不同类型变频器的控制特点及应用；掌握变频器的安装、接线及参数设定方法；熟悉变频器的应用及维护方法。

2.1 变频调速系统

异步电动机的变压变频调速系统，一般简称为变频调速系统。由于在调速时转差功率不随转速变化而变化，调速范围宽，无论是高速时还是低速时效率都比较高，在采取一定的技术措施后能实现高动态性能，可与直流调速媲美。

2.1.1 通用变频器的工作原理

1. 交流异步电动机变频调速原理

交流异步电动机的转速公式为

$$n = (1-s)\frac{60f}{p} \tag{2-1}$$

式中 f——定子绕组的供电频率，单位为 Hz；
  p——磁极对数；
  s——转差率；
  n——电动机转速。

由式（2-1）可知，只要平滑地调节异步电动机的供电频率 f，就可以平滑地调节异步电动机的转速。

2. 变频调速系统的控制方式

异步电动机定子绕组每相感应电动势 E 的有效值为

$$E_1 = 4.44 k_{r1} f_1 N_1 \Phi_m \tag{2-2}$$

式中 E_1——气隙磁通在每相定子绕组中感应电动势的有效值，单位为 V；
  f_1——定子频率，单位为 Hz；
  N_1——每相定子绕组串联匝数；
  k_{r1}——与绕组有关的结构常数；
  Φ_m——每极气隙磁通量，单位为 Wb。

由式（2-2）可知，如果每相定子绕组电动势的有效值 E_1 不变，改变定子频率时会出现下面两种情况：

1) 如果 f_1 大于电动机的额定频率 f_{1N}，气隙磁通量 Φ_m 就会小于额定气隙磁通量 Φ_{MN}，结果是电动机的铁心没有得到充分利用，是一种浪费。

2) 如果 f_1 小于电动机的额定频率 f_{1N}，气隙磁通量 Φ_M 就会大于额定气隙磁通量 Φ_{MN}，结果是电动机的铁心产生过饱和，从而导致过大的励磁电流，使电动机功率因数和效率下降，严重时会因绕组过热烧坏电动机。

因此，要实现变频调速，在不损坏电动机的情况下，充分利用电动机铁心，应保持每极气隙磁通量 Φ_m 不变。

（1）基频以下调速 由 $E_1 = 4.44 k_{r1} f_1 N_1 \Phi_m$ 可知，要保持 Φ_m 不变，当频率 f_1 从额定值 f_{1N} 向下调时，必须降低 E_1，使 E_1/f_1 = 常数，即电动势与频率之比为恒定值。绕组中的感应电动势不容易直接控制，当电动势的值较高时，可以认为 $U_1 \approx E_1$，即 U_1/f_1 = 常数，这就是恒压频比控制方式。

基频以下调速时的机械特性如图2-1所示。如果电动机在不同转速下都具有额定电流，则电动机都能在温度升高允许的条件下长期运行，这时转矩基本上随磁通量变化，由于在基频以下调速时磁通量恒定，所以转矩也恒定。根据电机拖动原理，在基频以下调速属于"恒转矩调速"。

（2）基频以上调速 在基频以上调速时，频率可以从 f_{1N} 向上增加，但电压 U_1 不能超过额定电压 U_{1N}，最大为 $U_1 = U_{1N}$，由 $E_1 = 4.44 k_{r1} f_1 N_1 \Phi_m$ 可知，这将使磁通量随频率的升高而降低，相当于直流电动机弱磁升速的情况。在基频以上调速时，由于电压 $U_1 = U_{1N}$ 不变，当频率升高时，同步转速随之升高，气隙磁动势减弱，最大转矩减小，输出功率基本不变，所以，基频以上变频调速属于"弱磁恒功率"调速。此时的机械特性如图2-2所示。

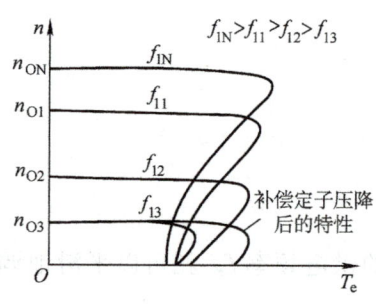

图2-1 基频以下调速时的机械特性

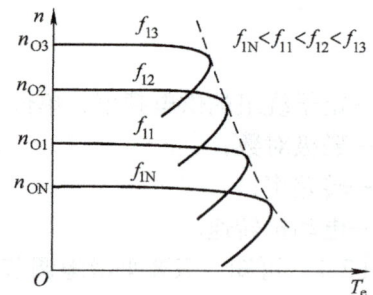

图2-2 基频以上调速时的机械特性

通过分析可以得出如下结论：当 $f_1 \leq f_{1N}$ 时，变频装置只有在改变输出频率的同时改变输出电压的幅值，才能满足对异步电动机变频调速的基本要求。

这样的装置通称变压变频（VVVF）装置，这是通用变频器工作的最基本原理。

3. 脉冲宽度调制（PWM）技术

通常情况下，希望通用变频器输出的波形是标准的正弦波，但现在的技术还不能制造大功率、输出波形为标准正弦波的可变压变频逆变器。目前容易实现的方法是：使逆变器输出端得到一系列幅值相等而宽度不等的方波脉冲，用这些脉冲来代替正弦波或所需要的波形，即可改变逆变电路输出电压的大小，如图2-3所示。

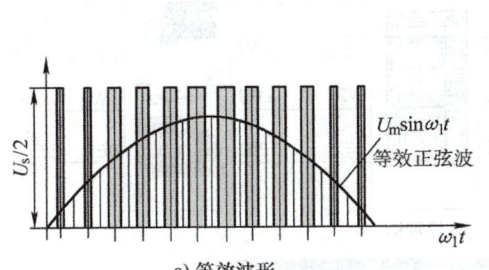
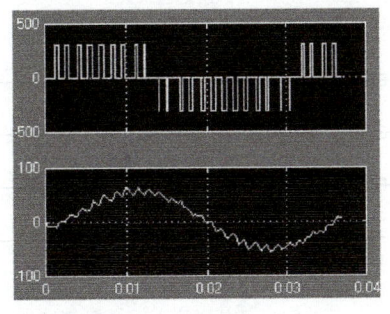

a) 等效波形 b) 仿真波形

图 2-3 脉冲宽度调制（PWM）波形

脉冲宽度调制（PWM）技术是变频技术的核心技术之一，也是目前应用较多的一种技术。逆变器输入幅度恒定不变的直流电压，通过调节逆变器的脉冲宽度和输出交流电的频率，实现调压调频，供给负载。

2.1.2 通用变频器的基本结构

1. 通用变频器的外形结构

变频器是把电压、频率固定的交流电变成电压、频率可调的交流电的变换器，变频器的基本结构如图 2-4 所示。

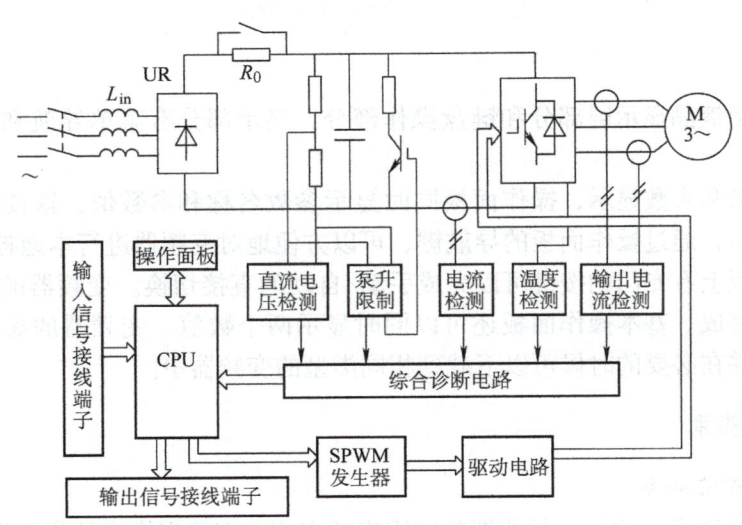

图 2-4 变频器的基本结构

2. 主电路接线图

变频器主电路接线图如图 2-5 所示。

（1）输入端　工频电网的输入端 L1、L2、L3，有的标志为 R、S、T。

（2）输出端　输出端 U2、V2、W2，变频器接电动机的端点。

3. 控制端子

控制端子包括外部信号控制变频器的端子、变频器工作状态指示端子以及变频器与计算机或其他变频器的通信接口，如图 2-6 所示。

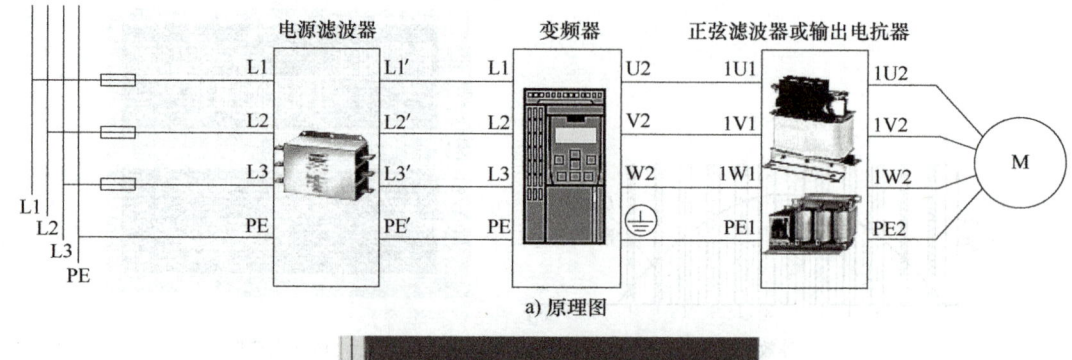

a) 原理图

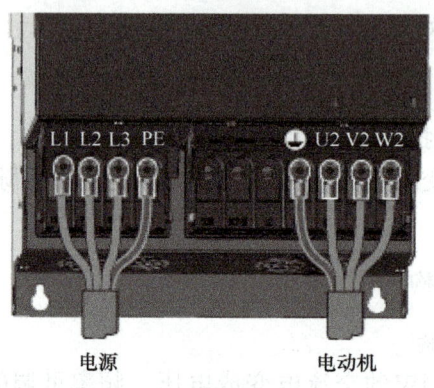

b) 接线端图

图 2-5 变频器主电路接线图

4. 操作面板

操作面板包括液晶显示屏部分和键盘操作部分，显示部分有菜单导航和菜单数显示，如图 2-7 所示。

通过菜单导航和参数显示，操作面板同时显示参数名称和参数值，这使得基本的变频器调试变得简单容易，通过操作面板的导航键，可以方便地对变频器进行本地控制。

基本操作面板上有专门的按键可以完成手动/自动的直接切换。变频器的故障诊断可以通过菜单的引导来完成。基本操作面板还可以同时显示两个数值。变频器的参数可以复制并上传到操作面板，并在必要的时候可以下载到相同类型的变频器中。

2.1.3 变频器的类别

1. 按照变换环节分类

（1）交—交变频器 这种变频器把频率固定的交流电直接变换成频率连续可调的交流电。其主要优点是没有中间环节，变频效率高，但其连续可调的频率范围窄，一般在额定频率的 1/2 以下，主要用于容量大、低速的场合。

（2）交—直—交变频器 这种变频器先把频率固定的交流电变成直流电，再把直流电逆变成频率可调的三相交流电。在此类装置中，若用不可控整流器，则输入功率因数不变；若用 PWM 逆变器，则输出谐波减小。PWM 逆变器需要全控式电力电子器件，其输出谐波减小的程度取决于 PWM 的开关频率，而开关频率则受器件开关时间的限制。开关频率在 20kHz 以上时，输出波形已经非常接近正弦波，故又称为正弦脉宽调制（SPWM）逆变器。

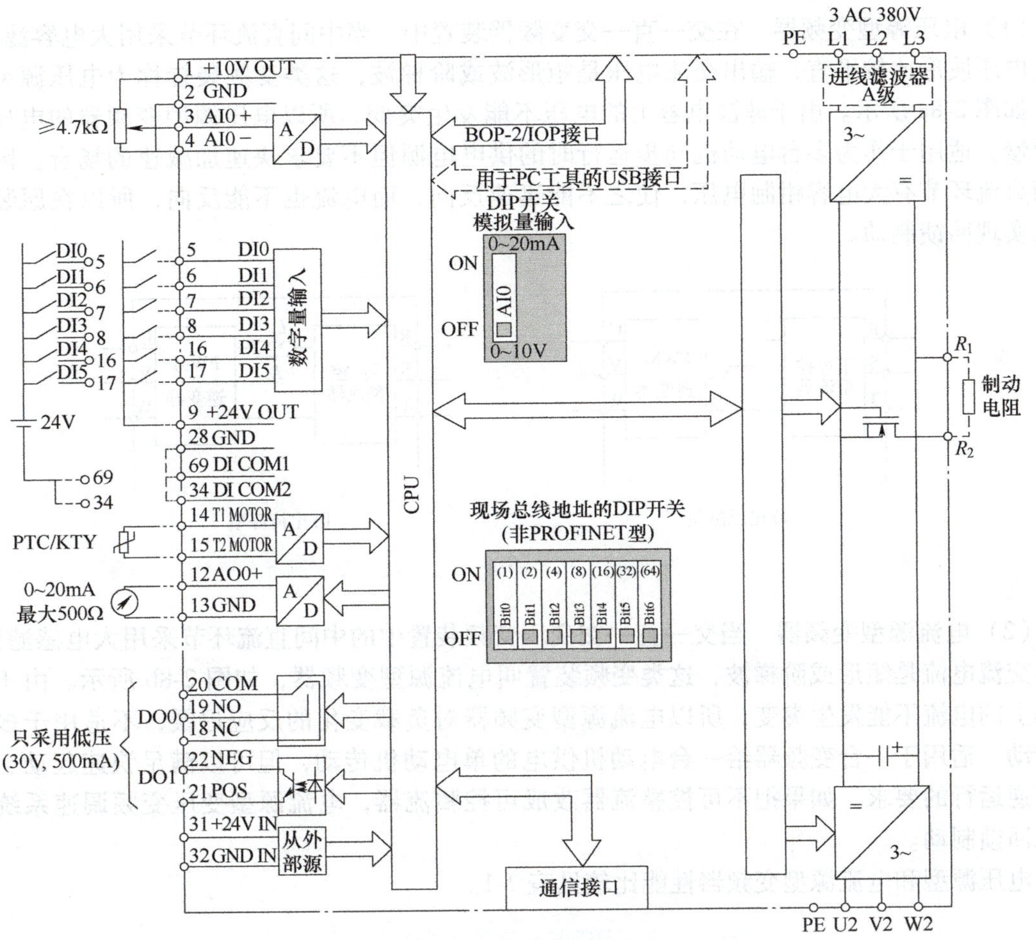

项目 2　交直流传动系统调试维修

图 2-6　变频器控制电路接线端子

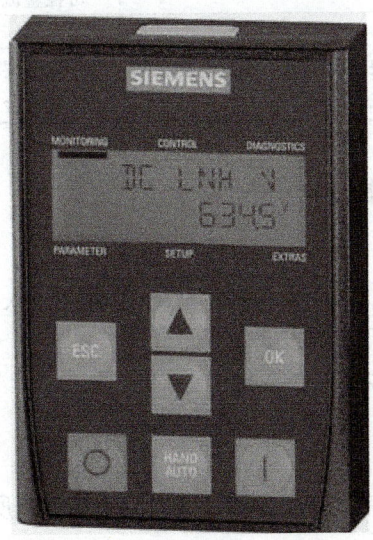

图 2-7　变频器操作面板

2. 按照滤波方式分类

(1) 电压源型变频器　在交—直—交变频器装置中，当中间直流环节采用大电容滤波时，直流电压波形比较平直，输出交流电压是矩形波或阶梯波，这类变频装置称为电压源型变频器，如图 2-8a 所示。由于滤波电容上的电压不能发生突变，所以电压源型变频器的电压控制响应慢，适用于作为多台电动机同步运行时的供电电源但不要求快速加减速的场合。因为其中间直流环节有大电容钳制电压，使之不能迅速反向，而电流也不能反向，所以在原装置上无法实现回馈制动。

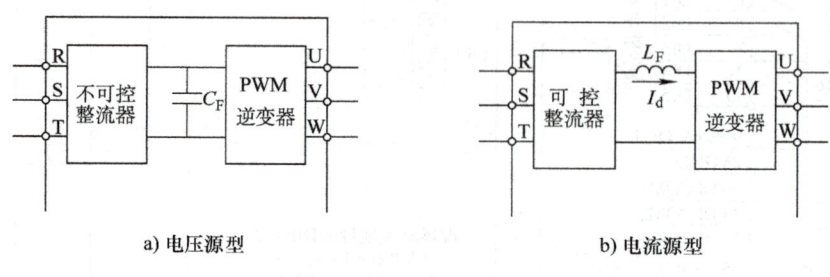

a) 电压源型　　　　　　　　　b) 电流源型

图 2-8　电压源型和电流源型交—直—交变频器

(2) 电流源型变频器　当交—直—交变压变频装置中的中间直流环节采用大电感滤波时，输出交流电流是矩形或阶梯波，这类变频装置叫电流源型变频器，如图 2-8b 所示。由于滤波电感上的电流不能发生突变，所以电流源型变频器对负载变化的反应迟缓，不适用于多电动机传动，适用于一台变频器给一台电动机供电的单电动机传动，但可以满足快速起动、制动和可逆运行的要求。如果把不可控整流器改成可控整流器，电流源型变压变频调速系统容易实现回馈制动。

电压源型和电流源型变频器性能比较见表 2-1。

表 2-1　电压源型和电流源型变频器性能比较

比较项目	电压源型变频器	电流源型变频器
整流电路	不可控整流桥	可控整流桥
直流滤波环节	大电容	大电感
应用范围	适用于不要求快速加减速的多台电动机同步运行或单电动机运行的场合	适用于要求具有快速起动、制动和可逆运行的单电动机场合

2.1.4　变频器的额定值和频率指标

1. 输入侧的额定值

输入侧的额定值主要是电压和相数。小容量的变频器输入指标有以下几种：

1) 380V/50Hz，三相，用于国内设备。
2) 220V/50Hz 或 60Hz，三相，主要用于进口设备。
3) 200~230V/50Hz，单相，主要用于家用电器。

2. 输出侧的额定值

(1) 输出电压 U_N　由于变频器在变频的同时也要变压，所以输出电压的额定值是指输出电压中的最大值。

(2) 输出电流 I_N　I_N 是指允许长时间输出的最大电流。

(3) 输出容量 S_N（kV·A）　S_N 与 U_N 和 I_N 的关系为 $S_N = \sqrt{3}\,U_N I_N$。

(4) 配用电动机功率 P_N（kW）　变频器规定的配用电动机功率，适用于长期连续负载运行。

(5) 超载能力　变频器的超载能力是指输出电流超过额定值的允许范围和时间。大多数变频器规定为 $150\% I_N$ 时持续 60s，或 $180\% I_N$ 时持续 0.5s。

3. 频率指标

(1) 频率范围　即变频器能够输出的最高频率 f_{max} 和最低频率 f_{min}。各种变频器规定的频率范围不一样，一般最低工作频率为 0.1~1Hz，最高工作频率为 120~650Hz。

(2) 频率精度　指变频器输出频率准确程度，用变频器的实际输出与设定频率之间的最大误差与最高工作频率之比的百分数来表示。例如，富士 G9S 系列变频器的频率精度为 ±0.01，是指在 -10~+15℃ 环境下数字设定所能达到的最高频率精度。

(3) 频率分辨率　指输出频率的最小改变量，即每相邻两挡频率之间的最小差值。一般分为模拟设定分辨率和数字设定分辨率。

2.1.5　变频器的主电路

主电路由整流电路、中间直流电路和逆变器三部分组成。电压源型交—直—交变频器主电路的基本结构如图 2-9 所示。

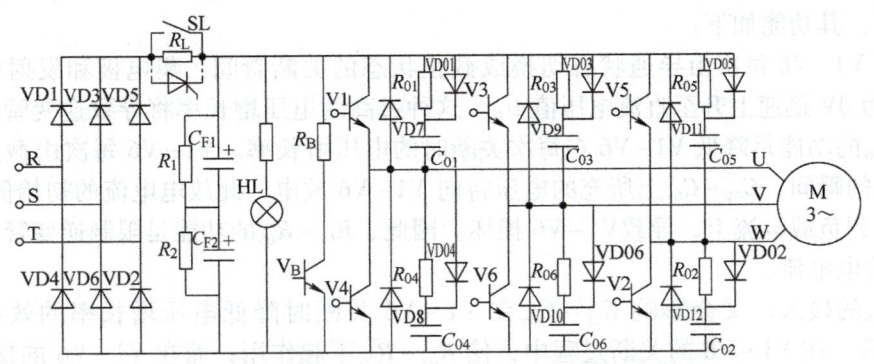

图 2-9　电压源型交—直—交变频器主电路的基本结构

1. 交—直部分

(1) 整流电路　整流电路由 VD1~VD6 组成三相不可控整流桥，将电源的三相交流电全波整流成直流电。整流电路因变频器输出功率大小不同而不同。小功率变频器的输入电源多用单相 220V，整流电路为单相全波整流电桥；大功率变频器一般用三相 380V 电源，整流电路为三相桥式全波整流电路。设电源的线电压为 U_L，那么三相全波整流后平均直流电压 U_D 的大小为 $1.35 U_L$。三相电源为 380V 时，整流后的平均直流电压是 513V。

(2) 滤波电容 C_F　整流电路输出的整流电压是脉动的直流电压，必须加以滤波。滤波电容 C_F 的作用是：除了滤除整流后的电压波纹外，还在整流电路与逆变器之间起去耦作用，以消除相互干扰，这就给为感性负载的电动机提供必要的无功功率；同时还可以起到储能作用，所以又叫作储能电容。

(3) 限流电阻 R_L 与开关 SL　由于储能电容的电容量较大，加之在接入电源时电容器两端的电压为零，所以在变频器接通电源瞬间，滤波电容 C_F 的充电电流很大。过大的冲击电流能使三相整流桥损坏。为了保护整流桥，在变频器刚接通电源的一段时间里，电路串入限流电阻 R_L，可以限制电容的充电电流。当滤波电容 C_F 充到一定程度时，令 SL 接通，将 R_L 短接。在有些变频器里 SL 用晶闸管代替，如图 2-9 中虚线所示。

（4）电源指示灯 HL HL 除了指示电源是否接通以外，还有一个功能，即变频器切断电源后，显示滤波电容 C_F 上的电荷是否已经释放完毕。

2. 直—交部分

（1）逆变管 V1～V6 V1～V6 组成逆变桥，把 VD1～VD6 整流后的直流电"逆变"成频率、幅值都可调的交流电。这是变频器实现变频的执行环节，是变频器的核心部分。常用的逆变管有绝缘栅双极晶体管（IGBT）、大功率晶体管（GTR）、门极关断（GTO）晶闸管、功率场效应晶体管（MOSFET）、集成门极换流晶闸管（IGCT）等。

（2）续流二极管 VD7～VD12 续流二极管 VD7～VD12 的主要功能如下：

1）电动机的绕组是感性的，其电流具有无功分量。续流二极管 VD7～VD12 为无功分量返回直流电源提供"通道"。

2）当频率下降、电动机处于再生制动状态时，再生电流将通过续流二极管 VD7～VD12 返回直流电源。

3）V1～V6 进行逆变的基本工作过程为：同一桥臂的两个逆变管处于不停的交替导通和截止的状态。在交替导通和截止的换相过程中，需要续流二极管 VD7～VD12 提供通道。

（3）缓冲电路 不同型号的变频器，其缓冲电路的结构也不尽相同。图 2-9 所示是比较典型的一种，其功能如下：

逆变管 V1～V6 每次由导通状态切换成截止状态的关断瞬间，集电极和发射极间的电压 U_{CE} 由近似为 0V 迅速上升至直流电压值 U_D。这种过高的电压增长率将导致逆变管的损坏。因此，C_{01}～C_{06} 的功能是降低 V1～V6 在每次关断时的电压增长率。V1～V6 每次由截止状态切换成导通状态的瞬间，C_{01}～C_{06} 上所充的电压将向 V1～V6 放电。此放电电流的初始值是很大的，并且将叠加到负载电流上，导致 V1～V6 损坏。因此，R_{01}～R_{06} 的功能是限制逆变管在接通瞬间 C_{01}～C_{06} 的放电电流。

R_{01}～R_{06} 的接入，又会影响 C_{01}～C_{06} 在 V1～V6 关断时降低电压增长率的效果。VD01～VD06 接入后，在 V1～V6 的关断过程中，使 R_{01}～R_{06} 不起作用；而在 V1～V6 的接通过程中，又迫使 C_{01}～C_{06} 的放电电流流经 R_{01}～R_{06}。

3. 制动电阻和制动单元

（1）制动电阻 R_B 电动机在工作频率下降过程中，异步电动机的转子转速将超过此时的同步转速处于再生制动状态，拖动系统的动能要反馈到直流电路中，使直流电压 U_D 不断上升，电压太高，对变频器的元器件造成危害。因此，必须将再生到直流电路的能量消耗掉，使 U_D 保持在允许范围内。制动电阻 R_B 就是用来消耗这部分能量的。

（2）制动单元 V_B 制动单元 V_B 由大功率晶体管 GTR 及驱动电路构成。其功能是控制流经 R_B 的放电电流 I_B。

2.1.6 通用变频器的控制电路原理

1. U/f 控制通用变频器

（1）普通型 U/f 控制通用变频器

1）主要特点。优点包括：转速开环控制、无速度传感器、控制电路简单、使用通用标准异步电动机、通用性强和性价比高。

缺点如下：

① 不能准确地调整电动机转矩补偿和适应转矩的变化。普通型U/f控制通用变频器为了适应不同型号的电动机和不同的生产机械，一般采用两种方法实现转矩提升功能：一种方法是在存储器中存入多种U/f函数曲线图形，由用户根据需要选择；利用选定U/f曲线模式的方法，很难恰当地调整电动机的转矩；同时，由于负载冲击或起动过快，有时会引起过电流而跳闸。另一种方法是根据定子电流的大小自动补偿定子电压。由于定子电流不完全与转子电流成正比，所以这种根据定子电流调节变频器电压的方法，并不能真实地反映负载转矩。因此，定子电压也不能根据负载转矩的改变而恰当地改变电磁转矩。由于定子电阻压降随负载大小发生变化，当负载较重时可能补偿不足；而负载较轻时又可能产生过补偿，使磁路处于过饱和状态。

注意：以上两种情况都可能引起变频器过电流跳闸。

② 无法准确地控制电动机的实际转速。由于普通型U/f控制通用变频器是转速开环控制，由异步电动机的机械特性曲线可知，设定值为定子频率，也就是理想空载转速，而电动机的实际转速由转差率决定，所以U/f控制方式存在的稳态误差不能控制，所以无法准确地控制电动机的实际转速。

③ 转速极低时，由于转矩不足而无法克服较大的静摩擦力。

2）接线原理：SANKEN SVF系列变频器是一种典型的U/f控制通用变频器，它的控制电路与外围电路的接线如图2-10所示。

（2）具有恒定磁通功能的U/f控制通用变频器　通用变频器驱动不同类型的异步电动机时，根据电动机的特性对压频比的值进行恰当的调整是十分困难的。一旦出现电压不足，电动机的特性与负载特性就会没有稳定运行交点，可能出现过载或跳闸。要想使电动机特性在最大转矩范围与负载特性都有稳定运行交点，就应当让转子磁通恒定而不随负载发生变化。普通U/f控制通用变频器的SPWM控制主要是使逆变器的输出电压尽量接近正弦波，在控制上没有考虑负载电路参数对转子磁通的影响，如果采用磁通反馈控制，让异步电动机所输入的三相正弦电流在空间产生圆形旋转磁场，那么就会产生恒定的电磁转矩。这种控制方法就称为"磁链跟踪控制"。由于磁链的轨迹是靠电压空间矢量相加得到的，所以有人把"磁链跟踪控制"称为"电压空间矢量控制"。考虑到这种功能的实现是通过控制定子电压和频率之间的关系来实现的，所以恒定电磁转矩的控制方法仍然属于U/f控制方式。

富士FRENIC5000G7/P7系列通用变频器就是一种恒定电磁转矩控制功能的U/f控制方式。其控制电路工作原理如图2-11所示。

采用这种控制方式，可以使电动机在极低的速度下转矩过载能力达到或超过150%；频率设定范围可以达到1∶30；电动机静态机械特性的硬度高于在工频电网上运行的自然机械特性的硬度。在动态性能要求不高的情况下，这种通用变频器甚至可以替代某些闭环控制。这种具有恒定磁通功能的通用变频器，由于其限流功能比较好，一般不会出现过电流跳闸现象，因此有人把这种通用变频器称为"无跳闸变频器"。

这种控制方式除需要定子电流传感器外，不再需要任何传感器，且通用性较强，适于各种型号的通用异步电动机。转矩限定器可以保证转矩或电流不超出允许值，从而避免变频器出现跳闸现象。

这种通用变频器的特点是：电动机机械特性硬度高；低速过载能力大；可实现"挖土机特性"，即具有过电流抑制功能。通常这类变频器需要在EPROM中存入电动机的参数，以便根据电动机的功率和极数去选择这些参数。

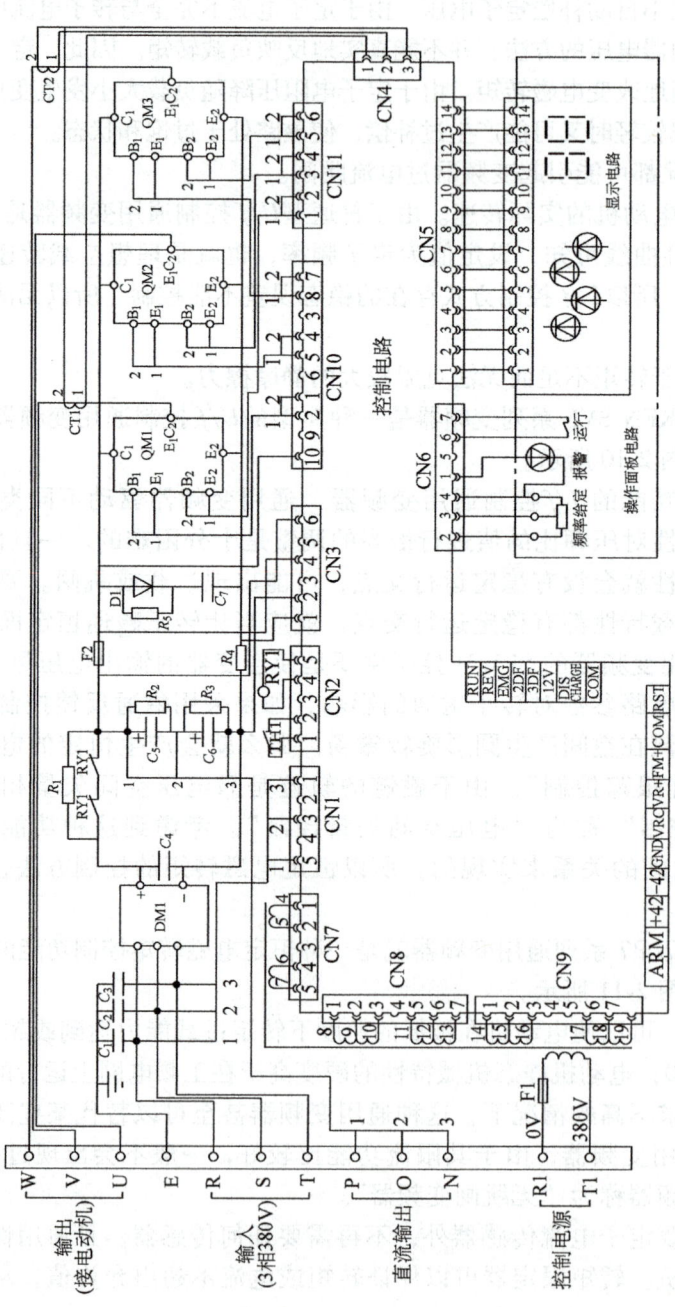

图 2-10 变频器控制电路与外围电路的接线

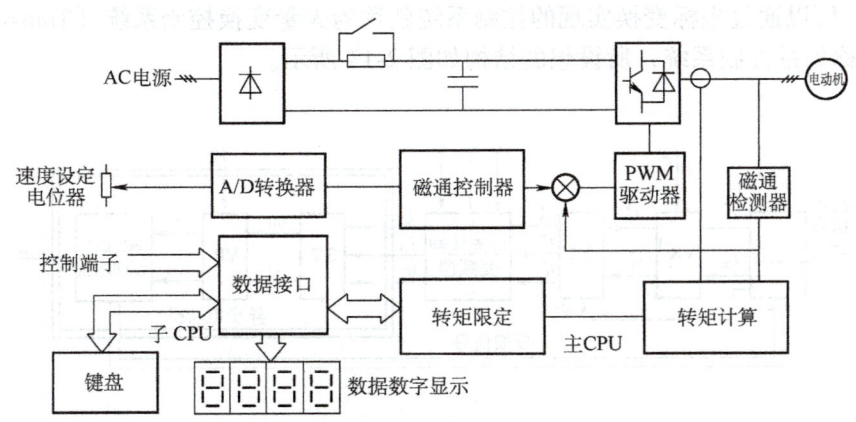

图 2-11　恒定电磁转矩控制电路工作原理

当生产工艺提出具有较高的静态、动态性能指标要求时，可以采用转速闭环控制构成转差频率控制系统，来满足许多工业应用中的要求。但是，当生产工艺提出更高的静态、动态性能指标要求时，转差频率控制系统还是不如转速、电流双闭环直流调速系统。为了解决这个问题，需要采用矢量控制的通用变频器。

2. 矢量控制通用变频器

矢量控制方法的出现，使异步电动机变频调速后的机械特性及动态性能达到了足以和直流电动机调压时的调速性能相媲美的程度，从而使异步电动机变频调速在电动机的调速领域处于优势地位。

矢量控制系统的基本思想是：交流异步电动机的转子能够旋转的原因是交流电动机的定子能够产生旋转磁动势；而旋转磁动势是交流电动机三相对称静止绕组 A、B、C，通过三相平衡的正弦电流所产生的。但是，旋转磁动势并不一定非要三相平衡，在空间位置上互相"垂直"；在时间上互差 120°电角度的两相绕组通以平衡的电流，也能产生旋转磁动势。

直流电动机转子能够产生旋转，是因为定子与转子之间磁场相互作用的结果。由于直流电动机的电刷位置固定不变，尽管电枢绕组在旋转，但电枢绕组所产生的磁场与定子所产生的磁场在空间位置上永远互相"垂直"。如果以直流电动机转子为参考点，那么定子所产生的磁场就是旋转磁动势。

由此可见，以产生同样的旋转磁动势为准则，三相交流绕组与两相直流绕组可以彼此等效。设等效两相交流电流绕组分别为 α 和 β，直流励磁绕组和电枢绕组分别为 m 和 t。它们之间的关系如图 2-12 所示。

从整体上看，输入为 A、B、C 三相电压，输出为转速 ω 的一台异步电动机。从内部看，经过 3/2 变换和 VR 同步旋转变换，变成一台由 i_{m1} 和 i_{t1} 输入、ω 输出的直流电动机。其中，φ 是等效两相交流电流与直流电动机磁通轴的瞬时夹角。

既然异步电动机经过坐标变换可以等效成直流电动机，那么，模仿直流电动机的控制方法，求得直流电动机的控制量，

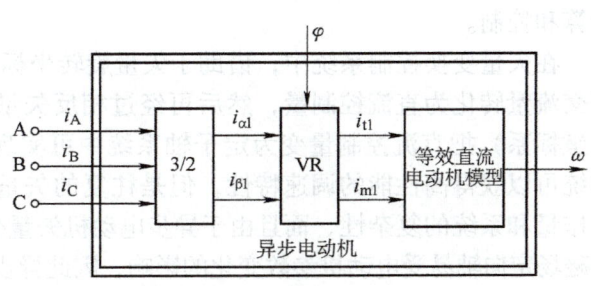

图 2-12　异步电动机的坐标变换

经过相应的坐标反变换，就可以控制异步电动机。由于进行坐标变换的是电流（代表磁动势）的空间矢量，所以通过坐标变换实现的控制系统就称为矢量变换控制系统（Transvector Control System），或称矢量控制系统，所设想的结构如图 2-13 所示。

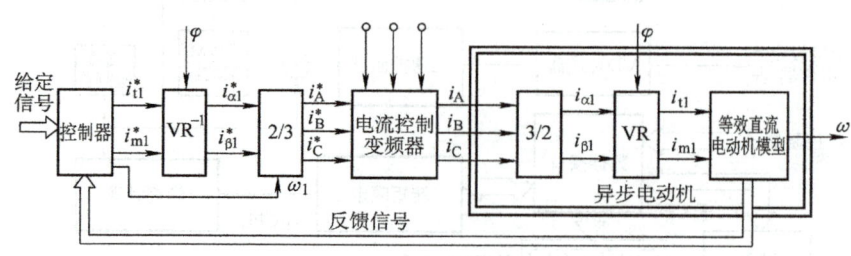

图 2-13　矢量变换控制系统的结构

图中给定和反馈信号经过类似于直流调速系统所用的控制器，产生励磁电流的给定信号 i_{m1}^* 和电枢电流的给定信号 i_{t1}^*，经过反旋转变换 VR^{-1} 得到 $i_{\alpha1}^*$ 和 $i_{\beta1}^*$，再经过 2/3 变换得到 i_A^*、i_B^* 和 i_C^*。把这三个电流控制信号和由控制器直接得到的频率控制信号 ω_1 加到带电流控制器的变频器上，就可以输出异步电动机调速所需的三相变频电流，实现了用模仿直流电动机的控制方法去控制异步电动机，使异步电动机达到了直流电动机的控制效果。

一般的矢量控制系统均需速度传感器，速度传感器是整个传动系统中最不可靠的环节，安装操作也比较麻烦。许多新系列的变频器设置了"无速度反馈矢量控制"功能。对于一些在动态性能方面无严格要求的场合，速度反馈可以不用。

3. 直接转矩控制

直接转矩控制是继矢量控制变频调速技术之后的一种新型的交流变频调速技术。它是利用空间电压矢量 PWM（SVPWM）通过磁链、转矩的直接控制、确定逆变器的开关状态来实现的。

（1）直接转矩控制的基本思想　按照生产工艺要求，电动机的转速是控制和调节的最终目的。转速是通过转矩来控制的，电动机转速的变化与电动机的转矩有直接关系，转矩的积分就是电动机的转速，只有电动机的转矩影响其转速，可见控制和调节电动机转速的关键是如何有效地控制和调节电动机的转矩。

对电动机来说，无论是直流电动机还是交流电动机，都由定子和转子两部分组成。定子产生定子磁势矢量 F_s，转子产生转子磁势矢量 F_r，两者合成为磁势矢量 F_Σ，产生磁链矢量 ψ_m。由电机统一理论可知，电动机的电磁转矩是由这些磁势矢量的相互作用而产生的，即等于它们中任何两个矢量的矢量积。

但是，由于这些矢量在异步电动机定子轴系中的各个分量都是交流量，因此难于进行计算和控制。

在矢量变换控制系统中，借助于矢量旋转坐标变换（定子静止坐标系→空间旋转坐标系）把交流量转化为直流控制量，然后再经过相反矢量旋转坐标变换（空间旋转坐标系→定子静止坐标系）把直流控制量变为定子轴系中可实现的交流控制量。显然，虽然矢量变换控制系统可以获得高性能的调速特性，但是往复的矢量旋转坐标变换及其他变换大大增加了计算工作量和系统的复杂性，而且由于异步电动机矢量变换控制系统采用转子磁场定向方式，设定的磁场定向轴易受电动机参数变化的影响，因此异步电动机矢量变换控制系统的鲁棒性较差，当采取参数自适应控制方式时，又进一步增加了系统的复杂性和计算工作量。

1)转矩控制。直接转矩控制系统不需要往复的矢量旋转坐标变换,直接在定子坐标系上用交流量计算转矩的控制量。

转矩等于磁势矢量 F_s 和 F_Σ 的矢量积,而 F_s 正比于定子电流矢量 i_s,F_Σ 正比于磁链矢量 ψ_m,因而可以知道转矩与定子电流矢量 i_s 及磁链矢量 ψ_m 的模值大小和两者之间的夹角有关,并且定子电流矢量 i_s 的模值可直接检测到,磁链矢量 ψ_m 的模值可从电动机的磁链模型中获得。在异步电动机定子坐标系中求得转矩的控制量后,根据闭环系统的构成原则,设置转矩调节器,形成转矩闭环控制系统,可获得与矢量变换控制相接近的静态、动态调速性能指标。

2)磁链控制。磁链大小与电动机的运行性能有密切关系,与电动机的电压、电流、效率、温升、转速和功率因数有关,所以从电动机合理运行角度出发,希望电动机在运行中保持磁链幅值恒定不变,这就需要对磁链进行必要的控制。同控制转矩一样,设置磁链调节器构成磁链闭环控制系统,控制磁链幅值为恒定。

目前控制磁链有两种方案:一种是让磁链矢量基本上沿圆形轨迹运动;另一种是让磁链矢量基本上沿六边形轨迹运动。

直接转矩控制系统的结构如图2-14所示。

(2)直接转矩控制的主要特点

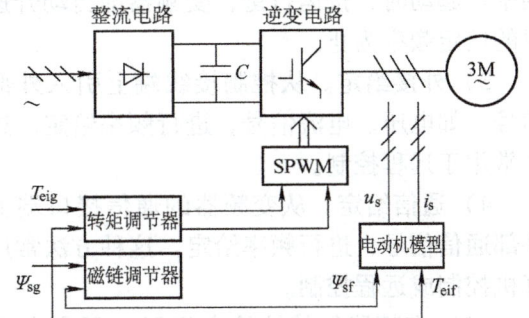

图2-14 直接转矩控制系统的结构

1)直接转矩控制技术是直接在定子坐标系下分析交流电动机的数学模型、控制电动机的磁链和转矩。它不需要模仿直流电动机的控制,也不需要为解耦而简化交流电动机的数学模型,省掉了矢量旋转变换等复杂的变换与计算。因此,它需要的信号处理工作特别简单。

2)直接转矩控制磁场定向所用的是定子磁链,只要知道定子电阻就可以把它观测出来。而矢量控制磁场定向所用的是转子磁链,观测转子磁链需要知道电动机转子电阻和电感。因此,直接转矩控制大大减少了矢量控制技术中控制性能易受参数变化影响的问题。

3)直接转矩控制采用空间矢量的概念来分析三相交流电动机的数学模型和控制其各物理量,使问题变得特别简单明了。

4)直接转矩控制强调的是转矩的直接控制与效果。它包含有两层意思:

① 直接控制转矩。把转矩直接作为被控制量,直接控制转矩。因此它并不需要极力获得理想的正弦波波形,也不用专门强调磁链的圆形轨迹。相反,从控制转矩的角度出发,它强调的是转矩直接控制效果,因而它采用离散的电压状态和六边形磁链的轨迹或近似圆形磁链轨迹的概念。

② 对转矩的直接控制。直接转矩控制技术对转矩实行直接控制。其控制方式是,通过转矩两点式调节器把转矩检测值与转矩给定值进行比较,把转矩波动限制在一定的容差范围内,且容差的大小由频率调节器来控制。因此,它的控制效果不取决于电动机的数学模型是否能够简化,而是取决于转矩的实际状况。它的控制既直接又简化。

对转矩的这种直接控制方式也称为"直接自控制"。这种"直接自控制"的思想不仅用于转矩控制,也用于磁链量的控制和磁链的自控制。

直接转矩控制技术,采用空间矢量的分析方法,直接在定子坐标系下计算与控制交流电动机的转矩,采用定子磁场定向,借助于离散的两点式调节产生PWM信号,直接对逆变器的开关状态进行最佳控制,以获得转矩的高动态性能。这种控制思想新颖,控制结构简单,控制手段直接，信号处理的物理概念明确。该控制系统的转矩响应迅速，限制在一拍以内，且无超调，是一种具有高静态、动态性能的交流调速方法。

2.1.7 变频器参数的设定和功能选择

1. 变频器运行频率的设定方法

（1）给定频率设定方法

1）面板给定。利用操作面板上的数字增加键（∧或△）和数字减小键（∨或▽）进行频率的数字量给定或调整。图2-15所示为西门子G120系列变频器的操作面板。

2）预置给定。通过程序预置的方法预置给定频率。起动时，按运行键，变频器即自动升速到预置的给定频率为止。

3）外接给定。从控制接线端上引入外部模拟信号，如电压、电流信号，进行频率给定。这种方法常用于远程控制。

4）通信给定。从变频器的通信接口端上引入外部通信信号，进行频率给定。这种方法常用于计算机控制或远程控制。

（2）变频器的外接给定配置 所有变频器都提供了外接给定的控制信号输入端。外接给定控制信号分为数字给定和模拟给定两大类，模拟给定又分为电压控制和电流控制两种。

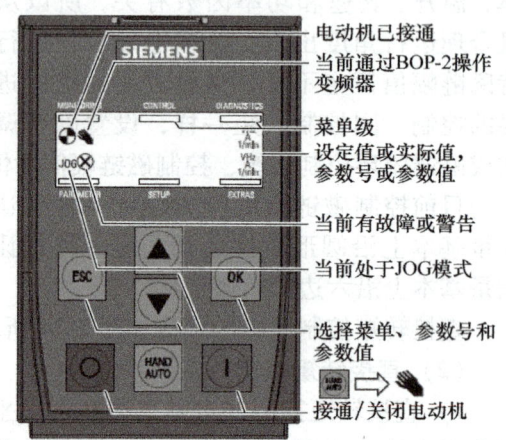

图2-15 西门子G120系列变频器操作面板

1）外接电压给定信号。外接电压给定信号又有两种给定方式：直接输入电压信号，通常用于计算机、PLC、PID调节器或其他控制装置；利用变频器内部提供的给定信号控制电压，由外部电位器取出电压给定信号，送入变频器的相应端子，如图2-16所示。

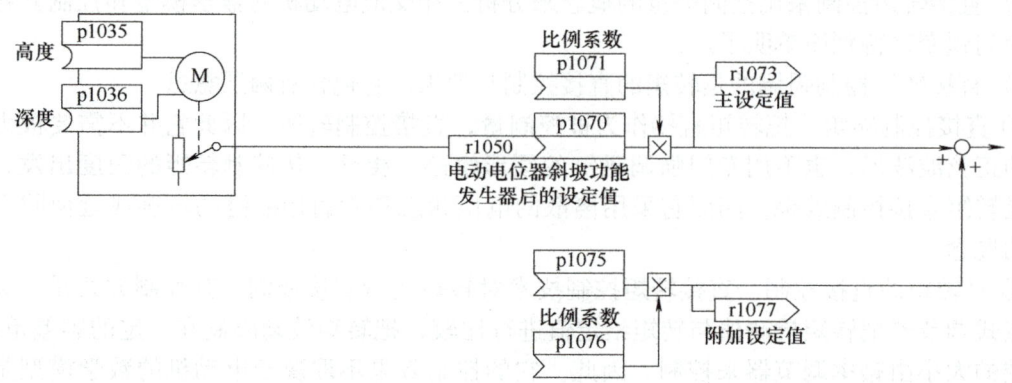

图2-16 变频器的给定信号控制端子

2）外接电流给定信号。当外接给定信号为电流时，将外接信号线接到外接电流给定信号端。一般用于远程控制或PID调节器输出控制变频器，变频器对外接电流给定信号的取值范围一般为4~20mA。

3）辅助给定信号。有的变频器在给定信号的输入端，配置有辅助给定信号的输入端，辅助给定信号与主给定信号叠加。在变频器网络控制中常用辅助给定信号作为终端变频器的给定修正。

2. 变频器运行频率范围的设定

(1) 基本频率和最高频率

1) 基本频率：电动机的额定频率称为变频器的基本频率。

2) 最高频率：当频率给定信号为最大值时，变频器的给定频率称为最高频率。

(2) 上限频率和下限频率　上限频率和下限频率是调速控制系统所要求变频器的工作范围，其大小应根据实际工作情况而定。上限频率和下限频率与最高输出频率、偏置频率和起动频率间的关系如图2-17所示。

(3) 回避频率　任何机械都有一个固有的谐振频率，它取决于机械的基本结构。在对机械进行无级调速过程中，机械的实际振荡频率在不断地发生变化，当机械振荡频率与其固有频率相同时，机械将发生谐振，可能导致机械损坏。

消除机械谐振的途径有：改变机械的固有频率；避开导致振荡的速度。

在变频调速系统中，预置回避频率即可回避可能引起的振荡转速。通过设置回避频率区域，可以消除机械谐振。回避区的下限频率 f_L 是指在频率上升过程中开始进入回避区的频率；回避区的上限频率 f_H 是指在频率上升过程中退出回避区的频率，如图2-18所示。

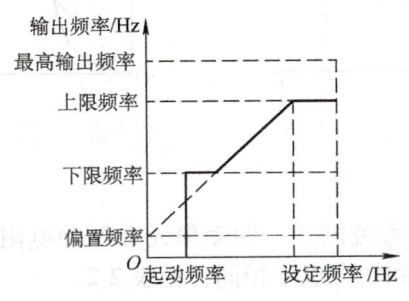
图 2-17　各频率间的关系

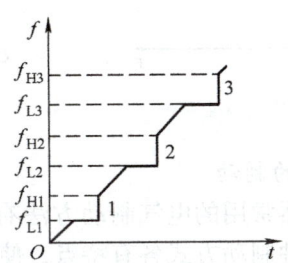
图 2-18　回避区的频率

(4) 载波频率设定　当变频器运行时，如果电动机有噪声或对同一控制柜内的其他控制设备产生干扰，可以在一定范围内调整载波频率，降低噪声或干扰，但该参数一般按照出厂设定。

(5) 瞬停再起动　这种功能允许变频器起动一个正在旋转的电动机。一般情况下，变频器从0Hz开始运行电动机，然后当电动机正在自转或被负载带动时，将回到给定值之前进行制动，这将导致过电流。通过采用瞬停再起动功能，变频器"诊断"电动机的速度，并且运转电动机，从这个速度一直到达给定速度值。

3. 变频器的起动

(1) 变频器的起动

1) 起动频率。对于静摩擦系数较大的负载，起动时需要较大的起动力矩，可根据需要预置起动频率，使电动机在该频率下直接起动，如图2-19所示。

2) 起动前直流制动。变频调速系统总是从最低频率开始起动的，如果在开始起动时，电动机已有一定的转速，可能引起过电流或过电压。起动前的直流制动功能可以保证电动机在完全停转的状态下开始起动。

(2) 变频器升降速

1) 升速时间。在机械工作过程中，升速过程是过渡过程，这段时间内通常不能进行生产活动,从工作效率出发,升速时间越短越好,但时间过短,频率上升过快,容易出现过电流。另外,对于电梯、带式输送机、纺织类机械的起动时间要求较长,预置升速时间应根据实际情况而定。

2) 降速时间。电动机在降速过程中处于再生制动状态,将电能反馈到直流电路,产生泵升电压,使直流电压升高。如降速时间太短,频率下降过快,直流电压可能超过上限值。所以预置降速时间时,应在直流电压不超过允许范围的前提下,尽量减小降速时间。

3) 升降速方式。

① 线性方式。频率与时间呈线性关系,如图 2-20 所示。大多数负载预置为线性方式。

② S 形方式。对于带式输送机、纺织机一类负载,如果加速度过大,会使被输送的物体产生倾倒或棉纱被拉断。因此,在起动的初始阶段加速过程比较缓慢,中间为线性加速,加速度不变,加速快结束时加速度又逐渐下降为 0。在整个加速过程中,速度与时间的关系呈"S"形,如图 2-21 所示。

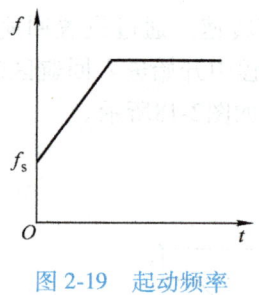
图 2-19 起动频率

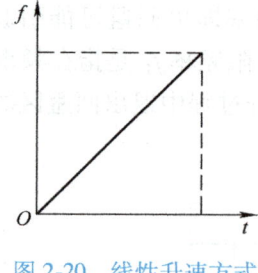
图 2-20 线性升速方式

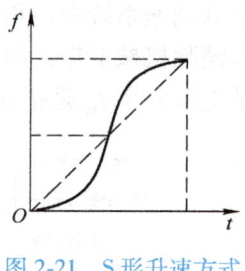
图 2-21 S 形升速方式

4. 变频器的制动

通用变频器常用的电气制动方法有三种:直流制动、制动单元和制动电阻制动、整流回馈制动。这三种制动方式各有特点,使用条件和场合也不相同,见表 2-2。

表 2-2 通用变频器三种常用制动方法的比较

制动方式	直流制动	制动单元和制动电阻制动	整流回馈制动
使用限制条件	不能用于电动机频繁起动、制动的场合	不能用于中、大功率频繁起动、制动的场合	不能用于稳压质量不高的电网;电网的短路功率不足时不能用
能量消耗方式	动能转换成电能,以热损耗的形式消耗于电动机的转子回路中	动能转换成电能,以热损耗的形式消耗于制动电阻上	动能转换成电能,回馈给电网
附加选件	不需要	是否需要附件由功率大小而定	需要
使用场合	用于准确停车控制;用于制止在起动前电动机由外因引起的不规则自由旋转	用于小功率频繁起动、制动的控制系统;用于动态指标要求较高的控制系统	用于大、中型控制系统的制动;用于回馈能量较多的控制方式

(1) 直流制动 直流制动是指当变频器的输出频率为零,异步电动机的定子不再有旋转磁场时,变频器向异步电动机的定子绕组中通入直流电流,异步电动机便处于能耗制动状态,转动的转子切割静止磁场而产生制动力矩,使电动机迅速停止。此种方法是动能转换成电能,以热损耗的形式消耗于电动机的转子回路中,如果持续时间过长会使电动机发热,所以不适

于经常制动的场合。这种变频器输出直流的制动方式，一般称"DC"制动，如图 2-22 所示。

（2）制动单元和制动电阻制动　在需要进行频繁制动或高转矩制动时，如果制动单元内部电阻的制动功率不够大，需要外接制动电阻和制动单元，各种变频器的使用说明书上都提供了适用于本变频器制动电阻的规格和型号，其外接方法如图 2-23 所示。

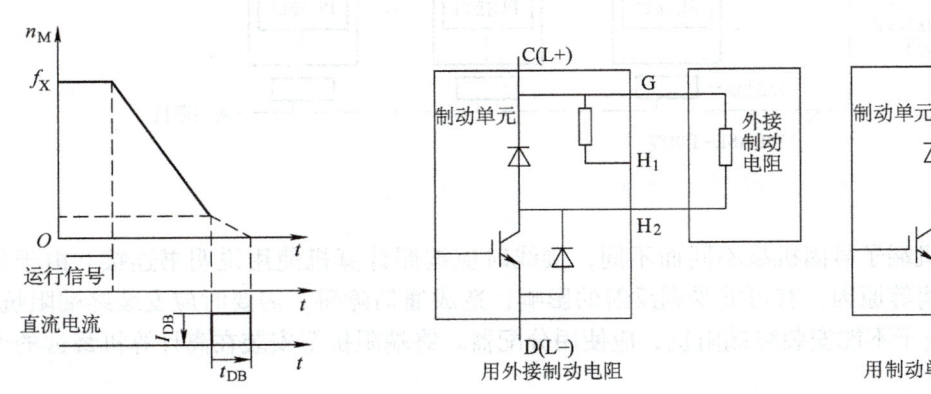

图 2-22　设定直流制动的要求　　　　图 2-23　制动电阻和制动单元的外接方法

（3）整流回馈制动　当给定频率下降时，如果电动机的同步转速低于转子的转速，这时电动机处于再生制动状态。如果此时变频器有回馈制动单元，就可以将电动机再生的电能反馈到电网中，使整个调速系统处于回馈制动状态。其工作原理如图 2-24 所示。

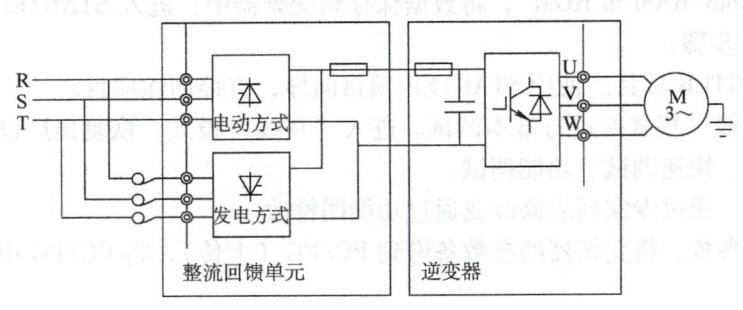

图 2-24　整流回馈制动的工作原理

5. 计算机设置变频器的参数和功能

用计算机控制变频器网络时，可以利用计算机与网络上任一变频器之间的通信实现远距离控制，也可对各处电动机的运行情况进行监测、显示、储存和打印。

（1）接口与标准转换　对于一般计算机，机器上只配有 RS-232-C 接口，因此应配置 RS-232-C/RS-485 转换器。转换器内部采用了光电隔离技术，使计算机的各个串口之间进行隔离，因而提高了系统的安全性。采用 RS-485 接口后，一台计算机可控制 31 台变频器，通信技术为半双工，通信距离可达 10km 以上。RS-232-C/RS-485 转换器接于计算机的"COM1"通信端口。

接口加载电压为 +5V，电流不低于 0.15A。在数据信号线 RS-485P 和 RS-485N 之间必须接一只 150Ω 的电阻，硬件连接线应采用双绞线或屏蔽双绞线。

（2）系统硬件连接　用通信电缆把变频器的 PU 接口、计算机、分配器等连接起来，即可进行通信操作。带有 RS-485 接口的计算机与多台变频器的连接如图 2-25 所示。

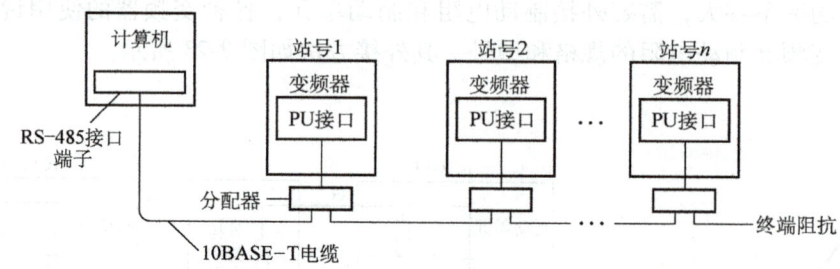

图 2-25　带有 RS-485 接口的计算机与多台变频器的连接

注意：计算机端子号因机型不同而不同，接线时应按照计算机使用说明书连接。由于传送速度、传送距离等原因，有可能受到反射的影响，造成通信障碍，需要时应安装终端阻抗。用 PU 接口时，由于不能安装终端阻抗，应使用分配器。终端阻抗要安装在离计算机最远的变频器上。

（3）软件的初始化与操作界面　STARTER PC 用于西门子部分传动装置的现场调试、在线监测、修改装置参数、故障监测和复位以及跟踪记录等功能，在变频器通电状态下，可以将变频器的设置上传到 PG 或 PC 中，也可将 PG/PC 的数据下载到变频器中。

步骤：PC/PG→变频器。该步骤取决于是否需要一同传送安全功能的设置。

对于不带安全功能的变频器，进入 STARTER 在线模式；单击按钮"Load project to target"；单击"Copy RAM to ROM"，将数据保存到变频器中；进入 STARTER 离线模式。

1）具体操作步骤：

① 创建 STARTER 项目。使用 STARTER 项目向导，直接创建项目。

② 进入"在线"模式并进行基本调试。进入"在线"模式，恢复出厂设置。

③ 基本调试、快速调试、功能调试。

④ 参数修改。通过专家列表修改或通过功能图修改。

⑤ 备份下载参数。将变频器的参数备份到 PC/PG（上传），将 PC/PG 中的设置传送到变频器中（下载）。

2）新建项目步骤：

① 新建项目，如图 2-26 所示。

图 2-26　新建项目

② 命名 test8 并保存路径 C 盘，如图 2-27 所示。

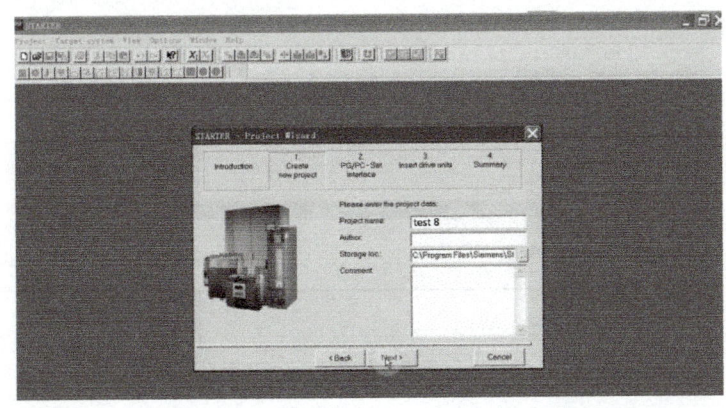

图 2-27 命名并保存

③ 单击"Access Point"，选择访问的节点"DEVICE"，如图 2-28 所示。

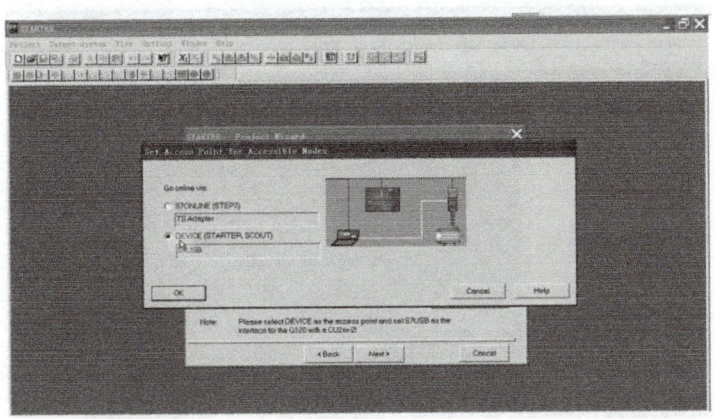

图 2-28 选择访问节点

④ 单击"PG/PC"，选择必要的链接接口"DEVICE"，然后单击"S7USB"，如图 2-29 所示。

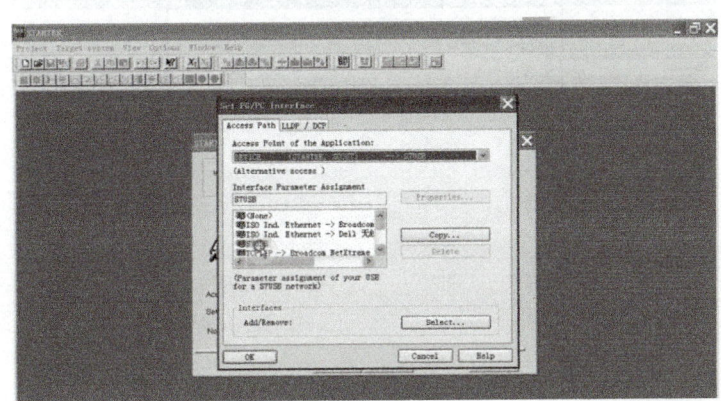

图 2-29 选择"S7USB"

⑤ 单击"OK",自动搜索站点,如图2-30所示。

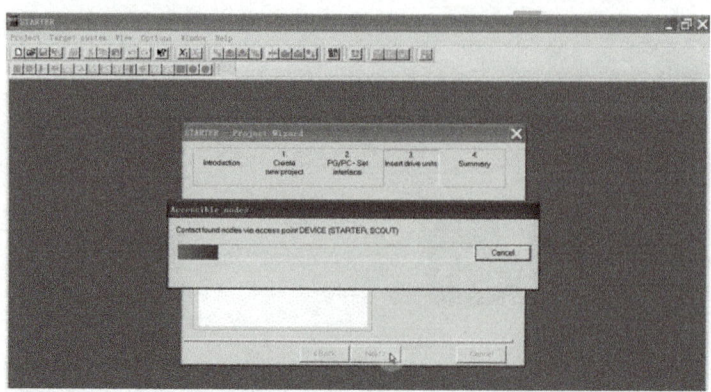

图2-30　自动搜索站点

⑥ 完成向导步骤,单击在线按钮,如图2-31所示。

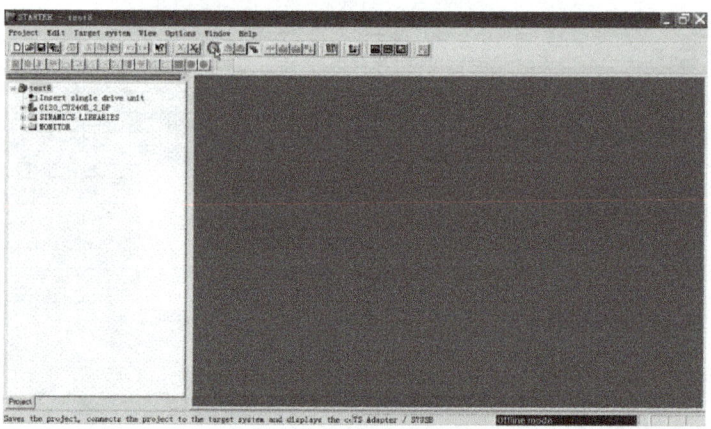

图2-31　完成向导步骤

⑦ 单击"G120_CU240B_2_DP",选择"DEVICE",如图2-32所示。

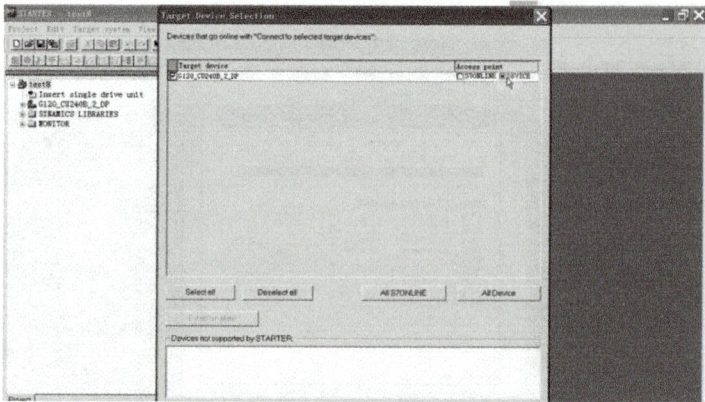

图2-32　选择型号选项

⑧ 单击"OK",上载项目到 PG,如图 2-33 所示。

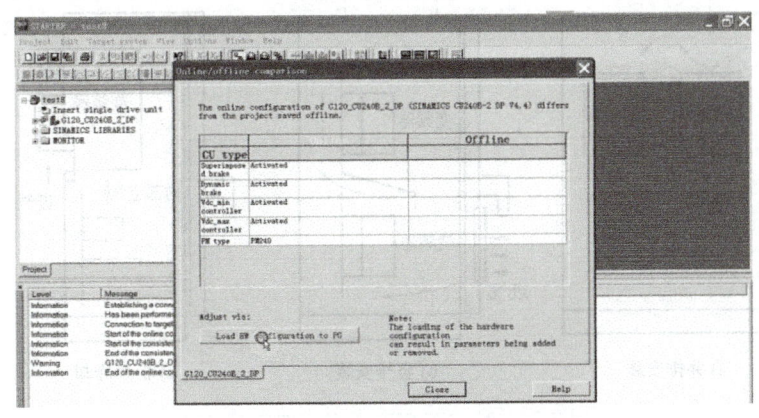

图 2-33　上载项目到 PG

通过以上通信连接,可进行参数设置、监控等各种操作,具体设置根据需要可阅读该软件的帮助文件。

2.1.8　变频器的安装与调试

1. 变频器的安装环境

为了确保变频器安全、可靠地运行,变频器的安装环境应满足如下要求:

(1) 环境温度　环境温度是影响变频器寿命及可靠性的重要因素,一般要求为-10~+40℃。若散热条件良好(如除去外壳),则上限温度可提高到 50℃。如果变频器长期不用,存放温度最好为-10~+30℃。如果无法满足这些要求,应安装空调器。

(2) 环境湿度　相对湿度不应超过 90%(无结露现象)。对于新建厂房和在阴雨季节,每次开机前,应检查变频器是否有结露现象,以免变频器出现短路故障。

(3) 安装场所　最好在海拔 1000m 以下使用,若超过 1000m,则变频器的散热能力下降,其最大输出电流和电压都要降低使用,降低的百分率与变频器的具体型号有关。

在室内使用时,安装位置应无直射阳光、无腐蚀气体及易燃气体且尘埃少。潮湿、腐蚀性气体及尘埃是造成变频器内部电子元器件生锈、接触不良、绝缘性能降低的重要因素。对于有导电尘埃的场所(如碳纤维生产厂),要采用封闭式结构。对有可能产生腐蚀性气体的场所,应对控制板进行防腐处理。

(4) 安装空间　变频器在运行中会发热。为了确保风道畅通,对于非水冷却的变频器,安装空间如图 2-34 所示。

如果需要在临近并排安装两台或多台变频器,应按图 2-35a 所示方法,留有足够距离。如果竖排安装,其间隔至少为 50cm。两个变频器之间加隔板以增加上部变频器的散热效果,如图 2-35b 所示。

如果需要柜外冷却,安装位置如图 2-35c 所示。变频器在控制柜内请勿上下颠倒或平放安装,变频器在室内的空间位置,应便于变频器的定期维护。

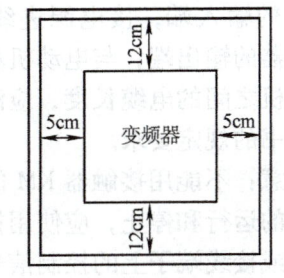

图 2-34　变频器的安装空间

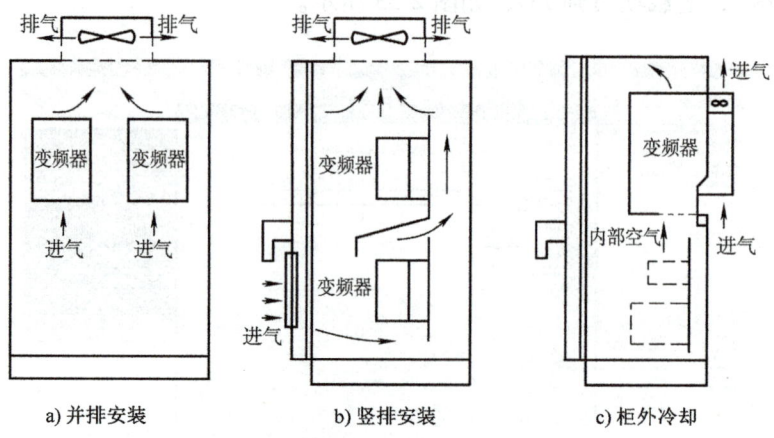

图 2-35 变频器在电气柜中的安装方法

a) 并排安装　　b) 竖排安装　　c) 柜外冷却

(5) 其他条件　如果变频器长期不用，变频器内的电解电容会发生劣化现象，当实际运行时会出现由于电解电容的耐压降低和漏电增加引发故障。因此，最好每隔半年通电一次，通电时间保持 30~60min，使电解电容自我恢复，以改善劣化特性。在振动场所应用变频器时，应增设防振措施，并进行定期的检查、维护和加固工作。

2. 变频器的安装

(1) 变频器的发热与散热　变频器散热很重要。温度过高对任何设备都有破坏作用，但就大多数设备而言，其破坏作用通常是比较缓慢的，受破坏时的温度是很不准确的，而唯独在 SPWM 逆变电路中，温度一旦超过某一数值，会立即导致逆变管的损坏，并且温度限值往往十分准确。

1) 变频器的发热。和其他设备一样，发热总是由内部的损耗功率产生的。变频器各部分损耗的比例为：逆变电路约占 50%；整流和直流部分约占 40%；控制电路及保护电路占 5%~15%。粗略地说，每 1kV·A 的变频器容量，其损耗的功率为 40~50W。

2) 变频器的散热。为了阻止变频器内部温度升高，必须把其产生的热量充分散发出去。通常采取的方法是通过冷却风扇把热量带走。大体上说，每带走 1kW 热量所需要的风量为 $0.1m^3/s$。安装变频器时，首先要考虑的是如何保证散热的途径畅通，不易被堵塞。

(2) 变频器的接线

1) 主电路的接线。

主电路的接线如图 2-36 所示。图中 Q 是断路器，KM 是接触器触头。R、S、T 是变频器的输入端，接电源进线。U、V、W 是变频器的输出端，与电动机相接。变频器与电动机之间的电缆长度，应满足变频器使用说明书的规定要求。

注意：不能用接触器 KM 的触头来控制变频器的运行和停止，应使用控制面板上的操作键或接线端子上的控制信号；变频器的输出端不能接电力电容器或浪涌电容器；电动机的旋转方向和生产工艺要求不一致时，

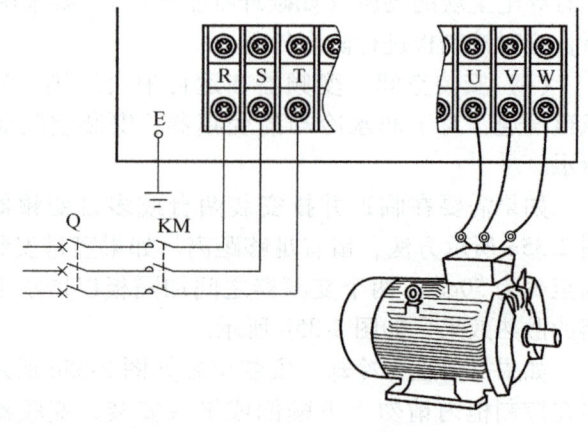

图 2-36　主电路接线

最好用调整变频器输出相序的方法，不要调换控制端子 FWD 或 REV 的控制信号。

另外，变频器的输入端和输出端是绝对不允许接错的。如果将输入电源接到了 U、V、W 端，则不管哪个逆变管导通，都将引起两相间的短路而将逆变管迅速烧坏，如图 2-37 所示。

2）控制电路的接线。

① 模拟量控制线：包括输入侧的给定信号线和反馈信号线、输出侧的频率信号线和电流信号线。模拟量信号抗干扰能力较低，必须使用屏蔽线。屏蔽层靠近变频器的一端应接控制电路的公共端（COM），而不要接到变频器的地端（E）或大地，如图 2-38 所示。

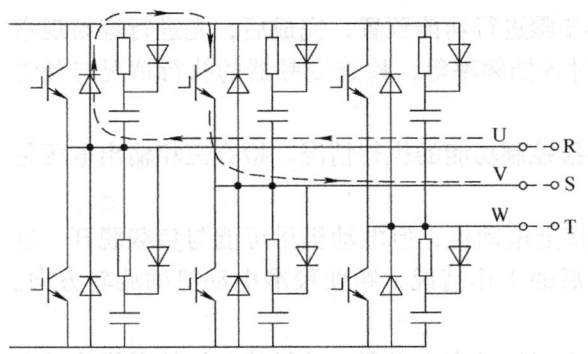

图 2-37　电源接错时的后果

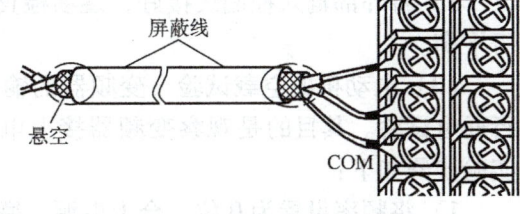

图 2-38　屏蔽线的接线方法

注意：屏蔽层的另一端应该悬空。布线时还应该遵守变频器使用说明书的规定。

② 开关量控制线：如起动、点动、多挡转速控制等控制线，都是开关量控制线。

一般来说，模拟量控制线的接线原则也都适用于开关量控制线。但开关量信号的抗干扰能力较强，故在距离不是很远时，可以不使用屏蔽线，但是同一信号的两根线必须相互绞在一起。如果操作台离变频器较远，应该先将控制信号转变成能远距离传送的信号，再将传输的信号转变成变频器所要求的信号。

③ 变频器的接地：所有变频器都专门有一个接地端子"E"，应将此端子与大地相接。当变频器和其他设备，或有多台变频器一起接地时，每台设备必须分别与地线相接，如图 2-39a 所示。不允许将一台设备的接地端和另一台相接后再接地，如图 2-39b 所示。

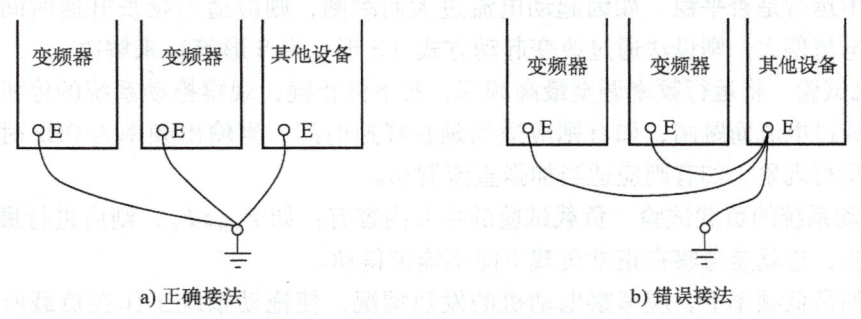

a) 正确接法　　　　　　　　　　　b) 错误接法

图 2-39　变频器和其他设备的接地

3. 变频器的调试

变频器调速系统的调试应遵循"先空载，后轻载，再重载"的一般规律。

(1) 通电前的检查

1) 外观、构造检查。检查变频器的型号、安装环境有无问题，装置有无脱落或损坏，电缆线径是否合适，电气连接有无松动，接地是否可靠。

2) 电源电压、绝缘电阻的检查。检查主电路电源电压和变频调速系统要求的电压值是否一致，检查主电路的绝缘电阻值是否达到要求。

(2) 变频器的通电和预置　新的变频器在通电时，输出端先不要接电动机，首先完成以下工作：

1) 熟悉键盘。了解键盘上各键的功能，进行试操作，并观察显示的变化等。按说明书的要求进行"起动"和"停止"等基本操作，观察变频器的工作情况是否正常。

2) 进行功能预置。根据前面介绍的方法和步骤进行功能预置，完成后，先进行容易观察的项目，如升降速时间、点动频率、多挡变速时各挡频率等，检查变频器的执行情况与预置的内容是否相符。

3) 将外部输入控制线接好，逐项检查各外接控制功能的执行情况。检查三相输出电压是否平衡。

(3) 电动机的空载试验　变频器的输出端接上电动机，但电动机尽可能与负载脱开，进行通电试验。其目的是观察变频器接上电动机后的工作情况，顺便校准电动机的旋转方向。实验步骤如下：

1) 将频率设置为0位，合上电源，微微提升工作频率，观察电动机的起转情况及旋转方向是否正确。如方向相反，则予以纠正。

2) 将频率上升到额定频率，让电动机运行一段时间。如一切正常，再选若干个常用的工作频率，也使电动机运行一段时间。

3) 将给定频率信号突降至0（或按停止按钮），观察电动机的制动情况。

(4) 拖动系统的起动和停机　将电动机的输出轴与机械装置连接起来，进行下述试验。

1) 起转试验。使工作频率从0Hz开始微微增加，观察拖动系统能否起转，在多大频率下起转。如起转比较困难，应设法增加起动转矩。具体方法有：加大起动频率、加大U/f比值、采用矢量控制等。

2) 起动试验。将给定信号调至最大，按下起动键，观察起动电流的变化及整个拖动系统在加速过程中运行是否平稳。如因起动电流过大而跳闸，则应适当延长升速时间。如在某一速度段起动电流偏大，则设法通过改变起动方式（S形、半S形等）来解决。

3) 停机试验。将运行频率调至最高频率，按下停止键，观察拖动系统的停机过程是否出现因过电压或过电流而跳闸，如有则应适当延长降速时间。当输出频率为0Hz时，观察拖动系统是否有爬行现象，如有则应适当加强直流制动。

(5) 拖动系统的负载试验　负载试验的主要内容有：如$F_{max}>F_N$，则应进行最高频率时的带载能力试验，也就是考察在正常负载下能不能带得动。

在负载的最低频率下，应考察电动机的发热情况，使拖动系统工作在负载所要求的最低转速下，施加该转速下的最大负载，按负载所要求的连续运行时间进行低速连续运行，观察电动机的发热情况。

过载试验，按负载可能出现的过载情况及持续时间进行试验，观察负载能否连续工作。当电动机在工频以上运行时，不能超过电动机允许的最高频率范围。

2.1.9 变频器的维护

1. 变频器的检查

虽然变频器具有很高的可靠性,但如果使用或维护不当,依然会发生故障或运行状况不佳,进而缩短设备的使用寿命。

(1) 变频器检查注意事项　操作者必须熟悉变频器的基本原理、功能特点、技术指标等,具有操作变频器运行的经验;维护前必须切断电源,主电路电容器彻底放电后再进行作业;仪器、仪表应符合要求,使用方法要正确。

(2) 日常检查项目　检查变频器在运行中是否有异常现象;安装地点的环境是否异常;冷却系统是否正常;变频器、电动机、变压器、电抗器是否过热、变色或有异味;电动机是否有异常振动、异常声音;主电路电压和控制电路电压是否正常;滤波电容器是否漏液或变形;各种显示是否正常。

(3) 定期检查的主要项目及维护方法　一般的定期检查应一年进行一次,绝缘电阻的检查可以三年进行一次。定期检查的重点是变频器运行时无法检查的部位,重点检查冷却系统,即冷却风机和散热器,冷却风机主要是轴承磨损,散热器要定期清洁;电解电容器受周围温度及使用条件的影响,容量变小或老化;接触器触头有无磨损或接线松动;充电电阻是否过热;接线端子有无松动及控制电源是否正常。

(4) 零部件的更换　变频器由多种部件组成,某些部件经长期使用后性能降低、劣化,这是故障发生的主要原因。

1) 冷却风扇:变频器主电路中的半导体器件靠冷却风扇强制散热,以保证其工作在允许的温度范围内。冷却风扇的寿命受限于轴承,为10~35kh。当变频器连续工作时,需要2~3年更换一次风扇或轴承。

2) 滤波电容器:对于直流回路中使用的大容量的电解电容器,由于脉动电流等因素的影响,其性能劣化受周围温度及使用条件的影响很大。一般情况下,其使用周期约为5年。

3) 继电器和接触器:经过长久使用会发生接触不良现象,需根据其寿命进行更换。

4) 熔断器:额定电流大于负载电流,正常使用条件下寿命约为10年,可按此时间更换。

2. 通用变频器故障诊断方法

通用变频器本身具有比较完善的自诊断、保护和报警功能,当变频系统出现故障时,变频器大都能自动停车保护,并显示故障信息。检修时可根据这些信息查找变频器说明书和相关资料的故障说明,分析故障范围,找出故障点并进行维修。变频器常见故障现象和故障原因见表2-3。

表2-3　变频器常见故障现象和故障原因

故障现象		故障原因
过电流跳闸	起动时过电流跳闸	(1) 负载侧短路 (2) 工作机械卡住 (3) 逆变管损坏 (4) 电动机的起动转矩过小,拖动系统转不起来
	运行过程中过电流跳闸	(1) 升速时间设定太短 (2) 降速时间设定太短 (3) 转矩补偿设定较大,引起低频时空载电流过大 (4) 电子热继电器整定不当,动作电流太小,引起误动作

(续)

故障现象	故障原因
过电压跳闸	(1) 电源电压过高 (2) 降速时间设定太短 (3) 降速过程中，再生制动的放电单元工作不正常
欠电压跳闸	(1) 电源电压过低 (2) 电源断相 (3) 整流桥故障
散热片过热	(1) 冷却风扇故障 (2) 周围环境温度过高 (3) 过滤网堵塞
制动电阻过热	(1) 频繁起动、停止，造成制动时间太长 (2) 制动电阻功率太小，没有使用附加制动电阻或制动单元
电动机不转	(1) 功能预置不当 (2) 使用外接给定方式时，无"起动"信号 (3) 电动机的起动转矩不足 (4) 变频器发生电路故障

2.2　步进电动机及驱动器的使用

2.2.1　步进电动机及驱动器的选型

1. 步进电动机基本原理

步进电动机是将电脉冲信号转变为角位移或线位移的控制电动机，其转速、停止的位置取决于脉冲信号的频率和脉冲数。当步进驱动器接收到一个脉冲信号时，它就驱动步进电动机按设定的方向转动一个固定的角度，称为"步距角"。它的旋转是以固定的角度一步一步运行的。可以通过控制脉冲个数来控制角位移量，从而达到准确定位的目的；同时，可以通过控制脉冲频率来控制电动机转动的速度和加速度，从而达到调速的目的。

（1）三相反应式步进电动机的原理　定子内圆周均匀分布着6个磁极，磁极上有励磁绕组，每两个相对的绕组组成一相。采用Y联结，转子有四个齿，由于磁力线总是要通过磁阻最小的路径闭合，因此会在磁力线扭曲时产生切向力，而形成磁阻转矩，如图2-40所示。

（2）三相绕组通电的磁场分布

1）A相绕组通电，B、C相不通电。气隙产生以A-A′为轴线的磁场，而磁力线总是力图从磁阻最小的路径通过，故电动机转子受到一个反作用转矩，在此转矩的作用下，转子必然转到，如图2-41所示位置：1、3齿与A、A′磁极轴线对齐。

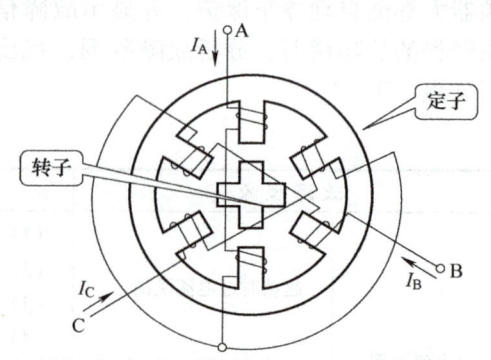

图2-40　三相反应式步进电动机的原理

2）B相通电时，转子会转过30°，2、4齿和B、B′磁极轴线对齐，如图2-42所示。

3）当 C 相通电时，转子再转过 30°角，1、3 齿和 C′、C 磁极轴线对齐，如图 2-43 所示。

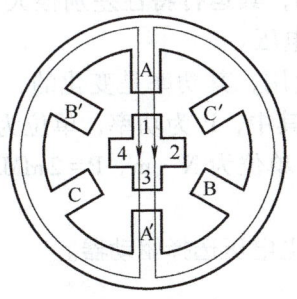 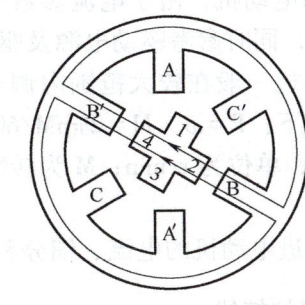 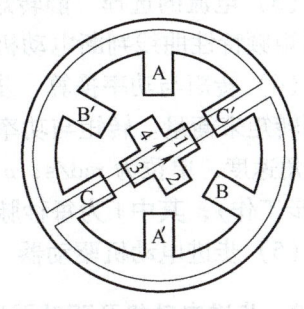

图 2-41　A 相绕组通电　　　　图 2-42　B 相绕组通电　　　　图 2-43　C 相绕组通电

这种工作方式下，三个绕组依次通电一次为一个循环周期，一个循环周期包括三个工作脉冲，所以称为三相单三拍工作方式。按 A→B→C→A→……的顺序给三相绕组轮流通电，转子便一步一步转动起来。每一拍转过 30°（步距角），每个通电循环周期（3 拍）磁场在空间旋转 360°，而转子转过 90°（一个齿距角）。

2. 主要分类

步进电动机从其结构形式上可分为反应式步进电动机、永磁式步进电动机、混合式步进电动机等类型。步进电动机的运行性能与控制方式有密切的关系。步进电动机控制系统从其控制方式来看，可以分为开环控制系统、闭环控制系统、半闭环控制系统。

（1）反应式步进电动机　其定子上有绕组，转子由软磁材料组成。结构简单、成本低、步距角小（可达 1.2°），但动态性能差、效率低、发热大，可靠性难保证。

（2）永磁式步进电动机　其转子用永磁材料制成，转子的极数与定子的极数相同。其特点是动态性能好、输出力矩大，但这种电动机精度差，步距角大（一般为 7.5°或 15°）。

（3）混合式步进电动机　这种步进电动机综合了反应式和永磁式的优点，其定子上有多相绕组，转子上采用永磁材料，转子和定子上均有多个小齿，以提高步距精度。其特点是输出转矩大、动态性能好、步距角小，但结构复杂、成本相对较高。

按定子上绕组来分，共有二相、三相和五相等系列步进电动机。使用较多的是两相混合式步进电动机，该种电动机的基本步距角为 1.8°，配上半步驱动器后，步距角减小为 0.9°，配上细分驱动器后其步距角可细分达 256 倍（0.007°）。

3. 步进电动机和驱动器的选择方法

选择步进电动机时，可根据步进电动机的步距角、静转矩及电流三大要素进行选择。

（1）步距角的选择　电动机的步距角取决于负载精度的要求，将负载的最小分辨率（当量）换算到电动机轴上，每个当量电动机应走多少角度（包括减速）。电动机的步距角应等于或小于此角度。目前市场上步进电动机的步距角一般五相电动机是 0.36°/0.72°，二、四相电动机是 0.9°/1.8°，三相电动机是 1.5°/3°等。不同相数的电动机，工作效果不同。相数越多，步距角就越小，工作时的稳定性越好。大多数场合，使用两相电动机比较多。在高速大转矩的工作环境，应选择三相步进电动机。

（2）静转矩的选择　步进电动机的动态转矩一下子很难确定，我们往往先确定电动机的静转矩。静转矩选择的依据是电动机工作的负载，而负载可分为惯性负载和摩擦负载两种。

直接起动时（一般由低速起动）两种负载均要考虑，加速起动时主要考虑惯性负载，恒速运行时只要考虑摩擦负载。一般情况下，静转矩应为摩擦负载的 2~3 倍。静转矩一旦选定，电动机的机座及长度便能确定下来。

（3）电流的选择　静转矩相同的电动机，由于电流参数不同，其运行特性差别很大，可依据矩频特性曲线判断电动机的电流，同时参考驱动电源及驱动电压。

（4）转矩与功率换算　步进电动机一般在较大范围内调速使用，其功率是变化的，一般只用转矩来衡量。转矩与功率换算如下：$P = \omega \cdot M = 2\pi nM/60$。其中，$P$ 为功率，单位为 W；ω 为角速度，单位为 rad/s；n 为转速，单位为 r/min；M 为转矩，单位为 N·m。$P = 2\pi fM/400$（半步工作），其中 f 为每秒脉冲数。

（5）步进电动机驱动器　根据步进电动机的电流、细分和供电电压选择驱动器。

2.2.2　步进电动机及驱动器控制回路的接线

1. 驱动器控制回路的接线

驱动器采用单端共阴极及共阳极、差分式接口等，内置高速光电耦合器，允许接收长线驱动器、集电极开路和 PNP 输出电路的信号。共阳极接法、共阴极接法和差分式接法如图 2-44 所示。

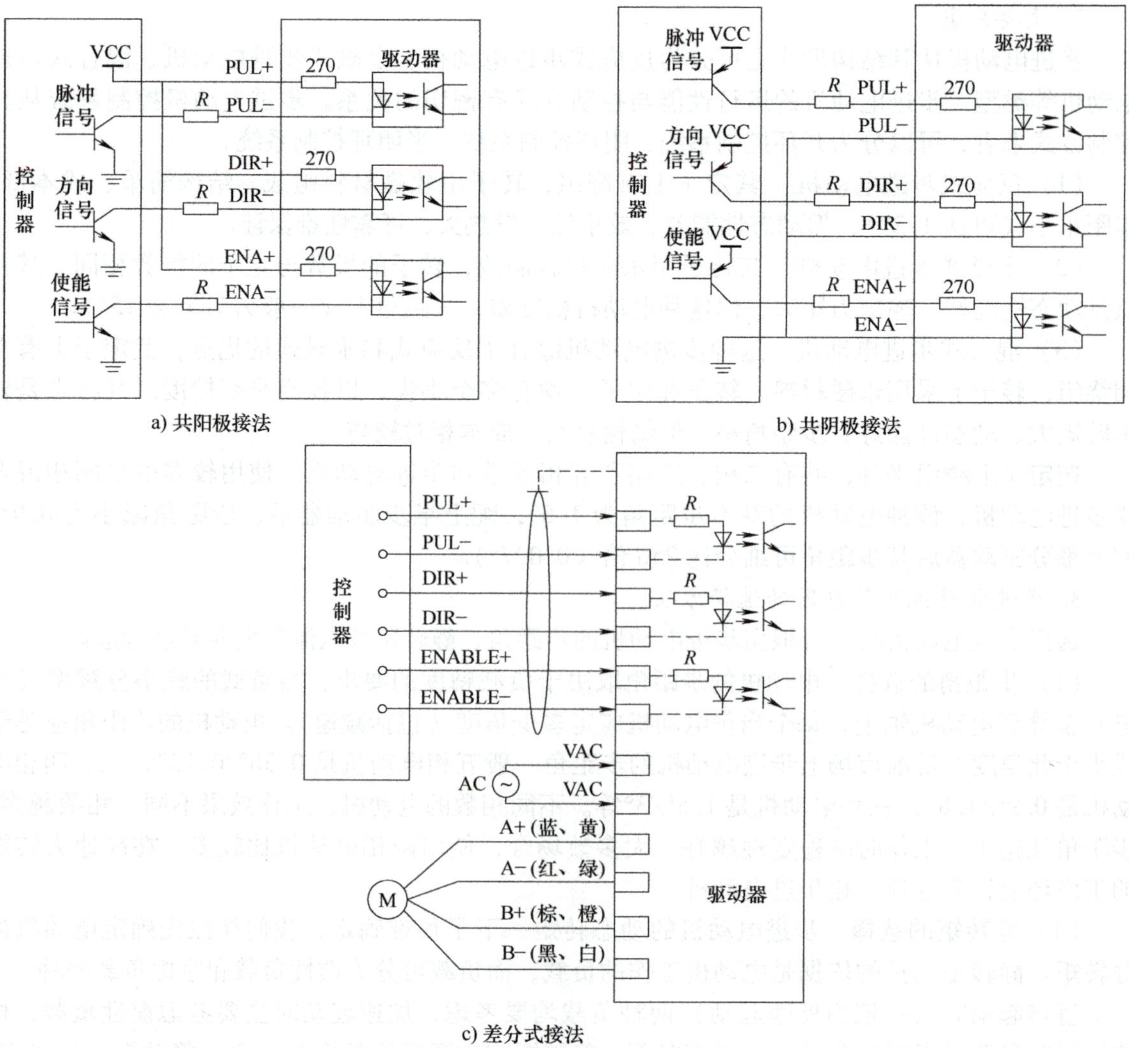

图 2-44　驱动器控制回路的接线方法

2. 多线步进电动机接线方法

对于多线步进电动机,改变不同的接线方式,电动机的输出特性不同,如图2-45所示。

1) 4线步进电动机和6线步进电动机高速度模式:输出电流设成等于或略小于电动机额定电流值。

2) 6线步进电动机高力矩模式:输出电流设成电动机额定电流的0.7倍。

3) 8线步进电动机并联接法:输出电流应设成电动机单极性接法电流的1.4倍。

4) 8线步进电动机串联接法:输出电流应设成电动机单极性接法电流的0.7倍。

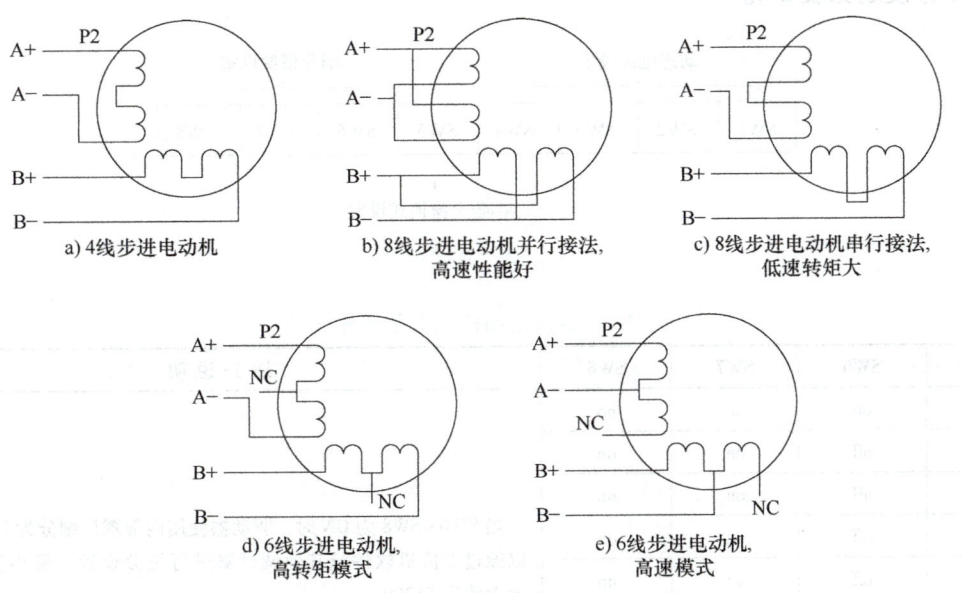

图2-45 多线步进电动机的接线方法

2.2.3 步进电动机驱动器的设置

1. 细分设置

步进电动机驱动器除了可以提供精确的定位,还可以提供强有力的转矩输出,所以会在众多的场合下使用它们,如雕刻机、数控设备、打印机等。但是,步进电动机不像普通的直流有刷电动机那样通电就能旋转,必须有合适的驱动电路。比较常用的就是两相步进电动机和配套的两相步进电动机驱动器。

单极性步进电动机的步距角一般为3.6°或7.2°,两相步进电动机步距角为0.9°或1.8°,五相步进电动机则为0.72°或0.36°。有一些高性能的步进电动机最小步距角可以达到0.036°。计算公式为

$$转一圈需要脉冲数 = 360°/步距角$$

通常市场上最多的两相步进电动机步距角是1.8°,计算得出它转一圈需要200个脉冲,也就是需要走200步,每步1.8°。

虽然每一步1.8°看起来不大,但实际运转起来会感觉每一步的跳动会很强烈,感觉转动起来很不平稳,所以驱动器会引入细分技术,也就是把本来的1.8°分成若干步来执行,这样每一步就会得到更小的度数。如1.8°的两相步进电动机用8细分的驱动器去驱动,则转一圈

需要 1600 个脉冲。公式则加入了细分数参数变成：

转一圈需要脉冲数＝360°/步距角×细分数

一般常见的两相步进电动机驱动器都会设有调节细分数设置的开关，对照设置表拨动相应的设置开关就可以方便设置想要的细分数。两相步进电动机驱动器设置表会有 2 种形式，一种是细分数，另一种则是直接给出不同细分数下每一圈所需要的脉冲数（一般是以 1.8°电动机来计算）。

以 3DM580 驱动器为例，分析设定细分精度、动态电流和静止半流，开关设置如图 2-46 所示，细分设定见表 2-4。

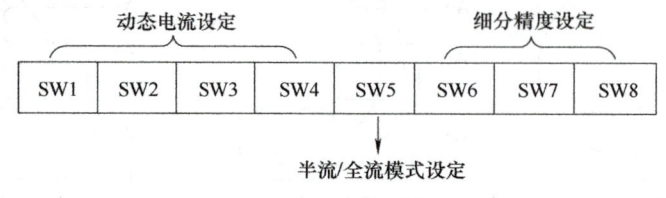

图 2-46　开关设置

表 2-4　步进电动机驱动器细分设定

步数/r	SW6	SW7	SW8	细 分 说 明
默认值	on	on	on	
6400	off	on	on	
6400	off	on	off	
6400	off	off	on	当 SW6~SW8 为 ON 时，驱动器使用内部默认细分为 1，用户可以通过上位机软件或其他调试器进行细分设置，最小值为 200，最大值为 51200
6400	off	off	off	
6400	off	off	on	
6400	off	on	on	

2. 电流设置

为了适应不同额定电流的步进电动机，驱动器一般会有调节功能，调节方式各不相同，一般会采用电位器或拨码开关两种形式。最常用的是拨码开关形式。设置时应选取合适的电流参数，电流越大电动机能产生的转矩也会越大，但发热量也会越大，所以可以设置成略大于能满足负载要求的电流就可以了，不过不能超出步进电动机的额定电流值，见表 2-5。

3. 半流设置

为了减少电动机的发热，很多成品驱动器都会有半流功能，当打开半流开关时，驱动器如果在一个较短的时间内没有收到脉冲信号，就会把电流减小到设定值的 1/2，让电动机更好地散热。但是使用这个功能时，半流状态下锁定转矩也会相应减小，所以需要根据实际需要来选用。

3DM580 驱动器静态电流可用 SW5 拨码开关设定，off 表示静态电流设为动态电流的 1/2，on 表示静态电流与动态电流相同。一般用途中应将 SW5 设成 off，使电动机和驱动器的发热减少，可靠性提高。脉冲串停止后约 0.3s 电流自动减至 1/2 左右。

表 2-5 驱动器电流的选择

输出峰值电流/A	输出均值电流/A	SW1	SW2	SW3	SW4	电流自设定
默认值		off	off	off	off	
2.5	1.8	on	off	off	off	
2.9	2.1	off	on	off	off	
3.2	2.3	on	on	off	off	
3.6	2.6	off	off	on	off	
4.0	2.9	on	off	on	off	
4.5	3.2	off	on	on	off	
4.9	3.5	on	on	on	off	当 SW1~SW4 均为 off 时,使用上位机对电流进行设置,最大值为 8.0A,分辨率为 0.1A,默认值是 2.1A
5.3	3.8	off	off	off	on	
5.7	4.1	on	off	off	on	
6.2	4.4	off	on	off	on	
6.4	4.6	on	on	off	on	
6.9	4.9	off	off	on	on	
7.3	5.2	on	off	on	on	
7.7	5.5	off	on	on	on	
8.0	5.7	on	on	on	on	

2.3 伺服电动机及驱动器的使用

2.3.1 伺服电动机驱动器及伺服电动机的选型

1. 工作原理

伺服电动机又称为执行电动机,是将输入的控制信号转换为轴上输出的角位移和角速度,驱动控制对象。伺服电动机可控性好,反应迅速,分为两大类,即交流伺服电动机和直流伺服电动机。

(1) 交流伺服电动机 交流伺服电动机就是一台两相交流异步电动机,它的定子上装有空间互差 90°的两个绕组:励磁绕组和控制绕组。其结构如图 2-47 所示。

1) 励磁绕组:励磁绕组串联电容,是为了产生两相旋转磁场,使通入两个绕组的电流相位差接近 90°,从而产生所需的旋转磁场。

2) 控制绕组:控制绕组固定接在电源上,当控制电压为零时,电动机无起动转矩,转子不转。若有控制电压加在控制绕组上,且励磁电流不同相时,便产生两相旋转磁场,在旋转磁场的作用下,转子便旋转起来。

(2) 直流伺服电动机 直流伺服电动机的工作原理和直流电动机相同,直流伺服电动机的结构和直流电动机基本相同,不同之处是为了减小转动惯量,电动机做得细长。

供电方式为他励供电,励磁绕组和电枢绕组分别由两个独立的电源供电,如图 2-48 所示,

U_1 为励磁电压，U_2 为电枢电压。由其机械特性曲线可知，磁场不变时改变电枢电压大小，电动机转速随之改变，改变电枢电压的极性时，电动机转向随之改变。

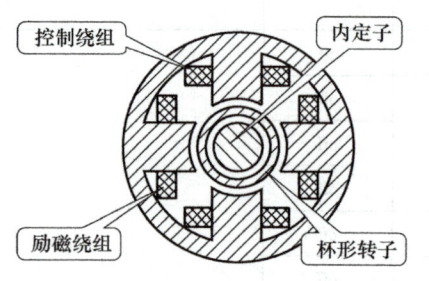

图 2-47　交流伺服电动机的结构

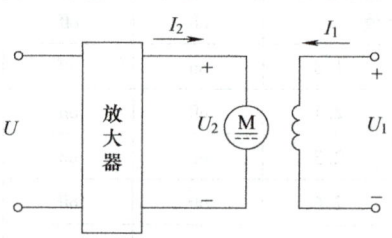

图 2-48　直流伺服供电方式

2. 伺服电动机驱动器及伺服电动机的选型

除了通过厂家提供的选型手册等资料进行伺服系统选型外，伺服驱动器和伺服电动机可以通过软件选定。例如，西门子容量选择软件组态工具 SIZER，用户只要将参数和运行模式输入特定的机械传动模式界面上，软件就可以自动选择最合适的伺服驱动器、伺服电动机（包括制动器）和再生制动选件。软件界面如图 2-49 所示。

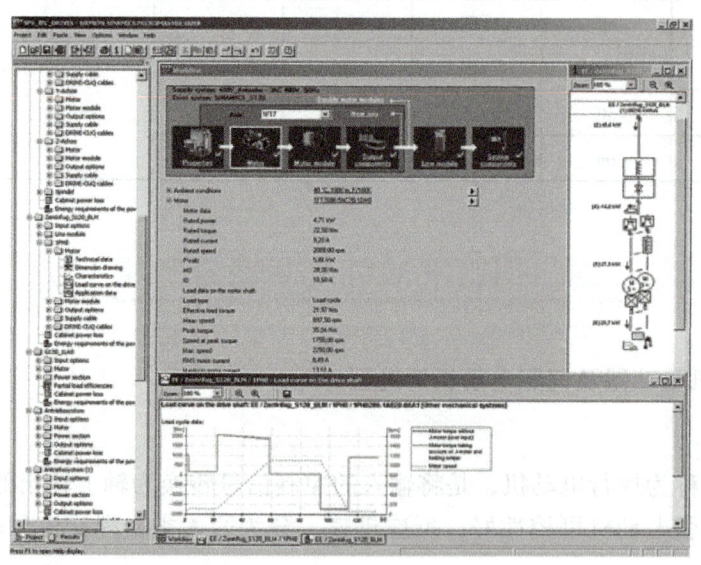

图 2-49　西门子 SIZER 软件界面

通过该软件，我们可以任意设定运行模式，可以从定位控制运行模式或速度控制运行模式中选择。设定的运行模式可以在软件界面中显示；在选择过程中可以显示出馈送率（或电动机转速）和转矩。

2.3.2　伺服电动机驱动器及伺服电动机的接线

1. 伺服驱动器的安装

1）将伺服驱动器按上下方向正确地安装在垂直的墙面上。

2）伺服电动机轴上安装有检测器，切勿敲打。

3）在伺服放大器的上下、左右、正面应分别留出 100mm、100mm、10mm 以上的空间，如图 2-50 所示。

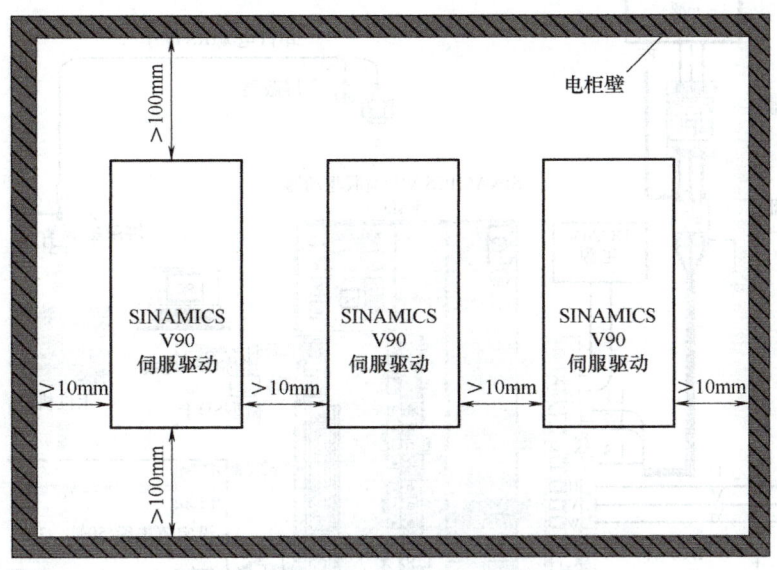

图 2-50　安装伺服驱动器空间要求

注意：如果驱动左侧和右侧的距离同时小于 10mm，驱动应该降额 20%。

4）周围温度为 0~55℃（密集安装时为 0~45℃）。

5）安装冷却风扇，采取散热措施。

6）组装时需注意产生的异物进入或异物从冷却风扇进入。

7）设置在有害气体和灰尘较多场所时，应进行压缩空气吹扫。

2. 伺服系统主电路的接线

伺服系统接线时，根据伺服系统主电路原理图进行接线，然后按顺序接通电源，如图 2-51 所示。

1）主电路电源侧需要使用电磁接触器，并能在报警发生时从外部断开电磁接触器。

2）控制电路电源应和主电路同时投入使用或比主电路电源先投入使用。如果主电路电源不投入使用，显示器会显示报警信息。当主电路电源接通后，报警便消除，可以正常操作。

3）伺服驱动器在主电路电源接通约 1s 后便可接收伺服开启信号（SON）。因此，如果在三相电源接通的同时将 SON 设定为 ON，那么约 1s 后主电路设为 ON，进而约 20ms 后，准备完毕信号（RA）将置为 ON，伺服驱动器便可处于运行状态。

4）复位信号（RES）为 ON 时，主电路断开，伺服电动机处于自由停机状态。

2.3.3　伺服电动机驱动器参数设置

1. 设置方式

伺服系统在不同的控制模式下，控制电路的接线也不同。参数设置可以直接在驱动器面板（见图 2-52）上设置，也可以通过安装的计算机软件进行设置。

2. 控制电路接线及典型参数设置

（1）外部脉冲位置控制（PTI）模式　外部脉冲位置控制模式的标准接线：数字量输入，支持 PNP 和 NPN 类型。

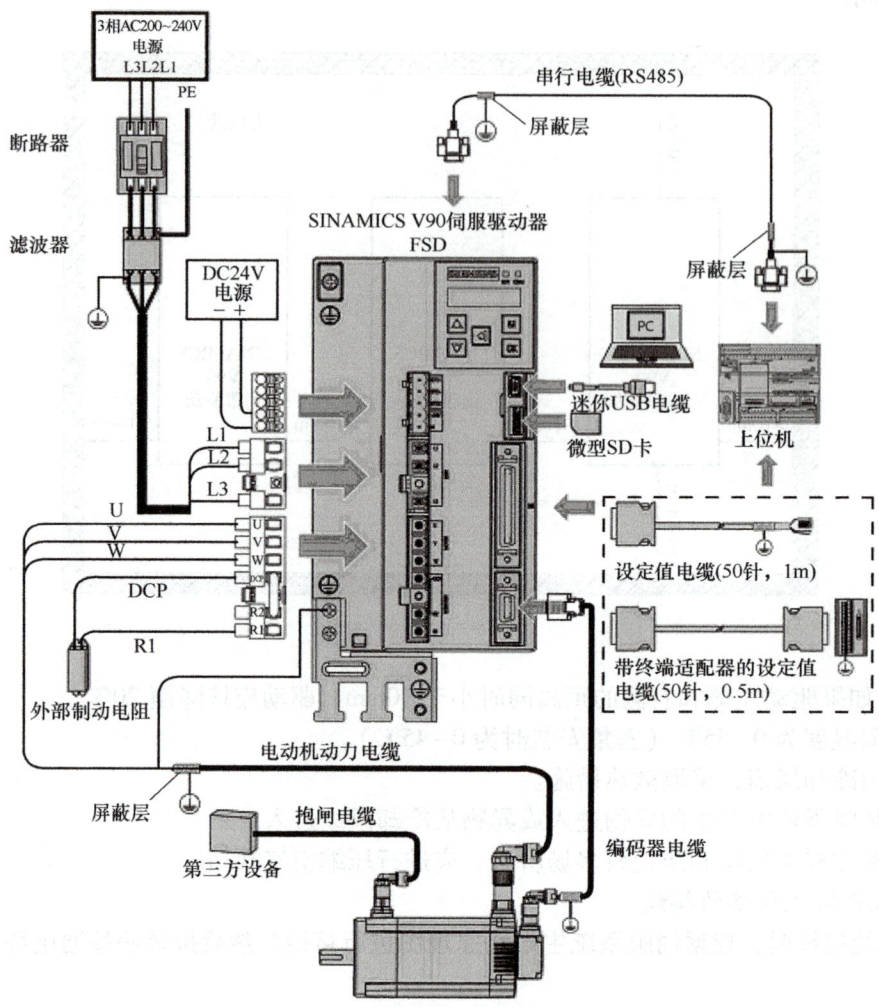

图 2-51 伺服系统主电路的接线

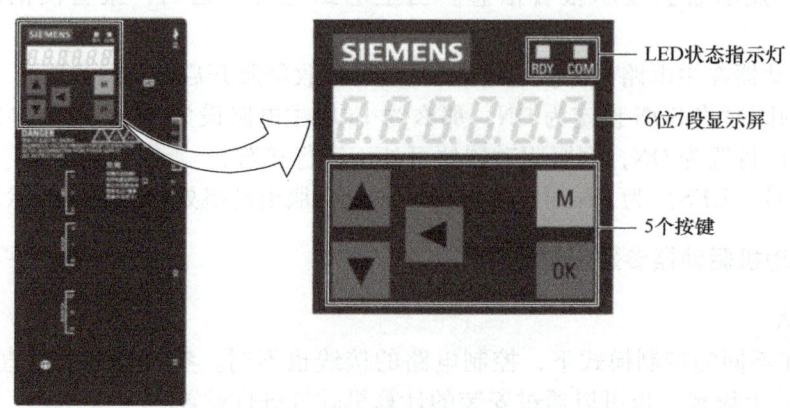

图 2-52 驱动器面板

连接图 2-53 中的 24V 电源如下：

1）为 SINAMICS V90 供电的 24V 电源。所有连接到控制器上的 PTO 信号必须与 SINAMICS V90 使用同一个 24V 电源。

2）隔离的数字输入电源。它可以是控制器的供电电源。

3）隔离的数字输出电源。它可以是控制器的供电电源。

此模式仅可使用一个脉冲输入通道。

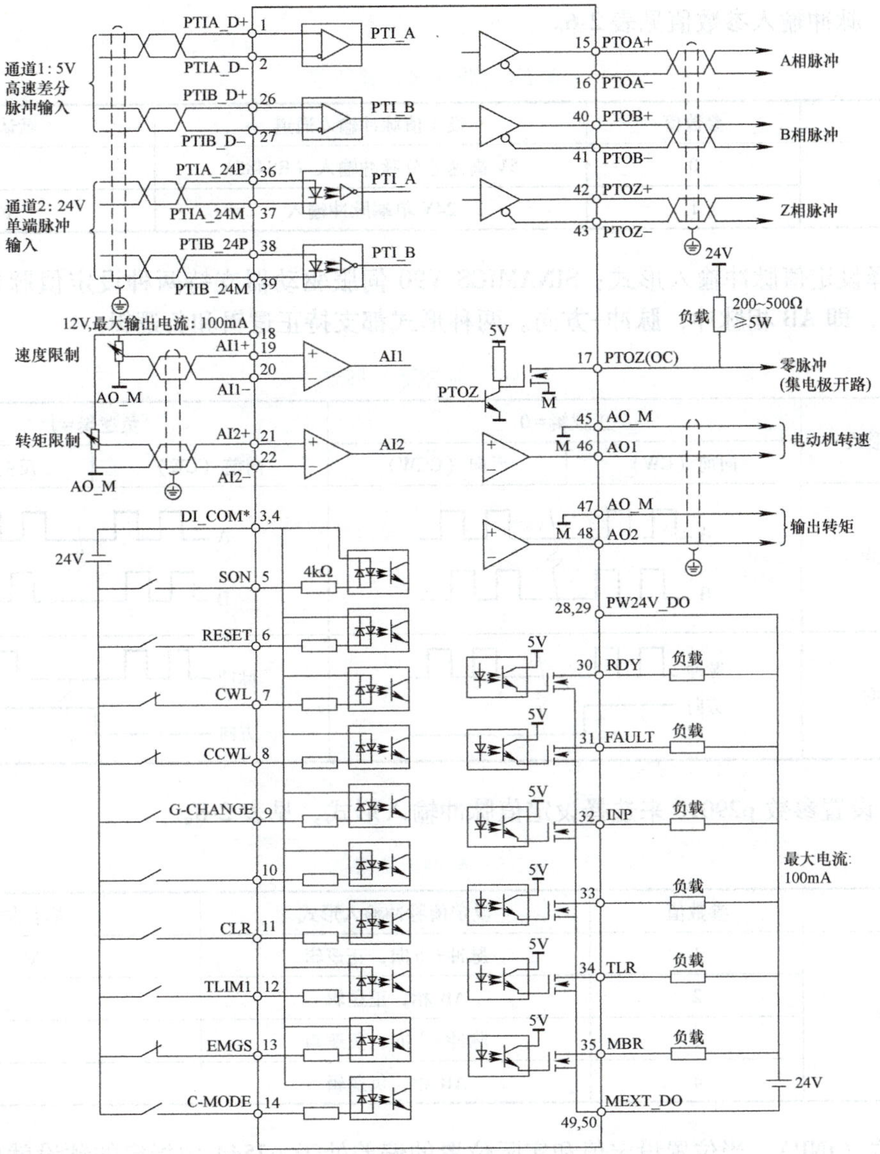

图 2-53　SINAMICS V90 伺服驱动器外部脉冲位置控制电路的接线

4）外部脉冲位置控制（PTI）：

① 时序图 SON 时序。当在外部脉冲位置控制模式（PTI）下运行 SINAMICS V90 伺服驱动器时，必须在 RDY 信号就绪后发送脉冲设定值，时序图如图 2-54 所示。

② 选择设定值脉冲输入通道。如前所述，SINAMICS V90 伺服驱动器支持两种设定值脉冲输入通道：24V 单端脉冲输入；5V 高速差分脉冲输入（RS485）。通过设置参数 p29014 可以选择其中一种通道；位置脉冲输入来自以下两组端子之一：PTIA_D+、PTIA_D-、PTIB_D+、PTIB_D-；PTIA_24P、PTIA_24M、PTIB_24P、PTIB_24M。脉冲输入参数值见表2-6。

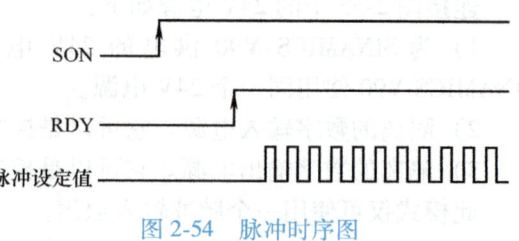

图 2-54 脉冲时序图

表 2-6 脉冲输入参数值

参数	参数值	设定值脉冲输入通道	默认值
p29014	0	5V 高速差分脉冲输入（RS485）	
	1	24V 单端脉冲输入	√

③ 选择设定值脉冲输入形式：SINAMICS V90 伺服驱动器支持两种设定值脉冲输入形式（见表2-7），即 AB 相脉冲；脉冲+方向。两种形式都支持正逻辑和负逻辑。

表 2-7 脉冲输入形式

脉冲输入形式	正逻辑=0		负逻辑=1	
	向前（CW）	反向（CCW）	向前（CW）	反向（CCW）
AB 相脉冲	(波形图)	(波形图)	(波形图)	(波形图)
脉冲+方向	(波形图)	(波形图)	(波形图)	(波形图)

可通过设置参数 p29010 来选择设定值脉冲输入形式，见表2-8。

表 2-8 脉冲输入参数

参数	参数值	设定值脉冲输入形式	默认值
p29010	1	脉冲+方向，正逻辑	√
	2	AB 相，正逻辑	
	3	脉冲+方向，负逻辑	
	4	AB 相，负逻辑	

④ 就位（INP）。当位置设定值和实际位置的偏差处于 p2544 中指定的预设就位取值范围内时，信号 INP（就位）输出，见表2-9。

表 2-9 就位取值范围

参数	取值范围	设定值	单位	描述
p2544	0~2147483647	40（默认值）	LU	位置窗口（位置到达取值范围）
p29332	1~13	3	—	分配数字量输出 3

⑤ 平滑功能。平滑功能可使脉冲输入设定值的位置曲线转换成带 p2533 中指定的时间常数的 S 曲线轮廓，如图 2-55 所示。参数设置见表 2-10。

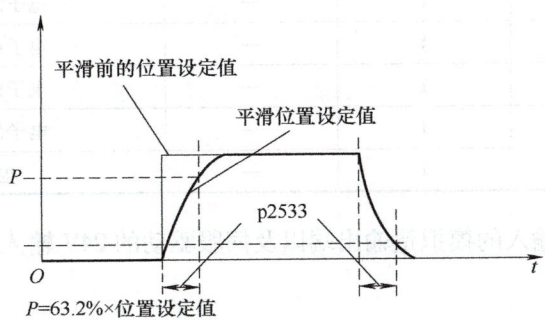

图 2-55　平滑曲线轮廓

表 2-10　平滑值设置范围

参数	取值范围	设定值	单位	描　　述
p2533	0~1000	0	ms	在位置设定值发生突变时对参数进行平滑

⑥ 电子齿轮的优点（示例）。电子齿轮比用于脉冲设定值倍乘系数，通过分子和分母实现。四个分子（p29012［0］、p29012［1］、p29012［2］、p29012［3］）和一个分母（p29013）用于四个电子齿轮比，如图 2-56 所示。参数设置见表 2-11。

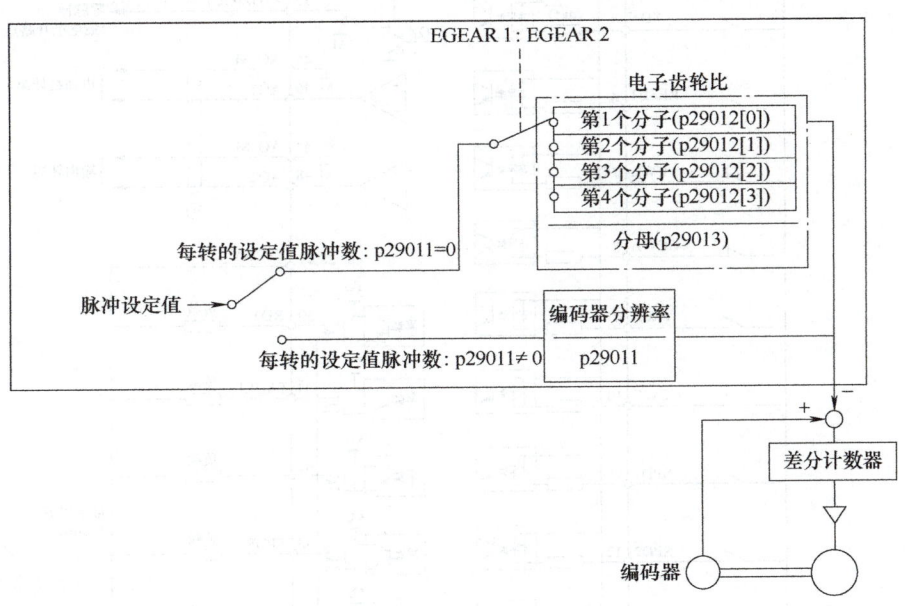

图 2-56　V90 电子齿轮比设置

（2）速度控制模式　数字量输入，支持 PNP 和 NPN 类型。

1）为 SINAMICS V90 供电的 24V 电源。所有连接到控制器上的 PTO 信号必须与 SINAMICS V90 使用同一个 24V 电源。

2）隔离的数字输入电源。它可以是控制器的供电电源。

3）隔离的数字输出电源。它可以是控制器的供电电源。

表 2-11 电子齿轮参数设置

参数	范围	出厂设置	单位	描述
p29012[0]	1~10000	1	—	电子齿轮比的第一个分子
p29012[1]	1~10000	1	—	电子齿轮比的第二个分子
p29012[2]	1~10000	1	—	电子齿轮比的第三个分子
p29012[3]	1~10000	1	—	电子齿轮比的第四个分子
p29013	1~10000	1		电子齿轮比的分母

接到伺服驱动模拟量输入的模拟量输出端以及伺服驱动的24V输入端必须接共地，如图2-57所示。

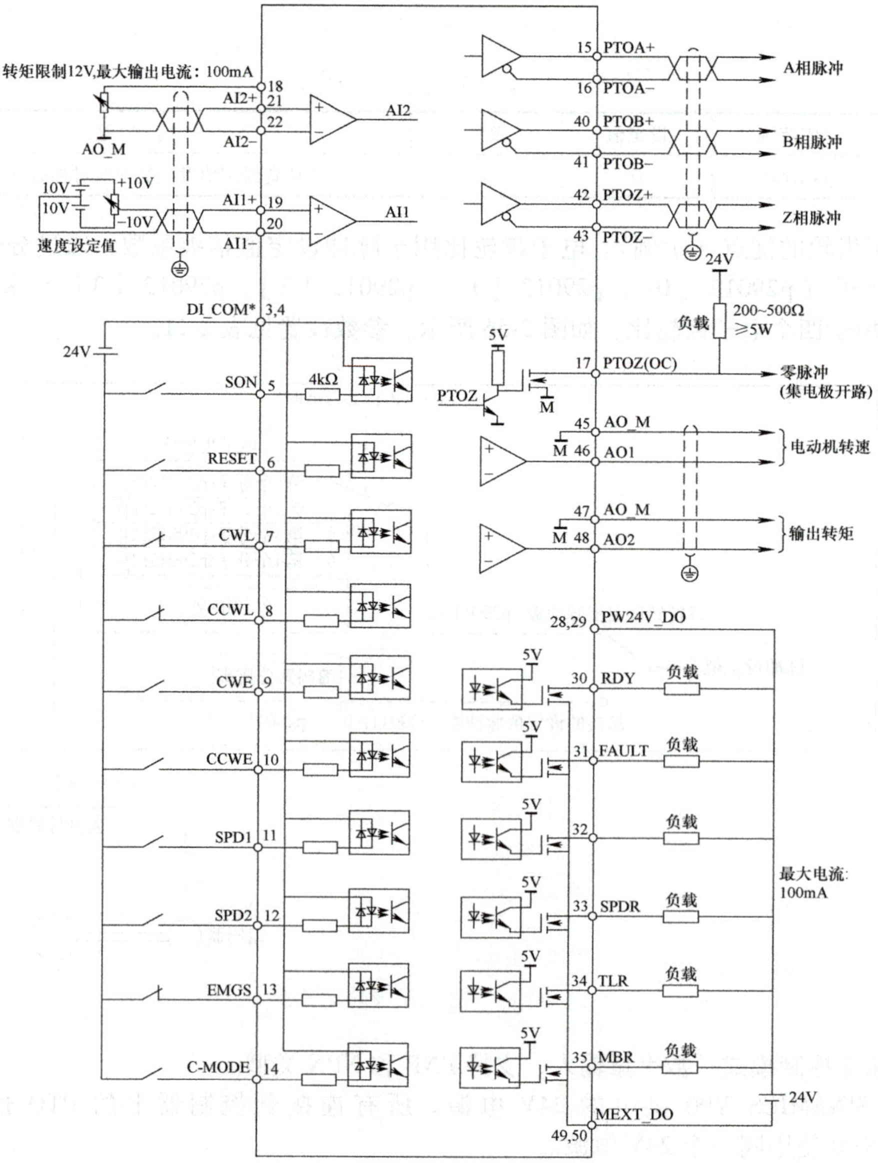

图 2-57 速度控制模式控制电路接线

4）配置速度设定值。总共有 8 个数字量输入信号组合（SPD1、SPD2 和 SPD3）进行速度设定，见表 2-12。

表 2-12 速度设定值

数字量信号			转 矩 限 制
SPD3	SPD2	SPD1	
0	0	0	外部模拟量速度设定值（模拟量输入 1）
0	0	1	内部速度设定值 1（p1001）
0	1	0	内部速度设定值 2（p1002）
0	1	1	内部速度设定值 3（p1003）
1	0	0	内部速度设定值 4（p1004）
1	0	1	内部速度设定值 5（p1005）
1	1	0	内部速度设定值 6（p1006）
1	1	1	内部速度设定值 7（p1007）

① 带外部模拟量速度设定值的速度控制 S 模式下，如数字量输入信号 SPD1、SPD2 和 SPD3 都处于低电位（0），则模拟量输入 1 的模拟量电压用作速度设定值。

模拟量输入 1 的模拟量电压对应设定的速度值。默认速度值为额定电动机速度。模拟量电压 10V 对应最大速度设定值（V_max）且该设定值可由参数 p29060 确定。速度设定值的速度控制见表 2-13。

表 2-13 速度设定值范围

参数	范围	出厂设置	单位	描 述
p29060	6~210000	3000	r/min	10V 对应的最大模拟量速度设定值

模拟量电压和速度设定值之间的关系如图 2-58 所示。

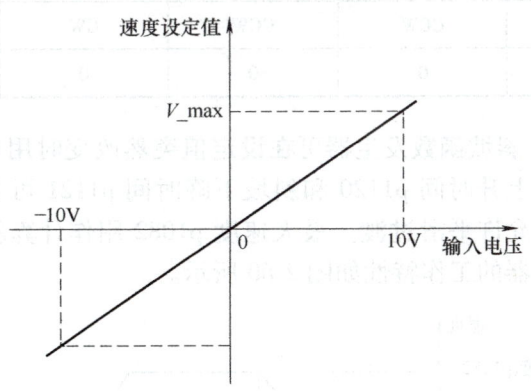

图 2-58 模拟量电压和速度设定值之间的关系

② 模拟量输入 1 的输入电压存在偏移量。可通过两种方法调整偏移量：带 BOP 功能的自动调整，偏移量的手动输入参数（p29061），见表 2-14。

表 2-14 电压偏移量数值

参数	范围	出厂设置	单位	描 述
p29061	−0.50~0.50	0	V	模拟量输入 1（速度设定值）的偏移量调整

③ 偏移量调整前后的特性曲线如图 2-59 所示。

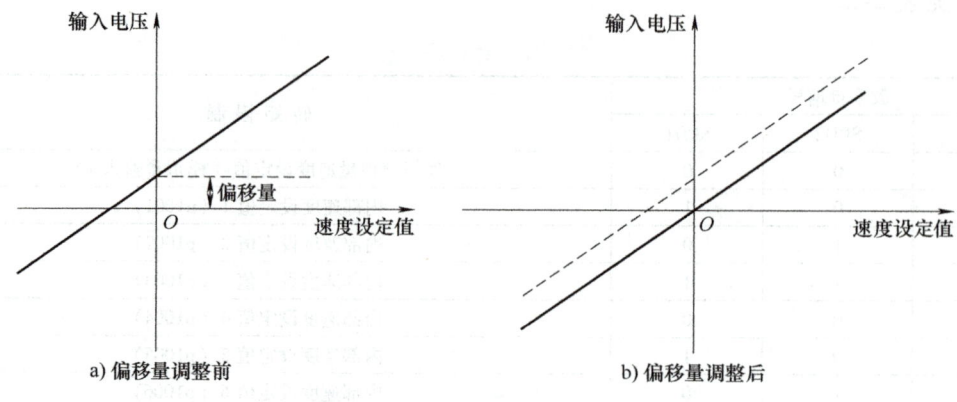

图 2-59　偏移量调整前后的特性曲线

④ 旋转方向和停止。可使用两个数字量输入信号控制电动机旋转方向和运行/停止。其中，CWE 为顺时针方向使能；CCWE 为逆时针方向使能。

在 S 模式或 T 模式下，当伺服电动机准备就绪时，必须使用信号 CWE 或 CCWE 来起动电动机。详细信息见表 2-15。

表 2-15　旋转方向设置

信号		内部转矩设定值	模拟量转矩设定值		
CCWE	CWE		+极性	-极性	0V
0	0	0	0	0	0
0	1	CW	CW	CCW	0
1	0	CCW	CCW	CW	0
1	1	0	0	0	0

⑤ 斜坡函数发生器。斜坡函数发生器可在设定值突然改变时用来限制加速度从而防止驱动运行时发生过载。斜坡上升时间 p1120 和斜坡下降时间 p1121 可分别用于设置加速度和减速度斜坡。设定值改变时允许平滑过渡。最大速度 p1082 用作计算斜坡上升和斜坡下降时间的参考值。斜坡函数发生器的工作特性如图 2-60 所示。

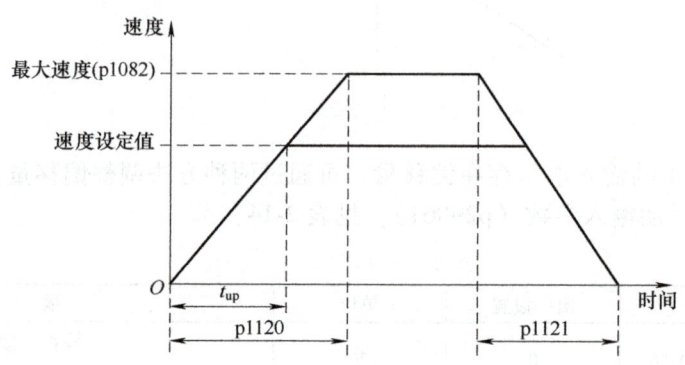

图 2-60　斜坡函数发生器的工作特性

通过设置 p1115 为 1 可以使用 S-曲线斜坡函数发生器。加速度（p1120）和减速度（p1121），斜坡初始圆弧段时间（p1130）和结束圆弧段时间（p1131），S-曲线斜坡函数发生器的工作特性如图 2-61 所示。

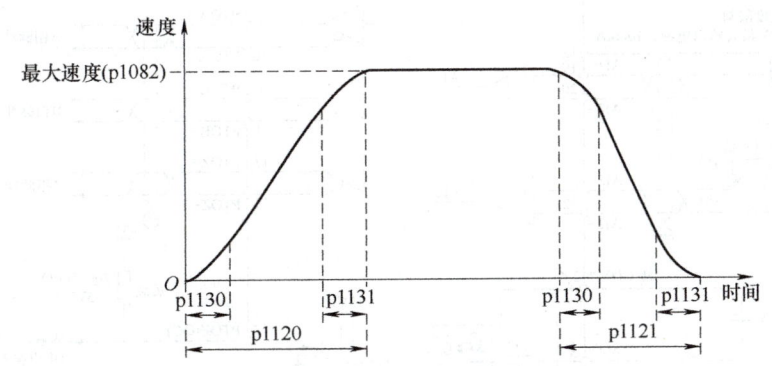

图 2-61　S-曲线斜坡函数发生器的工作特性

S-曲线斜坡函数发生器参数设置见表 2-16。

表 2-16　S-曲线斜坡函数发生器参数设置

参数	取值范围	默认值	单位	描　　述
p1082	0~210000	1500	r/min	电动机最大速度
p1115	0~1	0	—	选择斜坡函数发生器
p1120	0~999999	1	s	斜坡函数发生器斜坡上升时间
p1121	0~999999	1	s	斜坡函数发生器斜坡下降时间
p1130	0~30	0	s	斜坡函数发生器初始圆弧段时间
p1131	0~30	0	s	斜坡函数发生器结束圆弧段时间

(3) 转矩控制模式　收放卷装置示意图如图 2-62 所示。

① 进给机构：将长尺寸的材料从左向右传送放卷机构。为了保持一定的张力，需要随着卷径的减少相应地减少制动转矩。

② 收卷机构：为了保持一定的张力，需要随着卷径的增加相应地增加制动转矩。

③ 收放卷中张力控制的目的：稳定传送材料，防止变形，确保尺寸精度等。张力控制即转矩控制，当电动机的输出转矩和负荷取得平衡时，电动机转速为平衡速度。因此，转矩控制时的速度由负荷决定。如果电动机的输出转矩比电动机负荷大，电动机将会加速。为了防止出现过速度，应设置速度限制值。

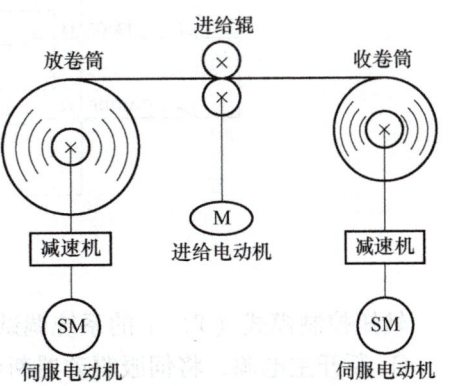

图 2-62　收放卷装置示意图

张力控制时，电动机转矩的选定是根据连续运转转矩，而非短时间最大转矩。在收卷和放卷中，最大卷径时需要较大转矩，而在最小卷径时则高速旋转，所以卷轴比（最大/最小卷径的比率）变大时，需要相应大功率的电动机。伺服系统中转矩控制主要由电流控制环完成。

在收放卷设备上应用交流伺服时，应采用转矩控制模式。转矩控制（T）模式的接线如图 2-63 所示。

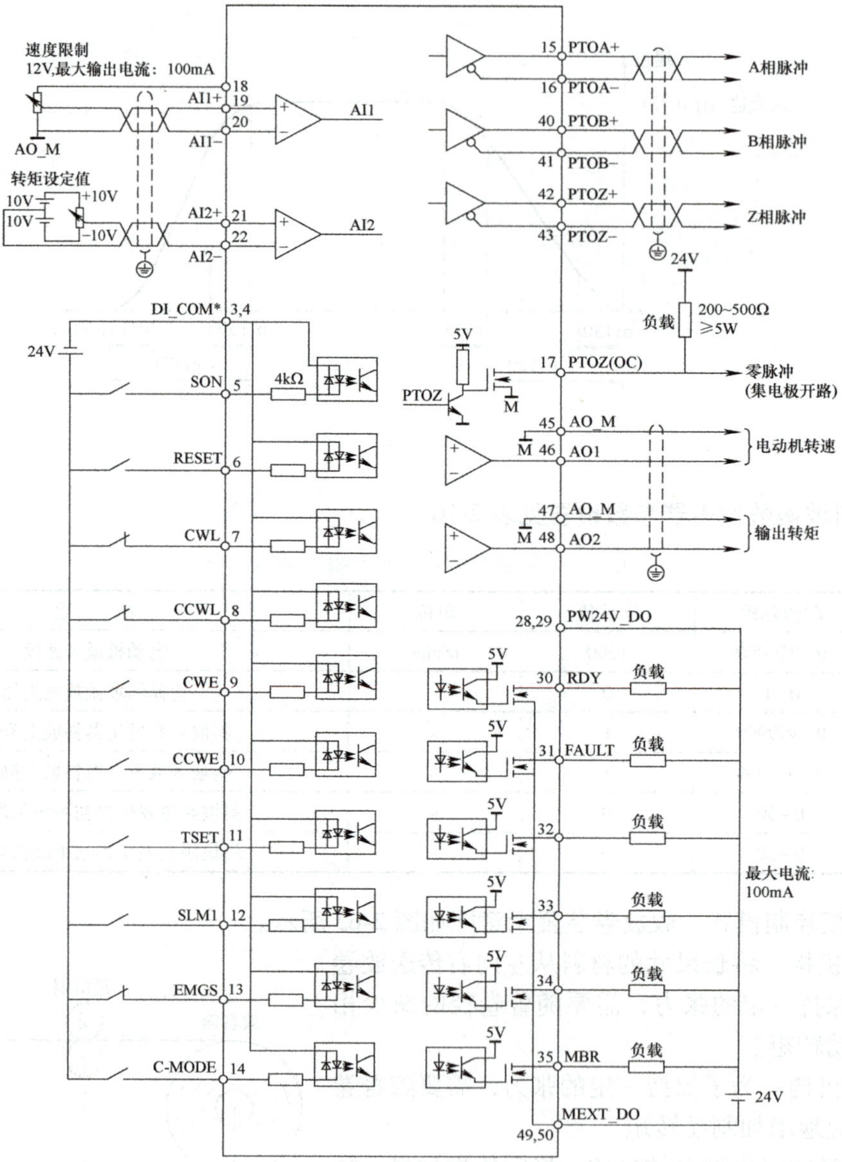

图 2-63　转矩控制模式的接线

转矩控制模式（T）下的系统调试：

① 断开主电源，将伺服驱动器断电，并使用信号电缆将其连接至控制器（SIMATIC S7—1200SMART）。为确保正常运行，数字量信号 CWL、CCWL 和 EMGS 必须保持在高电平"1"。

转矩控制模式的标准应用接线和 PLC 连接如图 2-64 所示。

② 打开 DC 24V 电源。

③ 检查伺服电动机的类型。如果伺服电动机带有增量编码器，应输入电动机 ID（p29000）。如果伺服电动机带有绝对编码器，伺服驱动可以自动识别伺服电动机。

项目 2　交直流传动系统调试维修

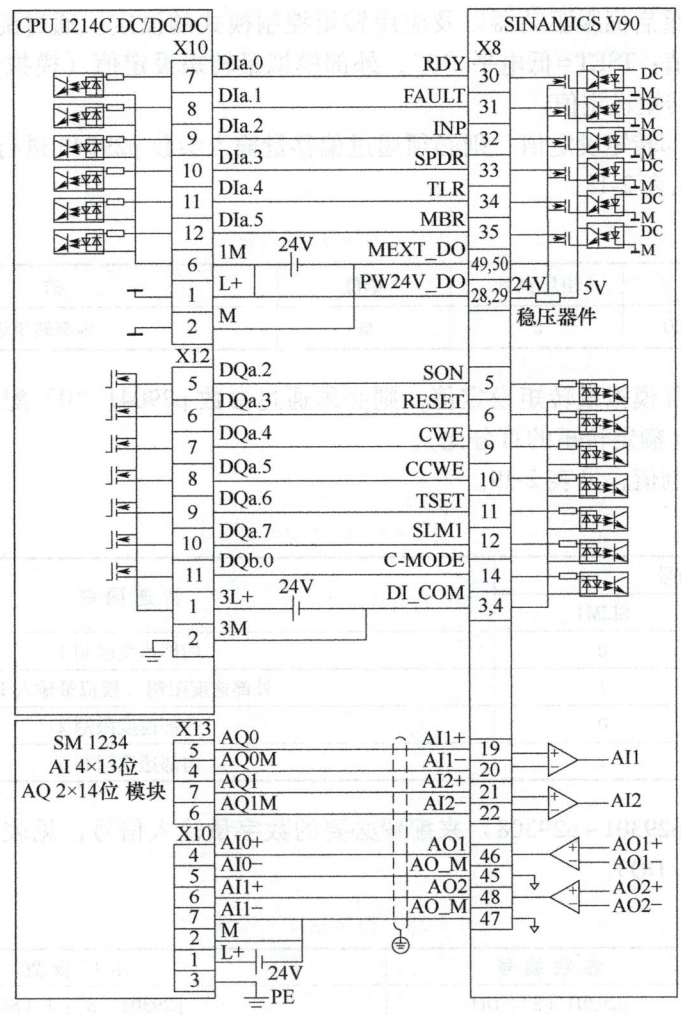

图 2-64　V90 伺服驱动器和 1214C 型 PLC 的连接

④ 如未识别到伺服电动机，则会发生故障 F52984。电动机 ID 可参见电动机铭牌。如果出现问题，可使用 BOP 更改参数。

⑤ 通过设置参数 p29003 = 3 切换到转矩控制模式。SINAMICS V90 伺服驱动器支持 9 种控制模式，见表 2-17。

表 2-17　控制模式选择

	控 制 模 式	缩　　写
基本控制模式	外部脉冲位置控制模式	PTI
	内部设定值位置控制模式	IPos
	速度控制模式	S
	转矩控制模式	T
复合控制模式	控制更改模式	PTI/S
	控制更改模式	IPos/S
	控制更改模式	PTI/T
	控制更改模式	IPos/T
	控制更改模式	S/T

⑥ 保存参数并重启伺服驱动器以及应用转矩控制模式的设定。通过配置数字量输入信号 TSET 选择转矩设定值：TSET＝低电平"0"，外部模拟量转矩设定值（模拟量输入 2）；TSET＝高电平"1"，内部转矩设定值。

⑦ 如果使用内部转矩设定值，则必须通过偏移量输入参数 p29043 进行设定。带内部转矩设定值的转矩控制见表 2-18。

表 2-18　内部转矩设定值

参数	范围	出厂设置	单位	描 述
p29043	100~1000	0	%	内部转矩设定值

⑧ 如果使用外部模拟量转矩设定值，则必须通过参数 p29041 "0"配置 10V 对应的模拟量转矩设定值定标（额定转矩的百分比）。

⑨ 设置转速限制值，见表 2-19。

表 2-19　转速限制值

数字量信号		转 速 限 制
SLIM2	SLIM1	
0	0	内部速度限制 1
0	1	外部速度限制（模拟量输入 1）
1	0	内部速度限制 2
1	1	内部速度限制 3

⑩ 通过参数（p29301~p29308）来配置必要的数字量输入信号，见表 2-20。可参见"数字量输入/输出（DI/DO）。

表 2-20　数字量输入设置

序　号	参 数 编 号	出厂设置
1	p29301［3］：DI1	p29301［3］：1（SON）
2	p29302［3］：DI2	p29302［3］：2（RESET）
3	p29303［3］：DI3	p29303［3］：3（CWL）
4	p29304［3］：DI4	p29304［3］：4（CCWL）
5	p29305［3］：DI5	p29305［3］：12（CWE）
6	p29306［3］：DI6	p29306［3］：13（CCWE）
7	p29307［3］：DI7	p29307［3］：18（TSET）
8	p29308［3］：DI8	p29308［3］：19（SLIM1）

⑪ 通过 BOP 保存参数。
⑫ 打开主电源。
⑬ 清除故障和报警。
⑭ 使能 CWE 或 CCWE 信号并修改 SON 信号状态为高电平"1"，伺服电动机即根据已配置的转矩设定值开始运行。通过 BOP 的运行状态显示可查看伺服电动机的实际转矩。

默认显示为实际速度。可通过设置参数 p29002＝2 更改显示，见表 2-21。

⑮ 转矩控制模式下的系统调试结束后，可以检查系统性能。如果对性能不满意，可以进行调整。理论上，内部控制环的频宽必须比外部控制环的宽；否则，整个控制系统会振动或响应等级降低。上述三个控制环频宽之间的关系如图 2-65 所示：电流环＞速度环＞位置环。由于 SINAMICS

V90 伺服驱动器的电流环已有完美的频宽，因此只需调整速度环增益和位置环增益。

表 2-21　实际状态显示

参数	参数值	含　义
p29002	0（默认值）	实际速度
	1	直流电压
	2	实际转矩
	3	实际位置
	4	位置跟随误差

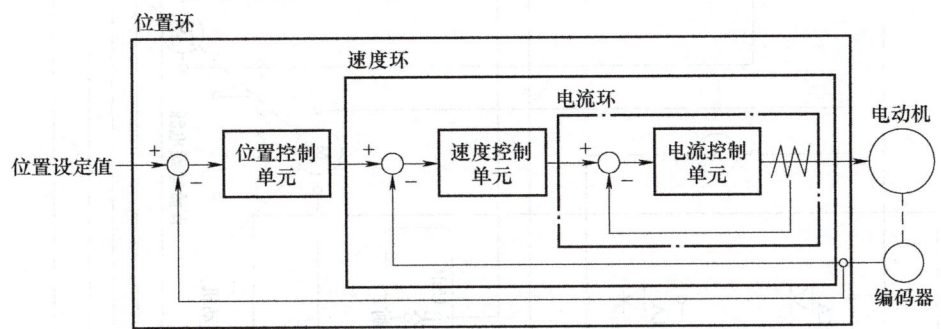

图 2-65　三个控制环频宽之间的关系

位置环增益。位置环增益直接影响位置环的响应等级。如果机械系统未振动或产生噪声，可增加位置环增益的值以提高响应等级并缩短定位时间，见表 2-22。

表 2-22　位置环增益范围

参数	取值范围	默认值	单位	描　述
p29110［0］	0.00~300.00	视电动机而定	1000/min	位置环增益1
p29110［1］	0.00~300.00	1.00	1000/min	位置环增益2

速度环增益。速度环增益直接影响速度环的响应等级。如果机械系统未振动或产生噪声，可增加速度环增益的值以提高响应等级，见表 2-23。

表 2-23　速度环增益范围

参　数	取值范围	默认值	描　述
p29120［0］	0~999999	视电动机而定	速度环增益1
p29120［1］	0~999999	0.3	速度环增益2

2.4　综合技能训练

技能训练 1　双闭环可逆直流调速系统的接线与调试

1. 接线

1）按照主控原理框图（见图 2-66）和控制原理图（见图 2-67）正确接线，检查系统中设备、元器件及部件的型号、规格。

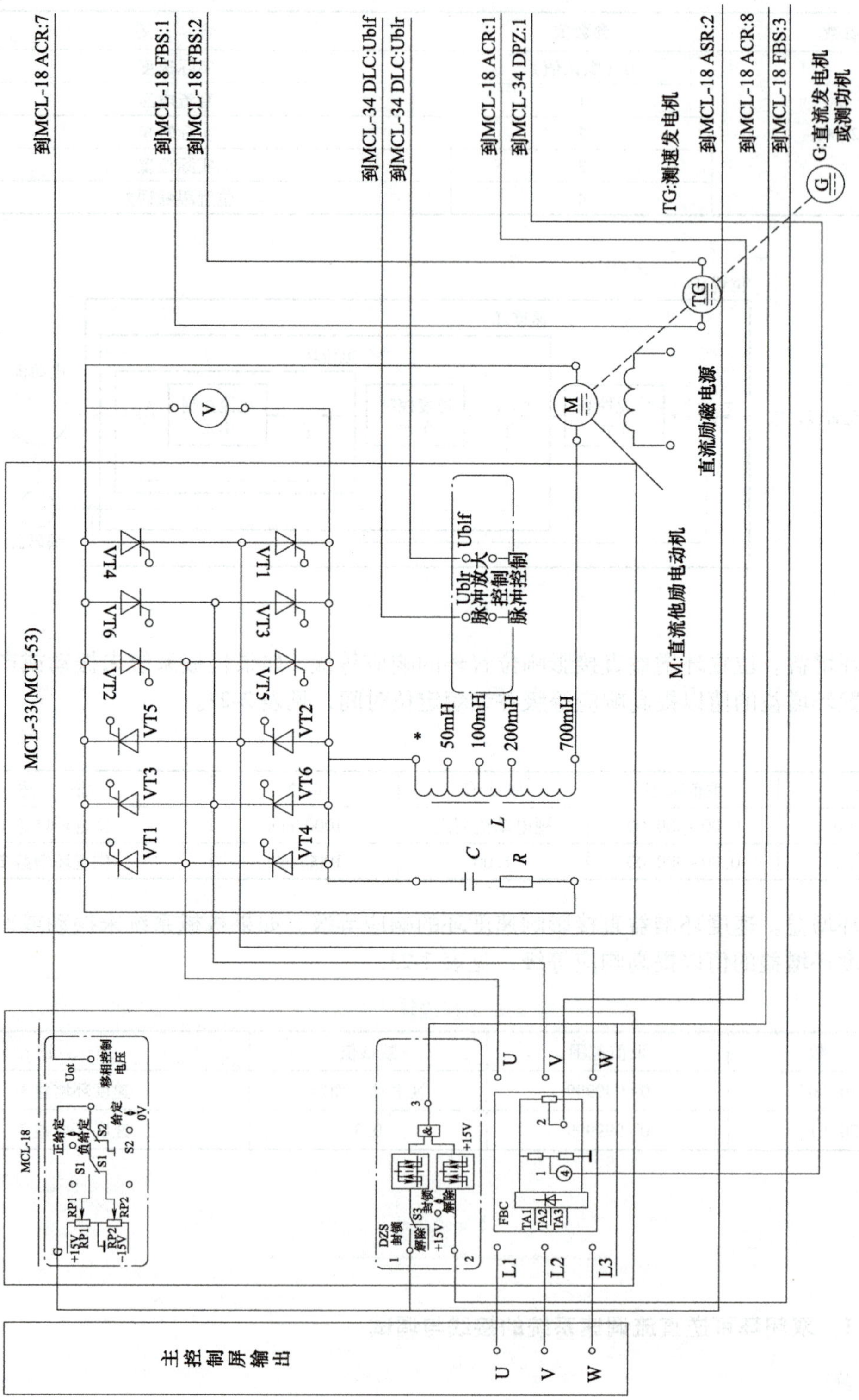
到MCL-18 ACR:7
到MCL-18 FBS:1
到MCL-18 FBS:2
到MCL-34 DLC:Ublf
到MCL-34 DLC:Ublr
到MCL-18 ACR:1
到MCL-34 DPZ:1
TG:测速发电机
到MCL-18 ASR:2
到MCL-18 ACR:8
到MCL-18 FBS:3
G:直流发电机
或测功机
TG
G
M
V
直流励磁电源
M:直流他励电动机
MCL-33(MCL-53)
VT1
VT2
VT3
VT4
VT5
VT6
Ublr
Ublf
脉冲放大
控制
脉冲控制
50mH
100mH
200mH
700mH
C
R
L
MCL-18
正给定
负给定
给定
S1
S2
RP1
RP2
+15V
-15V
0V
Uot
移相控制
电压
DZS
封锁
解除
S3
&
FBC
TA1
TA2
TA3
U
V
W
L1
L2
L3
主控制屏输出

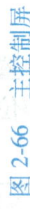

图 2-66　主控制屏

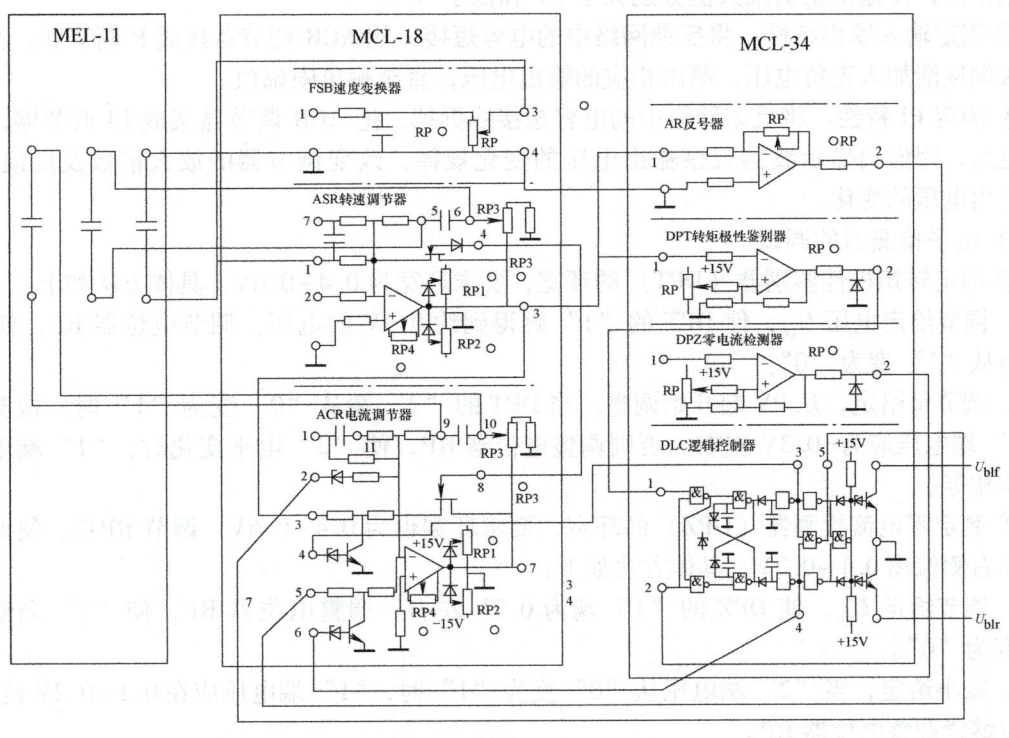

图 2-67 控制线路原理图

2)检查电气设备的绝缘以及装置接地是否良好。
3)用示波器或相序表测定交流电源(系统的进线电源和同步信号的电源)的相序。

2. 调试

(1)调试原则

1)先进行部件调试,后进行系统调试。
2)先进行开环调试,后进行闭环调试。
3)先电阻性负载,后电感性负载。
4)先内环调试,后外环调试。
5)先不可逆调试,后可逆调试。

(2)单元部件调试

1)速度调节器(ASR)的调试。按图接线,零速封锁器(DZS)的开关 S3 置于 "解除" 位置。

① 调整正、负限幅值。在 ASR 调节器的输入端加入一定的输入电压,调整正、负限幅电位器 RP2、RP3,使输出正负值等于±5V。

② 测定输入输出特性。将反馈网络中的电容短接,使 ASR 调节器接成 P 调节器,在调节器输入端逐渐加入正负电压,测出相应的输出电压,直至输出限幅值。

③ 测定 PI 特性。把反馈网络中的电容短接线拆掉,把 ASR 调节器接成 PI 调节器,突加给定电压,用慢扫描示波器观察输出电压的变化规律,改变调节器的放大倍数及反馈电容,观察输出电压的变化。

2)电流调节器(ACR)的调试。

① 调整输出正、负限幅值。把调节器接成 PI 调节器,加入一定的输入电压,调整正、负

限幅电位器,使输出正负最大值分别大于6V和低于-6V。

② 测定输入输出特性。将反馈网络中的电容短接,使ACR调节器接成P调节器,在调节器输入端逐渐加入正负电压,测出相应的输出电压,直至输出限幅值。

③ 测定PI特性。将反馈网络中的电容短接线拆掉,把ACR调节器接成PI调节器,突加给定电压,用慢扫描示波器观察输出电压的变化规律,改变调节器的放大倍数及反馈电容,观察输出电压的变化。

3) 电平检测器的调试。

① 测定转矩极性鉴别器(DPT)的环宽,要求环宽为0.4~0.6V,具体方法如下:

a. 调节给定电压 U_{gn},使DPT的"1"脚得到约0.3V的电压,调节电位器RP,使"2"端输出从"1"变为"0"。

b. 调节负给定,从0V起开始调整,当DPT的"2"端从"0"变为"1"时,检测DPT的"1"端电压应为-0.3V左右,否则调整电位器RP,使"2"电平变化时,"1"端电压大小基本相等。

② 测定零电流检测器(DPZ)的环宽,要求环宽也为0.4~0.6V,调节RP17,使回环向纵坐标右侧偏离0.1~0.2V。具体方法如下:

a. 调节给定 U_{gn},使DPZ的"1"端为0.7V左右;调整电位器RP,使"2"端输出从"1"变为"0"。

b. 减小给定,当"2"端电压从"0"变为"1"时,"1"端电压应在0.1~0.2V范围内,否则应继续调整电位器RP。

4) 反号器(AR)的调试。测定输入输出比例,输入端加+5V电压,调节RP,使输出端为-5V。

5) 逻辑控制器(DLC)的调试。

① 把+15V电源与DLC的"2"端直接连接,"1"端和给定输出"1"端直接相连,把给定电压调到最高,约为12V。

② 上下拨动给定开关S2,U_{blf}、U_{blr}的输出应为高、低电平变化,同时用示波器观察DLC的"5"端,应有脉冲波形,用万用表测量,"3"端与U_{blf},"4"端与U_{blr}电位应相等。

③ 把+15V电源与DLC的"2"端连线断开,把DLC的"2"端接地,此时拨动开关S2,U_{blr}、U_{blf}输出应无变化。

(3) 系统开环调试

1) 安全保护措施:

① 将系统装置中所有控制单元部件脱开,所有开关均处于断开状态,熔断器全部分离。

② 根据调试步骤,接通熔断器,逐步合上需用的开关,以检验安全保护措施的有效性。

2) 相序及相位的检查:

① 校验进入系统装置的电源相序。

② 检查主变压器和同步变压器二次侧间的相位关系是否符合电路要求。

③ 检查送至控制单元部件接线端的同步信号,其相位是否正确。

④ 对控制电源进行测试,用万用表检查送至各处的电源电压是否正常。

3) 系统开环联调:所谓系统联调,即将主通道上的控制单元全部接入,且使 $U_{ct}=0$,主电路接电阻R负载,接通电源后,用示波器观察R两端U_d波形。开始闭合电源时,可能出现波形很不整齐,甚至断相的现象,如图2-68所示。

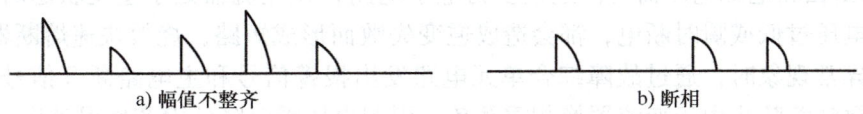

a) 幅值不整齐　　　　　　　　　b) 断相

图 2-68　断相波形

若相序、相位在前面已经校正好，一般只要调节触发板的相位微调（例如同步锯齿波的斜率）和偏移电压，就可以得到图 2-69 所示的正常"小毛刺"波形了。这些正常的"小毛刺"波形必须间隔均匀，幅值整齐。实际就是单组三相全控桥式电路为电阻性负载 $\alpha=120°$、$U_d=0$ 时的波形。若波形正常，则可慢慢调节 U_{ct}，使 U_d 慢慢上升。若 U_d 波形能平滑连续地跟随 U_{ct} 变化，则说明系统开环正常。

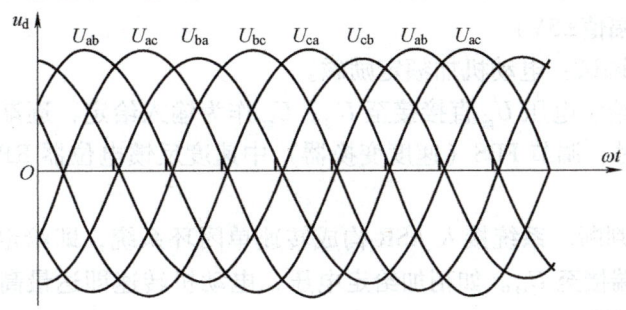

图 2-69　正常波形

（4）闭环调试

1）保护环节：实际运行的工业装置或实验装置，必须有相关的保护环节。常用的有继电器控制保护和电子电路保护两大类，如过电流保护、励磁欠电压保护、电枢过电压保护、电动机超速保护、电源断相保护、电动机零速封锁等。因为开环系统的调试大多数是在电阻性负载的情况下进行的，且负载电流小，所以系统保护的问题还不明显，一旦接上电动机进行闭环调试，电流很大，对系统的保护问题就比较明显了，故在开环调试好后，应先对部分保护电路功能进行整定调试。有些保护功能需要大负载进行试验，可以和闭环调试结合进行。有些电子保护电路应在部件调试时完成，具体方法可根据实际情况进行。

① 过电流继电器的整定。过电流继电器的作用是在过载或短路时保护电动机和变流器不受损坏。过电流继电器的动作值一般为电动机允许的工作过载值，即电流额定值的 1.5~2.0 倍。如果动作电流值很大，可以在系统进行电流闭环调试时加以整定。

② 欠励磁继电器的整定。直流电动机在电枢已供有电压的情况下，一旦失去励磁，就会使电动机超速而造成损坏，所以一般的直流调速系统都设有欠励磁保护。对于不弱磁调速系统，欠励磁继电器的动作值一般整定在额定励磁电流的 80%~85% 时动作。对于弱磁调速系统，则整定在 $0.9I_{fmin}$（I_{fmin} 为对应于最高工作转速时的励磁电流）时动作。

③ 过电压继电器的整定。对于额定电压高于 400V 的直流电动机，调速系统以及采用弱磁调速的系统，通常都装有过电压保护继电器，其动作值一般整定为额定电压的 110%~115%。整定时可采用外加直流电压，也可以采用将电动机电枢断开，用变流器升压来整定。

④ 超速继电器的整定。在中、大功率电动机轴上一般都装有离心开关作为超速保护。超速保护一般整定在最高工作转速 1.1 倍时动作，也可以通过测速发电机发出超速信号来整定。

⑤ 电源断相和电源电压监视。这些多为电子电路，在变流器处于逆变状态时，由于交流电源断相、电压过低或瞬时断电，都会造成逆变失败而形成短路，烧毁快速熔断器或晶闸管。当发生上述异常现象时，通过故障综合单元电路发出报警信号和主电路断开信号。在整定这种保护时，要注意防止由于变流器换相重叠角，引起电压瞬时降低而产生误动作。

2) 无环流不可逆调试：双闭环不可逆直流调速系统由电流调节器和转速调节器综合调节。将 U_{blf} 接地，U_{blr} 悬空。

① 电流环的调试：电动机不加励磁（有欠励磁保护的应做处理），处于堵转状态。

a. 系统开环，控制电压 U_{ct} 由给定电路直接接入，主回路接入电阻负载。逐渐增加给定电压，用示波器观察晶闸管整流桥两端的电压波形。在一个周期内，电压波形应有 6 个对称波头平滑变化。

b. 增加给定电压，调节电流反馈电位器 RP3，使反馈电压接近速度调节器的输出限幅值电压（ASR 的输出限幅值±5V）。

② 速度变换器的调试：电动机加额定励磁。

a. 系统开环，即给定电压 U_{gn} 直接接至 U_{ct}，U_{gn} 作为输入给定，逐渐加给定电压，当电动机转速达到额定转速时，调节 FBS（速度变换器）中速度反馈电位器 RP，使速度反馈电压为 +5V 左右。

b. 速度反馈极性判断。系统接入 ASR 构成转速单闭环系统，即给定电压 U_{gn} 接至 ASR 的第 1 端，ASR 的第 3 端接至 U_{ct}。如稍加给定电压，电动机转速即达最高且不可控，则速度反馈极性接反，需改变接法。

③ 将 ASR、ACR 均接成 PI 调节器接入系统，形成双闭环不可逆系统，观察系统的动态波形：

a. 突加给定电压起动时，观察电动机电枢电流波形和转速波形。

b. 突加额定负载，观察电动机电枢电流波形和转速波形。

c. 突降负载时，观察电动机电枢电流波形和转速波形。

3) 无环流可逆调试：按图 2-67 接线，未加主电源之前，观察触发脉冲是否正常。对于可逆系统，正组和反组均需独立进行开环调试，然后分别进行闭环调试，即将反馈单元依次接入，最后才能进行可逆系统的调试。

① 用示波器观察触发脉冲，正常时应为间隔均匀、幅度相等的双脉冲。

② 检查脉冲相序是否正确，如不正确，则调整输入电源相序。

③ 将 U_{blr} 接地，观察反桥晶闸管的触发脉冲。

④ 用万用表检查 U_{blf}、U_{blr} 的电压，应为一个高电平，一个低电平，不能同时为低电平。

⑤ 对电平检测器的输出有下列要求：

转矩极性鉴别器 DPT：电动机正转，输出 U_M 为 "1" 态；电动机反转，输出 U_M 为 "0" 态。

零电流检测器 DPZ：主回路电流接近零，输出 U_I 为 "1" 态；主回路有电流，输出 U_I 为 "0" 态。

⑥ 用二踪慢扫描示波器观察给定值阶跃变化（正向起动→正向停机→反向切换到正向→正向切换到反向→反向停机）时的动态波形。

⑦ 观察电动机稳定运行于额定转速，U_{gn} 不变，突加、突减负载的动态波形。

⑧ 改变 ASR、ACR 的参数，观察动态波形的变化。

项目 2 交直流传动系统调试维修

技能训练 2 西门子变频器频率设定实例

西门子 G120 系列变频器频率设定方法。

1. 面板给定

(1) 控制面板操作 利用操作面板上的功能键和进入面板频率给定模式进行频率的数字量给定或调整。图 2-70 所示为西门子 G120 变频器智能操作面板 IOP，面板操作功能键见表 2-24。

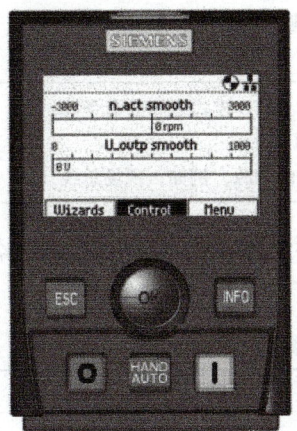

图 2-70 西门子 G120 变频器智能操作面板 IOP

表 2-24 面板操作功能

键		功　　能
滚轮	OK	1) 在菜单中通过旋转推轮改变选择 2) 当选择突出显示时，按压轮确认选择 3) 编辑一个参数时，旋转推轮改变显示值；顺时针增加值和逆时针减小显示值 4) 编辑参数或搜索值时，可以选择编辑单个数字或整个值。长按推轮（>3s），在两个不同的值编辑模式之间切换
开机键	I	1) 在 AUTO 模式下，屏幕显示为一个信息屏幕，说明该命令源为 AUTO，可通过按 HAND/AUTO 键改变 2) 在 HAND 模式下起动变频器-变频器状态图标开始转动 注意：对于固件版本低于 4.0 的控制单元；在 AUTO 模式下运行时，无法选择 HAND 模式，除非变频器停止；对于固件版本为 4.0 或更高的控制单元；在 AUTO 模式下运行时，可以选择 HAND 模式，电动机将继续以最后选择的设定速度运行；如果变频器在 HAND 模式下运行，切换至 AUTO 模式时电动机停止
关机键	O	1) 如果按下时间超过 3s，变频器将执行 OFF2 命令；电动机将关闭停机。注意：在 3s 内按 2 次 OFF 键也将执行 OFF2 命令 2) 如果按下时间不超过 3s，变频器将执行以下操作： ① 在 AUTO 模式下，屏幕显示为一个信息屏幕，说明该命令源为 AUTO，可使用 HAND/AUTO 键改变。变频器不会停止 ② 如果在 HAND 模式下，变频器将执行 OFF1 命令；电动机将以参数设置为 P1121 的减速时间停机

（续）

键		功　　能
退出键	ESC	1）如果按下时间不超过 3s，则 IOP 返回到上一页，或者如果正在编辑数值，新数值不会被保存 2）如果按下时间超过 3s，则 IOP 返回到状态屏幕。在参数编辑模式下使用退出键时，除非先按确认键，否则数据不能被保存
INFO 键	INFO	1）显示当前选定项的额外信息 2）再次按下 INFO 键会显示上一页 3）在 IOP 启动时按下 INFO 键，会使 IOP 进入 DEMO 模式。重启 IOP 即可退出 DEMO 模式
切换键	HAND AUTO	HAND/AUTO 键切换 HAND 和 AUTO 模式之间的命令源： ① HAND 设置到 IOP 的命令源 ② AUTO 设置到外部数据源的命令源，例如，现场总线

屏幕图标 IOP 在显示屏上右上角边缘显示许多图标，表示变频器的各种状态和当前情况，图标的功能见表 2-25。

表 2-25　图标的功能

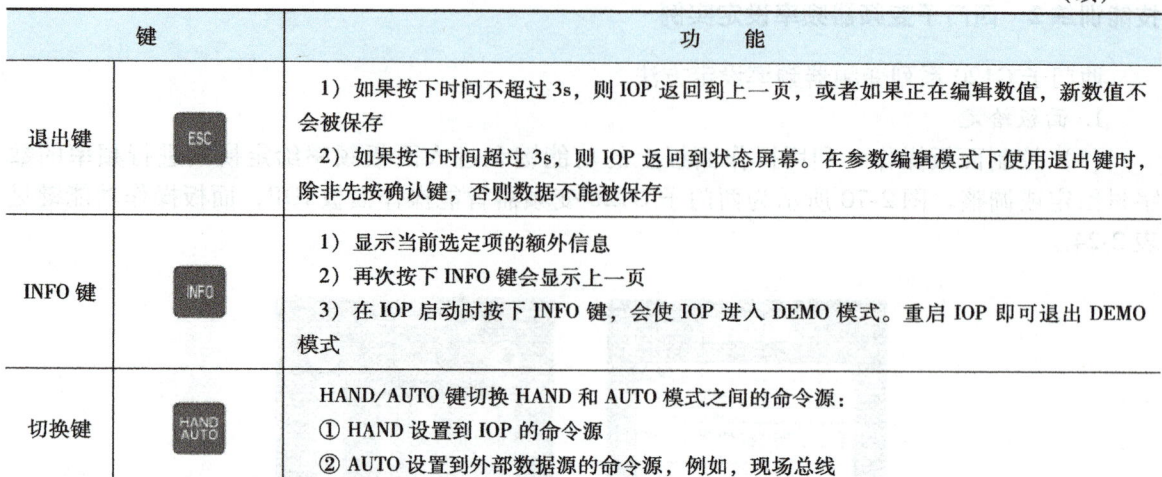

（2）参数设定　控制菜单更改设置：设定值、反向、点动操作。控制菜单从状态屏幕下的底部中心菜单进入，如图 2-71 所示。

① 设定值。旋转"滚轮"选择"控制"→按"滚轮"确认选择→显示"控制"屏幕→"设定值"突出显示→按"滚轮"选择"设定值"→显示"设定值"屏幕→旋转"滚轮"增加或减小设定值→按"滚轮"确认新的设定值，按一次或长按"Esc"键，设定值将保存→显示"控制"屏幕→按"Esc"键返回"状态"屏幕，如图 2-72 所示。

当 IOP 在"HAND"模式下，才能修改设定值。

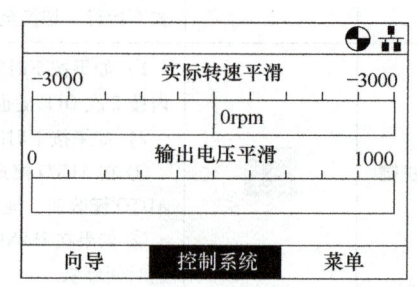

图 2-71　状态屏幕上突出显示的控制菜单

从"HAND"模式下切换成"AUTO"模式后,设定值将重置。

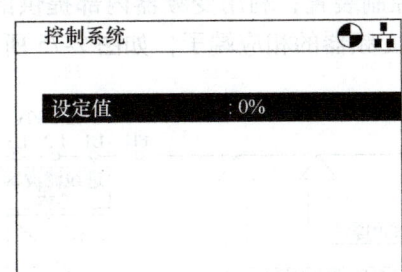 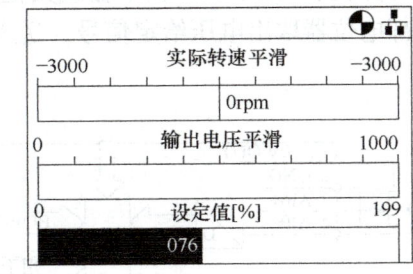

图 2-72 设定值

② 反向。反向命令功能是设置电动机正常向前运动的旋转方向,为了使电动机旋转反向,应执行以下操作:旋转"滚轮"选择"控制"→按"滚轮"确认选择→显示"控制"屏幕→旋转"滚轮"→旋转"反向"选项→按"滚轮"确认选择→显示"反向"屏幕→旋转"滚轮"选择"开启"或"关闭"→按"滚轮"确认选择→屏幕将返回"其他"菜单按"Esc"键返回"状态"屏幕,如图 2-73 所示。

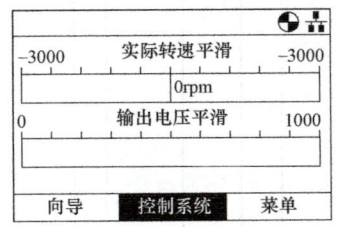 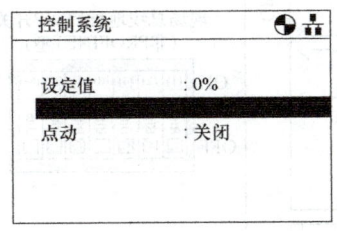 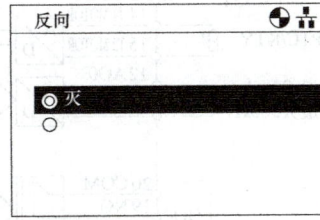

图 2-73 反向命令设置

③ 点动。如果选择了点动,则每次按 1 键电动机都能按预先确定的值手动旋转,如果持续按 1 键则电动机持续旋转,直至松开 1 键,要启用或禁止此功能,应执行以下操作:旋转"滚轮"选择"控制"→按"滚轮"确认选择→显示"控制"屏幕→选择"滚轮"选择"Jog"屏幕→旋转"滚轮"选择"开启"或"关闭"→按"滚轮"确认选择,屏幕将返回"控制"菜单,按"Esc"键返回"状态"屏幕,如图 2-74 所示。

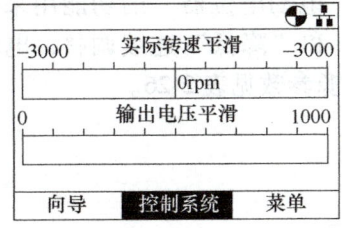 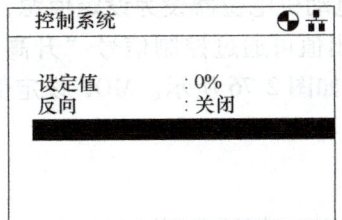 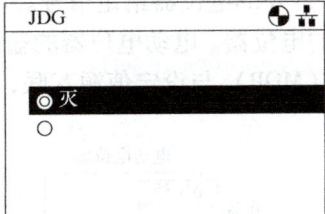

图 2-74 点动选择

2. 西门子变频器的外接给定配置

西门子变频器提供了外接给定的控制信号输入端,从控制接线端上引入外部的信号,如电压、电流信号,进行频率给定。这种方法常用于远程控制,外接给定的控制信号分数字给定和模拟给定两大类,模拟给定又分为电压控制和电流控制两种。

(1) 外接电压给定信号控制端　外接给定电压信号又有两种给定方式：直接输入电压信号，通常用于计算机、PLC、PID 调节器或其他控制装置；利用变频器内部提供的给定信号控制电压，由外部电位器取出电压给定信号，送入变频器的相应端子，如图 2-75 所示。

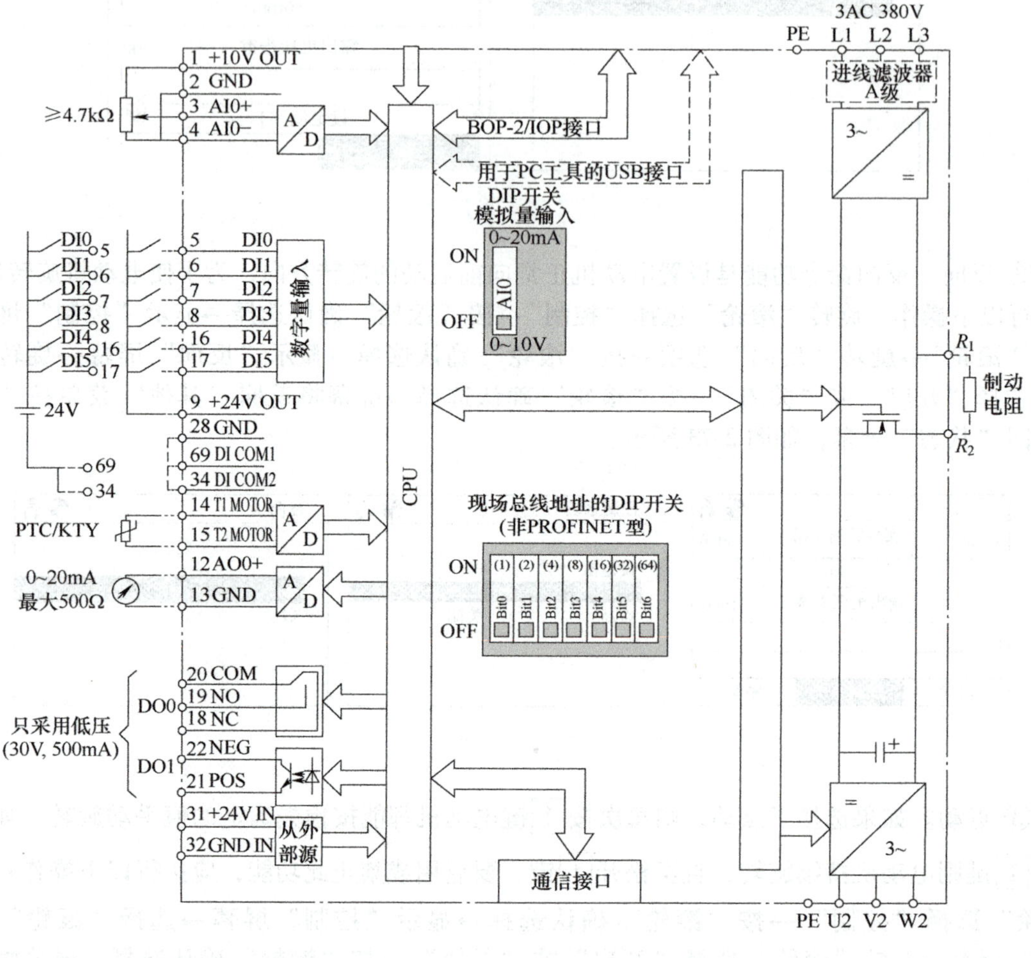

图 2-75　变频器的给定信号控制端子

1) 外部电位器给定信号。电动机电位器设为设定值源，"电动电位器"的功能用来模拟真实的电位器。电动电位器的输出值可通过控制信号"升高"和"降低"连续调整，电动电位器（MOP）与设定值源互联，如图 2-76 所示。MOP 设定值源参数见表 2-26。

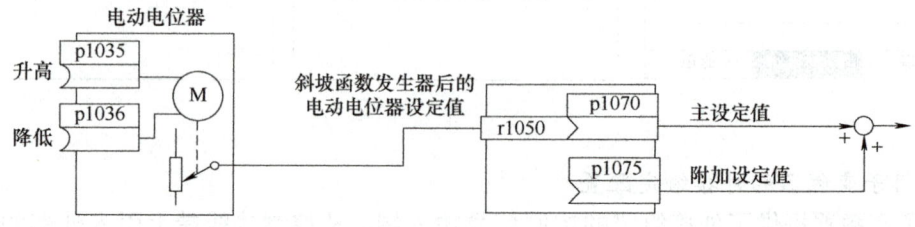

图 2-76　外部电位器给定信号

表 2-26 设定值源参数

参　数	注　释
p1070 = 1050	主设定值 主设定值与 MOP 互联
p1035	电动电位器设定值升高（出厂设置 0） 将该信号与您选择的数字量输入互联： p1035 = 722.1（数字量输入 1）
p1036	电动电位器设定值降低（出厂设置 0） 将该信号与您选择的数字量输入互联

电动电位器功能曲线如图 2-77 所示。

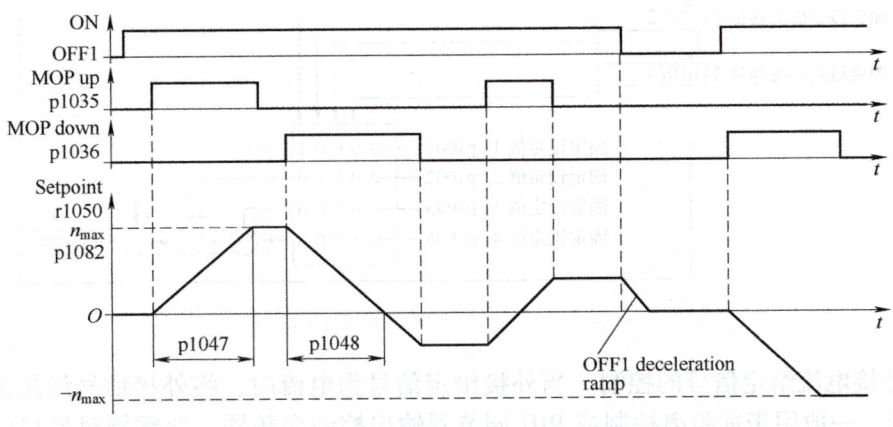

图 2-77　电动电位器功能曲线

2）固定转速设为设定值源。在很多应用中，只需要电动机在通电后以固定转速运转，或在不同的固定转速之间来回切换，如图 2-78 所示。

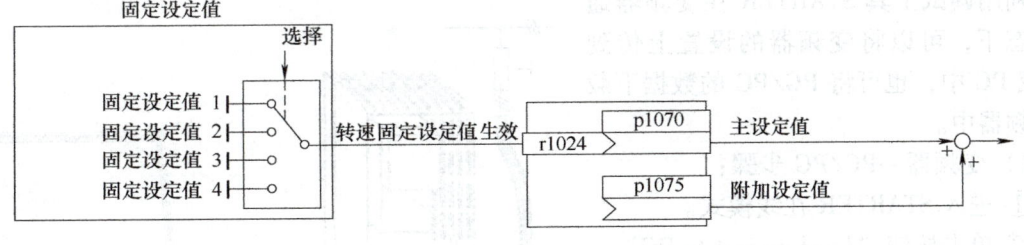

图 2-78　固定设定值

固定转速设为设定值源，见表 2-27。

表 2-27　固定转速设定值源

参　数	注　释
p1070 = 1024	主设定值与固定转速互联
p1075 = 1024	附加设定值与固定转速互联

3）固定设定值的直接或二进制选择。变频器提供了最多 16 个不同的固定设定值。固定设定值可通过数字量输入或现场总线来选择。固定设定值的选择有两种方式：

① 直接选择：用户可设置 4 个不同的固定设定值。通过添加 1~4 个固定设定值，可得到最多 16 个不同的设定值。直接选择是适合于通过数字量输入控制变频器的选择方式，直接选择固定设定值如图 2-79 所示。

② 二进制选择：可设置 16 个不同的固定设定值。通过 4 个选择位的不同组合，用户可以准确地从中选择一个固定设定值。二进制选择最适合用于中央控制系统和通过现场总线连接的变频器，如图 2-79 所示。

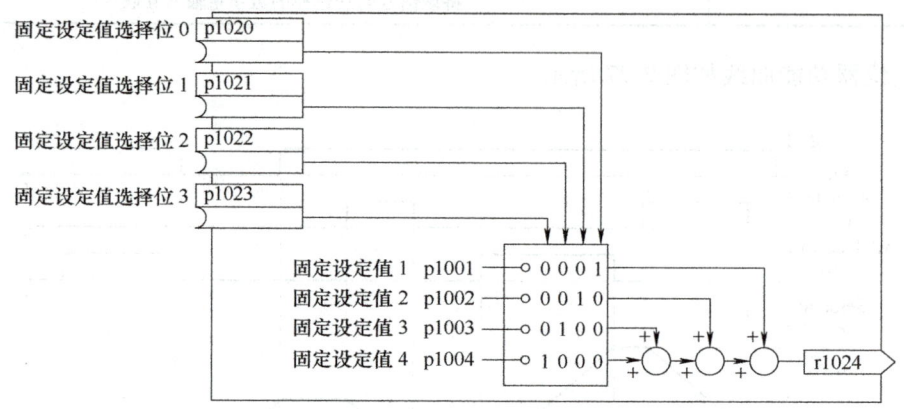

图 2-79　直接选择固定设定值

（2）外接电流给定信号的控制　当外接给定信号为电流时，将外接信号线接到外接电流给定信号端，一般用于远距离控制或 PID 调节器输出控制变频器，变频器对外接电流给定信号的取值范围一般为 4~20mA。

3. 通信给定

（1）通信调试工具 STARTER　从变频器的通信接口端上，引入外部的通信信号，进行频率给定。这种方法常用于计算机控制或远程控制，如图 2-80 所示。

利用调试工具 STARTER 在变频器通电状态下，可以将变频器的设置上传到 PG 或 PC 中，也可将 PG/PC 的数据下载到变频器中。

1）变频器→PC/PG 步骤：

① 进入 STARTER 在线模式。

② 单击按钮"Load project to PG"。

③ 单击保存按钮，将数据保存在 PG 中。

2）PC/PG→变频器步骤：该步骤取决于是否需要一同传送安全功能的设置。不带安全功能的变频器：

① 进入 STARTER 在线模式。

② 单击按钮"Load project to target"，将项目下载到变频器中。

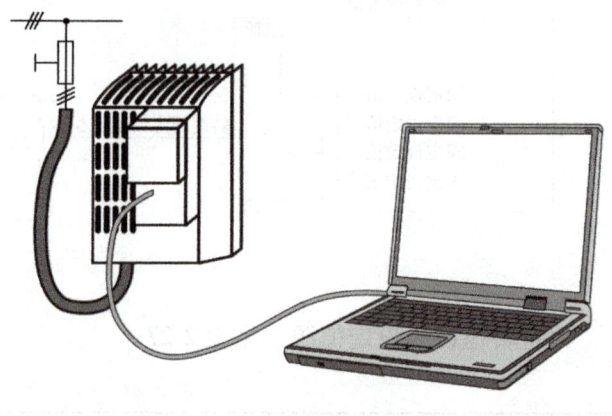

图 2-80　PC 通信设置

③ 单击"Copy RAM to ROM",将数据保存到变频器中。
④ 进入 STARTER 离线模式。
(2) 具体操作步骤
1) 创建 STARTER 项目。使用 STARTER 项目向导来创建项目,直接创建项目。
2) 进入"在线"模式并进行基本调试,进入"在线"模式恢复出厂设置。
3) 基本调试、快速调试和功能调试。
4) 参数修改。通过专家列表修改、通过功能图修改。
5) 备份下载参数。将变频器的参数备份到 PC/PG(上传),将 PC/PG 中的设置传送到变频器中(下载)。
(3) 新建项目步骤 具体操作步骤如图 2-26~图 2-33 所示。
(4) 参数设置步骤
① 恢复出厂设置,单击"G120 CU250-2DP",勾选"恢复出厂设置图标",默认保存至 ROM 中,如图 2-81 所示。

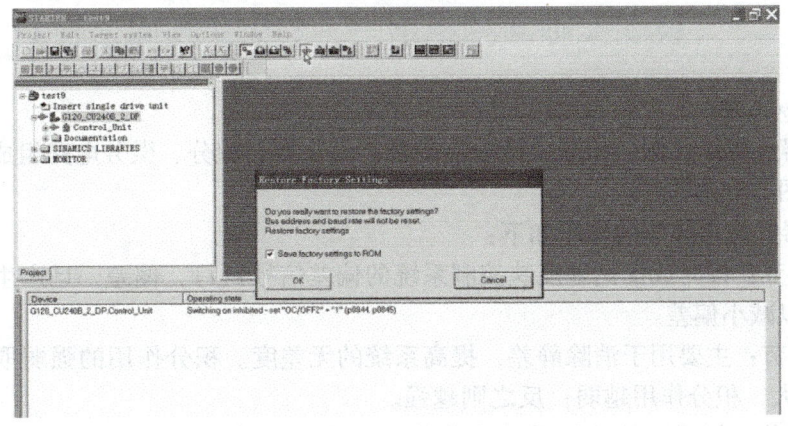

图 2-81 恢复出厂值

② 修改进线电压值,改为 480V,如图 2-82 所示。

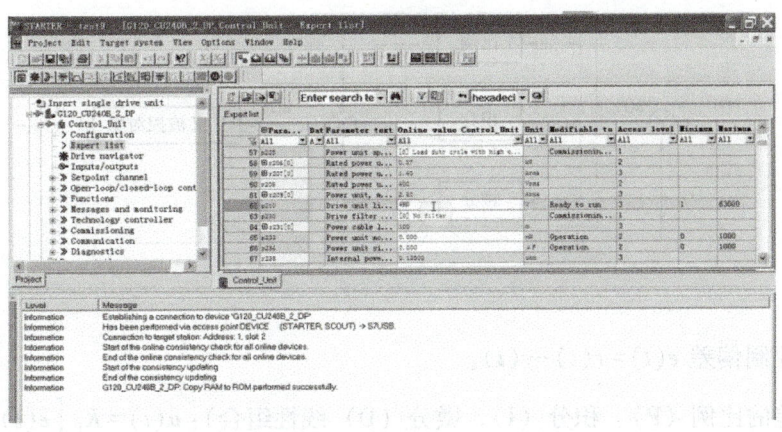

图 2-82 修改进线电压参数

③ 恢复出厂后,用设置向导进行相关的参数设置,如图 2-83 所示。

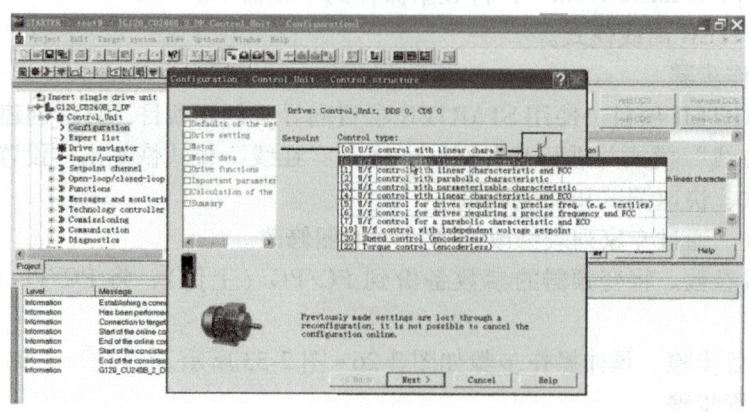

图 2-83　用设置向导设置参数

2.5　技能大师高招绝活——PID 变频调速控制

1. PID 控制原理

PID 控制器也叫作比例、积分、微分控制器，由比例、积分、微分电路组成，通过运算作为控制量，如图 2-84 所示。

PID 调节器各校正环节的作用如下：

1）比例环节：即时成比例地反映控制系统的偏差信号 $e(t)$，偏差一旦产生，调节器立即产生控制作用以减小偏差。

2）积分环节：主要用于消除静差，提高系统的无差度。积分作用的强弱取决于积分时间常数 T_I，T_I 越大，积分作用越弱；反之则越强。

3）微分环节：能反映偏差信号的变化趋势（变化速率），并能在偏差信号的值变得太大之前，在系统中引入一个有效的早期修正信号，从而加快系统的动作速度，减小调节时间。

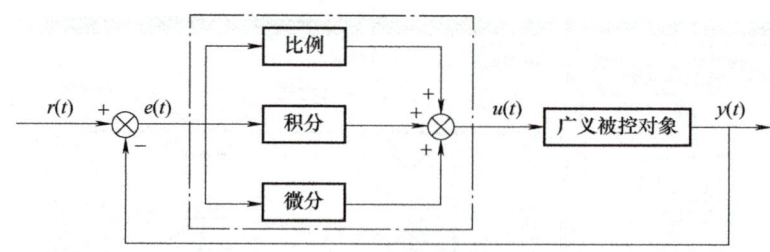

图 2-84　PID 控制量运算

输入量：控制偏差 $e(t) = r(t) - y(t)$。

输出（偏差的比例（P）、积分（I）、微分（D）线性组合）：$u(t) = K_P \left[e(t) + \frac{1}{T_I} \int_0^t e(t) \mathrm{d}t + T_D \frac{\mathrm{d}e(t)}{\mathrm{d}t} \right]$。

项目 2 交直流传动系统调试维修

PID 控制器就是根据系统的误差，利用比例、积分、微分计算出控制量进行控制的。在实际应用中常用来控制如压力、温度、液位或流量等，如图 2-85 所示。

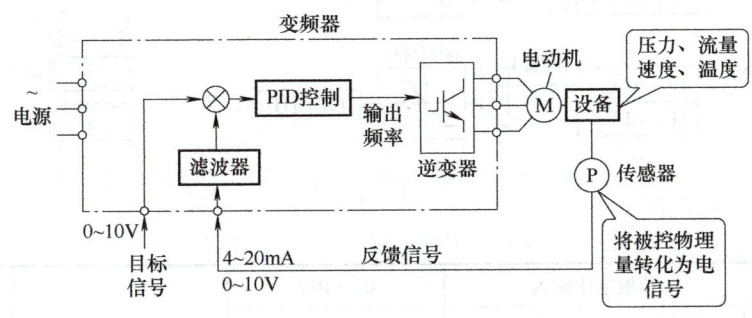

图 2-85 PID 用作压力控制器

2. PID 控制器接线

PID 控制器的原理框图如图 2-86 所示，在实际应用中比较复杂，涉及很多数据量和参数，各个品牌的变频器都不相同。下面以西门子变频器控制模块 G120 CU250S-2 为例，进行接线、参数设置和调试。

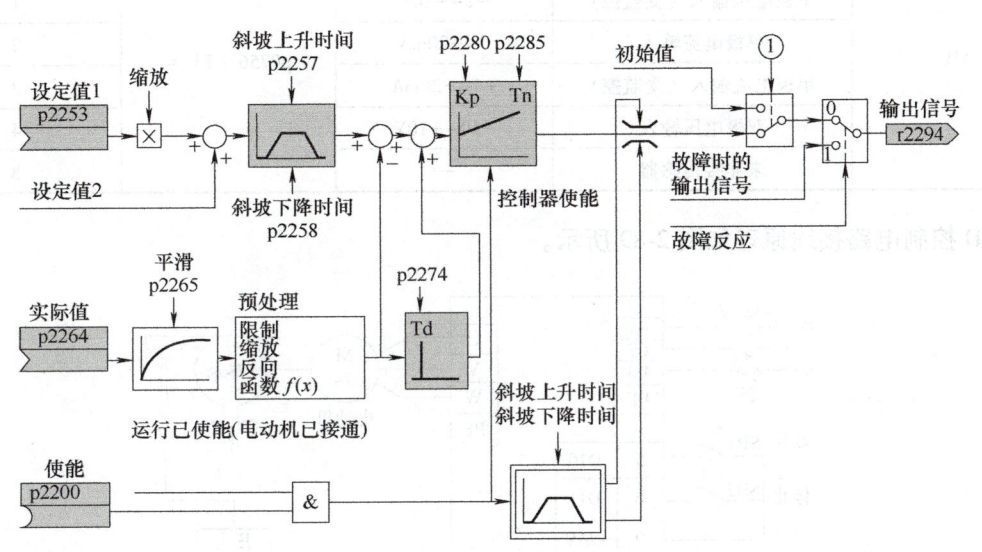

图 2-86 PID 控制器的原理框图

PID 调试时，使用两路模拟量输入，一路输入给定量，即目标信号，在变频器控制模块 G120 CU250S-2 中，用 AI0 模块作为给定量模块，输入给定量；用 AI1 模块作为反馈量模块，输入反馈量。使用参数 p0756 [x] 确定模拟量输入的类型。确定模拟量输入的功能只需要将选择的模拟量互联输入 CI 与参数 p0755 [x] 相连，如图 2-87 所示。

另外，必须设置变频器上的 AI 对应的开关，该开关位于控制单元正面保护盖的后面，如图 2-88 所示。电压输入：开关位置 U（出厂设置）；电流输入：开关位置 I。

确定模拟量输入端的类型选择，变频器提供了一系列预定义设置，可以使用参数 p0756 进行选择，见表 2-28。

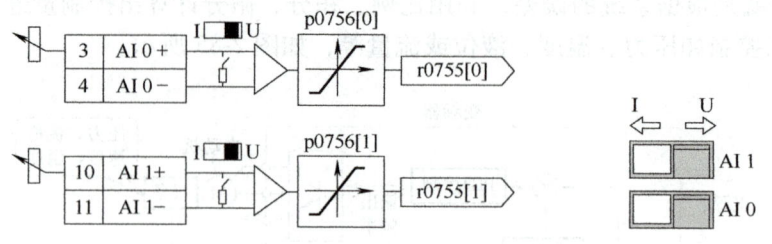

图 2-87 模拟量输入选择　　　图 2-88 电压电流选择开关

表 2-28 模拟量输入端的类型参数

	单极电压输入	0~+10V		0
	单极电压输入（受监控）	+2~+10V		1
AI0	单极电流输入	0~+20mA	p0756 [0] =	2
	单极电流输入（受监控）	+4~+20mA		3
	双极电压输入	−10~+10V		4
	未连接传感器	—		8
	单极电压输入	0~+10V		0
	单极电压输入（受监控）	+2~+10V		1
AI1	单极电流输入	0~+20mA	p0756 [1] =	2
	单极电流输入（受监控）	+4~+20mA		3
	双极电压输入	−10~+10V		4
	未连接传感器	—		8

PID 控制电路接线原理如图 2-89 所示。

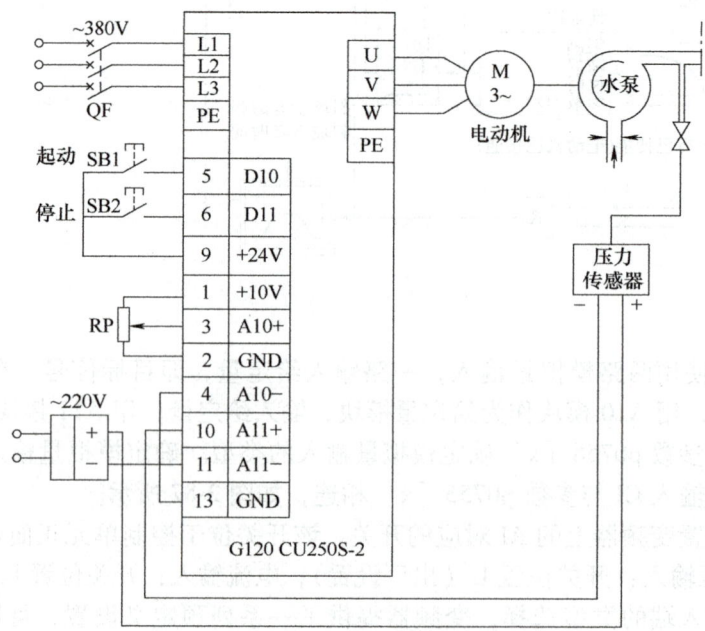

图 2-89 PID 控制电路接线原理

(1) PID 参数设置

1) 比例增益 K_P。变频器的 PID 功能是利用给定信号和反馈信号的差值来调节输出频率的。一方面，希望给定信号和反馈信号无限接近，即差值很小，从而满足调节的精度；另一方面，又希望调节信号具有一定的幅度，以保证调节的灵敏度。解决这一矛盾的方法就是事先将差值信号进行放大。比例增益 K_P 就是用来设置差值信号的放大系数的。变频器的参数 K_P 都给出一个可设置的数值范围，一般在初次调试时，K_P 可按中间偏大值预置，或者暂时默认出厂值，待设备运转时再按实际情况细调。

2) 积分时间 T_I。比例增益 K_P 越大，调节灵敏度越高，但由于传动系统和控制电路都有惯性，调节结果达到最佳值时不能立即停止，导致"超调"，然后反过来调整，再次超调，形成振荡。为此引入积分环节 I，使经过比例增益 K_P 放大后的差值信号在积分时间内逐渐增大（或减小），从而减缓其变化速度，防止振荡的产生。但积分时间 T_I 太长，又会导致反馈信号快速变化时，被控量难以迅速恢复。因此，T_I 的取值与拖动系统的时间常数有关：拖动系统的时间常数较小时，积分时间应短些；拖动系统的时间常数较大时，积分时间应长些。

3) 微分时间 T_D。微分时间 T_D 是根据差值信号变化的速率，提前给出一个相应的调节动作，从而缩短了调节时间，克服因积分时间过长而使恢复滞后的缺陷。T_D 的取值也与拖动系统的时间常数有关：拖动系统的时间常数较小时，微分时间应短些；反之，拖动系统的时间常数较大时，微分时间应长些。

4) PID 参数的调整原则。PID 参数的预置是相辅相成的，运行现场应根据实际情况进行如下细调：被控物理量在目标值附近振荡，首先加大积分时间 T_I，如仍有振荡，可适当减小比例增益 K_P。被控物理量在发生变化后难以恢复，首先加大比例增益 K_P，如果恢复仍较缓慢，可适当减小。

PID 控制时需要设置的参数见表 2-29。

表 2-29 PID 控制时需要设置的参数

序号	参数	设定值	注 释
1	p2200	1	使能 PID 控制器
2	p2294	p1070=2294	CO：工艺控制器的输出信号，将转速主设定值与工艺控制器的输出互联
3	p1070	r2294	PID 输出作为主设定值
4	p2253	r755.0	A10 作为 PID 给定
5	p2257	0.1	斜坡上升时间（s）
6	p2258	0.1	斜坡下降时间（s）
7	p2264	r755.1	A11 作为 PID 反馈
8	p2265	0.1	PID 反馈滤波时间常数
9	p2280	0.5	比例增益 K_P
10	p2285	15	积分时间 T_I（s）。无积分时间时，控制器无法完全控制设定值与实际值之间的差异。p2285=0：积分时间已关闭
11	p2274	0	微分的时间常数（s）。微分可改善反应比较迟缓的控制数据的控制性能，如温度控制。p2274=0：微分功能已关闭

（2）调整 PID 值 根据实际情况设置 PID 控制器：

① 将斜坡函数发生器的加速和减速时间（p2257 和 p2258）暂时设为零。

② 给定一个设定值阶跃，观察相应的实际值，如使用 STARTER 的跟踪功能。被控过程的反应越迟缓，需要观察控制性能的时间也就越长。比如进行温度控制时，必须要等待数分钟，才可对控制性能的优劣做出判断。

③ 将斜坡函数发生器的加速/减速时间恢复为初始值。

1) 理想性能：没有超调。实际值接近设定值，无明显超调，如图 2-90 所示。

理论的控制性能，上升时间短，受到干扰时调节时间短。实际值接近设定值，有轻微超调，最大为设定值阶跃的 10%，如图 2-91 所示。

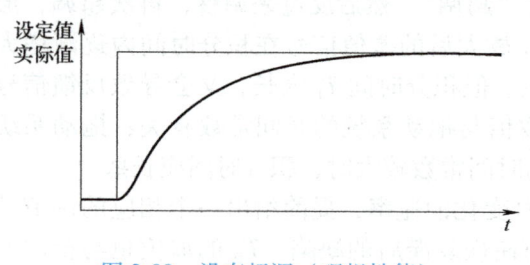

图 2-90　没有超调（理想性能）

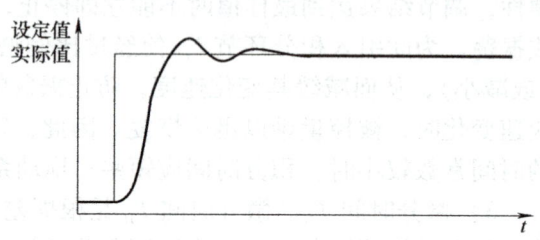

图 2-91　轻微超调（理想性能）

2) 实际性能：实际值缓慢接近设定值，没有超调，如图 2-92 所示。

调整：提高比例增益 K_P，降低积分时间 T_I。

实际值缓慢接近设定值，有轻微超调，如图 2-93 所示。

调整：提高比例增益 K_P，降低微分时间 T_D。

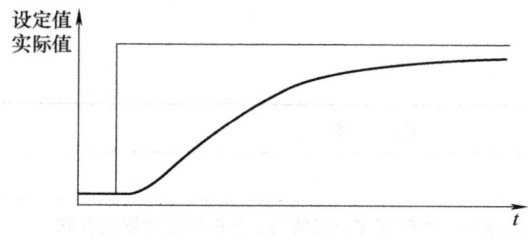

图 2-92　没有超调（实际性能）

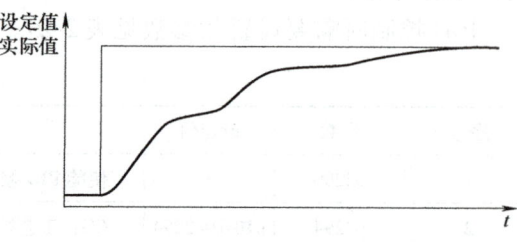

图 2-93　轻微超调（实际性能）

实际值缓慢接近设定值，超调量很大，如图 2-94 所示。

调整：降低比例增益 K_P，提高积分时间 T_I。

(3) 通电调试

1) 通电试运行：闭合电源，加给定电压，电动机逐渐升速，此时给定电压大于反馈电压，PID 控制器正静差调整，输出电压升高，电动机升速，反馈电压增加，一定时间后，给

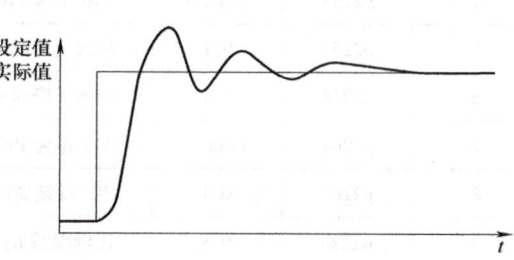

图 2-94　超调量很大（实际性能）

定电压和反馈电压相等，PID 零静差调整，输出电压不再上升，并稳定在一定值，电动机达到给定转速并稳速运行。

2) 调试方法：

① 施加给定电压，电动机升速时间如果过长，调整参数 p2280，增大比例增益 K_P，调整参数 p2285，降低微分时间 T_D。

② 施加给定电压，电动机升速时出现振荡，调整参数 p2280，降低比例增益 K_P，调整参数 p2285，提高微分时间 T_D。

复习思考题

1. 电力拖动系统中应用变频调速有哪些优点？
2. 变频器容量和类型的选择原则是什么？
3. 变频调速系统中，采用公用直流母线与电源反馈相结合的供电方式，有什么特点？
4. 变频调速系统中，采用什么方式制动？
5. 变频器的控制方式有哪几种？分别用在什么地方？
6. 变频器 PID 控制时主要调整哪些参数？
7. 步进电动机和伺服电动机各有什么应用特点？
8. 变频器的定位控制和伺服系统定位控制分别用在什么地方？
9. 步进控制系统和伺服控制系统怎样选型？

项目 3

可编程控制系统调试维修

> **培训学习目标：**
> 熟悉 S7—1200 PLC 硬件模块的安装及 TIA 博途软件的使用；掌握 PLC 与电动机控制应用、PLC 与精简系列人机界面控制应用等。

3.1 S7—1200 PLC 的安装维护与接线

3.1.1 西门子 S7—1200 PLC 简述

德国西门子（SIEMENS）公司生产的 PLC 在我国的应用相当广泛，在冶金、化工、印刷等领域都有应用。

西门子（SIEMENS）公司的 PLC 产品包括 LOGO！，S7—200，S7—1200，S7—300，S7—400，S7—1500，工业网络，人机界面，工业软件等。西门子 S7 系列 PLC 体积小、速度快、标准化，具有网络通信能力，功能更强，可靠性高。S7 系列 PLC 产品可分为微型 PLC（如 S7—200，S7—1200），小规模性能要求的 PLC（如 S7—300），中、高性能要求的 PLC（如 S7—400，S7—1500 等）。

1. 西门子 S7—1200 控制器产品定位

S7—1200 是紧凑型 PLC，是 S7—200 的升级版，具有模块化、结构紧凑、功能全面等特点，适用于多种应用，能够保障现有投资的长期安全，产品定位如图 3-1 所示。

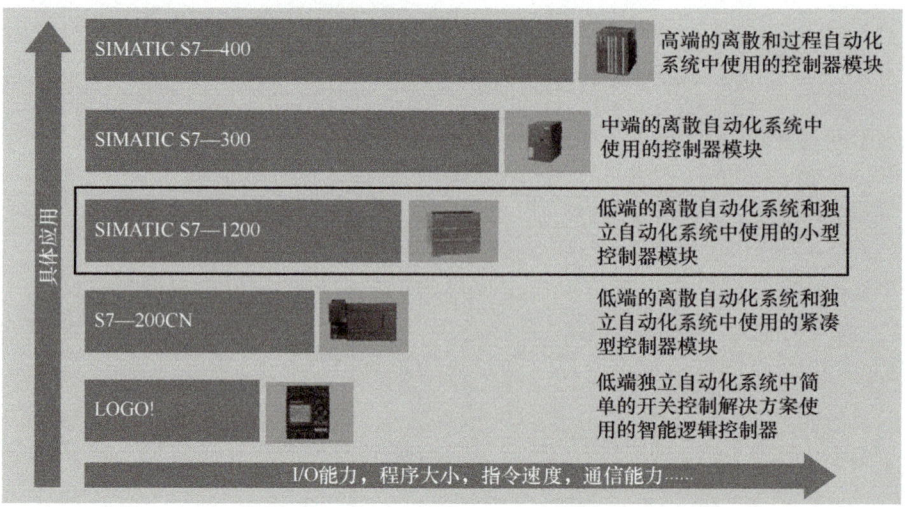

图 3-1 西门子 PLC 产品定位

S7—1200 PLC 的 CPU 采用更快的处理芯片，布尔运算执行速度从 S7—200 的 0.22μs 提升到 0.08μs，提升幅度达 275%，非常接近 S7—300 的水平，而且经过测试，S7—1200 与 S7—300 计算速度基本一致，大幅领先 S7—200。它采用的 CPU 工作存储器远超 S7—200 的存储器，支持存储卡的容量甚至超过了 S7—300 所支持的存储卡容量，标配 PROFINET 以太网接口，以及全面的集成工艺功能，可以作为一个组件集成在完整的综合自动化解决方案中。其创新的设计使调试和安全操作简单便捷，而集成于 TIA 博途软件的诊断功能通过简单配置即可实现对设备运行状态的诊断，简化工程组态，并降低项目成本。

S7—1200 系列提供了各种模块和插入板，用于通过附加 I/O 或其他通信协议来扩展 CPU 的功能，如图 3-2 所示。

2. 西门子 S7—1200 控制器硬件构成

（1）中央处理器 CPU 模块　西门子 S7—1200 PLC 控制器的 CPU 模块将微处理器、集成电源、输入和输出电路、内置 PROFINET、高速运动控制 I/O 以及板载模拟量输入组合到一个设计紧凑的外壳中来形成功能强大的控制器，其外形如图 3-3 所示。CPU 提供一个 PROFINET 接口用于通过 PROFINET 网络进行通信。还可使用附加模块通过 PROFIBUS、GPRS、RS485 或 RS232 网络进行通信。

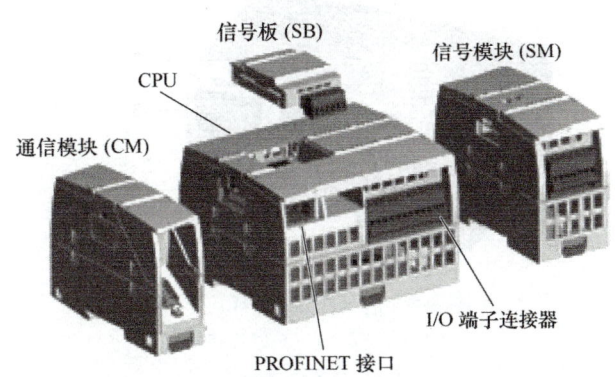

图 3-2　S7—1200 系列模块构成

（2）信号板（SB）　CPU 支持一个插入式信号板（SB），可以为 CPU 提供附加的输入/输出通道。信号板（SB）连接在 CPU 的前端，如图 3-4 所示。一块信号板可以连接至所有的 CPU，由此可以通过向控制器添加数字量或模拟量输入/输出通道来量身订制 CPU，而不必改变其体积。SIMATIC S7—1200 控制器的模块化设计允许用户按照实际的应用需求准确地设计控制器系统。

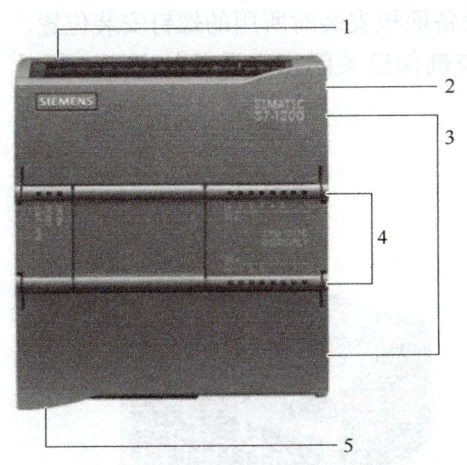

图 3-3　S7—1200 控制器 CPU 模块的外形
1—电源接口　2—存储卡插槽　3—可拆卸用户接线连接器　4—板载 I/O 的状态 LED　5—PROFINET 连接器

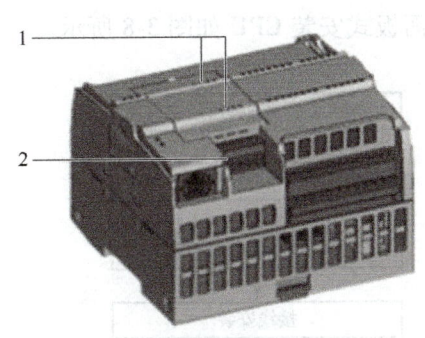

图 3-4　信号板
1—SB 上的状态指示 LED
2—可拆卸用户接线连接器

(3) 信号模块 (SM)　信号模块 (SM) 可以为 CPU 增加其他功能。SM 连接在 CPU 右侧，如图 3-5 所示。多达 8 个信号模块可连接到扩展能力最高的 CPU，以支持更多的数字量和模拟量输入/输出信号连接。

(4) 通信模块 (CM)　通信模块 (CM) 可以为 CPU 增加通信选项，西门子 S7—1200 CPU 最多可以添加三个通信模块，连接在 CPU 的左侧，如图 3-6 所示。RS485/RS232 通信模块为点到点的串行通信提供连接。对该通信的组态和编程采用了扩展指令或库功能、USS 驱动协议、Modbus RTU 主站和从站协议。

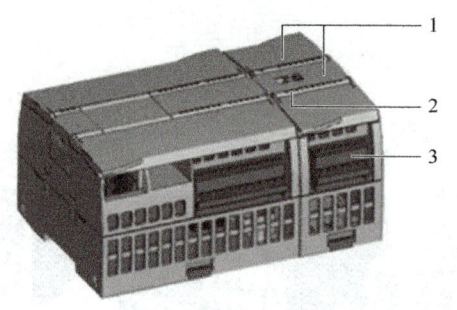

图 3-5　信号模块 (SM)
1—状态指示 LED　2—总线连接器
3—可拆卸用户接线连接器

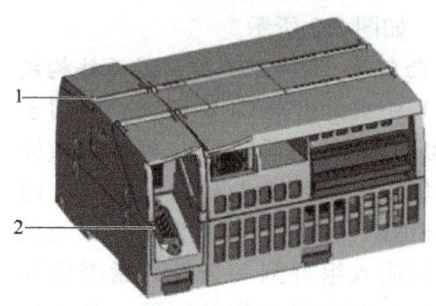

图 3-6　通信模块 (CM)
1—状态指示 LED　2—通信连接器

3.1.2　西门子 S7—1200 PLC 的硬件安装和拆卸

安装一个 S7—1200 硬件系统的基本步骤如图 3-7 所示。

1. S7—1200 设备 CPU 安装和拆卸

CPU 可以安装到标准 DIN 导轨或面板上。可以使用 DIN 导轨卡夹将设备固定到 DIN 导轨上。导轨卡夹可以调整到一个伸出位置以提供设备面板安装时所用的螺钉安装位置。

注意：在安装或拆卸任何电气设备之前，应确保已关闭相应设备的电源。同时，还要确保已关闭所有相关设备的电源。

1) 面板式安装 CPU 如图 3-8 所示。

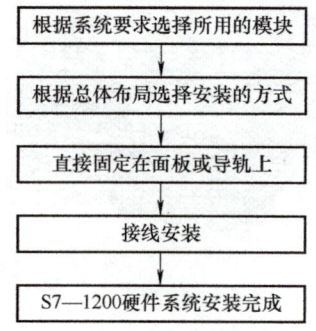

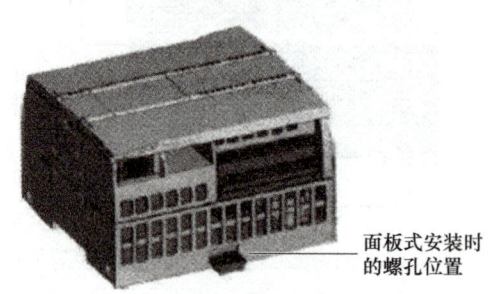

图 3-7　安装 S7—1200 硬件系统基本步骤　　图 3-8　面板式安装 CPU

① 在面板上做 2 个 M4 或者美国标准 8 号的安装孔。

② 拔出模块上顶部和底部的 DIN 导轨夹具到扩展位置。

③ 使用螺钉固定好模块。

2) DIN 导轨式安装 CPU，见表 3-1。

表 3-1 将 CPU 安装到 DIN 导轨上

任 务 图	操 作 步 骤
	① 安装标准 35mm DIN 导轨时，每隔 75mm 将导轨固定到安装板上 ② 确保 CPU 和所有 S7—1200 设备都与电源断开 ③ 把 CPU 顶部挂到导轨的上端 ④ 拔出 CPU 底部的 DIN 导轨夹具，旋转 CPU 到导轨的合适位置 ⑤ 把 CPU 底部的 DIN 导轨夹具推回到合适位置，将 CPU 锁定到导轨上

3) 拆卸 CPU，见表 3-2。

表 3-2 从 DIN 导轨上拆卸 CPU

任 务 图	操 作 步 骤
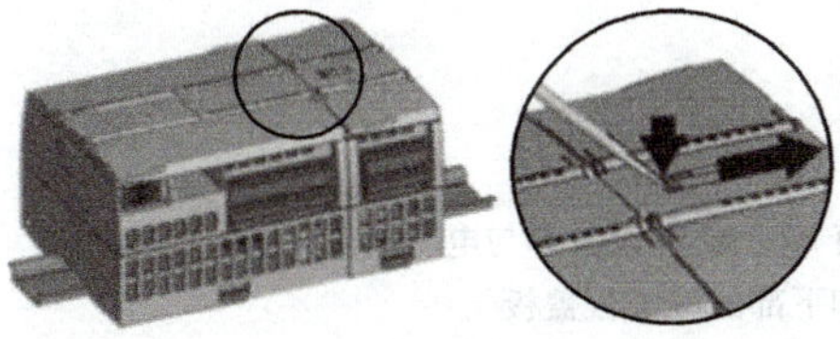	① 拆除 CPU 时，确保 CPU 上没有连接任何设备或者电源 ② 如果有信号模块连接到 CPU，首先断开总线连接，把螺钉旋具放在信号模块的顶端滑块上，然后往下按并向右滑动，这样就能完全断开信号模块与 CPU 总线的连接 ③ 拉出 CPU 上的导轨夹具，旋转 CPU 到合适位置使其脱离轨道，即可使 CPU 与其他硬件设备断开

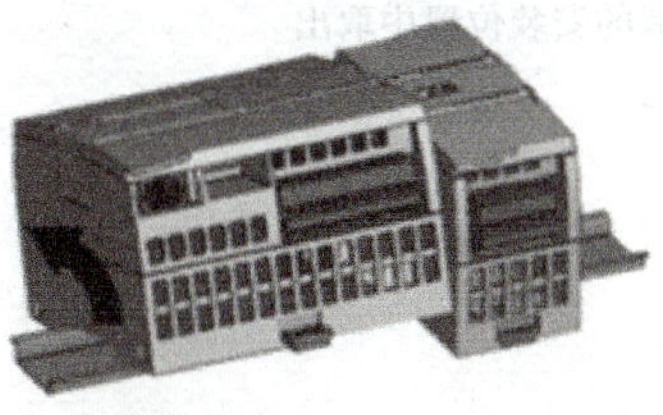

2. 信号板（SB）安装和拆卸

1) 安装西门子 S7—1200 设备信号板（SB），见表 3-3。

2) 拆卸西门子 S7—1200 设备信号板（SB），见表 3-4。

表 3-3　安装信号板（SB）

任 务 图	操 作 步 骤
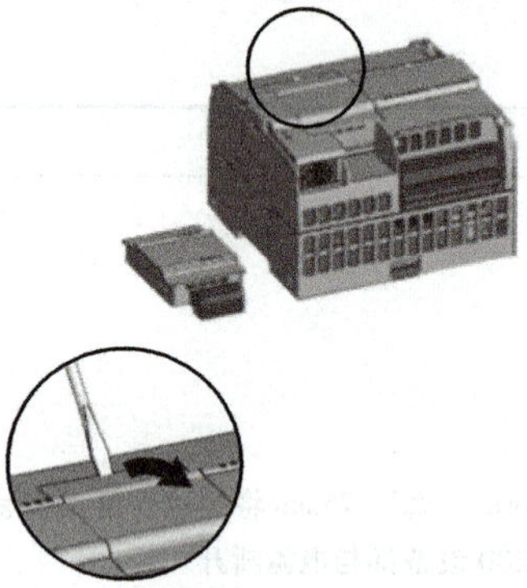	① 确保 CPU 和所有 S7—1200 设备都与电源断开 ② 卸下 CPU 上部和下部的端子板盖板 ③ 将螺钉旋具插入 CPU 上部接线盒盖背面的槽中 ④ 轻轻将盖撬起并从 CPU 上卸下 ⑤ 将模块直接向下放入 CPU 上部的安装位置中 ⑥ 用力将模块压入该位置直到卡入就位 ⑦ 重新装上端子板盖板

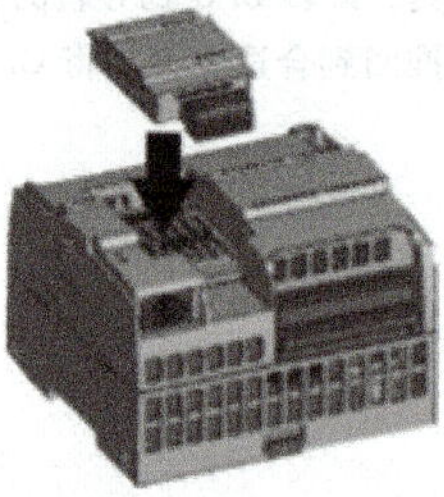

表 3-4　拆卸信号板（SB）

任 务 图	操 作 步 骤
	① 确保 CPU 和所有 S7—1200 设备都与电源断开 ② 卸下 CPU 上部和下部的端子板盖板 ③ 将螺钉旋具插入 CPU 上部接线盒盖背面的槽中 ④ 轻轻将模块撬起使其与 CPU 分离 ⑤ 将模块直接从 CPU 上部的安装位置中取出 ⑥ 将盖板重新装到 CPU 上 ⑦ 重新装上端子板盖板

3. 信号模块（SM）安装和拆卸

1) 安装信号模块（SM），见表 3-5。

项目 3　可编程控制系统调试维修

表 3-5　安装信号模块（SM）

任务图	操作步骤
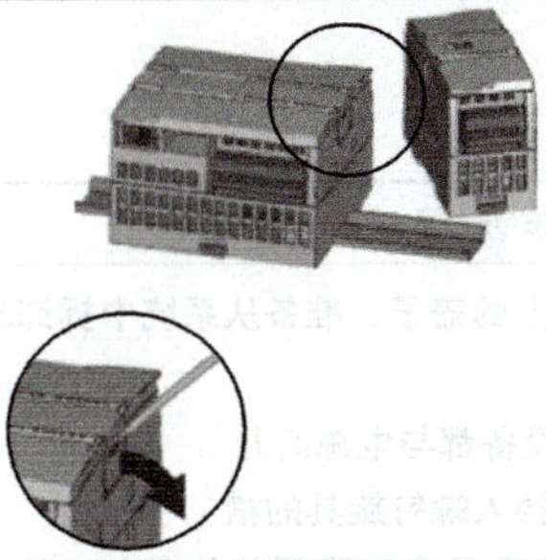	在安装 CPU 之后安装 SM： ① 确保 CPU 和所有 S7—1200 设备都与电源断开 ② 卸下 CPU 右侧的连接器盖 ③ 将螺钉旋具插入盖上方的插槽中 ④ 将其上方的盖轻轻撬出并卸下盖。收好盖以备再次使用
	将 SM 连接到 CPU： ① 将 SM 装在 CPU 旁边 ② 将 SM 挂到 DIN 导轨上方 ③ 拉出下方的 DIN 导轨卡夹以便将 SM 安装到导轨上 ④ 向下转动 CPU 旁的 SM 使其就位并推入下方的卡夹将 SM 锁定到导轨上
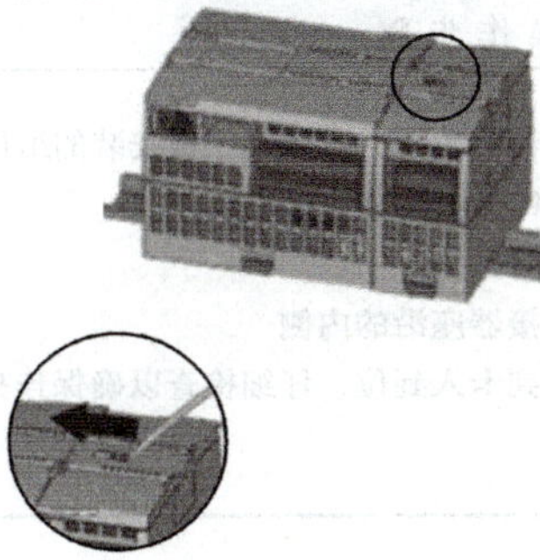	伸出总线连接器即为 SM 建立了机械和电气连接： ① 将螺钉旋具放到 SM 上方的小接头旁 ② 将小接头滑到最左侧，使总线连接器伸到 CPU 中

2) 拆卸信号模块（SM），见表 3-6。

表 3-6　拆卸信号模块（SM）

任务图	操作步骤
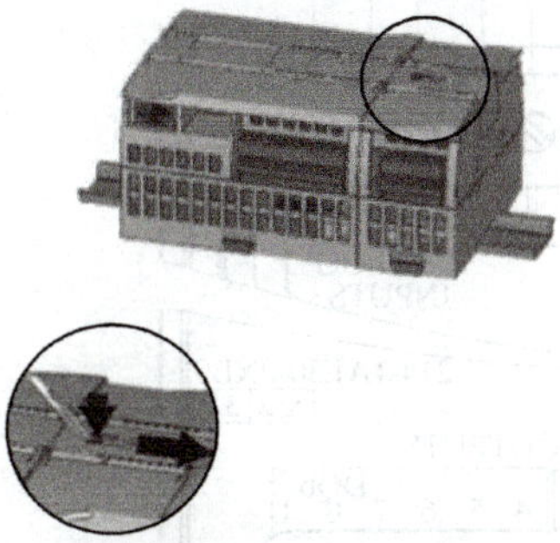	在不卸下 CPU 或其他 SM 处于原位时卸下任何 SM： ① 确保 CPU 和所有 S7—1200 设备都与电源断开 ② 将 I/O 连接器和接线从 SM 上卸下 ③ 缩回总线连接器：将螺钉旋具放到 SM 上方的小接头旁；向下按使连接器与 CPU 相分离；将小接头完全滑到右侧。如果右侧还有 SM，则对该 SM 重复该步骤
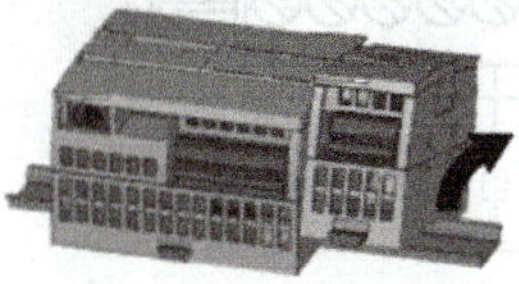	卸下 SM： ① 拉出下方的 DIN 导轨卡夹并从导轨上松开 SM ② 向上转动 SM 使其脱离导轨，从系统中卸下 SM ③ 如有必要，用盖子盖上 CPU 的总线连接器以避免污染

4. S7—1200 端子板连接器的拆卸和重新安装

CPU、SB 和 SM 模块提供了方便接线的可拆卸连接器。

1) 拆卸端子连接器，见表 3-7。

表 3-7 拆卸端子连接器

任 务 图	操 作 步 骤
	卸下 CPU 的电源并打开连接器上的盖子，准备从系统中拆卸端子板连接器： ① 确保 CPU 和所有 S7—1200 设备都与电源断开 ② 查看连接器的顶部并找到可插入螺钉旋具的槽 ③ 将螺钉旋具插入槽中，轻轻撬起连接器顶部使其与 CPU 分离，连接器从夹紧位置脱离 ④ 抓住连接器并将其从 CPU 上卸下

2) 安装端子连接器，见表 3-8。

表 3-8 安装端子连接器

任 务 图	操 作 步 骤
	断开 CPU 的电源并打开连接器的盖子，准备端子板安装的组件： ① 确保 CPU 和所有 S7—1200 设备都与电源断开 ② 使连接器与单元上的插针对齐 ③ 将连接器的接线边对准连接器座沿的内侧 ④ 用力按下并转动连接器直到卡入到位，仔细检查以确保连接器已正确对齐并完全啮合

5. S7—1200 控制器设备硬件接线

以 CPU 1214C DC/DC/DC 为例，西门子 S7—1200 的硬件接线如图 3-9 所示。

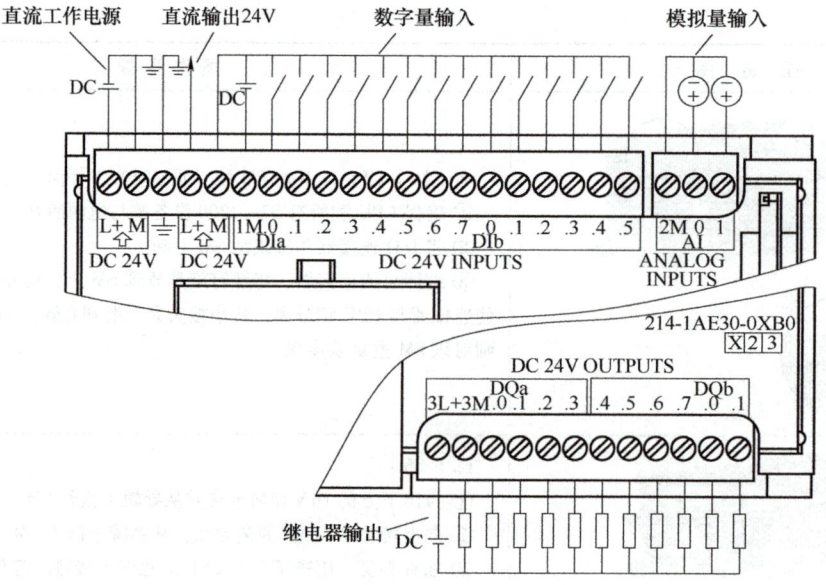

图 3-9 西门子 S7—1200 的硬件接线

1）将电源连接到 CPU。该 CPU 需要使用 DC 24V 的电源，将电源线接入 L+和 M 端子。接地线接入接地端子，拧紧端子螺钉。

2）连接 I/O，根据控制动作进行输入/输出接线，数字量接入数字量接口，模拟量接入模拟量接口。

3）连接 PROFINET 电缆。PROFINET 电缆是带有 RJ45 接口的标准以太网电缆，用于连接 CPU 与计算机或编程设备。将 PROFINET 电缆的一端插入 CPU，将另一端插入计算机或编程设备的以太网端口，如图 3-10 所示。

图 3-10　PROFINET 电缆连接

3.2　西门子 TIA 博途编程软件的使用

3.2.1　TIA Portal 软件简述

TIA（Totally Integrated Automation，全集成自动化）Portal 简称博途软件，在一个软件应用程序中集成了各种 SIMATIC 产品，使用这一款软件可以提高生产力和效率。TIA 产品在 TIA Portal 中协同工作，能够在创建自动化解决方案所需的各个方面为用户提供支持。使用户能够通过高效的配置快速直观地执行自动化和驱动任务。它为控制器 PLC、人机界面（HMI）和驱动器以及共享数据存储和一致性提供了标准化的操作概念，例如在配置、通信和诊断过程中，以及为所有自动化对象提供强大的库。除了 PLM（产品生命周期管理）和 MES（制造执行系统）在数字企业软件套件中，TIA Portal 还补充了西门子公司在通往工业 4.0 的道路上提供的整体软件。

TIA Portal 中包括控制器编程和组态软件 STEP 7、设计和执行运行过程可视化的 WinCC 以及 WinCC 和 STEP 7 的在线帮助。STEP 7 软件提供了一个友好的用户环境，供用户开发、编辑和监视控制应用所需的逻辑，其中包括用于管理和组态项目中所有设备（例如控制器和 HMI 等设备）的工具，如图 3-11 所示。

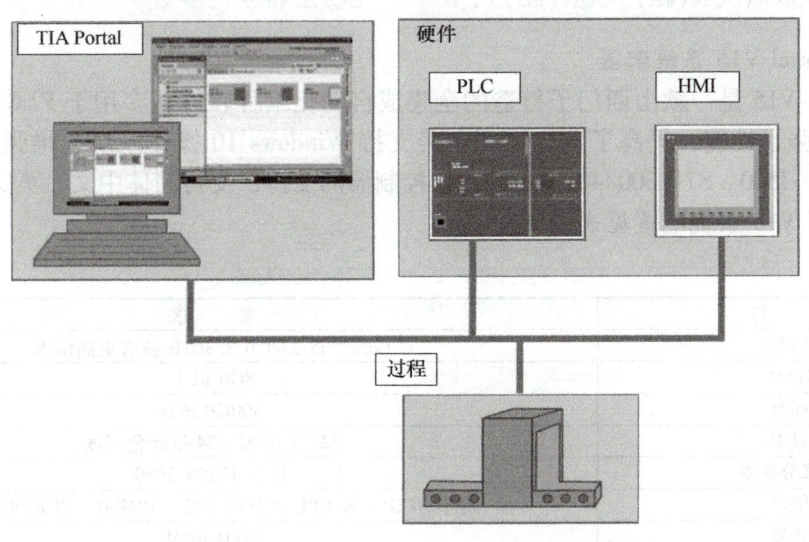

图 3-11　TIA Portal 控制过程

1. S7—1200 的编程语言

STEP 7 为 S7—1200 提供了标准编程语言，用于方便且高效地开发适合用户具体应用的控制程序。

1) LAD（梯形图逻辑）：它是一种图形编程语言。它使用基于电路图的表示法。电路图的元件（如常闭触点、常开触点和线圈）相互连接构成程序段，如图 3-12 所示。

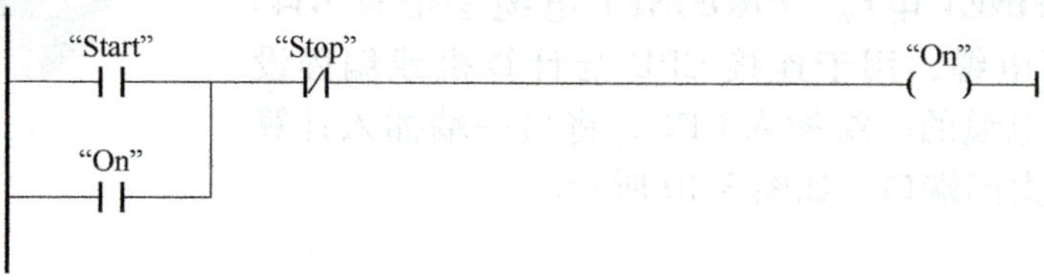

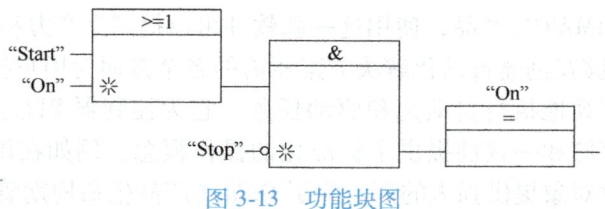

图 3-12　梯形图

注意：每个 LAD 程序段都必须使用线圈或功能框指令来终止。

2) FBD（功能块图）：它是一种基于布尔代数中使用的图形逻辑符号的编程语言，如图 3-13 所示。

图 3-13　功能块图

3) SCL（结构化控制语言）：它是一种基于文本的高级编程语言。SCL 支持 STEP 7 的块结构，还可以将用 LAD 和 FBD 编写的程序块包括在用 SCL 编写的程序块中：

"C":=#A+#B;	将两个局部变量的和赋给一个变量
"Data_block_1".Tag:=#A;	为数据块变量赋值
IF #A>#B THEN "C":=#A;	IF-THEN 语句的条件
"C":=SQRT(SQR(#A)+SQR(#B));	SQRT 指令的参数

2. TIA Portal V15 系统配置

TIA Portal V15 是一款由西门子打造的全集成自动化编程软件，多用于 PLC 编程与仿真操作，新版本增强了性能，提高了兼容性，完美支持 Windows 10 操作系统，增强了对 SIMATIC S7—1200、S7—1500、S7—300/400 和 WinCC 控制器的支持，支持简体中文、英文等多种语言。

TIA Portal V15 系统配置见表 3-9。

表 3-9　TIA Portal V15 系统配置

硬　件	要　求
处理器	Core™ i5-3320M 3.3GHz 或者更高版本
RAM	8GB 以上
硬盘	300GB SSD
显卡	32MB RAM　24 位颜色深度
屏幕分辨率	最小 1920×1080
网络	对于 STEP 7 和 CPU 之间的通信，10Mbit/s 以太网或更快
光驱	DVD-ROM

博途的每个软件都可以单独运行,所以安装没有先后顺序,需要哪个安装哪个。安装任何一款博途平台上的软件都会安装博途平台和授权管理器。

3. 视图界面

STEP 7 提供了一个友好的用户环境,供用户开发控制器逻辑、组态 HMI 可视化和设置网络通信。为帮助用户提高生产率,在自动化项目中 STEP 7 提供了不同的视图,即门户视图、项目视图和库视图,只需通过单击就可以切换视图界面。

(1) 门户视图(Portal 视图) 根据工具功能组织的面向任务的门户集,为用户提供了面向任务的工具视图。在此处,可以快速确定要执行什么操作并为当前任务调用工具。如有必要,该界面会针对所选任务自动切换为项目视图,如图 3-14 所示。

门户视图中各组件的功能:

① 不同任务的登录选项。登录选项为各个任务区提供了基本功能。

② 所选登录选项对应的操作。此处提供了在所选登录选项中可使用的操作。可在每个登录选项中调用上下文相关的帮助功能。

③ 所选操作的选择面板。所有登录选项中都提供了选择面板。该面板的内容取决于当前的选择。

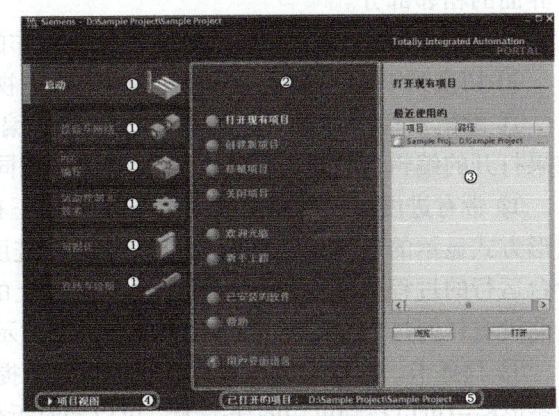

图 3-14 门户视图

④ 切换到项目视图。可以使用"项目视图"链接切换到项目视图。

⑤ 当前打开的项目的显示区域。在此处可了解当前打开的是哪个项目。

(2) 项目视图 项目中各元素组成的面向项目的可视化视图,如图 3-15 所示。

项目视图中各组件功能:

① 标题栏。项目名称显示在标题栏中。

② 菜单栏。菜单栏包含用户工作所需的全部命令。

③ 工具栏。工具栏提供了常用命令的按钮,用户可以更快地访问这些命令。

④ 项目树。使用项目树功能可以访问所有组件和项目数据。可在项目树中执行的任务有:添加新组件;编辑现有组件;扫描和修改现有组件的属性。

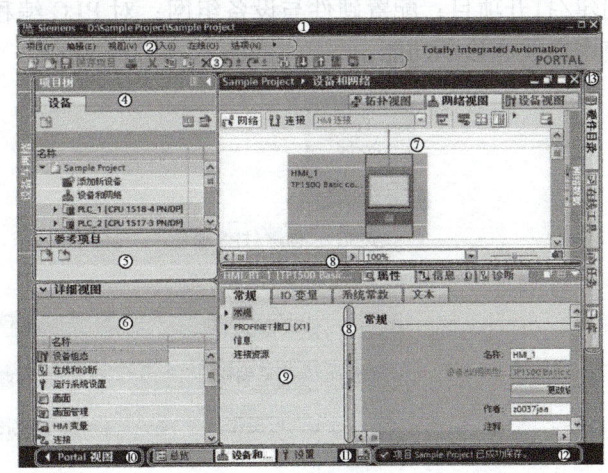

图 3-15 项目视图

⑤ 参考项目。在参考项目(Reference projects)选项板中,除了可以打开当前项目,还可以打开其他项目。这些参考项目均为写保护,因此无法进行编辑。但是,可以通过将参考项目的对象拖放到当前的项目中再进行编辑。此外,还可以将参考项目的对象与当前项目的对象进行比较。

⑥ 详细视图。在详细视图中,将显示总览窗口或项目树中所选对象的特定内容。其中,

可包含文本列表或变量。

⑦ 工作区。为进行编辑而打开的对象将显示在工作区内。可以打开若干个对象，但通常每次在工作区中只能看到其中一个对象。在编辑器栏中，所有其他对象均显示为选项卡。如果在执行某些任务时要同时查看两个对象，则可以水平或垂直方式平铺工作区，或浮动停靠工作区的元素。如果没有打开任何对象，则工作区是空的。

⑧ 分隔线。分隔线用于分隔程序界面的各个组件。可使用分隔线上的箭头显示和隐藏用户界面的相邻部分。

⑨ 巡视窗口。有关所选对象或所执行操作的附加信息均显示在巡视窗口中。

⑩ 切换到 Portal 视图。可以使用"Portal 视图"（Portal view）链接切换到门户视图。

⑪ 编辑器栏。编辑器栏中将显示打开的编辑器，从而在已打开的元素间进行快速切换。如果打开的编辑器数量非常多，则可对类型相同的编辑器进行分组显示。

⑫ 带有进度显示的状态栏。将显示当前正在后台运行的过程的进度条。其中还包括一个图形方式显示的进度条。将鼠标指针放置在进度条上，系统将显示一个工具提示，描述正在后台运行的过程的其他信息。单击进度条边上的按钮，可以取消后台正在运行的过程。如果当前没有任何过程在后台运行，则状态栏中显示最新生成的报警。

⑬ 任务卡。根据所编辑对象或所选对象，提供了用于执行附加操作的任务卡。在屏幕右侧的条形栏中可以找到可用的任务卡。可以随时折叠和重新打开这些任务卡。哪些任务卡可用取决于所安装的产品。比较复杂的任务卡会划分为多个窗格，这些窗格也可以折叠和重新打开。

3.2.2 TIA Portal V15 软件的操作使用

1. TIA Portal 软件创建项目的基本步骤

TIA Portal 可用来帮助创建自动化解决方案，如图 3-16 所示，项目创建的基本步骤。有：创建/打开项目；配置硬件与设备组网；对 PLC 编程；组态可视化操作界面；加载组态数据；使用在线和诊断功能。

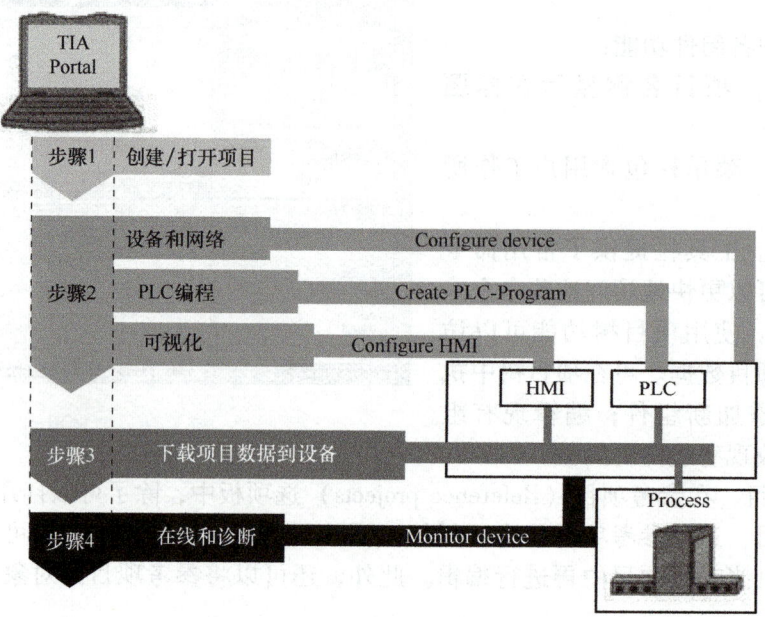

图 3-16 项目创建步骤

TIA Portal 的优点有：公共数据管理；易于处理程序、组态数据和可视化数据；可使用拖放操作轻松编辑；易于将数据加载到设备；易于操作；支持图形组态和诊断。

2. 启动和退出 TIA Portal

（1）启动 TIA Portal　在 Windows 中，选择"开始→所有程序→Siemens Automation→TIA Portal V15"；也可双击桌面上的 TIA Portal V15 图标。应注意的是，TIA Portal 打开时使用上一次的设置。

（2）退出 TIA Portal　在"项目"（Project）菜单中，选择命令"退出"（Exit）。
如果该项目包含任何尚未保存的更改，则系统会询问是否保存这些更改。

① 选择"是"（Yes）：保存当前项目中的更改，然后关闭 TIA Portal。

② 选择"否"（No）：仅关闭 TIA Portal 而不保存项目中最近的更改。

③ 选择"取消"（Cancel）：取消关闭过程。如果选择此选项，则 TIA Portal 仍将保持打开状态。

3. 创建项目

打开 TIA Portal V15 的图标，进入启动画面，如图 3-17 所示。用户可以在左侧区域很清楚地看到创建项目的整个流程，中间启动（开始）中有打开现有项目、创建新项目、移植项目和关闭项目等，用户可以根据需要进行选择。

在"开始"（Start）门户中，单击"创建新项目"（Create new project）任务。在右侧选择面板中填入相应内容，例如项目名称、路径、版本、作者、注释等并单击"创建"（Create）按钮，如图 3-18 所示。

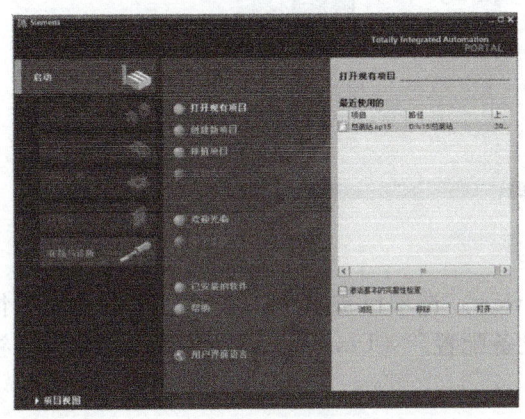

图 3-17　门户视图的启动画面

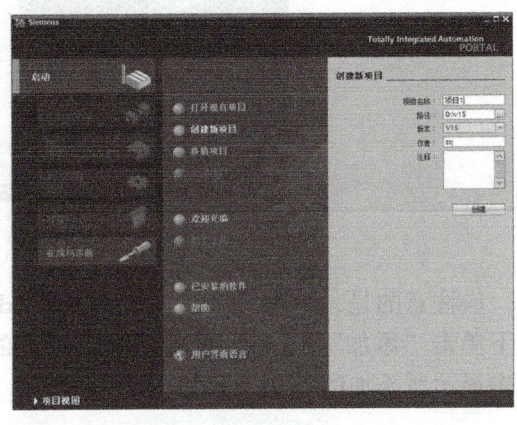

图 3-18　创建新项目

内容填写完毕后单击"创建"按钮，会出现正在创建画面等待创建完成，如图 3-19 所示。如果创建内容有问题，这时可以单击"取消"按钮，取消创建项目。

新项目创建完成后，博途软件会进入新手上路任务，如图 3-20 所示。

4. 配置硬件

创建项目后，选择"设备与网络"（Devices & Networks）门户。单击"添加新设备"（Add new device）任务，如图 3-21 所示。选择要添加到项目中的控制器 CPU：

1）在"添加新设备"（Add new device）对话框中，单击"控制器"按钮。

2）从列表中选择所使用的一个 CPU，例如 SIMATIC S7—1200 CPU 1214C DC/DC/DC，在设备区域将显示所选设备的订货号、版本、说明等具体信息。

3）单击"添加"（Add）按钮，将所选 CPU 添加到项目中。

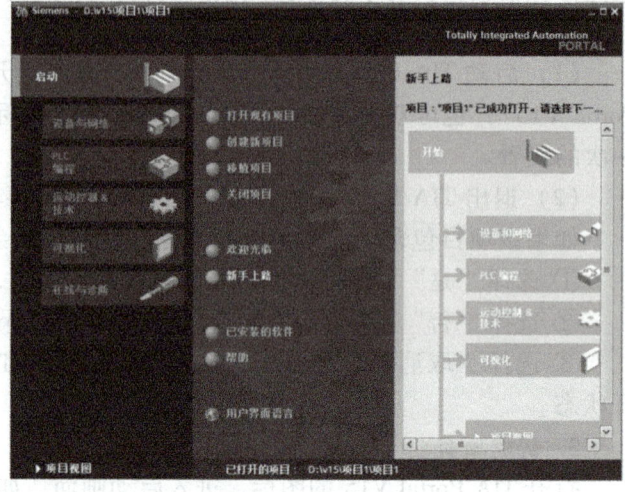

图 3-19　正在创建项目　　　　　　　　　图 3-20　新手上路

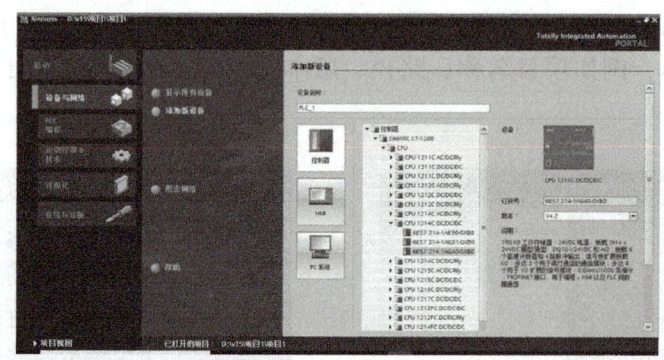

图 3-21　添加新设备

应注意的是，"打开设备视图"（Open device view）选项已被选中。在该选项被选中的情况下单击"添加"（Add）将打开项目视图的"设备配置"（Device configuration），在设备视图中显示所添加的 CPU，如图 3-22 所示。

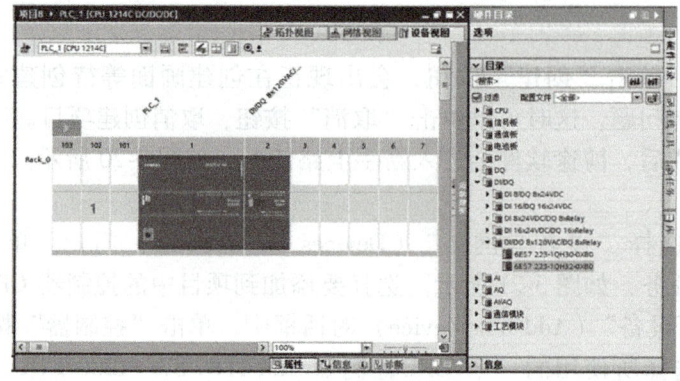

图 3-22　设备视图

设备视图中各部分硬件如下：
① 通信模块（CM）：最多可组态3个，模块号为101、102、103。
② CPU：槽号1。
③ 信号模板（SB）：最多为1个，插入到CPU上。
④ 以太网接口：双击此图标可显示此接口的属性。
⑤ 信号模块（SM）：槽号为2~9，最多8个。

如果要将模块插入到设备组态中，可在硬件目录中选择模块，然后双击该模块或将其拖放到高亮显示的插槽中。必须将模块添加到设备组态并将硬件配置下载到CPU中，模块才能正常工作。

通过在设备视图中选择CPU，可在巡视窗口中显示CPU属性。CPU不具有预组态的IP地址。设备组态必须为CPU手动分配IP地址及子网掩码。如果是CPU连接到网络上的路由器，则也应输入路由器的IP地址，如图3-23所示。

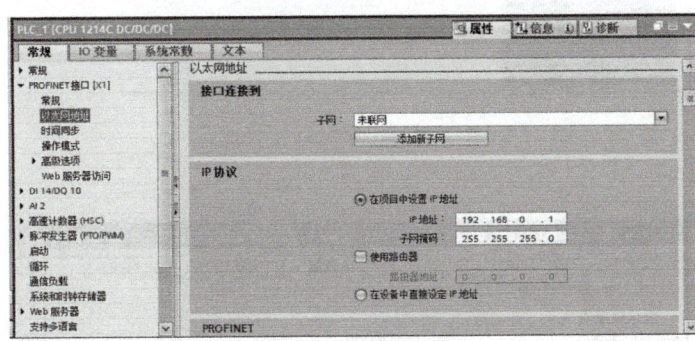

图3-23　以太网地址设置

每个S7—1200 CPU都拥有一个唯一的MAC地址，此地址印制在CPU的以太网接口上，用户可以根据此地址来区分网络上的多个CPU，并且无法修改此地址。相对于MAC地址，用户可以为每个CPU分配IP地址，当CPU被复位至出厂值时，可以选择是否保留IP地址。

5. 创建I/O变量

"PLC变量"是I/O和地址的符号名称。用户创建PLC变量后，STEP 7会将变量存储在变量表中。项目中的所有编辑器（例如程序编辑器、设备编辑器、可视化编辑器和监视表格编辑器）均可访问该变量表。若设备编辑器已打开，用户可在编辑器栏中看到已打开的编辑器，如图3-24所示。

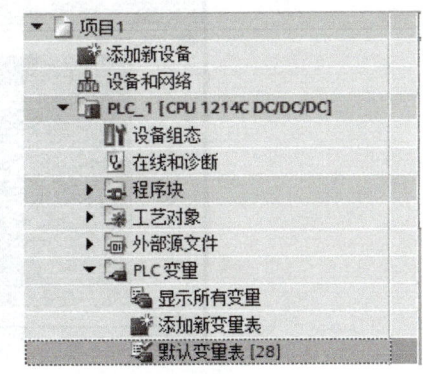

图3-24　PLC变量表

在工具栏中，单击"水平拆分编辑器空间"（Split editor space horizontally）按钮，STEP 7将同时显示变量表和设备编辑器，如图3-25所示。

将设备配置放大200%以上，以便能清楚地查看并选择CPU的I/O点。将输入和输出从CPU拖动到变量表中，如图3-26所示。

① 选择I0.0并将其拖动到变量表的第一行。
② 将变量名称从"I0.0"更改为"start"。

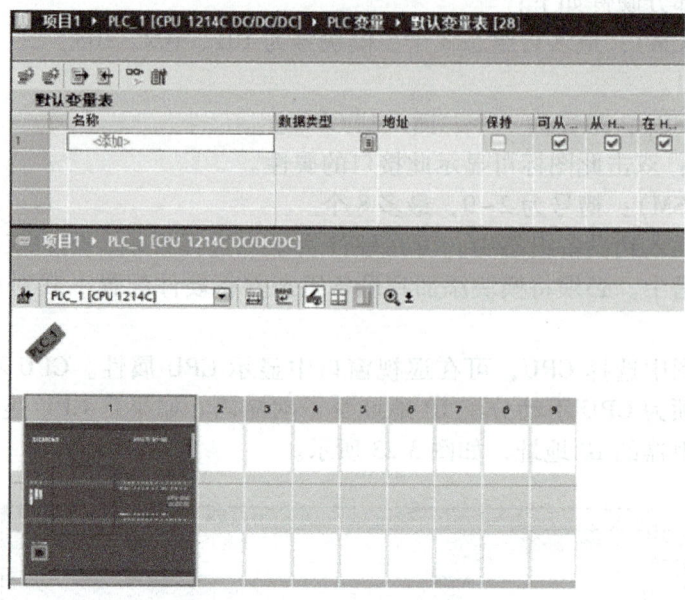

图 3-25　水平拆分编辑器

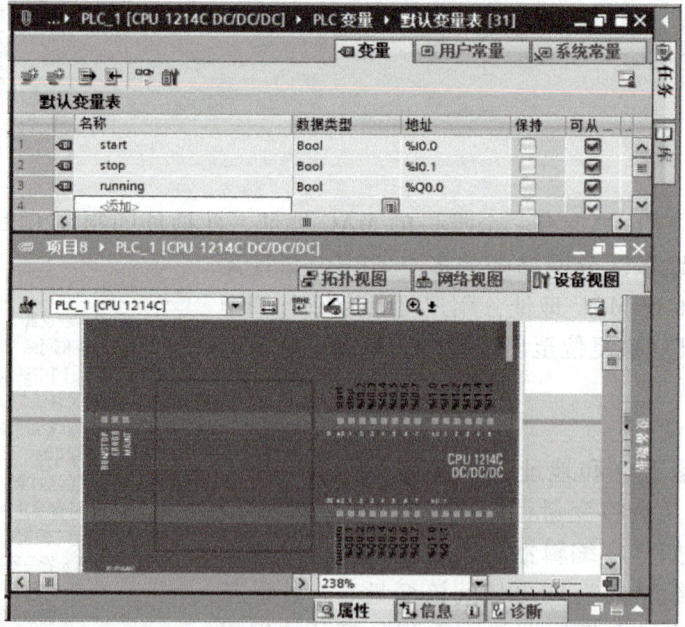

图 3-26　创建变量

③ 将 I0.1 拖动到变量表，并将名称更改为"stop"。
④ 将 CPU 底部的 Q0.0 拖动到变量表，并将名称更改为"running"。
将变量输入 PLC 变量表之后，即可在用户程序中使用这些变量了。
6. 创建程序段
程序代码由 CPU 依次执行的指令组成。在下面的实例中，使用梯形图（LAD）创建程序代码。梯形图程序是一系列类似电路图的程序段，如图 3-27 所示。

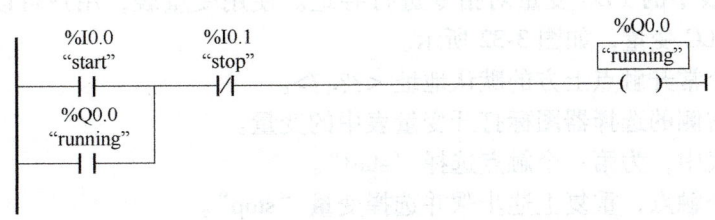

图 3-27 梯形图程序

打开程序编辑器，并按以下步骤操作：

1）在项目树中展开"程序块"（Program blocks）文件夹以显示"Main [OB1]"块。双击"Main [OB1]"块。程序编辑器将打开程序块（OB1），如图 3-28 所示。

2）单击"收藏夹"（Favorites）上的"常开触点"按钮向程序段中添加一个触点，如图 3-29 所示。还可以继续单击并添加"常闭触点"。

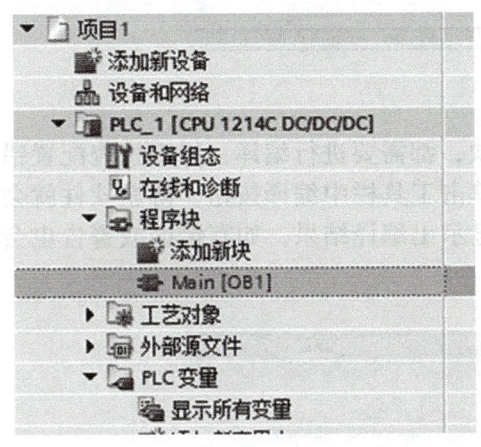

图 3-28 打开 Main [OB1]

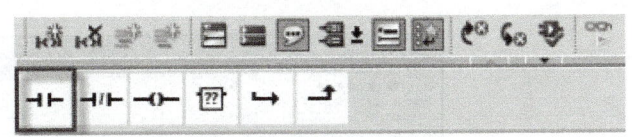

图 3-29 添加常开触点

单击"输出线圈"（Output coil）按钮插入一个线圈，如图 3-30 所示。

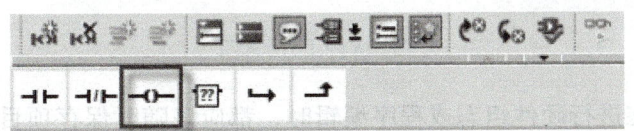

图 3-30 添加线圈

在第二行添加一个常开触点，拖动触点连接线并联到上一个常开触点，如图 3-31 所示。

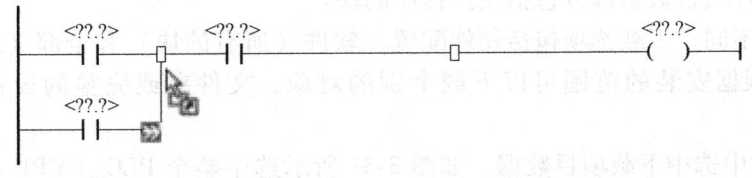

图 3-31 触点拖动

3）使用变量表中的 PLC 变量对指令进行寻址。使用变量表，用户可以快速输入对应触点和线圈地址的 PLC 变量，如图 3-32 所示。

① 双击第一个常开触点上方的默认地址 <??.?>。
② 单击地址右侧的选择器图标打开变量表中的变量。
③ 从下拉列表中，为第一个触点选择"start"。
④ 对于第二个触点，重复上述步骤并选择变量"stop"。
⑤ 对于线圈和锁存触点，选择变量"running"。

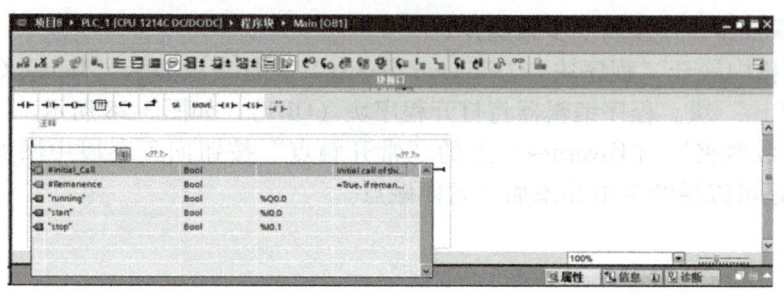

图 3-32　直接选择变量

4）编译。在 STEP 7 中配置完硬件或编辑完程序块，都需要进行编译，用于检查配置错误或语法错误。先在项目树中选择所要编译的 PLC，单击工具栏中编译按钮，博途软件就会进行编译，编译完成后，在巡视窗口编译视图中就会显示出编译结果，如有错误或警告也会显示出来，如图 3-33 所示。

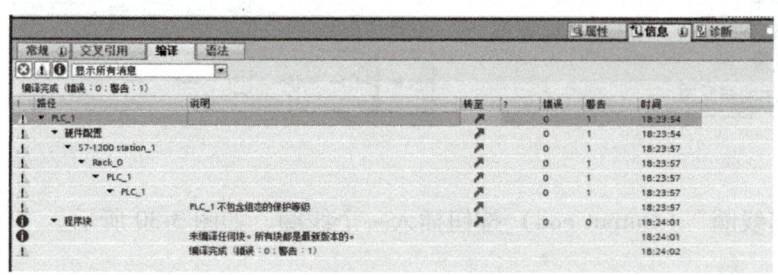

图 3-33　编译视图

5）保存项目。在进行硬件组态或程序编辑时，都应该随时保存项目。保存项目只需单击工具栏中的"保存项目"（Save project）按钮即可。

7. 下载项目数据到设备

将下载到设备的项目数据分为硬件部分和软件部分：硬件项目数据部分包括硬件的配置、网络和连接；软件项目数据部分包括用户程序的块。

根据设备的不同，下载选项包括硬件配置、软件（所有的块）和全部（所有硬件和软件的项目数据）。根据安装的范围可以下载个别的对象、文件夹或完整的设备。下载的方法如下：

① 在项目树中选中下载项目数据，如图 3-34 所示选中整个 PLC_1 CPU 项目，将下载设备组态和该设备中所有用户程序块。
② 单击工具栏中的"下载"（Download）按钮。对于已选择的设备或对象，如果没有编

译，那么在下载之前系统将自动进行编译。弹出"扩展的下载到设备"对话框，如图 3-35 所示。

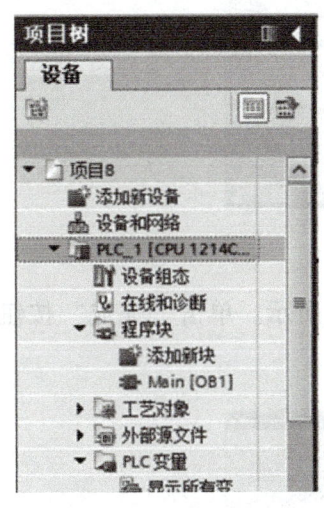

图 3-34　选择下载项目

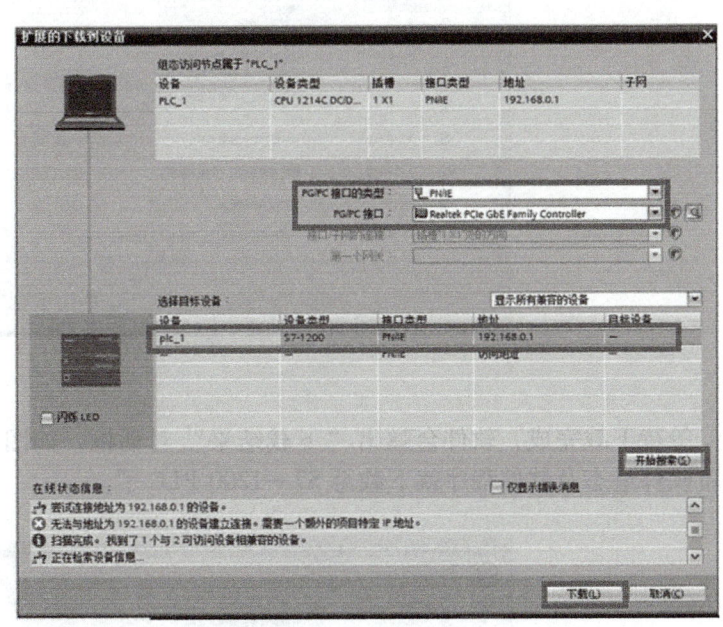

图 3-35　"扩展的下载到设备"对话框

可以单击选择框后的下拉按键选择合适的 PG/PC 接口的类型（例如 PN/IE）、PG/PC 接口（选择网络连接所使用的网卡）。

单击"开始搜索"按钮后，就会显示已经连接的所有兼容的设备，找到所需要下载的设备，选中后，就可以看到 PC 与 PLC 连接起来了，勾选"闪烁 LED"后，硬件 S7—1200 的连接指示灯就开始闪烁，说明网线连接成功。

单击"下载"按钮，弹出"装载到设备前的软件同步"对话框，如图 3-36 所示。

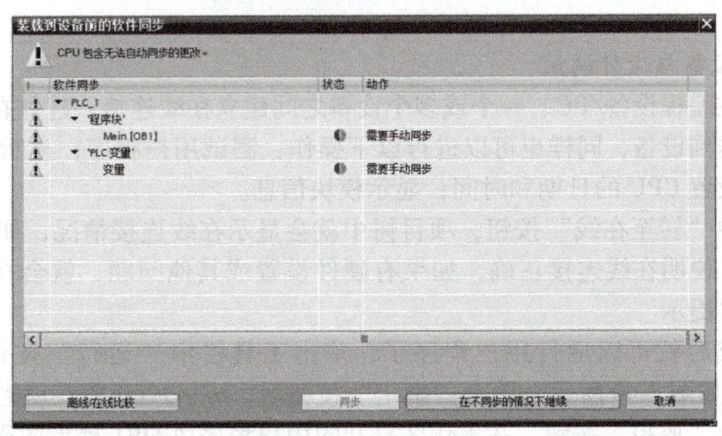

图 3-36　"装载到设备前的软件同步"对话框

单击"在不同步的情况下继续"按钮，弹出"下载预览"对话框，如图 3-37 所示，单击"装载"按钮。

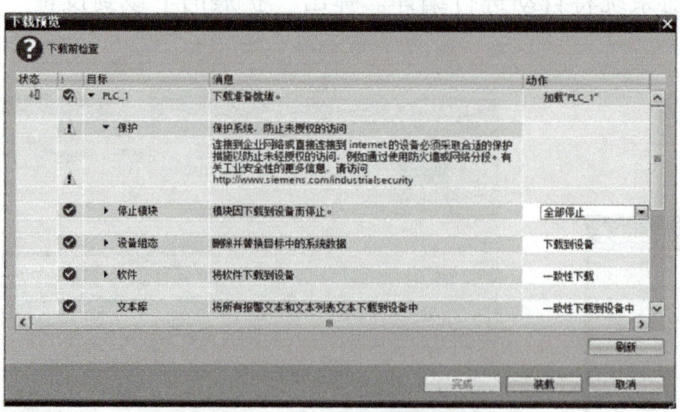

图 3-37 "下载预览"对话框

等待下载完成,软件会弹出"下载结果"对话框,如图 3-38 所示。单击"完成"按钮。设备硬件组态及软件程序就下载至 S7—1200 PLC 了。

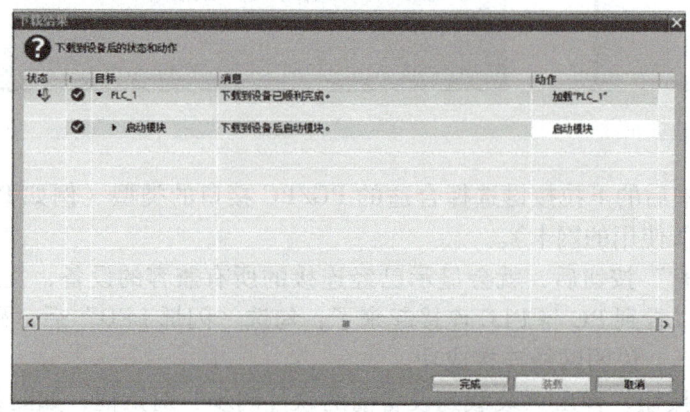

图 3-38 "下载结果"对话框

8. 在线监视设备与运行调试

在线模式,在编程设备/PC、一个或多个设备之间建立在线连接。建立在线连接后就可装载程序和配置数据到设备,同样也可以进行以下操作:测试用户程序;显示和改变 CPU 的操作模式;显示和设置 CPU 的日期和时间;显示模块信息。

单击工具栏中"转至在线"按钮,项目树中就会显示在线连接情况,如图 3-39 所示。如果都显示为绿色,说明在线连接正确,如果有硬件设置或其他问题,就会在相应位置显示黄色警告或红色错误提示。

在线连接完成后就可以运行用户程序了,单击工具栏中"运行"按钮,弹出"RUN"(运行)对话框,如图 3-40 所示,单击"确定"按钮后,S7—1200 PLC 就进入运行模式。

单击工具栏中"监控"按钮,在工作区打开的用户程序块 OB1 梯形图程序就会显示运行状态,如图 3-41 所示。

图中 LAD 编辑器以绿色显示信号流。当所有开关都断开时,未接通的信号流为蓝色虚线。注意"stop"使用的是常闭触点,当"stop"开关断开时该常闭触点是接通的,显示为绿色。

项目3 可编程控制系统调试维修

图 3-39 在线显示状态

图 3-40 "RUN"对话框

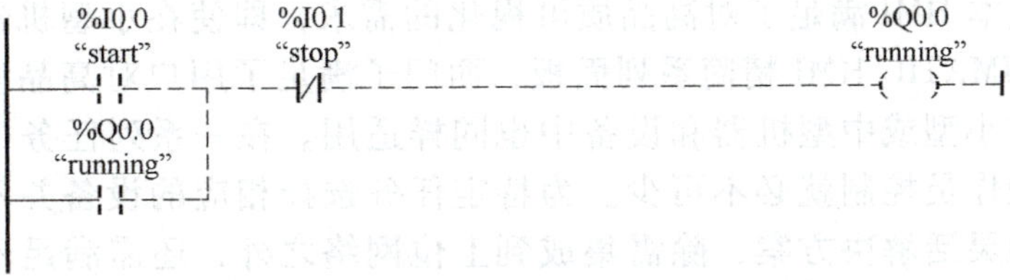

图 3-41 电路监控运行 1

当接通 I0.0 "start"的开关后,可以监视整个程序段中的信号流接通,Q0.0 "running"线圈得电变为绿色。断开 I0.0,可以查看锁存电路的工作方式,如图 3-42 所示。

图 3-42 电路监控运行 2

3.3 人机界面应用

3.3.1 西门子精简系列面板简介

SIMATIC 精简面板(HMI)为机械工程专业可视化提供了新的发展前景。对所有设备都可以提供基本 HMI 功能,也就是说可以让用户以非常经济的方式将 HMI 功能集成进小型设备或者简单的工程应用中。对于全新的 SIMATIC S7—1200 控制系统而言,SIMATIC 精简面板也是最佳的功能扩展,如图 3-43 所示。

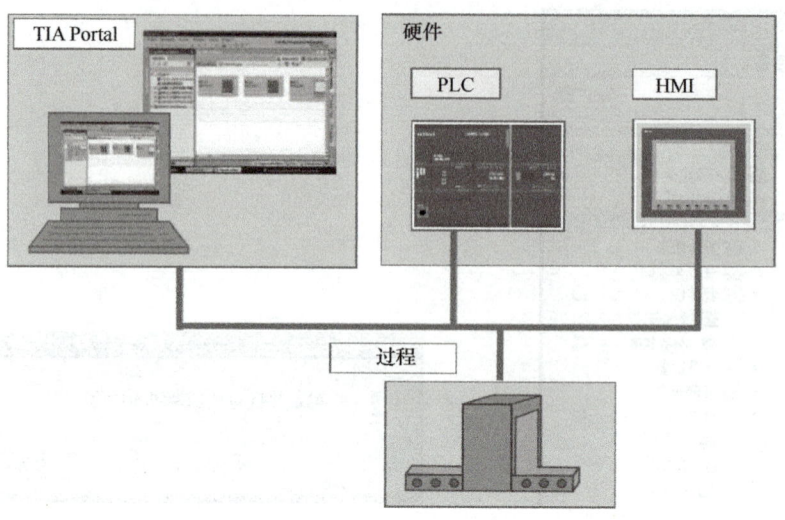

图 3-43 控制工程系统示意图

新一代的低成本 HMI 满足了对高品质可视化的需求，即使在小型机器和设备中同样适用。凭借第二代 SIMATIC HMI 精简系列面板，西门子满足了用户对高品质可视化和便捷操作的需求，即使在小型或中型机器和设备中也同样适用。在一系列任务中只要涉及人机协作，设备监测与操作员控制就必不可少。为特定任务选择相应的设备并不困难，难的是找到一套面向未来的灵活解决方案，除需集成到上位网络之外，还需满足不断增长的数据高透明度与处理能力要求。精简系列面板功能强大，性能卓越，可完美应用于工厂的各种应用之中。

借助 PROFINET 或 PROFIBUS 接口及 USB 接口，其连通性也有了显著改善。借助 WinCC（TIA Portal）的最新软件版本可进行简易编程，从而实现新面板的简便组态与操作，如图 3-44 所示。

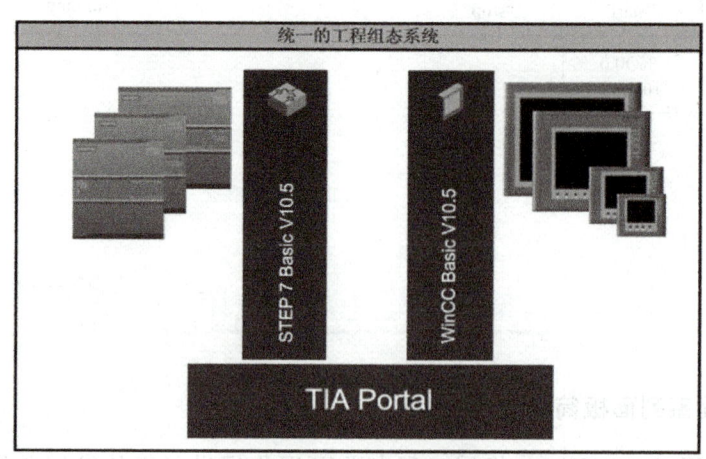

图 3-44 工程组态系统

TIA 博途软件中的 WinCC 不只是可视化组态软件，从设备可视化到高性能的 SCADA 系统，TIA 博途中集成有 SIMATIC WinCC 和其他高效工具，可涵盖工程组态与可视化软件的所有功能，实现与所有性能等级应用的无缝衔接。

这里以精简系列面板 KTP 系列为例，介绍其使用过程。

3.3.2 精简面板 KTP700 Basic 的安装

1. 精简面板 KTP700 Basic 的 PROFINET 设备接口

精简面板 KTP700 Basic 的 PROFINET 设备结构及接口，如图 3-45 所示。

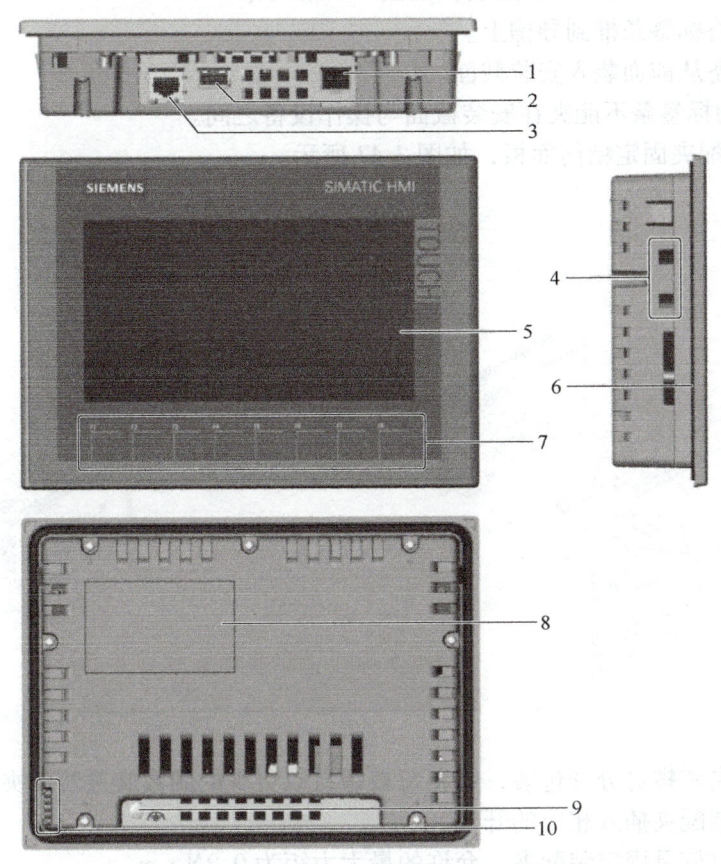

图 3-45 KTP700 Basic 的 PROFINET 设备结构及接口
1—电源接口 2—USB 接口 3—PROFINET 接口 4—装配夹的开口 5—显示屏/触摸屏
6—嵌入式密封件 7—功能键 8—铭牌 9—功能接地的接口 10—标签条导槽

2. 选择安装地点

在选择安装位置时应注意以下几点：

① 正确放置 HMI 设备，以使其不会直接暴露在阳光下。
② 将 HMI 设备放置在操作人员便于操作的地方。
③ 选择合适的安装高度。
④ 确保安装后未挡住 HMI 设备的通风孔。

3. 精简面板 KTP700 Basic 的安装

1) 准备安装所需工具和附件，见表 3-10。

表 3-10　安装工具和附件

工具附件图	说　明	尺寸、数量
	带有替换槽的力矩螺钉旋具	2 号尺寸
	装配夹	7 个

2）精简面板 KTP700 Basic 的安装，如图 3-46 所示。
① 在设备中将标签条推到导槽上。
② 将操作设备从前面装入安装截面。
注意：露出的标签条不能夹在安装截面与操作设备之间。
3）用铝质装配夹固定精简面板，如图 3-47 所示。

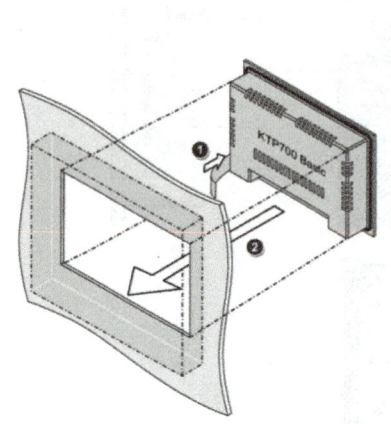

图 3-46　精简面板安装

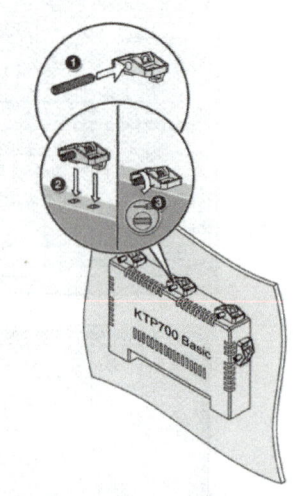

图 3-47　面板用铝质装配夹固定

① 如果装配夹和螺钉分开包装，则将每根螺钉以更少的圈数旋进装配夹的孔眼中。
② 将第一个装配夹插入相应的开口。
③ 用 2 号螺钉旋具固定装配夹。允许的最大力矩为 0.2N·m。
重复上述步骤，固定其他所有用于固定操作设备的装配夹。

4. 精简面板 KTP700 Basic 的接线

精简面板 KTP700 Basic 使用带端子连接器的铜线，比如 DC 24V 电源连接器的 DC 24V 电源线等。连接设备所需工具和附件见表 3-11。

表 3-11　连接设备所需工具和附件

工具附件图	说　明	尺寸、数量
	带有替换槽的力矩螺钉旋具	2 号尺寸
	带有十字替换槽的力矩螺钉旋具	3 号尺寸

(续)

工具附件图	说　　明	尺寸、数量
	卡簧钳	
	电源插头	1个
	电流足够的 DC 24V 电源	1个

连接导线时，注意不要弯曲插针。将连接器拧入插孔，以紧固电缆插头。对所有连接电缆都进行充分的去张力操作。

（1）电位均衡连接　空间上分隔开的系统部件之间可能会出现电位差。电位差通过数据线可能会导致较高的补偿电流，从而损坏接口。如果在两侧安置了电缆屏蔽层或对不同系统部件进行了接地，则可能会出现补偿电流。不同的电源供电可能会导致电位差，所以需要电位均衡连接，如图3-48所示。

① 将操作设备的功能性接地连接与电位均衡电缆相连，横截面积一般为 $4mm^2$。

② 连接电位均衡电缆与电位均衡汇流排。为等电势线、接地连接和数据线的屏蔽体支撑使用等电位连接端子。

（2）精简面板 KTP700 Basic 连接电源　连接电源一般使用横截面积最大为 $1.5mm^2$ 的电源电缆。电源电缆接头的处理方法如图3-49所示。

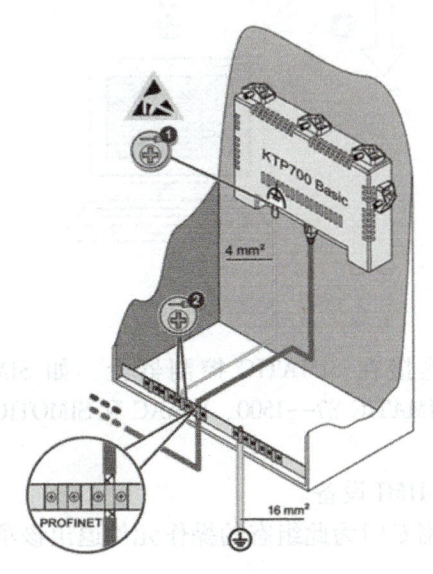

图 3-48　电位均衡连接

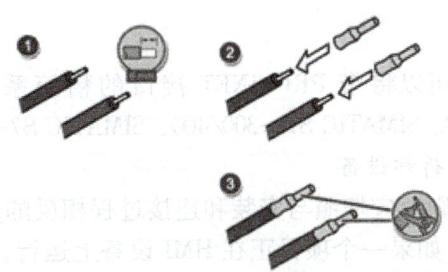

图 3-49　电源电缆接头的处理方法

① 将两根电源电缆的末端分别剥去6mm长的绝缘层。

② 将电缆轴套套在已剥去绝缘层的电缆末端。

③ 用卡钳将电缆轴套固定在电缆末端。

精简面板 KTP700 Basic 与电源的连接，如图 3-50 所示。

① 将两条电源线连接到电源插头上。使用一枚有槽螺钉固定电源线。

② 将电源插头与 HMI 设备相连。根据 HMI 设备背面的接口标记检查电线的极性是否正确。

③ 关闭电源。

④ 将余下的电缆两端接入电源的接口，并用一字槽螺钉旋具加以固定。此时注意极性是否正确。

（3）精简面板 KTP700 Basic 连接组态 PC　将组态 PC 连接到带 PROFINET 接口的精简系列面板上，通过组态 PC 可以进行传输项目、传输操作设备镜像、将操作设备复位为出厂设置等，如图 3-51 所示。

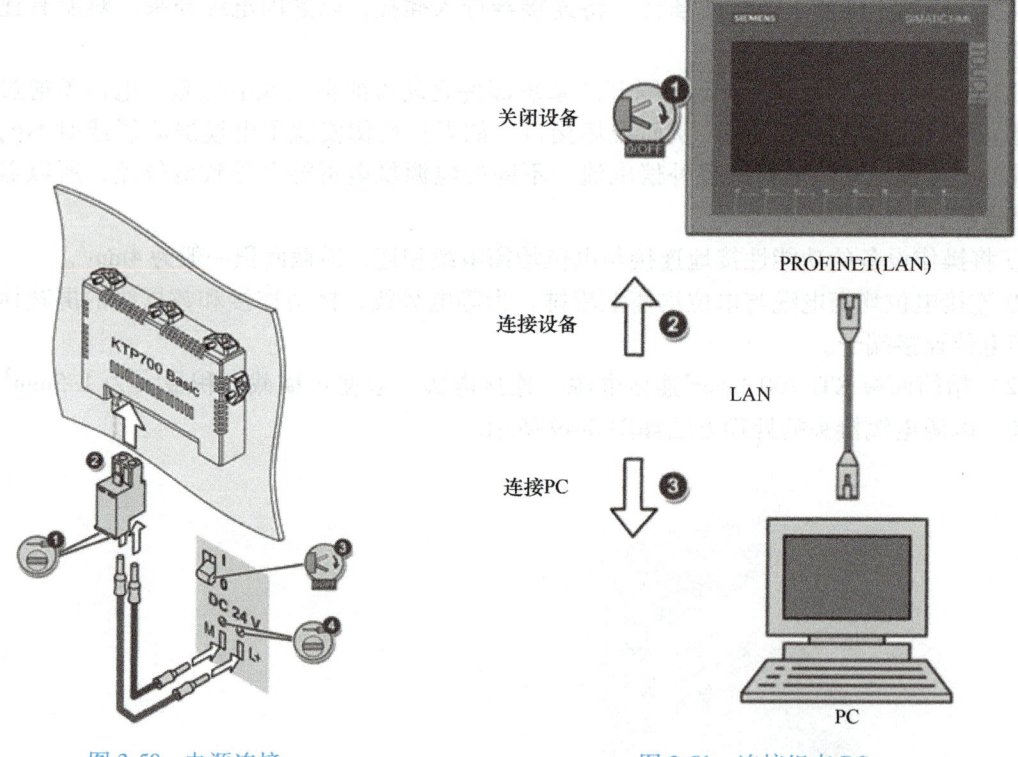

图 3-50　电源连接　　　　　　图 3-51　连接组态 PC

也可以将带 PROFINET 接口的精简系列面板连接在 SIMATIC 控制器上，如 SIMATIC S7—200、SIMATIC S7—300/400、SIMATIC S7—1200、SIMATIC S7—1500、WinAC 和 SIMOTION 等。

5. 拆卸设备

原则上应按照与安装和连接过程相反的步骤拆卸 HMI 设备。

① 如果一个项目正在 HMI 设备上运行，则应使用专门为此组态的操作元件退出该项目。

② 关闭 HMI 设备的电源。

③ 移除 HMI 设备上所有电缆夹，以消除连接线应力。

④ 移除 HMI 设备的所有接线插头和等电势线。

⑤ 固定 HMI 设备，确保其不会从安装开口掉落。
⑥ 松开装配夹的螺钉，并移除所有装配夹。
⑦ 从安装开口移除 HMI 设备。

3.3.3 精简面板 KTP700 Basic 的调试

设备安装完毕后，接通电源屏幕马上会亮起来，如图 3-52 所示。如果 HMI 设备未启动，可能是电源插头上的电线连接错误。检查连接的线缆，必要时更改其接口。

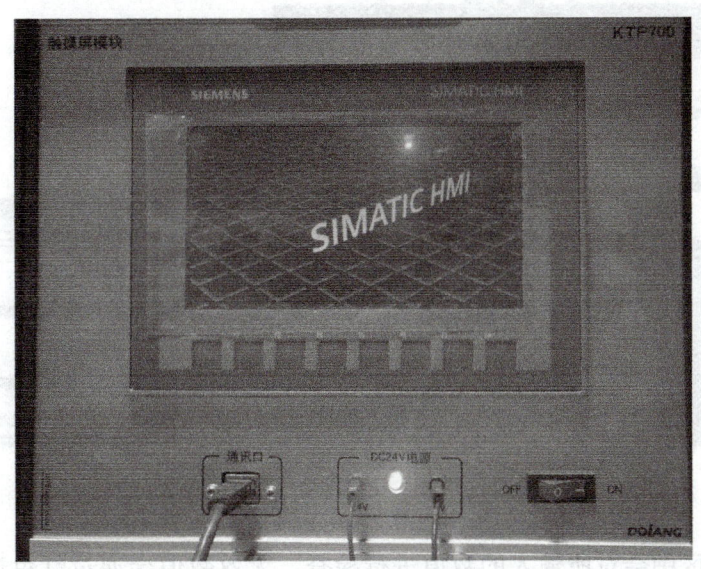

图 3-52 HMI 启动电源

运行系统启动之后，显示启动中心（Start Center）画面，如图 3-53 所示。可以通过触摸屏上的按钮或所连接的鼠标或键盘操作启动中心。

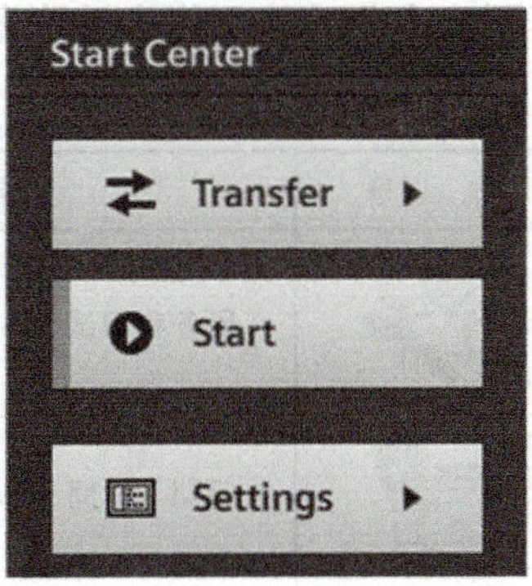

1. 传输模式（Transfer）

利用传输按钮（Transfer）将操作设备切换至传输模式（Transfer）。只有当至少一条用于传输的数据通道被释放时，才能激活"Transfer"运行模式。

2. 运行模式

利用"Start"按钮启动操作设备上现有的项目。

3. 设置设备参数

利用"Settings"按钮启动 Start Center 的"Settings"页面。

图 3-53 启动中心画面

可以在此页面中进行各种设置，如操作设置、通信设置、密码保护、传输设置、屏幕保护程序和声音信号等。Start Center 分为导航区和工作区如图 3-54 所示。

如果设备配置为横向模式，则导航区在屏幕左侧，工作区在右侧。如果设备配置为纵向模式，则导航区在屏幕上方，工作区在下方。如果导航区或工作区内无法显示所有按键或符号，将出现滚动条。可以通过滑动手势滚动导航或工作区，如图 3-55 所示。注意：应在标记的区域内进行滚动操作，不要在滚动条上操作。

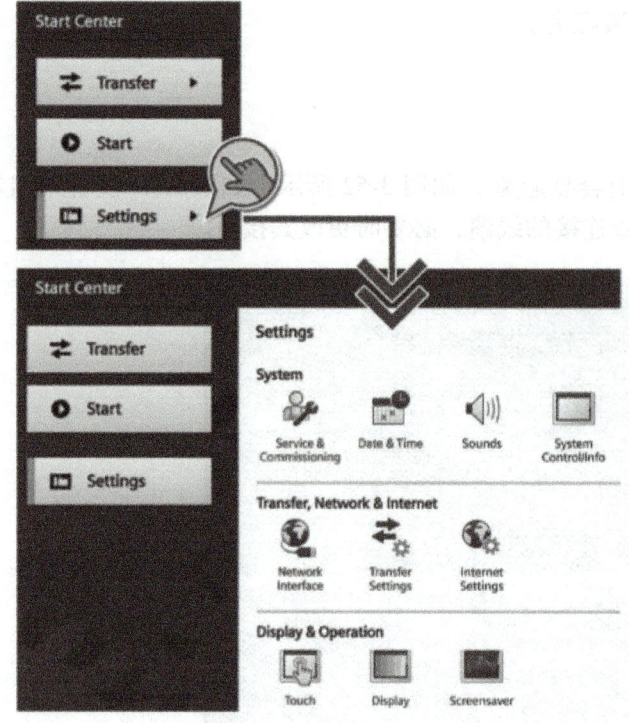

图 3-54　设备参数设置

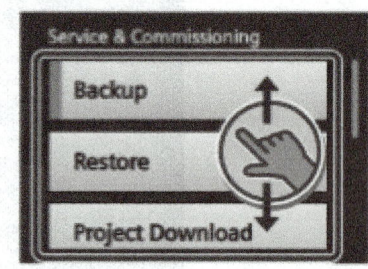

图 3-55　滚动操作

在大多数输入区中会对所输入的数值进行检查，无效数值会通过红色边框和红色字体显示出来。切换到其他选项卡或窗口时将应用和保存已更改的设置。

表 3-12 介绍了在 Start Center 中可用于配置操作设备的功能。根据设备型号和设备配置的不同，有些功能可能会被隐藏。

表 3-12　设备配置功能

符　号	名　　称	功　　能
	服务和调试（Service & Commissioning）	在外部存储介质上备份、恢复或加载项目；更改控制器的 IP 地址和设备名称；编辑通信连接
	日期与时间（Date & Time）	配置时间服务器；输入时间和日期
	声音（Sounds）	激活声音信号
	系统控制/信息（System Control/Info）	配置自动启动或等待时间；更改密码设置；显示操作设备的信息
	网络接口（Network Interface）	更改 PROFINET 设备的网络设置；更改 PROFIBUS 设备的网络设置

项目 3　可编程控制系统调试维修

（续）

符　号	名　　称	功　　能
	传输参数设置（Transfer Settings）	传输参数设置
	Internet 设置（Internet Settings）	配置 Sm@rt Server；通过 USB 导入认证，显示和删除认证
	触摸（Touch）	校准触摸屏
	显示器（Display）	更改屏幕设置
	屏幕保护程序（Screensaver）	设置屏幕保护程序

4. 更改 PROFINET 设备的网络设置

第二代精简系列面板 KTP700 Basic PN 的 PROFINET 设备的网络设置，可利用"Settings"按钮启动 Start Center 的"Settings"页面，如图 3-56 所示。

① 触摸"Network Interface"图标。

② 在通过"DHCP"自动分配地址和特别指定地址之间进行选择。

③ 如果选择自行分配地址，可通过屏幕键盘在输入框"IP address"和"Subnet mask"中输入有效的值，有可能还需要填写"Default gateway"。

④ 在"Ethernet parameters"下的选择框"Mode and speed"中选择 PROFINET 网络的传输率和连接方式。有效数值为 10Mbit/s 或 100Mbit/s，以及"HDX"（半双工）或"FDX"（全双工）。如果选择条目"Auto negotiation"，将自动识别和设定 PROFINET 网络中的连接方式和传输率。

⑤ 如果激活开关"LLDP"，则操作设备与其他操作设备交换信息。

⑥ 在"Profinet"下的"Device name"框中输入 HMI 设备的网络名称。

对于第二代精简系列面板 KTP700 Basic PN，单击启动画面的传输按钮"Transfer"后，画面将显示"Waiting for transfer…"，如图 3-57 所示。表明面板进入传送模式，面板设置完毕。

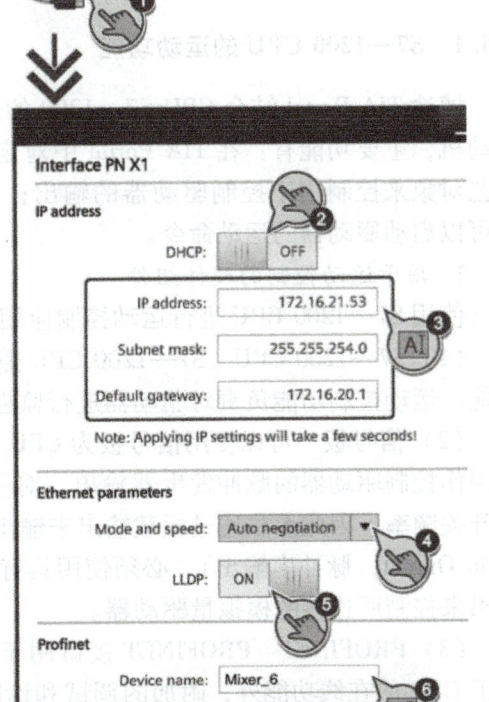

图 3-56　IP 地址设置

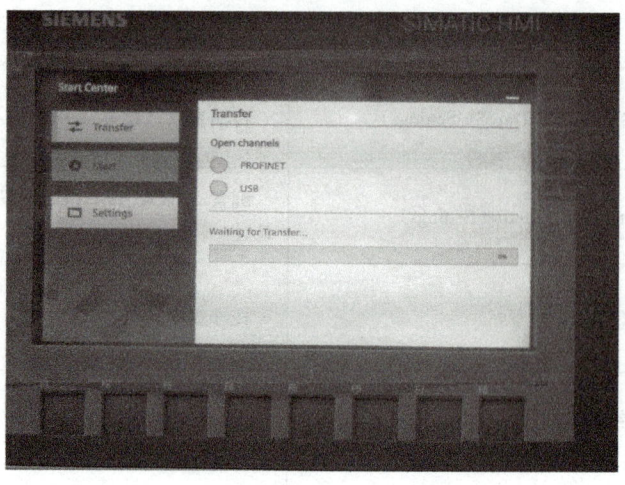

图 3-57　HMI 面板设置完毕

注意：IP 地址冲突时会出现通信故障，如果一个网络中的多台设备拥有相同的 IP 地址，则在通信时可能会出错。为网络中的每台操作设备分配单独的 IP 地址。IP 设置更改后，HMI 设备在应用设置时会检查网络 IP 地址是否是唯一的。如果地址重复，将显示错误消息。

3.4　运动控制应用

3.4.1　S7—1200 CPU 的运动功能

博途 TIA Portal 结合 CPU S7—1200 的运动控制功能，可帮助用户控制步进电动机和伺服电动机，主要功能有：在 TIA Portal 中对定位轴工艺对象进行组态，S7—1200 CPU 使用这些工艺对象来控制用于控制驱动器的输出；在用户程序中，可以通过运动控制指令来控制轴，也可以启动驱动器的运动命令。

1. 用于运动控制的硬件组件

使用 S7—1200 CPU 进行运动控制应用的基本硬件配置，如图 3-58 所示。

（1）S7—1200 CPU　S7—1200 CPU 兼具 PLC 的功能和用于控制驱动器运行的运动控制功能。运动控制功能负责对驱动器进行监控。

（2）信号板　可以使用信号板为 CPU 添加其他输入和输出。如果需要，还可将数字量输出用作控制驱动器的脉冲发生器输出。对于具有继电器输出的 CPU，由于继电器不支持所需的开关频率，因此无法通过板载输出来输出脉冲信号。如果要在这些 CPU 中使用 PTO（Pulse Train Output，脉冲串输出），必须使用具有数字量输出的信号板。如果需要，还可使用模拟量输出来控制所连接的模拟量驱动器。

（3）PROFINET　PROFINET 接口用于在 S7—1200 CPU 与编程设备之间建立在线连接。除了 CPU 的在线功能外，附加的调试和诊断功能也可用于运动控制。PROFINET 仍支持用于连接 PROFIdrive 驱动器和编码器的 PROFIdrive 配置文件。

（4）驱动装置和编码器　驱动器用于控制轴的运动。编码器提供轴的闭环位置控制的实际位置。

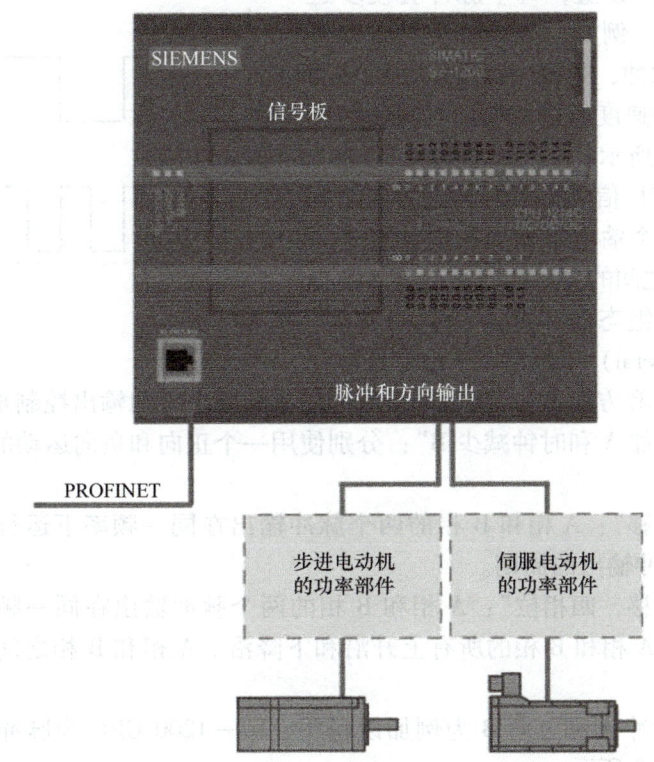

图 3-58　S7—1200 CPU 与驱动产品的基本配置

2. 运动控制相关的 CPU 输出

S7—1200 CPU 提供了一个脉冲输出和一个方向输出，通过脉冲输出接口对步进电动机驱动器或伺服电动机驱动器进行控制。脉冲输出为驱动器提供电动机运动所需的脉冲。方向输出则用于控制驱动器的行进方向。

脉冲输出和方向输出具有特定的信号分配关系。板载 CPU 输出或信号板输出可用作脉冲输出和方向输出。在设备组态期间，可以在"属性"（Properties）选项卡的脉冲发生器（PTO/PWM）中，选择板载 CPU 输出或信号板输出。

（1）PTO 脉冲接口的工作原理　可用驱动器的数目取决于 PTO 数目以及可用的脉冲发生器输出数目。S7—1200 可用的脉冲发生器输出和频率范围，见表 3-13。

表 3-13　S7—1200 脉冲发生器输出和频率范围

CPU	Q0.0	Q0.1	Q0.2	Q0.3	Q0.4	Q0.5	Q0.6	Q0.7	Q1.0	Q1.1
1211（DC/DC/DC）	100kHz	100kHz	100kHz	100kHz	—	—	—	—	—	—
1212（DC/DC/DC）	100kHz	100kHz	100kHz	100kHz	20kHz	20kHz	—	—	—	—
1214（F）(DC/DC/DC)	100kHz	100kHz	100kHz	100kHz	20kHz	20kHz	20kHz	20kHz	20kHz	20kHz
1215（F）(DC/DC/DC)	100kHz	100kHz	100kHz	100kHz	20kHz	20kHz	20kHz	20kHz	20kHz	20kHz
1217（DC/DC/DC）	1MHz	1MHz	1MHz	1MHz	100kHz	100kHz	100kHz	100kHz	100kHz	100kHz

根据步进电动机的设置，每个脉冲会使步进电动机移动特定角度。例如，如果将步进电动机设置为每转 1000 个脉冲，则每个脉冲电动机移动 0.36°。步进电动机的速度通过每单位时间的脉冲数来确定，如图 3-59 所示。

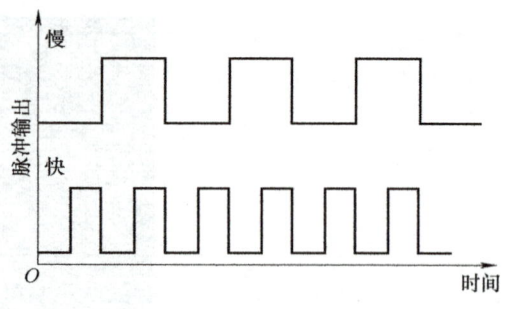

图 3-59　输出脉冲信号

（2）S7—1200 CPU 信号类型与行进方向之间的关系　CPU 通过两个输出来输出速度和行进方向。组态与行进方向之间的关系会因所选信号类型的不同而异。可在轴组态的"基本参数→常规"（Basic parameters>General）下组态以下信号类型：

①"PTO-脉冲 A 和方向 B"：使用一个脉冲输出和一个方向输出控制步进电动机。

②"PTO-时钟增加 A 和时钟减少 B"：分别使用一个正向和负向运动的脉冲输出控制步进电动机。

③"PTO-A/B 相移"：A 相和 B 相的两个脉冲输出在同一频率下运行，在驱动器步进结束时会评估这两个脉冲输出的周期。

④"PTO-A/B 相移，四相位"：A 相和 B 相的两个脉冲输出在同一频率下运行。在驱动器步进结束时会评估 A 相和 B 相的所有上升沿和下降沿。A 相和 B 相之间的相位偏移量决定了运动方向。

以常用的 PTO-脉冲 A 和方向 B 为例加以说明，S7—1200 CPU 为脉冲信号输出脉冲和方向输出电平，如图 3-60 所示。

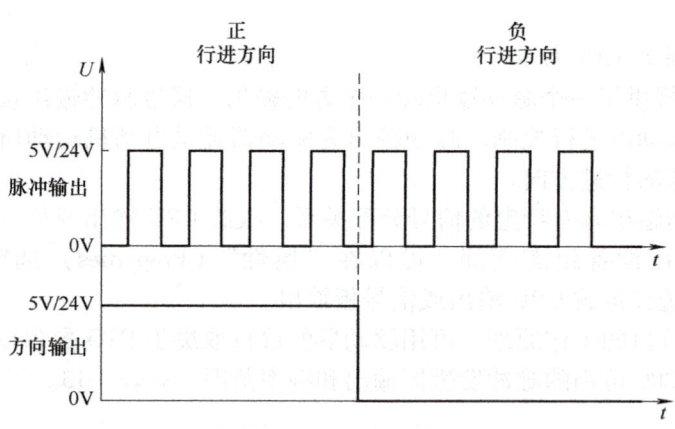

图 3-60　S7—1200 CPU 输出脉冲和方向输出电平

3. 组态轴

STEP 7 为"轴"工艺对象提供组态工具、调试工具和诊断工具，如图 3-61 所示。

4. 硬件和软件限位开关

硬件限位开关和软件限位开关用于限制定位轴工艺对象的"允许行进范围"和"工作范围"。两者的相互关系如图 3-62 所示。

硬件限位开关是限制轴的最大"允许行进范围"的限位开关。硬件限位开关是物理开关元件，必须与 CPU 中具有中断功能的输入相连接。软件限位开关将限制轴的"工作范围"。它们应位于限制行进范围的相关硬件限位开关的内侧。由于软件限位开关的位置可以灵活设

项目 3　可编程控制系统调试维修

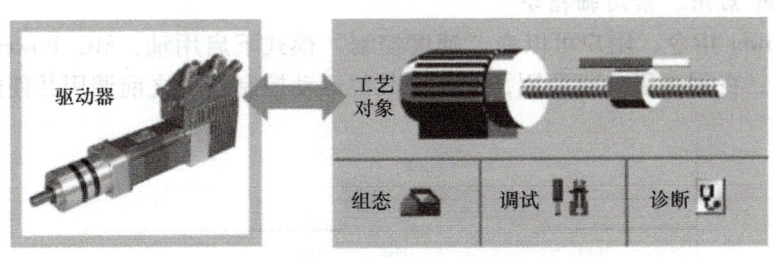

图 3-61　组态轴示意图

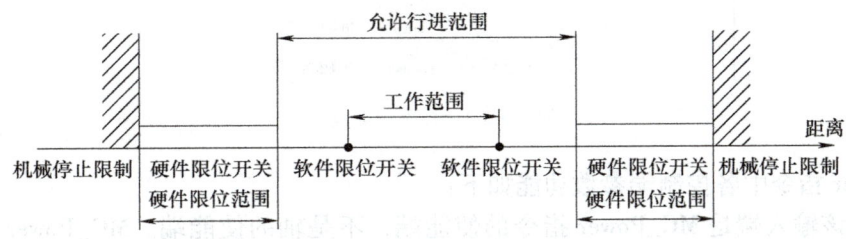

图 3-62　硬件和软件限位关系

置,因此可根据当前的运行轨迹和具体要求调整轴的工作范围。与硬件限位开关不同,软件限位开关只通过软件来实现,而无须借助自身的开关元件。

在组态中或用户程序中使用硬件和软件限位开关之前,必须先事先将其激活。只有在轴回原点之后,才可以激活软限位开关。

3.4.2　S7—1200 CPU 的运动控制指令

在用户程序中,可以使用运动控制指令控制轴,如图 3-63 所示。这些指令会启动执行所需功能的运动控制作业。可以从运动控制指令的输出参数中获取运动控制作业的状态及作业执行期间发生的任何错误。

用户组态轴的参数,通过控制面板调试成功后,就可以开始根据工艺要求编写控制程序了。S7—1200 CPU 适用的运动控制指令有:

① MC_Power:启用、禁用轴。
② MC_Reset:确认错误。
③ MC_Home:归位轴,设置归位位置或回原点。
④ MC_Halt:停止轴。
⑤ MC_MoveAbsolute:轴的绝对定位。
⑥ MC_MoveRelative:轴的相对定位。
⑦ MC_MoveVelocity:以预设的旋转速度移动轴。
⑧ MC_MoveJog:在点动模式下移动轴。
⑨ MC_CommandTable:按移动顺序运行轴作业(从 V2.0 "轴" 工艺对象起)。
⑩ MC_ChangeDynamic:更改轴的动态设置(从 V2.0 "轴" 工艺对象起)。

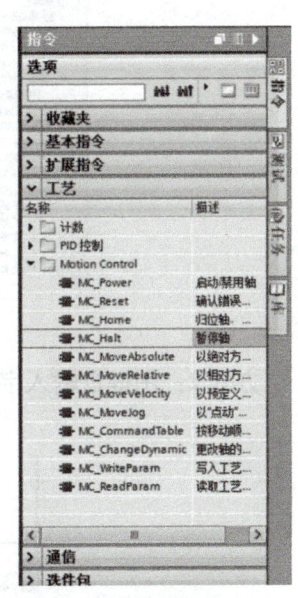

图 3-63　运动控制指令

1. MC_Power 启用、禁用轴指令

使用 MC_Power 指令，用户可以在"速度控制"模式下启用轴，MC_Power 指令如图 3-64 所示。使用要点：在程序里一直调用，并且在其他运动控制指令之前调用并使能。

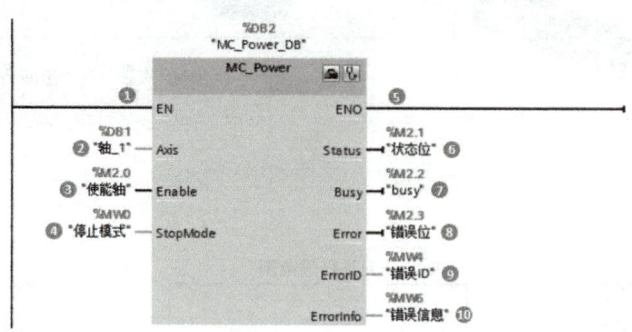

图 3-64　MC_Power 指令

MC_Power 指令中各控制端参数功能如下：

① EN：该输入端是 MC_Power 指令的使能端，不是轴的使能端。MC_Power 指令必须在程序里一直调用，并保证 MC_Power 指令在其他运动控制指令的前面调用。

② Axis：轴名称，可以有几种方式输入轴名称：

方式 1：用鼠标直接从 Portal 软件左侧项目树中拖拽轴的工艺对象，如图 3-65 所示。

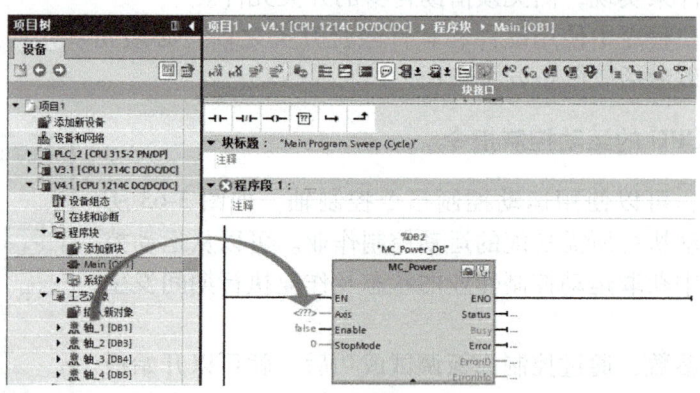

图 3-65　拖拽控制轴

方式 2：用键盘输入字符，则 Portal 软件会自动显示出可以添加的轴对象，如图 3-66 所示。

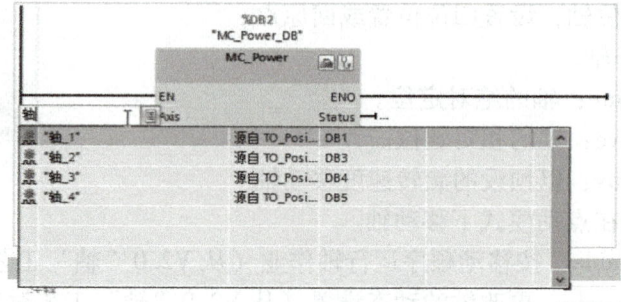

图 3-66　输入控制轴

方式 3：用复制的方式把轴的名称复制到指令上。

方式 4：用鼠标双击"Aixs"，系统会出现右边带可选按钮的白色长条框，这时用鼠标单击"选择"按钮，选择轴。

③ Enable：轴使能端。Enable＝0：根据 StopMode 设置的模式来停止当前轴的运行；Enable＝1：如果组态了轴的驱动信号，则 Enable＝1 时将接通驱动器的电源。

④ StopMode：轴停止模式。StopMode＝0：紧急停止，按照轴工艺对象参数中的"急停"速度或时间来停止轴；StopMode＝1：立即停止，PLC 立即停止发脉冲；StopMode＝2：带有加速度变化率控制的紧急停止。如果用户组态了加速度变化率，则轴在减速时会把加速度变化率考虑在内，减速曲线变得平滑。

⑤ ENO：使能输出。

⑥ Status：轴的使能状态。

⑦ Busy：标记 MC_Power 指令是否处于活动状态。

⑧ Error：标记 MC_Power 指令是否产生错误。

⑨ ErrorID：当 MC_Power 指令产生错误时，用 ErrorID 表示错误号。

⑩ ErrorInfo：当 MC_Power 指令产生错误时，用 ErrorInfo 表示错误信息。

2. 回原点指令

回原点是指使工艺对象的轴坐标与驱动器的实际物理位置相匹配。对于位置控制的轴，位置的输入与显示完全参考轴的坐标。因此，轴坐标必须与实际情形相一致。如果要确保通过驱动器也能准确到达轴的绝对目标位置，上述步骤必不可缺。

在 S7—1200 CPU 中，使用运动控制指令"MC_Home"执行轴回原点。"已回原点"（Homed）状态将显示在工艺对象 <轴名称>.StatusBits.HomingDone 的变量中。

回原点模式有以下几点：

① 主动回原点。在主动回原点模式下，运动控制指令"MC_Home"将执行所需要的参考点逼近。检测到回原点开关时，将根据组态使轴回原点，同时终止当前的行进运动。

② 被动回原点。被动回原点期间，运动控制指令"MC_Home"不会执行任何回原点运动。用户需通过其他运动控制指令，执行这一步骤中所需的行进移动。检测到回原点开关时，将根据组态使轴回原点。被动回原点启动时，不会中止当前的行进运动。

③ 绝对式直接回原点。轴位置的设置与回原点开关无关，同时终止当前的行进运动。立即将运动控制指令"MC_Home"中输入参数"Position"的值，设置为轴的参考点。

④ 相对式直接回原点。轴位置的设置与回原点开关无关，同时终止当前的行进运动。以下语句适用于回到原点后轴的定位：新的轴位置＝当前轴位置＋指令"MC_Home"中"Position"参数的值。

其他运动控制指令参考 S7—1200 CPU 用户使用手册。

3.5 综合技能训练

技能训练 1　PLC 在三相交流异步电动机正反转控制中的应用

生产机械的运动部件往往需要做正、反两个方向的运动，如车床主轴的正转和反转，工作台的前进和后退等。这就要求拖动生产机械的电动机具有正、反转控制功能。若要实现电动机反向控制，只需将电源的三根相线任意对调两根（又称为换相）即可，常使用具有联锁保护的接触器联锁正反转控制电路实现该功能。

接触器联锁正反转控制电路如图 3-67 所示。电路中采用了两个接触器，即正转接触器 KM1 和反转接触器 KM2，它们分别由正转起动按钮 SB2 和反转起动按钮 SB3 控制。从主电路可以看出，接触器 KM1 连接电源的相序为 L1-L2-L3，KM2 连接电源的相序为 L3-L2-L1。必须说明，KM1 和 KM2 的主触头绝对不允许同时闭合，否则将造成 L1-L3 两相电源短路事故。为了避免 KM1 和 KM2 同时得电，在 KM1、KM2 线圈上串联对方的一对辅助常闭触头。

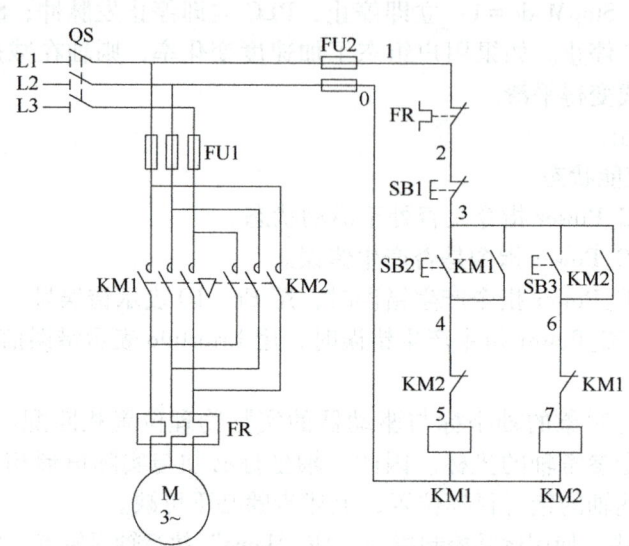

图 3-67　接触器联锁正反转控制电路

1. 控制任务分析

按下正转起动按钮 SB2，接触器 KM1 连续得电；按下停止按钮 SB1，接触器 KM1 失电。

按下反转起动按钮 SB3，接触器 KM2 连续得电；按下停止按钮 SB1，接触器 KM2 失电。

在 KM1 得电时即使按下 SB3 也不会使 KM2 得电，同样在 KM2 得电时即使按下 SB2 也不会使 KM1 得电。

由此可得出正反转控制电路的逻辑表达式为

$$KM1 = (SB2+KM1) \cdot \overline{SB1} \cdot \overline{KM2}$$

$$KM2 = (SB3+KM2) \cdot \overline{SB1} \cdot \overline{KM1}$$

2. I/O 地址分配

根据三相异步电动机正反转控制的分析，进行 I/O 地址分配，PLC 需要 3 个输入信号触点和 2 个输出信号触点，I/O 地址分配见表 3-14。

表 3-14　I/O 地址分配

输入			输出		
输入元件	输入接口	功能	输出元件	输出接口	功能
SB1	%I0.0	停止按钮	KM1	%Q0.0	正转控制接触器
SB2	%I0.1	正转按钮	KM2	%Q0.1	反转控制接触器
SB2	%I0.2	反转按钮			

3. 硬件接线

PLC 控制实现电动机连续控制的主电路与继电控制电路相同，如图 3-67 所示；I/O 接线如图 3-68 所示。按图 3-67 进行接线，并检查电路正确与否。

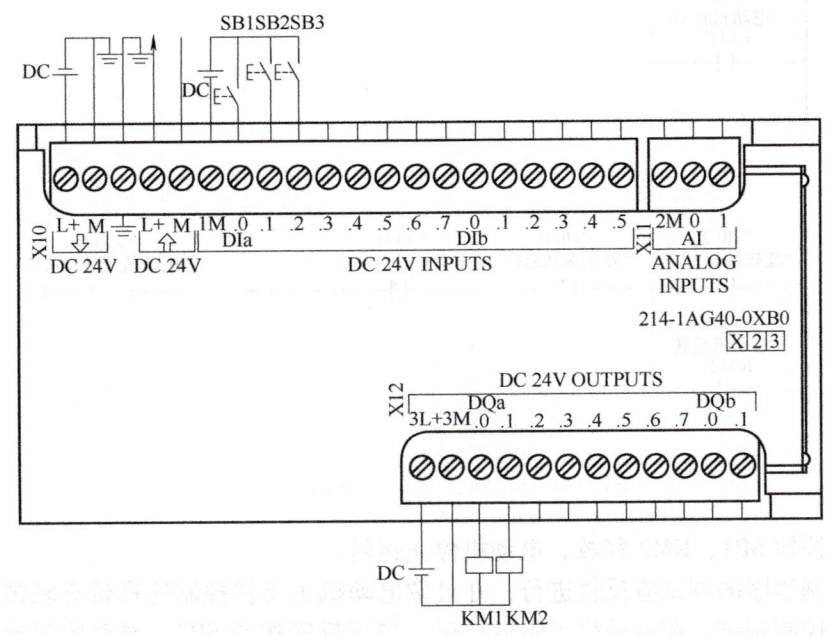

图 3-68　电动机正反转控制的 I/O 接线

4. 软件程序设计

根据三相异步电动机正反转控制动作分析、逻辑关系及 I/O 地址分配，可以得出，当 %I0.1 闭合后，%Q0.0 就连续得电；%I0.0 闭合后，%Q0.0 就失电。当 %I0.2 闭合后，%Q0.1 就连续得电；%I0.0 闭合后，%Q0.1 就失电。还有 %Q0.0 与 %Q0.1 的联锁。控制程序变量表如图 3-69 所示，梯形图程序如图 3-70 所示。

	电动机控制						
	名称	数据类型	地址	保持	可从…	从 H…	在 H…
1	停止按钮SB1	Bool	%I0.0		✓	✓	✓
2	正转按钮SB2	Bool	%I0.1		✓	✓	✓
3	反转按钮SB3	Bool	%I0.2		✓	✓	✓
4	电动机正转KM1	Bool	%Q0.0		✓	✓	✓
5	电动机反转KM2	Bool	%Q0.1		✓	✓	✓

图 3-69　电动机正反转控制程序变量表

将电动机正反转控制程序编写完成，并下载至 PLC 中。

5. 调试运行

PLC 硬件 I/O 接线与程序下载完毕后，运行控制程序，进入在线监控模式，就可以根据电动机正反转控制的功能要求进行调试。

（1）正转控制调试　按下正转按钮 SB2，输入继电器 I0.1 通电，PLC 输入指示灯 I0.1 亮，PLC 的输出指示灯 Q0.0 亮，接触器 KM1 吸合，电动机连续正转运转。

按下停止按钮 SB1，KM1 释放，电动机停止运转。

（2）反转控制调试　按下反转按钮 SB3，输入继电器 I0.2 通电，PLC 输入指示灯 I0.2 亮，PLC 的输出指示灯 Q0.1 亮，接触器 KM2 吸合，电动机连续反转运转。

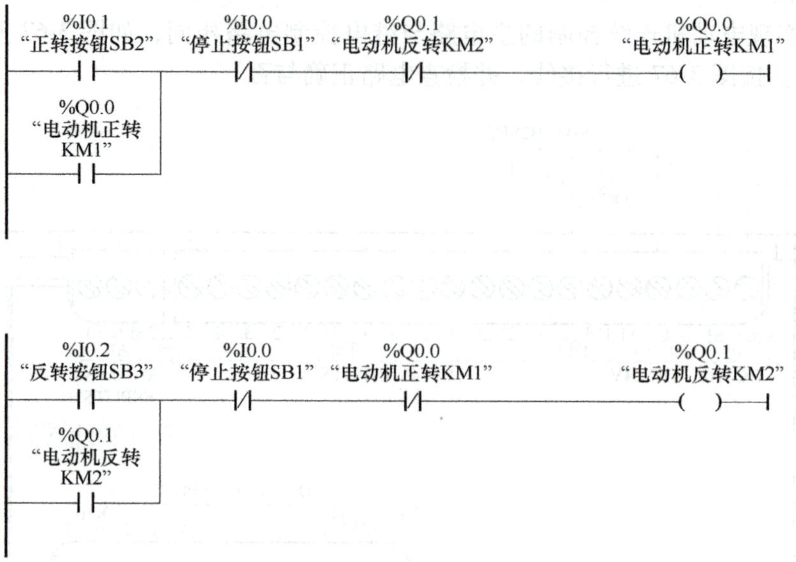

```
      %I0.1           %I0.0           %Q0.1                           %Q0.0
    "正转按钮SB2"   "停止按钮SB1"  "电动机反转KM2"                  "电动机正转KM1"
    ─┤ ├──────┬───┤/├──────────┤/├──────────────────────────────( )─
      %Q0.0   │
    "电动机正转│
      KM1"    │
    ─┤ ├──────┘


      %I0.2           %I0.0           %Q0.0                           %Q0.1
    "反转按钮SB3"   "停止按钮SB1"  "电动机正转KM1"                  "电动机反转KM2"
    ─┤ ├──────┬───┤/├──────────┤/├──────────────────────────────( )─
      %Q0.1   │
    "电动机反转│
      KM2"    │
    ─┤ ├──────┘
```

图 3-70　电动机正反转控制梯形图程序

按下停止按钮 SB1，KM2 释放，电动机停止运转。

注意：控制程序的调试应反复进行，并且像电动机正反转控制这样带有联锁保护的控制，还要进行联锁控制调试。在电动机正转运行时，按下反转按钮 SB3，看看控制动作是否正常。同样，在电动机反转运行时，按下正转按钮 SB2，查看记录程序运行情况。

技能训练 2　PLC 在三级带式输送机控制中的应用

带式输送机是一种广泛应用于矿山、化工、水泥工厂的传输机械。

三级带式输送机是由三台电动机控制的传输系统，其运行示意图如图 3-71 所示。

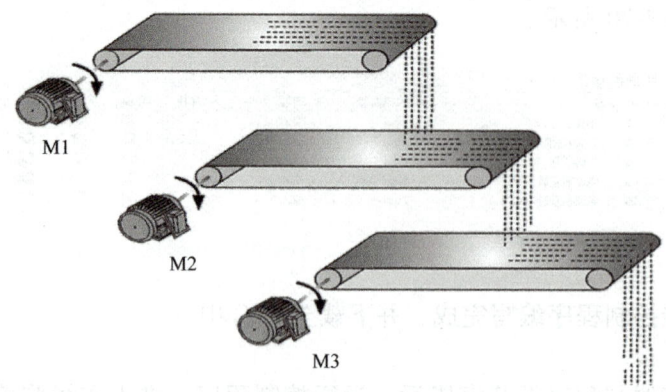

图 3-71　三级带式输送机运行示意图

要求几台电动机的起动或停止必须按照一定的先后顺序来完成的控制方式，称为电动机的顺序控制。

在三级带式输送机控制中，由于需要防止传输的物料在传送带上发生堆积，就要求传送带在起动时从出料端向放料端依次起动各级控制电动机，图 3-71 中，电动机的起动顺序为

M3→M2→M1。停止时要求将物料全部传输完再停止,就需要从放料端向出料端依次停止各级控制电动机,电动机停止顺序为 M1→M2→M3。这个过程称为顺起逆停过程。

三级带式输送机电动机主电路如图 3-72 所示。起动间隔时间和停止间隔时间一般根据传送带具体情况确定,一般起动时是空载,运行时间间隔较短,而停止时需要根据传送带传输距离的长短及传输速度来确定。

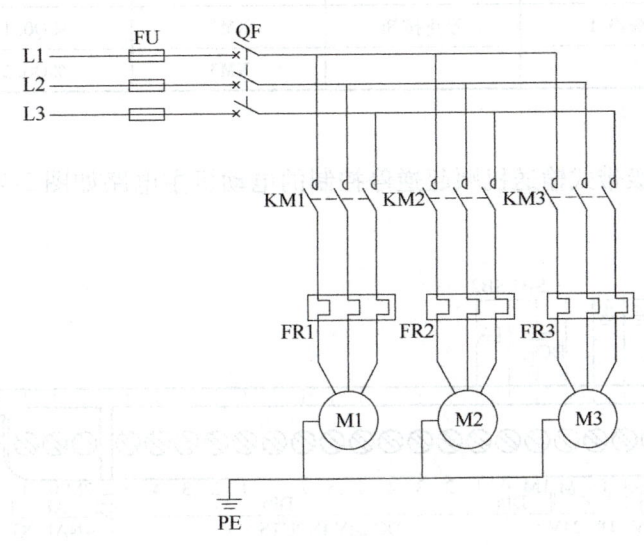

图 3-72 三级带式输送机电动机主电路

1. 控制任务分析

根据三级带式输送机顺起逆停控制的要求进行控制动作分析:

(1) 起动过程 闭合电源开关 QF,按下起动按钮 SB1 后,电动机 M3 起动运行,延时 2s 后电动机 M2 起动后,再延时 2s 电动机 M1 起动,起动过程完成。三级带式输送机进入正常运行状态。

(2) 停止过程 按下停止按钮 SB2 后,电动机 M1 先停止,延时 4s 后电动机 M2 停止,再延时 4s 后电动机 M3 停止,三级带式输送机运行结束。

按照三级带式输送机顺起逆停控制的动作过程画出控制时序图,如图 3-73 所示。

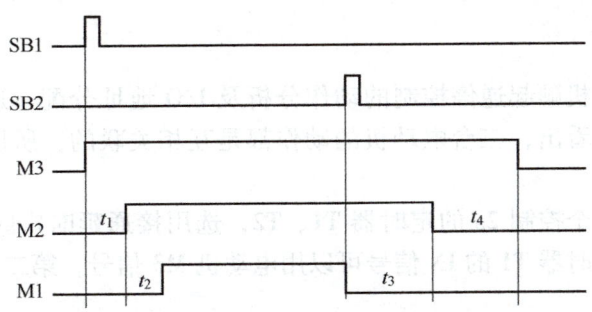

图 3-73 三级带式输送机顺起逆停控制时序图

2. I/O 地址分配

根据三级带式输送机顺起逆停控制的分析,PLC 需要 2 个输入信号触点和 3 个输出信号触点，I/O 地址分配见表 3-15。

表 3-15　I/O 地址分配

输入			输出		
输入元件	输入接口	功能	输出元件	输出接口	功能
SB1	%I0.0	起动按钮	KM1	%Q0.0	控制电动机 M1
SB2	%I0.1	停止按钮	KM2	%Q0.1	控制电动机 M2
			KM3	%Q0.2	控制电动机 M3

3. 硬件接线

PLC 控制实现三级带式输送机顺起逆停控制的电动机主电路如图 3-72 所示，I/O 接线如图 3-74 所示。

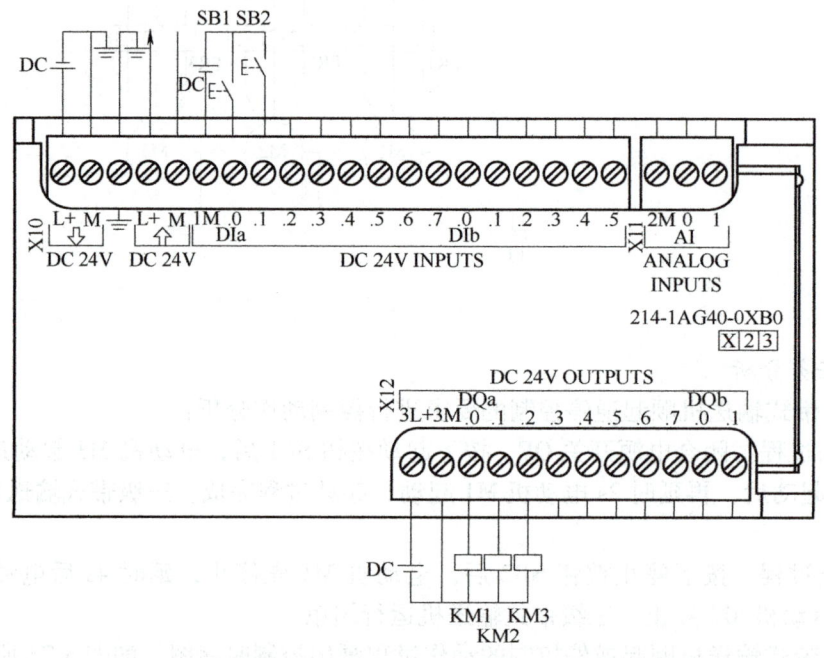

图 3-74　三级带式输送机控制的 I/O 接线

4. 软件程序设计

根据三级带式输送机顺起逆停控制的动作分析及 I/O 地址分配，通过三级带式输送机顺起逆停控制时序图可以看出，三台电动机的动作都是互相关联的，所以需要整体分析控制动作过程。

起动过程中需要 2 个控制 2s 的定时器 T1、T2，选用接通延时定时器，而且定时器的 IN 信号应为连续信号，定时器 T1 的 IN 信号可以用电动机 M3 信号，第二个定时器可以用定时器 T1 的参数 Q 控制。

停止过程中需要 2 个 4s 的定时器 T3、T4，定时器 T3 的 IN 信号是停止按钮 SB2 发出的，而停止按钮并不是连续信号，不能让操作人员一直按着停止按钮直至停止动作结束。所以这里需要一个辅助继电器 M10.0 来保持停止信号，作为定时器的 IN 信号。

创建定时器全局数据块，存放 T1、T2、T3、T4 的数据，如图 3-75 所示。

定时器

	名称	数据类型	起始值	保持	可从 HMI/...	从 H...	在 HMI ...
1	▼ Static			☐	☐	☐	☐
2	▶ T1	IEC_TIMER		☐	☑	☑	☑
3	▶ T2	IEC_TIMER		☐	☑	☑	☑
4	▶ T3	IEC_TIMER		☐	☑	☑	☑
5	▼ T4	IEC_TIMER		☐	☑	☑	☑
6	PT	Time	T#0ms	☐	☑	☑	☑
7	ET	Time	T#0ms	☐	☑	☐	☑
8	IN	Bool	false	☐	☑	☑	☑
9	Q	Bool	false	☐	☑	☐	☑

图 3-75　定时器全局数据块

总体分析后，将每个动作变化的信号及器件都选择好后，对于三个输出信号，可以分开一个一个去实现运行功能。程序控制变量表如图 3-76 所示。

电动机控制

	名称	数据类型	地址	保持	可从 ...	从 H...	在 H...	注释
1	起动按钮SB1	Bool	%I0.0	☐	☑	☑	☑	
2	停止按钮SB2	Bool	%I0.1	☐	☑	☑	☑	
3	KM1	Bool	%Q0.0	☐	☑	☑	☑	
4	KM2	Bool	%Q0.1	☐	☑	☑	☑	
5	KM3	Bool	%Q0.2	☐	☑	☑	☑	
6	逆停辅助	Bool	%M10.0	☐	☑	☑	☑	
7	<添加>			☐	☑	☑	☑	

图 3-76　三级带式输送机顺起逆停控制变量表

（1）电动机 M3 控制和顺起时间控制　按下起动按钮 SB1 后，电动机 M3 先起动并连续运行，直到逆停第二个定时器 T4 延时时间 4s 动作后才停止。由于 M3 是连续运行的，所以可以作为定时器 T1 的 IN 控制信号。定时器 T1 的 Q 可以作为定时器 T2 的 IN 信号。控制参考程序如图 3-77 所示。

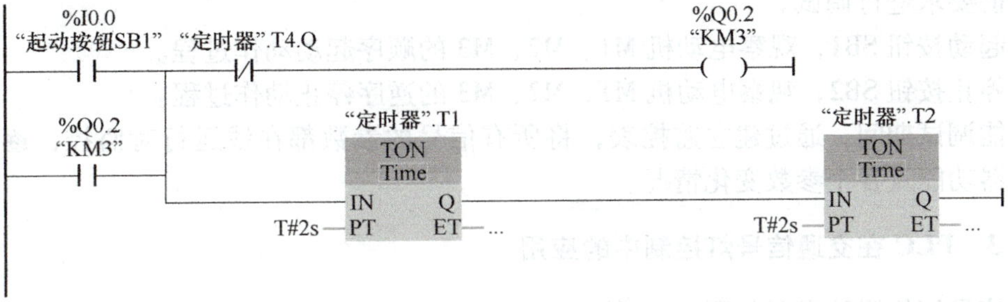

图 3-77　电动机 M3 控制参考程序

（2）逆停时间控制　逆停辅助控制继电器%M10.0 的作用是保持停止动作完成逆停的时间控制，%M10.0 的起动条件是停止按钮 SB2，停止条件可以是 SB1，也可以是 T4 的 Q 信号，控制参考程序如图 3-78 所示。

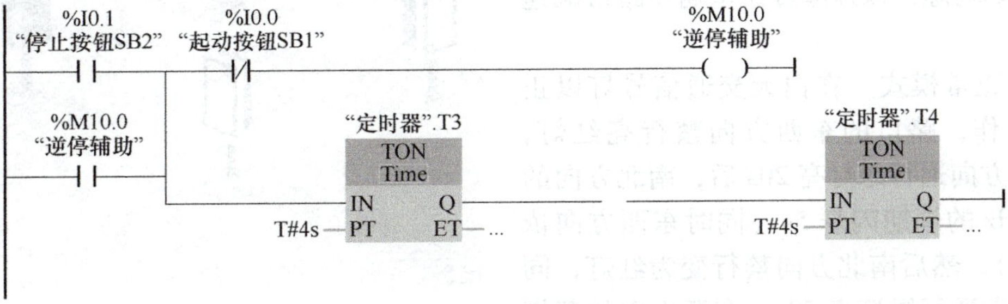

图 3-78　逆停时间控制参考程序

(3) 电动机 M2 控制 三级带式输送机的电动机 M2 在电动机 M1 起动 2s（定时器 T1）后才起动，M2 在电动机 M1 停止后 4s（定时器 T3）停止。控制参考程序如图 3-79 所示。

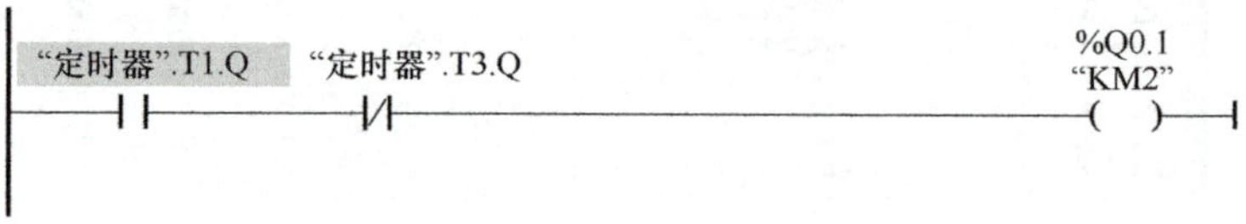

```
    "定时器".T1.Q     "定时器".T3.Q                           %Q0.1
   ─────┤├──────────────┤/├─────────────────────────────────( "KM2" )─
```

图 3-79 电动机 M2 控制参考程序

(4) 电动机 M1 控制 电动机 M1 在带式输送机控制中，起动条件是电动机 M2 起动后 2s（定时器 T2）起动，停止条件是按下停止按钮 SB2 就停止，控制参考程序如图 3-80 所示。

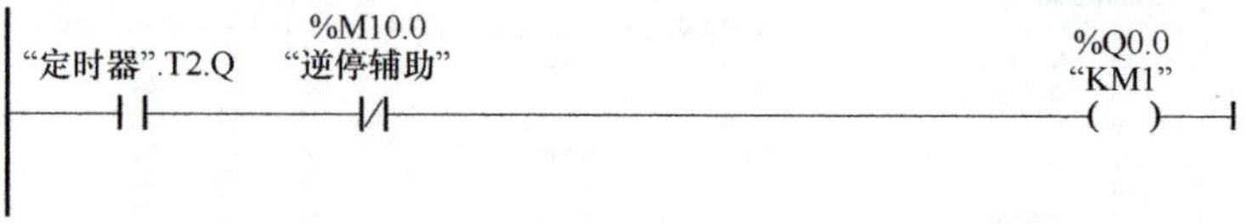

```
    "定时器".T2.Q      %M10.0                                %Q0.0
   ─────┤├───────────"逆停辅助"────────────────────────────( "KM1" )─
                      ─┤/├─
```

图 3-80 电动机 M1 控制参考程序

注意：在 M1 控制中，停止条件用辅助继电器 %M10.0，而不是停止按钮 %I0.1。这是因为在该控制中定时器 T2 的常开触点是一直闭合的，如果用 %I0.1 就会出现松开停止按钮后，%Q0.0 就又会得电的现象。

5. 调试运行

按照 I/O 接线图进行硬件接线与软件程序下载完毕后，就可以根据三级传送带顺起逆停控制的功能要求进行调试。

按下起动按钮 SB1，观察电动机 M1、M2、M3 的顺序起动动作过程。

按下停止按钮 SB2，观察电动机 M1、M2、M3 的逆序停止动作过程。

在功能调试期间，通过建立监控表，将所有信号的参数都在线运行时监控，逐步掌握常用的定时器功能及各个参数变化情况。

技能训练 3 PLC 在交通信号灯控制中的应用

交通信号灯位置示意图如图 3-81 所示。

某交通路口红、黄、绿灯基本控制要求如下：

(1) 夜间模式 由于夜间车辆较少，为了提高通行时间，在夜间模式时，十字路口的交通信号灯各个方向的信号灯只有黄灯以 1Hz 的频率闪烁，以提醒过往车辆在路口减速慢行。

(2) 正常模式 在白天交通信号灯以正常模式工作，路口的东西方向禁行亮红灯，同时南北方向通行绿灯亮 20s 后，南北方向的黄灯以 1Hz 的周期闪烁 5s（同时东西方向依然亮红灯），然后南北方向禁行变为红灯，同时东西方向通行绿灯亮 20s、东西方向的黄灯

图 3-81 交通信号灯位置示意图

闪烁5s，如此循环工作。

1. 交通信号灯控制分析

根据交通信号灯的控制动作要求，可以画出动作流程图，如图3-82所示。

从交通信号灯动作流程图可以看出，动作过程有两个，夜间模式只有一个黄灯闪烁动作，正常工作时有4个时间控制的变化状态，南北绿灯亮20s，南北黄灯闪5s，东西绿灯亮20s，东西黄灯闪5s，都是由时间控制的，时序图如图3-83所示。

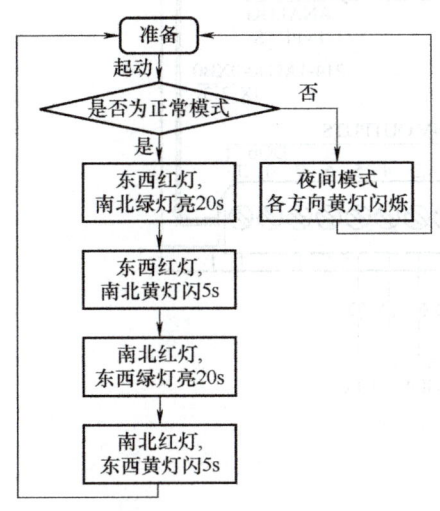

图3-82 交通信号灯动作流程图　　　　图3-83 交通信号灯正常工作时序图

2. I/O 地址分配

根据交通信号灯控制的分析，PLC需要2个输入信号触点和6个输出信号触点，I/O地址分配见表3-16。

表3-16 I/O 地址分配

输入			输出		
输入元件	输入接口	功能	输出元件	输出接口	功能
K1	%I0.0	起动按钮	HL1	%Q0.0	南北红灯
K2	%I0.1	正常/夜间模式选择开关	HL2	%Q0.1	南北绿灯
			HL3	%Q0.2	南北黄灯
			HL4	%Q0.3	东西红灯
			HL5	%Q0.4	东西绿灯
			HL6	%Q0.5	东西黄灯

3. 硬件接线

根据PLC的I/O地址分配表，可以画出PLC实现交通信号灯控制的I/O接线情况，如图3-84所示。

按照交通信号灯控制I/O接线图进行硬件接线，输出信号较多，要仔细检查输出接口对应于控制方向及灯的颜色。

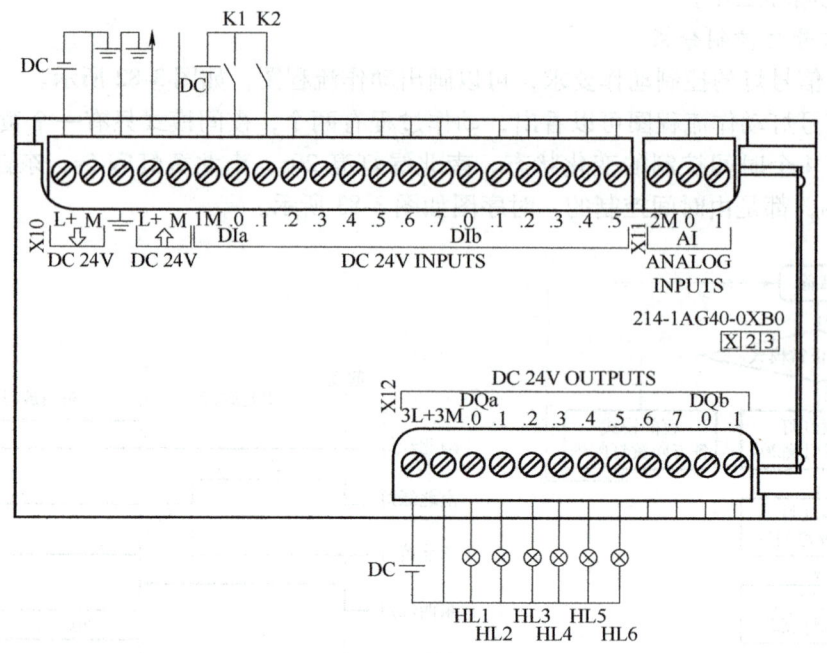

图 3-84 交通信号灯控制的 I/O 接线

4. 软件程序设计

根据前面对交通信号灯控制的分析得出，信号灯有两种模式，即正常模式和夜间模式，两种控制模式仅涉及黄灯控制有两种动作，使用 M3.0 和 M3.1 作为正常黄灯辅助控制和 M3.2 作为夜间黄灯辅助控制，其他颜色的灯只在正常模式下工作，直接输出就可以了。

交通信号灯控制变量表，如图 3-85 所示。

	名称	数据类型	地址	保持	可从…	从 H…	在 H…
1	起动按钮	Bool	%I0.0		✓	✓	✓
2	正常/夜间模式	Bool	%I0.1		✓	✓	✓
3	南北红灯	Bool	%Q0.0		✓	✓	✓
4	南北绿灯	Bool	%Q0.1		✓	✓	✓
5	南北黄灯	Bool	%Q0.2		✓	✓	✓
6	东西红灯	Bool	%Q0.3		✓	✓	✓
7	东西绿灯	Bool	%Q0.4		✓	✓	✓
8	东西黄灯	Bool	%Q0.5		✓	✓	✓
9	正常南北黄灯辅助	Bool	%M3.0		✓	✓	✓
10	正常东西黄灯辅助	Bool	%M3.1		✓	✓	✓
11	夜间黄灯辅助	Bool	%M3.2		✓	✓	✓
12	T1复位辅助	Bool	%M3.3		✓	✓	✓

图 3-85 交通信号灯控制变量表

（1）夜间模式控制程序　夜间模式只有黄灯闪烁，闪烁频率是 1Hz。时钟存储器位中 1Hz 频率时钟是 M0.5，因此闪烁控制可以使用该时钟。启用该时钟时，可以在设备视图中双击 PLC 图标，在巡视窗口的属性标签中，选择常规中的系统和时钟存储器选项，找到时钟存储器位，选中"启用时钟存储器字节"，如图 3-86 所示。

当起动按钮 %I0.0 闭合后，正常/夜间模式开关 %I0.1 在夜间模式时，黄灯夜间辅助继电器 %M3.2 每秒闪烁，控制参考程序如图 3-87 所示。

项目 3　可编程控制系统调试维修

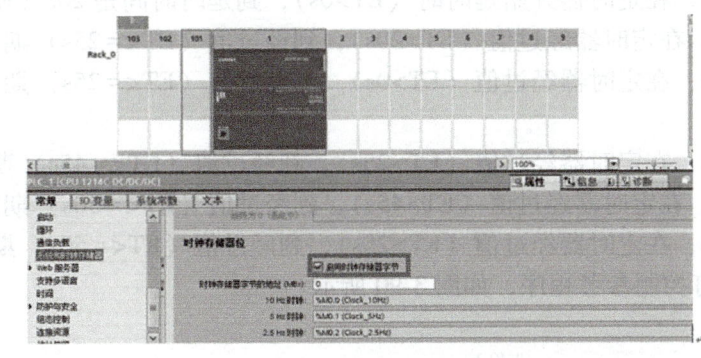

图 3-86　启用时钟存储器字节

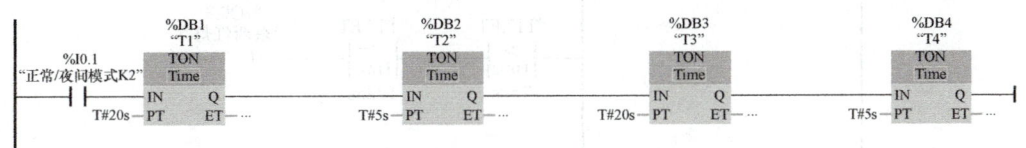

图 3-87　夜间模式控制参考程序

（2）正常模式控制程序　正常工作模式是时间控制的流程，在时序图中可以看出，有 4 个时间信号南北绿灯 20s、南北黄灯闪 5s、东西绿灯 20s、东西黄灯闪 5s，依次循环动作。

① 定时器时间控制程序编程。可以使用 4 个定时器串联实现，如图 3-88 所示。

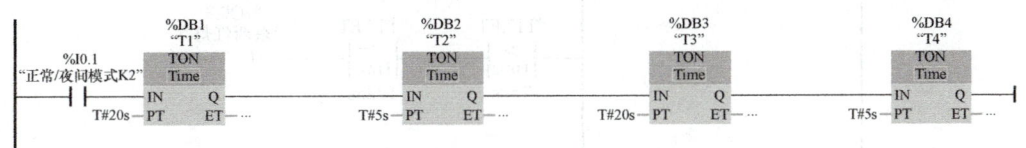

图 3-88　定时器串联程序图

这样设计使程序很长，且使用的定时器较多，不利于程序读写和分析，由于学习了比较指令，这里可以只使用一个定时器设置总时长 50s，用比较定时器经过值 ET 判断应该进行哪个动作，控制参考程序如图 3-89 所示。这里还需要一个定时器复位辅助%M3.3，使定时器能够循环工作。

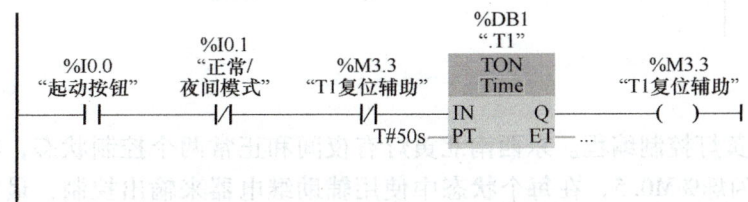

图 3-89　定时器控制参考程序

② 南北东西信号灯控制程序编程。
南北通行：

南北绿灯亮20s，在定时器开始延时时（ET>0s），到延时时间是20s（ET<=20s）期间。
南北黄灯闪5s，在定时器经过值（ET>20s），到经过值（ET<=25s）期间。
东西红灯亮25s，在定时器经过值（ET>0s），到经过值（ET<=25s）期间。
东西通行：
东西绿灯亮20s，在定时器经过值（ET>25s），到经过值（ET<=45s）期间。
东西黄灯闪5s，在定时器经过值（ET>45s），到经过值（ET<=50s）期间。
南北红灯亮25s，在定时器经过值（ET>25s），到经过值（ET<=50s）期间。
东西南北信号灯控制参考程序，如图3-90所示。

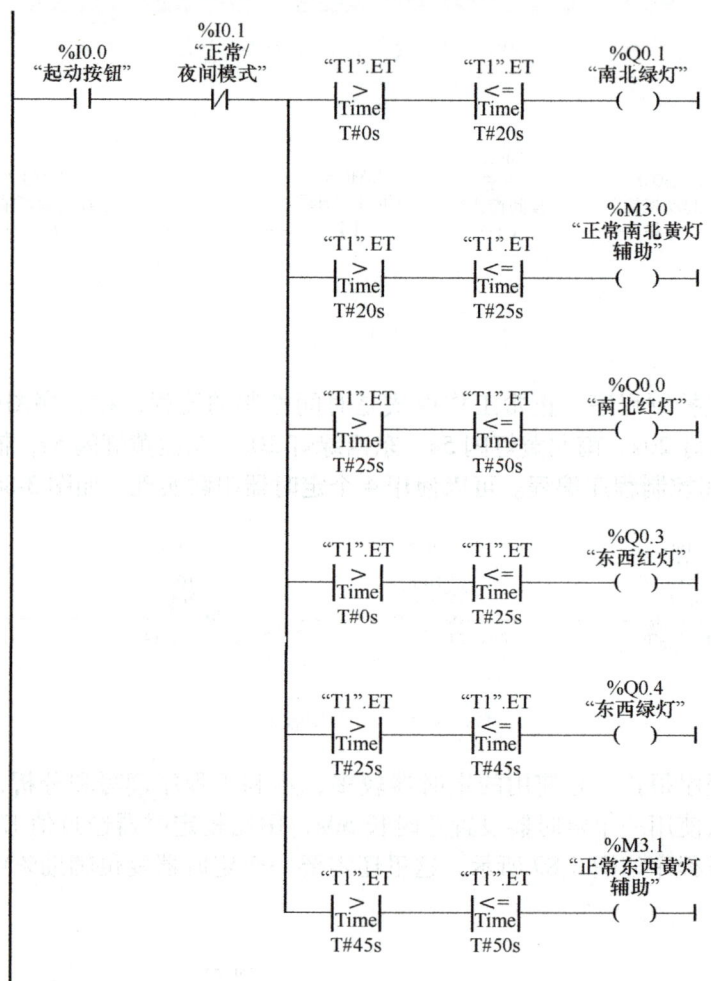

图3-90　东西南北信号灯控制参考程序

③ 东西南北黄灯控制编程。东西南北黄灯有夜间和正常两个控制状态，在这两个状态工作时，都是1Hz闪烁%M0.5，在每个状态中使用辅助继电器来输出控制，最后控制黄灯输出信号，控制参考程序如图3-91所示。

编译保存程序，整体检查后下载程序。

5. 运行调试

下载运行程序后，进行交通信号灯控制调试，并记录结果。

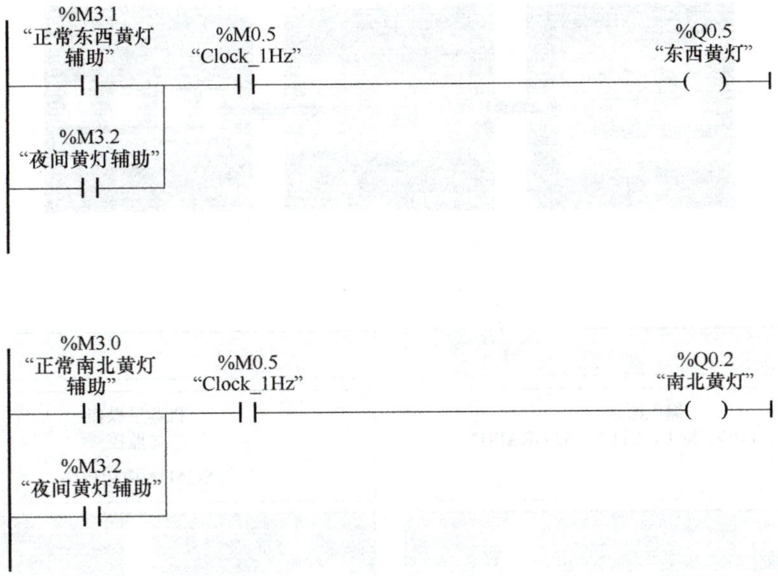

图 3-91 黄灯控制参考程序

当闭合起动按钮%I0.0 时，东西南北黄灯闪烁。闭合正常/夜间模式开关%I0.1 时，正常控制模式开始工作，观察是否按照动作流程变化。

如果想看看开关、灯及定时器的 ET 运行状态，可以创建一个监控表，在项目树的设备中，打开监控与强制表文件夹，添加新监控表_1，如图 3-92 所示。

	i	名称	地址	显示格式	监视值	修改值
1		"起动按钮K1"	%I0.0	布尔型		
2		"正常/夜间模式...	%I0.1	布尔型		
3		"南北红灯"	%Q0.0	布尔型		
4		"南北绿灯"	%Q0.1	布尔型		
5		"南北黄灯"	%Q0.2	布尔型		
6		"东西红灯"	%Q0.3	布尔型		
7		"东西绿灯"	%Q0.4	布尔型		
8		"东西黄灯"	%Q0.5	布尔型		
9		"T1".ET		时间		

图 3-92 交通信号灯监控表

3.6 技能大师高招绝活

3.6.1 PLC+HIM 触摸屏控制应用

1. TIA Portal 中 WinCC 简述

HMI 系统相当于用户和过程之间的接口，如图 3-93 所示。过程操作主要由 PLC 控制，用户可以使用 HMI 设备来监视过程或干预正在运行的过程，用于操作和监视机器与工厂的显示过程、操作过程、输出报警、管理过程参数和配方等。

（1）WinCC 版本　TIA Portal 博途软件中的 WinCC 是使用 WinCC Runtime Advanced 或 SCADA 系统 WinCC Runtime Professional 可视化软件组态 SIMATIC 面板、SIMATIC 工业 PC 以及标准 PC 的工程组态软件，如图 3-94 所示。

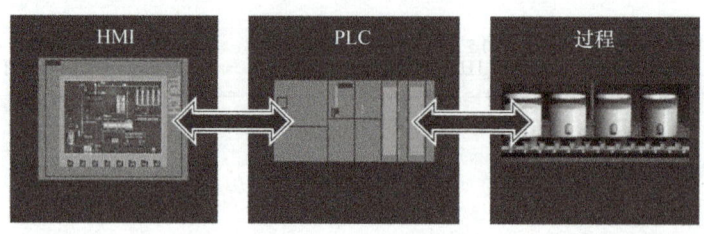

图 3-93 过程控制

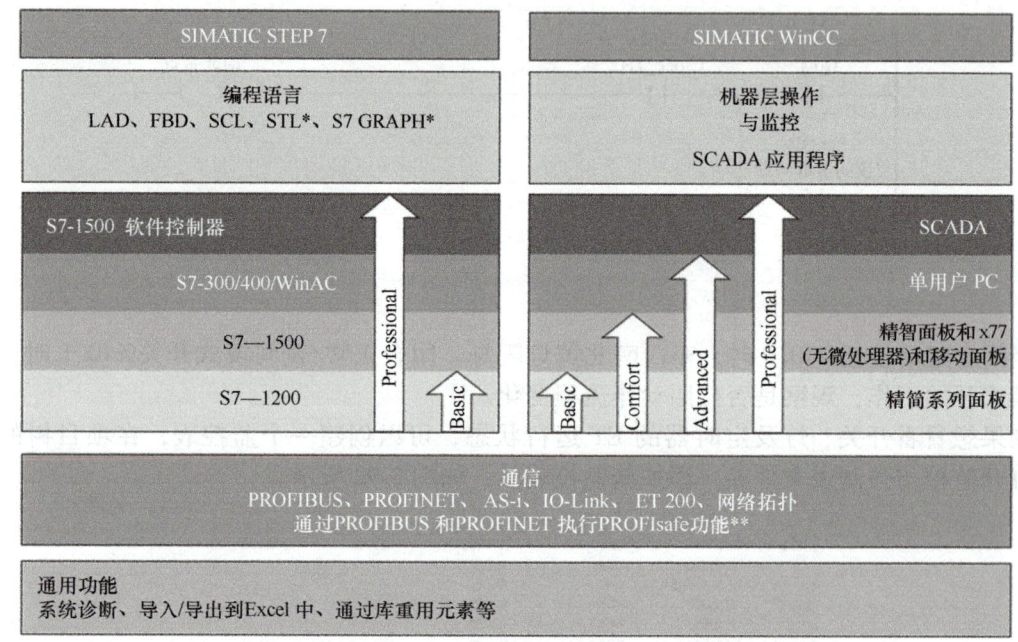

图 3-94 TIA Portal 博途软件应用

WinCC（TIA Portal）有 4 种版本，具体使用取决于可组态的操作员控制系统：

① WinCC Basic，用于组态精简系列面板 WinCC Basic，包含在每款 STEP 7 Basic 和 STEP 7 Professional 产品中。

② WinCC Comfort，用于组态所有面板（包括精智面板和移动面板）。

③ WinCC Advanced，用于通过 WinCC Runtime Advanced 可视化软件组态所有面板和 PC WinCC Runtime Advanced，一个基于 PC 单站系统的可视化软件。

④ WinCC Professional，用于使用 WinCC Runtime Advanced 或 SCADA 系统 WinCC Runtime Professional 组态面板和 PC。

（2）图形对象　用户可以使用 TIA Portal 创建用于操作和监视机器与工厂的画面。预定义的对象可协助创建这些画面；可以使用这些对象仿真机器、显示过程和定义过程值。HMI 设备的功能决定了 HMI 中的项目可视化和图形对象的功能范围。

图形对象是所有可用于 HMI 中项目可视化的元素。例如，用于可视化机器部件的文本、按钮、图表或图形。

（3）集中数据管理　在 TIA Portal 博途软件中，所有数据都存储在一个项目中。修改后的应用程序数据（如变量）会在整个项目内（甚至跨越多台设备）自动更新。

跨项目组成部分的符号寻址，如果在不同 PLC 的多个块中以及 HMI 画面中使用了过程变量，则可以在程序中的任意位置创建或修改该变量，如图 3-95 所示。

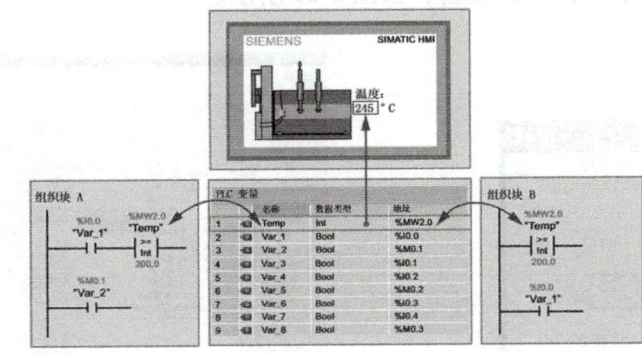

图 3-95   PLC 变量调用

TIA Portal 提供以下用于定义 PLC 变量的选项：
① 在 PLC 变量表中定义。
② 在程序编辑器中定义。
③ 通过 PLC 输入和输出的链接来定义。

所有已定义的 PLC 变量都列在 PLC 变量表中，并可在表中进行编辑。变量修改是集中执行且不断进行更新的。一致的数据管理免去了在同一项目内的不同参与者之间（例如，PLC 程序员与 HMI 设计者之间）进行同步的必要。

2. 在项目中创建 HMI 设备

需要在已创建程序的工程项目中添加 HMI 设备，这里以在三相异步电动机连续运行控制项目中添加 HMI 设备为例，学习如何进行 HMI 设备添加。

（1）创建 PLC+HMI 的 PLC 项目 该控制使用触摸屏上的按钮控制电动机的起动停止，触摸屏上的元件一般都用辅助继电器 M 作为变量，PLC 变量表如图 3-96 所示。

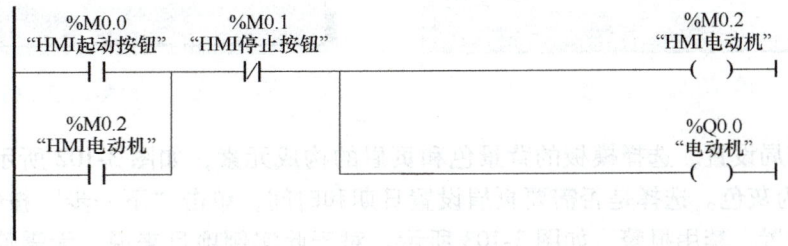

图 3-96   PLC 变量表

在 PLC 的 Main（OB1）块中输入电动机连续控制程序，如图 3-97 所示。由 HMI 上的起动/停止按钮控制电动机的运行。

图 3-97   PLC 控制程序

(2) 添加新的 HMI 设备

1) 在打开的 PLC+HMI 控制项目视图中,使用项目树添加一个新设备,如图 3-98 所示。

2) 指定名称并选择一个 HMI 设备,如图 3-99 所示。

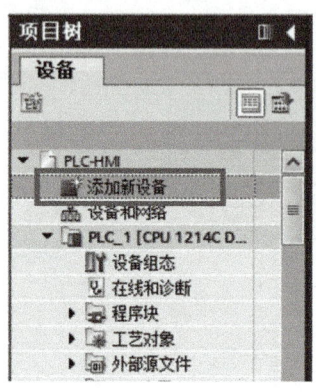

图 3-98　添加新设备

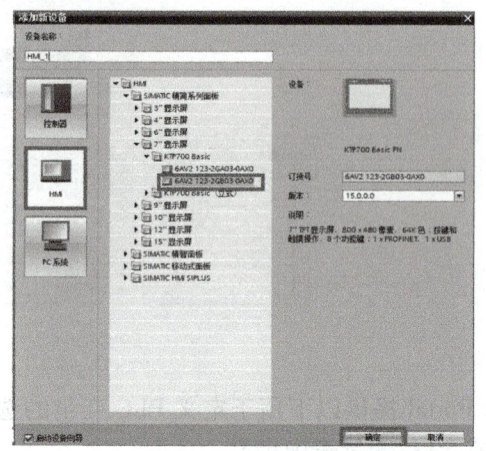

图 3-99　添加 KTP700 Basic PN 设备

设备名称默认"HMI_1",也可以自行取名字。

选择 HMI 设备。单击"确定"(OK)按钮将 HMI 设备添加到项目中。保留"启动设备向导"(Start device wizard)复选框为选中状态。

(3) 创建 HMI 画面的模板　创建完 HMI 设备后,将打开 HMI 设备向导。HMI 设备向导以"PLC 连接"(PLC connections)对话框开始,如图 3-100 所示。

1) 组态与 PLC 的连接。单击"选择 PLC"条目下的浏览,选择 PLC_1,单击"√"按钮,如图 3-101 所示。也可以在"设备和网络"(Devices & Networks)下组态 HMI 设备与 PLC 之间的连接。如果在该对话框中组态连接,将自动建立连接。单击"下一步"按钮。

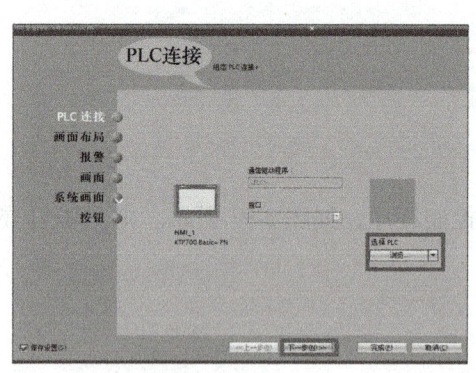

图 3-100　PLC 连接

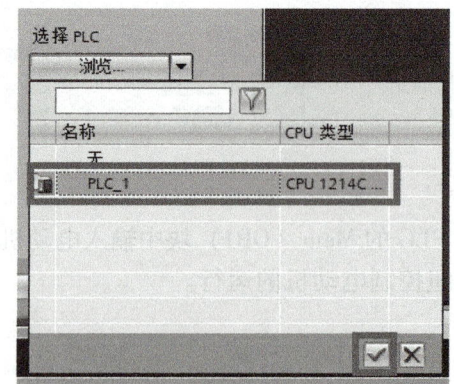

图 3-101　选择连接的 PLC

2) 画面布局设置。选择模板的背景色和页眉的构成元素,如图 3-102 所示。选择画面的背景色,默认为灰色。选择是否需要页眉设置日期和时间,单击"下一步"按钮。

3) 报警设置。禁用报警,如图 3-103 所示。对于此实例项目来说,无需使用报警,单击"下一步"按钮。

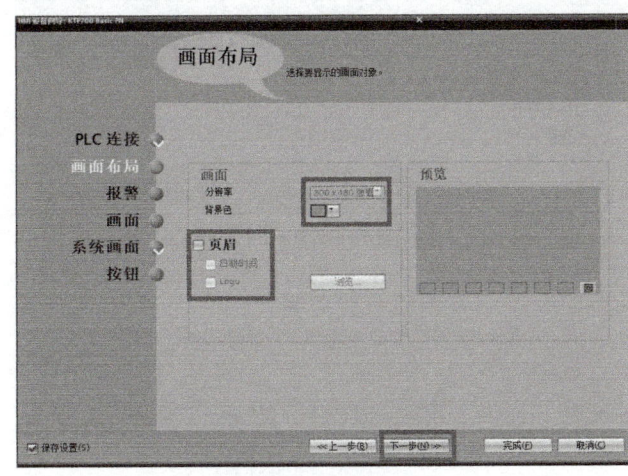

图 3-102　画面布局

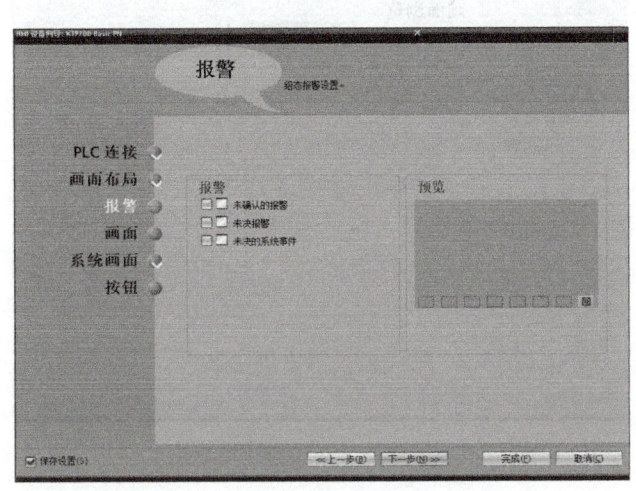

图 3-103　报警设置

如果通过 HMI 设备向导启用报警，则可以通过 HMI 设备输出报警。在此处所创建的报警窗口将创建在"画面管理"下的全局画面中。报警的用途有很多，例如可在超出限制值时通过 HMI 设备输出警告。再比如，可以通过附加信息对报警内容进行补充，从而可以更容易地定位系统中的故障。

4）画面设置。画面浏览，如图 3-104 所示。单击"下一步"按钮。

可以通过单击"添加画面"按钮添加新画面，也可以进行"删除画面""重命名""删除所有画面"等操作。

使用该对话框在更广泛的项目中创建画面并建立画面导航。用于在画面之间导航的按钮是自动创建的，如图 3-105 所示。

5）系统画面设置。禁用系统画面，如图 3-106 所示。对于此实例项目来说，无须使用系统画面。

可将系统画面作为 HMI 画面使用以设置项目、系统和操作信息以及用户管理。与画面导航一样，用于在主画面和系统画面之间导航的按钮也是自动创建的。

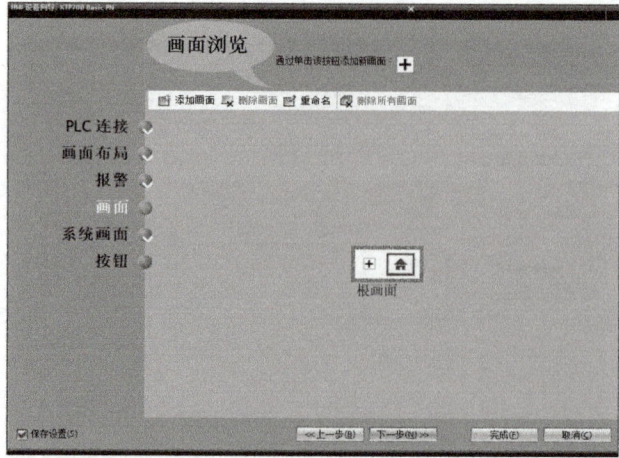

图 3-104 画面设置

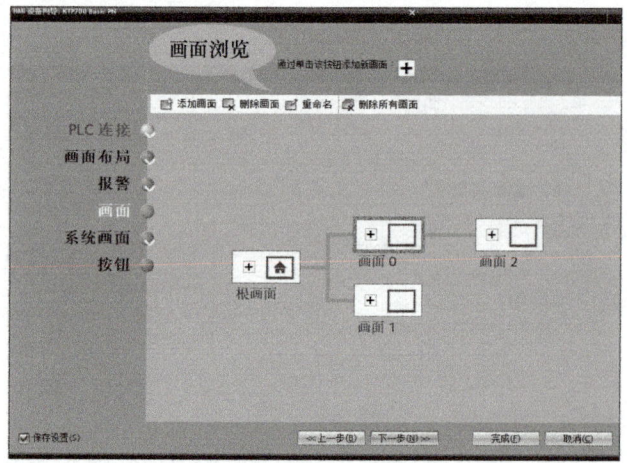

图 3-105 创建画面导航

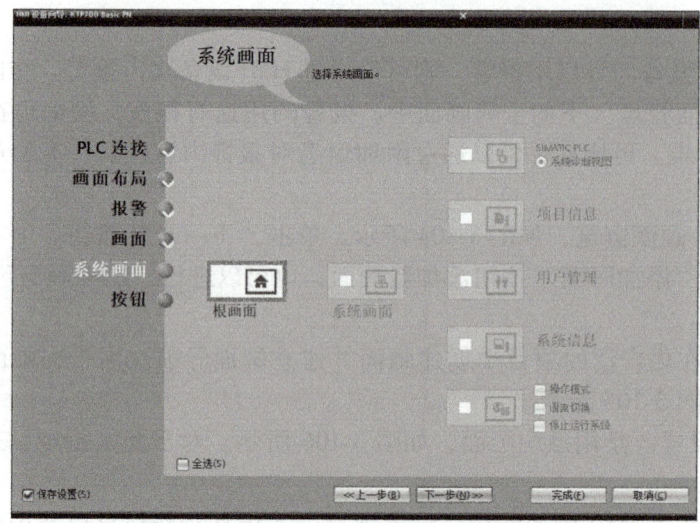

图 3-106 系统画面

6）系统按钮设置。可以通过拖放功能或单击相应系统按钮来添加系统功能按钮，如图 3-107 所示；并且在该窗口可以设置按钮的区域。

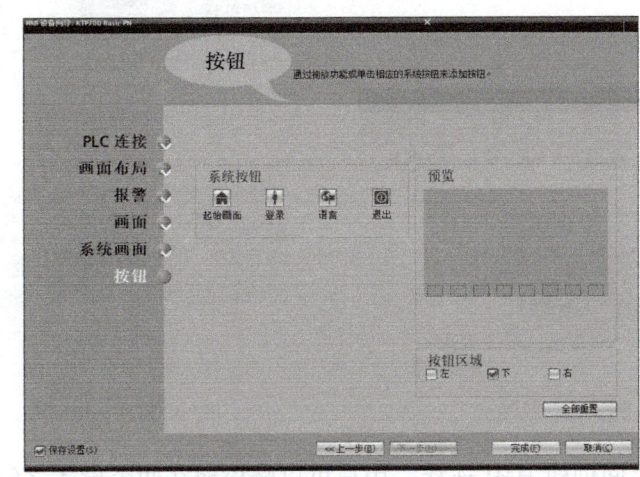

图 3-107　按钮设置

例如，启用下面的按钮区域并插入"退出"（Exit）按钮。可使用该按钮来终止运行系统。

当所有设置完成后，用户可以看到向导流程上都打对勾了，单击"完成"按钮，并保存设置。这时已在项目中创建了一个 HMI 设备并为 HMI 画面创建了一个模板。在项目视图中，创建的 HMI 画面将显示在编辑器中，如图 3-108 所示。

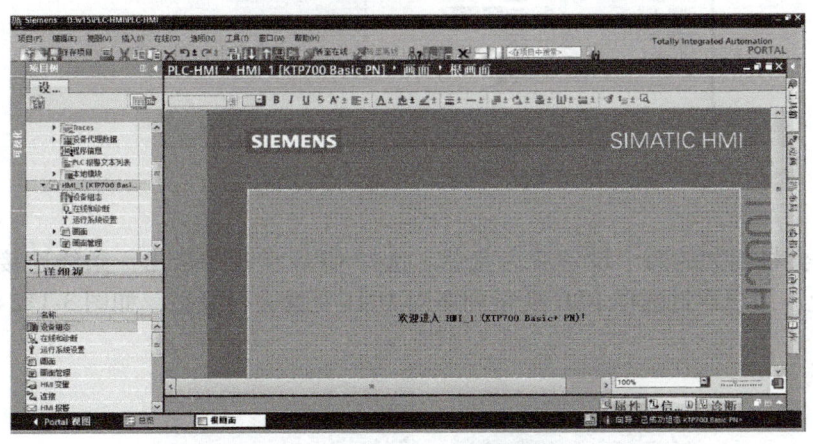

图 3-108　新创建的 HMI 设备

（4）在 CPU 和 HMI 设备之间创建网络连接　PLC 和 HMI 设备间创建网络连接，在创建 HMI 设备向导时就可以进行网络连接，也可以在创建 HMI 设备后再进行网络连接。

转到"设备和网络"（Devices and Networks）并选择网络视图来显示 CPU 和 HMI 设备，如图 3-109 所示。

要创建 PROFINET 网络，只需从 PLC 设备的绿色框拖出一条线连接到 HMI 设备的绿色框（以太网端口），随即会为这两个设备创建一个网络连接，如图 3-110 所示。

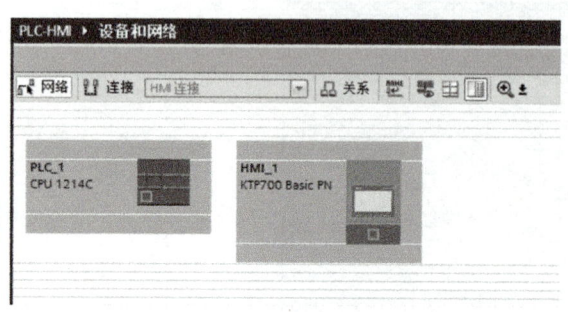

图 3-109　设备和网络视图

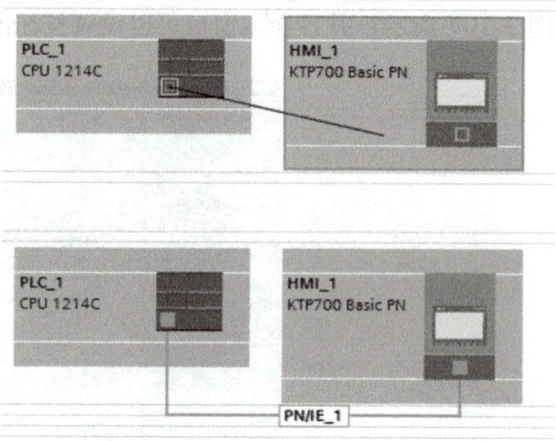

图 3-110　创建 PLC 与 HMI 网络连接

通过在两个设备之间创建 HMI 连接，用户可以轻松地在两个设备之间共享变量。

选择相应的网络连接，单击"连接"（Connections）按钮并从下拉列表中选择"HMI 连接"（HMI connection），如图 3-111 所示。

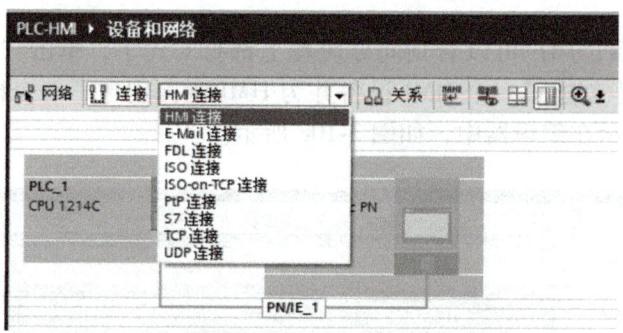

图 3-111　选择 HMI 连接

HMI 连接会将相关的两个设备变为蓝色。选择 CPU 设备并拖出一条线连接到 HMI 设备。该 HMI 连接允许用户通过选择 PLC 变量列表对 HMI 变量进行组态，如图 3-112 所示。

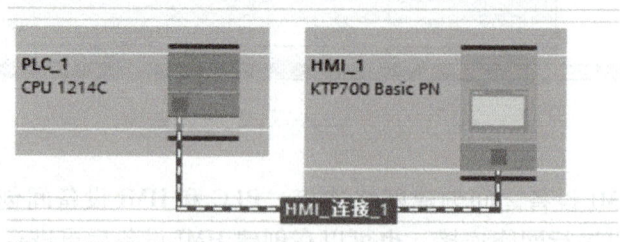

图 3-112　建立 HMI 连接

用户还可以采用其他方法创建 HMI 连接：

① 通过从 PLC 变量表、程序编辑器或设备配置编辑器将 PLC 变量拖动 HMI 画面编辑器，自动创建 HMI 连接。

② 通过使用 HMI 向导浏览到相应 PLC，自动创建 HMI 连接。

3. HMI 画面编辑

TIA Portal 提供了一个标准库集合，用于插入基本形状、交互元素，甚至是标准图形，如图 3-113 所示。在 HMI 画面打开状态，打开项目视图右侧的工具箱，便可以看到基本对象、元素、控件、图形等各种元素。

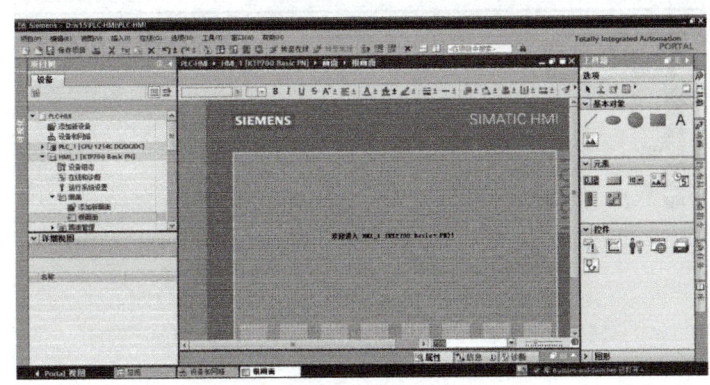

图 3-113　HMI 画面编辑

要添加元素，只需将其中一个元素拖放到画面中。使用元素的属性（在巡视窗口中）组态该元素的外观和特性。

（1）添加项目名称　在 HMI 设备画面上添加文本域，例如，在画面上添加项目名称"电动机连续运行控制"，如图 3-114 所示。

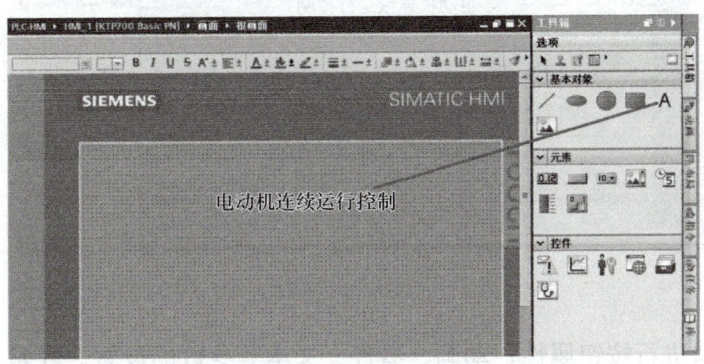

图 3-114　添加文本域

1）鼠标按住文本域图标"A"，将文本域拖拽到画面合适的位置。

2）在文本域输入"电动机连续运行控制"。

3）通过巡视窗口进行文本域属性的设置，如图 3-115 所示。巡视窗口中会将所使用的元素的属性、动画、事件、文本等数据参数都列出来，供用户进行设置。例如，本例中设置字体为"宋体，25px，style＝Bold"，选择"使对象适合内容"。也可以在文本框中修改文本内容。

（2）创建按钮　可使用外部 HMI 变量访问 PLC 地址。例如，这允许用户通过 HMI 设备输入过程值或通过按钮直接修改控制程序的过程值。可通过链接到 HMI 设备的 PLC 中的 PLC 变量表来进行寻址。PLC 变量通过符号名称链接到 HMI 变量。这意味着不必在更改 PLC 变量表中的地址时调整 HMI 设备。

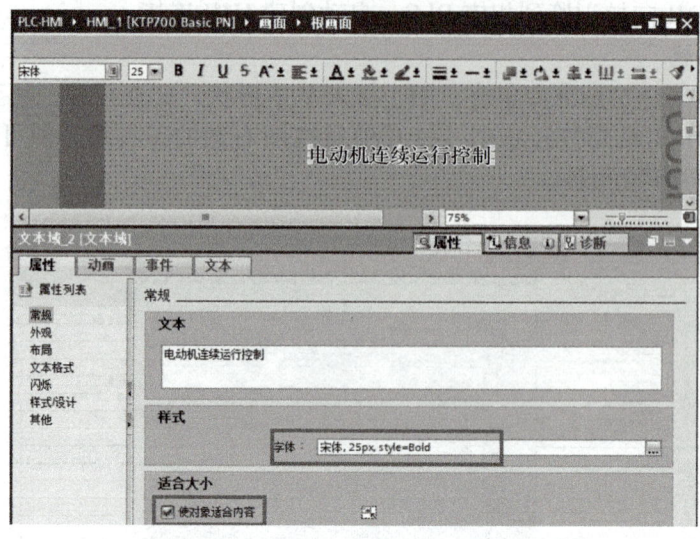

图 3-115　文本域属性的设置

1) 创建电动机的起动按钮，如图 3-116 所示。将工具箱中的按钮元素拖拽放置在画面中。

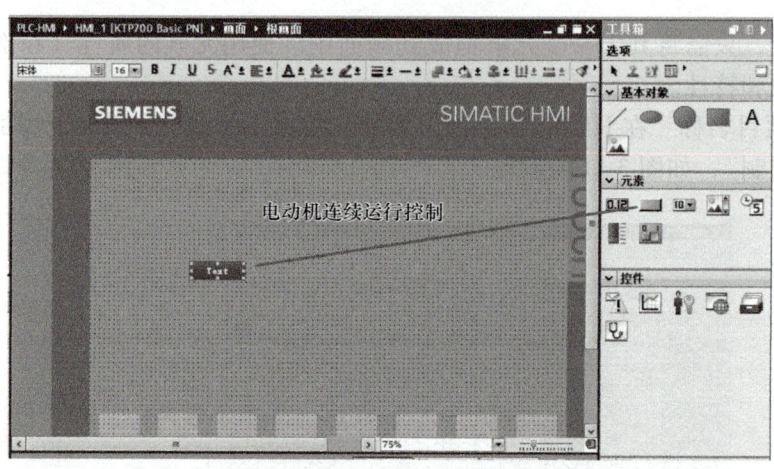

图 3-116　放置按钮

2) 在巡视窗口进行按钮属性、动画、事件、文本等参数的设置。在常规列表中输入标签文本"起动按钮"，如图 3-117 所示。

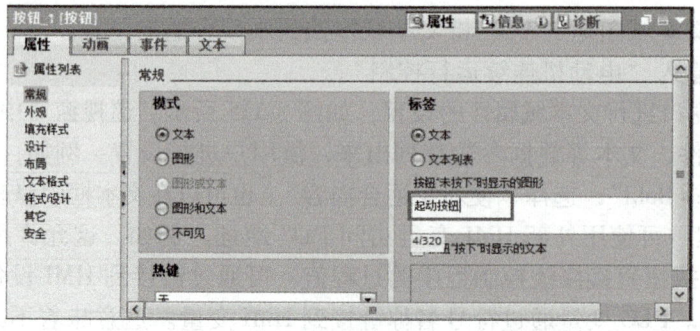

图 3-117　标签文本设置

在布局选项中选择"使对象适合内容"选项,以根据文本长度自动调整按钮的大小,如图 3-118 所示。

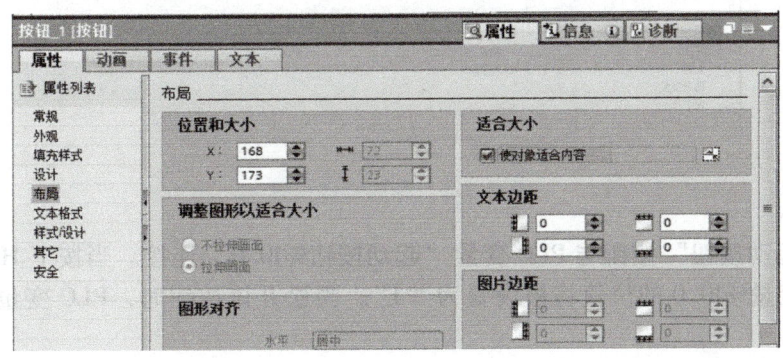

图 3-118　布局选项设置

特别是以后在带有 HMI 画面语言选择的项目中工作时,可以使用该功能。根据所选择的语言,翻译文本可能会短于或长于原始文本。可使用该功能以确保按钮标签不会被截断。当原始文本中的文本大小发生变化时,按钮的大小会自动调整。

设置起动按钮按下函数,选择编辑位中的"按下按键时置位",如图 3-119 所示。

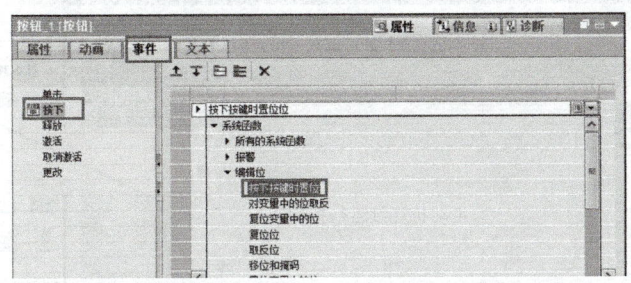

图 3-119　"按下按键时置位"

将按下起动按钮函数与 PLC 变量电动机控制中的起动按钮链接,如图 3-120 所示。选择 PLC 变量中电动机控制表中的起动按钮%I0.0。

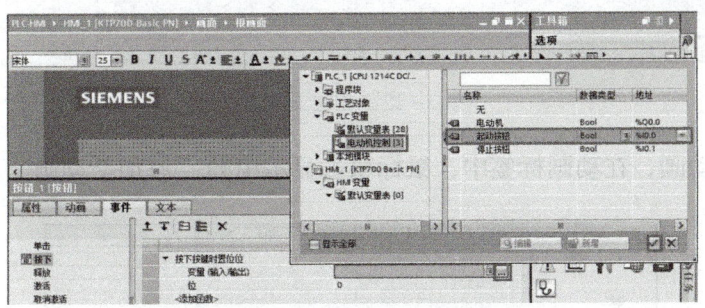

图 3-120　函数与 PLC 变量链接

设置按钮释放状态函数,对于按钮控制的动作是按下置位松开复位,所以设置释放时复位,变量依然是起动按钮%I0.0,如图 3-121 所示。

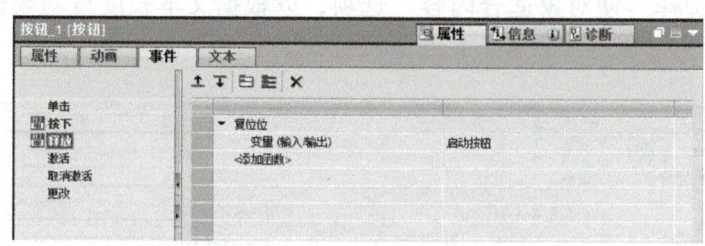

图 3-121　释放函数设置

已经将"起动按钮"按钮与 PLC 变量"起动按钮%I0.0"连接。当按下 HMI 设备上的该按钮时，PLC 变量%I0.0 的位值将被设置为"1"。当松开该按钮时，PLC 变量的位值将被设置为"0"。

3）创建停止按钮，可以按照起动按钮的过程设置停止按钮，链接 PLC 变量"停止按钮%I0.1"。

（3）创建图形对象"LED"　使用"圆"对象来设置两种状态 LED（红色/绿色）以及如何根据 PLC 变量"电动机"的值使其动态化。

1）选择圆对象拖拽至画面合适位置，如图 3-122 所示。

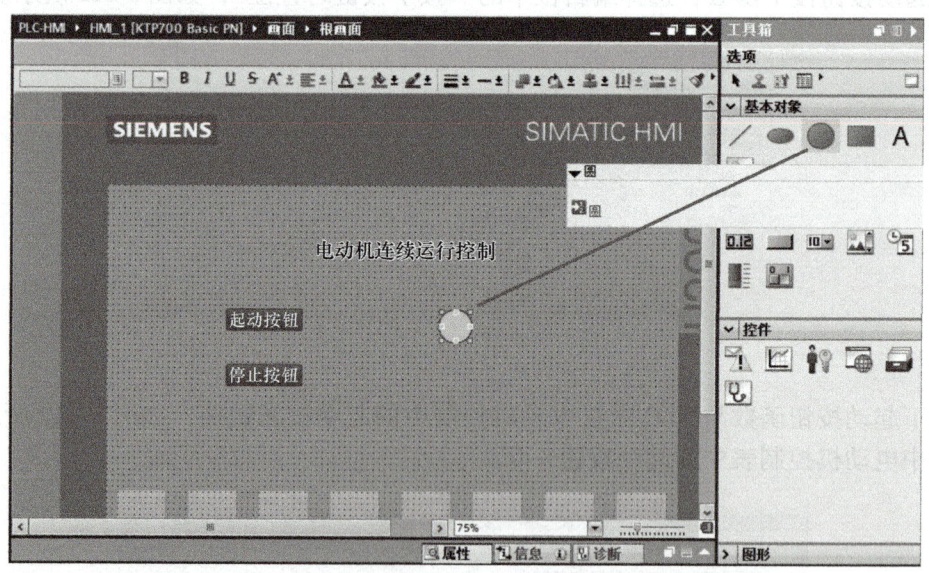

图 3-122　创建圆对象

2）添加显示动画，在动画标签中，鼠标双击显示中的"添加新动画"，如图 3-123 所示。

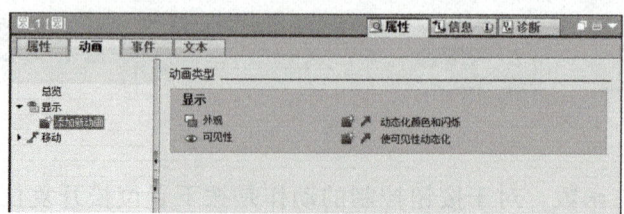

图 3-123　添加显示新动画

3）在弹出的添加动画对话框中，选择"外观"，单击"确定"按钮，如图 3-124 所示。

图 3-124　添加动画对话框

4）建立外观变量与 PLC 变量中的电动机%Q0.0 链接，如图 3-125 所示。设置当电动机变量数值为"0"时，背景色为"红色"，闪烁为"是"。设置当电动机变量数值为"1"时，背景色为"绿色"，闪烁为"是"。

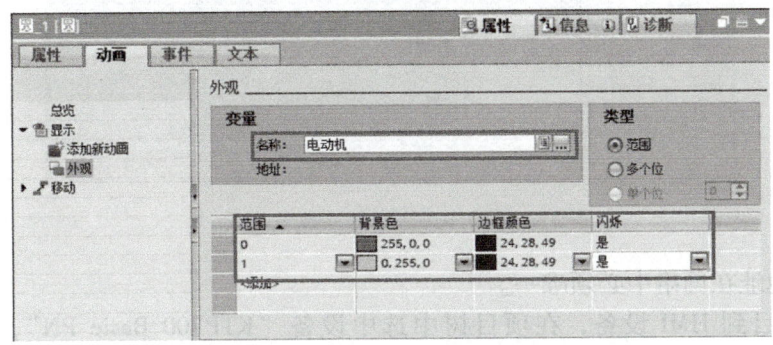

图 3-125　外观动画变量设置

（4）添加电动机标签　在圆形上面添加电动机标签作为指示说明，如图 3-126 所示。至此电动机连续运行控制的 HMI 画面设计完成。

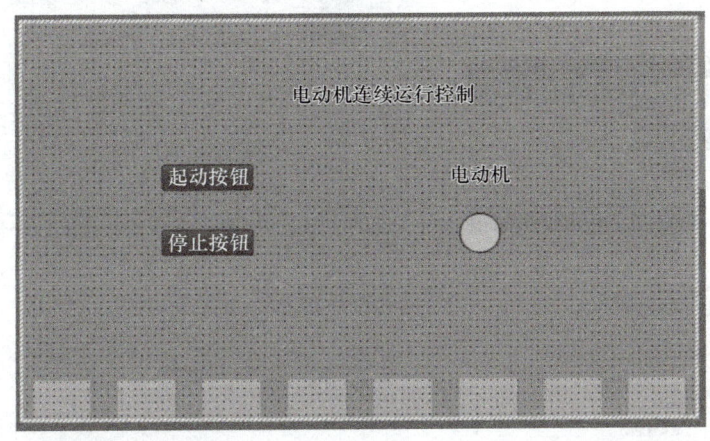

图 3-126　HMI 画面

（5）编译组态及保存项目　将完成的 HMI 设备组态及画面进行编译，在项目树中选中设备"KTP700 Basic PN"，单击工具栏中"编译"按钮。

最后，保存组态项目，在项目树中选中设备"KTP700 Basic PN"，单击工具栏中"保存项目"按钮。

注意：每一次数据或参数修改后都要进行项目编译和保存。

4. PLC+HMI 工程项目下载调试

（1）HMI 画面项目下载　在 WinCC（TIA 博途）软件中的设置，这里以第二代精简面板 KTP700 Basic PN 的设置过程为例加以说明。

1）IP 地址设置。在项目树的 HMI_1 设备中双击"设备组态"进入设备视图，如图 3-127 所示。选中 KTP700 Basic PN 的以太网口。在巡视窗口的属性中以太网地址分配 IP 地址及子网掩码，并添加新子网。如创建画面时已经建立链接，这里默认即可。

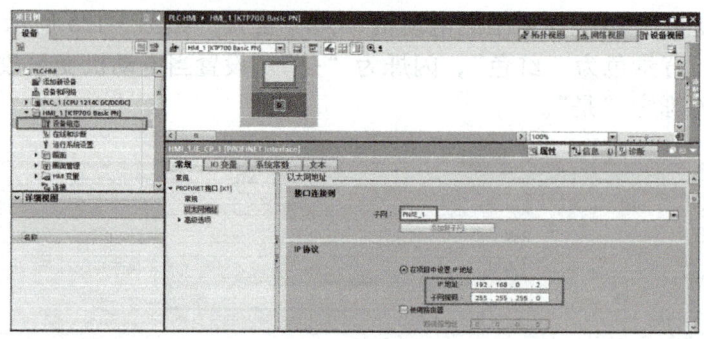

图 3-127　IP 地址设置

注意：IP 地址在网络中必须唯一。

2）下载项目到 HMI 设备，在项目树中选中设备"KTP700 Basic PN"，单击工具栏中"下载到设备"图标或单击菜单"在线→下载到设备"，如图 3-128 所示。

当第一次下载项目到操作面板时，"扩展的下载到设备"对话框会自动弹出，在该对话框中选择协议、接口或项目的目标路径，如图 3-129 所示。

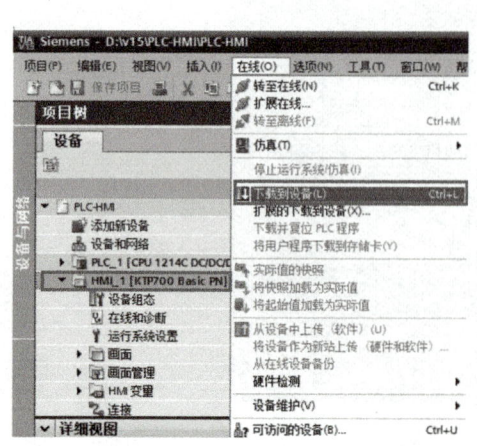

图 3-128　下载到设备

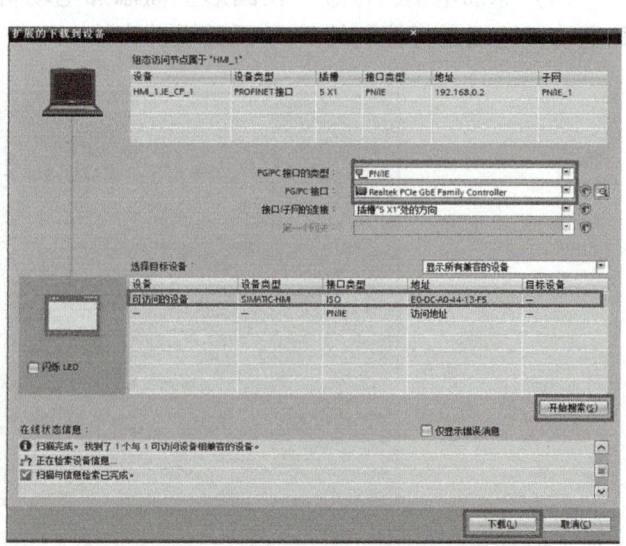

图 3-129　扩展的下载到设备

对于第二代精简面板 KTP700 Basic PN，选择 PG/PC 接口的类型为"PN/IE"，PG/PC 接口为"Realtek PCle GbE Family Controller"，选择完成后，单击"开始搜索"按钮，软件将以该接口对项目中所分配的 IP 地址进行扫描，如参数设置及硬件连接正确，将在数秒钟后扫描结束，此时"下载"按钮被使能，单击该按钮进行项目下载，下载预览窗口将会自动弹出，如图 3-130 所示。

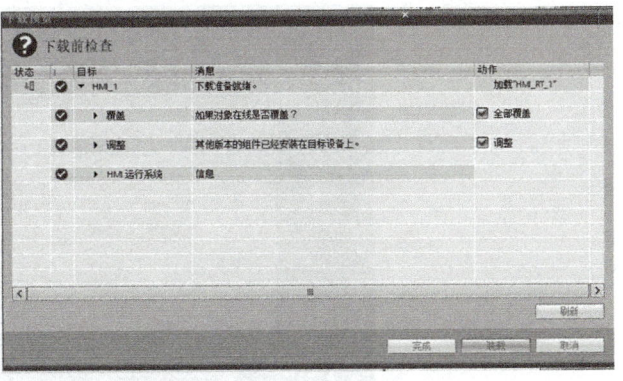

图 3-130　下载预览

下载之前，软件将会对项目进行编译，只有编译无错后才可进行下载，如发现编译错误应将错误排除后再次进行下载操作。可选择是否覆盖 HMI 设备的现有用户管理数据及配方数据，然后单击"装载"按钮来完成操作面板的项目下载。

当博途软件下载操作面板的项目时，在 HMI 设备上选择"Transfer"通过"PROFINET"进行通信下载项目，如图 3-131 所示。

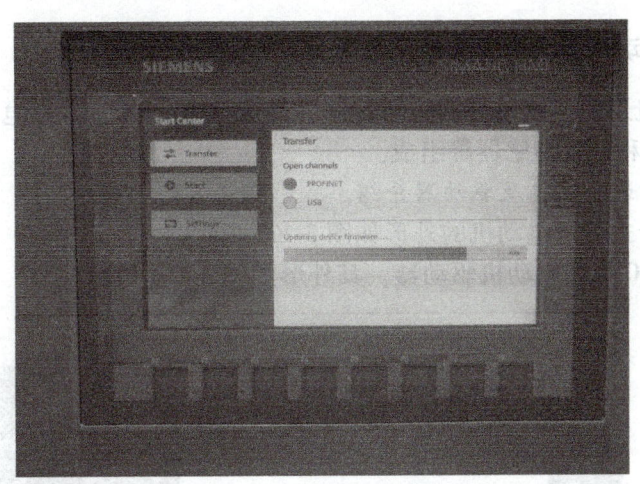

图 3-131　HMI 设备下载项目

下载完成后，触摸屏 HMI 设备上会显示项目画面，如图 3-126 所示。

（2）PLC+HMI 项目调试　PLC+HMI 电动机连续控制项目调试步骤如下：

1）将电动机连续控制 PLC 程序下载到 S7—1200 设备中并运行。

2）将 HMI 项目画面程序下载到第二代精简面板 KTP700 Basic PN 设备上。

3）S7—1200 PLC 设备与第二代精简面板 KTP700 Basic PN 设备通过 PROFINET 网络连接。

4）按照控制动作进行动作调试，如图 3-132 所示。

在初始状态下，电动机状态红色 LED 闪烁。

按下 KTP700 Basic PN 设备上的起动按钮，起动电动机程序电动机%Q0.0 运行，则电动机状态变为绿色 LED 闪烁。按下 KTP700 Basic PN 设备上的停止按钮，电动机程序电动机%Q0.0 停止，则电动机状态变为红色 LED 闪烁。

图 3-132　HMI 调试画面

3.6.2　PLC+步进电动机运动控制应用

PLC+步进电动机运动控制系统的运动控制硬件由 S7—1200、步进电动机、驱动器、传动机械机构、限位开关和位置传感器等组成。

1. 三相混合式步进电动机及驱动器介绍

3S 系列三相混合式步进电动机的外形如图 3-133 所示。

本系统用 3DM580 步进电动机驱动器，其外形如图 3-134 所示。

图 3-133　3S 系列三相混合式步进电动机　　图 3-134　3DM580 步进电动机驱动器的外形

项目3 可编程控制系统调试维修

3DM580 步进电动机驱动器可驱动 3、6 线的三相步进电动机；电压输入范围为 DC 18~50V；电流最大值为 8.0A；分辨率为 0.1A；细分范围为 200~51200 步数/转；信号输入为差分/单端，脉冲/方向或双脉冲，信号支持 DC 5V。

1) 步进驱动器的电气指标，见表 3-17。

表 3-17　3DM580 步进电动机驱动器的电气指标

参数	最小值	典型值	最大值
输出电流/A	2.5	—	8.0
输入电源电压/V	18	36	50
控制信号输入电流/mA	7	10	16
步进脉冲频率/kHz	0	—	500
绝缘电阻/MΩ	100		

2) 驱动器接口。步进驱动器控制信号接口的功能，见表 3-18。功率信号接口的功能，见表 3-19。

表 3-18　控制信号接口的功能

名　称	功　能
PUL+	脉冲输入信号：脉冲有效沿可调，默认脉冲上升沿有效；为了可靠响应脉冲信号，脉冲宽度应大于 1.2μs。信号支持 DC 5V，如采用+12V 或+24V 时需串联电阻
PUL-	双脉冲模式下：CW
DIR+	方向输入信号：高/低电平信号，为保证电动机可靠换向，方向信号应先于脉冲信号至少 5μs 建立。电动机的初始运行方向与电动机绕组接线有关，互换任一相绕组（如 A+、A-交换）可以改变电动机初始运行的方向。信号支持 DC 5V，如采用+12V 或+24V 时需串联电阻
DIR-	双脉冲模式下：CCW
ENA+	使能控制信号，此输入信号用于使能或禁止驱动器输出。ENA 接低电平（或内部光耦导通）时，驱动器将切断电动机各相的电流使电动机处于自由状态，不响应步进脉冲
ENA-	当不需用此功能时，使能信号端悬空即可。信号支持 DC 5V，如采用+12V 或+24V 时需串联电阻

表 3-19　功率信号接口的功能

名　称	功　能
GND	直流电源地
+VDC	直流电源正，范围 18~50V，推荐+36V
U	U 相绕组
V	V 相绕组
W	W 相绕组

3) 拨码设定。3DM580 步进电动机驱动器采用 8 位拨码开关进行细分设定、运行电流、静止半流等操作，如图 3-135 所示。

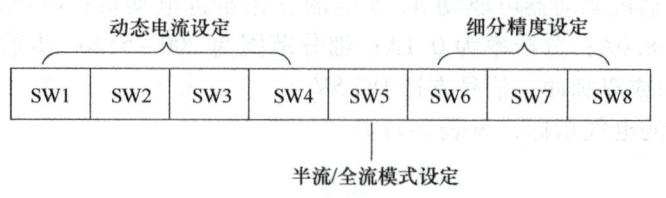

图 3-135 拨码开关设定

① 运行电流设定,见表 3-20。

表 3-20 运行电流表

输出峰值电流	输出有效值电流	SW1	SW2	SW3	SW4
默认值		off	off	off	off
2.5A	1.8A	on	off	off	off
2.9A	2.1A	off	on	off	off
3.2A	2.3A	on	on	off	off
3.6A	2.6A	off	off	on	off
4.0A	2.9A	on	off	on	off
4.5A	3.2A	off	on	on	off
4.9A	3.5A	on	on	on	off
5.3A	3.8A	off	off	off	on
5.7A	4.1A	on	off	off	on
6.2A	4.4A	off	on	off	on
6.4A	4.6A	on	on	off	on
6.9A	4.9A	off	off	on	on
7.3A	5.2A	on	off	on	on
7.7A	5.5A	off	on	on	on
8.0A	5.7A	on	on	on	on

当 SW1~SW4 均为 off 时,使用上位机对电流进行设置,最大值为 8.0A,分辨率为 0.1A,如果不设置,则默认电流峰值为 2.1A。

② 静止电流设定。静止电流可用 SW5 拨码开关设定,off 表示静止电流设为运行电流的 1/2,on 表示静止电流与运行电流相同。一般用途中应将 SW5 设成 off,使得电动机和驱动器的发热减少,降低能耗,可靠性提高。脉冲信号停止 0.4s 后电流自动减少 1/2,发热量理论上减至 25%。

③ 细分设定,见表 3-21。

表 3-21 细分设定

步数/转	SW6	SW7	SW8
默认值	on	on	on
6400	off	on	on

(续)

步数/转	SW6	SW7	SW8
500	on	off	on
1000	off	off	on
2000	on	on	off
4000	off	on	off
5000	on	off	off
10000	off	off	off

当 SW6~SW8 均为 on 时，驱动器使用内部默认细分为 200 步数/转，用户可以通过上位机软件进行细分设置，最小值为 200 步数/转，最大值为 51200 步数/转。

4）驱动器接口接线。3DM580 步进电动机驱动器外部信号接线示例，如图 3-136 所示。

2. PLC+步进电动机控制系统控制要求

1）可设定右传感器位置为原点位置，按下回原点按钮，步进电动机可拖动运行滑块到达原点位置。

2）在运动原点位置时，按下起动按钮，步进电动机拖动运行滑块向左运行，运行至另一位置传感器时，换向返回原点位置，再继续换向，如此循环左右运动。

3）按下停止按钮，运动机构立即停止动作。

4）运行机构设有左右极限位置保护，当滑块运动到极限位置时不能继续运动。

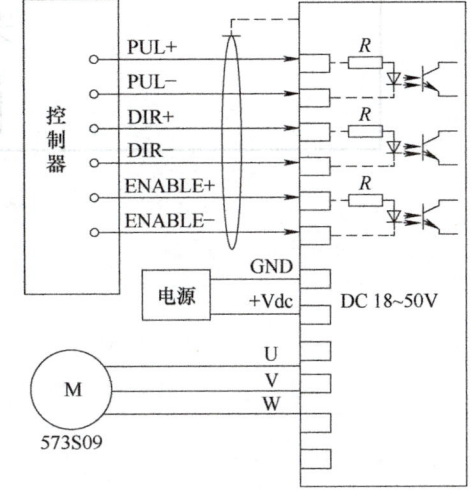

图 3-136 驱动器外部信号接线示例

3. PLC 的 I/O 地址分配及硬件接线

根据步进电动机控制任务要求分析，I/O 地址分配见表 3-22。

表 3-22 I/O 地址分配

输入			输出		
输入元件	输入接口	功能	输出元件	输出接口	功能
SQ1	%I0.0	左行程开关	PUL+	%Q0.0	脉冲信号
SQ2	%I0.1	右行程开关	DIR+	%Q0.1	方向信号
SQ3	%I0.2	传感器1			
SQ4	%I0.3	传感器2			
SB1	%I0.4	回原点按钮			
SB2	%I0.5	起动按钮			
SB3	%I0.6	停止按钮			

PLC 运动控制实现步进电动机正反转控制的 I/O 接线，如图 3-137 所示。

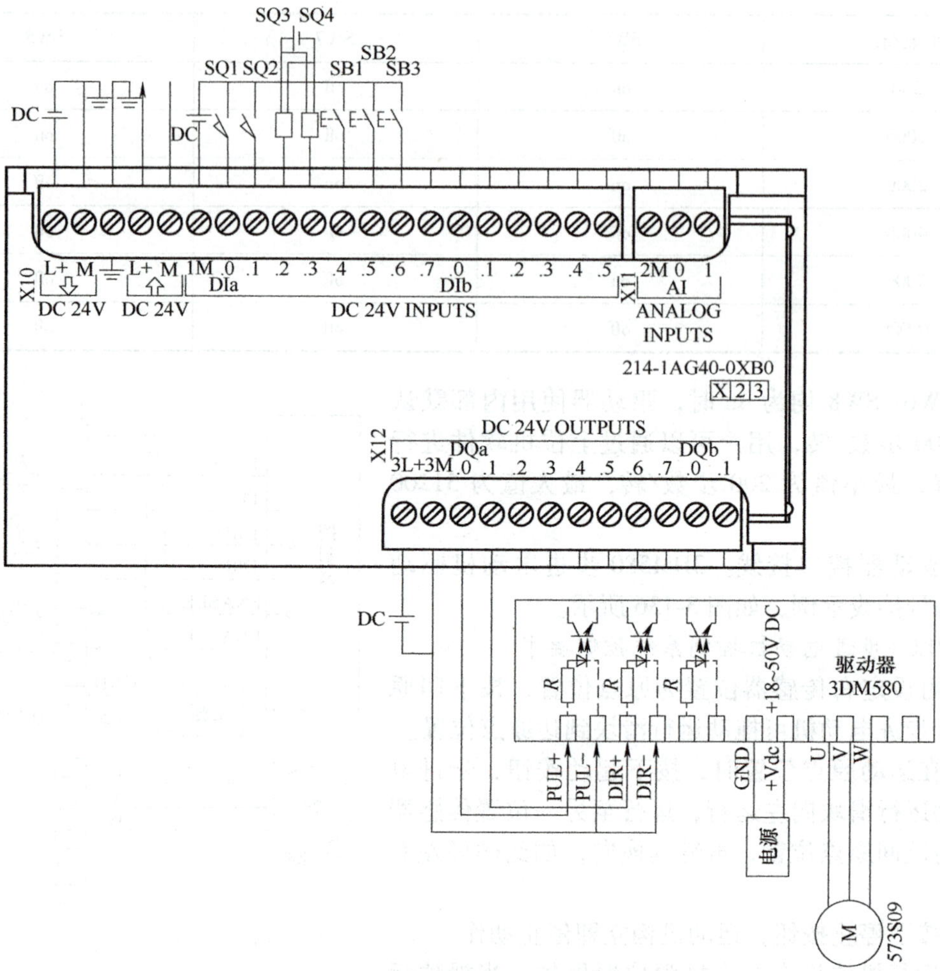

图 3-137　PLC 控制步进电动机接线

按照 PLC 控制步进电动机接线图进行硬件接线。

根据步进电动机参数与机械传动的关系，步进电动机每旋转一圈，丝杠拖动滑块移动 5mm，驱动器拨码开关选择合适的位置，见表 3-23。步进电动机额定电流为 3.5A，静止半流，细分为 500 步数/转。

表 3-23　驱动器拨码开关位置

拨码位置	SW1	SW2	SW3	SW4	SW5	SW6	SW7	SW8
状态	on	on	on	off	off	on	off	on

4. S7—1200 的轴组态及步进电动机控制

定位轴工艺对象的工具 TIA Portal 中将为定位轴工艺对象提供"组态"（Configuration）、"调试"（Commissioning）和"诊断"（Diagnostics）工具。图 3-138 所示为这三种工具与工艺对象和驱动器的相互关系。

1）读取和写入工艺对象的组态数据。

2）通过工艺对象的驱动器控制，读取轴控制面板上显示的轴状态，优化位置控制。

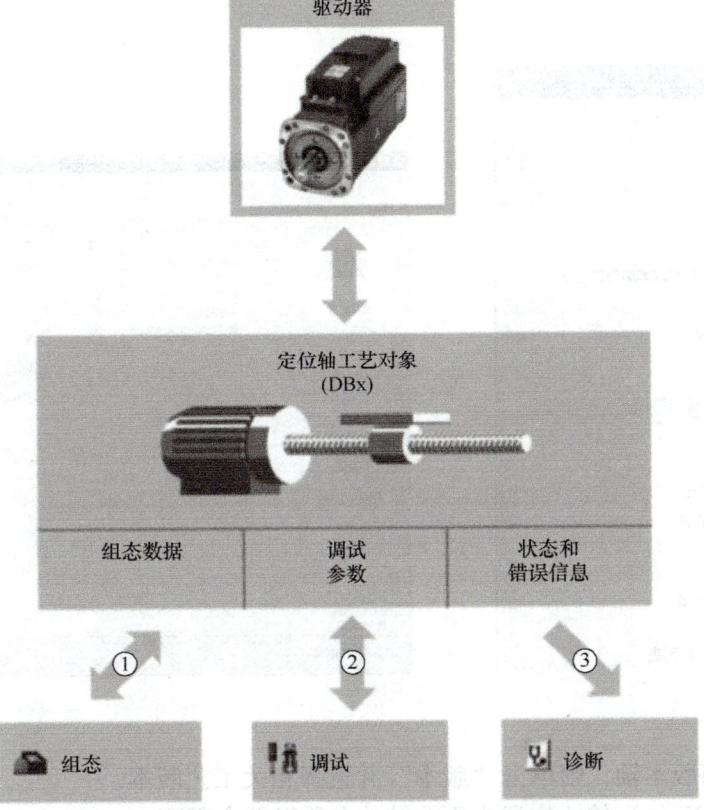

图 3-138 定位轴工艺对象关系

3) 读取工艺对象的当前状态和错误信息，显示 PROFIdrive 驱动器的更多消息帧信息。

下面我们来创建一个轴工艺对象，首先创建具有 S7—1200 CPU 的项目后，按照步骤进行创建。

(1) 创建步进电动机控制工程 创建 PLC+步进电动机控制工程，添加一个控制器 S7—1200，然后创建步进电动机控制变量表，如图 3-139 所示。

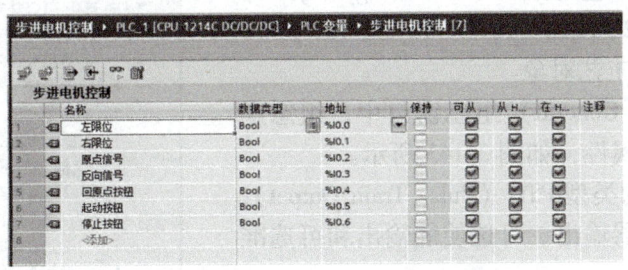

图 3-139 步进电动机控制变量表

(2) 添加一个定位轴工艺对象

1) 在项目树中打开"CPU→工艺对象"（CPU→Technology objects）文件夹，双击"新增对象"（Add new object）命令，如图 3-140 所示。

2) 在打开"新增对象"（Add new object）对话框，选择"运动"（Motion）工艺，在

"运动控制"(Motion Control)文件夹中,选择工艺对象"定位轴"(TO_PositioningAxis),如图 3-141 所示。

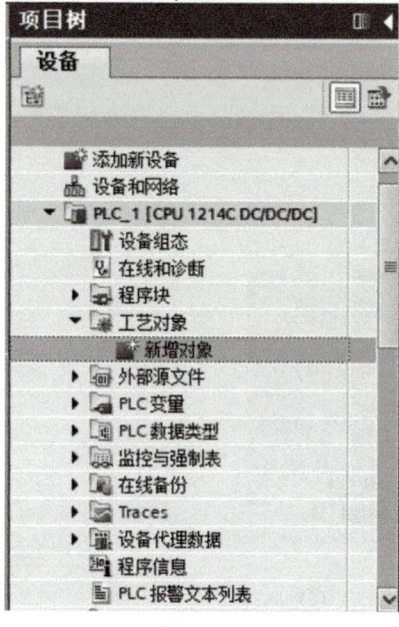

图 3-140 新增对象

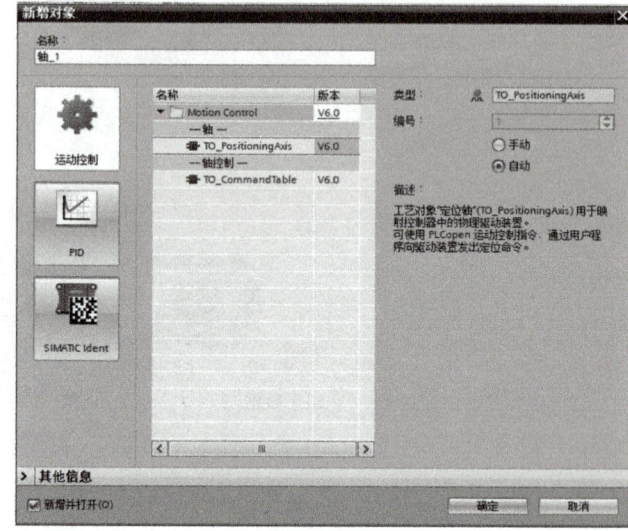

图 3-141 新增轴

如果要添加旧版本轴,则单击"版本"并选择相关工艺版本。

在"名称"(Name)输入字段中更改轴的名称以符合需要。

如果要更改推荐的数据块编号,则选择"手动"(Manual)选项。

如果要为该工艺对象补充用户信息,则单击"更多信息"(More information)。

如果要添加该工艺对象,单击"确定"按钮。

如果要放弃输入,单击"取消"按钮。

确定后,S7—1200 CPU 创建了新工艺对象,并保存在项目树中的"工艺对象"(Technology objects)文件夹中,如图 3-142 所示。

(3)组态定位轴工艺对象

1)在"常规"(General)组态窗口中,组态定位轴工艺对象的基本属性,如图 3-143 所示。

选择驱动器连接的类型 PTO(Pulse Train Output),驱动器通过脉冲发生器输出、可选使能输出和可选准备就绪输入进行连接。

2)驱动器参数设定,脉冲通过固定分配的数字量输出到驱动器的动力装置,如图 3-144 所示。硬件接口脉冲发生器:"Pulse_1";信号类型:"PTO(脉冲 A 和方向 B)";脉冲输出:"%Q0.0";方向输出:"%Q0.1"。

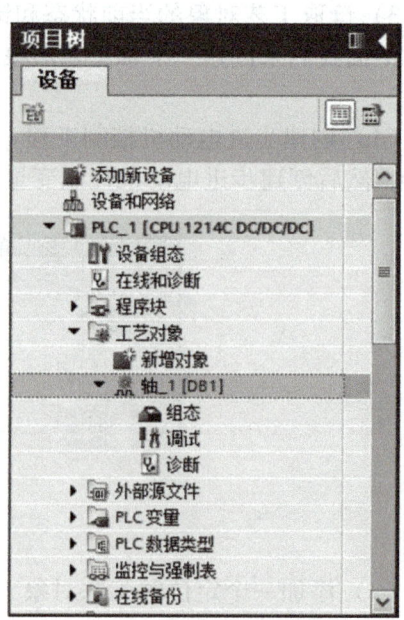

图 3-142 轴工艺对象

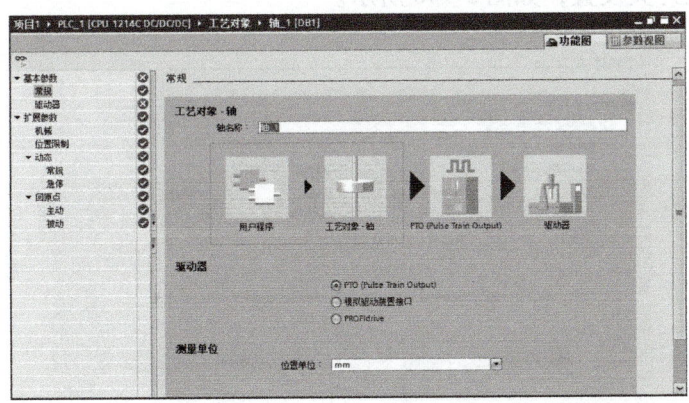

图 3-143　常规参数

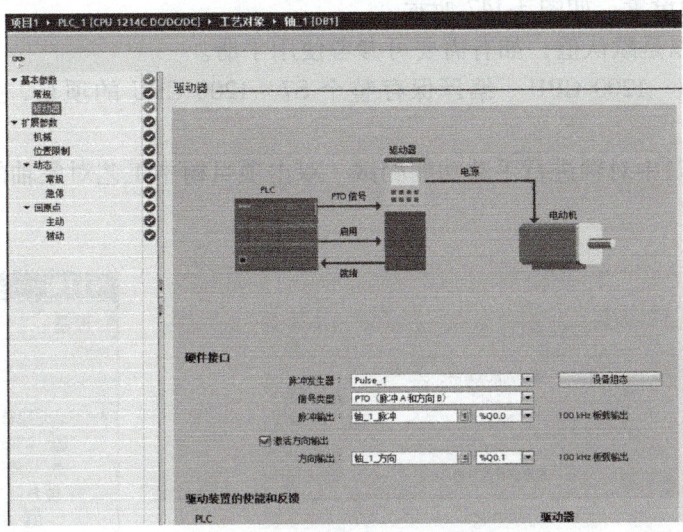

图 3-144　驱动器参数设置

3）机械参数设定，如图 3-145 所示。在"机械"（Mechanics）组态窗口中组态驱动器的机械属性。

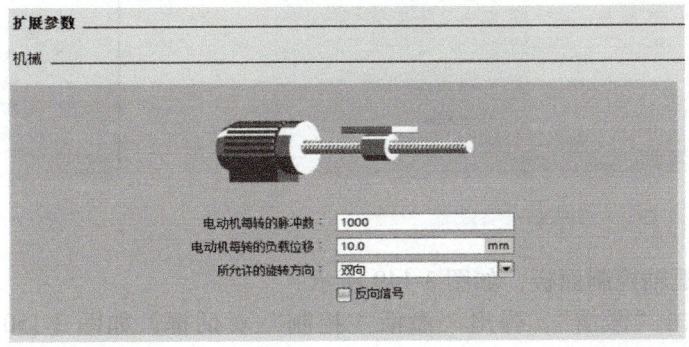

图 3-145　机械参数设定

4）硬和软限位开关设置，如图 3-146 所示。

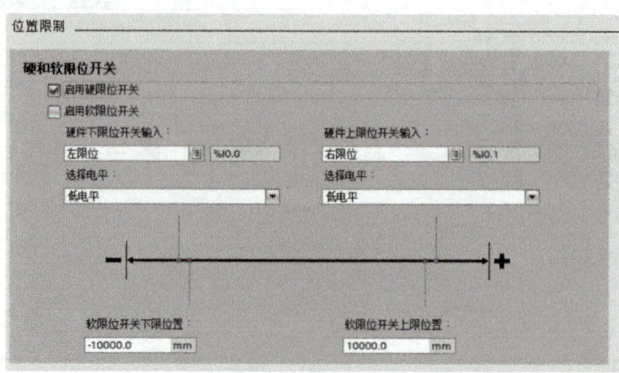

图 3-146　硬和软限位开关设置

5）回原点主动设置，如图 3-147 所示。

其他轴参数可以是默认值，如有需要可参考使用手册。

（4）下载到 S7—1200 CPU　编译保存整个 S7—1200 CPU 的项目，并下载到 S7—1200 CPU 中。

（5）在调试窗口中对轴进行手动功能测试　双击项目树中工艺对象轴的调试，如图 3-148 所示。

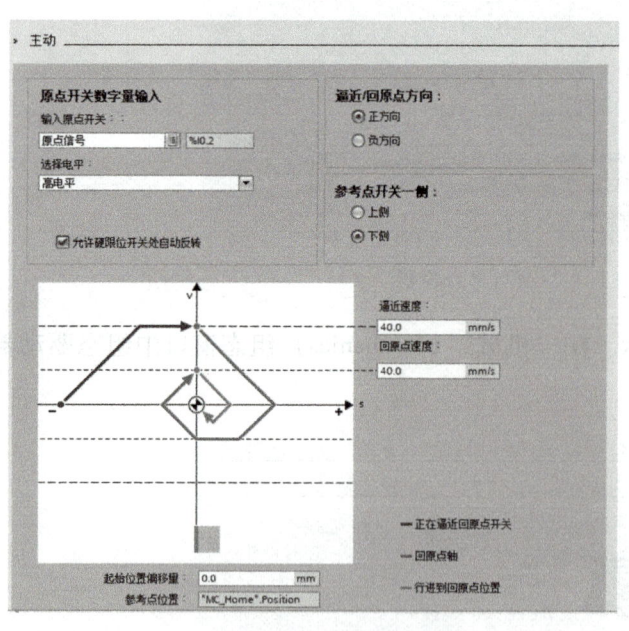

图 3-147　回原点主动设置

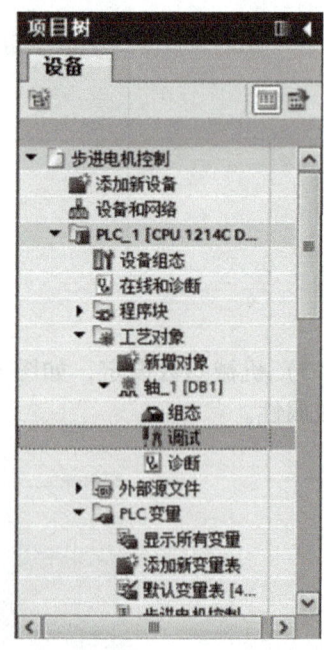

图 3-148　项目树

打开调试对话框轴控制面板，如图 3-149 所示。

在主控制中单击"激活"，弹出"激活主控制"对话框，如图 3-150 所示，选择"是"按钮。

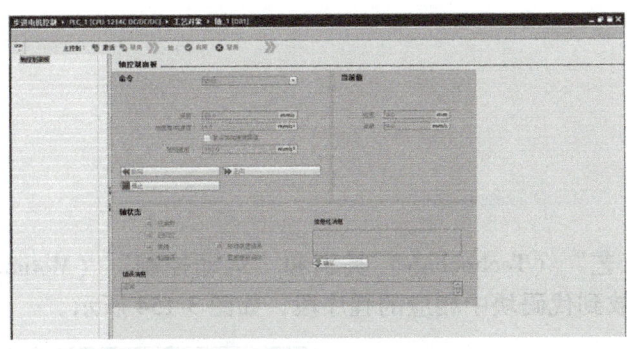
图 3-149 轴控制面板

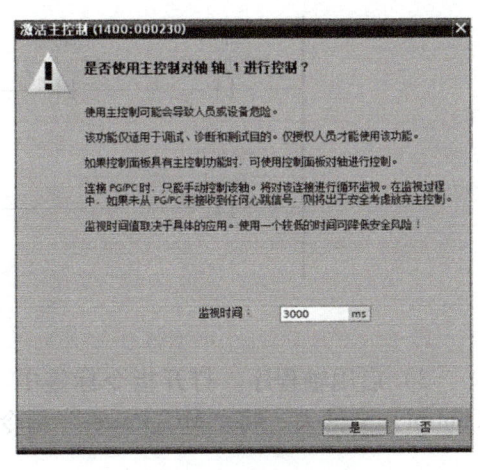
图 3-150 "激活主控制"对话框

激活轴的主控制后,就可以启用轴了,单击"启用"按钮,就可以在轴控制面板中进行轴的运动控制了,如图 3-151 所示。

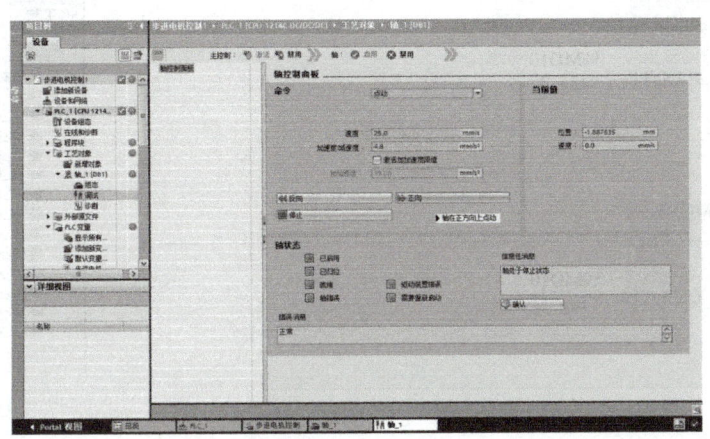
图 3-151 轴控制面板

在轴控制面板中,可以设定速度及加减速度,注意调试时不要将速度设定过高。通过单击"正向"按钮或"反向"按钮及"停止"按钮可以控制步进电动机的运动,并在当前值中显示位置与速度值。

在轴状态中实时显示出步进电动机的状态及消息信息。

轴调试完成后,单击"禁用"按钮,退出轴控制面板。转至离线,轴调试结束。

通过"取消激活"(Deactivate)按钮,可将主控制权限返回给用户程序。

(6) 利用轴指令进行步进电动机自动正反转编程 通过轴控制面板对步进电动机进行手动调试完成后,就可以运用轴指令进行步进电动机自动往返程序控制了。

1) 在原点位置,按下起动按钮,步进电动机运行机构运动,按下停止按钮运行机构停止,所以需要一个辅助继电器%M0.0 作为运动控制辅助信号,控制程序如图 3-152 所示。

2) 起动后在原点时,步进电动机正向运动,到达反向位置后,步进电动机反向运动。在这个控制中步进电动机的方向信号由参数值来表示,用%MD10 存储方向控制值。正转运行时方向值为"1",反转运行时方向值为"2",参考程序如图 3-153 所示。

图 3-152 %M0.0 控制程序

3）启用轴程序。打开指令标签中"工艺"（Technology）类别和"运动控制"（Motion Control）文件夹，将"MC_Power"指令拖放到代码块中相应的程序段，如图 3-154 所示。

图 3-153 方向赋值参考程序　　　　　　　　　图 3-154 运动控制指令

将打开用于定义背景数据块的对话框，如图 3-155 所示。选择是"自动"还是"手动"定义背景数据块的名称和编号，这里选择"自动"，单击"确定"按钮。

运动控制指令"MC_Power"将插入到该程序段中，如图 3-156 所示。

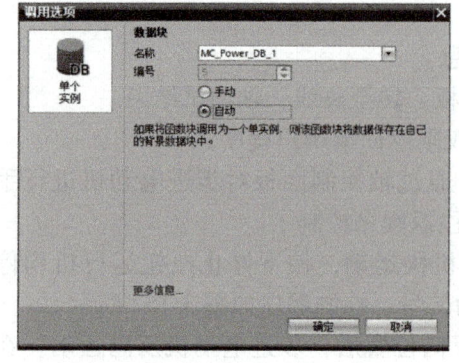 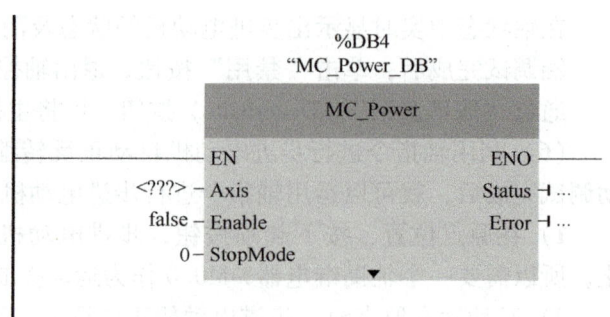

图 3-155 "调用选项"对话框　　　　　　　　图 3-156 插入 MC_Power 指令

运动控制指令"MC_Power"及每个参数的说明,可以通过帮助信息系统查询到,如图3-157所示。

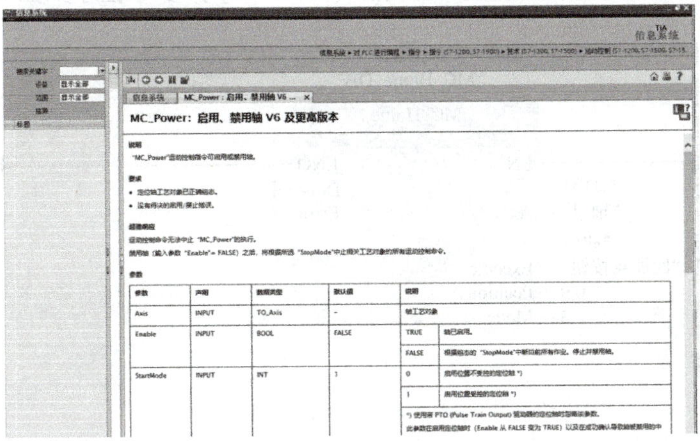

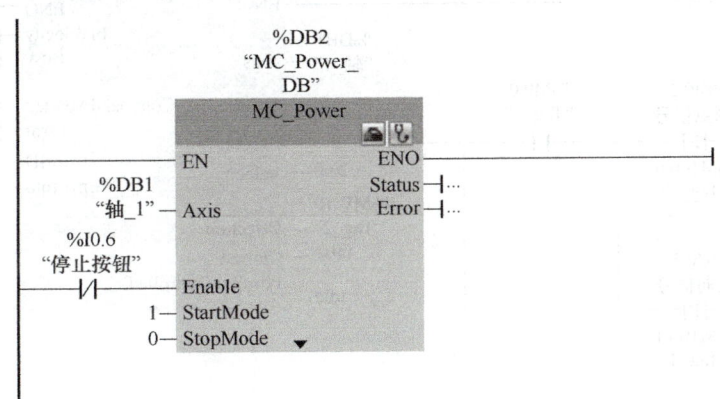

图3-157　运动控制指令"MC_Power"帮助信息

必须初始化标有"<???>"的参数;给所有其他参数分配参数值。黑体显示的参数是使用运动控制指令时所必需的参数。在项目树中选择工艺对象轴_1并将其拖放到<???>上。按下停止按钮步进电动机停止,将停止按钮常闭触点放置"Enable"轴使能控制端,作为控制轴运行信号,其他参数选择默认值,参考程序如图3-158所示。

图3-158　启动轴参考程序

4) 回原点程序。使用"MC_Home"轴归位运动控制指令可将轴坐标与实际物理驱动器位置匹配。轴的绝对定位需要回原点。可执行以下类型的回原点操作:

主动回原点（Mode=3）,自动执行回原点步骤。

被动回原点（Mode=2）,被动回原点期间,运动控制指令"MC_Home"不会执行任何回原点运动。用户需通过其他运动控制指令,执行这一步骤中所需的行进移动。检测到回原点开关时,轴即回原点。

直接绝对回原点（Mode=0）,将当前的轴位置设置为参数"Position"的值。

直接相对回原点（Mode=1）,将当前轴位置的偏移值设置为参数"Position"的值。

绝对编码器相对调节（Mode=6）,将当前轴位置的偏移值设置为参数"Position"的值。

绝对编码器绝对调节（Mode=7），将当前的轴位置设置为参数"Position"的值。

插入运动控制指令"MC_Home"归位轴指令，轴工艺对象仍然是将"轴_1"，回原点按钮作为上升沿启动命令，模式选用主动回原点（Mode=3），参考程序如图3-159所示。

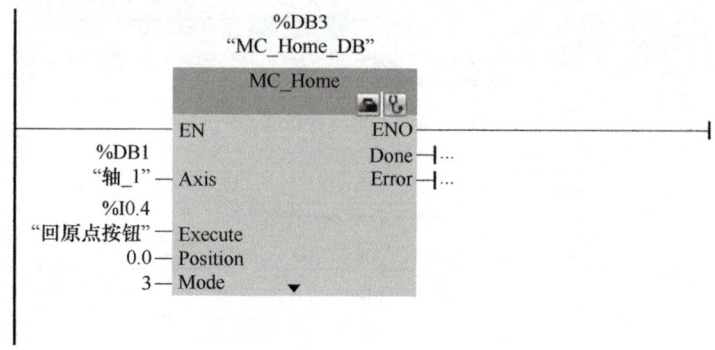

图3-159　回原点程序

5）步进电动机自动往返运动控制。通过运动控制指令"MC_MoveVelocity"以设定速度移动轴，可以根据指定的速度连续移动轴，参考程序如图3-160所示。

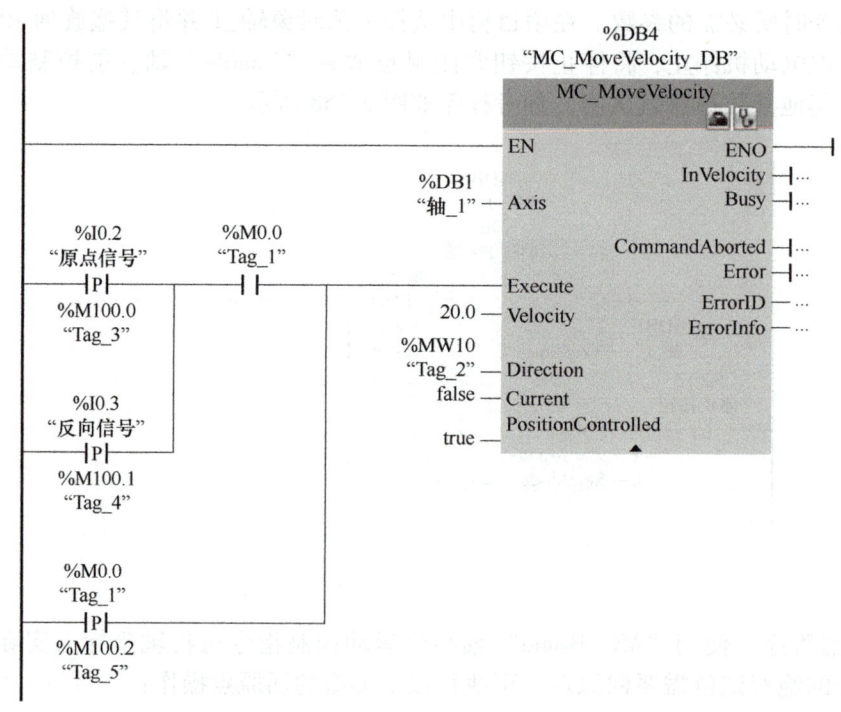

图3-160　步进电动机自动往返运动控制

"Axis"轴工艺对象仍然是将"轴_1"。

"Execute"上升沿启动命令的条件是启动步进电动机时及运行机构在原点信号和反向信号处对应的方向值都需要更改，就要重新利用上升沿触发。

"Velocity"轴运动的指定速度为"20.0"。

"Direction"指定方向为%MW10。

其他参数为默认值。

（7）调试运行　将编译保存的步进电动机自动控制程序下载到 S7—1200 CPU 中，并转至在线监控程序的运行情况。

按照步进电动机自动运行控制要求进行动作调试并记录动作情况。

1）按下回原点按钮，步进电动机是否正转去寻找原点信号，到达极限左限位是否反向运行，最后拖动运行滑块到达原点位置并停止。

2）在运动原点位置按下起动按钮，步进电动机拖动运行滑块向左运行，运行至另一位置传感器时，换向返回原点位置，再继续换向，如此循环左右运动。

3）按下停止按钮，运动机构立即停止动作。

复习思考题

1. 安装 S7—1200 控制器硬件系统的基本步骤是什么？
2. 安装 S7—1200 控制器硬件应注意哪些事项？
3. 定时器背景数据块存储哪些定时器参数？
4. 设计隔两灯闪烁控制：L1、L2、L5、L6 亮 1s 后灭，接着 L3、L4、L7、L8 亮，1s 后灭，如此循环。
5. 设计某检测信号控制，控制动作要求：按下起动按钮 SB1 起动检测机构，检测开始工作起动传送带电动机 M1，开始传输工件，每传输一个工件检测传感器 SQ 发出信号，检测到通过 5 个工件时，检测系统停止工作，传送带 M1 停止。

项目 4

单片机控制的电气装置装调维修

 培训学习目标:

　　熟悉单片机控制系统的结构、功能及应用；熟悉单片机控制系统的开发流程，掌握单片机应用程序的编译方法及步骤；了解单片机程序仿真调试方法；熟悉单片机应用程序烧录的操作方法；掌握单片机控制装置的装调及维修技能。

4.1　单片机控制系统

　　单片机是将中央处理器 CPU、存储器（ROM/RAM）、输入/输出接口、定时器/计数器、中断等基本部件集成在一块芯片上而构成的微型计算机，它是计算机家族中的重要一员。单片机在硬件结构、指令系统及 I/O 处理功能等方面具备优越的性能，因此单片机具有较强的控制功能，被广泛应用于各种控制领域，如：智能仪器仪表、智能家用电器、实时工业控制、机电一体化、信息管理和工业自动化等领域。

　　单片机控制系统设计灵活，可以根据不同的应用环境设计对应的系统硬件和系统软件，也可以在系统硬件保持不变的情况下，通过不同的软件程序实现不同的功能或进行性能改进。虽然单片机控制系统因应用对象的不同其系统组成有所差异，其规模也有着较大分别，但其系统整体结构组成及控制原理是极其类似的，主要包括单片机硬件系统和软件系统。常见单片机典型控制系统应用框图如图 4-1 所示。

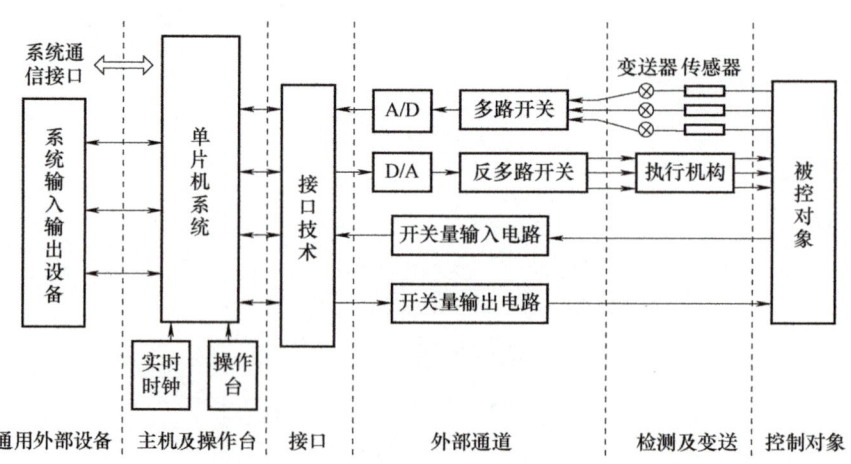

图 4-1　单片机典型控制系统应用框图

4.1.1 单片机控制系统开发流程

单片机系统的应用比较广泛，由于用途不同，其控制要求也各不相同，因而构成的硬件和软件结构差别很大，但单片机控制系统研制的方法和流程是基本相同的。系统开发过程主要包括总体设计、硬件设计、软件设计、仿真调试等阶段。单片机控制系统开发设计流程如图4-2所示。

1. 确定总体设计方案

首先要根据单片机控制应用系统的目标及任务来确定总体方案。无论是制作智能仪器还是研制工业控制系统，都要对应用对象的工作过程进行深入调查和分析，了解应用的要求、信号的种类和数量、应用环境等。不管是老产品改造还是新产品设计，都应对产品性能改善的程度、成本、可靠性、可维护性及经济效益等进行综合考虑，再参考国内外同类产品资料，提出合理可行的技术指标。

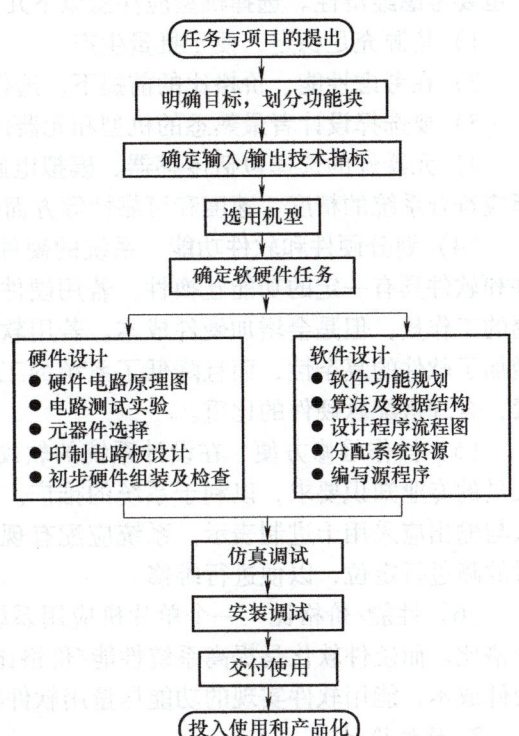

图4-2 单片机控制系统开发设计流程

（1）明确应用系统的目标和任务　认真分析系统要实现的功能和要求，明确目标和任务，并将任务细化为一个个具体化的功能块。这一过程重点要弄清楚以下问题：

1）该系统有哪些外围设备？要实现哪些控制功能？

2）每个控制功能块要控制哪些物理量或被控参数？

3）有哪些参数与被控参数的控制有关系？

4）控制参数与被控参数的控制关系是怎样的？

（2）确定参数与数字信号的转化方法　应用系统不同，控制参数、被控参数也千差万别，而单片机只能接收、处理、输出数字信号，所以必须将其他信号进行数字信号转换。将控制参数转化为输入数字信号常用以下几种方法：

1）信号传感器。这是常用的、种类非常多、范围极其广泛的一种方法，如温度传感器可以将温度信号转化为电压信号，速度传感器可以将速度信号转化为电脉冲信号等。一些传感器的输出信号即为脉冲信号，经整形、放大后可直接向单片机输入。有一些传感器的输出信号为模拟信号，必须经模/数转换后才能作为有效信号输入。

2）脉冲触发信号发生电路。该种电路往往用于人工控制信号的产生。

3）电平转换电路。对于控制参数中的电压量、开关量则可通过电平转换后输入。输出信号常通过以下几种方法对被控制设备进行控制驱动：

① 直接驱动：适于LED等小功率外部设备。

② 经放大电路放大后驱动：如单片机对小功率步进电动机的控制。

③ 由电磁继电器控制设备的电路：单片机输出信号只连接继电器，由继电器控制设备主电路的通、断。这种方法适用于多种场合，被单片机应用系统广泛采用。

④ 经数/模转换后驱动：如单片机对示波器、绘图仪等设备的控制。

（3）机型选择　根据应用系统的复杂程度确定选择 4 位、8 位还是 16 位机，根据使用场合、精度要求等确定使用哪类机型等。选择的机型一般应为经常应用的，在满足要求的条件下也要考虑经济性。选择机型应注意以下几点：

1）货源充足稳定，便于批量生产。

2）在考虑性能、价格比的前提下，选择最容易实现产品技术指标的机型。

3）要选择设计者最熟悉的机型和元器件，以缩短研制周期。

4）元器件的选择包括传感器、模拟电路、输入/输出电路和存储器等，这些元器件的选择应符合系统的精度、速度和可靠性等方面的要求。

（4）划分硬件和软件功能　系统的硬件配置和软件设计是紧密地联系在一起的，而且硬件和软件具有一定的功能互换性。若用硬件完成一些功能，可以提高工作速度，减少软件研制的工作量，但是会增加硬件成本。若用软件替代某些硬件的功能，可使硬件成本降低，但增加了软件的复杂性，而且降低了系统的工作速度。因此，总体设计时，应综合考虑多种因素，合理搭配软硬件的比重。

（5）操作维修方便　在设计系统的软硬件时，应考虑操作和维修方便，尽量降低对操作人员的专业知识要求，以利于系统的推广。系统的控制开关越少越好，操作顺序应简单，输入与输出应采用十进制表示。系统应配有现场故障诊断程序，一旦发生故障，能保证有效地对故障进行定位，以便进行维修。

（6）性能/价格比　一个单片机应用系统能否被广泛使用，关键在于是否有较高的性能/价格比。而硬件软化是提高系统性能/价格比的实用方法。在进行总体设计时，应尽可能减少硬件成本，能用软件实现的功能尽量用软件实现，以求得到较高的性能/价格比。

2. 硬件设计

根据总体方案设计应用系统电路原理图，细化各硬件组成部分，确定硬件的数量和性能。

（1）单片机应用系统的结构　根据系统的复杂程度，单片机应用系统有 3 种典型结构。

1）单片机最小应用系统。

2）小规模扩展系统。只扩展少量 RAM 和 I/O 口，地址在 0～0FFH 之间。

3）大规模扩展系统。需要扩展较大量的 ROM、RAM 和 I/O 口，连接多片扩展芯片。

（2）硬件设计步骤

1）确定传送方式。确定各输入/输出数据的传送方式是中断方式、查询方式还是无条件方式。

2）根据系统需要确定使用的结构形式，确定系统中主要电路是最小系统还是扩展系统。除单片机外，系统中还需要哪些扩展芯片、模拟电路等。

3）资源分配。确定各输入/输出信号分别使用哪个并行口、串行口、中断、定时/计数器。

4）电路连接。根据以上各步完成完整的线路连接图。

3. 软件设计

在应用系统的研制中，软件设计是工作量最大、最困难的任务。软件设计流程如图 4-3 所示。

（1）系统定义　系统定义是在软件设计前，把软件承担的任务（结合硬件结构）确定下来。这些任务是：

1）定义说明各输入/输出的功能，确定信息交换的方式、与系统的接口方式、占有的口地址、读取和输出方式等。

2）在程序存储器和数据存储器区域合理分配存储空间，包括系统主程序、常数表格数据暂存区域、堆栈区域、入口地址等。

3）对面板控制开关、按键等输入量以及显示打印等输出量必须给予定义，作为编程的依据。

（2）软件结构设计　合理的软件结构是设计单片机应用系统的基础，它能使 CPU 有条不紊地对各个相对独立的任务进行处理。

对于简单的应用系统，通常用中断方法分配 CPU 的时间，指定哪些任务由主程序完成，哪些任务由中断服务程序完成，并指定各中断的优先级。

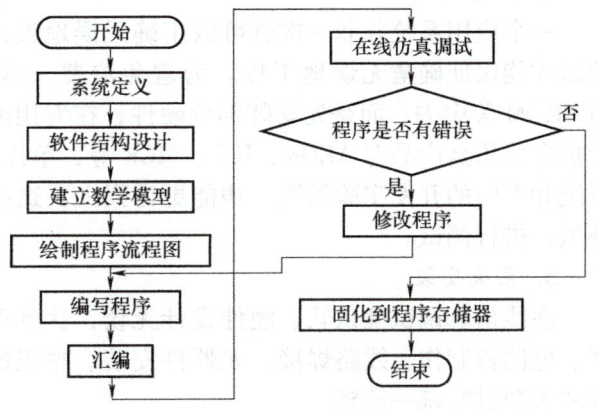

图 4-3　软件设计流程

对于复杂的实时控制系统，应采用实时的多任务操作系统。这种系统要求对多个对象同时进行实时控制，要求对各个对象的实时信息以足够快的速度进行处理并做出快速响应，这就要提高系统的实时性、并行性。为达到这个目的，实时多任务操作系统应具备任务调度、实时控制、实时时钟、输入/输出和中断控制、系统调用、多个任务并行运行等功能。

模块化程序设计是单片机应用系统软件设计中最常用的方法。这种设计方法是把一个完整的程序分成若干个功能相对独立的较小的程序模块，各个程序模块分别进行设计，编制程序和调试，最后将调试完毕的程序模块连接起来。

模块程序设计的优点是单个程序模块的设计和调试比较方便，容易完成，一个模块可以被多个任务共用；缺点是各个模块程序的连接有一定的难度。对一般简单的任务不必模块化。

（3）程序设计

1）建立数学模型。根据问题的定义，描述出各个输入变量和各个输出变量之间的数学关系，称为建立数学模型。数学模型随系统任务的不同而不同。在某些系统中，从模拟输入通道得到的温度、流量、压力等现场信息与该信息对应的实际值往往存在非线性关系，需要进行非线性补偿。用软件非线性补偿常用查表法、插值法、曲线拟合等方法。

2）参数的计算。在单片机测控系统中，有些参数的计算是非常复杂的，如一些非线性参数需要涉及指数、对数、三角函数以及微分、积分等运算，所有这些运算用汇编语言编写程序都比较困难，有的甚至无法建立相应的数学模型，这时可以采用查表法。

查表法是将事先计算或测试得到的数据按一定顺序编制成表格，查表程序的任务就是根据被测参数的值或中间结果，查出最终所需的结果。查表是一种非数值计算方法，可以进行数据补偿、计算、转换等工作，具有程序简单、执行速度快等优点。

查表程序的繁简程度及查询时间的长短，除与表格的长短有关外，很重要的因素就是表格的排列方法。表格的排列方法有两种：有序排列（表中的数按一定的顺序排列）和无序排列（表中的数任意排列）。

表的排列不同，查表的方法也不同，常用的方法有顺序查表法、计算查表法和对分搜索法等。

顺序查表法是针对无序排列表格的一种方法，因为无序表格中所有数据的排列没有什么规律，所以只能按照顺序从第一项开始逐项查找，直到找到所要查的关键字为止。

4. 仿真调试

一个应用系统并非一次就可以正确无误地设计出来，尤其是设计的程序，必须经过多次调试才能保证确凿无误地工作。为避免浪费，不要把刚刚编写好的程序直接写入 EPROM、EEPROM 等中去，而是先安装部分硬件，在专用的仿真器或开发实验台上进行调试。典型单片机在线仿真产品有 AEDK、ICE、SICE 等，单片机功能开发实验台包括学校使用的教学实验系统和专门的开发实验系统，功能更为强大。这些在线仿真设备可提供系统资源，模拟实际环境，进行调试。

5. 系统安装

在线仿真调试确认软、硬件设计无误，达到要求后，就可以进行安装统调，包括固化程序、电路板制作、线路焊接、元器件安装、整机统调。所谓统调，就是对整个系统的各元器件的参数进行统一调整。

6. 投入使用和产品化

经过联机统调后，还要对系统进行现场运行测试，检测系统对现场环境的适应能力、抗干扰能力等，进一步处理现场出现的问题，使系统在使用现场具备更强的稳定性和可靠性。经过现场长时间严格的运行和检测后，确认产品的技术指标能够达到设计要求，可以交付使用。通过进一步的整理和完善后，可以正式投入批量生产或使产品市场化。

4.1.2 单片机应用程序编译方法

将高级语言或汇编语言源程序转变为 CPU 可以直接识别和执行的机器语言的过程称为编译。常用的编译方法有两种，一种是手工汇编，另一种是机器汇编；目前已极少使用手工汇编的方法了，机器汇编是通过汇编软件将源程序变为机器码。

单片机汇编软件的选择常以使用的单片机类型为准，如 51 系列单片机常使用 Keil 来编译、AVR 单片机常使用 ICCAVR 与 AVR Studio 来编译、PIC 单片机常使用 MPLAB 编译、MSP430 单片机常使用 IAR EW for MSP430 V3.42A 编译、STM32 单片机常使用 Keil mdk380a 编译等。目前较为流行的单片机编程编译软件为 Keil 和 IAR，这两款单片机编程软件的应用对象存在一些不同。

Keil 提供了包括 C 编译器、宏汇编、链接器、库管理和一个功能强大的仿真调试器等在内的完整开发方案，通过一个集成开发环境（uVision）将以上部分组合在一起。运行 Keil 软件需要 WIN 2000、WIN XP、WIN 7、WIN 10 等操作系统。Keil C51 是单片机 C 语言软件开发系统，与汇编相比，C 语言在功能上、结构性、可读性、可维护性上有明显的优势，因而易学易用。即使不使用 C 语言而仅用汇编语言编程，其方便易用的集成环境、强大的软件仿真调试工具也会令你事半功倍。

IAR 软件应该是目前支持单片机种类最多的一款软件了，几乎支持所有的主流单片机。但是针对某一款具体的单片机，IAR 都有一个单独的安装包，所以，名义上 IAR 支持的单片机种类最多，但是实际上，它也是一款单片机一个配套软件，只不过对于所有的单片机来说，IAR 的"长相"基本类似，所以只要知道了一种单片机在 IAR 下的使用方法，那么再用 IAR 开发另一种单片机的时候，按图索骥就能知道大致的使用方法。

在此以使用较为普遍的 Keil 软件为例，介绍单片机应用程序编译的具体方法和步骤。

1. Keil 软件的安装

1）从软件官方网站下载 Keil 软件后，打开 Keil uVision 4 的存放文件夹，双击运行文件"C51V901.exe"，如图 4-4 所示。

2)双击后,在弹出的对话框内单击"Next"按钮,如图4-5所示。

图4-4　Keil uVision 4 安装文件

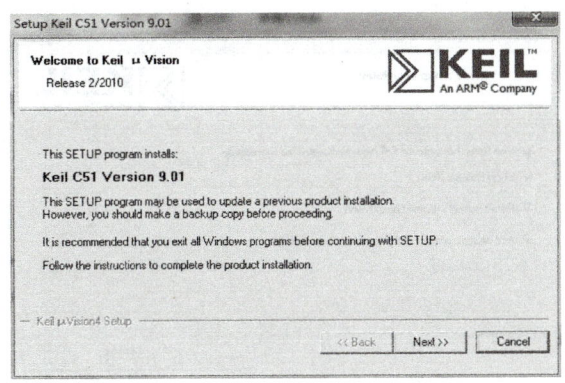

图4-5　单击安装"Next"按钮

3)在弹出的许可协议对话框中勾选"I agree to all the terms of the preceding License Agreement",继续单击"Next"按钮,如图4-6所示。

4)在弹出安装文件夹对话框后单击"Browse"选择安装路径,假定将安装的目录选择在"C:\Keil",再次单击"next"按钮,如图4-7所示。

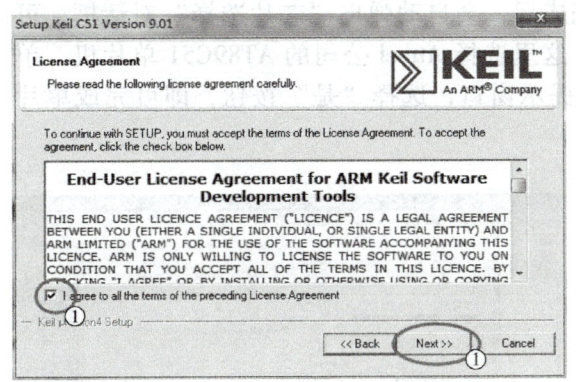

图4-6　"许可协议"对话框

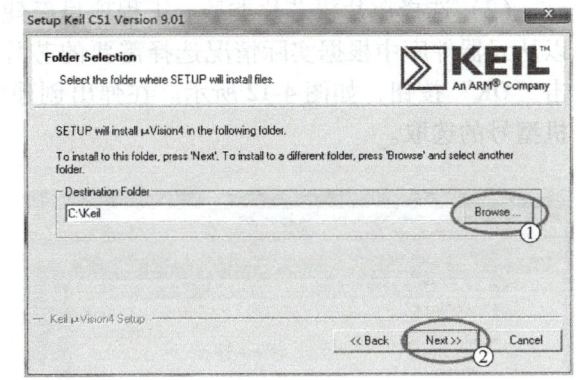

图4-7　"安装路径"对话框

5)在弹出的"使用者信息"对话框中需输入姓名及电子邮件信息;然后单击"Next"按钮,如图4-8所示,接着软件会自动安装。

6)安装完成后弹出对话框,单击"Finsh"按钮,如图4-9所示。

7)此时虽完成安装,但在编译一些较大的文件时,将会出现编译不能继续进行的问题,此时可以根据软件官方要求对软件注册,注册方法:打开 Keil uVision 4,单击"File"→"License Management...",弹出如图4-10所示对话

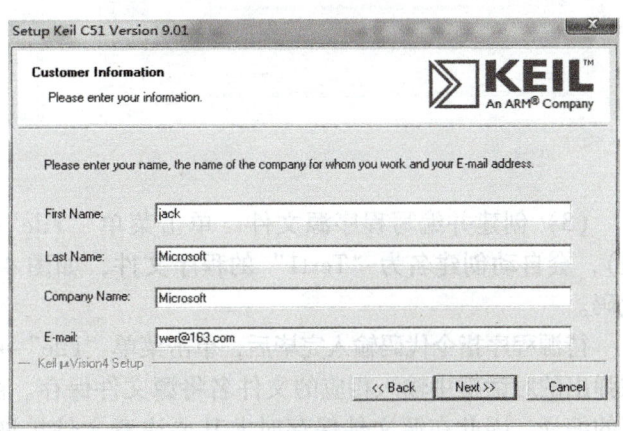

图4-8　"使用者信息"对话框

框，输入序列号完成全部安装。

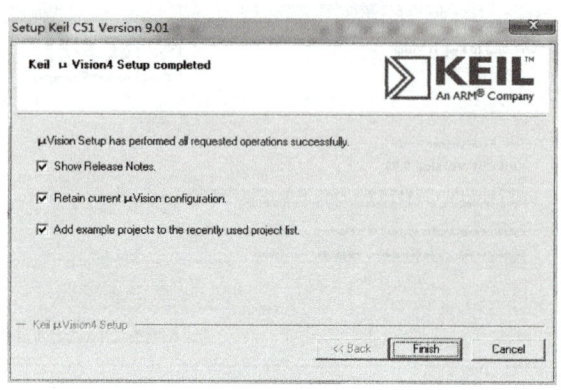

图4-9 "安装完成"对话框

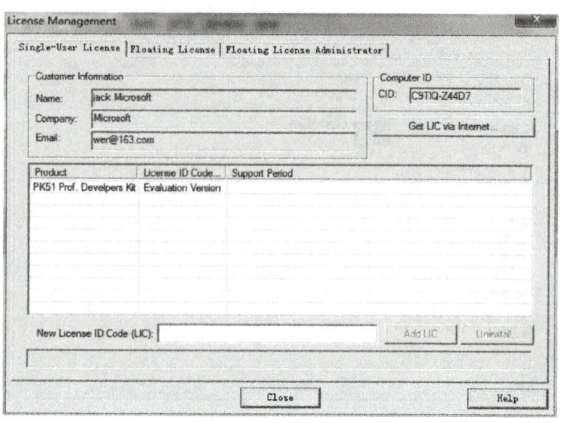

图4-10 "软件注册"对话框

2. Keil 程序编译步骤

（1）打开 Keil 软件并创建新工程　双击 Keil 图标，在软件界面选择"Project"→"New uvision Project"，弹出"工程创建"对话框如图 4-11 所示，选定新建工程项目文件的存放路径，并输入新建工程项目的文件名，单击"保存"按钮。

（2）选择单片机芯片类型　工程项目新建完成后，会自动弹出"芯片选择"对话框，可以从元器件库中根据实际情况选择需要的芯片，这里选择 Atmel 公司的 AT89C51 单片机，单击"OK"按钮，如图 4-12 所示。在弹出创建的提示窗口，选择"是"按钮，即可完成单片机型号的选取。

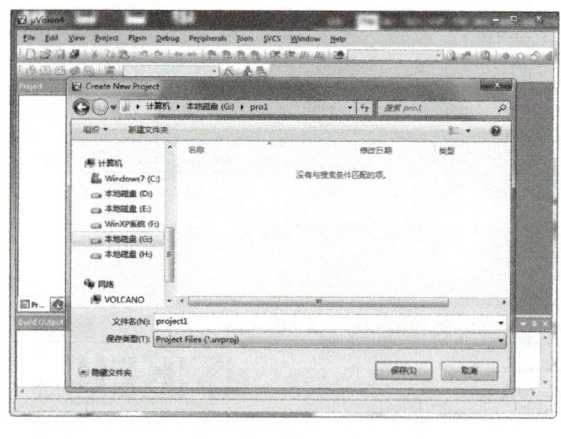

图4-11 "新建工程项目"对话框

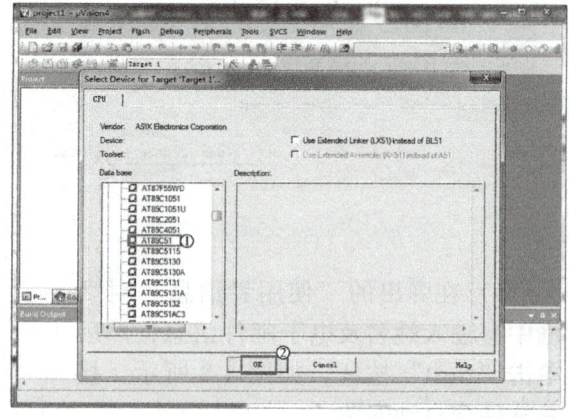

图4-12 "单片机选型"对话框

（3）创建并编写程序源文件　单击菜单"File"→"New"（或单击工具栏中新建文件按钮），会自动创建名为"Text1"的程序文件，如图 4-13 所示，在该文件内可以输入程序指令代码。

待源程序指令代码输入完毕后，单击菜单"File"→"Save"（或单击工具栏中"保存"按钮），在弹出的对话框中输入相应的文件名将源文件保存。由于 Keil 软件同时支持汇编语言和 C51 语言的编译，因此在源文件保存时尤其要注意文件扩展名的选择，如果源文件是采用 C51 语言编写的，文件名就必须要以.c作为扩展名，如 test.c；如果源文件是采用汇编语言编写的，文件名就必须要以.asm作为扩展名，如 test.asm；软件会根据文件扩展名判断文件所用编程语言的类型，并能自动进行识别和处理。

（4）添加源程序文件到工程中　在软件界面工程管理窗口（"Project"窗口）中，单击"Target1"前面的"+"号使其展开，选中"Source Group1"选项，单击右键，选择"Add Files To Group 'Source Group 1'"选项，打开"添加源程序文件"对话框，在弹出的窗口中选择刚刚新建立的源文件，单击："Add"按钮完成添加，如图 4-14 所示。

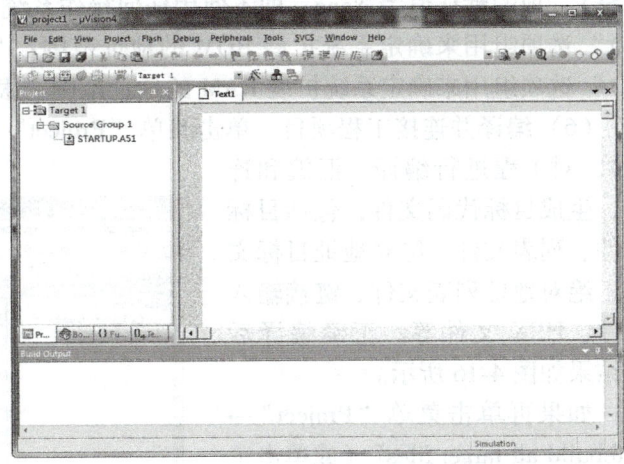

图 4-13　"新建源程序编辑文件"对话框

（5）设置工程项目属性　在工程管理窗口（"Project"窗口）中的"Target1"上单击鼠标右键，单击"Options for Target 'Target1'"，也可以直接单击工具栏中"目标属性"按钮，打开"项目属性"对话框，如图 4-15 所示。

在"Target（目标）"选项卡中，"Xtal（晶振）"项一般设置为实际硬件的晶振频率，本书实例中设置值为 12。"Memory Model（存储器模式）"项用于设置 RAM 的使用情况：Small（小型）为所有变量都存放在内部 RAM 中；Compact（紧凑型）为可以使用外部 RAM；Large（大型）为可以使用全部外部 RAM（即 XDATA）。"Code ROM Size（代码存储器）"项用于设置 ROM 空间的使用情况：Small（小型）为只使用低于 2KB 的 ROM 空间；Compact（紧凑型）为单个函数的代码量不能超过 2KB，整个程序可以使用 64KB 的 ROM 空间；Large（大型）为可用全部 64KB 的 ROM 空间。"Use ON-chip ROM（使用内部 ROM）"可选项为选择是否仅使用内部 ROM，选中该项不会影响目标代码量。"Operating system（操

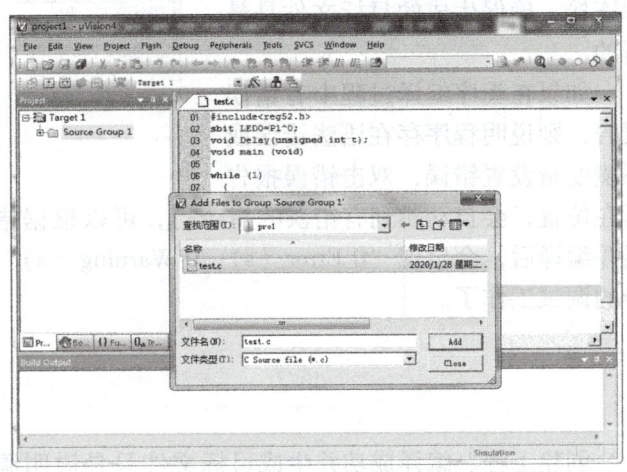

图 4-14　"添加源程序文件"对话框

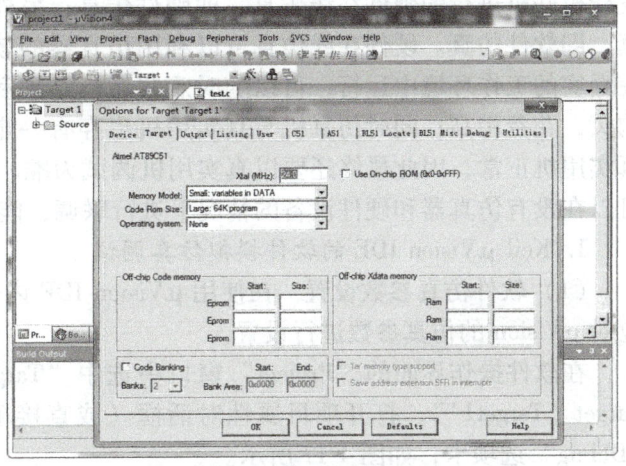

图 4-15　"项目属性"对话框

系统)"项的默认值为 None,即不使用任何操作系统。"Off-chip Code memory(外部代码存储器)"选项组用来确定系统扩展 ROM 的地址范围;"Off-chip Xdata memory(外部 Xdata 存储器)"选项组用来确定系统扩展 RAM 的地址范围,根据所用硬件来决定。

(6)编译并连接工程项目 单击菜单"Project"→"Build target"(或单击工具栏中编译按钮),对工程进行编译、汇编和连接,生成目标代码文件,包括目标文件、列表文件、绝对地址目标文件、绝对地址列表文件、链接输入文件、HEX 文件等。正确编译后的结果如图 4-16 所示。

如果再单击菜单"Project"→"Rebuild all target files"(或单击工具栏中"重新编译"按钮),则对当前工程中所有文件进行重新编译和连接,确保生成的目标文件是最新的。

如果在程序编译过程中有错误报告,则说明程序存在语法错误或环境变量设置错误,双击错误报告

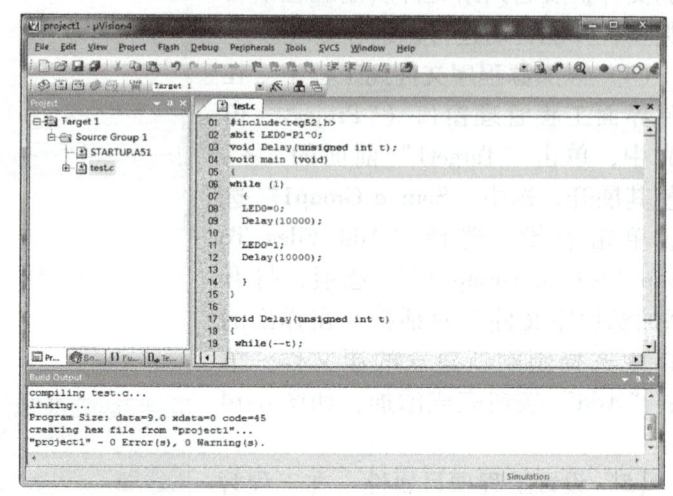

图 4-16 工程程序编译后的结果

所在位置,会自动跳到有错误的指令行,可以根据错误提示进行修改。对源程序反复修改无误并编译后,会出现"0 Error(s),0 Warning(s)"并生成 hex 文件,这样就可以进行下一步的调试工作了。

4.2 单片机应用程序仿真调试

创建工程、编译成功并生成目标文件只是说明源程序中没有语法错误,是否还存在其他错误或是否达到项目设计目标,还必须将系统软硬件结合起来进行纠错、检查和调试,即单片机应用程序的仿真调试过程。常用的仿真调试有两种:一种是通过单片机硬件仿真器与开发样机联机进行的硬件在线仿真,即硬件仿真;另外一种是在计算机上由软件进行的模拟仿真,即软件仿真。硬件在线仿真可以利用仿真器的软硬件完全模拟样机的工作状态,使样机在真实的工作环境中运行,可以随时观察运行结果和解决问题,但仿真器及实验设备需单独购买,花费稍高;同时仿真机与真实用机也存有一定的偏差,硬件仿真运行正常并不意味着真实用机正常,因此最终还要以真实用机调试为准。软件模拟仿真完全依赖计算机仿真软件,可以在没有仿真器和硬件设备的情况下进行联调,能适用于大多数软件开发应用。

1. Keil μVision IDE 的软件模拟仿真调试

(1)软件仿真参数设置 在使用 μVision IDE 内嵌的软件模拟仿真器进行仿真之前,首先应对 μVision 的仿真参数进行设置。

在软件操作界面的"Project"窗口中选中"Target1",单击鼠标右键,选择"Options for Target 'Target1'",打开项目属性对话框(或直接单击工具栏中"目标属性"按钮),选择"Debug"选项卡,如图 4-17 所示。

此处选中图中左边的"Use Simulator"选项,即为选择了软件模拟仿真方式。该界面的参

项目 4 单片机控制的电气装置装调维修

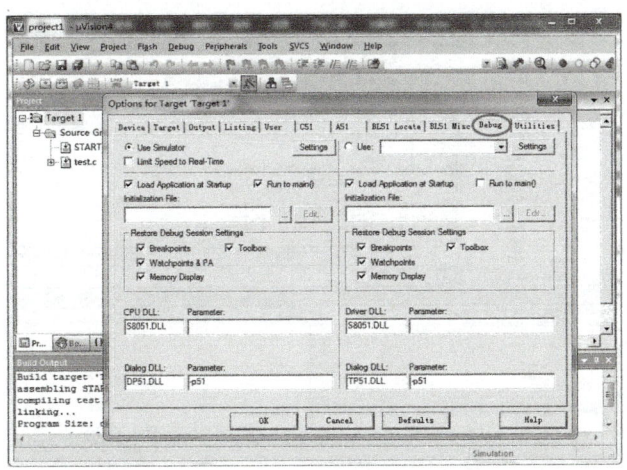

图 4-17 项目属性 "Debug" 选项卡

数介绍见表 4-1，待这些参数设置完毕后，单击"OK"按钮保存设置。

表 4-1 项目属性 "Debug" 界面参数介绍

参 数 名 称	参 数 含 义
Use Simulator	选择 μVision 的软件仿真器作为调试工具
Use	选择外部硬件仿真器作为调试工具
Settings	设置已选的软件或硬件仿真器的参数配置
Load Application at Startup	选中该选项以后，在启动 μVision 调试器时自动加载目标应用程序
Run to main( )	当启动调试器时，程序直接运行到 main 的入口处
Initialization File	调试程序时作为命令行输入的指定文件
Restore Debug Session Settings	恢复调试会话设置；包括 Breakpoints（断点）、Watchpoints（观察点）、Toolbox（工具栏）和 Memory Display（内存显示）4 项内容，可全部选中
Breakpoints	从前一个调试会话中恢复断点设置
Toolbox	从前一个调试会话中恢复工具框按钮
Watchpoints	从前一个调试会话中恢复观察点和性能分析仪的设置
Memory Display	从前一个调试会话中恢复内存显示设置
CPU DLL、Driver DLL、Dialog DLL Parameter	配置内部 μVision 调试 DLL。这些设置来源于设备数据库。用户能修改 DLL 或 DLL 的参数

（2）应用程序的仿真调试　工程完成编译与连接后，单击菜单"Debug"→"Start/Stop Debug Session"，则当前工程中的应用程序进入 μVision 的调试模式，如图 4-18 所示。

进入程序调试状态后，在软件的工具栏中增加了运行和调试工具，"Debug"菜单中的大多数命令都有对应的快捷工具按钮，这些调试工具按钮的功能见表 4-2。

下面将单片机应用程序仿真调试常用到的操作介绍如下。

1）单步调试程序。单击"跟踪"或"单步"工具按钮进行单步执行程序调试，每按一次按钮程序就会自动执行当前行并指向下一行。连续执行单步指令，就可以逐步观察到程序运行的结果及变化情况。

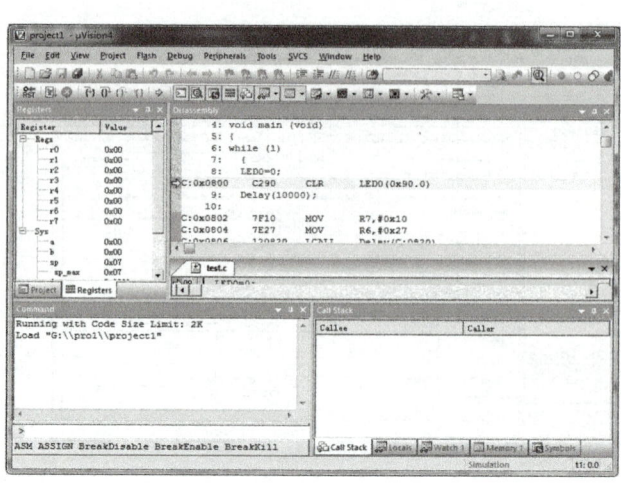

图 4-18　Keil 程序调试状态界面

表 4-2　调试工具按钮的功能

按钮	功　能	按钮	功　能
	复位		使所有断点失效
	全速执行程序		关闭所有断点
	停止代码执行		显示或隐藏命令窗口
	跟踪		显示或隐藏反汇编窗口
	单步		控制特殊功能寄存器显示窗口
	跳出当前函数		寄存器窗口
	运行到光标所在行		堆栈调用窗口
	下一状态（光标位置显示）		监视窗口
	设置断点		存储器窗口
	使断点生效或失效		串行口调试窗口

2）查看和修改寄存器。在软件界面左侧的调试信息显示窗口中，会显示出通用工作寄存器 R0~R7 以及特殊功能寄存器 A、B、SP、DPTR、PC 及 PSW 的值，这些值会随着程序的执行发生相应的变化。需要修改这些寄存器的值时，可以在寄存器的 Value 位置双击，直接输入数值即可，如图 4-19 所示。

3）查看外部 I/O 端口。在调试过程中，要查看外部 I/O 信号状态时，可以单击菜单"Peripherals"→"I/O Ports"→"Port0"~"Port3"，就可以打开 P0~P3 口状态对话框，直观地查看各端口的 I/O 状态值，如图 4-20 所示。

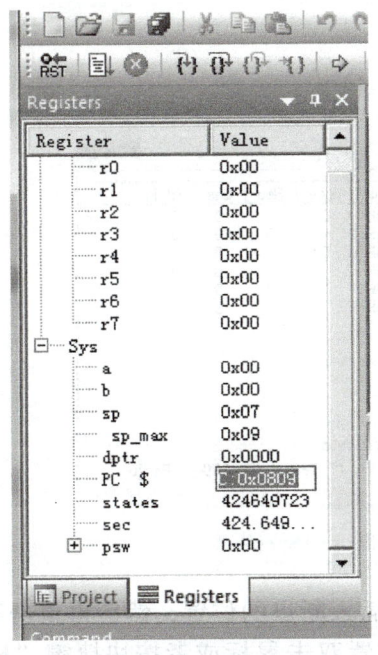

图 4-19　寄存器查看及修改界面

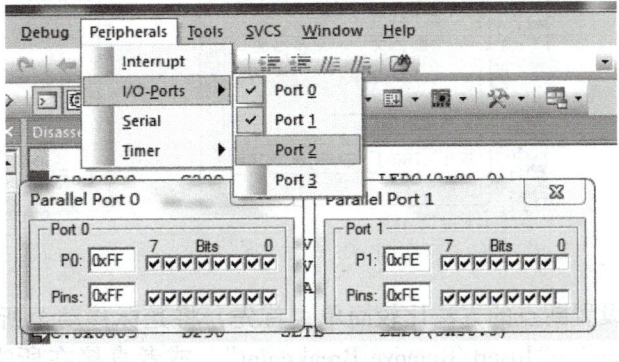

图 4-20　I/O 端口查看窗口

4）查看和修改变量。在程序调试过程中，有时需要查看某些变量值的变化情况，可以单击菜单"View"→"Watch Windows"→"Watch1"就可以打开变量监视窗口，如图 4-21 所示。在图示窗口中 double-click or F2 to add 位置双击或直接按"F2"键，就可以输入需要查看的变量，在对应变量后的 Value 处显示此时该变量的数值。

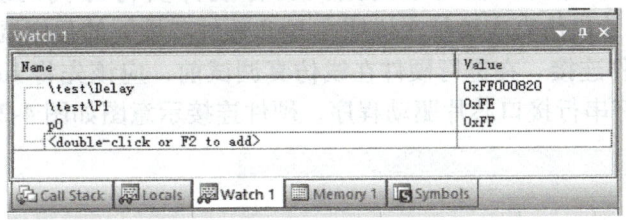

图 4-21　变量查看窗口

5）查看定时/计数器。单击菜单"Peripherals"→"Timer"→"Timer0"/"Timer1"，就可以打开定时/计数器 T0 或 T1 的状态对话框，用户可以根据定时/计数器的配置情况通过界面下拉菜单做相应的选择，直观地查看各定时/计数器的状态值，如图 4-22 所示。

6）查看中断情况。单击菜单"Peripherals"→"Interrupt"，就可以打开中断的状态对话框，在当前对话框中可以显示当前中断系统的基本情况，包括中断源、中断入口地址、中断模式、中断优先级和中断允许等，如图 4-23 所示。

7）断点操作。在程序调试过程中，有些指令必须要满足一定的条件才会执行，否则就会一直停在某位置，因此仅靠单步调试程序无法完成整个程序的调试工作，此时就需要借助断点来完成任务。所谓断点，就是在程序调试运行过程中设置一个暂停位置，使程序运行到该位置暂时停止，以方便查看当前程序运行状态及各寄存器的数据，能确定程序问题所在。

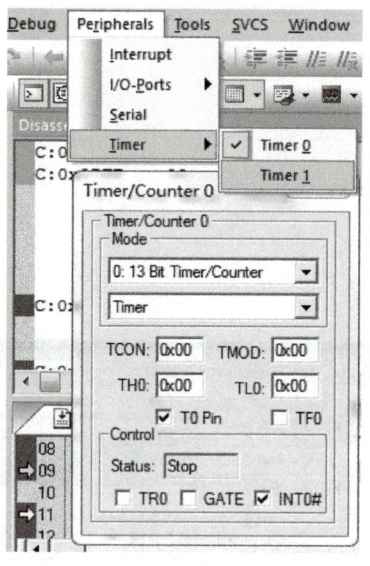

图 4-22　定时/计数器查看窗口　　　　图 4-23　中断查看窗口

设置断点的方法比较简单；首先，将光标移动至所需插入断点的位置，然后再单击菜单"Debug"→"Insert/Remove Breakpoint"，或者直接在所需位置双击鼠标或者按快捷键"F9"，就会在该程序行最左边出现一个红色小方块，即表示设置断点成功。再重新在该位置进行一次以上操作，就会删除该断点，如图 4-24 所示。

2. Keil μVision IDE 的硬件仿真调试

单片机应用程序硬件仿真调试是指通过 Keil 软件内嵌的硬件在线仿真调试接口将仿真器或下载仪与用户单片机系统连接，以串口方式与 Keil 进行通信，并下载程序到用户单片机系统中。利用 Keil 软件中的调试器可以对用户目标硬件实行源代码级的调试。下面就以 STC89C52 为核心的单片机仿真实验仪来说明在 Keil 软件环境下的程序调试方法。

（1）仿真调试硬件连接　在进行硬件在线仿真调试前，应该先将 Keil 软件仿真平台与仿真器连接完毕，安装好串行接口芯片驱动程序，硬件连接示意图如图 4-25 所示。

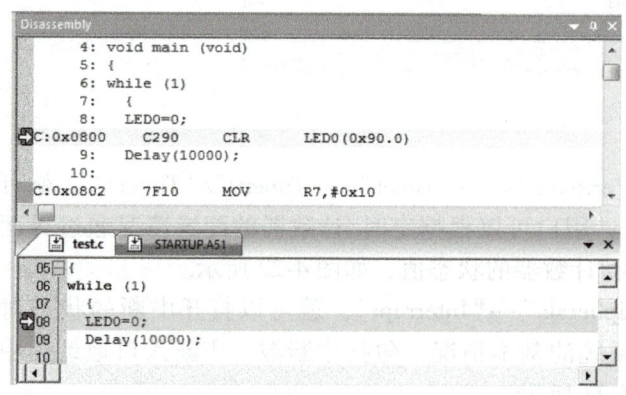

图 4-24　断点设置窗口

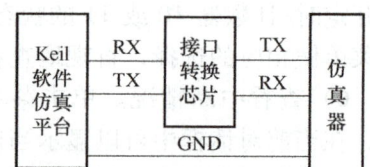

图 4-25　硬件连接示意图

（2）参数设置　在软件界面的"Project"窗口中选中"Target1"，单击鼠标右键，选择"Options for Target 'Target1'"，打开"项目属性"对话框（或直接单击工具栏中"目标属性"按钮），选择"Debug"选项卡，选中右侧的"Use:"选项，在其后侧的下拉菜单中选择

"Keil Monitor-51 Driver"（根据仿真器的类型选择），其他选项设置跟"Use Simulator"软件仿真相同，如图 4-26 所示。

以上设置完毕后，单击硬件在线仿真的"Settings"按钮，打开新的窗口如图 4-27 所示。其中 Port 为仿真器与 PC 连接的串口号（根据实际的连接口选择）。当默认选用单片机的晶振频率为 12MHz 时，Baudrate（波特率）设置为 38400；若频率为 6MHz，Baudrate 应设置为 18400。Cache Options 的 4 项内容可以任选，推荐全部选中，单击"OK"按钮确定。

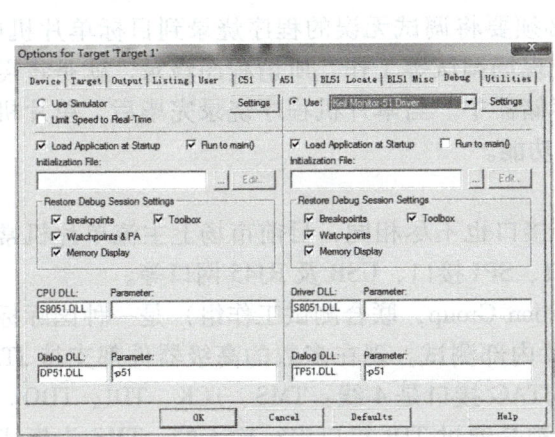

图 4-26　Debug 硬件仿真设置界面

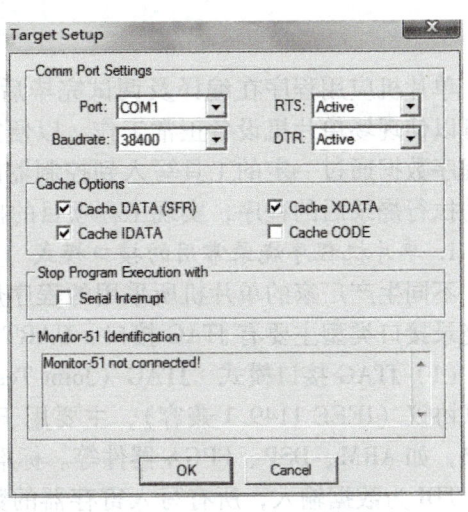

图 4-27　Settings 设置界面

（3）开始调试　将仿真器及实验设备的电源打开，在工程项目编译连接成功后，单击菜单"Debug"→"Start/Stop Debug Session"，就进入仿真状态，如图 4-28 所示。

若出现图 4-29 所示对话框，说明硬件连接或系统设置有问题，应仔细检查并排除错误后，再对硬件系统复位一次，关闭总电源开关 2s 后，重新打开电源，然后按图中所示的"Try Again"按钮，即可进入仿真调试界面。

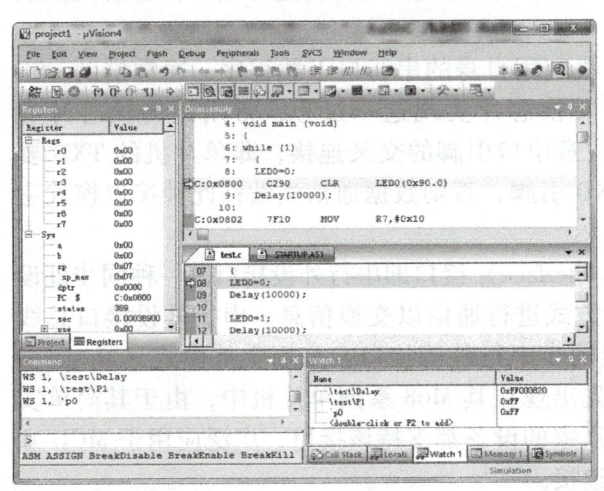

图 4-28　仿真调试界面

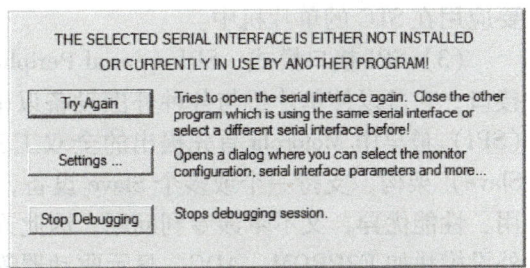

图 4-29　硬件调试错误信息界面

仿真器和 Keil 连接成功后，便可以实时在线仿真实验板上的所有硬件资源。硬件资源的调式方法和步骤与模拟仿真基本相同,可以采用如单步、跟踪、运行到光标处、全速、断点等多种方式调试程序,在调试窗口、变量观察窗口和数据存储区窗口观察各种变量的变化状况。

利用 Keil μVision 强大的在线仿真调试功能,通过仿真器调试程序时,不需回到编译状态,可随时在仿真调试环境下修改、观察所有的存储器数据和程序,十分简捷、方便。

4.3 单片机应用程序烧录

单片机应用程序在编译及调试完毕后,必须要将调试无误的程序烧录到目标单片机中,才可以使现场单片机设备正常工作,以便完成现场调试等工作。所谓程序烧录,就是将需要的程序数据通过一定的工具写入到控制器的存储器中。当单片机程序烧录完毕后,单片机就自动执行烧录后的程序,实现工程项目的控制功能。

1. 单片机程序烧录常用的接口模式

不同生产厂家的单片机所采用的程序烧录接口也不尽相同,目前市场上主流单片机常用的烧录接口类型主要有 JTAG 接口、UART 串口、SPI 接口、USB 及 RJ45 网口等。

(1) JTAG 接口模式 JTAG(Joint Test Action Group,联合测试工作组)是一种国际标准测试协议(IEEE 1149.1 兼容),主要用于芯片内部测试。现在多数的高级器件都支持 JTAG 协议,如 ARM、DSP、FPGA 器件等。标准的 JTAG 接口是 4 线:TMS、TCK、TDI、TDO。其中,TDI 为数据输入,所有写入寄存器的数据都是通过 TDI 接口串行输入的;TMS 为模式选择,Jlink 输出给目标 CPU 的时钟信号;TCK 为时钟信号,所有数据的输入输出都是以该时钟信号为基准的;TDO 为数据输出,所有从寄存器读出的数据都是通过 TDO 接口串行输出的。

JTAG 最初是用来对芯片进行测试的,它允许多个器件通过 JTAG 接口串联在一起,形成一个 JTAG 链,能实现对各个器件分别测试。JTAG 接口还常用于实现 ISP(In-System Programmer,在系统编程)对 FLASH 等器件进行编程。JTAG 编程方式是在线编程,传统生产流程中先对芯片进行预编程然后再装到板上,简化的流程为先固定器件到电路板上,再用 JTAG 编程,从而大大加快工程进度。JTAG 接口可对 DSP 芯片内部的所有部件进行编程,目前大多数比较复杂的器件都支持 JTAG 协议。

(2) UART 串口模式 这种模式就是单片机利用自身的串行口下载程序,通常借助 USB 接口与计算机连接,因此需要采用 USB-TTL 转换芯片实现这一过程,常用的转换芯片有 MAX232、CH340 等。在硬件接线时,一定要注意串口引脚的交叉连接,即单片机的 TXD 要接串口 RXD 引脚,单片机的 RXD 要接串口 TXD 引脚,否则数据通信失败;此种接口模式主要应用在 STC 的单片机中。

(3) SPI 接口模式 SPI(Serial Peripheral Interface)接口即串行外设接口是一种同步外设接口,它可以使单片机与各种外围设备以串行方式进行通信以交换信息。串行外设接口总线(SPI)最早由 Motorola 首先提出的全双工三线同步串行外围接口,采用主从模式(Master—Slave)架构,支持一个或多个 Slave 设备,首先出现在其 M68 系列单片机中,由于其简单实用、性能优异,又不牵涉专利问题,因此许多厂家的设备都支持该接口,广泛应用于 MCU 和外设模块如 E2PROM、ADC、显示驱动器等的连接。

SPI 接口和计算机的现有通信口都不兼容,因此要把 PC 的端口通过电路转换成 SPI 方式,因此在使用中都有一个转换器将并口、串口或 USB 口转换成 SPI 下载。Atmel 和 PIC 单片机常用该种模式烧录程序。

(4) 其他方式　除以上几种接口模式外，还有 USB 及 RJ45 网口下载等方式，这些接口方式往往需要单片机具备与之对应的端口，同时还要编写对应的驱动程序后才能够使用这些接口，因此，常用于高端复杂的单片机中，入门级单片机较少使用。

2. 常用单片机程序烧录方式

单片机程序烧录方式主要有三种：ICP（In Circuit Programing）在电路编程、IAP（In Applicating Programing）在应用编程、ISP（In System Programing）在系统编程。

(1) ICP 在电路编程　这种允许使用商业编程器来实现编程和擦除功能，而无需将微控制器从系统中移出，可完全由微控器硬件完成，不需要外部引导器。在电路编程方式使用时，只要编程对象 MCU 处于上电状态，就可以对整颗芯片的存储器单元进行烧录。

(2) IAP 在应用编程　IAP 在应用编程是指 MCU 可以在系统中获取新代码并对自己重新编程，即可用程序来改变程序。IAP 技术是从结构上将 Flash 存储器映射为两个存储体，当运行一个存储体上的用户程序时，可对另一个存储体重新编程，之后将程序从一个存储体转向另一个存储体。

实现 IAP 技术的核心是一段预先烧写在单片机内部的 IAP 程序。这段程序主要负责与外部的上位机软件进行同步，然后通过外设通信接口将来自于上位机软件的程序数据接收后写入单片机内部指定的闪存区域，然后再跳转执行新写入的程序，最终就达到了程序更新的目的。

(3) ISP 在系统编程　ISP 在系统编程是指开发人员可以直接在电路板上对芯片进行编程，而不用把芯片拆下来放到烧写器中，即烧录对象不用脱离系统就可以完成程序数据的写入，所以称为"在系统编程"。它是对整个程序的擦除和写入，通过单片机专用的串行编程接口对单片机内部的存储器进行编程。即使芯片焊接在电路板上，只要留出和上位机接口的串行口就能进行烧写。

ISP 技术的优势是不需要编程器就可以进行单片机的实验和开发，单片机芯片可以直接焊接到电路板上，调试结束即成成品，免去了调试时由于频繁地插入、取出芯片对芯片和电路板带来的不便。

3. 典型单片机程序烧录步骤

本例以国内最常用的 STC 单片机为例，介绍单片机应用程序烧录的具体步骤；其他类型单片机程序烧录步骤与此相似，此处不再叙述，请读者自行体验。

STC 单片机烧录接口采用的是 UART 串口模式及 ISP 在系统编程方式，而当前大部分计算机都不带有串行口，因此需要借助 USB 口实现串行口的功能，即将 PC 上的 USB 口转换成单片机的 TTL 电平，常采用的转换芯片有 MAX232、CH340 及 PL2303 等。

(1) 生成 .hex 文件　单片机应用程序经过正确的编译及调试后，会在工程项目所处文件夹下生成 .hex 文件，该文件即为待烧录至单片机中的目标文件，如图 4-30 所示。

(2) 硬件连接并查询 COM 口　将 USB-TTL 转换电路板卡或单片机开发板通过 USB 连接线与计算机相连，根据提示正确安装转换芯片的驱动程序；桌面鼠标右键单击"计算机"，选择"设备管理器"，再双击右边的"端口（COM 和 LPT）"，就可以查看到 USB 转串行口的 COM 端口号（本例为 COM3），如图 4-31 所示。

(3) STC 单片机程序烧录　从 STC 单片机官方网站下载专用烧录软件并打开，程序烧录前要进行以下参数设置：单片机型号（此例为 STC89C52RC）、串口号（此例为 COM3）、最低和最高波特率、打开程序文件（此例选择 project1.hex，见图 4-30），如图 4-32 所示。

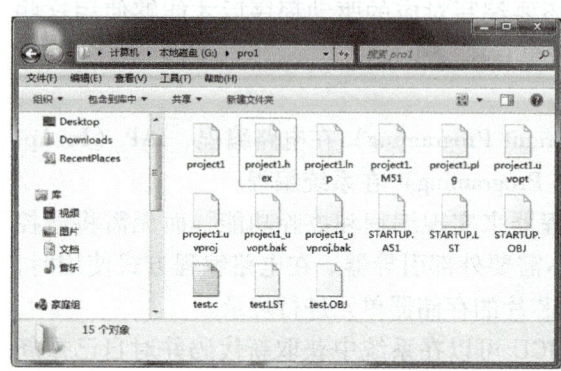

图 4-30　已生成的 hex 文件

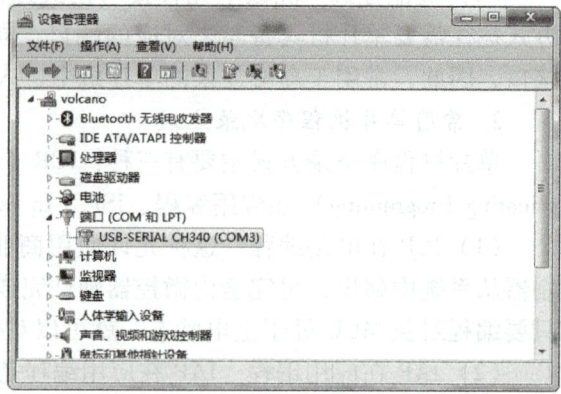

图 4-31　查询 COM 端口号

待以上设置完毕后，单击软件界面下方的"下载/编程"按钮，然后再按下单片机的电源开关，使单片机正常通电，这时程序就会下载到单片机中。图 4-33 所示为单片机程序烧录成功界面。

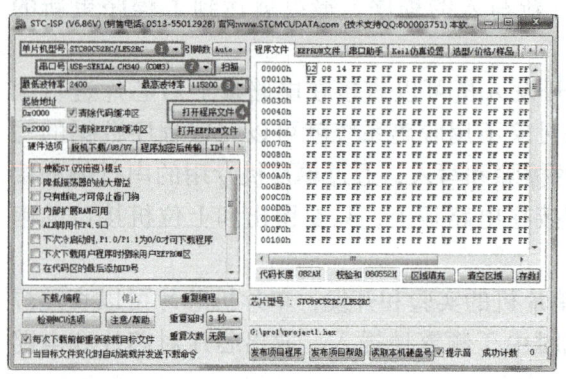

图 4-32　烧录软件设置界面

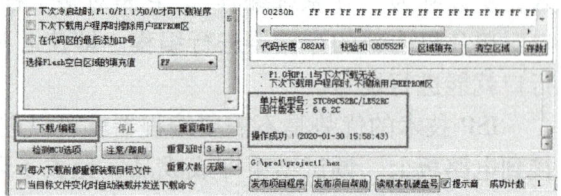

图 4-33　程序烧录成功界面

4.4　综合技能训练

技能训练 1　基本指令的单片机程序调试

1. 训练目的

熟悉和掌握单片机常用的仿真编译软件 Keil 的使用方法，用单片机基本指令编写应用程序，具备独立用 Keil 软件完成工程项目的建立、程序的编写及编译、仿真调试的能力，能够熟练完成单片机应用程序的烧录过程。

2. 训练内容

1）用 Keil uVision4 软件新建应用程序工程。

2）用基本指令编写一基于单片机控制的流水灯的程序。

3）完成程序的编译与调试。

4）完成硬件电路连接，烧录程序实现功能验证。

项目 4　单片机控制的电气装置装调维修

3. 软硬件准备

PC 一台，51 系列单片机开发实验板或组装元器件（单片机最小系统、LED 发光二极管、系列电阻、导线等），Keil 软件和烧录软件等。

4. 任务分析

1）流水灯，即让发光二极管循环点亮，也就是第 1 个发光二极管点亮约 0.5s 后，第 1 个发光二极管在灭的同时第 2 个发光二极管点亮，在经过 0.5s 后第 2 个灭的同时第 3 个再亮，如此循环下去，直到第 8 个发光二极管点亮，并重复上述过程。此过程建议采用循环指令实现，0.5s 的时间差可用软件延时的方法。

2）Keil 软件的使用方法和步骤。软件的使用、程序烧录过程参照前面描述。

5. 参考电路

硬件电路如图 4-34 所示。

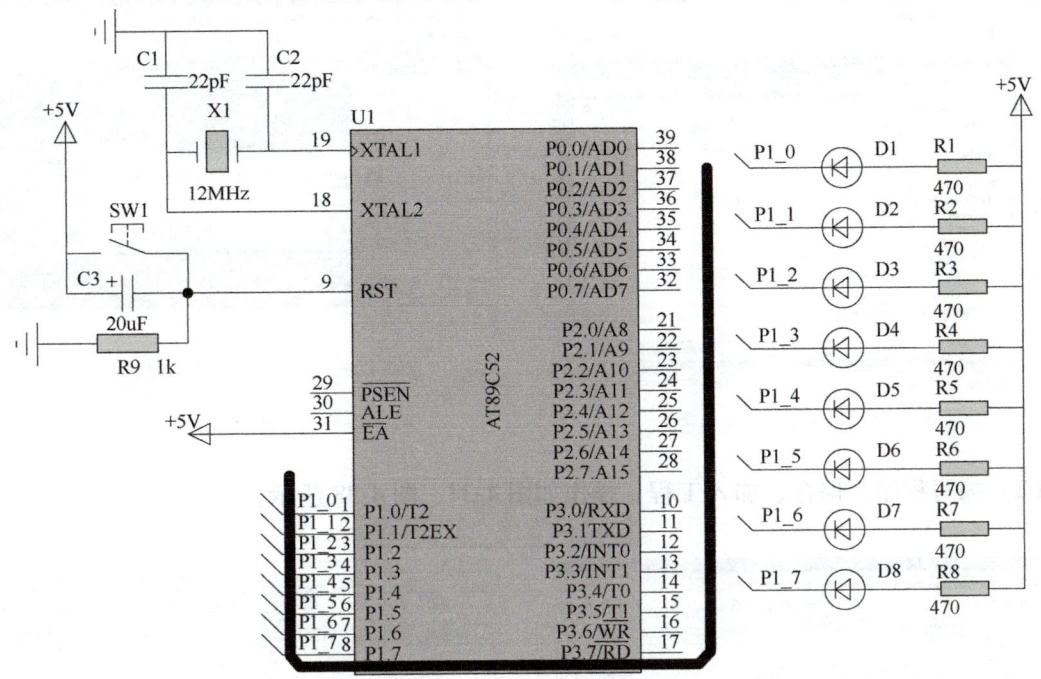

图 4-34　硬件电路

6. 参考程序

参考程序如下：

```
        ORG     0000H
        JMP     START
        ORG     0100H
START:  MOV     A,#0FEH
LOOP:   MOV     P1,A
        ACALL   DELAY
        RL      A
        AJMP    LOOP
```

```
DELAY:  MOV   R0,#05
DEL1:   MOV   R1,#200
DEL2:   MOV   R2,#250
DEL3:   DJNZ  R2,DEL3
        DJNZ  R1,DEL2
        DJNZ  R0,DEL1
        RET
        END
```

7. 操作步骤

（1）新建工程　操作如图 4-35、图 4-36 所示。

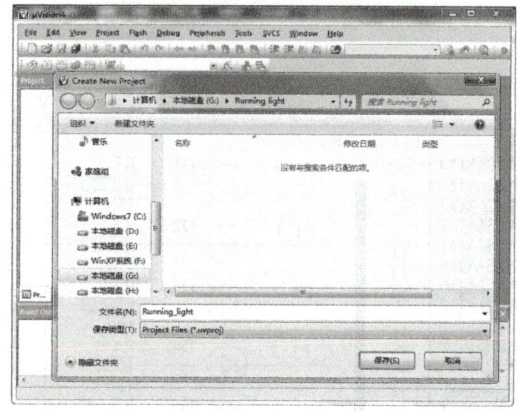

图 4-35　工程目录及名称

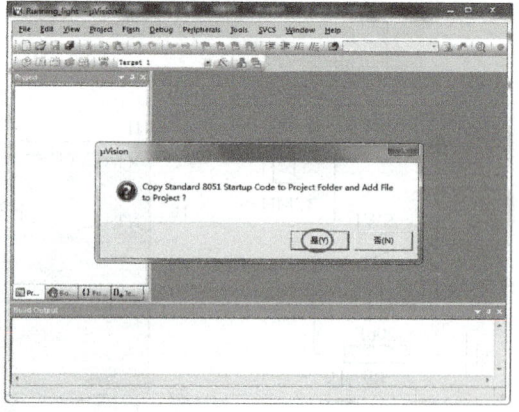

图 4-36　加载单片机初始化文件

（2）编写程序、保存、加入工程　操作如图 4-37、图 4-38 所示。

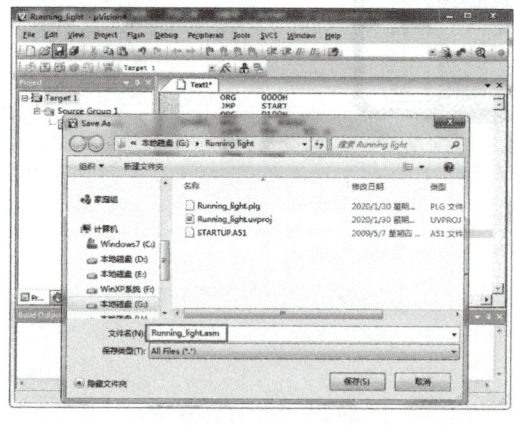

图 4-37　保存程序文件

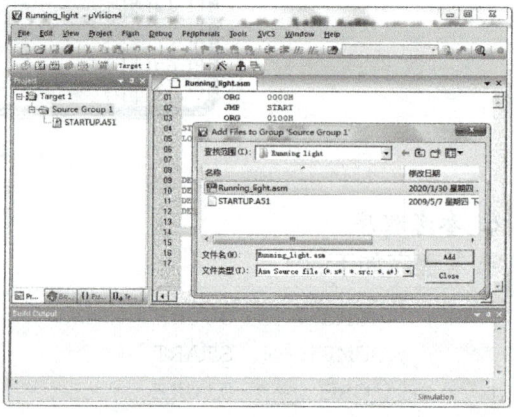

图 4-38　添加程序到工程

（3）设置参数、程序编译　操作如图 4-39、图 4-40 所示。

（4）仿真调试程序　操作如图 4-41、图 4-42 所示。

（5）搭建硬件电路并烧录程序　操作如图 4-43、图 4-44 所示。

项目4　单片机控制的电气装置装调维修

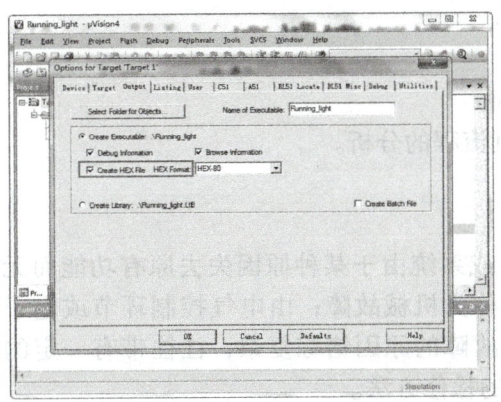

图 4-39　项目参数设置

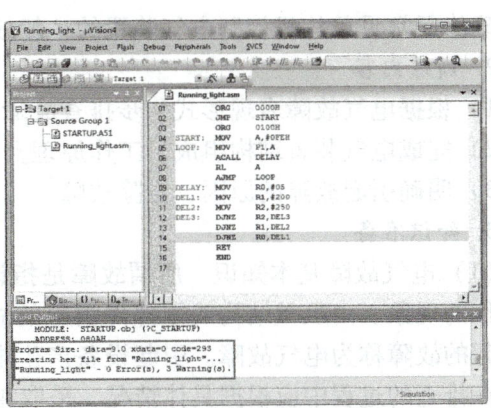

图 4-40　程序编译

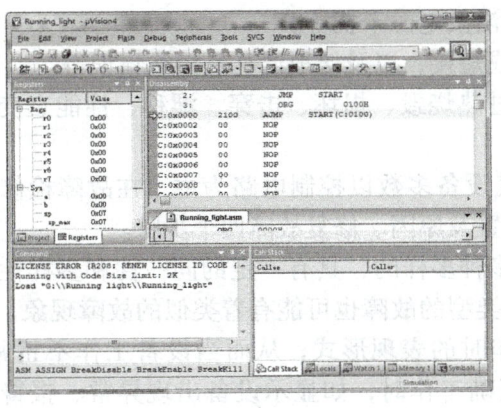

图 4-41　程序仿真调试

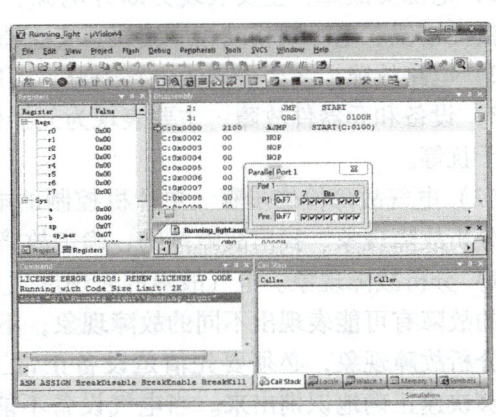

图 4-42　查看 P1 口状态

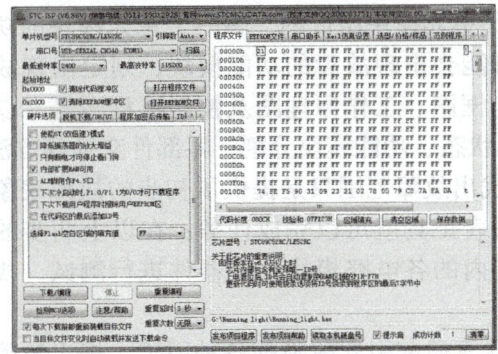

图 4-43　程序烧录

图 4-44　硬件接线及验证

技能训练2　单片机控制的电气装置电气故障排除

1. 训练目的

掌握单片机控制的电气装置电气故障的表现形式、排查步骤、检修方法和技巧；能够独立分析单片机控制的电气装置电气工作原理图、控制流程图及控制程序等；具备使用电工仪器仪表、电工工具检修电气装置的能力；具备正确识别、检测、选择及替换元器件的能力；

能正确修复常见单片机控制电气装置的一般故障。

2. 训练内容

1）根据电气故障表现形式初步排查故障原因。

2）完成电气装置结构组成、工作原理及控制流程的分析。

3）明确引起故障的原因，排除故障。

3. 知识准备

（1）电气故障基本知识 所谓故障是指设备或系统由于某种原因失去原有功能而无法正常工作的现象。由机械结构或零部件引起的故障称为机械故障；由电气控制环节或电子元器件引起的故障称为电气故障。引起设备产生电气故障的原因错综复杂，往往带有一定的随机性，在排查的过程中应根据具体情况，采取相应的检修方法。

根据电气装置结构组成特点，以电气故障的排查为出发点，常见的电气故障可分为三类：

1）电源类故障：主要表现为断开电源、电源电压高低、电源功率大小、电源频率偏差、电源极性错误、电源缺相或相序错误、交直流混淆及电源干扰等。

2）电路故障：主要表现为电路断路、短路或短接，以及接地混乱及接线错误等。

3）设备和元器件故障：主要表现为元器件过热烧毁、损坏、击穿、漂移、性能衰变、强电磁干扰等。

（2）电气故障检修步骤 单片机控制的电气设备多数以控制电路为主，在故障检修时常采用分析故障现象、找出故障范围、确定故障位置及原因、修复故障四个步骤。

1）分析故障现象。电气故障的表现形式是多种多样的，具有一定的同一性和多样性；同类型的故障有可能表现出不同的故障现象，不同类型的故障也可能有着类似的故障现象。

分析故障现象，必须要先清楚设备正常工作时的表现形式，从而当设备工作不正常时，才能够快速正确地识别出来。当电气设备不能正确工作时，如显示设备出现异常、报警灯突然亮起、报警声音响起、产生异常振动或气味等。必须知道设备在正常情况下是如何工作的，应如何正确操作和控制设备，从而确定故障的真实存在。

2）找出故障范围。多数电气设备都是由若干单元模块组成的，每一个单元模块的功能也相对固定，因此，可以根据故障现象初步判定可能会出现故障的功能模块，划定出现故障的范围。在这一过程中，需要认真分析设备的功能框图、工作原理图及控制流程图等，以便锁定故障模块；通常采用检查设备外观、查看电源状态、功能模块分割、零部件交换等方法。

3）确定故障位置及原因。分析故障现象和找出故障范围只是提供了初步的故障表象信息和可能产生故障的功能模块范围，基本上不用仪表工具就可以完成任务；在以上两步的基础上，要借助各类仪器仪表或检测工具对故障范围内的各电路模块及元器件进行测试，找出产生故障的具体位置，分析故障产生的原因。

4）修复故障。在找出故障原因的基础上，认真研究引起故障的各种因素，提出故障修复方案，借助维修工具消除故障，使电气设备恢复正常工作状态。

（3）电气故障检查方法 对于单片机控制的电气装置，常采用以下方法进行电气故障检查。

1）直接观察检查法。直接观察检查法通常是电气故障检查的开端，也是最基本、最直接、最重要的一种方法，主要是通过问、看、听、嗅、触来判断故障可能发生的原因和位置，记录其发生时的故障现象，从而有效地制定解决办法。这种方法主要是凭借人的感官对电气设备故障进行诊断，由此又称为直接观察检查法。

2）替换比较法。替换比较法就是使用完好的元器件去替换可能有故障的元器件，以判断故障可能出现的位置和原因。若代换后故障排除，则说明可疑元器件确实损坏；如果代换后故障依旧存在，说明可能另有原因，需要进一步核实检查。

3）信号追踪法。信号追踪法是应用最为广泛的一种检修方法，具体方法是：为待测设备输入相关的信号，通过对该信号处理过程的分析和判断，检查各级处理电路的输出端有无该信号，从而判断故障所在。该方法遵循的基本判断原则是，若一个元器件输入端信号正常，而无输出，则可怀疑该元器件损坏。

4）直接测量法。直接测量法是用仪表仪器对电气设备进行测量检查。通过仪表测量的参数值与正常数据做对比，来确定故障原因和部位。仪表仪器的种类很多，常用仪表有万用表、钳形电流表、绝缘电阻表等。测量对象主要是电阻、电流或电压等；通过测量电阻值、电流值及电压值与电气设备所要求的值相比较，来判断出待测设备中的故障范围或故障元器件。

（4）常见元器件失效分析

1）半导体器件。半导体器件的常见失效类型大致可划分为 6 大类，即开路、短路、无功能、特性劣化、重测合格率低和结构不好等。其失效原因可以分为以下 6 种：

① 设计问题：原理图、电路和结构等方面存在设计缺陷。

② 元器件本身原因：二次击穿、CMOS 闭锁效应、中子辐射损伤、重金属污染和材料缺陷引起的结构性能退化、瞬间功率过载等。

③ 元器件表面变化：钠离子污染引起沟道漏电、γ 辐射损伤、表面击穿（蠕变）、表面复合引起小电流增益减小等。

④ 金属化系统：铝电迁移、铝腐蚀、铝划伤、铝缺口、台阶断铝、过电应力烧毁等。

⑤ 封袋原因：引脚腐蚀、漏气、壳内有外来物引起漏电或短路等。

⑥ 使用引起的损坏：静电损伤、电浪涌损伤、机械损伤、过高温度引起的破坏、干扰信号引起的故障、焊剂腐蚀引脚等。

2）电阻器。电阻器是一种发热元件，在电气设备中使用较多，由电阻器失效导致设备故障的比率也相当高，据统计约占 15%。电阻器失效与其产品的结构、工艺特点、使用条件等有密切关系。电阻器失效可分为两大类，即致命失效和参数漂移失效。其失效主要有以下 4 类：

① 碳膜电阻器：引线断裂、基体缺陷、膜层均匀性差、膜层刻槽缺陷、膜材料与引线端接触不良、膜与基体污染等。

② 金属膜电阻器：电阻膜不均匀、电阻膜破裂、基体破裂、电阻膜分解、银迁移、电阻膜氧化物还原、静电荷作用、引线断裂、电晕放电等。

③ 线绕电阻器：接触不良、电流腐蚀、引线不牢、线材绝缘不好等。

④ 可变电阻器：接触不良、焊接不良、接触簧片破裂或引线脱落、杂质污染、环氧胶不好、轴倾斜等。

3）电容器。电容器常见的失效模式主要有击穿、开路、电参数退化、电解液泄漏及机械损坏等。导致这些失效的主要原因有：

① 击穿：介质中存在疵点、缺陷、杂质或导电粒子；介质材料的老化；金属离子迁移形成导电沟道或边缘飞弧放电；介质材料内部气隙击穿或介质电击穿；介质在制造过程中机械损伤；介质材料分子结构的改变。

② 开路：引出线与电极接触点氧化层造成低电平开路；引出线与电极接触不良或绝缘；电解电容器阳极引出金属箔因腐蚀而导致开路；工作电解质干涸或冻结；在机械应力作用下工作电解质和电介质之间瞬时开路。

③ 电参数退化：潮湿或电介质老化与热分解；电极材料的金属离子迁移；残余应力存在和变化；表面污染；材料的金属化电极的自愈效应；工作电解质的挥发和变稠；电极的电解

腐蚀或化学腐蚀；杂质和有害离子的影响。

4）继电器。

① 接触不良：触点表面嵌藏尘埃污染物或介质绝缘物、有机吸附膜及碳化膜、摩擦聚合物、有害气体污染膜、电腐蚀、接触簧片应力松弛等使接触压力减小。

② 触点黏结：火花及电弧等引起接触点熔焊、电腐蚀严重引起触点咬合锁紧、接触焦耳热引起触点熔焊、分子间引力范德华力冷焊。

③ 灵敏度恶化：水蒸气在低温时冻结、衔铁运动失灵或受阻、剩磁增大影响释放灵敏度。

④ 触点误动作：结构部件在应力下产生谐振。

⑤ 接触簧片断裂：簧片有微裂纹、材料疲劳破坏、有害气体在温度和湿度条件下产生的应力腐蚀、弯曲应力在温度作用下产生应力松弛。

⑥ 线圈断线：潮湿条件下的电解腐蚀与有害气体腐蚀。

⑦ 短路（包含线圈短路）：线圈两端的引出线焊接头接触不良、电磁线漆层有缺陷、绝缘击穿引起短路、导电异物引起短路。

⑧ 线圈烧毁：线圈绝缘的热老化、引出线焊头绝缘不良引起短路而烧毁。

5）开关类器件。

① 接触不良：接触表面尘埃沉积、有害气体吸附膜、摩擦粉末堆积、焊剂污染、触点腐蚀、接触簧片应力松弛、火花及电弧的烧损。

② 绝缘不良（漏电、电阻低、击穿）：表面有尘埃和焊剂等污染物且受潮、有机材料检出物及有害气体吸附膜与表面水膜融合形成离子性导电通道、吸潮长霉和绝缘材料老化及电晕和电弧烧灼炭化。

③ 接触瞬断：弹簧结构及构件谐振。

④ 弹簧断裂：弹簧材料的疲劳损坏和脆裂。

⑤ 吊克力下降（对于连接器）：接触簧片应力松弛、错插和反插及斜插使弹簧过度变形。

⑥ 动触刀断头（对于夹压型波段开关）：机械磨损、火花和电弧烧损。

⑦ 跳步不清晰（对于开关）：凸轮弹簧或钢珠压簧应力松弛、凸轮弹簧或钢珠压簧疲劳断裂。

⑧ 绝缘材料破损：绝缘体存在残余应力、绝缘老化、焊接热应力。

4. 典型故障检修案例

（1）单片机控制的电风扇故障检修　某单片机控制的摇头电风扇无法正常工作，检修过程如下：

1）检查故障现象。接通电风扇电源，按下起动开关，发现电风扇电动机可以正常工作，显示器显示正常，风速调节功能正常，但是无法实现风扇的摇头动作，摇头电动机不工作。

2）查找故障范围。根据故障现象对该装置的电路原理图进行认真分析，如图4-45所示。由控制原理可知风扇电动机能正常工作，说明电源供电没问题，即稳压供电模块LM7805无故障；显示器、风速调节均正常，说明单片机系统也能正常工作。因此，该故障范围应该位于摇头电动机控制部分。

3）确定故障位置及原因。由风扇工作原理可知，摇头电动机控制电路的主要元器件包括：摇头电动机、电动机驱动芯片LM298、摇头控制按键SW4、单片机引脚P1.2和P1.3。为确定故障位置，检测方法及步骤为：

① 用万用表测量摇头电动机两端供电电压是否正常；若正常，采用电阻法判断电动机是否损坏，若损坏，更换电动机或检修电动机，同时要检测摇头电动机供电线路中的四个泄流二极管是否正常，排除是否由于电动机正反转形成的反向电流而造成电动机损坏；如果不正

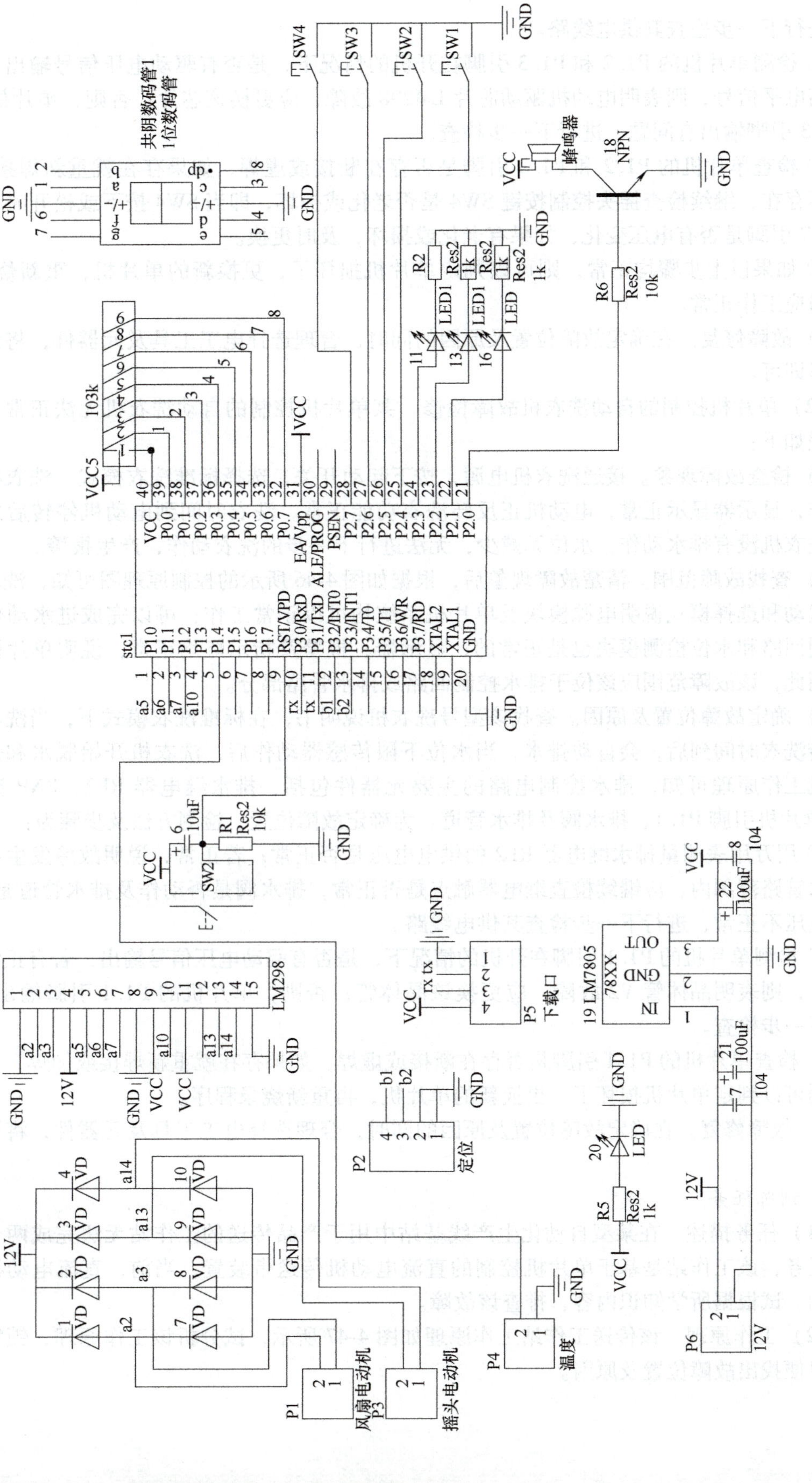

项目4 单片机控制的电气装置装调维修

图 4-45 单片机控制电风扇工作原理

常，进行下一步检查其供电线路。

② 检测单片机的 P1.2 和 P1.3 引脚在开机的情况下，是否有驱动电压信号输出，若有正常的高电平信号，则表明电动机驱动芯片 LM298 故障，应更换该芯片；否则，单片机的 P1.2 和 P1.3 引脚输出有问题，进行下一步检查。

③ 检查单片机的 P1.2 和 P1.3 引脚是否存在断接或虚焊，如果存在就重新焊接或加焊，如果不存在，继续检查摇头控制按键 SW4 是否老化或损坏，即当 SW4 按下或松开时检查单片机 P2.7 引脚是否有电压变化，如果有老化或损坏，及时更换。

④ 如果以上步骤均正常，则可以判定单片机损坏了，更换新的单片机，重新烧录程序，电风扇应工作正常。

4）故障修复。在确定故障位置及原因的同时，合理选择电工工具及元器件，将该故障修复完毕即可。

（2）单片机控制的自动洗衣机故障检修　某单片机控制的自动洗衣机无法正常工作，检修过程如下：

1）检查故障现象。接通洗衣机电源，按下起动开关，选择标准洗衣模式，洗衣机可以正常工作，显示器显示正常，电动机正反转洗衣功能正常，洗衣时间到电动机停转后发出警报声，洗衣机没有排水动作，水位无减少，无法进行下一步的洗衣动作，产生报警。

2）查找故障范围。清楚故障现象后，根据如图 4-46 所示的控制原理图可知，洗衣机可以正常起动和选择模式说明电源模块及单片机系统均可以正常工作；可以完成进水动作说明进水控制回路和水位检测模块也是正常的；显示器、报警及指示灯均正常，说明单片机工作正常；因此，该故障范围应该位于排水控制回路或排水管路部分。

3）确定故障位置及原因。查找该型号洗衣机说明书，在标准洗衣模式下，当洗衣电动机正反转洗衣时间到后，会自动排水，当水位下限传感器动作后，洗衣机开始脱水和烘干。由洗衣机工作原理可知，排水控制电路的主要元器件包括：排水继电器 RL2、PNP 型晶体管 V2、单片机引脚 P1.1、排水阀及排水管道。为确定故障位置，检测方法及步骤为：

① 用万用表测量排水继电器 RL2 的供电电压是否正常；若正常，说明故障发生在排水阀及排水管路范围内，应继续检查继电器触点是否正常，排水阀是否动作及排水管道是否堵塞；如果电压不正常，进行下一步检查其供电线路。

② 检测单片机的 P1.1 引脚在开机的情况下，是否有驱动电压信号输出，若有正常的高电平信号，则表明晶体管 V2 故障，应更换该晶体管；否则，单片机的 P1.1 引脚输出有问题，进行下一步检查。

③ 检查单片机的 P1.1 引脚是否存在断接或虚焊，如果存在就重新焊接或加焊，如果不存在，则可以判定单片机损坏了，更换新的单片机，再重新烧录程序。

4）故障修复。在确定故障位置及原因的同时，合理选择电工工具及元器件，将该故障修复即可。

5. 训练任务

（1）任务描述　在某型自动化生产线基站中用于产品传送的工作站无法完成两个方向的传送任务，该工作站是基于单片机控制的直流电动机传送带装置，当前，直流电动机只能反向转动。试根据所学知识内容，排查该故障。

（2）工作原理　该传送工作站工作原理如图 4-47 所示，试分析该工作原理，锁定故障范围，以便找出故障位置及原因。

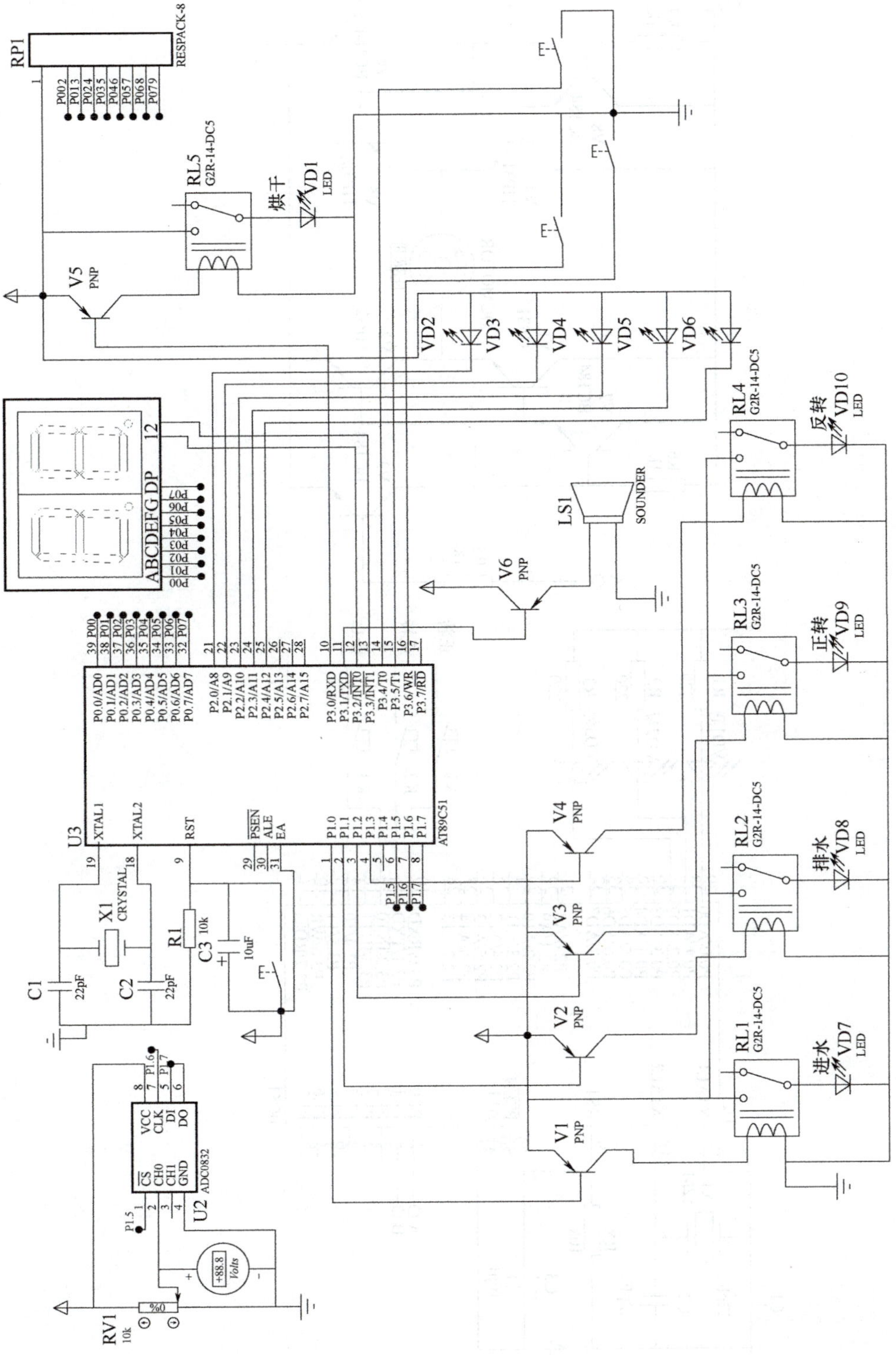

项目 4　单片机控制的电气装置装调维修

图 4-46　单片机控制自动洗衣机工作原理

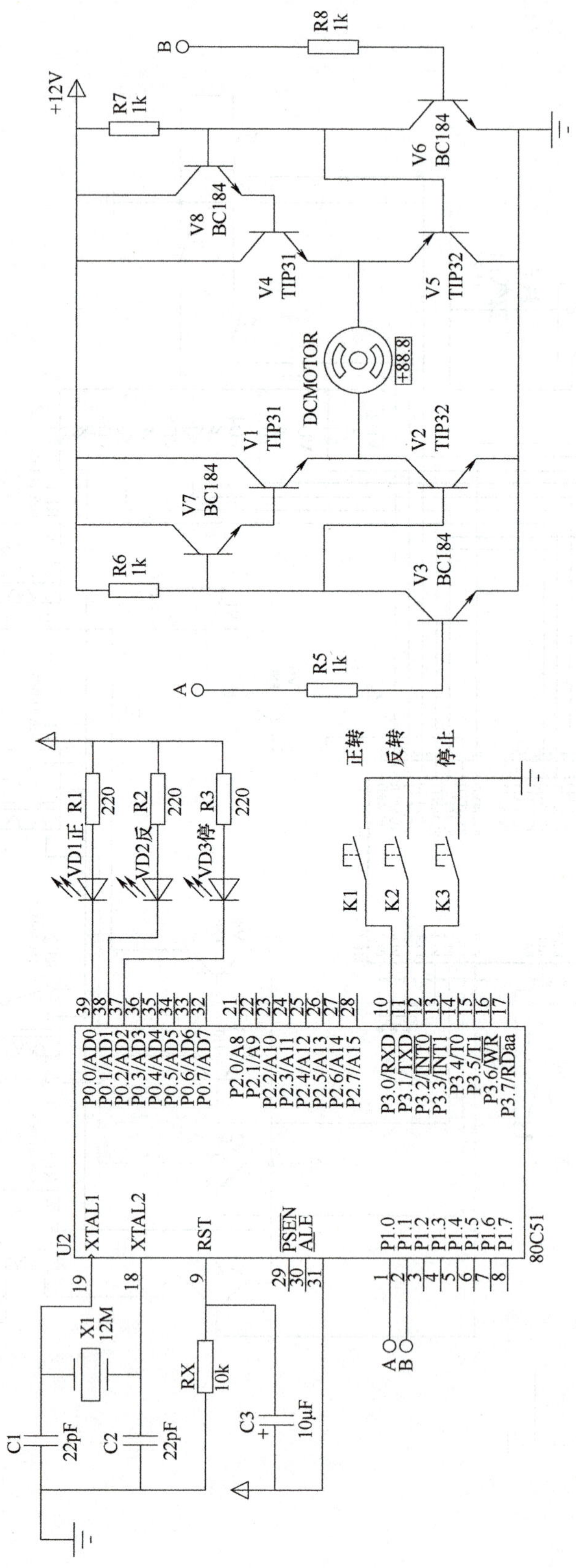

图 4-47 传送工作站工作原理

（3）故障检修过程　请将该故障的检修过程，记录在表 4-3 中。

表 4-3　故障检修记录

步骤	检修内容	检修结论
1		
2		
3		
4		
5		

复习思考题

1. 常用单片机控制系统的结构组成包含哪些？
2. 简述单片机控制系统的开发流程。
3. 简述单片机控制系统软件设计流程。
4. 用 Keil 软件完成以下单片机程序的编译、调试及仿真。

```c
#include<reg51.h>
typedef unsigned char uint8;
typedef unsigned int uint16;
void delay(uint16 x)
{
    uint8 i,j;
    for(i=x;i>0;i--)
        for(j=114;j>0;j--);
}
void main( )
{
    uint8 b=0,way=0;
    while(1)
    {
        if(way==0)
            P0=~(0x01<<b);
        else
            P0=~(0x80>>b);
        if(++b==8)
        {
            b=0;
            way=!way;
        }
        delay(200);
    }
}
```

5. 简述用 Keil μVision IDE 对单片机的硬件仿真调试步骤。
6. 简述 51 系列单片机程序的烧录步骤。
7. 常见的电气故障类型有哪些？并简述其检修步骤。
8. 电气故障检查常用的方法有哪些？
9. 简述半导体器件及电阻器常见失效原因。
10. 简述电容器及继电器常见失效原因。

项目 5

复杂机械设备电气控制电路的测绘和检修工艺

 培训学习目标：

熟悉复杂机械设备电气测绘的基本分类；掌握机械设备电气控制电路的测绘方法；掌握复杂机械设备电气控制电路故障的一般检查和处理方法；熟悉电气设备大、中修的工艺编制方法。

5.1 复杂机械设备的电气控制电路的测绘

复杂机械设备电气控制电路的测绘是一项实用的专业技能，也是要成为高级电气维护人员所必须要掌握的一项技能。想要完成对复杂电气控制系统的维护，首先要分析出其基本的电气控制原理，然后根据故障现象做出判断。要完成电气控制原理的分析，就要先有该设备的电气控制原理图。在实际工作中，有时会遇到因为种种原因而缺乏电气控制原理图和相关资料的情况，这时要想解决问题，就要先进行机械设备电气控制电路的测绘。

5.1.1 复杂机械设备电气测绘的基本分类

根据工作任务的不同，电气测绘的方式和范围也不尽相同，在实际工作中应根据实际情况做出适当选择。

1. 整体测绘

为进行电气维护和整理技术资料等工作需要而进行的对电气控制系统的测绘称为整体测绘。比如，在实际工作中，有时会遇到无任何技术资料，且该设备在企业中的地位也比较重要的情况，这时，就应当在设备基本状态比较完好的情况下，对该设备进行一次全面的电气测绘，即整体测绘。

2. 局部测绘

为了维护和技术改造的需要，应对电气控制系统进行局部测绘。

对实际维护工作中遇到的技术资料部分缺损或变更后技术资料不准确的情况，通常只是有目的地对某一部分或某个环节进行测绘，以满足维护和技术改造的需要。

从实际测绘的需要来看，第二种测绘方式在实际工作中遇到的比较多，需要整体测绘的情况相对较少。但无论哪一种测绘都应当注意以下几点：

1) 要根据设备的实际情况（包括控制方式、元器件型号与规格等），真实地进行记录和绘制，即使认为有诸多不先进或不合理的地方，也应当如实记录。因为这可能是获得该设备原始资料的唯一方法和最后机会，是今后进行维护和技术改造的基本依据和论证材料。应当完全杜绝在测绘时夹杂个人意志和愿望以及不尊重事实的行为。

2) 测绘后要求保留较完整的技术资料，主要是：电气系统接线图、电气控制原理图、电气控制原理说明书（包含主要电气技术参数的调试记录）并附元器件明细表。

3）测绘完成后要按照原出厂方式整理好被测绘的电气设备控制箱和设备出线情况，全面恢复设备应有的使用功能和运行状态。另外，还要配合测绘完善缺损和不清楚的电气标识与编号，消除测绘中发现的电气缺陷和隐患，并对修改做好记录。最后，写出测绘总结，将整理好的完整技术资料一起存档。

4）对局部测绘完成后不能实施修复和功能恢复的，要根据测绘结果提出技术改造的实施方案。

通常所说的测绘，是指对电气设备硬线逻辑的测绘，主要用于指导设备的维护，一般不提倡对电气控制设备的软件部分进行测绘。此外，对电子电路板的测绘，只对其外特性和外部功能，也就是说对其输入、输出的要求和功能进行测绘，一般也不要求对电路板的布线进行测绘。如果这样做，其结果往往是事倍功半，因为即使测绘出了电路原理图，也可能因为某些元器件的损坏而使原电路板无法继续使用。

5.1.2 复杂机械设备电气控制系统的测绘

在此通过一个实例对电气控制系统的测绘进行展开。要进行测绘的实例是一条生产于20世纪末的自动化生产线，一台轻工机械中对产品进行清洁、干燥的设备。其中心控制部件为PLC，用于实现主要控制逻辑的处理；同时该系统又具有一定规模的继电器、接触器硬线逻辑以及自动化仪表、传感器等与之相配合，其整体电气控制系统颇具代表性，又能体现出一定的复杂性和先进性。

图5-1所示为该电气控制系统3号柜的控制面板，从面板的布置和内容来看，其具有自诊断报警、温度记录、温度调节、手动/自动控制等功能。

1. 分析和了解被测绘设备的主要组成部分

该设备主要由以下几部分组成：

（1）炉体 产品清洁、干燥的主体，其中有两种热空气在炉体内循环：一种是循环空气，用于产品外部干燥；另一种是干燥压缩空气，用于产品内管路的清洁、干燥。炉体每半小时旋转一次，同时实现产品的进出炉操作。

（2）装料吊车 用于在装料位对干燥产品进行吊装。

（3）卸料吊车 用于在卸料位对干燥完成的产品进行吊装。

（4）行车 往返于上料位、炉门和卸料位，用于运送产品。

（5）行进气缸 分为炉体旋转行进气缸，用于炉体旋转；装料行进气缸，用于将待加工的产品推向行车，并将空的吊笼从行车上拉下；进出炉行进气缸，用于产品的进炉和出炉；卸料行进气缸，用于将干燥完毕的产品从行车上拉下来，同时将空的吊笼推向行车。

（6）循环空气通风机 用于将加热的空气在炉内循环。

（7）循环空气加热器 用于加热循环空气。

（8）干燥空气加热器 用于干燥压力空气的加热。

（9）电气控制柜 该设备共设置6只电气控制柜，其中主控柜为1号、2号、3号柜，4号、5号、6号为现场按钮站。

1号柜称为电气柜，装设总开关、电压表、电流表，以及各主要负载的交流接触器等；2号柜称为加热柜，装设循环空气和干燥空气加热器的调控设备；3号柜称为控制柜，装设PLC、按钮、仪表、报警显示以及硬线逻辑继电器。1~3号柜放置在设备的旁边，4~6号柜分别放置在各个控制现场。其中，4号柜在装料位，5号柜在卸料位，6号柜则放在炉门前。

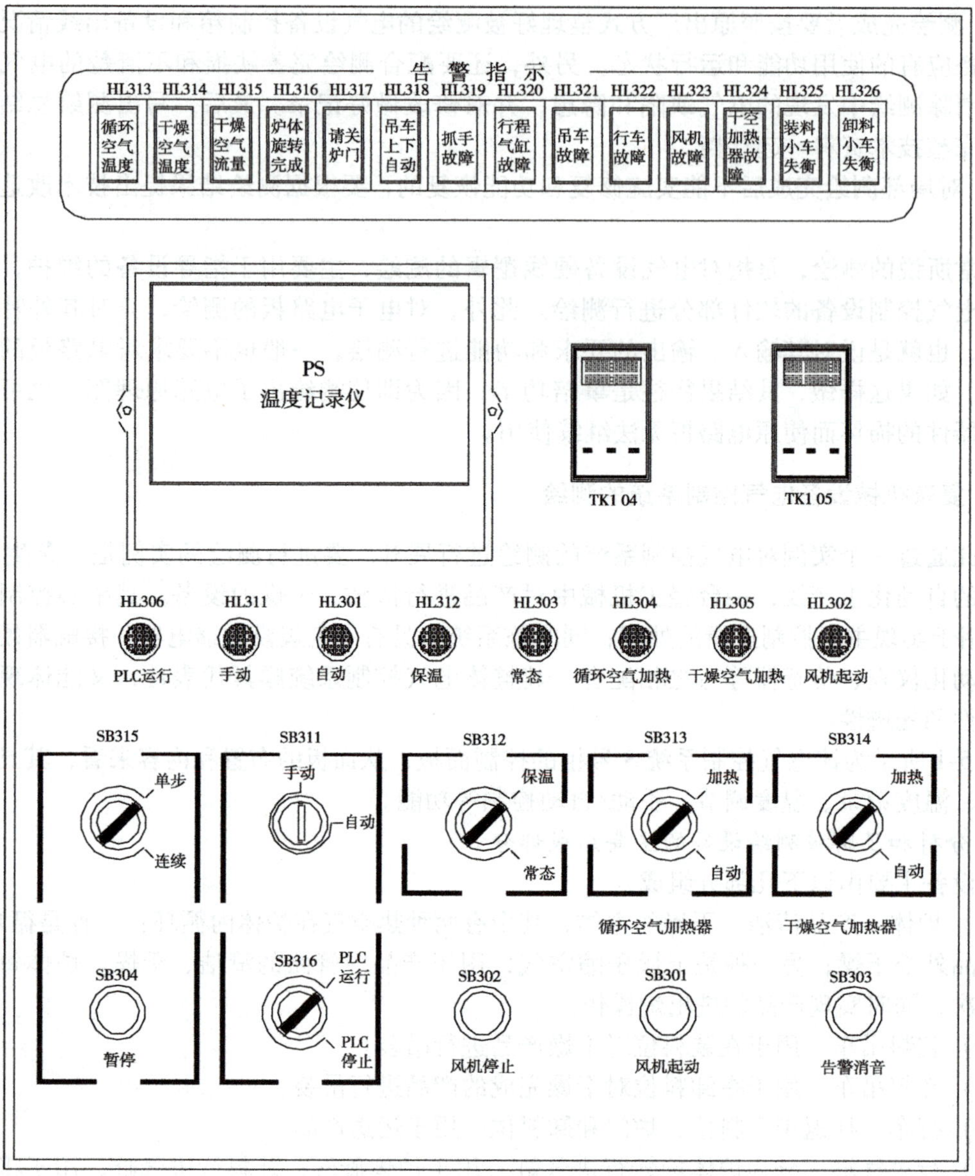

图 5-1　3 号柜的控制面板

测绘前对所要测绘的设备的基本情况进行了解是非常必要的，也是可以实现的。因为此时即使还不能对其电气控制电路有一个清晰的了解，但是对设备的控制方式和主要组成还是可以大概了解的，这对以后的测绘工作具有重要的指导意义。

2. 根据测绘任务要求，绘制被测绘设备的电气接线图

这是实施测绘的第一步，在本例中将重点对 1~6 号柜的电气布置分别展开测绘，其中 1~3 号柜将是测绘的重点。下面分步骤对该实例进行测绘，本次测绘为整体测绘。

（1）预备知识——电气控制电路的回路标号方式　要画出电气接线图，首先要明确现行国家标准对电气控制电路回路标号的基本规定，目前电气控制电路的回路标号有两种基本方式，分别是等电位标号法和相对标号法。

等电位标号法是指在接线端子处只注明它所连接对象在二次回路中的回路编号，不具体指明所连接的设备，它是按等电位原则编制的。在这种回路编号方式中，所有相同标号的线路和导线都是等电位的，即一般把具有相同标号的导线称为"一根线"。

相对标号法就是在每个接线端子处标明它所连接对象的编号，以表明两者之间相互连接关系的一种方法。此种方式中，在某一元件端子所连接导线上标识的含义为导线另一端的元件端子的标号。

从两种方式的特点来说，等电位标号法更容易进行电路控制关系的分析和识读，因此应用较多。但就电气控制电路的测绘而言，采用相对标号法更容易实现。因为测绘时首先要面对元件，在原理图未画出之前，线路标号的意义不大。弄清楚各个元件接线端的连接去向，才能进一步画出电气原理图。所以采用相对标号法，测绘时思路更为清晰。在本例中，将以相对标号法进行展开。在相对标号法方式下，对元件的标识应遵循以下原则：

1）对于设备标有接线端子代号的，编制电气技术用文件时应采用设备标注的接线端子代号。即对被测绘设备的某个部件或元件的接线端已有标称代号的，测绘时采用其自身标号就可以了。

2）对于无接线端子代号的接触器、继电器，其端子代号的编制方法如下：

① 单绕组线圈接线端子代号的编制。线圈有两个接线端子，端子代号为 A1 和 A2，如图 5-2 所示。

② 双绕组线圈接线端子代号的编制。第一绕组的端子代号为 A1 和 A2，第二绕组的端子代号为 B1 和 B2，如图 5-3 所示。

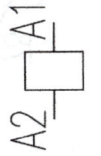
图 5-2　单绕组线圈接线端子代号

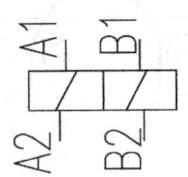
图 5-3　双绕组线圈接线端子代号

③ 主电路接线端子代号的编制。主电路接线端子代号采用一位数字来标识，如图 5-4 所示。断路器、隔离开关、熔断器的主电路接线端子代号也可采用本方法编制。

④ 辅助电路接线端子代号的编制。辅助电路接线端子代号采用二位数字来编制，其规则如图 5-5 所示。

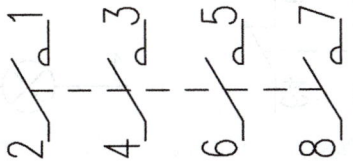
图 5-4　主电路接线端子代号

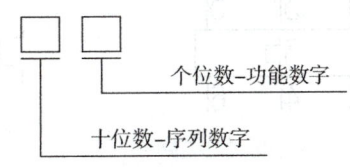
图 5-5　辅助电路接线端子代号

a. 个位数（即功能数字）。如图 5-6 所示，功能数字 1、2 表示动断触头；3、4 表示动合触头；1、3、4 表示带转换触头的辅助电路中的接线端子代号；5、6 表示带特殊功能动断触头（例如延时）的接线端子代号；7、8 表示带特殊功能常开触头（例如延时）的接线端子代号。

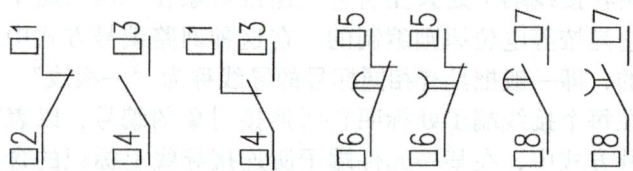

图 5-6 辅助电路接线端子代号的功能数字

b. **十位数（即序列数字）**。属同一触头的接线端子的序列数字相同；同一元件的所有触头具有不同的序列数字，如图 5-7 所示。

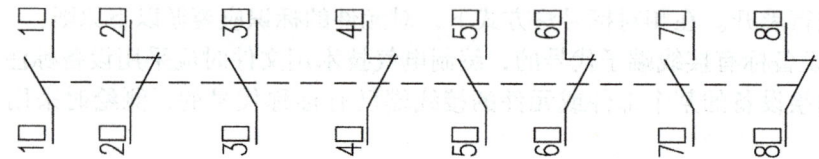

图 5-7 辅助电路接线端子代号的序列数字

辅助接线端子代号的编制示例，如图 5-8 所示。

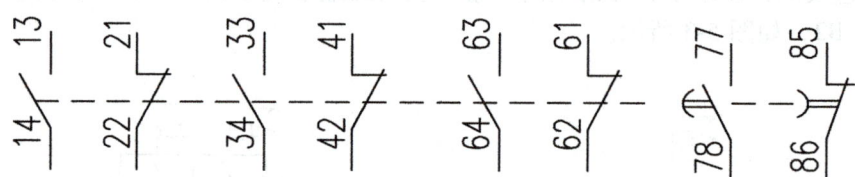

图 5-8 辅助接线端子代号的编制示例

3）对于无接线端子代号的热继电器，其端子代号的编制方法如下：
① 主电路接线端子代号采用一位数字来表示，如图 5-9 所示。
② 辅助电路接线端子代号的编制如图 5-10 所示。

4）对于无端子代号的简单元件，可以采用一位数字来表示。比如风扇、信号灯等，其起端为 1，末端为 2，如图 5-11 所示。

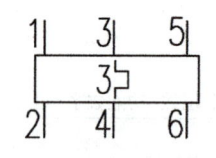 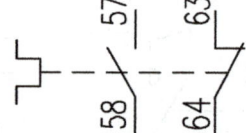 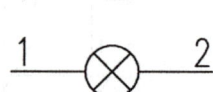

图 5-9 热继电器主电路　　图 5-10 热继电器辅助　　图 5-11 简单元件
　　接线端子代号　　　　　电路接线端子代号

（2）测绘前带电情况下基本电气参数的测量　如果被测绘的设备是可以通电的，测绘前应首先将能够测量确定的电气参数尽量多地记录下来，其中包括电压等级、极性，以及各种开关的通断状态等。对可以通电动作的部分应验证其动作的功能，包括起动、停止、方向、速度等；对于仪器、仪表，应在通电的情况下察看其设定值；对同一元件在同样通电情况下所显现的不同表象，均应做好记录。以上基本参数是珍贵的第一手资料，一定要认真做好，以便在今后的绘制原理图和设备维护时作为依据。

(3) 对被测绘设备的电气控制箱内的元件和现场元件及部件根据前面的要求做好标识　在通电测量完成后，将进行实际测绘工作的第一步，对电气控制箱和设备现场的元件和部件以及连接线缆等进行必要的标识，这是绘制电气接线图的前期基础工作，必须认真做好，以保证测绘工作的有序进行。在做标识时，对原标识清晰、完整的设备，原则上应遵循其原有标识，只对某些不完整或不清晰的地方做必要的补充；但对原标识根本看不清，或经过长期的过度维修导致原标识已不成体系时，可以全面重新标识。如有条件，在标识前，可使用数码相机将现场的状态进行拍照记录作为第一手资料存档。在进行这一步骤时，应确保被测绘设备的电源总开关处于有效关断状态，对断点不明显的开关，应考虑拆除电源线，以确保测绘时的安全。

(4) 绘制电气布置图　在标识工作结束后，第一步是先绘制电气布置图，即把各种元器件在控制箱中的相对位置关系用简单的符号绘制在一张图样上。此时不要求有精确的尺寸和严格比例，但一定要全面，不得遗漏。图5-12（见文后插页）所示为本例中1号柜的元件布置图。

其中电源总开关QF101的位置基本准确，但画在下面的电压表、电流表及其转换开关装在前门上；SB101、SB102及分、合闸指示也装在前门上；风扇安装在柜顶部；安全灯在配电盘的上部，其开关SQ101装在柜的顶部，其动作由前门碰触，即当在通电的情况下打开柜门时，安全灯点亮示警。

(5) 绘制测绘用电气接线图　在图5-12（见文后插页）的基础上，可以进行电气接线图的绘制了。从电气设计角度来看，电气接线图是指导电工装配电气控制箱时配线用的，属于电气配线的工艺图样，有了这张图，配线人员不必去读懂其电气控制原理，只要按照接线图就能完成装配。在电气测绘中电气接线图是用于完成绘制电气原理图的，它是完成电气控制原理图的基本工艺过程之一。因此，由于其作用的不同，画图的内容也有所不同，所以可称为测绘用电气接线图，或测绘接线图。

绘制接线图时每一个端子的接线都要准确无误、忠于事实，切忌凭感觉或联想而出现不应有的错误。测绘工作中应注意以下几点：

1）在测量每个元件接线端导线的连接去向时，被测导线的两端应当均处于拆线状态，以保证测量的正确性。

2）用万用表测量导线连接去向时，实质上是进行电阻测量，即通过判断电阻的大小，来确定是否是同一根线。但由于导线的电阻较小，为保证测量的正确性，应将电阻挡置于$R×1$挡，并将表进行校零。数字式万用表应置于200Ω挡，表笔与导线应连接良好并待数字稳定后读数。一般不推荐使用二极管挡，因为能使该挡迅响的电阻值范围增大，影响测量的准确性。

3）测量时，为提高测量的准确性，万用表的表笔前端最好装设夹子，如表笔不够长，可以使用$0.75mm^2$以上的BVR导线加长过渡。工作时，可以两人配合工作，也可以一个人独自操作。操作时一边测量，一边做图。

4）整个测绘过程应分片有序地进行，测量完成一根线或一个元件后应立即将其恢复原位，以防引起混乱。

5）对测绘中遇到的开关元件，一定要准确判断其连接的常开、常闭触头的状态；且测量时开关两端的接线均应拆除，必要时还可以将开关拆开。

图 5-13（见文后插页）所示为绘制完成的 1 号柜电气接线图。图 5-13 中，接线端子外联的电动机是考虑到本图是出现在教材上而画上去的，实际的测绘接线图只标注外接目标名称即可，这样更方便读图，目标元件不必画出。因为真实测绘时读者会在现场看到外联电动机，因此就可以标出端子标号。但教学时是不在现场的，因此画出电动机，用以表达外联目标部件。

在绘制 1 号柜电气接线图时，应当注意各个元件的编号方式，体会在预备知识中讲到的原则，其中 U0 接线端子的标注方式就是遵循了设备本身自我标识的接线端子代号。编制电气技术用文件时应采用设备标注的接线端子代号的原则；其他无端子代号的元件分别按照主电路、辅助电路、常开触头、常闭触头的标号原则进行编号标识。

在本例的各接线图中，为了在有限的篇幅内表现更多的内容，在作图时，将元件的相互位置关系做了一定的调整，但不影响学习。在今后的实际工作中，测绘接线图时应尽量做到相对位置与尺寸的准确性，以方便今后识读。

接下来再以 3 号柜电气接线图为例，对测绘接线图的绘制方法进一步说明。3 号柜在整个控制系统中被称为控制柜，是该设备电气控制的中心。该设备的主要电气控制逻辑的处理和调控输出都是在这里实现，因此其内容较多，接线关系复杂，并且与其他控制柜均有电气联系。但可以先不去管其复杂的控制逻辑是怎样实现的，先行测绘出该部分的测绘接线图。

首先画出元件布置图，然后只要逐根观察记录和测量每个元件的各个接线端子上接线的连接去向，测绘接线图也不难做出。

但由于其控制系统的确比较复杂，在处理这样的控制柜时，可采取按控制关系将其分割的方式进行，以使工作更具条理性，也容易实现，这也是实际工作中被常常采用的方法。经过对现场实物的初步观察，3 号柜大致分为强电继电器逻辑控制部分和由 PLC 和仪表组成的弱电控制部分两部分。其中弱电控制部分中 PLC 的接线数量较大，而其他强电和仪表的接线数量与之相比大约各占 1/2。这样，可将 3 号柜电气部分大致分为两部分来绘制。其中 PLC 部分根据其接线规模和功能，又分为主单元和扩展单元两个单元。据此，对 3 号柜，大致要画三张测绘接线图，即强电和仪表接线图（见文后插页图 5-14）、PLC 主单元接线图（见文后插页图 5-15）；扩展单元接线图（见文后插页图 5-16）。然后，参照 1 号柜的模式，先绘出元件布置图，然后画出测绘接线图。

其他电气柜相对 3 号柜就简单多了，如图 5-17~图 5-20 所示。

（6）绘制电气控制原理图　如果说绘制测绘接线图可以说是"照猫画虎"的话，那么绘制电气控制原理图就有一定难度了。面对一个较为复杂的控制系统，元器件非常多，从哪里入手呢？答案是：在进行这样的工作时，一般会以主要控制电路为切入点进行展开。比如在本例中，就应以该设备的电气控制中心 3 号柜为切入点，以 3 号柜的电器元件为起始目标元件，随着测绘的进展向其他控制柜延伸。

1）观察 3 号柜电气接线图中的元件情况，确定控制电源的种类和功能。

在画电气原理图时，一般是在上、下两条电源线之间进行，如果有多种电源，也要一并弄清各个电源的种类和功能，然后按顺序排列。

通过观察 3 号柜电气接线图，可以发现，其继电器的控制电压有两种，一种是交流 220V，一种是直流 24V，并装有两只直流稳压电源。因此，应先弄清控制电源的基本情况。

按照先易后难的原则，先从交流 220V 电源开始寻找，一般情况下，在每个控制柜中都会有一组或一只断路器或熔断器作为控制电源的控制、保护环节。但未在 3 号柜中发现熔断器，

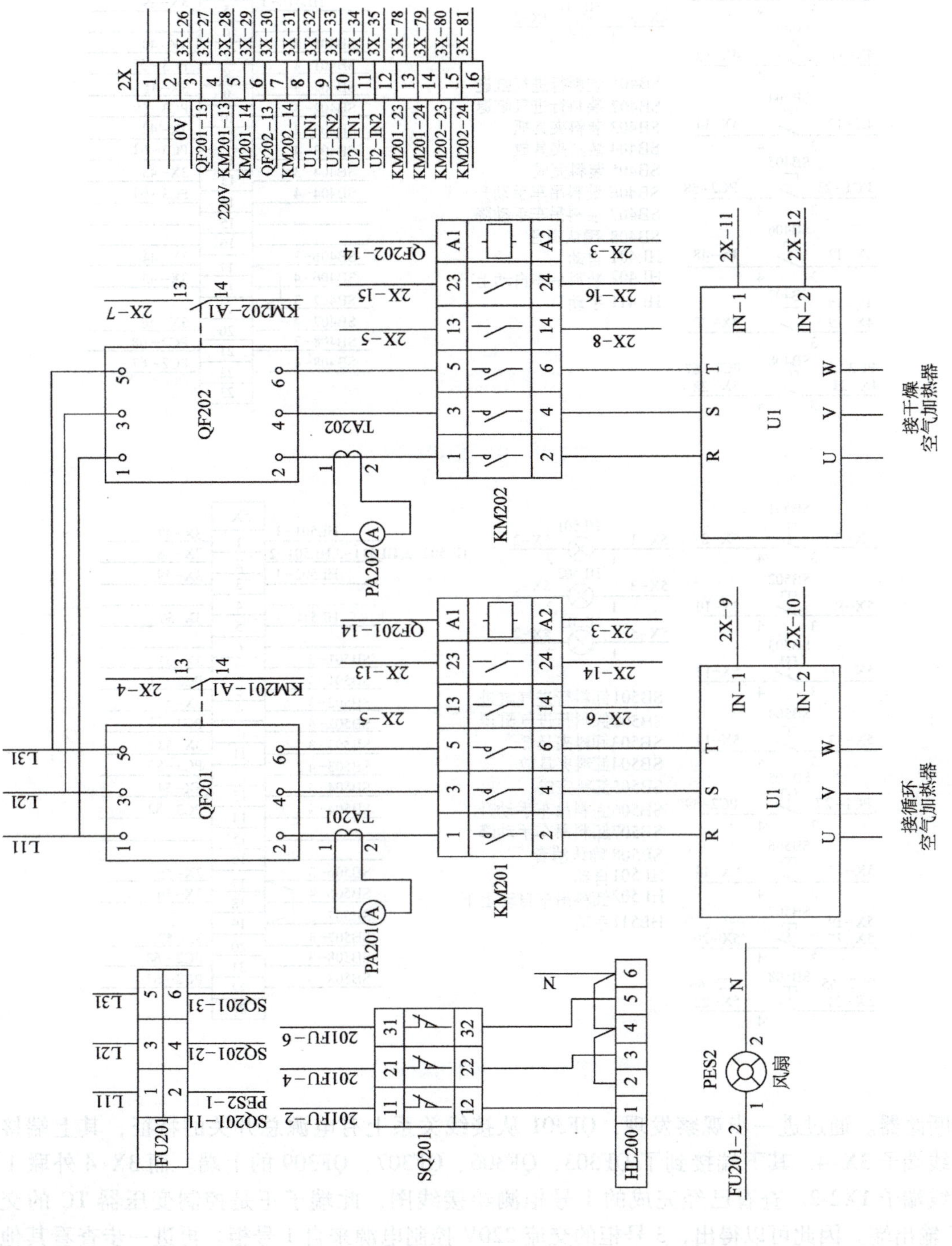

图 5-17 2 号柜接线图

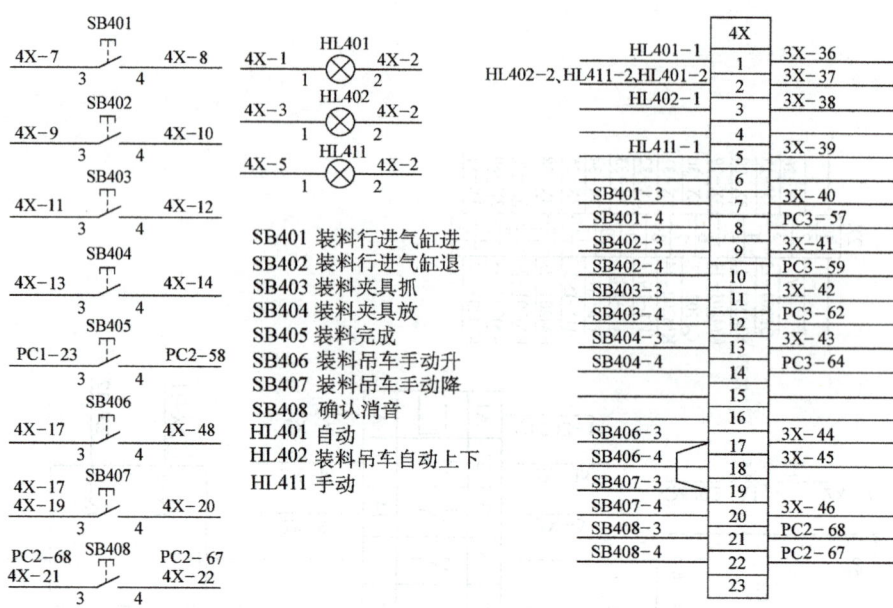

图 5-18 4 号柜接线图

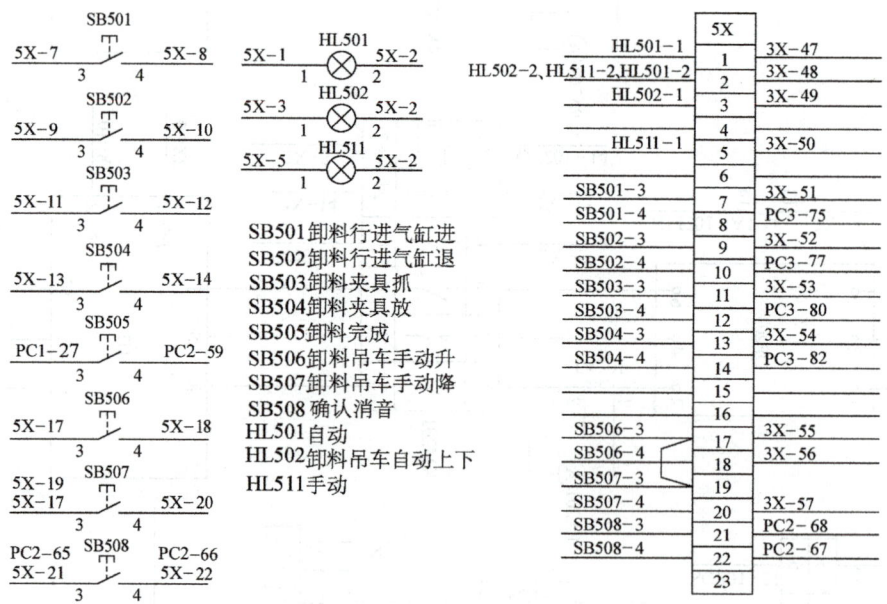

图 5-19 5 号柜接线图

只有断路器。通过进一步观察发现，QF301 从接线关系上有电源总开关的特征，其上端接本柜出线端子 3X-4，其下端接到了 QF303、QF306、QF307、QF309 的上端。而 3X-4 外联 1 号柜出线端子 1X2-2。查看已经完成的 1 号柜测绘接线图，此端子正是控制变压器 TC 的交流 220V 输出端。因此可以得出，3 号柜的交流 220V 控制电源来自 1 号柜。再进一步查看其他断路器的接线关系，QF302、QF304、QF305、QF308、QF311 均接在直流稳压电源 DY2 的输出侧。按照设备本来的标号，交流 220V 控制电源为 1 号线；交流 220V 电源 0V 为 0 号线；DY1

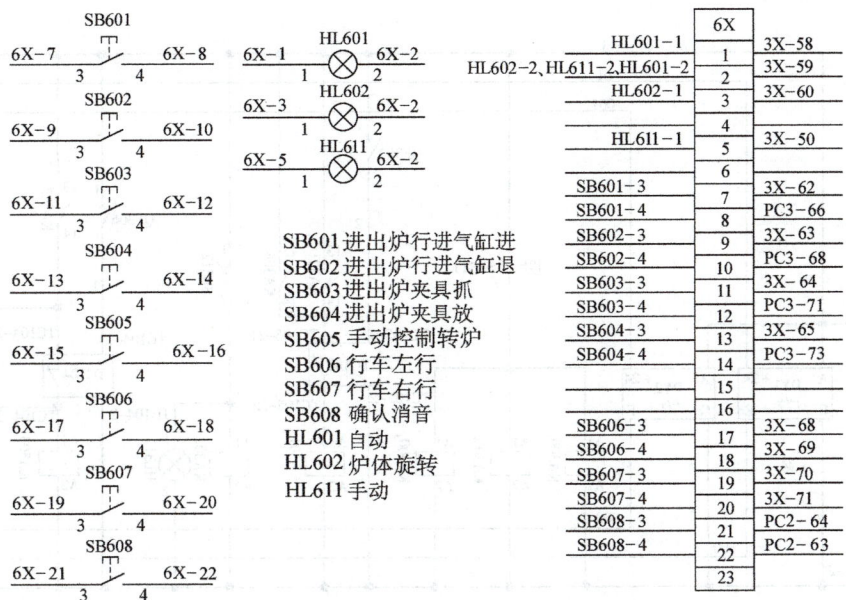

图 5-20 6 号柜接线图

+24V 为 01 号线；DY2+24V 为 001 号线；DY1 负极为 00 号线；DY2 负极为 000 号线。画出电源部分的电气原理图，如图 5-21 所示。

2）以目标接触器、继电器控制线圈为线索进行第二步测绘。

首先根据线圈电压的不同，将继电器进行分组，然后分别绘图。

通过观察 3 号柜中的继电器，可以发现 KA300~KA304 线圈电压为 AC 220V，其余继电器线圈电压为 DC 24V。

先来绘制 AC 220V 继电器线圈电路，经测量，KA300~KA304 线圈的所有 A2 端是并联相接的，并且最终连接到控制电源的 0V。其中，KA300 标号的继电器共三只。按一般规律先将这些线圈画到原理图上，且其 A2 端均接 0V。然后，再从 KA300 控制

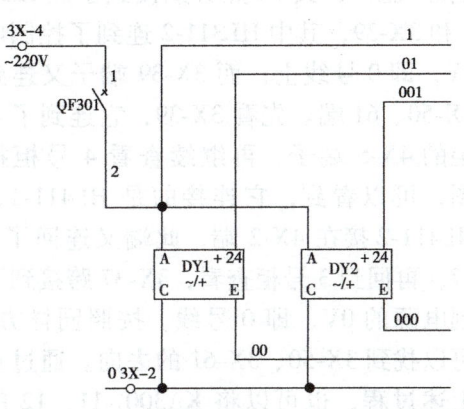

图 5-21 3 号柜电源部分的电气原理图

电路开始画起，查看接线图，KA300 的三个 A1 端连接后接 SB311-2，而 SB311-1 接 DY1-A，即 1 号线。再看 KA301，其 A1 端接的是 TC105-22，是循环空气温度告警仪的输出继电器触头，从编号的文字看应当是个常闭触头的下端。一同查看 TC105 的接线图，发现其 1 端接到了 QF303 的 2 端，而 QF303 的 1 端接到了 1 号线上；TC105-2 接到了 0V。对此可以确定，QF303 是 TC105 的电源开关。同时看到 TC105-21 接到了 KA301-14 和 KA304-14，从标号看应当是两个常开触头，然后看到 KA301 和 KA304 的 13 端共同接到的 1 号线上，即 ~220V 端。用同样方式查看 KA302~304 的线圈接线图后，于是可以画出图 5-22。

3）以目标接触器、继电器的触头为线索进行第三步绘制。

下面以已经画出的部分原理图中的继电器的触头为线索来继续绘制。先从 $KA300_1$ 的 13、

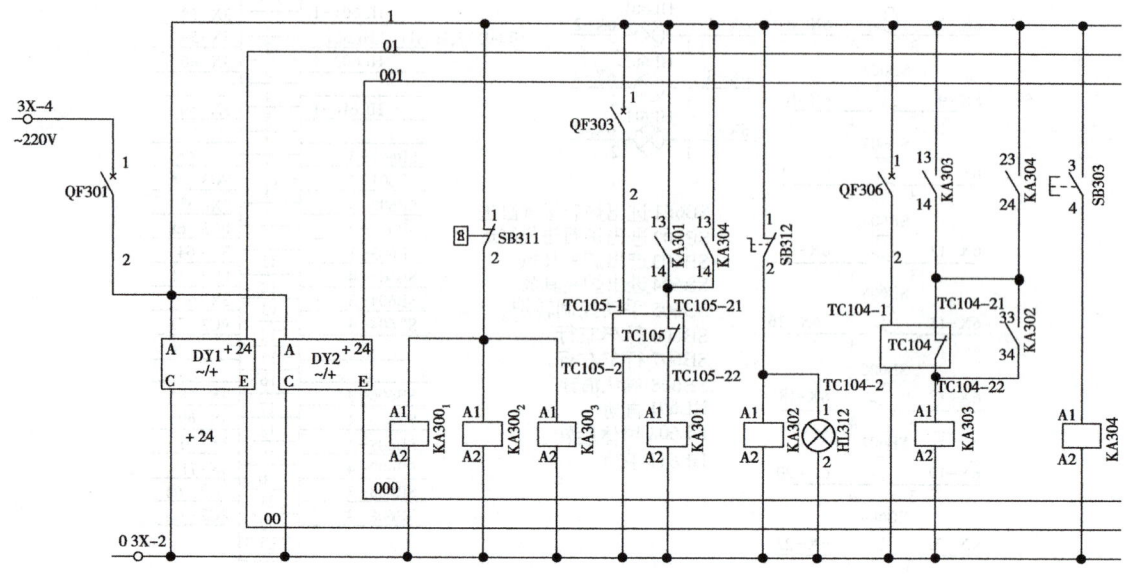

图 5-22 3号柜部分原理图 1

14 开始，可以看到，KA300_1 的 13 点接到了电源线 1 号线，即其触头上端"挂到了电源线上"，其 14 点分别接到了点 HL311-1 和 3X-39，其中 HL311-2 连到了控制电源 0V，即 0 号线上；而 3X-39 端子又连到了 3X-50、61 端。先看 3X-39，它连到了 4 号柜的 4X-5 端子，再继续查看 4 号柜接线图，可以看到，它连接的是 HL411-1，而 HL411-2 接在 4X-2 端，此端又连回了 3X-37，再回到 3 号柜查看，3X-37 跨接到了控制电源的 0V，即 0 号线。按照同样方式，可以找到 3X-50、3X-61 的去向。通过重复上述过程，也可以将 KA300_1-11、12 的连接线路测绘出来，其原理如图 5-23 所示。从第三步的测绘中，得到了多个不同电气柜之间的关联测绘，这是复杂电气控制系统测绘时经常会遇到的。

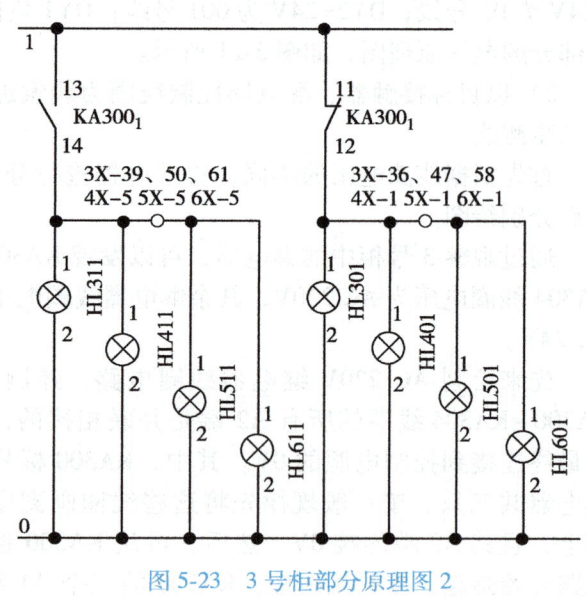

图 5-23 3号柜部分原理图 2

（7）电气测绘的基本方式和一般原则小结

1）在此仅列举了几个继电器作为目标元件进行测绘，在实际工作中，可以将整个柜子的所有继电器、接触器、电磁阀等目标元件的线圈一并列出与各自的电源线之间一起展开，这样做效率会更高。

首先以线圈两端为线索，逐个展开测绘。然后，再以其触头为线索，逐个进行测绘。一开始可以不必去管电气原理图布局的先后次序，可先将电气控制原理图的初稿做出，然后再根据控制功能和读图的顺序，将初稿进行调整，直到满意为止。如果使用 CAD 绘制，这种调整将是非常方便的。

2）由于 PLC 系统是由其专用控制程序来完成控制功能的，所以一般只测绘其输入、输出的外部电路的功能和作用，对于其内部的程序通常是无法进行测绘的。当然，如果能够借助计算机和专用编程软件连接 PLC 的数据口读出其程序，测绘过程就更加完整了。但通常情况下是做不到的，因为一般情况下，PLC 控制程序的编程者都会用加密的方式进行保护。另外，对于较大的控制程序，即使是将其程序读出，也很难解读并弄懂。这是由于编程时，编程者一般要加注释才可以比较容易读懂，而从 PLC 中读出的程序是没有注释的。更何况，每个编程者的编程思路和控制方式都有其自身的特点，而且编程时会使用数量较多的中间继电器，对它们的功能和作用在没有注释的情况下，也很难读懂。因此，与其花费较多的时间去读懂程序，倒不如在弄懂控制要求后自己编写，这样做往往会更快捷。但编程时，其原来设置的输入数据的采集点和输出点的功能和作用等信息还是可以借鉴的。

3）对 PLC 输入、输出的测绘方式是不同的。因为测绘的最终目的是读图。所以只要直接连到 PLC 的输入点不是手动操作开关（比如接近开关等），只将其画到 PLC 的接线图上就可以了。这样，在维护时完全可以读懂它所表达的功能。其他继电器和手动操作开关的触头则应画到电气原理图中，以方便读图，因为在原理图中表达控制功能比较清晰、方便。但对于 PLC 的输出点则均应当画到其相关的控制原理图上。

比如，在 PLC 主单元接线图（见图 5-15）中，总共使用了 28 只接近开关，其中 26 只直接接到了 PLC 的输入点，对此，只将其画到接线图上即可。只要能了解其输入点的作用也就够了，不必去管 PLC 内部程序是怎样实现的。例如在 PLC 主单元接线图中看到的接近开关 SQ412，其标注的功能为"进炉行进前限"，只要知道进出炉行进气缸把冷料推进炉内并到位时，此接近开关输出有效，并将 PLC 的输入点 X412 的输入指示灯点亮就可以了，至于 PLC 内部程序是怎样实现此控制功能的就不必管了。

但是，对另外的两只未接到 PLC 的接近开关，就要将其画到电气控制原理图中，以体现其控制作用。其中 SQ001 和 SQ002 就没有接到 PLC 的输入点，而是接到了 KA311 和 KA312 的 A2 上了，对此，应当画出它的原理图。在 4 号柜中，SB405 的标注功能为"装料完成"，SB408 的标注功能为"确认消音"，它们也都接到了 PLC 的输入端，但它们是手动开关，所以就要画到电气原理图中。同样，5、6 号柜也这样处理。这样做的目的就是为了便于读图，因为系统稍微复杂后，通过接线图分析原理则是不清晰的，请参看图 5-24 中对 PLC 输入点的绘图方式。

对 PLC 输出点直接连接的各种开关触头和负载，根据上述原则，也应画到原理图中。比如，该设备控制方式中分为自动/手动两种方式，对于容量较小的电磁阀就直接接到了 PLC 的输出点上来实现控制要求。但同时，因调整等需要，该系统还设计了手动控制开关，这些开关也应当画到其相关的原理图中。

4）尽管控制用的开关、显示等元件按照用途不同分布在不同的电气柜中，但绘制电气原理图时，为了读图的方便应当将它们画到一张图上，并在连接处标明连接端子代号。

根据上述方式和原则，经过实际测绘，可以画出图 5-25 所示的 3 号柜部分原理图。

在图 5-25 中，点画线框中 Y442 就是 PLC 的输出触头，与其并联的支路就是手动操作开关回路。其中，KA300$_2$-53、54 点在 3 号柜内，而 SB401-3、4 点却在 4 号柜中，它们通过接线端子 3X-40、4X-7 和 PC3-57、4X-8 进行连接。用这种方式作出的原理图比较容易读识。

3. 写出电气控制原理图简要说明和元件明细表

（1）控制原理图简要说明　该设备的工作过程示意图如图 5-26 所示。在自动工作状态

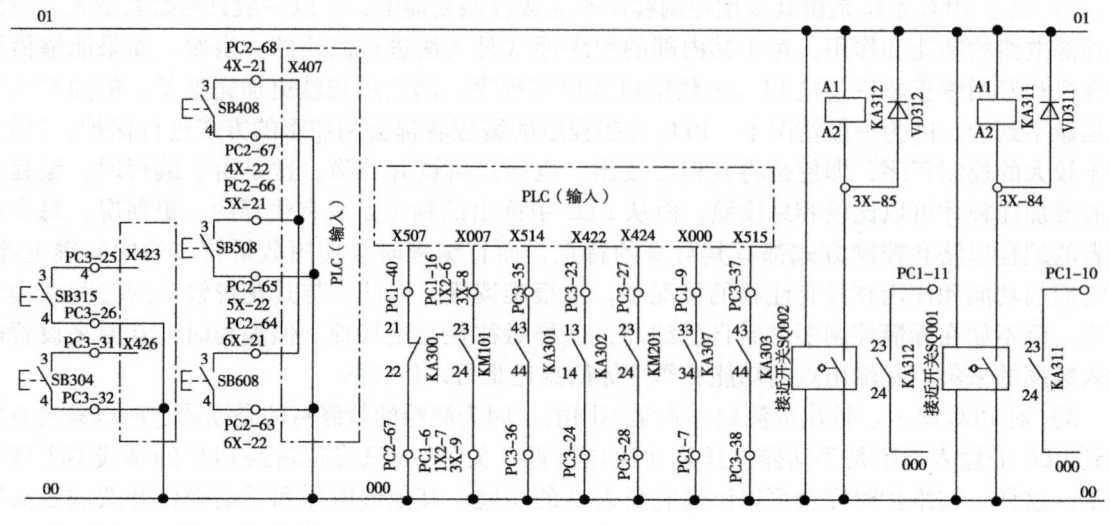

图 5-24 3 号柜部分原理图 3

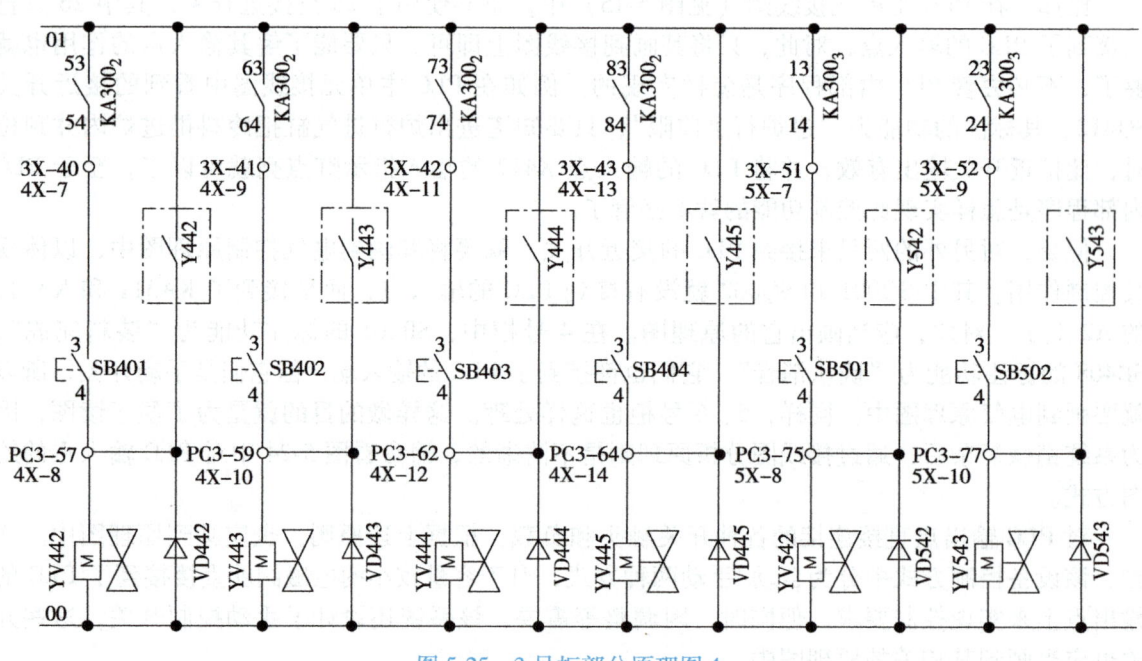

图 5-25 3 号柜部分原理图 4

下,一个工作循环的开始时,运料行车在装料位。在装料位,由装料吊车将空车降下进行装料,装料完成后,由操作者按动装料完成按钮通知 PLC,由 PLC 发出指令起动装料吊车,将冷料起升到与行车导轨同高处并对轨成功。装料行进气缸、抓手将冷料推向行车左边并回位;此时 PLC 再判断炉体旋转定时时间是否到达。当定时时间到后,行车起动右行,行至上料位,将行车右边空位对准炉门并对轨成功。进出炉行进气缸、抓手前进,将炉内热料拉出到行车右边;行车再起动右行,行至下料位并对轨成功,其左边对准炉门。进出炉行进气缸、抓手将冷料推进炉门并回位;行车再起动右行,行至空车位并对轨成功,行车左边空位对准卸料气缸、抓手。卸料行进气缸、抓手将空车推向行车左边；行车开始左行，左行至卸车位并对轨成功，热料对准卸料位，卸料行进气缸、抓手将热料拉下行车，之后，卸料吊车降下到卸料高度，进行人工卸车；行车再次左行至装车位并对轨成功，装料行进气缸、抓手将空车拉下行车装料，并起动装料吊车下降，开始人工装料，然后等待下一个循环。

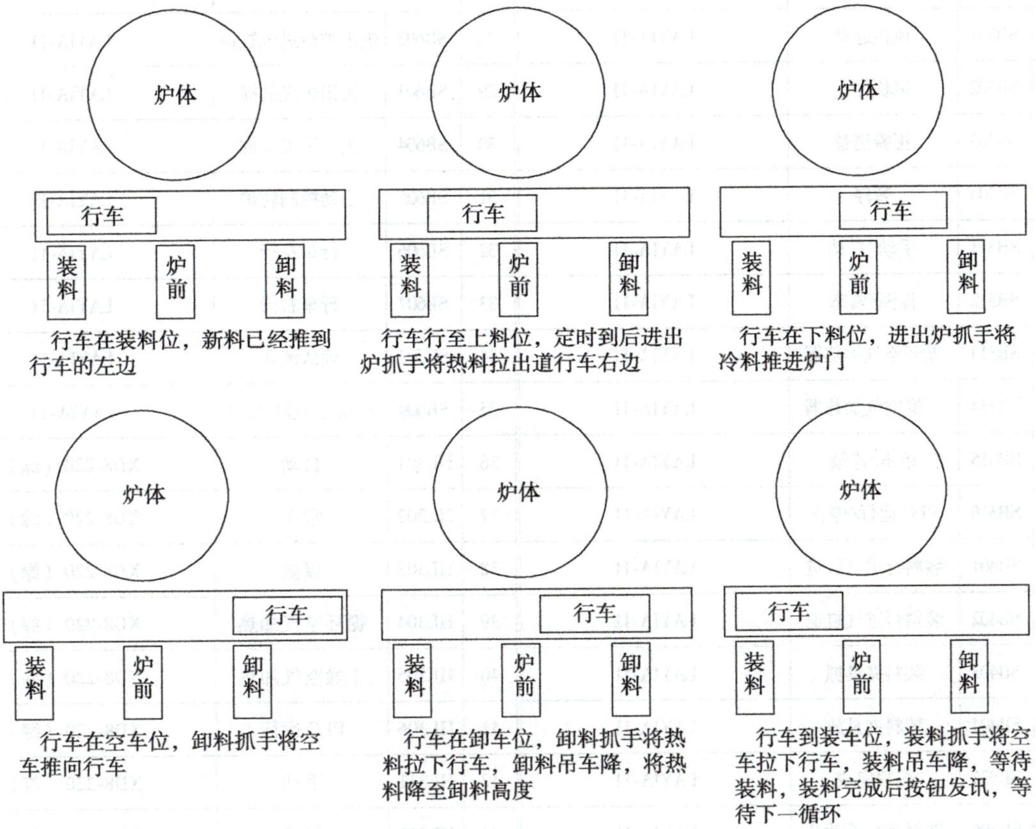

图 5-26 工作过程示意图

正常工作时，设备处于自动状态，此时 KA300 断电，由 PLC 发出定时信号，每 30min 炉体旋转一次，此时也进行出热料和进冷料一次。系统设有循环空气和干压空气的温度报警和干压空气的流量报警。设备起动时先起动循环空气风机电动机，然后起动循环空气加热器。然后起动干燥压缩空气进气阀，待流量稳定后，起动干压空气加热器。系统经过冷起动后，待炉内温度达到一定值时，起动自动循环和温度报警。

温度告警仪 TC104、TC105 初次上电时，可通过其内部触头将报警中间继电器 KA301、KA303 线圈接通。因为此时温度还未升到正常值，属设备起动期，报警仪不报警。经延时一段时间后，温度升高后，转入正常报警功能。但此时 KA301、KA303 已经得电吸合，表明温度正常。

为了调整方便，系统设置了 PLC 的单步/连续两种运行方式，此功能是由 PLC 的内部控制程序完成的。其原理是使用了三菱 PLC 的步进指令，在单步运行时，其状态就不转移，等待下一条指令。

本系统还设置了一些自诊断报警功能，比如，行程气缸故障，它是通过一个 PLC 内部定时器来实现的。此定时器与气缸一同起动，如果在规定的时间内气缸行进到位，则报警被屏蔽，否则，就输出行程气缸故障报警。

（2）元件功能（见表5-1）

表 5-1 元件功能

序号	名称	功 能	型 号	序号	名称	功 能	型 号
1	SB301	风机起动	LAYIA-11	28	SB602	进出炉行进气缸退	LAYIA-11
2	SB302	风机停止	LAYIA-11	29	SB603	进出炉夹具抓	LAYIA-11
3	SB303	报警消音	LAYIA-11	30	SB604	进出炉夹具放	LAYIA-11
4	SB304	暂停	LAYIA-11	31	SB605	手动控制转炉	LAYIA-11
5	SB311	手动/自动	LAYIA-11	32	SB606	行车左行	LAYIA-11
6	SB312	保温/常态	LAYIA-11	33	SB607	行车右行	LAYIA-11
7	SB313	循环空气加热器	LAYIA-11	34	SB608	确认消音	LAYIA-11
8	SB314	干燥空气加热器	LAYIA-11	35	SB609	干燥空气连接发讯	LAYIA-11
9	SB315	单步/连续	LAYIA-11	36	HL301	自动	XD8-220（绿）
10	SB316	PLC 运行/停止	LAYIA-11	37	HL302	常态	XD8-220（绿）
11	SB401	装料行进气缸进	LAYIA-11	38	HL303	保温	XD8-220（绿）
12	SB402	装料行进气缸退	LAYIA-11	39	HL304	循环空气加热	XD8-220（绿）
13	SB403	装料夹具抓	LAYIA-11	40	HL305	干燥空气加热	XD8-220（绿）
14	SB404	装料夹具放	LAYIA-11	41	HL306	PLC 运行	XD8-220（绿）
15	SB405	装料完成	LAYIA-11	42	HL311	手动	XD8-220（红）
16	SB406	装料吊车手动升	LAYIA-11	43	HL312	保温	XD8-220（红）
17	SB407	装料吊车手动降	LAYIA-11	44	HL313	循环空气温度	ND1 信号灯光字牌/AC220V
18	SB408	确认消音	LAYIA-11	45	HL314	干燥空气温度	ND1 信号灯光字牌/AC220V
19	SB501	卸料行进气缸进	LAYIA-11	46	HL315	干燥空气流量	ND1 信号灯光字牌/AC220V
20	SB502	卸料行进气缸退	LAYIA-11	47	HL316	炉体旋转完成	ND1 信号灯光字牌/AC220V
21	SB503	卸料夹具抓	LAYIA-11	48	HL317	请关炉门	ND1 信号灯光字牌/AC220V
22	SB504	卸料夹具放	LAYIA-11	49	HL318	吊车上下自动	ND1 信号灯光字牌/AC220V
23	SB505	卸料完成	LAYIA-11	50	HL319	抓手故障	ND1 信号灯光字牌/AC220V
24	SB506	卸料吊车手动升	LAYIA-11	51	HL320	行程气缸故障	ND1 信号灯光字牌/AC220V
25	SB507	卸料吊车手动降	LAYIA-11	52	HL321	吊车故障	ND1 信号灯光字牌/AC220V
26	SB508	确认消音	LAYIA-11	53	HL322	行车故障	ND1 信号灯光字牌/AC220V
27	SB601	进出炉行进气缸进	LAYIA-11	54	HL323	风机故障	ND1 信号灯光字牌/AC220V

(续)

序号	名称	功能	型号	序号	名称	功能	型号
55	HL324	36kW 加热器故障	ND1 信号灯光字牌/AC220V	61	HL501	自动	CJK22-DP/AC220V
56	HL325	装料小车失衡	ND1 信号灯光字牌/AC220V	62	HL502	卸料吊车自动上下	CJK22-DP/AC220V
57	HL326	卸料小车失衡	ND1 信号灯光字牌/AC220V	63	HL511	手动	CJK22-DP/AC220V
58	HL401	自动	CJK22-DP/AC220V	64	HL601	自动	CJK22-DP/AC220V
59	HL402	装料吊车自动上下	CJK22-DP/AC220V	65	HL602	炉体旋转	CJK22-DP/AC220V
60	HL411	手动	CJK22-DP/AC220V	66	HL611	手动	CJK22-DP/AC220V

5.2 复杂机械设备电气控制电路故障分析和处理方法

5.2.1 高级电气维护人员应具备的条件

高级电气维修人员必须要具备良好的专业素质和丰富的经验积累。专业素质是分析能力和处理能力的基础；经验积累是正确而快速判断力的保障。

因此，要成为一名称职的高级电气维护人员应当具备以下基本条件：

1. 具有较广的知识面

复杂机械设备通常是集机械、电气、液压、气动于一体的设备。组成复杂机械设备的各部分之间具有密切的联系，其中任何一部分发生故障均会影响其他部分的正常工作。现场维护的第一步是要根据故障现象，尽快判别故障的真正原因与故障部位。它要求高级电气维护人员不仅仅要掌握电气专业的专业知识，还应具备一定的机械传动与结构的基础知识，两者要有机地结合。只有这样，才能迅速找出故障原因，判断故障所在。此外，维修时为了对某些电路与零件进行现场测绘，还应当具备一定的工程制图能力。

2. 善于思考，慎于动手

复杂机械设备通常价格很高，在企业中的地位非常重要，修理处置必须准确到位。作为高级电气维护人员必须能从设备的故障现象，通过分析故障产生的过程，针对各种可能产生的原因由表及里，透过现象看本质，迅速找出发生故障的根本原因并予以排除。

3. 善于总结，重视经验积累

对于复杂机械设备维修的成功率，在很大程度上要依靠平时经验的积累，维护人员遇到过的问题、解决过的故障越多，其维修经验也就越丰富。维护人员在解决了某种故障以后，应对维修过程及处理方法进行及时总结、归纳，形成书面记录，作为今后同类故障维修的参考。

4. 善于学习，勤于学习

作为高级电气维护人员不仅要注重分析与积累，还应当善于学习，勤于学习。因为电气控制技术的发展和进步是非常快的。如果所学的知识停滞不前，就势必被淘汰。

5. 具备一定的专业外语基础

目前在复杂、大型机械设备中，合资企业和进口企业生产的设备越来越多，其中主控部件和重要元器件进口产品也比较普遍，其电气控制说明中的外文内容逐渐增多。因此，作为高级维护人员，应当具备一定的专业外语基础，主要以英语为主。目前，新国家标准中各种文字代号也与国际接轨，其标识方式也参考了英文的标识方式。因此，应对常用的英文功能标识和代号比较熟悉，这样可以大大地缩短处理故障的时间。

5.2.2 继电器—接触器控制系统的分析步骤

处理电气故障的主要工作就是对电气控制原理图的分析和判断，有时它几乎是处理故障的全部。只要对故障的原因分析到位，处理故障就会变得十分简单。现代意义上的复杂机械设备的电气控制系统应当是集多种控制方式和实现手段为一体的，单一设备中也包含着不同的控制元素。

对于继电器—接触器控制系统，从维护的角度出发，正确与清晰的分析是解决问题的先决条件，没有正确与清晰的分析，即使碰巧解决了问题，也不可能对维护经验形成积累。因此，处理故障应从分析开始。

在分析一台机床具体的电气控制电路时，首先应了解机床的基本结构、运动形式、加工工艺过程、操作方法和机床对电气控制的基本要求以及必要的保护和联锁，然后再根据控制电路及有关说明来分析该机床的各个运动形式是如何实现的。这时可按照下面的步骤进行分析。

1) 首先从电气原理图的主电路中，找出该设备共用几台电动机拖动，并确定主拖动电动机和各辅助拖动电动机的作用。还可从主电路中看出起动方式、保护方式、能否正反转、有无变频调速和直流调速、有无电气制动等。

2) 从主电路接触器触头的文字符号到控制电路，查找与接触器触头对应的线圈，进一步看其电动机的控制方式。一般来说，同一台电动机或同一个控制功能的控制电路绘制在相邻处，这样，可将一台设备的整个控制电路划分为若干个部分，即所谓的"化整为零"，分别进行分析，而每一部分则控制一台电动机或完成一个控制功能。另外，电气控制电路的控制元件往往按动作先后顺序由上而下顺序排列，所以在阅读控制电路时，也要自上到下，从左到右，一个控制环节一个控制环节地进行分析。分析时，应先从全局到局部，再从局部到全局，直至完全弄清楚各个环节和控制部分之间的相互配合与制约关系。

3) 根据该设备对电气控制的要求和电气与机械的联系，进一步分析各拖动电动机和各其他控制输出间的电气联锁。尤其是机械操作手柄与电气联动的情况，应配合电气动作来分析和了解设备操作情况。

4) 查看控制电路中必要的保护环节的基本情况，比如短路保护、过电压保护、欠电压保护、过电流保护、欠电流保护、位置保护、动作时间保护、油压保护、气压保护等。对于有些电器元件（控制器、行程开关、组合开关、压力开关、转换开关等），应结合其控制触头的开、闭情况和电气控制原理图来分析和确定其状态。

5.2.3 自动化生产线电气控制电路的分析方法

对于自动化生产线，其中心控制部件是由 PLC 或专用控制机构成的，自身的控制、保护、自诊断、报警等措施比较完备，从维护的角度来看，对其控制原理的分析是没有必要的，有时也是不可能的，因为通常生产厂家是不提供程序清单的，这些控制原理只有该程序的编制者才清楚。因此，应重点关注其操作方式和主要被控对象的控制方式以及各种输入、输出信号的控制功能。同时，还要注意查看各种报警信号和错误显示信息。在实际维护中可有以下几种分析方法。

1. 静态分析

静态分析是对设备的机、电、气、液等部分进行的常规检查，以此来判断故障发生原因，通常包括以下内容：

1）检查控制电源的输出是否正常，有无故障报警。
2）检查主控部件（一般为PLC）的工作状态以及其输入、输出信号是否正确、有效。
3）检查被控对象的输入、输出信号的连接是否正确、有效。
4）检查液压、气动、润滑部件的油压、气压等是否符合设备要求。

2. 动作分析

通过试运行观察、监视设备实际动作，判定动作不良部位并由此来追溯故障根源。一般这种自动化设备都有许多电动、气动、液动装置，并且在这些装置上还同时装有动作位置检测装置，比如接近开关、霍尔开关等。通过这些装置动作的执行情况以及动作是否到位来分析设备故障的所在。比如，如果输出有动作，说明控制输出基本正常。但动作结束后，还要观察其位置信号是否有效，如果动作不到位，则相关位置信号就可能是无效的。有时下一个动作不执行是因为上一个动作还没结束，或至少动作不到位。

3. 状态分析

自动化生产线一般都会有自诊断功能，系统也会有不同的工作状态，比如：自动、手动、连续、单步、保温、加热、正常、报警等，有的状态是属于正常的过渡转换，但多数情况下，是由于各种故障而造成的。比如有的输入信号无效，有的出现报警等，其下一个动作就要受到影响，经过系统自诊断，转到其应该呈现的状态之中，停在那里等待处理。因此，应当注意关注这些信息，并通过这种不同的状态，经过分析确定处理办法。

5.2.4 复杂机械设备电气控制电路故障的一般检查和处理方法

1. 向操作者了解故障发生时的情况

到达现场后，首先向操作者了解故障前后的操作情况及故障现象，对处理故障具有重要意义。因为多数操作者熟悉机床的性能，他们对经常发生的故障和处理方法有很多宝贵经验。全面了解设备故障前后的情况，有利于根据电气设备的工作原理来分析和处理故障，所以必须重视操作者的意见。

2. 对控制系统的电气控制原理进行分析

从故障现象出发，根据该设备的类别，按电气控制原理图进行分析，确定故障发生的各种可能范围，再进行综合分析和判断，初步确定故障发生的大致部位。

3. 进行一般性外观检查

初步确定了发生故障的可能范围后，对有关元器件进行外观检查，如接线端头是否脱落，接线柱接触是否良好，导线是否被烧焦，线圈是否烧坏，触头有无粘住，保护元件是否动作等，都能明显地表明故障点。这种外观检查有时也可以延伸到其他电气柜中与此动作有关的元件，即所谓"先从全局到局部，再从局部看全局"。

4. 控制电路的动作的试验检查

在外部检查发现了故障和疑点后，可进一步采用检查电器元件动作的方法，也就是操作某一开关或按钮，看电路中各继电器、接触器等是否按规定的动作有序地进行动作。若依次动作至某一电器时发现其动作不正常，即说明与此电器有关的电路存在问题，再在此电路中进行深入分析和检查，一般可发现故障。在这种动作试验时，常用一段导线逐段短接该控制环节的所有条件，缩小故障范围。操作时只能短接各种开关和继电器、接触器的触头，但绝不可短接电压元件和不同电源线的触头!

采用此法检查时,应特别注意人身及设备安全,尽可能切断主电路,仅试验控制电路中的动作,这样设备部件不会因为有输出动作出现意外。有时还应预先慎重考虑因局部控制动作是否会带来某种不良后果。

5. 利用仪表器材进行检查

根据不同的测量目标和电路类型,选择合适的测量仪器、仪表进行检查。其中应用最多的是万用表,其次为示波器、电桥等。

例如,在电路通电情况下,可以用万用表的电压挡测量目标控制环节中各条件元件是否正常,比如,所有的常闭触头均应为零值,如果出现显示电源电压值,就是故障所在;也可以使用万用表的电流挡测量各种电流参数是否正常,比如,某些控制调节信号的电流值是否按照调节指令有正常的输出变化(比如 4~20mA)。

再如,在电路不通电的情况下,可以使用万用表的电阻挡测量某些元件的电阻参数来判断是否异常。

6. 检查是否存在机械故障

在许多电气设备中,电器元件的动作是由某个机械装置来推动、触发、执行的,或与机械装置有着十分密切的联系。比如,电气回路中的压力开关,其接通、断开的条件取决于液压管路内的压力是否正常。但有时压力不足,不是液压泵电动机的问题,而是液压泵本身的问题。再比如,电磁离合器的电参数和动作都正常,但传递转矩就是不足,这可能是由于其摩擦片过度磨损或片与片之间有异物造成的。这时可与机修人员协同工作,共同排除故障和进行有关调整工作。

7. 排除故障,总结经验,形成积累

确定了故障原因后,对一般故障应力争在最短的时间内予以排除,恢复设备运行,这是设备维护人员应尽的义务。对于重大故障,应协同设备的操作者共同写出事故报告,分析设备故障的原因与性质,提出防范措施,经上级领导批准后再进行故障处理。排除故障的措施首先应体现复原,然后再本着先进、经济、可靠,最终要达到根本解决。每次排除故障后,应及时总结,并做好记录,留作以后维修工作时参考。

5.3 电气设备大修的工艺编制

我国过去的大中型企业主要执行以计划预修制度为基础的定期预修方式,这种方式会存在一些非必要维修,经济性较差。而小型企业采取事后维修,即出了故障再安排停机修理。这对企业的生产计划影响很大,修理强度也高,同时也不利于设备资产的增值保值。目前各企业均倾向于大修、项修的展开,以设备的状态为基准,然后确定修理方式。而日常的设备保养与点检等则按计划预修制度安排维修时间间隔。

电气设备的大修工艺编制以 A 系列龙门刨床为例进行展开。

5.3.1 确定修理项目

首先作如下假设分析:

1)上次大修至今已间隔 8 年,按照该设备大修间隔为 4~6 年来核算,修理周期已过,并且使用部门也已经提出大修申请。

2)从上次大修小结得知,电气控制元件未全部更换。

3）从一、二级保养记录和点检记录可以看到，刨台换向行程开关经多年频繁维修已经成为修理维护的重点，需经常维修且间隔越来越短；励磁机经常出现发电不正常而在工作中停机现象；板式电阻已经出现多个断线。

4）目前状态：控制电路经过长期维修致使线路比较混乱，床身内导线由于受机油的侵蚀已经变硬变脆，绝缘电阻降低；接触器、继电器、按钮、主令开关已显示出陈旧状态，有时动作不可靠；线路编号、功能标识模糊不清；M—G—G三联机组中的励磁机、发电机、直流电机换向器磨损严重，尤其是励磁机磨损最严重；部分电器元件，比如行程开关、继电器等已经淘汰。

根据上述描述的情况，该设备的电气部分应当考虑安排大修，由设备使用部门相关责任人提出并填写大修申请表，见表5-2。

表 5-2　某机床厂 B2012A 型龙门刨床大修申请表

设备编号	072-006	设备名称	龙门刨床	型号规格	B2012A
制造单位	××××机床厂	复杂系数	机27，电56	设备类别	大型设备
主要状态描述					
需要改装或补充附件					

主要状态描述：
1. 上次大修至今已经超过6年，按本设备的修理周期已经超期服役，应当安排大修
2. 自1981年购买，当年投运，至今已经30年，其电控装置陈旧、落后，且上次大修未彻底改造
3. 电气控制箱内部器件老化、陈旧，线路编号模糊不清，导线老化严重
4. 换向控制采用的行程开关已经淘汰，平时维修量较大
5. 直流系统故障频繁，有时出现意外停机，已经影响到产品质量和安全
6. 床身导轨及横梁导轨磨损严重，已经影响加工精度
7. 悬挂按钮站已陈旧，维修率较高

需要改装或补充附件：
1. 配合本次大修，三联机组整体大修；换向控制部分进行弱电控制改造，电机扩大机经检查失去大修价值，本次更新
2. 电控装置中的所有元器件原则上全部更换，配电箱重新配线；床身管线抽出重新穿线

申请部门				日　　期	
生产班组长		设备工程师	主管	年　月　日	
资产管理部门复查意见					
同意设备使用部门的检查结果与申请					
鉴定结论					
电气设备更新大修，机械恢复精度					
技术设计组	动力组	设备组	计划组	修理工段	分管领导

5.3.2　编制修理要求

1）阅读B2012A型龙门刨床使用说明书和图册，查阅该设备的修理技术档案、大修申请表以及设备维修记录。

2）起动机床，对照检修重点进行修前性能了解，测试各种动作性能状况，比如：

① M—G—G三联机组起动情况，是否能正常起动，起动运行中电刷与换向器火花的情况，此时查看刨台在无给定时是否有爬行现象，并记录参数。

② 刨台做往复运行时，查看换向性能和越位情况，并记录参数。

③ 全面检查控制柜及床身的电气部分，取得第一手资料，并详细记录。

3）停电，对主要部件和重点修理项目的电气部分进行拆下、解体，分析换向器和电刷的磨损情况；分析接触器、继电器的损坏情况；查看导线的老化状况，并测量被拆、解体部件的绝缘电阻。

4）对龙门刨床修理方案的初步处理意见如下：

① 对控制箱全部电气主件均进行更换，更换部分损坏的板式电阻。

② 使用新的绝缘导线进行配电箱的重新装配。

图 5-27 所示为 A 系列龙门刨床控制箱的外形，它生产于 20 世纪 70 年代，属于淘汰型的产品，图 5-28 所示为其内部结构，也可以看出，其使用的元器件多属于淘汰型号。对于这种状况，一般在大修时建议进行重新装配或更新。

③ 床身导线全部进行更换，对老化的绝缘护管进行更换，撤出床身线管内的旧导线后，用钢丝引线拴上棉丝进行拉动清理，擦净管内的残油。

④ 通过分解查看三联机组部分换向器磨损情况，决定将转子拆下车削换向器并清理换向片间隔；刷架绝缘电阻降低，需拆下清理涂绝缘涂料并烘干。电刷全部换新。图 5-29 所示为经过大修后正在运行的三联机组。

图 5-27　A 系列龙门刨床控制箱的外形

 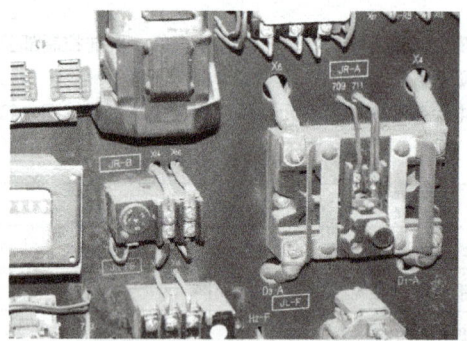

图 5-28　A 系列龙门刨床控制箱的内部结构

⑤ 电机扩大机已失去大修价值，本次大修进行更换。图 5-30 所示为待修的电机扩大机。

图 5-29　经过大修后的三联机组　　　　图 5-30　待修的电机扩大机

⑥ 对换向控制部分进行弱电控制改造，初步方案为用小型 PLC 加接近开关的方案进行设计改造。图 5-31 所示为待修的行程开关换向控制方式。

从现场情况来看，首先其使用的行程开关属于淘汰型产品，给将来的维修带来不便；其次，它经过长期的过度修理，整体结构上也无法保证运行的可靠性，带来较高的故障率，所以应当配合大修进行改造。改造的方案确定为目前较为先进的小型 PLC 与接近开关的控制方式。图 5-32 所示为用接近开关替代原行程开关的情况；图 5-33 所示为安装在控制柜内的电气控制部分。

图 5-31　待修的行程开关换向控制方式

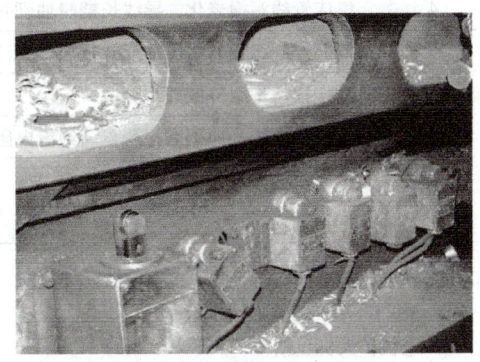
图 5-32　用接近开关替代原行程开关

⑦ 按钮站属易修理的简单装置，可原型号更换，但其内部元件均应为新型。图 5-34 所示为待修按钮站。

图 5-33　安装在控制柜内的电气控制部分

图 5-34　待修按钮站

完成上述工作后，应填写设备修前技术性能测定及修理要求，见表 5-3。同时相应确定停机时间和工时定额。

5.3.3　大修准备工作

根据修理方案，设计、绘制图样，编制修理缺损明细表，见表 5-4。选择更换电器元件时，应具有一定前瞻性，应达到修后三年内不过时、淘汰，以便满足今后运行的可靠性和便于维修。

电工（技师、高级技师）

表 5-3 设备修前技术性能测定及修理要求

设备编号：072-006　　　　　型号：B2012A 型龙门刨床　　　　　电气复杂系数：65

技术性能测定记录			
序号	检 查 项 目	原设计标准	实 测 数 据
1	电控箱导线老化，编号脱落，绝缘电阻对地 0.3MΩ	绝缘电阻>0.5MΩ	
2	电控箱内元件修理过度，老化，破损		
3	M—G—G 三联机组换向器磨损严重，电刷架绝缘电阻降低		<0.8MΩ
4	机床管线污损老化，导线长期浸油硬化，绝缘电阻降低		<0.5MΩ
5	换向控制行程开关经过度修理已经无法修复		
6	悬挂按钮站组件破损，陈旧		
7	电机扩大机换向器磨损严重，绝缘电阻不稳定	绝缘电阻>1MΩ	<0.5MΩ

工作号：　　　　　工时定额：　　　1. 工时：640
　　　　　　　　　　　　　　　　2. 停歇时间：30 工作日

1. 原电控箱整体重新装配，主要电器元件更换
2. M—G—G 三联机组大修
3. 电机扩大机更新
4. 按钮站更新
5. 换向控制进行弱电控制改造
6. 所有电动机全部进行拆卸、清洁、烘烤，更换轴承，更换润滑油脂
7. 床身管线进行线管清污，重新穿线，线管整修

检查员：_____　技术员：_____　　　　年　　月　　日

表 5-4 （电气）缺损明细表

设备编号：072-006　　　　设备型号名称：B2012A 型龙门刨床　　　　年　　月　　日

部位	序号	图备号件	零件名称	数量	制 造 方 法					备注
					修理	新制	外购	库存	铸	锻	
电气	1		悬挂按钮站 LA13-10	1			✓				
	2		电机扩大机 ZKK12F4-12	1			✓				
			14 点 PLC	1			✓				
			接近开关 24V，200mA，NPN	4			✓				

主修技术员_____　　　　　　　设备技术员_____

5.3.4 修理施工安排

对于龙门刨床的修理，为缩短停机时间，应分类、分头负责，齐头并进，相互协调。龙

门刨床整机电气复杂系数为65，其中，电控箱部分为20；电动机部分为40；管线部分为5。根据各项修理内容和企业的修理工时定额来制定分块工作的工时定额，然后合理配置劳动力。

5.3.5 试运行与完工验收

龙门刨床调试、试运行工作按前述内容进行，完工验收后填写验收单，见表5-5；最后着重写好修后小结，见表5-6。

表 5-5 电气设备大修质量验收单

设备来源：		设备型号：	
设备名称：		规格：	
设备编号：	制造厂：		
	本企业：	使用单位：	安装位置：
电气图样图号：		图册编号：	
序号	检查项目		检查意见
其他更换记录：			
结论：			
车间验收	责任技术员：		检验员
	年 月 日		

说明：本表一式三份，检查一份，资产管理部门一份，使用车间一份，各方责任人签字后生效

表 5-6 设备修后小结（机、电）

设备编号：072-006　　　　设备型号名称：B2012A型龙门刨床　　　　年　月　日

修理小结简单表述：

072-006 龙门刨床于　　年　月随本机床大修电气部分按大修方案已经全面修复，并经调试、性能测试与两个月的试运行状况良好

主要整修内容：

1. 修理内容及要求主要有1~7项，现已全面按计划进行，已经达到预期要求
2. 修理中，发现抬刀电磁线圈接地，现已经更换
3. 主要部分实测数据：

1) 励磁机直流电压为220V时，其励磁电流为0.45A；刨台以90m/min速度运行时，扩大机KⅢ绕组励磁电流为87.5mA。
2) 刨台以90m/min运转时，其换向越位≤280mm
3) 刨台无爬行
4) 横梁夹紧正常，夹紧电动机电流为2.5A
5) 各项控制动作正常、有效

主修人员：　　　　　　主修技术员：

复习思考题

1. 电气设备的测绘一般分为哪几种？
2. 简述电气设备测绘的基本步骤和过程。
3. 在实施测绘时应当注意的基本事项有哪些？
4. 简述高级电气维护人员应具备的基本素质。
5. 作为电气维护人员，特别是高级电气维护人员为何要树立终身学习的信念。
6. 简述在电气维护工作中，继电器、接触器控制系统的分析方法。
7. 简述处理复杂设备电气故障时一般的检查、处理方式和主要步骤。

项目 6

电气设备和自动控制系统调试维修

培训学习目标：

熟悉数控机床的结构组成及工作原理；掌握数控机床的故障诊断与维修方法；熟悉现场总线 PROFIBUS 的基本功能、协议结构、传输技术；掌握 S7—300PLC 与 S7—200PLC 之间的 PROFIBUS DP 现场总线通信网络的构建及程序设计方法；掌握 S7—1200PLC 之间以太网通信的构建及程序设计方法；掌握电气抗干扰技术。

6.1 数控机床电气系统故障诊断与维修

数控机床一般是由输入/输出装置、数控装置（或称为 CNC 单元）、可编程序控制器（PLC）、主轴驱动系统、进给伺服驱动系统、位置检测装置、强电控制电路、辅助装置和机床本体等组成的一体化产品。数控机床的外观如图 6-1 所示；FANUC 数控系统连接如图 6-2 所示。

6.1.1 数控机床电气系统

（1）输入/输出装置　输入/输出装置是数控装置与外部设备进行数据或信息交换的装置。输入装置的作用是将程序载体上的数控代码变成相应的电脉冲信号，传送并存入数控装置内。

（2）数控装置（CNC）　数控装置是数控机床电气控制系统的核心，由硬件和软件两部分组成。它能够自动对输入的加工程序进行解码、运算和逻辑处理，然后将数控加工程序信息按两类控制量分别输出，一类是连续控制量，送往伺服系统，另一类是离散的开关控制量，送往机床强电控

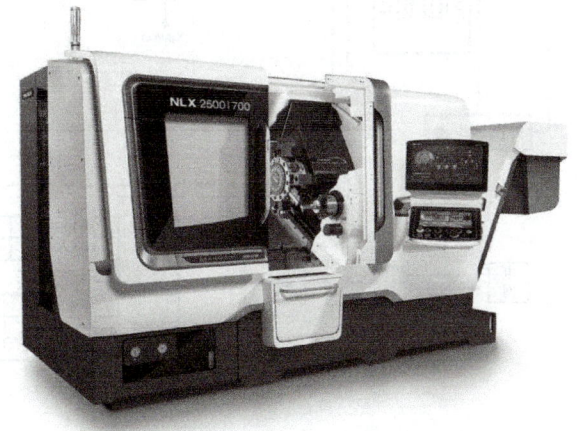

图 6-1　数控机床的外观

制电路，从而协调控制机床各部分的运动，完成数控机床所有运动的控制，实现数控机床的加工过程。FANUC 数控系统面板如图 6-3 所示。

（3）可编程序控制器（PLC）　可编程序控制器是机床各项功能的逻辑控制中心，一般数控装置都内置 PLC（例如 GSK980TD 系统的 PLC 就是内置的）。它将来自数控装置的各种运动及功能指令进行逻辑排序，使它们能够准确、协调有序地安全运行；同时将来自机床的各种信息及工作状态传送给数控装置，使数控装置能及时准确地发出进一步的控制指令，实现对

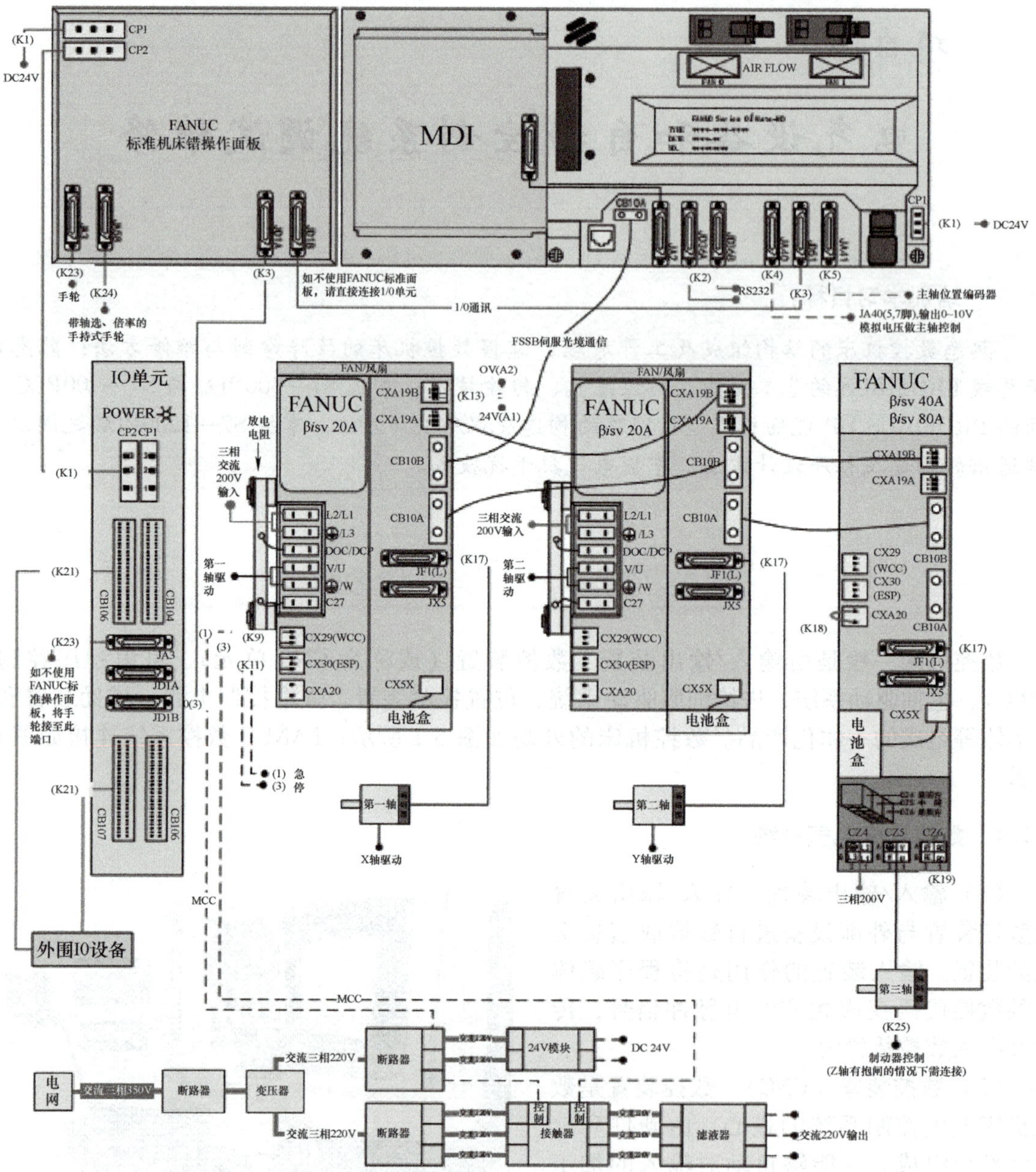

图 6-2 FANUC 数控系统连接

整个机床的控制。

（4）主轴驱动系统　主轴驱动系统由主轴电动机和主轴伺服驱动装置组成，主轴驱动系统接收来自数控装置的驱动指令，经过速度与转矩（功率）调节输出驱动信号驱动主电动机转动，同时接收速度反馈实施速度闭环控制，实现对主轴转速的调节控制。

（5）进给伺服驱动系统　进给伺服驱动系统由进给伺服电动机和进给伺服驱动装置组成。进给伺服驱动系统接收来自数控装置的速度指令，经过速度与电流（转矩）调节输出驱动信号驱动伺服电动机转动，同时接收速度反馈信号实施速度闭环控制，实现机床坐标轴运动。

（6）位置检测装置　位置检测装置是将数控机床各坐标轴的实际位移量、速度等参数检测出来，转变成电信号反馈给数控装置，通过将反馈回来的实际位移量与设定值进行比较，并由数控装置发出相比较的差值去控制驱动装置，使各坐标轴按照指令值移动，从而实现对位置的精确控制。常用的位置检测元件有光栅、光电编码器、感应同步器、旋转变压器和磁栅尺等。现代机床多采用光电脉冲编码器和光栅尺作为位置测量元件。

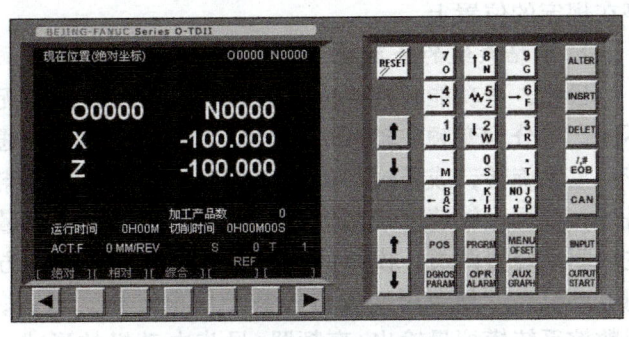

图 6-3　FANUC 数控系统面板

（7）强电控制电路　随着 PLC 功能的不断强大，机床中传统的继电器逻辑电路已经很少存在。现在机床强电控制电路主要任务是对电源的控制以及与 PLC 联合控制，把 PLC 输出的辅助控制指令转换成强电信号，以实现对润滑、冷却、气动、液压、排屑和主轴换刀等辅助装置的逻辑控制。

（8）机床本体　数控机床的机床本体与传统机床相似，由机床床身、主轴传动装置、进给机构、冷却与润滑装置、交换工作台及排屑装置等组成。但数控机床在整体布局、外观造型、传动系统和刀具系统的结构与操作机构等方面已发生了很大的改变，满足了数控机床的要求和性能精度，充分发挥了数控机床的特点。

6.1.2　数控机床主轴电气系统

1. 数控机床对主轴传动的要求

现代数控机床对主轴传动提出了以下基本要求：

（1）调速范围要宽并能实现无级调速　为保证加工时选用合适的切削用量，以获得最佳的生产率、加工精度和表面质量，特别对具有自动换刀功能的数控加工中心，对主轴的调速范围要求更高，要求主轴能在较宽的转速范围内，根据数控系统的指令自动实现无级调速，并减少中间传动环节，简化主轴结构。

（2）恒功率范围要宽　为了满足生产率要求，数控机床要求主轴在整个速度范围内均能提供切削所需功率，并尽可能在全速范围内提供主轴电动机的最大功率。特别是为了满足数控机床低速、强力切削的需要，常采用分级无级变速的方法（即在低速段采用机械减速装置），以扩大输出转矩，满足最大功率输出。

（3）具有四象限驱动能力　要求主轴在正、反向转动时均可进行自动加、减速控制，并且加、减速时间要短，调速运行要平稳。目前，一般伺服主轴可以在 1s 内从静止加速到 6000r/min。

（4）具有螺纹切削功能和定位准停功能

1）螺纹切削功能。为了使数控车床具有螺纹切削功能，要求主轴能与进给驱动实行同步控制。为了实现这种功能，数控车床加工螺纹时必须安装一个检测元件，常用的检测元件是光电编码器和磁栅编码器。其光电编码器的工作轴安装在与数控车床的主轴同步转动的位置上，可准确测量出车床主轴的转数及旋转零点的位置，并以脉冲的方式将这些信号送入数控装置中，以便进行螺纹插补运算及控制。

2）定位准停功能。在加工中心上，为了满足加工中心自动换刀，还要求主轴具有高精度的准停功能。主轴定向控制的实现方式有两种：一是机械准停；二是电气准停。例如：利用装在主轴上的磁性传感器或编码器作为检测元件，通过它们输出的反馈信号，使主轴准确地停在规定的位置上。

2. 主轴系统的分类及特点

目前,全功能数控机床的主传动系统大多采用无级变速。无级变速系统根据控制方式的不同,可分为变频主轴系统和伺服主轴系统两种,通过直流或交流主轴电动机,经过带传动带动主轴旋转,或通过带传动和主轴箱内的减速齿轮(以获得更大的转矩)带动主轴旋转。另外,根据主轴速度控制信号的不同,可分为模拟量控制的主轴驱动装置和串行数字控制的主轴驱动装置两类。模拟量控制主轴电动机转速的方式通常有两种:一是通用变频器控制通用电动机;二是专用变频器控制专用电动机。目前,大部分的经济型机床均采用变频主轴,即数控系统模拟量输出+变频器+异步电动机的形式,性价比很高。伺服主轴驱动装置一般由各数控公司自行研制并生产,如日本FANUC公司的α系列、西门子公司的611系列等。

(1)笼型异步电动机配齿轮变速箱 这种主轴配置方式最经济,但只能实现有级调速,由于电动机始终工作在额定转速下,经齿轮减速后,主轴在低速下输出转矩大,重切削能力强,非常适合粗加工和半精加工的要求。如果加工的产品对主轴转速没有太高要求,此配置在数控机床上也能起到很好的效果;它的缺点是噪声比较大,由于电动机工作在工频下,主轴转速范围不大,不适合有色金属和需要频繁变换主轴速度的加工场合。

(2)通用笼型异步电动机配通用变频器 现在通用变频器,除了具有 U/f 曲线调节,一般还具有无反馈矢量控制功能,会对电动机的低速特性有所改善,再配合两级齿轮变速,基本上可以满足车床低速(100~200r/min)、小加工余量的加工,但同样受最高电动机速度的限制。这是目前经济型数控机床比较常用的一种主轴驱动系统。

(3)专用变频电动机配通用变频器 中档数控机床主要采用这种配置,主轴传动两挡变速甚至仅一挡即可实现转速在低速时的重力切削。此配置若应用在加工中心上不够理想,采用其他辅助机构完成定向换刀的功能,但不能达到刚性攻螺纹的要求。

(4)伺服主轴驱动系统 伺服主轴驱动系统具有响应快、速度高、过载能力强的特点,还可以实现定向和进给功能,但其价格较高,通常是同功率变频器主轴驱动系统的2~3倍。伺服主轴驱动系统主要应用于全功能机床上,用以满足系统自动换刀、刚性攻螺纹、主轴C轴进给功能等对主轴位置控制性能要求很高的加工。

(5)电主轴 电主轴是主轴电动机的一种结构形式,驱动器可以是变频器或主轴伺服,也可以不要驱动器。电主轴由于电动机和主轴合二为一,没有传动机构,因此,大大简化了主轴的结构,提高了主轴的精度,并且向高速方向发展,目前,电主轴转速一般在10000r/min以上。但是电主轴抗冲击能力较弱,而且功率还不能做得太大,一般在10kW以下。目前,安装电主轴的机床主要用于精加工和高速加工,例如高速精密加工中心。

3. 主轴驱动电气系统分析

某数控机床实训平台变频主轴驱动系统电路如图6-4所示。主轴旋转运动采用三菱变频调速器控制0.75kW主轴电动机。

(1)主轴正反转控制 系统启动后,通过程序M03、M04指令,或者在手动方式下通过按下机床面板上的正转和反转按钮发出主轴正转和反转信号时,数控系统通过PMC将正反转控制信号输出信号来控制KA1(主轴正转继电器)、KA2(主轴反转继电器)的通断,向变频器发出信号,实现主轴的正反转,此时的主轴速度是有系统存储的S值与机床主轴倍率开关决定的。

(2)主轴电动机速度控制信号 系统把程序中的S指令值与主轴倍率的乘积转换成相应的模拟量电压(0~10V),通过系统接口JA40的7脚和5脚,输送到变频器的模拟量电压频

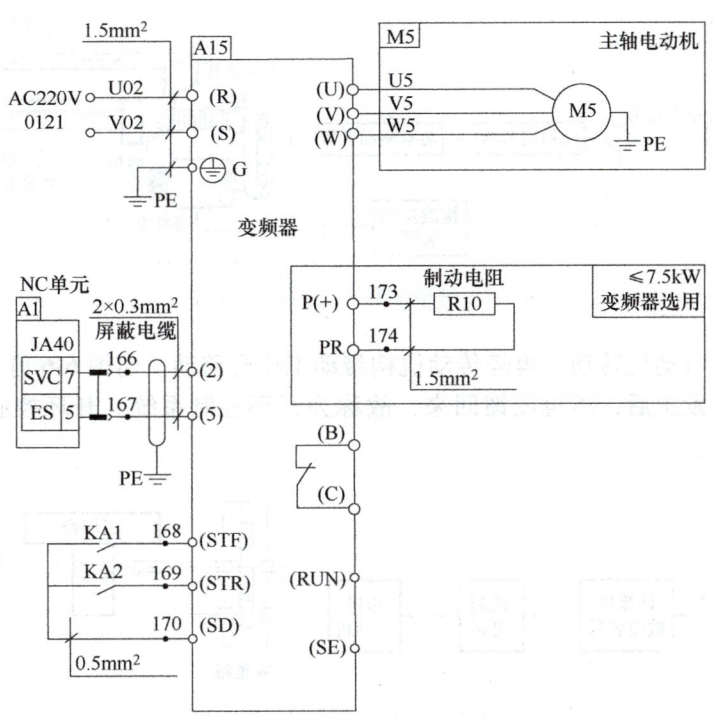

图 6-4　某数控机床实训平台变频主轴驱动系统电路

率给定端子 2 与 5 两端，从而实现主轴电动机的速度控制。

（3）变频器故障输出信号　当变频器出现故障时，变频器的故障输出端子 B 与 C 发出主轴故障信号给 PMC。由图 6-4 可知，本设备主轴变频器故障反馈信号没有应用。

（4）主轴频率到达输出信号　数控机床自动加工时，若系统的功能参数设定为有效，系统执行进给切削指令（如 G01、G02、G03 等）前要进行主轴速度到达信号的检测，即通过变频器输出端反馈给 PMC，PMC 检测到该信号后，切削才开始，否则系统进给指令一直处于待机状态。本设备速度到达信号的检测没有应用。

6.1.3　数控机床伺服系统

1. 进给伺服驱动系统的组成

进给伺服驱动系统是数控机床的重要组成部分，以移动部件（如工作台）的位置和速度作为控制量的自动控制系统。其功能是接收数控装置发来的指令信号经变换和放大由执行元件（伺服电动机）将其变换为具有一定方向、大小和速度的机械角位移，通过齿轮和丝杠螺母副带动工作台移动，从而实现驱动数控机床各运动部件的进给运动。进给伺服驱动系统一般由控制调节器、功率驱动装置、检测反馈装置和伺服电动机四部分组成。进给伺服驱动系统组成框图如图 6-5 所示。

2. 进给伺服驱动系统的基本控制方式

数控机床进给伺服驱动系统按照对被控量有无检测装置可分为开环控制和闭环控制两种。在闭环系统中，根据检测装置安放的部位又分为全闭环控制和半闭环控制两种。

（1）开环控制系统　图 6-6 所示为典型的开环控制系统框图，控制系统中没有检测反馈装置。数控装置将工件加工程序处理后，发出指令脉冲（又称为进给脉冲），经驱动电路功率

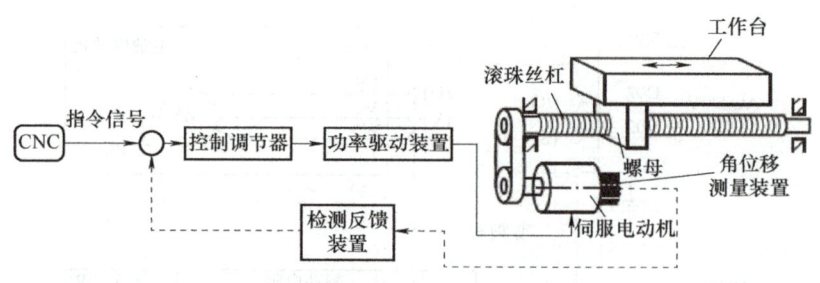

图 6-5　进给伺服驱动系统组成框图

放大后,驱动步进电动机转动,再经传动机构带动工作台移动。由图 6-6 可见,指令信息单方向传送,并且指令发出后,不再反馈回来,故称为开环控制系统。开环控制系统广泛应用于经济型数控机床中。

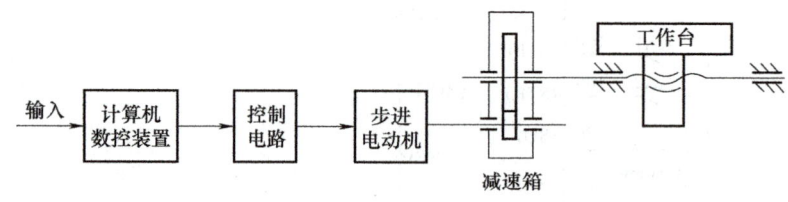

图 6-6　开环控制系统框图

开环控制系统的主要特点是:

1) 由于数控机床的开环控制系统不带位置检测反馈装置,不检测运动的实际位置,因此系统的精度比较低。其精度主要取决于步进电动机和传动机构的精度。

2) 驱动元件一般采用步进电动机,改变进给脉冲的数目和频率,可改变步进电动机的转数和转速,从而改变工作台的位移量和速度。

3) 开环控制系统结构简单,调试方便,容易维修,成本较低,但因其加工精度较低,目前应用已不多。

(2) 全闭环控制系统　图 6-7 所示为全闭环控制系统框图,通过安装在工作台上的位置检测元件将工作台实际位移量反馈到计算机中,与所给定的位置指令进行比较,用比较的差值进行控制,直到差值消除为止。闭环控制系统可以消除机械传动部件的各种误差和工件加工过程中产生的干扰影响,从而使加工精度大大提高。速度检测元件的作用是将伺服电动机的实际转速变换成电信号送到速度控制电路中,进行反馈校正,使电动机转速保持稳定。全闭环控制系统广泛应用于加工精度高的精密型数控机床中。

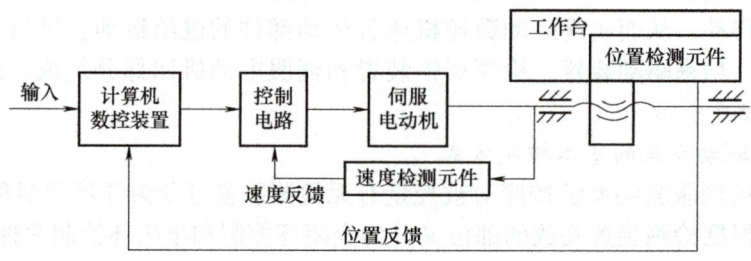

图 6-7　全闭环控制系统框图

全闭环控制系统的主要特点是：

1）数控机床的闭环控制系统，一般在工作台上安装位置检测反馈装置，其控制精度很高。

2）驱动元件一般采用直流伺服电动机或交流伺服电动机；速度检测元件一般常用测速发电动机。

3）闭环控制系统调试和维修比较复杂，成本也较高。如果不是对精度要求很高的数控机床，一般不采用这种控制方式。

(3) 半闭环控制系统　图 6-8 所示为半闭环控制系统框图，位置检测元件不是直接检测工作台的位移量，而是采用转角检测元件，测出伺服电动机或丝杠的转角，推算出工作台的实际位移量，反馈到计算机中进行位置比较，用比较的差值进行控制。由于此反馈环内不包括丝杠、螺母副及工作台，故称为半闭环控制系统。半闭环控制系统应用比较普遍。

半闭环控制系统的主要特点是：

1）数控机床的半闭环控制系统是在电动机的端头或丝杠的端头安装位置检测元件。

2）驱动元件一般采用直流伺服电动机或交流伺服电动机。

3）控制精度较闭环控制差，但稳定性好，成本也较低，调试维修也比较容易，并兼顾了开环控制和闭环控制两者的特点，因此应用比较普遍。

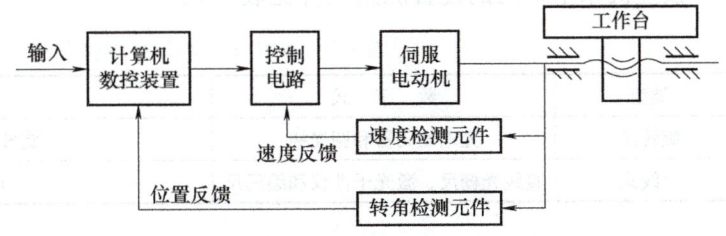

图 6-8　半闭环控制系统框图

3. 数控机床对进给伺服驱动系统的要求

(1) 位置精度要高　位置精度主要包括静态、动态和灵敏度。静态（尺寸精度）：定位精度和重复定位精度要高，即定位误差和重复定位误差要小。动态（轮廓精度）：跟随精度，这是动态性能指标，用跟随误差表示；灵敏度要高，有足够高的分辨率。

(2) 响应要快　加工过程中，进给伺服驱动系统跟踪指令信号的速度要快，过渡时间要短，一般应在几十毫秒以内，且无超调，这样跟随误差才小；否则对机械部件不利，有害于加工质量。

(3) 调速范围要宽　为保证在任何切削条件下都能获得最佳的切削速度，要求进给伺服驱动系统必须提供较大的调速范围，一般调速范围应达到 1∶2000。现有的高性能进给伺服驱动系统已具备无级调速，且调速范围在 1∶10000 以上。

(4) 工作稳定性要好　工作稳定性是指伺服系统在突变指令信号或外界干扰的作用下，能够快速地达到新平衡状态或恢复原有平衡状态的能力。工作稳定性越好，机床运动平稳性越高，工件的加工质量就越高。

(5) 低速转矩要大　在切削加工中，粗加工一般要求低进给速度、大切削量，为此，要求进给伺服驱动系统在低速进给时输出足够大的转矩，提供良好的切削能力。

6.1.4　数控机床检测系统

1. 数控机床位置检测装置的要求

检测元件是数控机床闭环伺服系统的重要组成部分，它的作用是检测位移、角位移和速度的实际值，把反馈信号传送回数控装置或伺服装置（构成闭环控制）。与数控装置发出的指令信号相比较,若有偏差,经放大后控制执行部件,向消除偏差的方向运动直至偏差等于零为止。在数控机床的闭环控制中,检测装置是保证机床工作精度和效率的关键,用于数控机床的检测装置应满足下列要求:

1) 工作可靠,抗干扰能力强,受温度和湿度等环境因素的影响小。
2) 满足精度和速度的要求。其分辨率应在 0.001~0.01mm 内,测量精度应满足 0.002~0.02mm/m,运动速度应满足 0~50m/min。
3) 满足测量精度、检测速度和测量范围的要求。
4) 使用和维修方便,成本低,适合机床的工作环境。

2. 位置检测装置的分类

位置检测装置根据被测物理量的不同,可分为直线位移测量装置和旋转角位移测量装置。按检测信号不同可分为模拟式和数字式两种。

数控机床中常用的位置测量元件见表 6-1。

表 6-1 数控机床中常用的位置测量元件

类型	数 字 式	模 拟 式
旋转式	光电编码器和圆光栅	旋转变压器和圆形感应同步器
直线式	直线光栅尺、激光干涉仪和编码尺	直线感应同步器和磁尺

半闭环控制的数控机床的位置检测元件一般是脉冲编码器和旋转变压器。闭环控制的数控机床的位置检测元件一般是光栅、感应同步器和磁栅等直线位移装置。

3. 常用位置检测元件的原理与使用

(1) 脉冲编码器　脉冲编码器是一种旋转式测量元件,通常安装在被检测轴上,随被测轴一起转动,可将被测轴的角位移转换成电脉冲。脉冲编码器根据内部结构和检测方式分类,可分为接触式、光电式和电磁式三种;按照编码方式可分为绝对式编码和增量式编码两种。

1) 增量式光电编码器:

① 增量式光电编码器的结构:图 6-9 所示为增量式光电编码器的外形与结构。它主要由转轴、LED 光源、光栅板、零标志槽、光敏元件、光电盘、印制电路板和电源及信号连接座等组成。光电盘可用玻璃研磨抛光制成,再在玻璃表面镀一层不透明的铬,然后用照相腐蚀法制成狭缝用于透光,狭缝的数量可以达到几百条或几千条。也可以用精致的金属圆盘,在圆周上开出一定数量的等分圆槽缝,或在一定圆周上钻出一定数量的孔,使圆盘形成相等数量的透明或不透明区域。

a) 外形

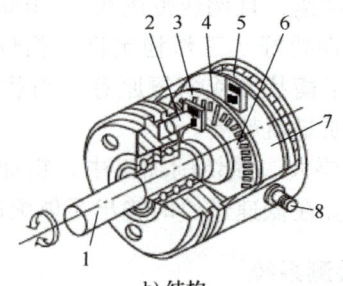
b) 结构

图 6-9　增量式光电编码器的外形与结构
1—转轴　2—LED 光源　3—光栅板　4—零标志槽　5—光敏元件　6—光电盘
7—印制电路板　8—电源及信号线连接座

② 增量式光电编码器的工作原理：增量式光电编码器是以脉冲形式输出的传感器，能够把回转件的旋转方向、旋转角度和旋转速度准确检测出来。图 6-10 所示为增量式光电编码器的工作原理。

在可转动的光电盘上刻有许多节距相等的辐射状窄缝，与它相对应的是两组静止不动的光栏板窄缝群，这些窄缝群的节距与圆盘节距相等，窄缝宽度占节距的 1/2。两组静止的窄缝群位置相互错开 1/4 节距，这样，就可保证当一组窄缝群全部遮住光电盘狭缝时，另一组窄缝群刚好遮住光电盘上狭缝的 1/2。当光电盘转动时，从两组检测窄缝上通过的光强度呈正弦规律变化。因此，装在检测窄缝对面的光电接收器上产生的电流也呈正弦规律变化，由于两组检测窄缝相差 1/4 节距，所以 DA、DB 两个光电接收器输出波形在相位上相差 90°。图 6-10

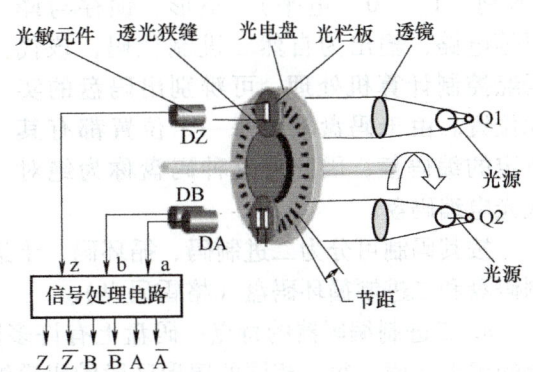

图 6-10　增量式光电编码器的工作原理

中 Q1、Q2 为光源，DA、DB、DZ 为光电组件。当光电盘旋转一个节距时，在光源照射下，在光电组件 DA 和 DB 上得到图 6-11 所示光电波形输出，A、B 信号为具有 90°相位差的正弦波，这组信号经信号处理电路的放大和整形后输出方波。A 相比 B 相超前 90°，设 A 相超前 B 相时为正方向旋转，则 B 相超前 A 相时就是反方向旋转。利用 A 相与 B 相的相位关系，可以判别编码器的旋转方向。Z 相产生的脉冲为基准脉冲，又称为零点脉冲，它是光电盘旋转一周在固定位置上产生的一个脉冲，可以作为坐标原点的信号，车削螺纹时作为刀点的信号。

③ 增量式光电编码器的特点：

a. 增量编码器无法输出轴转动的绝对位置信息，只能反映两次读数之间转轴角位移的增量。

b. 增量编码器原理构造简单，平均机械寿命可在几万小时以上，抗干扰能力强，可靠性高，适合于长距离传输。

2）绝对式光电编码器：增量式光电编码器的缺点是有可能由于噪声或其他外界干扰产生计数错误。若因停电、刀具破损而停机，事故排除后不能再找到事故前执行部件的正确位置。采用绝对式光电编码器可以克服这些缺点，它可以直接把被测转角用数字代码表示出来，且每一个角度位置均有其对应的测量代码，因此这种测量方式即使断电或切断电源，也能读出转动角度。

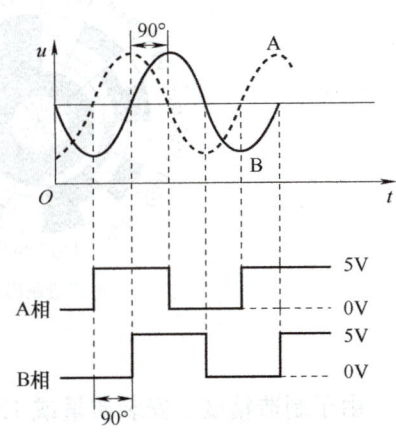

图 6-11　增量式光电编码器的波形

① 绝对式光电编码器的结构：绝对式光电编码器主要由光源、柱面镜、码盘、扫描刻线板和光电池等组成，如图 6-12 所示。

② 绝对式光电编码器的工作原理：绝对式光电编码器是直接输出数字信号的传感器，在它的圆形码盘上沿径向有若干同心码盘，码道上刻有按一定规律分布的透明区和不透明区；扫描刻线板上有一条径向狭缝，光电池的排列与扫描刻线板上的狭缝平行对齐且与码道一一对应。当光源发出的光经过柱面镜聚光后投射到码盘上，通过透明区的光线经过狭缝形成一束很窄的光束投射到光电池上，此时处于亮区的光电池输出为"1"，处于暗区的光电池输出

为"0",光电池组输出按一定规律编码的数字信号表示了码盘轴的转角大小。输出数字信号通过信息处理电路的放大、鉴幅(鉴别"1""0"电平)、整形、锁存与译码等电路,输出为自然二进制代码,该代码经控制计算机处理,可辨别出码盘的实际位置。由于码盘轴的每一个位置都有其特定的编码值,因此称这种码盘称为绝对式光电编码盘。

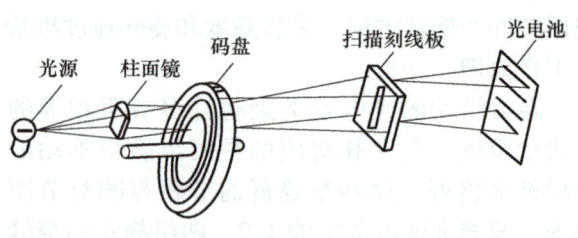

图 6-12 绝对式光电编码器的结构

按其码制可分为二进制码、循环码、十进制码、六十进制码等。图 6-13 所示为 4 位二进制码盘和二进制循环码盘(格雷码盘)。

a. 二进制编码器的特点:码盘上有许多同心圆环,称为码道,整个圆盘又分为若干个等分的扇形区段,每一相同的扇形区段的码道组成一个数码,着色的码道为"1",未着色的码道为"0",内环码道为数码的高位的规律组成二进制编码如图 6-13a 所示。若码盘顺时针方向转动,就可依次得到 0000、0001、0010、…、1111 的二进制代码输出,并且每一代码均各自代表每一确定的位置。

b. 二进制循环码编码器的特点是:n 位循环码盘,有 $2n$ 个不同的编码,分辨率为 $360°/2n$;当码盘转到相邻的区域时,任意相邻的两个二进制数之间只有一位是不同的,最末一个数与第一个数也是如此循环,如图 6-13b 所示。在译码器中不易产生误读。即使制作和安装不很准确,产生的误差也不可能超过码盘自身的分辨率。

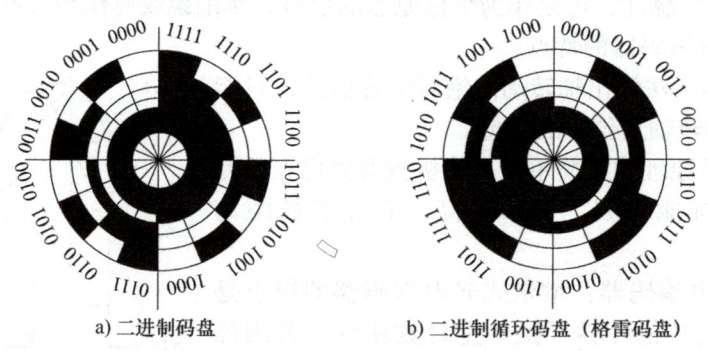

a) 二进制码盘　　　　　　b) 二进制循环码盘(格雷码盘)

图 6-13 编码器码盘

由于制造精度、安装质量或工作过程中的意外等原因,二进制代码码盘有时会引起读码错误,因此,码盘常采用二进制循环编码方式,提高了读数的可靠性。

③ 绝对式光电编码器的特点:绝对式光电编码器没有累积误差;电源切除后位置信息不会丢失,可以直接读取角度坐标的绝对值,不必"寻零"。

3) 光电编码器在数控机床上的应用:

① 编码器是数控车床加工螺纹时必不可少的检测元件。常用的编码器有光电编码器和磁栅编码器,其光电编码器的工作轴安装在与数控车床的主轴同步转动的位置上,可准确测量出车床主轴的转数及旋转零点的位置,并以脉冲的方式将这些信号送入数控装置中,以便进行螺纹插补运算及控制。

② 在数控机床进给伺服控制系统中,大多采用光电式增量脉冲编码器,安装形式有两种:

一种是与驱动电动机同轴连接，称为内装式编码器；另一种是编码器安装在传动链的末端，称为外装式编码器。在进给伺服控制系统中，利用编码器测量伺服电动机的转速、转角，并通过伺服控制系统控制其各种运行参数。

4) 编码器的使用注意事项：

① 旋转编码器由精密器件构成，故当受到较大的冲击时，可能会损坏内部功能，因此，安装时不要给轴施加直接的冲击。

② 编码器轴与机器的连接不要采用硬连接，应使用柔性连接器。

③ 不要将旋转编码器进行拆解，这样做将会有损防油和防滴性能。防滴型产品不宜长期浸在水、油中，表面有水、油时应擦拭干净。

④ 配线应在电源 OFF 状态下进行，注意电源的极性，不要把输出线与电源线短路，否则会损坏输出回路。

⑤ 配线时应远离高压线、动力线并尽量采用最短距离配线，避免各种感应信号造成误动作或损坏编码器。

⑥ 避免因导体电阻及线间电容的影响产生信号间的干扰，应采用电阻小、线间电容低的双绞线或屏蔽线。

(2) 光栅　光栅是根据莫尔条纹原理制成的一种脉冲输出数字式传感器，它广泛应用于数控机床等闭环系统的线位移和角位移的自动检测以及精密测量，测量精度可达几微米。只要能够转换成位移的物理量，如速度、加速度、振动、变形等，均可测量。

1) 光栅的种类：数控机床上常采用计量光栅。计量光栅可分为透射式光栅和反射式光栅两大类。投射式光栅通常是在玻璃表面的感光材料涂层上按一定间隔制成透光和不透光的条纹；反射式光栅是在金属光洁的表面上按一定间隔制成全反射和漫反射的条纹。

计量光栅按形状又可分为长光栅和圆光栅。长光栅是测量线位移的矩形光栅并随被测长度增加而加长，如图 6-14a 所示；圆光栅是在玻璃圆盘的外环端面上，制作黑白相间、间隔相等的线纹，是测量角位移的光栅，如图 6-14b 所示。

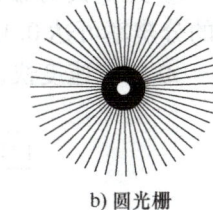

a) 长光栅　　　　b) 圆光栅

图 6-14　计量光栅

2) 光栅的结构：数控机床上主要采用透射式直线光栅，它主要由光源、透镜、标尺光栅（主光栅）、指示光栅和光电接收元件组成，如图 6-15 所示。直线光栅通常为一长一短两个光栅尺配套使用，其中长光栅尺称为标尺光栅，是测量的基准；短光栅尺为指示光栅。两光栅尺是刻有均匀密集线纹的透明玻璃片，线纹密度为 25 条/mm、50 条/mm、100 条/mm、250 条/mm 等，线纹之间距离相等。

3) 光栅的工作原理：如果把两块具有相等栅距 W 的标尺光栅和指示光栅平行安装，且让它们的刻线在一个平面内有一个很小的夹角 θ，这样两块光栅的刻线相交，当平行光线垂直照射标尺光栅时，则在相交区域出现明暗交替、间隔相等的粗大条纹，称为莫尔条纹，如图 6-16所示。当两光栅尺沿与刻线垂直的方向相对移动时，莫尔条纹沿刻线方向移动，当光栅尺移动一个栅距时，莫尔条纹正好移动一个节距。这样只要通过光电元件检测出莫尔条纹移动的数目和方向，就可以知道光栅移过了多少个栅距和移动的方向。

如果标尺光栅不动，将指示光栅逆时针方向转过一个角度（$+\theta$），然后向左移动，则莫尔条纹向下移动；向右移动，则莫尔条纹向上移动。若将指示光栅顺时针转过一个角度（$-\theta$），

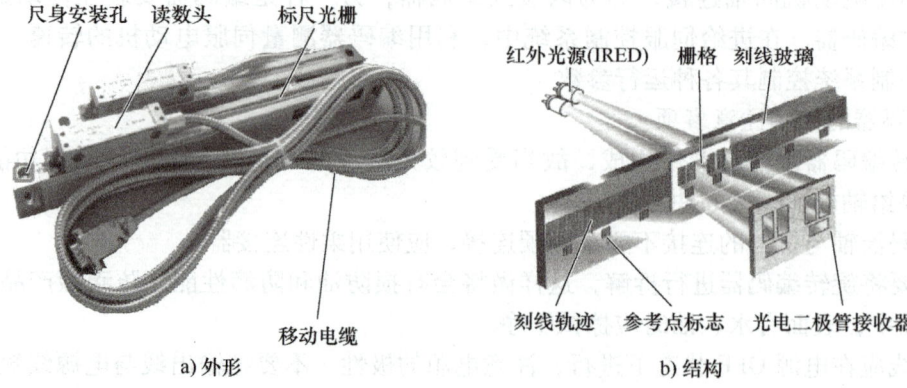

图 6-15 直线光栅的外形和结构

则情况与上述逆时针情况相反。

4) 光栅的测量电路：光栅测量位移是通过光栅读数头将莫尔条纹的光信号转换成电脉冲信号，其信号的变换过程如图 6-17 所示。光栅读数头由光源、聚光透镜、指示光栅、光电元件、信号处理电路（包括放大、整形和鉴向倍频）等组成，如图 6-18 所示。常见的有垂直入射式光栅读数头和反射式光栅读数头。

5) 光栅的特点：

① 光栅具有很高的分辨率，其中直线光栅的分辨率可达 $0.1\mu m$。

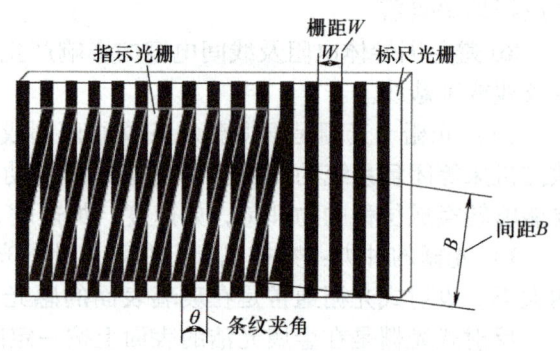

图 6-16 莫尔条纹

② 响应速度快，可实现动态测量，易实现检测与数据处理的自动化。

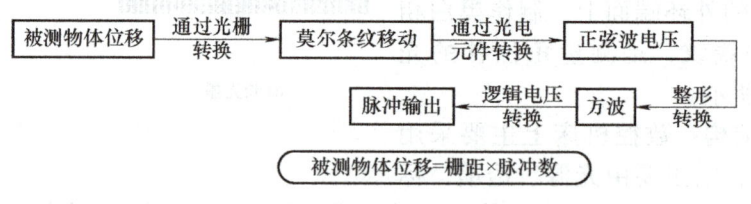

图 6-17 信号的变换过程

③ 使用环境要求高，油污及振动对其精度影响很大。

④ 制造成本高。

6) 光栅的使用注意事项：

① 光栅传感器与数显表插头座插拔时应关闭电源后进行。

② 尽可能外加保护罩，防止异物进入光栅传感器壳体内部。及时清理溅落在尺上的切屑和油液，每隔一定时间用乙醇混合液清洗擦拭光栅尺面及指示光栅面，保持光栅尺清洁，避免破坏光栅尺线条纹分布，引起测量误差。

③ 定期检查各安装连接螺钉是否松动。

④ 光栅传感器严禁剧烈振动及摔打，以免破坏光栅尺，如光栅尺断裂，光栅传感器即失效了。

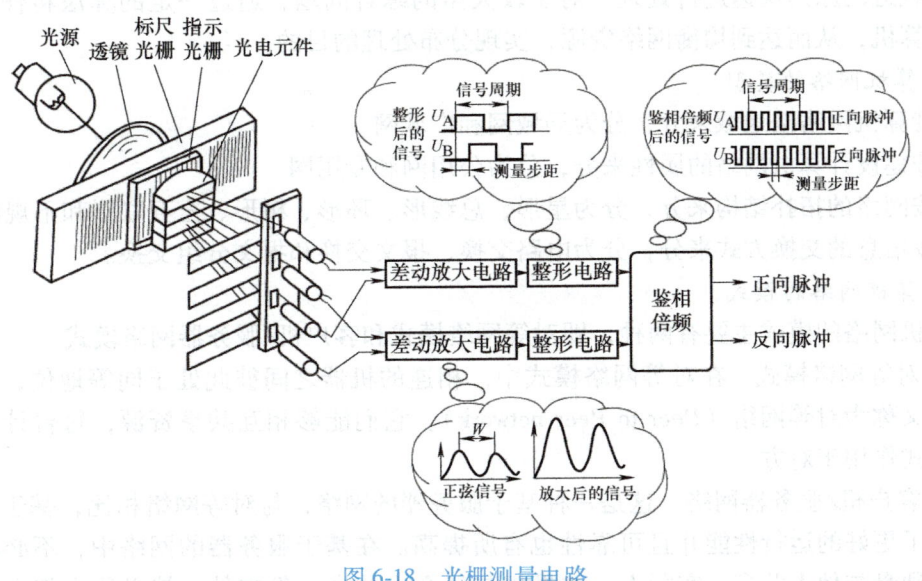

图 6-18 光栅测量电路

⑤ 光栅传感器应尽量避免在有严重腐蚀作用的环境中工作，以免腐蚀光栅铬层及光栅尺表面，破坏光栅尺质量。

6.2 工业控制网络系统调试与维修

6.2.1 计算机网络技术

1. 计算机网络的定义

把分布在不同地理位置上的具有独立功能的多台计算机、终端及其附属设备在物理上互连，按照网络协议相互通信，以共享硬件、软件和数据资源为目标的系统称为计算机网络。

2. 计算机网络的功能

（1）数据通信　即数据传送，这是计算机网络的最基本功能之一。从通信角度看，计算机网络其实是一种计算机通信系统。作为计算机通信系统，能实现传输文件和使用电子邮件的重要功能。

（2）资源共享　包括硬件、软件和数据资源的共享，它是计算机网络最有吸引力的功能。资源共享指的是网上用户能够部分或全部地使用计算机网络资源，使计算机网络中的资源互通有无、分工协作，从而大大地提高各种硬件、软件和数据资源的利用率。

（3）计算机系统可靠性和可用性的提高　计算机系统可靠性的提高主要表现在计算机网络中每台计算机都可以依赖计算机网络互为后备机，一旦某台计算机出现故障，其他的计算机可以马上承担起原先由该故障机所担负的任务，避免了系统瘫痪，使得计算机的可靠性得到了大大的提高。

计算机可用性的提高是指当计算机网络中某一台计算机负载过重时，计算机网络能够进行智能判断，并将新的任务转交给计算机网络中较空闲的计算机去完成，这样就能均衡每一台计算机的负载，提高了每一台计算机的可用性。

（4）易于进行分布处理　在计算机网络中，每个用户可根据情况合理选择计算机网内的资源，以就近的原则快速进行处理。对于较大型的综合问题，通过一定的算法将任务分交给不同的计算机，从而达到均衡网络资源，实现分布处理的目的。

3. 计算机网络的类型

1）计算机网络按地域来分，分为局域网和广域网。

2）按建设计算机网络的属性来分，分为公用网和专用网。

3）按网络的拓扑结构来分，分为星形、总线形、环形、树形、全互联形和不规则形。

4）按信息的交换方式来分，分为电路交换、报文交换和报文分组交换。

4. 计算机网络的模式

计算机网络的模式主要有两种，即对等网络模式和客户机/服务器网络模式。

（1）对等网络模式　在对等网络模式中，相连的机器之间彼此处于同等地位，没有主从之分，故又称为对等网络（Peer to Peer network）。它们能够相互共享资源，每台计算机都能以同样方式作用于对方。

（2）客户机/服务器网络　这是一种基于服务器的网络，与对等网络相比，基于服务器的网络提供了更好的运行性能并且可靠性也有所提高。在基于服务器的网络中，不必将工作站计算机的硬盘与他人共享。实际上，如果想与某个人共享一份文件，就必须先将文件复制到服务器的硬盘上（或者一开始就在服务器上生成该文件），这样别人才能访问这份文件。共享数据全部集中存放在服务器上。客户机/服务器的一个典型应用就是数据库的应用。

5. 计算机网络基础知识

（1）数据通信的基本概念

1）数据：数据是定义为有意义的实体，是表征事物的形式，例如文字、声音和图像等。数据可分为模拟数据和数字数据两类。

2）信号：信号是数据的电磁或电子编码。信号在通信系统中可分为模拟信号和数字信号。

3）信道：信道是用来表示向某一个方向传送信息的媒体。一般来说，一条通信线路至少包含两条信道，一条用于发送的信道和一条用于接收的信道。

（2）模拟数据与数字数据的传输形式

1）模拟数据在模拟信道上传输。

2）数字数据在模拟信道上传输。

3）模拟数据在数字信道上传输。

4）数字数据在数字信道上传输。

（3）多路复用

1）频分多路复用（FDM）。频分多路复用是利用传输介质的可用带宽超过给定信号所需的带宽这一优点。频分多路复用是把每个要传输的信号以不同的载波频率进行调制，而且各个载波频率是完全独立的，即信号的带宽不会相互重叠，然后在传输介质上进行传输，这样在传输介质上就可以同时传输许多路信号。

2）时分多路复用（TDM）。时分多路复用是利用每个信号在时间上交叉，可以在一个传输通路上传输多个数字信号，这种交叉可以是位一级的，也可以是由字节组成的块或更大量的信息。与频分多路复用类似，专门用于一个信号源的时间片序列被称为是一条通道时间片的一个周期（每个信号源一个），称之为一帧。时分多路复用不局限于传输数字信号，模拟信号也可以同时交叉传输。

6. 计算机网络的体系结构

（1）OSI 的参考模型　这一参考模型如图 6-19 所示。

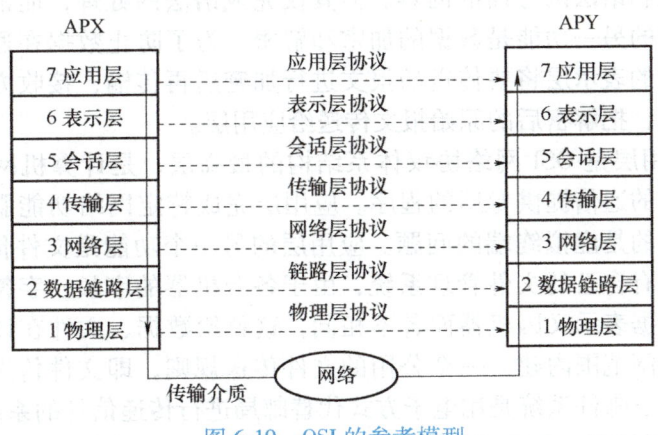

图 6-19　OSI 的参考模型

1）物理层。物理层传输数据的单位是比特。物理层不是指连接计算机的具体的物理设备或具体的传输媒体是什么，物理层主要关心的是在连接各种计算机的传输媒体上传输数据的比特流。

2）数据链路层。数据链路层传输数据的单位是帧，数据帧的帧格式中包括的信息有：地址信息部分、控制信息部分、数据部分、校验信息部分。数据链路层的主要作用是通过数据链路层协议（即链路控制规程），在不太可靠的物理链路上实现可靠的数据传输。

3）网络层。网络层传送的数据单位是报文分组或包。在计算机网络中进行通信的两个计算机之间可能要经过许多个节点和链路，也可能还要经过多个路由器所连接的通信子网。网络层的任务是要选择最佳的路由，使发送站的运输层所传下来的报文能够正确无误地按照目的地址找到目的站，并交付给目的站的运输层。

4）传输层。传输层信息的传送单位是报文。传输层的基本功能是从会话层接收数据报文，并且当所发送的报文较长时，在传输层先要把它分割成若干个报文分组，然后再交给它的下一层（即网络层）进行传输。

通常互联网所采用的 TCP/IP 协议中的 TCP（传输控制协议）协议就是属于运输层。

5）会话层。会话层允许不同机器上的用户建立会话关系，目的是完成正常的数据交换，并提供了对某些应用的增强服务会话，也可被用于远程登录到分时系统或在两个机器间传递文件。会话层对高层提供的服务主要是"管理会话"。两个用户要进行会话时，首先双方都必须接受对方，以保证双方有权参加会话；其次是会话双方要确定通信方式，即会话允许信息同时双向传输或任一时刻仅能单向传输，若是后者，会话层将记录此刻由哪一个用户进程来发送数据，为了保证单向传输的正确性，即在某一个时刻仅能一方发送，会话层提供了令牌管理，令牌可以在双方之间交换，只有持有令牌的一方才可以执行发送报文这样的操作。会话层的主要功能归结为允许在不同主机上的各种进程间进行会话。

6）表示层。在计算机与用户之间进行数据交换时，并非是随机的交换数据比特流，而是交换一些有具体意义的数据信息。这些数据信息有一定的表示格式，例如表示人名用字符型数据，表示货币数量用浮点数数据等。不同的计算机可能采用不同的编码方法来表示这些数据类型和数据结构，为让采用不同编码方法的计算机能够进行交互通信，能相互理解所交换数据的值，可以采用抽象的标准法来定义数据结构，并采用标准的编码形式。表示层管理这些抽象数据结构，并且在计算机内部表示和网络的标准表示法之间进行转换，即表示层关心的是数据传送的语义和语法两方面的内容。但其仅完成语法的处理，而语义的处理是由应用层来完成的。表示层的另一功能是数据的加密和解密，为了防止数据在通信子网中传输时被窃听和篡改，发送方的表示层将要传送的报文进行加密后再传输，接收方的表示层在收到密文后，对其进行解密，把解密后的原始报文传送给应用层。

7）应用层。应用层是 OSI 网络协议体系结构的最高层，是计算机网络与最终用户的界面，为网络用户之间的通信提供专用的程序。应用层完成特定网络功能服务所需要的各种应用协议。应用层解决的是虚拟终端的问题。应用层的另一个功能是文件传输协议 FTP。计算机网络中各计算机都有自己的文件管理系统，由于各台机器的字长、字符集、编码等存在差异，文件的组织和数据表示又因机器而各不相同，这就给数据、文件在计算机之间的传送带来不便，有必要在全网范围内建立一个公用的文件传送规则，即文件传送协议。应用层还有电子邮件的功能，电子邮件系统是用电子方式代替邮局进行传递信件的系统。

（2）TCP/IP 参考模型　TCP/IP 体系共分成 4 个层次：网络接口层、网络层、传输层和应用层，如图 6-20 所示。

1）网络接口层。网络接口层与 OSI 参考模型的数据链路层和物理层相对应，它不是 TCP/IP 协议的一部分，但它是 TCP/IP 赖以存在的与各种通信网之间的接口，所以，TCP/IP 对网络接口层并没有给出具体的规定。

2）网络层。网络层有四个主要的协议：网际协议 IP、Internet 控制报文协议 ICMP、地址解析协议 APR 和逆地址解析协议 RARP。网络层的主要功能是使主机可以把分组发往任何网络并使分组独立地传向目标。这些分组到达的顺序和发送的顺序可能不同，因此如果需要按顺序发送及接收时，高层必须对分组排序。另外，网络层的网际协议 IP 的基本功能是：无连接的数据报传送和数据报的路由选择，即 IP 协议提供主机间不可靠的、无连接数据报传送。

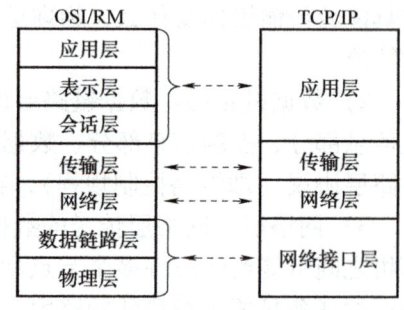

图 6-20　TCP/IP 参考模型

3）传输层。TCP/IP 的传输层提供了两个主要的协议，即传输控制协议 TCP 和用户数据报协议 UDP，它的功能是使源主机和目的主机的对等实体之间可以进行会话。其中，TCP 是面向连接的协议。所谓连接，就是两个对等实体为进行数据通信而进行的一种结合。面向连接服务是在数据交换之前，必须先建立连接。当数据交换结束后，则应终止这个连接。面向连接服务具有连接建立、数据传输和连接释放这三个阶段。在传送数据时是按顺序传送的。用户数据协议是无连接的服务。在无连接服务的情况下，两个实体之间的通信不需要先建立一个连接，因此其下层的有关资源不需要事先进行预定保留。这些资源将在数据传输时动态地进行分配。无连接服务的另一特征就是它不需要通信的两个实体同时是活跃的。

4）应用层。在 TCP/IP 体系结构中并没有 OSI 的会话层和表示层，TCP/IP 把它都归结到应用层。所以，应用层包含所有的高层协议，如虚拟终端协议（TELNET）、文件传输协议（FTP）、简单邮件传送协议（SMTP）和域名服务（DNS）等。

7. 数据的传输媒体

（1）双绞线　组建局域网络所用的双绞线是由 4 对线（即 8 根线）组成的，其中每根线的材质有铜线和铜包的钢线两类。一般来说，双绞线电缆中的 8 根线是成对使用的，而且每一对都相互绞合在一起，绞合的目的是减少对相邻线的电磁干扰。双绞线分为屏蔽双绞线（STP）和非屏蔽双绞线（UTP）。

目前，在局域网中常用到的双绞线是非屏蔽双绞线（UTP），它又分为3类、4类、5类、超5类、6类和7类。双绞线的这8根线的引脚定义见表6-2。

表 6-2 双绞线的引脚定义

线路线号	1	2	3	4	5	6	7	8
线路色标	白橙	橙	白绿	蓝	白蓝	绿	白棕	棕
引脚定义	Tx+	Tx-	Rx+			Rx-		

在局域网中，双绞线主要用来连接计算机网卡到集线器或通过集线器之间级联口的级联，有时也可直接用于两个网卡之间的连接或不通过集线器级联口之间的级联，但它们的接线方式各有不同。

（2）同轴电缆 如图6-21所示，同轴电缆中央是铜质的芯线（单股的实心线或多股绞合线），铜质的芯线外包着一层绝缘层，绝缘层外是一层网状编织的金属丝做外导体屏蔽层，屏蔽层把电线很好地包起来，再往外就是外包皮的保护塑料外层了。

目前用于局域网的同轴电缆一般有两种：一种是专门用在符合IEEE802.3标准以太网环境中阻抗为50Ω的电缆，只用于数字信号发送，称为基带同轴电缆；另一种是用于频分多路复用FDM的模拟信号发送，阻抗为75Ω的电缆，称为宽带同轴电缆。

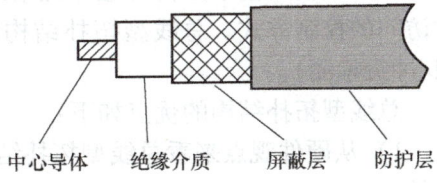

图 6-21 同轴电缆

（3）光纤 光纤是一种细小、柔韧并能传输光信号的介质，一根光缆中包含有多条光纤。光纤是利用有光脉冲信号表示1，没有光脉冲来表示0。光纤通信系统由光端机、光纤（光缆）和光纤中继器组成。光端机又分成光发送机和光接收机。而光纤中继器用来延伸光纤或光缆的长度，防止光信号衰减。光发送机将电信号调制成光信号，利用光发送机内的光源将调制好的光波导入光纤，经光纤传送到光接收机。光接收机将光信号变换为电信号，经放大、均衡判决等处理后送给接收方。

8. 网络的拓扑结构

（1）星形拓扑结构 如图6-22所示，星形拓扑结构是由中心节点和通过点对点链路连接到中心节点的各站点组成。星形拓扑结构的中心节点是主节点，它接收各分散站点的信息再转发给相应的站点。目前，这种星形拓扑结构几乎是Ethernet双绞线网络专用的。这种星形拓扑结构的中心节点是由集线器或者是交换机来承担的。

星形拓扑结构的优点如下：

1）由于每个设备都用一根线路和中心节点相连，如果这根线路损坏，或与之相连的工作站出现故障时，在星形拓扑结构中，不会对整个网络造成大的影响，而仅会影响该工作站。

2）网络的扩展容易。

3）控制和诊断方便。

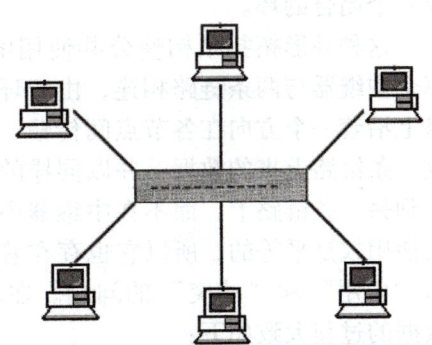

图 6-22 星形拓扑结构示意图

4）访问协议简单。

星形拓扑结构也存在着一定的缺点：过分依赖中心节点和成本高。

（2）总线型拓扑结构　如图 6-23 所示，总线型拓扑结构采用单根传输线作为传输介质，所有的站点（包括工作站和文件服务器）均通过相应的硬件接口直接连接到传输介质或总线上，各工作站地位平等，无中心节点控制。

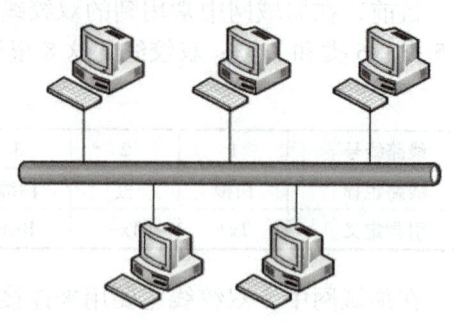

图 6-23　总线型拓扑结构示意图

总线型拓扑结构的总线大都采用同轴电缆。总线上的信息多以基带信号型式串行传送。某个站点发送报文（把要发送的信息叫报文），其传送的方向总是从发送站点开始向两端扩散，如同广播电台发射的信息一样，又称为广播式计算机网络，在总线网络上的所有站点都能接收到这个报文，但并不是所有的都接收，而是每个站点都会把自己的地址与这个报文的目的地址相比较，只有与这个报文的目的地址相同的工作站才会接收报文。

在总线型拓扑结构中，由于各站点通过总线来传输信息，并且各站点对总线的使用权是平等，因此就产生了如何合理分配信道问题，这种合理解决信道分配问题的控制方法叫作介质访问的控制方式。总线型拓扑结构的介质访问控制方式叫作 CSMA/CD（载波监听多路访问/冲突检测）。

总线型拓扑结构的优点如下：

1）从硬件观点来看总线型拓扑结构可靠性高。因为总线型拓扑结构简单，而且又是无源元件。

2）易于扩充，增加新的站点容易。如果要增加新站点，仅需在总线的相应接入点将工作站接入即可。

3）使用电缆较少，且安装容易。

4）使用的设备相对简单，可靠性高。

（3）环形拓扑结构　如图 6-24 所示，环形拓扑结构是由网络中若干中继器通过点到点的链路首尾相连形成一个闭合的环。

这种环形拓扑结构使公共使用电缆形成环形连接。每个中继器与两条链路相连，由于环形拓扑的数据在环路上沿着一个方向在各节点间传输，这样中继器能够接收一条链路上来的数据，并以同样的速度串行地把数据送到另一条链路上，而不在中继器中缓冲。每个站对环的使用权是平等的，所以它也存在着一个对于环形线路的"争用"和"冲突"的问题。在环路上发送和接收数据的过程大致如下：

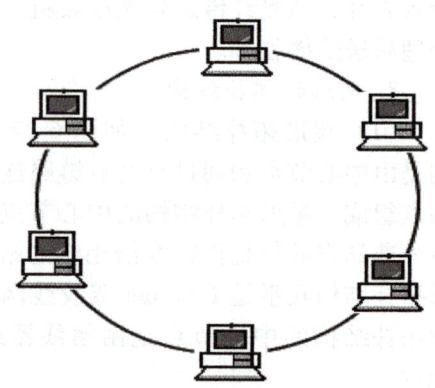

图 6-24　环形拓扑结构示意图

发送报文的工作站（简称发送站）将报文分成报文分组，每个报文分组包括一段数据再加上某些控制信息，在控制信息中含有目的地址。发送站依次把每个报文分组送到环路上，然后通过其他中继器进行循环，每个中继器都对报文分组的目的地址进行判断，看其是否与本地工作站的地址相同，仅有地址相同工作站才接收该报文分组，并将分组复制下来，当该报文分组在环路上绕行一周重新回到发送站时，由发送站把这些分组从环路上摘除。由此可看出，若环路上某一节点发生故障，它将不能正常地传送信息。

环形拓扑结构的优点如下：

1）路由选择控制简单。因为信息流是沿着固定的一个方向流动的，两个站点仅有一条通路。

2）电缆长度短。环形拓扑所需电缆长度和总线型拓扑结构相似，但比星形拓扑要短。

3）适用于光纤。光纤传输速度高，而环形拓扑是单方向传输，十分适用于光纤这种传输介质。

环形网络的缺点如下：

1）节点故障引起整个网络瘫痪。在环路上数据传输是通过环上的每一个站点进行转发的，如果环路上的一个站点出现故障，则该站点的中继器不能进行转发，相当于环在故障节点处断掉，造成整个网络都不能进行工作。

2）诊断故障困难。因为某一节点故障会使整个网络都不能工作，但具体确定是哪一个节点出现故障非常困难，需要对每个节点进行检测。

（4）树形拓扑　如图6-25所示，树形拓扑是从总线型拓扑演变过来的，形状像一棵倒置的树，顶端有一个带有分支的根，每个分支还可延伸出子分支。

树形拓扑是一种分层的结构，适用于分级管理和控制系统。这种拓扑与其他拓扑的主要区别在于其根的存在。当下面的分支节点发送数据时，根接收该信号，然后再重新广播发送到全网。这种结构不需要中继器。与星形拓扑相比，由于通信线路总长度较短，故它的成本低，易推广，但结构较星形复杂。

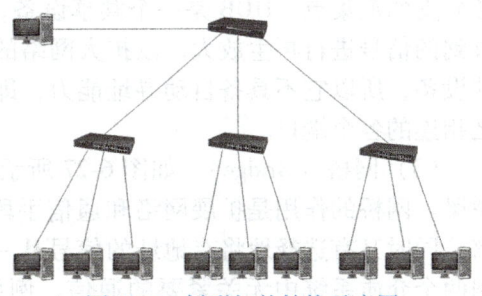

图6-25　树形拓扑结构示意图

树形拓扑结构有以下优点：

1）易于扩展。从本质上看这种结构可以延伸出很多分支和子分支，因此新的节点和新的分支易于加入网内。

2）故障隔离容易。如果某一分支的节点或线路发生故障，很容易将这分支和整个系统隔离开来。

树形拓扑的缺点是对根的依赖性太大，如果根发生故障，则全网不能正常工作，因此这种结构的可靠性与星形结构相似。

（5）混合型拓扑结构　混合方式比较常见的有星形/总线型拓扑和星形环拓扑。星形/总线型拓扑综合了星形拓扑和总线型拓扑的优点，它用一条或多条总线把多组设备连接起来，而这相连的每组设备本身又呈星形分布。对于星形/总线型拓扑，用户很容易配置和重新配置网络设备。

星形环拓扑试图取这两种拓扑的优点于一体。这种星形环拓扑主要用于IEEE802.5的令牌网。从电路上看，星形环结构完全和一般的环形结构相同，只是物理走线安排成星形连接。星形环拓扑的优点是：故障诊断方便而且隔离容易；网络扩展简便；电缆安装方便。

9. 网络传输介质互联设备

将网络互相连接起来要使用一些中间设备（或中间系统），ISO的术语称为中继（replay）系统。根据中继系统所在的层次，可以有以下4种中继系统：物理层中继系统，即中继器（Repeater）；数据链路层中继系统，即网桥或桥接器（Bridge）；网络层中继系统，即路由器

(Router); 在网络层以上的中继系统, 即网关 (Gateway)。

(1) 中继器 (Repeater) 如图 6-26 所示, 中继器是连接网络线路的一种装置, 常用于两个网络节点之间物理信号的双向转发工作。中继器是最简单的网络互联设备, 主要完成物理层的功能, 负责在两个节点的物理层上按位传递信息, 完成信号的复制、调整和放大功能, 以此来延长网络的长度。由于存在损耗, 在线路上传输的信号功率会逐渐衰减, 衰减到一定程度时将造成信号失真, 因此会导致接收错误。中继器就是为解决这一问题而设计的。它完成物理线路的连接, 对衰减的信号进行放大, 保持与原数据相同。

图 6-26 中继器

(2) 集线器 (HUB) 集线器是对网络进行集中管理的最小单元, 像树的主干一样, 它是各分支的汇集点。HUB 是一个共享设备, 其实质是一个中继器, 而中继器的主要功能是对接收到的信号进行再生放大, 以扩大网络的传输距离。正是因为 HUB 只是一个信号放大和中转的设备, 所以它不具备自动寻址能力, 即不具备交换作用。所有传到 HUB 的数据均被广播到与之相连的各个端口。

(3) 网桥 (Bridge) 如图 6-27 所示, 网桥是一个局域网与另一个局域网之间建立连接的桥梁。网桥的作用是扩展网络和通信手段, 在各种传输介质中转发数据信号, 扩展网络的距离, 同时又有选择地将有地址的信号从一个传输介质发送到另一个传输介质, 并能有效地限制两个介质系统中无关紧要的通信。例如, 把分布在两层楼上的网络分成每层一个网络段, 用网桥连接。网桥同时起隔离作用, 一个网络段上的故障不会影响另一个网络段, 从而提高了网络的可靠性。

(4) 路由器 (Router) 如图 6-28 所示, 路由器是工作在 ISO/OSI 参考模型的网络层的设备。路由器用于连接多个逻辑上分开的网络, 而逻辑网络是指一个单独的网络或一个子网。当数据从一个子网传输到另一个子网时, 路由器检查网络地址并决定数据是在本网络中传输还是传输至其他网络, 并选择从源网络到目的网络之间的一系列数据链路中的最佳路由。它还能在多网络互连环境下建立灵活的连接, 可用完全不同的数据分组和介质访问方法连接各种子网。一般说, 异种网络互连或多个网络互连都应采用路由器。

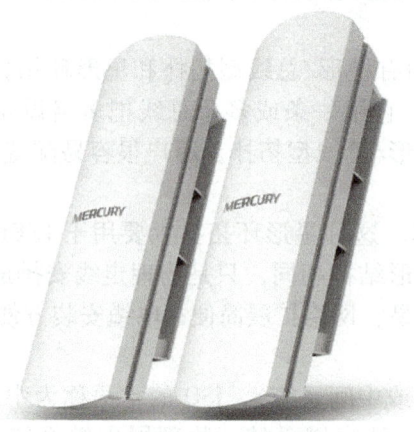

图 6-27 无线网桥

图 6-28 路由器

路由器的功能有：网络地址的使用；多路径传输和路由控制；流量控制；帧的分段。

（5）网关（Gateway）　在一个计算机网络中，当连接不同类型而协议差别又比较大的网络时，则要选用网关设备。网关，又叫作协议转换器，可以支持不同协议之间的转换，实现不同协议网络之间的互联。网关的功能体现在 OSI 模型的高层，它将协议进行转换，将数据重新分组，以便在两个不同类型的网络系统之间通信。由于协议转换比较复杂，一般地，网关只进行一对一转换，或少数几种特定应用协议的转换，很难实现通用的协议转换。主要有三类网关：协议网关、应用网关和安全网关。

（6）交换机　交换机是一个具有简化、低价、高性能和高端口密集特点的交换产品，体现了桥接技术中复杂的交换技术在 OSI 参考模型的第二层操作。与网桥一样，交换机按每一个包中的 MAC 地址相对简单地决策信息转发。而这种转发决策一般不考虑包中隐藏的更深的其他信息。与网桥不同的是交换机转发延迟很小，操作接近单个局域网性能，远远超过了网桥之间的转发性能。交换技术允许共享型和专用型的局域网段进行带宽调整，以减轻局域网之间信息流通出现的瓶颈问题。现在已有以太网、快速以太网、FDDI 和 ATM 技术的交换产品。类似传统的网桥，交换机提供了许多网络互连功能。交换机能经济地将网络分成小的冲突网域，为每个工作站提供更高的带宽。协议的透明性使得交换机在软件配置简单的情况下直接安装在多协议网络中；交换机使用现有的电缆、中继器、集线器和工作站的网卡，不必进行高层的硬件升级；交换机对工作站是透明的，这样管理开销低廉，简化了网络节点的增加、移动和网络变化的操作。利用专门设计的集成电路可使交换机以线路速率在所有的端口并行转发信息，提供了比传统网桥高得多的操作性能。

交换机常用的三种交换技术：端口交换、帧交换和信元交换。

10．构成局域网络的组件

一个局域网（LAN）通常由服务器、客户机（工作站）、网络通信设备和通信协议四个部分组成。在局域网中所有的通信处理功能是由网卡来实现的，但在物理上却不明显。有时为了扩展局域网络的范围还要引入路由器、网桥、网关和通信服务器等网络部件。

（1）服务器　服务器是整个网络系统的核心，它为网络用户提供服务并管理整个网络，在其上运行的操作系统是网络操作系统。随着局域网络功能的不断增强，根据服务器在网络中所承担的任务和所提供的功能不同把服务器分为：文件服务器、打印服务器和通信服务器。其中文件服务器能将大量的磁盘存储区划分给网络上的合法用户使用，接收客户机提出的数据处理和文件存取请求；打印服务器接收客户机提出的打印要求，及时完成相应的打印服务；通信服务器负责局域网与局域网之间的通信连接功能。一般在局域网中最常用的是文件服务器。在整个网络中，服务器的工作量通常是普通工作站的几倍甚至几十倍。

（2）客户机　客户机又称为工作站。客户机是指当一台计算机连接到局域网上时，这台计算机就成为局域网的一个客户机。客户机与服务器不同，服务器是为网络上许多网络用户提供服务以共享它的资源，而客户机仅对操作该客户机的用户提供服务。客户机是用户和网络的接口设备，用户通过它可以与网络交换信息，共享网络资源。客户机通过网卡、通信介质以及通信设备连接到网络服务器。

（3）网络通信设备

1）网络适配器。网络适配器 NIC（Network Interface Card）俗称网卡。网卡是构成计算机局域网络系统中最基本的、最重要的和必不可少的连接设备，计算机主要通过网卡接入局域网络。网卡除了起到物理接口作用外，还有控制数据传送的功能，网卡一方面负责接收网络上传过来的数据包，解包后，将数据通过主板上的总线传输给本地计算机；另一方面它将本地计算机上的数据打包后送入网络。网卡一般插在每台工作站和文件服务器主机板的扩展槽里。另外，由于计算机内部的数据是并行数据，而一般在网上传输的是串行比特流信息，故网卡还有串—并转换功能。为防止数据在传输中出现丢失的情况，在网卡上还需要有数据缓冲器，以实现不同设备间的缓冲。在网卡的 ROM 上固化有控制通信软件，用来实现上述功能。

2）集线器。集线器又称为集中器，俗称 HUB。集线器是一种特殊的中继器，而中继器的主要作用是对接收到的信号进行再生放大，以扩大网络的传输距离。集线器是把来自不同的计算机网络设备的电缆集中配置于一体，它是多个网络电缆的中间转接设备，像树的主干一样，集线器是各分枝的汇集点，是对网络进行集中管理的主要设备。在传统的总线型网络中如果使用了 HUB，那么这个网络就变成了混合型网络。集线器有利于故障的检测和提高网络的可靠性。另外，集线器能自动指示有故障的工作站，并切除其与网络的通信。

（4）通信协议　为了完成两个计算机系统之间的数据交换而必须遵守的一系列规则和约定称为通信协议。在局域网络中一般使用的通信协议有：NetBEUI（用户扩展接口）协议、IPX/SPX（网际交换/顺序包交换）协议和 TCP/IP（传输控制协议/网际协议）。

11. 网络 IP 地址

每一个 TCP/IP 主机通过一个合理的 IP 地址来识别。这个地址对于使用 TCP/IP 通信的每一台主机来说是唯一的。如同我们用路牌号定位某幢房子，在网络上同样可以使用 32 位的 IP 地址来定位某台主机。

（1）网络 IP 地址　网络 IP 地址的两部分是网络 ID 和主机 ID。

1）网络 ID，又称为网络地址，用来标识互联网中的某个网段。同一个网络内的所有系统的 IP 地址中都包含同一个网络 ID，这个 ID 用来唯一标识互联网中的每一个网络。

2）主机 ID，也就是主机地址，用来标识每个网络内的 TCP/IP 节点（如工作站、服务器、路由器或者其他 TCP/IP 设备）。每个设备的主机 ID 在其网络内唯一性的标识该设备。如同门牌号码，标识一条路上的某个建筑，是唯一性的。

（2）IP 地址的表示方法　一般采用点分十进制（dotted decimal notation）来表示：网络 ID 部分为前两个数字部分（131.107），主机 ID 部分为后两个数字部分（16.200）。

注意：一个 IP 地址只能赋予一个物理设备，不能赋予多个设备；大多数计算机只装有一个网络适配器，所以只需要一个 IP 地址就可以，如果装有多个网卡，那么就需要多个 IP 地址，每个网卡有一个 IP 地址。

（3）IP 地址分类　Internet 协会定义了五类 IP 地址，其中 A、B 和 C 类用于分配给 TCP/IP 节点。地址类定义了 IP 地址 32 位中哪几位用于网络 ID，哪几位用于主机 ID。地址类也定义了每类有多少网络以及每个网络内有多少台主机。用 w.x.y.z 来表示四个八位组，见表 6-3。

表 6-3　IP 地址分类

类	W 值	网络 ID	主机 ID	网络数	每个网络内的主机数量
A	1~126	w	x.y.z	126	16777214
B	128~191	w.x	y.z	16384	65534
C	192~223	w.x.y	z	2097152	254
D	224~239	为多点广播保留			
E	240~254	实验用			

(4) 子网掩码 一个网络 IP 地址包含了两部分：网络 ID 和主机 ID。而这两部分需要靠子网掩码来区分。子网掩码是一个 32 位的数字，该数字由连续的 1（标识网络 ID）和连续的 0（标识主机 ID）组成。如 131.107.16.200 使用下面的子网掩码：

11111111 11111111 00000000 00000000

子网掩码中的位值定义如下：所有对应网络 ID 部分的位都设为 1，所有对应主机 ID 部分的位都设为 0。

同 IP 地址一样，把子网掩码也分成四个八位组，换算成十进制，并以英文圆点分隔。如果某个网络属于 A、B、C 三大类，且没有划分成子网，那么可以使用默认的子网掩码。表 6-4 列出了点分十进制表示默认子网掩码。

表 6-4 子网掩码

地址类	子网掩码（二进制）	点分十进制
A	11111111 00000000 00000000 00000000	255.0.0.0
B	11111111 11111111 00000000 00000000	255.255.0.0
C	11111111 11111111 11111111 00000000	255.255.255.0

12. Windows 下的 TCP/IP 配置

以 Windows XP 为例配置 TCP/IP 属性。

1）单击开始菜单，找到"控制面板"下的"网络连接"，如图 6-29 所示。

2）双击"网络连接"，出现"本地连接"图标如图 6-30 所示。

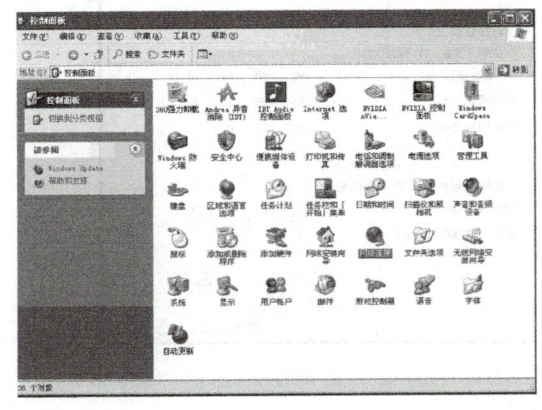

图 6-29 "控制面板"对话框

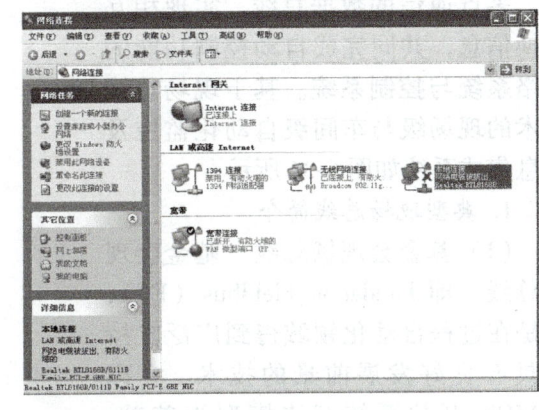

图 6-30 "网络连接"对话框

3）在默认状态下，应该存在本地连接的图标，右键单击该图标，选择"属性"，出现"本地连接属性"对话框，如图 6-31 所示。

4）选择"Internet 协议（TCP/IP）"，并单击"属性"按钮，出现"Internet 协议（TCP/IP）属性"对话框如图 6-32 所示。

5）选择使用下面的 IP 地址，并输入相应的 IP 地址、子网掩码和默认网关以及 DNS 服务器，如图 6-33 所示。

6.2.2 现场总线技术及应用

现场总线（Fieldbus）技术是实现现场级控制设备数字化通信的一种工业现场层网络通信

技术。现场总线技术可使用一条通信电缆将现场设备（智能化、带有通信接口）连接，用数字化通信代替直流 4~20mA/24V 信号，完成现场设备控制、监测、远程参数化等功能。

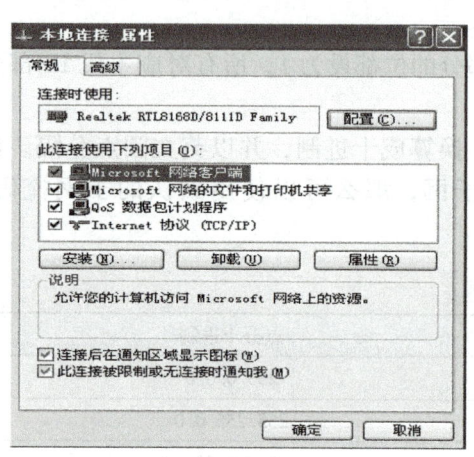

图 6-31 "本地连接属性"对话框

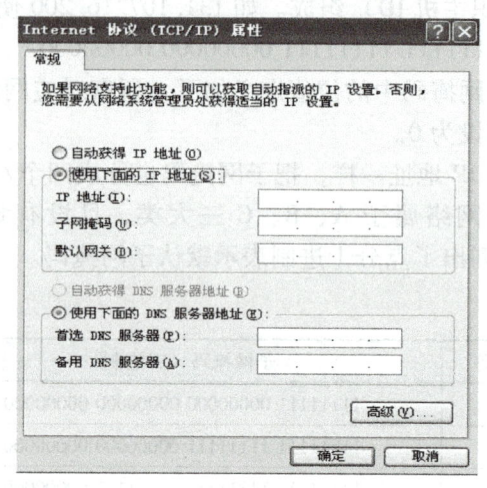

图 6-32 "Internet 协议（TCP/IP）属性"对话框（1）

现场总线是安装在生产过程区域的现场设备/仪表与控制室内的自动控制装置/系统之间的一种串行、数字式、多点通信的数据总线，实现相互交换信息，共同完成自动控制功能的网络系统与控制系统。基于现场总线技术的现场级与车间级自动化监控及信息集成系统如图 6-34 所示。

1. 典型现场总线简介

（1）基金会现场总线 基金会现场总线，即 Foundation Fieldbus（FF），这是在过程自动化领域得到广泛支持和具有良好发展前景的技术。它以 ISO/OSI 开放系统互连模型为基础，

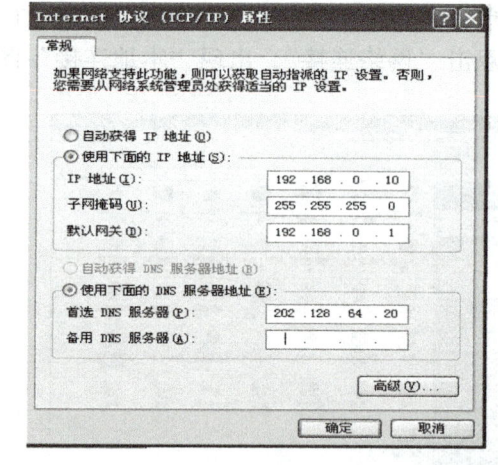

图 6-33 "Internet 协议（TCP/IP）属性"对话框（2）

取其物理层、数据链路层、应用层为 FF 通信模型的相应层次，并在应用层上增加了用户层。

（2）LonWorks 现场总线 LonWorks 是又一具有强劲实力的现场总线技术，它采用了 ISO/OSI 模型的全部 7 层通信协议，采用了面向对象的设计方法，通过网络变量把网络通信设计简化为参数设置，其通信速率从 300bit/s~15Mbit/s 不等，直接通信距离可达到 2700m（78kbit/s，双绞线），支持双绞线、同轴电缆、光纤、射频、红外线、电源线等多种通信介质。

它被广泛应用在楼宇自动化、家庭自动化、保安系统、办公设备、运输设备和工业过程控制等行业。

（3）Profibus 现场总线 Profibus 是作为德国国家标准 DIN19245 和欧洲标准 prEN50170 的现场总线。ISO/OSI 模型也是它的参考模型。由 Profibus-Dp、Profibus-FMS、Profibus-PA 组成了 Profibus 系列。它采用了 OSI 模型的物理层、数据链路层，由这两部分形成了其标准第一部

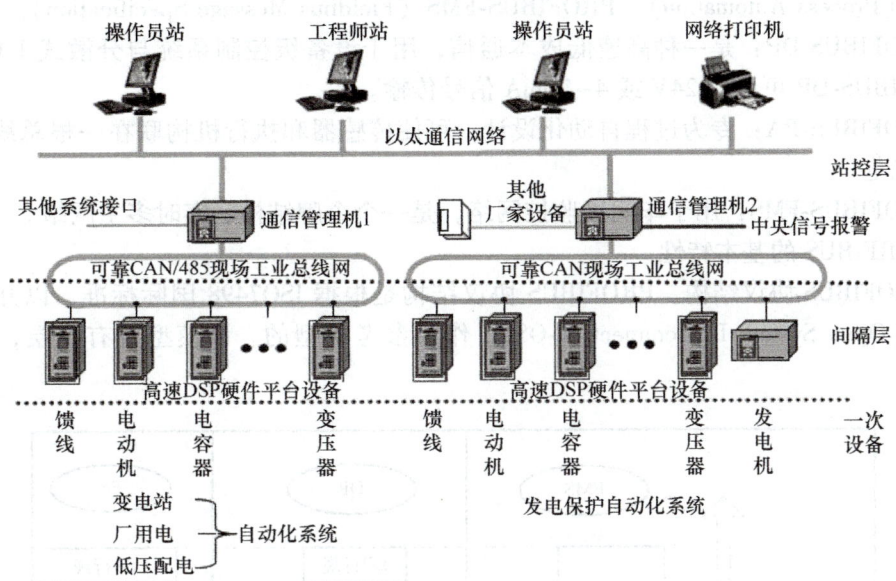

图 6-34　基于现场总线技术的现场级与车间级自动化监控及信息集成系统

分的子集，DP 型隐去了 3~7 层，而增加了直接数据连接拟合作为用户接口，FMS 型只隐去第 3~6 层，采用了应用层，作为标准的第二部分。PA 型的标准目前还处于制定过程之中，其传输技术遵从 IEC1158-2（1）标准，可实现总线供电与本质安全防爆。

（4）CAN 现场总线　CAN 是控制网络 Control Area Network 的简称，最早由德国 BOSCH 公司推出，用于汽车内部测量与执行部件之间的数据通信。其总线规范现已被 ISO 国际标准组织制订为国际标准，得到了 Intel、Philips、Siemens、NEC 等企业的支持，已广泛应用在离散控制领域。CAN 协议也是建立在国际标准组织的开放系统互连模型基础上的，其模型结构只有 3 层，只取 OSI 底层的物理层、数据链路层和顶上层的应用层。其信号传输介质为双绞线，通信速率最高可达 1Mbit/s/40m，直接传输距离最远可达 10km/kbit/s，可挂接设备最多可达 110 个。

（5）HART 现场总线　HART 是 Highway Addressable Remote Transduer 的缩写。这种被称为可寻址远程传感高速通道的开放通信协议，其特点是现有模拟信号传输线上实现数字通信，属于模拟系统向数字系统转变过程中工业过程控制的过渡性产品，因而在当前的过渡时期具有较强的市场竞争能力，得到了较好的发展。

（6）RS-485　尽管 RS-485 不能称为现场总线，但是作为现场总线的鼻祖，还有许多设备继续沿用这种通信协议。采用 RS-485 通信具有设备简单、低成本等优势，仍有一定的生命力。以 RS-485 为基础的 OPTO-22 命令集等也在许多系统中得到了广泛的应用。

2. 现场总线 PROFIBUS

PROFIBUS 是一种用于工厂自动化车间级监控和现场设备层数据通信与控制的现场总线技术。可实现现场设备层到车间级监控的分散式数字控制和现场通信网络，从而为实现工厂综合自动化和现场设备智能化提供了可行的解决方案。

（1）PROFIBUS 概述

1）PROFIBUS 是一种国际化、开放式、不依赖于设备生产商的现场总线标准，广泛适用于制造业自动化、流程工业自动化和楼宇、交通、电力等领域自动化。

2）PROFIBUS 由三个兼容部分组成，即 PROFIBUS-DP（Decentralized Periphery）、PRO-

FIBUS-PA（Process Automation）、PROFIBUS-FMS（Fieldbus Message Specification）。

① PROFIBUS-DP：是一种高速低成本通信，用于设备级控制系统与分散式 I/O 的通信。使用 PROFIBUS-DP 可取代 24V 或 4~20mA 信号传输。

② PROFIBUS-PA：专为过程自动化设计，可使传感器和执行机构联在一根总线上，并有本征安全规范。

③ PROFIBUS-FMS：用于车间级监控网络，是一个令牌结构、实时多主网络。

（2）PRFIBUS 的基本特性

1）PROFIBUS 协议结构。PROFIBUS 协议结构是根据 ISO7498 国际标准，以开放式系统互联网络（Open System Interconnection-OSI）作为参考模型的。该模型共有 7 层，如图 6-35 所示。

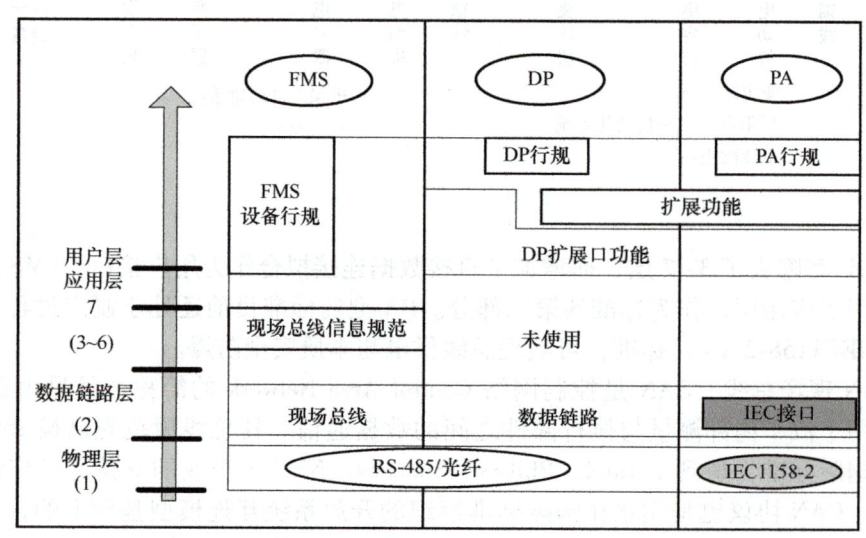

图 6-35　PROFIBUS 协议结构

① PROFIBUS-DP：定义了第 1、2 层和用户接口，第 3~7 层未加描述。用户接口规定了用户及系统以及不同设备可调用的应用功能，并详细说明了各种不同 PROFIBUS-DP 设备的设备行为。

② PROFIBUS-FMS：定义了第 1、2、7 层，应用层包括现场总线信息规范（Fieldbus Message Specification-FMS）和低层接口（Lower Layer Interface-LLI）。FMS 包括了应用协议并向用户提供了可广泛选用的强有力的通信服务。LLI 协调不同的通信关系并提供不依赖设备的第 2 层访问接口。

③ PROFIBUS-PA：PA 的数据传输采用扩展的 PROFIBUS-DP 协议。另外，PA 还描述了现场设备行为的 PA 行规。根据 IEC1158-2 标准，PA 的传输技术可确保其本征安全性，而且可通过总线给现场设备供电。使用连接器可在 DP 上扩展 PA 网络。

2）PROFIBUS 传输技术。PROFIBUS 提供了三种数据传输类型：用于 DP/FMS 的 RS485 传输、用于 PA 的 IEC1158-2 传输和光纤传输。

① 用于 DP/FMS 的 RS485 传输技术。RS-485 传输是 PROFIBUS 最常用的一种传输技术。这种技术通常称之为 H2。采用的电缆是屏蔽双绞铜线。RS-485 传输技术的基本特征见表 6-5。

项目 6　电气设备和自动控制系统调试维修

表 6-5　RS-485 传输技术的基本特征

网络拓扑	线性总线，两端有有源的总线终端电阻
传输速率	9.6kbit/s~12Mbit/s
介质	屏蔽双绞电缆，也可取消屏蔽，取决于环境条件（EMC）
站点数	每分段 32 个站（不带中继器），可多到 127 个站（带中继器）
插头连接	最好使用 9 针 D 型插头

② 用于 PA 的 IEC1158-2 传输技术。数据 IEC1158-2 的传输技术用于 PROFIBUS-PA，能满足化工和石油化工业的要求。它可保持其本征安全性，并通过总线对现场设备供电。IEC1158-2 是一种位同步协议，通常称为 H1。

IEC1158-2 技术用于 PROFIBUS-PA，其传输以下列原理为依据：每段只有一个电源作为供电装置；当站收发信息时，不向总线供电；每站现场设备所消耗的为常量稳态基本电流；现场设备的作用如同无源的电流吸收装置；主总线两端起无源终端线的作用；允许使用线性、树形和星形网络；为提高可靠性，设计时可采用冗余的总线段；为了调制的目的，假设每个总线站至少需用 10mA 基本电流才能使设备启动；通信信号的发生是通过发送设备的调制，从 ±9mA 到基本电流之间。IEC1158-2 传输技术的特性见表 6-6。

表 6-6　IEC1158-2 传输技术的特性

数据传输	数字式、位同步、曼彻斯特编码
传输速率	31.25kbit/s，电压式
数据可靠性	前同步信号，采用起始和终止限定符避免误差
电缆	双绞线，屏蔽式或非屏蔽式
远程电源供电	可选附件，通过数据线
拓扑	总线型或树形，或两者相结合
站数	每段最多 32 个，总数最多为 126 个
中继器	最多可扩展至 4 台
防爆型	能进行本征及非本征安全操作

③ 光纤传输技术。PROFIBUS 系统在电磁干扰很大的环境下应用时，可使用光纤导体，以增加高速传输的距离。可使用两种光纤导体：一是价格低廉的塑料纤维导体，供距离小于 50m 情况下使用；另一种是玻璃纤维导体，供距离大于 1km 情况下使用。许多厂商提供专用总线插头可将 RS-485 信号转换成光纤导体信号或将光纤导体信号转换成 RS-485 信号。

3) PROFIBUS 总线存取协议：

① 三种 PROFIBUS（DP、FMS、PA）均使用一致的总线存取协议。该协议是通过 OSI 参考模型第 2 层（数据链路层）来实现的。它包括了保证数据可靠性技术及传输协议和报文处理。

② 在 PROFIBUS 中，第 2 层称为现场总线数据链路层（Fieldbus Data Link-FDL）。介质存取控制（Medium Access Control-MAC）具体控制数据传输的程序，MAC 必须确保在任何一个时刻只有一个站点发送数据。

③ PROFIBUS 协议的设计要满足介质存取控制的两个基本要求：在复杂的自动化系

（主站）间的通信，必须保证在确切限定的时间间隔中，任何一个站点要有足够的时间来完成通信任务；在复杂的程序控制器和简单的 I/O 设备（从站）间通信，应尽可能快速又简单地完成数据的实时传输。

因此，PROFIBUS 总线存取协议，主站之间采用令牌传送方式，主站与从站之间采用主从方式。

④ 令牌传递程序保证每个主站在一个确切规定的时间内得到总线存取权（令牌）。在 PROFIBUS 中，令牌传递仅在各主站之间进行。

⑤ 主站得到总线存取令牌时可与从站通信。每个主站均可向从站发送或读取信息。因此，可能有 3 种系统配置，即纯主-从系统、纯主-主系统和混合系统。

⑥ 在总线系统初建时，主站介质存取控制 MAC 的任务是制定总线上的站点分配并建立逻辑环。在总线运行期间，断电或损坏的主站必须从环中排除，新上电的主站必须加入逻辑环。

⑦ 第 2 层的另一重要工作任务是保证数据的可靠性。PROFIBUS 第 2 层的数据结构格式可保证数据的高度完整性。

⑧ PROFIBUS 第 2 层按照非连接的模式操作，除提供点对点逻辑数据传输外，还提供多点通信，其中包括广播及有选择广播功能。

3. PROFIBUS-DP

PROFIBUS-DP 用于现场层的高速数据传送。主站周期地读取从站的输入信息并周期地向从站发送输出信息。总线循环时间必须要比主站（PLC）程序循环时间短。除周期性用户数据传输外，PROFIBUS-DP 还提供智能化现场设备所需的非周期性通信以进行组态、诊断和报警处理。

（1）PROFIBUS-DP 的基本功能　PROFIBUS-DP 的基本功能见表 6-7。

表 6-7　PROFIBUS-DP 的基本功能

传输技术	RS-485 双绞线、双线电缆或光缆，波特率为 9.6kbit/s～12Mbit/s
总线存取	各主站间令牌传递，主站与从站间为主-从传送。支持单主或多主系统。总线上最多站点（主-从设备）数为 126
通信	点对点（用户数据传送）或广播（控制指令）。循环主-从用户数据传送和非循环主-主数据传送
运行模式	运行、清除、停止
同步	控制指令允许输入和输出同步。同步模式：输出同步。锁定模式：输入同步
功能	DP 主站和 DP 从站间的循环用户数据传送。各 DP 从站的动态激活和可激活。DP 从站组态的检查。强大的诊断功能，三级诊断信息。输入或输出的同步。通过总线给 DP 从站赋予地址。通过总线对 DP 主站（DPM1）进行配置。每 DP 从站的输入和输出数据最大为 246 字节
可靠性和保护机制	所有信息的传输按海明距离 HD=4 进行。DP 从站带看门狗定时器（Watchdog Timer）。对 DP 从站的输入/输出进行存取保护。DP 主站上带可变定时器的用户数据传送监视
设备类型	第二类 DP 主站（DPM2）是可进行编程、组态、诊断的设备。第一类 DP 主站（DPM1）是中央可编程序控制器，如 PLC、PC 等。DP 从站是带二进制值或模拟量输入输出的驱动器、阀门等

（2）PROFIBUS-DP 的基本特征　PROFIBUS-DP 的基本特征见表 6-8。

表 6-8　PROFIBUS-DP 的基本特征

速率	在一个有着 32 个站点的分布系统中，PROFIBUS-DP 对所有站点传送 512bit/s 输入和 512bit/s 输出，在 12Mbit/s 时只需 1ms
诊断功能	经过扩展的 PROFIBUS-DP 诊断功能可以对故障快速定位。诊断信息在总线上传输并由主站采集。诊断信息分为三级： ① 本站诊断操作：本站设备的一般操作状态，如温度过高、压力过低 ② 模块诊断操作：一个站点的某具体 I/O 模块故障 ③ 通道诊断操作：一个单独输入/输出位的故障

（3）PROFIBUS-DP 系统配置　PROFIBUS-DP 允许构成单主站或多主站系统。在同一总线上最多可连接 126 个站点。系统配置的描述包括：站数、站地址、输入/输出地址、输入/输出数据格式、诊断信息格式及所使用的总线参数。每个 PROFIBUS-DP 系统可包括以下三种不同类型设备：

1）一级 DP 主站（DPM1）：一级 DP 主站是中央控制器，它在预定的信息周期内与分散的站（如 DP 从站）交换信息。典型的 DPM1 如 PLC 或 PC。

2）二级 DP 主站（DPM2）：二级 DP 主站是编程器、组态设备或操作面板，在 DP 系统组态操作时使用，完成系统操作和监视目的。

3）DP 从站：DP 从站是进行输入和输出信息采集和发送的外围设备（I/O 设备、驱动器、HMI、阀门等）。

4）单主站系统：在总线系统的运行阶段，只有一个活动主站。

5）多主站系统：总线上连有多个主站。这些主站与各自从站构成相互独立的子系统。每个子系统包括一个 DPM1、指定的若干从站及可能的 DPM2 设备。任何一个主站均可读取 DP 从站的输入/输出映象，但只有一个 DP 主站允许对 DP 从站写入数据。

（4）PROFIBUS-DP 行规　PROFIBUS-DP 协议明确规定了用户数据怎样在总线各站之间传递，但用户数据的含义是在 PROFIBUS 行规中具体说明的。另外，行规还具体规定了 PROFIBUS-DP 如何用于应用领域。使用行规可使不同厂商所生产的不同设备互换使用，而工厂操作人员无须关注两者之间的差异，因为与应用有关的参数含义在行规中均作了精确的规定说明。下面是 PROFIBUS-DP 行规：NC/RC 行规（3.052）、编码器行规（3.062）、变速传动行规（3.071）和操作员控制和过程监视行规（HMI）。

4. PROFIBUS-PA

PROFIBUS-PA 适用于 PROFIBUS 的过程自动化。PA 将自动化系统和过程控制系统与压力、温度和液位变送器等现场设备连接起来，PA 可用来替代 4~20mA 的模拟技术。

（1）PROFIBUS-PA 具有如下特性

1）适合过程自动化应用的行规使不同厂家生产的现场设备具有互换性。

2）增加和去除总线站点，即使在本征安全地区也不会影响到其他站。

3）在过程自动化的 PROFIBUS-PA 段与制造业自动化的 PROFIBUS-DP 总线段之间通过耦合器连接，并可实现两段间的透明通信。

4）使用与 IEC1158-2 技术相同的双绞线完成远程供电和数据传送。

5）在潜在的爆炸危险区可使用防爆型"本征安全"或"非本征安全"。

（2）PROFIBUS-PA 传输协议　PROFIBUS-PA 采用 PROFIBUS-DP 的基本功能来传送测量值和状态，并用扩展的 PROFIBUS-DP 功能来制订现场设备的参数和进行设备操作。PROFIBUS-PA

第1层采用IEC1158-2技术，第2层和第1层之间的接口在DIN19245系列标准的第4部分做出了规定。

（3）PROFIBUS-PA设备行规　PROFIBUS-PA行规保证了不同厂商所生产的现场设备的互换性和互操作性，它是PROFIBUS-PA的一个组成部分。PA行规的任务是选用各种类型现场设备真正需要通信的功能，并提供这些设备功能和设备行为的一切必要规格。

目前，PA行规已对所有通用的测量变送器和其他选择的一些设备类型做出了具体规定，这些设备如：测压力、液位、温度和流量的变送器；数字量输入和输出；模拟量输入和输出；阀门；定位器等。

5. PROFIBUS-FMS

PROFIBUS-FMS的设计旨在解决车间监控级通信。在这一层，可编程序控制器之间需要比现场层更大量的数据传送，但通信的实时性要求低于现场层。

（1）PROFIBUS-FMS应用层　应用层提供了供用户使用的通信服务。这些服务包括访问变量、程序传递、事件控制等。PROFIBUS-FMS应用层包括下列两部分：

1）现场总线信息规范（Fieldbus Message Specification-FMS）：描述了通信对象和应用服务。

2）低层接口（Lower Layer Interface-LLI）：FMS服务到第二层的接口。

（2）PROFIBUS-FMS通信模型　PROFIBUS-FMS利用通信关系将分散的应用过程统一到一个共用的过程中。在应用过程中，可用来通信的那部分现场设备称虚拟设备VFD（Virtual Field Device）。在实际现场设备与VFD之间设立一个通信关系表。通信关系表是VFD通信变量的集合，如零件数、故障率、停机时间等。VFD通过通信关系表完成对实际现场设备的通信。

（3）通信对象与通信字典（OD）

1）FMS面向对象通信，它确认5种静态通信对象：简单变量、数组、记录、域和事件，还确认2种动态通信对象：程序调用和变量表。

2）每个FMS设备的所有通信对象都填入对象字典（OD）。对简单设备，OD可以予定义，对复杂设备，OD可以本地或远程通过组态加到设备中去。静态通信对象进入静态对象字典，动态通信对象进入动态通信字典。每个对象均有一个唯一的索引，为避免非授权存取，每个通信对象可选用存取保护。

（4）PROFIBUS-FMS服务　FMS服务项目是ISO9506制造信息规范MMS（Manufacturing Message Specification）服务项目的子集。这些服务项目在现场总线应用中已被优化，而且还加上了通信对象的管理和网络管理。

PROFIBUS-FMS提供大量的管理和服务，满足了不同设备对通信提出的广泛需求，服务项目的选用取决于特定的应用，具体的应用领域在FMS行规中规定。

（5）低层接口（LLI）　第7层到第2层服务的映射由LLI来解决，其主要任务包括数据流控制和链接监视。用户通过称之为通信关系的逻辑通道与其他应用过程进行通信。FMS设备的全部通信关系都列入通信关系表CRL（Communication Relationship List）。每个通信关系通过通信索引（CREF）来查找，CRL中包含了CREF和第二层及LLI地址间的关系。

（6）网络管理　FMS还提供网络管理功能，有由现场总线管理层第七层来实现。其主要功能有：上、下关系管理，配置管理，故障管理等。

（7）PROFIBUS-FMS行规　FMS提供了范围广泛的功能来保证它的普遍应用。在不同的应用领域中，具体需要的功能范围必须与具体应用要求相适应。设备的功能必须结合应用来定义。这些适应性定义称之为行规。行规提供了设备的可互换性，保证不同厂商生产的设备具有相同的通信功能。FMS 对行规做了如下规定（括号中的数字是文件编号）：控制间的通信（3.002）、楼宇自动化（3.011）和低压开关设备（3.032）。

6.2.3 工业以太网技术及应用

工业以太网是以以太网技术向网络延伸的产物，是工业应用环境下信息网络与控制网络的结合。

1. 以太网来源及分类

以太网最早来源于 Xerox 公司于 1973 年建造的网络系统，是一种总线型局域网，以基带同轴电缆作为物介质，采用 CSMA/CD 协议；其核心思想是使用共享的公共传输信道，即遵循 IEEE 802.3 标准、可以在光缆和双绞线上传输的网络。以太网也是当前主要应用的一种局域网（Lacal Area Network，LAN）类型。目前的以太网按照传输速率大致可分为以下 4 种。

1）10Base-T 以太网：传输速率为 10Mbit/s，传输介质是双绞线。

2）100Base 以太网：也称为快速以太网，传输速率为 100Mbit/s，采用光缆或双绞线作为传输介质，兼容 10Base-T 以太网。

3）Gigabit 以太网：扩展的以太网协议，传输速率为 1Gbit/s，采用光缆或双绞线作为传输介质，基于当前的以太网标准，兼容 10Mbit/s 以太网和 100Mbit/s 以太网。

4）10 Gigabit 以太网：是一种速度更快的以太网技术，传输速率达到百亿比特每秒，采用光缆作为传输介质。主要用于局域网（LAN）、广域网（WAN）以及城域网（MAN）之间的相互连接。

2. 以太网的优势

（1）价格优势 信息网络的存在和以太网的大量使用，使其具有价格明显低于控制网络相应款硬件的特点，如通过普通网卡就可将计算机连接到工业以太网络中。

（2）技术优势 技术成熟，易于得到，已为许多人掌握，有利于企业网络的信息集成，便于上层网络的连接。

3. 以太网应用与工业现场的关键问题

（1）通信的实时性 以太网采用 CSMA/CD 的总线访问机制，遇到碰撞时无法保证信息及时发送出去，这种平等竞争的介质访问控制方式不能满足工业自动化领域对通信的实时性要求，因此需要有针对这一问题的切实可行的解决方案。

（2）对环境的适应性与可靠性 以太网是按办公环境设计的，将它用于工业控制环境，其环境适应能力、抗干扰能力等是许多从事自动化的专业认识所关注的问题，像 RJ45 一类的连接器，在工业应用中非常容易损坏，应该采用带锁紧机构的连接件，使设备具有更好的抗振动、抗疲劳能力；在产品设计时要考虑各种环境因素，使得参数能满足工业现场的要求。

（3）总线供电 在控制网络中，现场控制设备的位置分散性使得它们对总线有提供工作电源的要求。有的许多控制网络技术都可以利用网线对现场设备供电。工业以太网目前没有对网络节点电压做出规定。一种可能的方案是利用现有的 5 类双绞线中另一对空闲线供电。一般在工业用环境下，要求采用直流 10~36V 低压供电。

（4）本质安全 工业以太网如果要用在一些易燃易爆炸的危险工作场所，就必须考虑本安防爆问题，这是总线供电解决后要进一步解决的问题。

4. 几种主要的工业以太网

（1）Ethernet/IP 由 ODVA、CI 和 IEA 这 3 个国际组织于 2000 年联合推出，Rockwell 公

司是它的主要支持者。基于以太网技术、TCP/IP 技术以及以太网和通用工业协议（Control and Information Protocol，CIP）技术，因此它兼具工业以太网和 CIP 网络的优点。

（2）高速以太网（HSE） 现场总线基金会（FF）于 2000 年发布了 HSE 的技术规范，定位于实现控制网络与 Internet 的集成，由 HSE 链接设备将 H1 网段信息传送到以太网的主干上，并进一步送到企业的 ERP 和管理系统。

（3）Pofinet 德国西门子公司于 2001 年发布。Profinet 的基础是组件技术，每一个设备都被看成是具有 COM 接口的自动化设备，简化了编程。Profinet 是我国国家标准，标准号为 GBZ20541-2006。

（4）Modbus/TCP Schneider 公司于 1999 年公布，以一种非常简单的方式将 Modbus 框架潜入到 TCP/IP 结构中，基本上没有对 Modbus 协议本身修改，只是为了满足控制网络实时性的需要，改变了数据的传输方法和通信速率。Modbus/TCP 是我国国家标准，标准号为 GB/Z1958.3—2008。

（5）EtherCAT 由德国倍福（Beckhoff）公司开发，并由 EtherCAT 技术组（EtherCA TechnologyGroup，ETG）支持。它采用以太网帧，并以特定的环状拓扑发送数据；EtherCAT 保留了标准以太网功能，并与传统 IP 协议兼容。

6.3　电气抗干扰技术

干扰问题是电气系统设计和使用过程中必须考虑的重要问题。在电气系统的工作环境中，存在大量的电磁信号，如电网的波动、强电设备的启停、高压设备和开关的电磁辐射等，当它们在系统中产生电磁感应和干扰冲击时，往往会扰乱系统的正常运行，轻者造成系统的不稳定，重者会引起控制系统死机或误动作造成设备损坏或人身伤亡。

6.3.1　干扰的基本知识

1. 干扰的来源

（1）外部干扰　来自系统的外部，如电网的波动、大型用电设备的启停、电磁辐射等。

（2）内部干扰　来自系统的内部，如系统的软件干扰、分布电容、多点接地等。

2. 干扰的作用途径

（1）传导耦合　干扰从导线进入电路。

（2）静电耦合　干扰信号通过分布电容进行传递。

（3）电磁耦合　在空间磁场中电路之间的互感耦合。

（4）公共阻抗耦合　多个电路的电流流经同一公共阻抗时所产生的相互影响。

3. 干扰的作用形式

（1）共模干扰　在电路输入端相对公共接地点同时出现的干扰。

（2）串模干扰　串联叠加在工作信号上的干扰。

4. 电磁干扰的种类

（1）静电干扰　大量物体表面都存在有静电电荷，特别是电气控制设备。静电电荷会在系统中形成静电电场，静电电场会引起电路的电位发生变化，会通过电容耦合产生干扰。

（2）磁场耦合干扰　磁场耦合干扰是指大电流周围磁场对电气设备回路耦合形成的干扰。动力线、电动机、发电机、电源变压器和继电器等都会产生这种磁场。

（3）漏电耦合干扰　漏电耦合干扰是因绝缘电阻降低而由漏电流引起的干扰，多发生于工作条件比较恶劣的环境或器件性能退化、器件本身老化的情况下。

（4）共阻抗干扰　共阻抗干扰是指电路各部分公共导线阻抗、地阻抗和电源内阻压降相互耦合形成的干扰。

（5）电磁辐射干扰　由各种大功率高频、中频发生装置，各种电火花以及电台、电视台等产生的高频电磁波向周围空间辐射，形成电磁辐射干扰。雷电和宇宙空间也会有电磁波干扰信号。

6.3.2　抑制干扰的措施

1. 合理选择接地

许多产品，从设计思想到具体电路原理都是比较完美的，但在工作现场却经常无法正常工作，暴露出许多由于工艺安装不合理带来的问题，从而使系统容易受到干扰。对此必须引起足够的重视，如在选择正确的接地方式时要考虑交流接地点与直流接地点的分离，保证逻辑地浮空，保证机身、机柜的接地质量，甚至分离模拟电路的接地和数字电路的接地等。

2. 合理选择电源

合理选择电源对系统的抗干扰能力也是至关重要的。电源是引进外部干扰的重要因素。实践证明，通过电源引入的干扰噪声是多途径的，如控制装置中各类开关的频繁闭合或断开，各类电感线圈的瞬时通断，晶闸管电源及高频、中频电源等系统中开关器件的导通和截止等都会引起干扰，这些干扰幅值可达瞬时千伏级，而且占有很宽的频率。显而易见，要想完全抑制如此宽频带范围的干扰，必须对交流电源和直流电源同时采取措施。

3. 合理布局

对设备及系统的各个部分进行合理的布局，能有效地防止电磁干扰的危害。合理布局的基本原则是使干扰源与干扰对象尽可能远离，输入和输出端口妥善分离，高电平电缆及脉冲引线与低电平电缆分别敷设等。

6.3.3　消除干扰的方法

提高抗干扰能力的措施中，最理想的方法是抑制干扰源，使其不向外产生干扰或将其干扰影响限制在允许的范围之内。在产品开发和应用中，除了对一些重要的干扰源，主要是对被直接控制的对象上的一些干扰源进行抑制外，更多的则是在产品内设法抑制外来干扰的影响，以保证系统可靠地工作。抑制干扰的措施很多，主要包括屏蔽、隔离、滤波、接地和软件处理等方法。

1. 屏蔽

屏蔽是指利用导电或导磁材料制成的盒状或壳状屏蔽体，将干扰源或干扰对象包围起来，从而割断或削弱干扰场的空间耦合通道，阻止其电磁能量的传输。按需要屏蔽的干扰场的性质不同，可分为电场屏蔽、磁场屏蔽和电磁场屏蔽。

（1）电场屏蔽　电场屏蔽是抑制噪声源和敏感设备之间由于存在电场耦合而产生的干扰。通常用铜和铝等导电性能良好的金属材料作为屏蔽体。屏蔽体的结构应尽量完整、严密并保持良好的接地。良好接地是金属板产生电场屏蔽的先决条件，如不接地或接地不良，则可能产生没有金属板时更严重的干扰。

（2）磁场屏蔽　磁场屏蔽是为了消除或抑制由于磁场耦合引起的干扰。对静磁场及低频交变磁场，可用高磁导率的材料作为屏蔽体，并保证磁路畅通。对高频交变磁场，主要靠屏蔽体壳体上感生的涡流所产生的反磁场起排斥原磁场的作用。屏蔽体选用的材料是良导体，如钢、铝等。

（3）电磁场屏蔽　电磁场屏蔽用于抑制噪声源和敏感设备距离较远时通过电磁场耦合产生的干扰。电磁场屏蔽必须同时屏蔽电场和磁场，通常采用电阻率小的良导体材料。空间电磁波在入射到金属体表面时会产生反射和吸收，电磁能量被大大衰减，从而起到屏蔽作用。

2. 隔离

隔离是指把干扰源与接收系统隔离开来，使有用信号正常传输，而干扰耦合通道被切断，以达到抑制干扰的目的。常见的隔离方法有光电隔离、变压器隔离和继电器隔离等。

（1）光电隔离　光电隔离是以光作为媒介在隔离的两端之间进行信号传输的，所用的器件是光电耦合器。由于光电耦合器在传输信息时，不是将其输入和输出的电信号进行直接耦合，而是借助于光作为媒介物进行耦合的，因而具有较强的隔离和抗干扰能力。

（2）变压器隔离　隔离变压器的类型有：简单的隔离变压器、带屏蔽层的隔离变压器、超级隔离变压器。

（3）继电器隔离　继电器线圈和触点仅有机械上的联系，而没有直接的电的联系，因此可利用继电器线圈接收电信号，而利用其触点控制和传输电信号，从而可实现强电和弱电的隔离。实际使用中，继电器隔离只适合于开关量信号的传输。系统控制中，常用弱电开关信号控制继电器线圈，使继电器触点闭合或断开，而对应于线圈的触点则用于传递强电回路的某些信号。隔离用的继电器主要是一般小型电磁继电器或干簧继电器。

3. 滤波

滤波技术用来抑制沿导线传输的传导干扰，主要用于电源干扰和信号线干扰抑制。滤波器是由电感、电容、电阻或铁氧体器件构成的频率选择性网络，可以插入传输线中，抑制不需要的频率进行传播。

（1）电源干扰抑制

1）采用电源滤波器抑制电源线传输电磁干扰。电源滤波器的作用是双向的，它不仅可以阻止电网中的噪声进入设备，也可以抑制设备产生的噪声污染电网。

2）采用吸收型滤波器抑制电源线中的快速瞬变脉冲串干扰。用于电磁噪声抑制的铁氧体是一种磁性材料，由铁、镍、锌氧化物混合而成，铁氧体一般做成中空型，导线穿过其中，当导线中的电流穿过铁氧体时低频电流几乎可无衰减地通过，但高频电流却会受到很大的损耗，转变成热量散发，所以铁氧体和穿过其中的导线即成为吸收型低通滤波器，能有效抑制快速瞬变脉冲串干扰。根据不同的使用场合，铁氧体滤波器可以做成多种形式。

（2）感性负载加吸收电路抑制瞬态噪声　系统中的感性负载如继电器、接触器、电磁阀、电动机等在关断时会产生强烈的脉冲噪声，影响其他电路的正常工作，必须在感性负载处加吸收电路抑制瞬态噪声，其吸收电路的接线法：直流继电器线圈并联二极管；交流继电器、接触器、电磁阀等线圈并联 R-C（灭弧器）。

根据不同要求，感性负载两端也可并联电阻、压敏电阻、稳压管等吸收回路，但 R-C 吸收回路具有很好的抑制作用，推荐采用 R-C（灭弧器）进行吸收，灭弧器应尽量靠近感性负载进行安装。

4. 接地

将电路、设备机壳等与作为零电位的一个公共参考点（大地）实现低阻抗的连接，称之为接地。

（1）安全接地　为了保护人身和设备的安全，免遭雷击、漏电、静电等危害，把电气设备的机壳、机座等与大地相接,当设备中漏电时,不致影响人身安全,这种接地称为安全接地。安全接地有"TT""TN-S"和"TN-C"接地型式。

(2) 工作接地　为了保证设备的正常工作,如直流电源常需要有一极接地,作为参考零电位,其他极与之比较,例如±15V、±5V、±24V 等。信号传输也常需要有一根线接地,作为基准电位或为了抑制干扰(如屏蔽接地),这种接地称为工作接地。工作接地方式有浮地、单点接地和多点接地。

5. 软件滤波

用软件来识别有用信号和干扰信号并滤除干扰信号的方法称为软件滤波。

(1) 软件"陷阱"　从软件的运行来看,瞬时电磁干扰可能会使 CPU 偏离预定的程序指针,进入未使用的 RAM 区和 ROM 区,引起一些莫名其妙的现象,其中死循环和程序"飞掉"是常见的。为了有效地排除这种干扰故障,常采用软件"陷阱"法。这种方法的基本指导思想是,把系统存储器(RAM 和 ROM)中没有使用的单元用某一种重新启动的代码指令填满,作为软件"陷阱",以捕获"飞掉"的程序。一般当 CPU 执行该条指令时,程序就自动转到某一起始地址,使系统重新投入正常运行。

(2) 软件"看门狗"　"看门狗"(WATCHDOG)就是用硬件(或软件)的办法使用监控定时器定时检查某段程序或接口,当超过一定时间系统没有检查这段程序或接口时,可以认定系统运行出错(干扰发生),可通过软件进行系统复位或按事先预定的方式运行。"看门狗"是工业控制机普遍采用的一种软件抗干扰措施。当侵入的尖峰电磁干扰使计算机程序"飞掉"时,WATCHDOG 能够帮助系统自动恢复正常运行。

6.4　综合技能训练

技能训练 1　数控机床主轴电气控制电路故障排除

1. 数控机床故障诊断与维修的基本步骤

当数控机床发生故障时,在绝大多数情况下 CNC 都能显示报警号与报警信息。根据 CNC 报警显示进行故障的维修处理,是必须掌握的最基本方法之一。数控机床故障诊断与维修的基本步骤:

1)确认报警号。
2)根据 CNC 所显示的报警号,大致确定故障部位。
3)分析发生故障可能的原因。
4)进行相应的维修处理。

2. CNC 报警的分类

根据报警显示形式不同,FANUC 0i-D 可以分为报警号显示报警与文本提示报警。前者既有报警号,还有相应的文本提示信息,CNC 的绝大部分报警属于此类情况;后者只显示提示文本,一般在 PMC 程序编辑与数据 I/O 时出现。

根据报警设计者的不同,FANUC 0i-D 的报警可以分为系统报警和外围报警。前者是 CNC 厂家设计,所有 FANUC 0i-D 通用;后者为机床生产厂家所设计,不同结构类型的机床就会有不同的外部故障错误代码和报警信息。由于机床的外围报警只能用于特定的机床,所以,当出现此类报警时,操作者需根据机床生产厂家所提供的使用说明书进行维修与处理。CNC 报警分类见表 6-9。

表 6-9　CNC 报警分类

报　警　号	缩　　写	内　　容	备　　注
000~253	PROGRAM、EDIT	编程/操作错误	P/S 报警
300~309	APC	绝对脉冲编码器故障	APC 报警
360~387	SPC	串行脉冲编码器故障	SPC 报警
401~468	SV-1	伺服驱动器报警1	SV 报警
500~515	OVT	超程报警	
600~607	SV-2	伺服驱动器报警2	SV 报警
700~704	OH	过热报警	
740~741	RIGID	TAP	
749~784	SPINDLE	主轴报警	
900~976	SYSTEM	系统报警	CNC 系统报警
1000~1999	PMC	ALM	
2000~2999	PMC	ALM	取决于机床生产厂家的设计
3000~3999	MACRO	PRO	
5010~5453	PROGRAM、EDIT	编程/操作错误	P/S 报警
9001~9098		串行主轴报警	
ER01~ER99		PMC 报警	
WN 02~WN48		PMC 程序或控制软件报警	
PC 000~PC200		PMC 系统报警	
—		PMC 用户程序出错文本提示	
—		数据 I/O 错误文本提示	

3. 变频主轴系统的故障诊断与维修

为了保证驱动器的安全、可靠的运行，在主轴伺服系统出现故障和异常情况时，设置了较多的保护功能，这些保护功能与主轴驱动器的故障检测与维修密切相关。当驱动器出现故障时，可以根据保护功能的情况，分析故障原因。

1）接地保护。在伺服驱动器的输出线路以及主轴内部等出现对地短路时，可以通过快速熔断器切断电源，对驱动器进行保护。

2）过载保护。当驱动器、负载超过额定值时，安装在内部的热开关或主电路的热继电器将动作，对过载进行保护。

3）速度偏差过大报警。当主轴的速度由于某种原因，偏离了指定速度且达到一定的误差后，将产生报警，并进行保护。

4）瞬时过电流报警。当驱动器中由于内部短路、输出短路等原因产生异常的大电流时，驱动器将发出报警并进行保护。

5）速度检测回路断线或短路报警。当测速发电机出现信号断线或短路时，驱动器将产生报警并进行保护。

6）速度超过报警。当检测出的主轴转速超过额定值的115%时，驱动器将产生报警并进行保护。

7) 励磁监控。如果主轴励磁电流过低或无励磁电流,为防止飞车,驱动器将产生报警并进行保护。

8) 短路保护。当主电路发生短路时,驱动器可以通过相应的快速熔断器进行保护。

9) 相序报警。当三相输入电压源相序不正确或处于缺相状态时,驱动器将产生报警。

驱动出现保护性的故障时(也称为报警),首先通过驱动器自身的指示灯以报警的形式做出反应,具体报警说明见表 6-10。

表 6-10 驱动器报警说明

报警名称	报警时 LED 显示	动作内容
对地短路	对地短路故障	检测到变频器输出电路对地短路时动作(一般大于 30kW)。而对小于 22kW 的变频器发生对地短路时,作为对电流保护动作。此功能只是保护变频器。为保护人身和防止火警事故等应采取另外的漏电保护继电器或漏电断路器等进行保护
过电压	加速时过电压	由于再生电流增加,使主电路直流电压达到过电压检出值(有些变频器为 DC 800V)时,保护动作。但是,如果由变频器输入侧错误地输入控制电路电压值时,将不能显示此报警
	减速时过电流	
	恒速时过电流	
欠电压	欠电压	电源电压降低等,即主电路直流电压低至欠电压检出值(DC 400V)以下时,保护功能动作。注意:当电压低至不能维持变频器控制电路电压值时,将不显示报警
电源缺相	电源缺相	连接的三相输入电源 L1/R、L2/S、L3/T 中任何一相断相时虽然变频器能在三相电压不平衡状态下运行,但可能造成某些器件(如:主电路整流二极管和主滤波电容器损坏),这种情况下,变频器会报警和停止运行
过热	散热片过热	如内部的冷却风扇发生故障,散热片温度上升,则产生保护动作
	变频器内部过热	如变频器内通风散热不良等,则其内部温度上升,保护动作
	制动电阻过热	当产生制动电阻且使用频率过高时,会使其温度上升,为防止制动电阻烧损(有时会有"叭"的很大爆响声),保护动作
外部报警	外部报警	当控制电路端子连接控制单元、制动电阻、外部热继电器等外部设备的报警常闭触点时,按这些触点的信号动作
过载	电动机过负载	当电动机所拖动的负载过大使超过电子热继电器的电流超过设定值时,按反时限性保护动作
	变频机过负载	此报警一般为变频器主电路半导体器件的温度保护,按变频器输出电流超过过载额定值时保护动作
通信错误	RS 通信错误	当通信时出错,则保护动作

4. 通用变频器常见故障及处理

通用变频器常见故障及处理见表 6-11。

5. 通用变频器故障维修实例

1) 故障现象:配套某系统的数控车床,主轴驱动采用三菱公司的 E540 变频器,在加工过程中,变频器出现过压报警。

表 6-11 通用变频器常见故障及处理

故障现象	发生时的工作状况	处理方法
电动机不转	变频器输出端子 U、V、W 不能提供电源	检查电源是否已提供给端子
		检查运行命令是否有效
		检查 RS（复位）功能或自由运行停车功能是否处于开启状态
	负载过重	检查电动机负载是否太重
	任选远程操作器被使用	确保操作设定正确
电动机反转	输出端子 U/T1、V/T2 和 W/T3 的连接是否正确	使得电动机的相序与端子连接相对应，即正转（FWD）= U-V-W 和反转（REV）= U-W-V
	电动机正反转的相序是否与 U/T1、V/T2 和 W/T3 相对应	
	控制端子（FW）和（RV）连线是否正确	端子（FW）用于正转，（RV）用于反转
电动机转速不能到达	如果使用模拟输入，电流或电压为"0"或"01"	检查连线
		检查电位器或信号发生器
	负载太重	减少负载
转动不稳定	负载波动过大	增大电动机功率
	电源不稳定	解决电源问题
	该现象只是出现在某一特定频率下	稍微改变输出频率，使用调频设定将此有问题的频率跳过去
过电流	加速中过电流	检查电动机是否短路或局部短路，输出线绝缘是否良好
		延长加速时间
		变频器配置不合理，增大变频器容量
	恒速中过电流	检查电动机是否短路或局部短路，输出线绝缘是否良好
		检查电动机是否堵转，机械负载是否有突变
		变频器容量是否太小，增大变频器容量
		电网电压是否有突变
	停车中过电流	输出连线绝缘是否良好，电动机是否有短路现象
		延长减速时间
		更换容量较大的变频器
		直流制动量太大，减少直流制动量
		机械故障，送厂维修
短路	对地短路	检查电动机连线是否有短路
		检查输出线绝缘是否良好
		送修
过电压	停机中过电压	延长减速时间或加装制动电阻
	加速中过电压	改善电网电压，检查是否有突变电压产生
	恒速中过电压	
	减速中过电压	

项目6 电气设备和自动控制系统调试维修

(续)

故障现象	发生时的工作状况	处理方法
低压		检查输入电压是否正常
		检查负载是否有突变
		是否断相
变频器过热		检查风扇是否堵转，散热片是否有异物
		环境温度是否正常
		通风空间是否足够，空气是否能对流
变频器过载	连续超负载 150% 1min	检查变频器容量是否配小，否则加大容量
		检查机械负载是否有卡死现象
		U/f 曲线设定不良，重新设定
电动机过载	连续超负载 150% 1min 以上	机械负载是否有突变
		电动机配用太小
		电动机发热绝缘变差
		电压是否波动较大
		是否存在断相
		机械负载增大
电动机过转矩		机械负载是否有波动
		电动机配置是否偏小

2) 分析与处理过程：仔细观察机床故障产生的过程，发现故障总是在主轴起动、制动时发生，因此，可以初步确定故障的产生与变频器的加/减速时间设定有关。当加/减速时间设定不当时，如主起/制动频繁或时间设定太短，变频器的加/减速无法在规定时间内完成，则通常容易产生过电压报警。

3) 处理措施：修改变频器参数，适当增加加/减速时间后，故障消除。

技能训练2　工业控制网络系统的参数配置

1. S7—300 PLC 与 S7—200 PLC 之间的 PROFIBUS DP 现场总线通信

本任务的解决需要使用 S7—300 PLC 作为主站，通过 EM 277 模块将 S7—200 PLC 连接到 PROFIBUS-DP 通信。

控制要求：网络上有两台设备，分别由一台 CPU314（设备1）和一台 CPU226（设备2）控制，从设备1发出启停控制命令，设备2收到指令后对设备启停控制，同时设备1监控设备2的运行状态。通信连接实物如图6-36所示，PLC 硬件接线如图6-37所示。

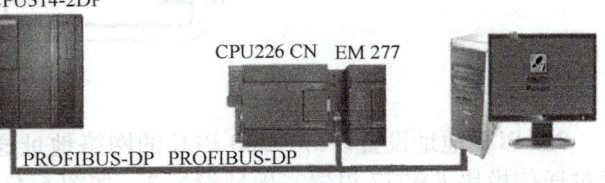

图 6-36　通信连接实物

（1）制作通信电缆并安装　打开 PROFIBUS 网络连接器（见图6-38b），按进线箭头标识，将芯线按照相应的颜色（绿色接 A1 接线端子，红色接 B1 接线端子）标记插入，拧紧螺钉，压紧导线，如图6-39所示。

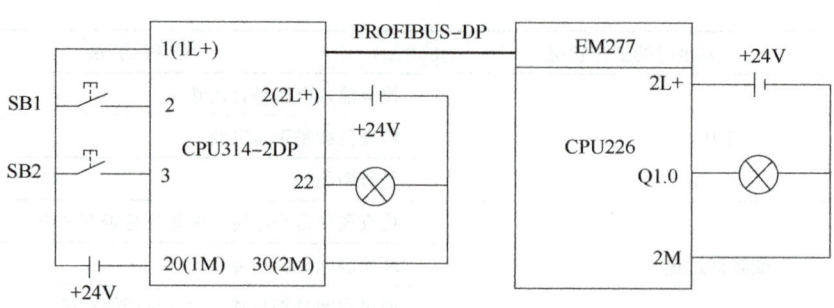

图 6-37　PLC 硬件接线

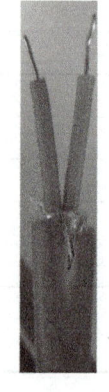
a) 通信电缆

b) PROFIBUS 网络连接器

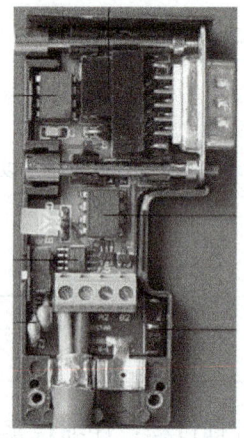

图 6-38　通信电缆及 PROFIBUS 网络连接器　　图 6-39　PROFIBUS 网络连接器内部接线端子

通信电缆制作完成后，安装到 PLC 通信口上。

（2）终端电阻开关、PLC 地址设置

1）终端电阻开关，将两个网络连接器的终端开关拨至 On 位置，如图 6-40 所示。

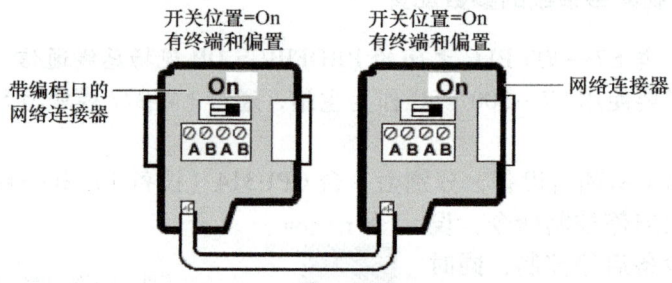

图 6-40　网络连接器终端电阻开关设置示意图

2）PLC 地址设置。S7—300 PLC 的网络地址通过软件来设置，S7—200 PLC 的网络地址通过通信模块 EM277 设置，地址设为 3，如图 6-41 所示。

（3）硬件组态

1）打开 STEP7 V5.4 编程软件主界面，如图 6-42 所示。

2）新建一个文件，如图 6-43 所示。

3）输入新建文件名称并选择存储的位置，如图 6-44 所示。

项目 6　电气设备和自动控制系统调试维修

图 6-41　设置 EM277 硬件地址

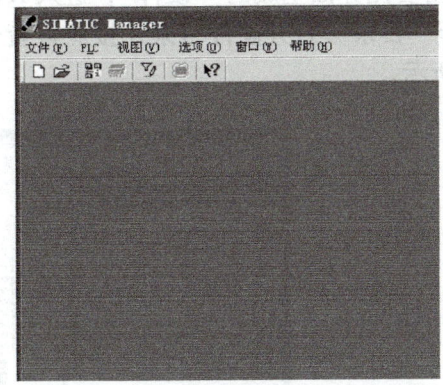

图 6-42　STEP7 V5.4 编程软件主界面

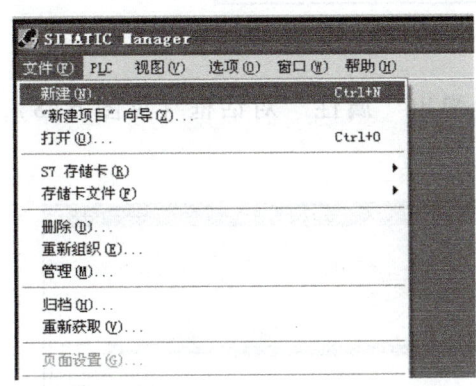

图 6-43　新建项目

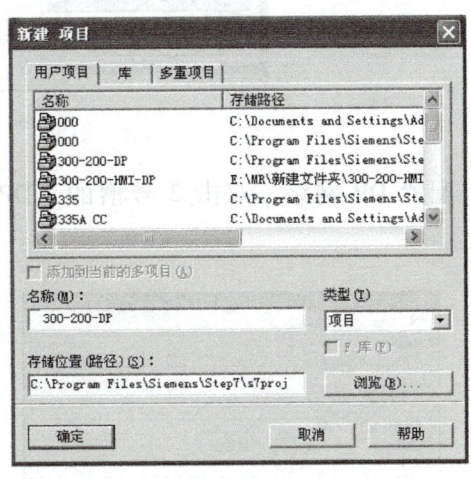

图 6-44　项目名称及存储路径

4）进入新建的文件即 300-200 DP 界面，如图 6-45 所示。
5）右键单击该项目，插入一个 SIMATIC 300 站点，如图 6-46 所示。

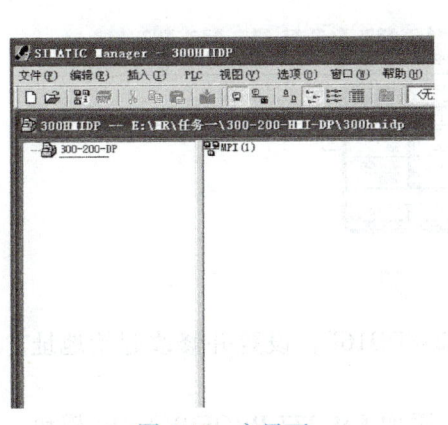

图 6-45　主界面

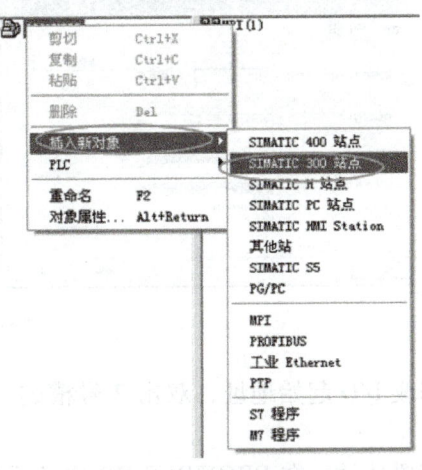

图 6-46　插入站点

6）双击右侧界面生成的"硬件"，进入 HW configuration 中进行硬件组态，在"视图"菜单栏中选择"目录"打开硬件目录，按照订货号和硬件安装次序依次插入机架和 CPU 模块，如图 6-47 所示。

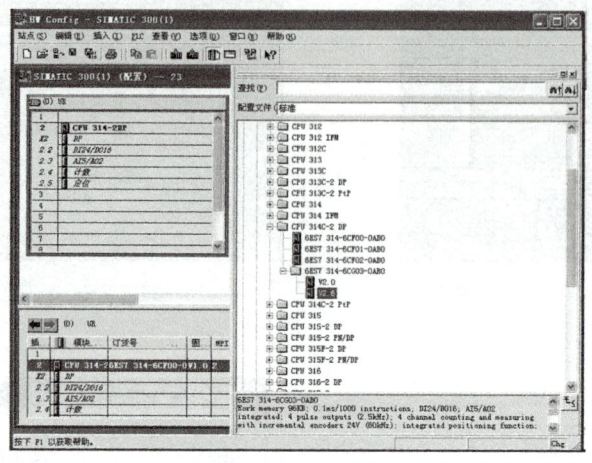

图 6-47　组态硬件

7）配置 DP 网络，双击 2 号槽的"DP"，弹出"属性"对话框（见图 6-48），并设置 DP。

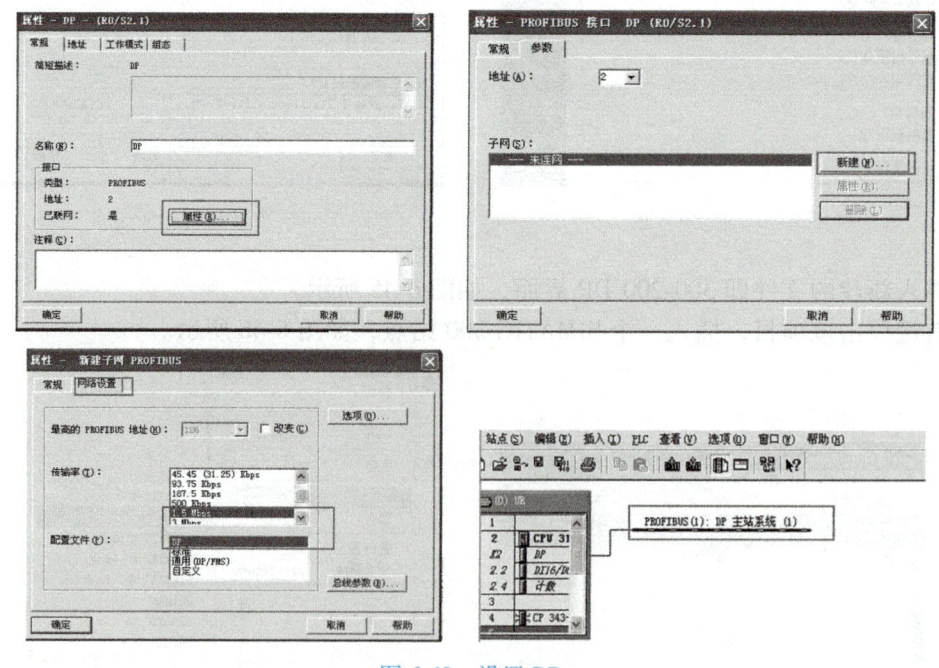

图 6-48　设置 DP

8）修改 I/O 起始地址，双击 2 号槽的"DI24/DO16"，设置并修改起始地址，如图 6-49 所示。

9）配置从站，在 PROFIBUS-DP 主站系统上添加 EM 277 PROFIBUS-DP 模块，如图 6-50 所示。

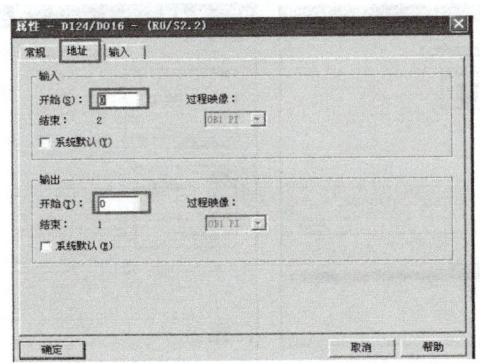

图 6-49　修改输入/输出地址

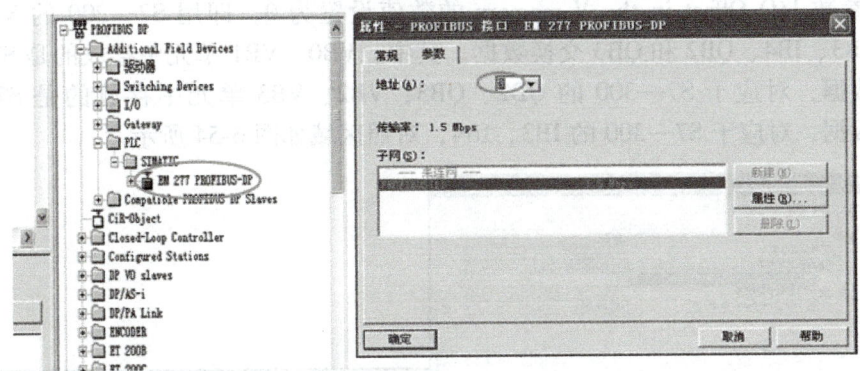

图 6-50　添加 DP 通信设备

在弹出的"属性-PROFIBUS 接口 EM 277 PROFIBUS-DP"窗口中,地址参数选择"3",单击"确定"按钮,如图 6-51 所示。

10) 分配从站通信数据存储区。单击目录中的 EM 277 PROFIBUS-DP 模块,选择"1 Word Out/1Word In",如图 6-52 所示。

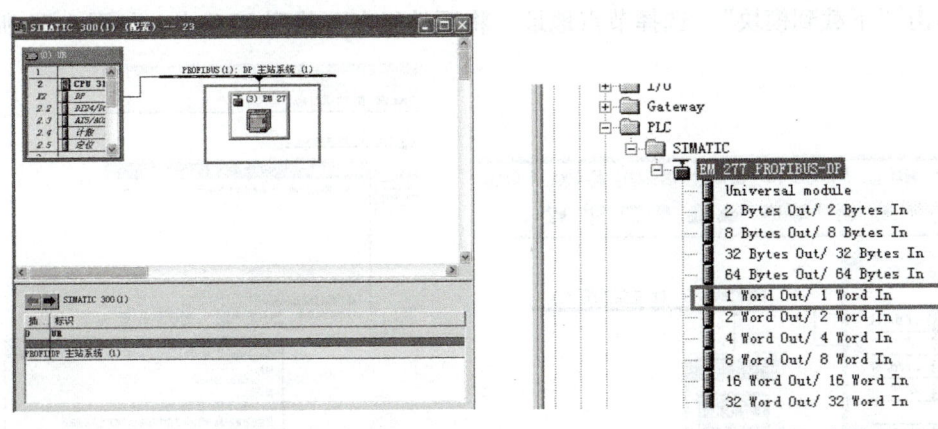

图 6-51　设置地址　　　　　　　　　图 6-52　分配数据存储区

STEP 7 自动分配远程 I/O 的输入/输出地址,所以分配给 S7—300 与 EM 277 进行数据交换的输入、输出字地址分别为 IW3 和 QW2,如图 6-53 所示。

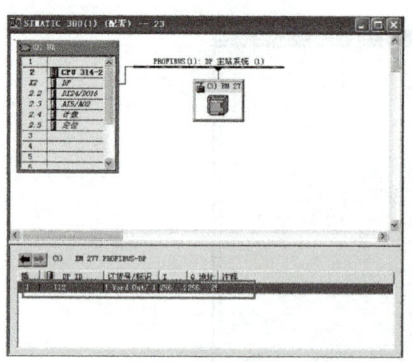
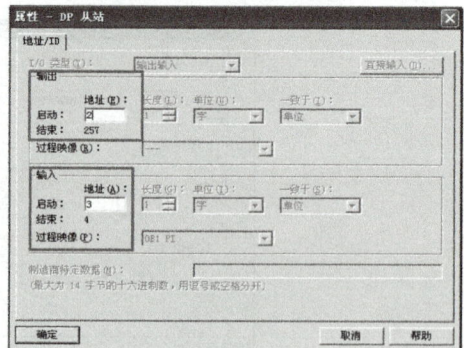

图 6-53　分配 S7—300 与 EM 277 进行数据交换地址

11）双击 PROFIBUS-DP 主站系统上的 EM 277 模块，在弹出的属性窗口中选择参数赋值，将设备专用参数 I/O Offset in the V-memory 的数值设置为 0，即用 S7—200 的 VB0～VB3 与 S7—300 的 IB3、IB4、QB2 和 QB3 交换数据。其中，VB0、VB1 单元中存放的是 S7—300 写入 S7—200 的数据，对应于 S7—300 的 QB2、QB3；VB2、VB3 单元中存放的是 S7—200 写入 S7—300 的数据，对应于 S7—300 的 IB3、IB4，对照区域如图 6-54 所示。

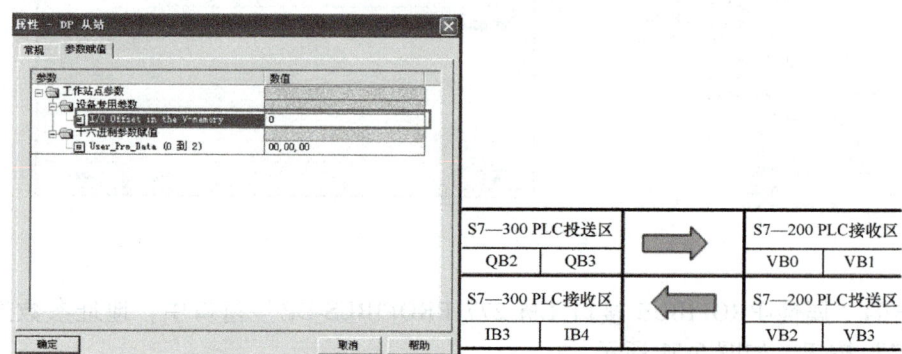

图 6-54　设置对应 S7—200 数据区偏移地址

12）单击"保存和编译"，保存硬件组态，如图 6-55 所示。
13）单击"下载到模块"，选择节点地址，将硬件组态下载到 PLC 中，如图 6-56 所示。

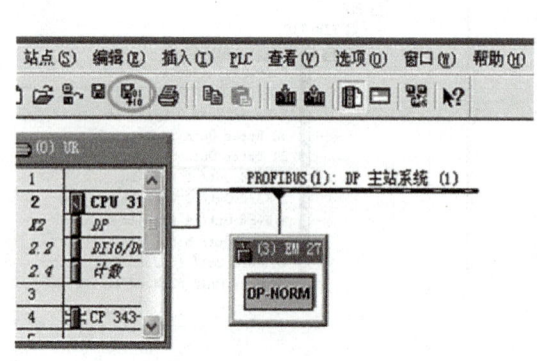
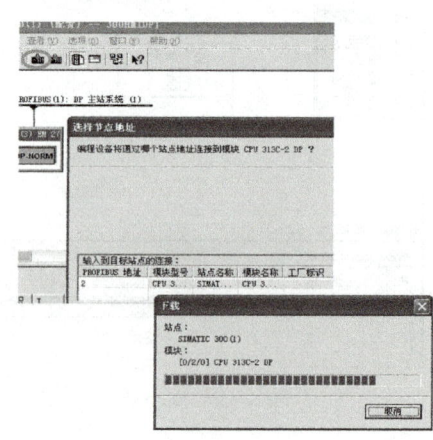

图 6-55　编译保存　　　　　　　　　图 6-56　下载程序到 PLC

（4）编写控制程序
1）主站 S7—300 PLC 程序，如图 6-57 所示。
2）从站 S7—200 PLC 程序，如图 6-58 所示。

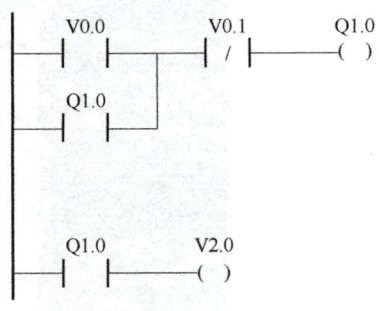

图 6-57　S7—300 PLC 程序　　　　图 6-58　S7—200 PLC 程序

2．S7—1200 PLC 与 S7—1200 PLC 之间的工业以太网通信

随着工业以太网的发展，其高效、便捷、协议开放、易于冗余等诸多优点，被越来越多的工业现场所采用。西门子 SIMATIC S7—1200/1500 系列 PLC 集成有 Profinet 接口，具有实时性、开放性，使用 TCP/IP 和 IT 标准，符合基于工业以太网的实时自动化体系，能够满足从现场层到管理层的所有应用需求。

控制要求：网络上有两台设备，分别由一台 S7—1200（PLC_1）和一台 S7—1200（PLC_2）控制，从 PLC_1 发出启停控制命令，PLC_2 收到指令后对设备启停控制。

（1）硬件连接　硬件连接如图 6-59~图 6-61 所示。

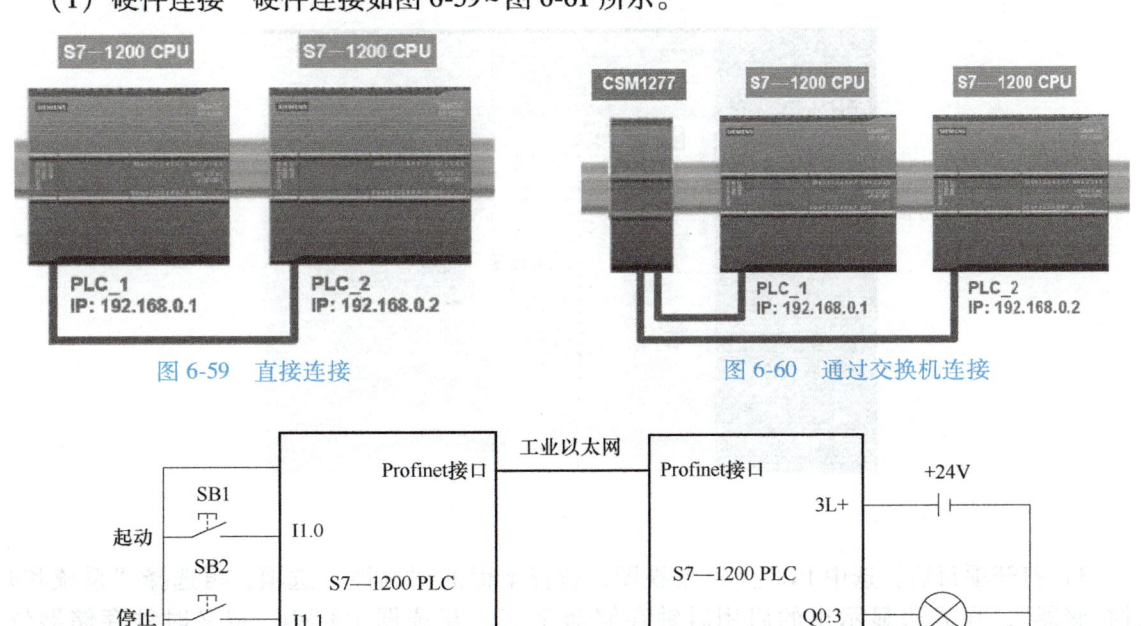

图 6-59　直接连接　　　　　　　　图 6-60　通过交换机连接

图 6-61　I/O 接线情况

(2) 硬件组态连接 PLC

1) 首先创建新项目，并命名为"1200 以太网"，如图 6-62 所示。

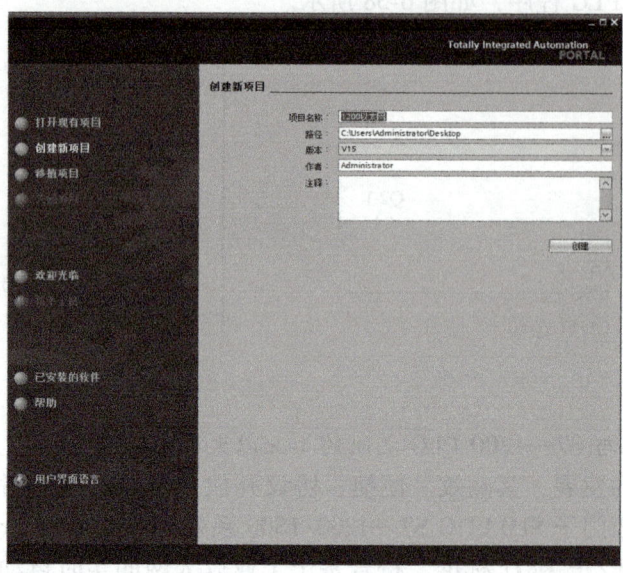

图 6-62　创建新项目

2) 添加硬件并命名 PLC，选择 S7—1200 的 CPU 1214C DC/DC/DC，版本号为 4.2，命名为 PLC_1，如图 6-63 所示。

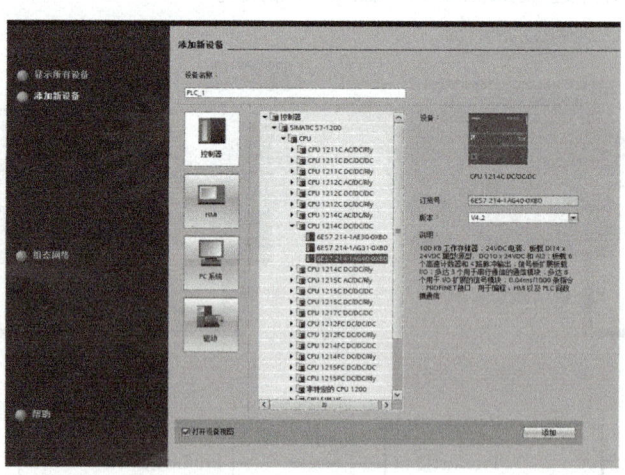

图 6-63　选择 PLC 型号

3) 打开项目后，选中 PLC_1 设备视图，选择下面的"属性"选项，再选择"系统和时钟存储器"，在右边显示出的启用时钟存储器字节的复选框中打钩，定义时钟存储器位，M0.3 是 2Hz 的频率信号，用作自动激发发送任务，如图 6-64 所示。

4) 单击 Profinet 接口，设置 IP 地址为 192.168.0.1，如图 6-65 所示。

5) 在项目树中，将 PLC_1 复制粘贴生成 PLC_2，如图 6-66 所示，在设备视图中设置 IP 地址为 192.168.0.2，如图 6-67 所示。

6) 组态网络连接。切换到网络视图，用鼠标点中 PLC_1 上的 PROFINET 通信口的绿色

项目 6 电气设备和自动控制系统调试维修

图 6-64 选择系统和时钟存储器

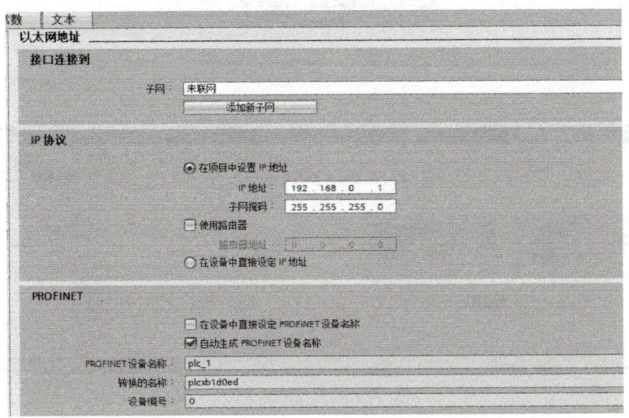

图 6-65 设置 IP 地址

a) 复制 b) 粘贴

图 6-66 复制与粘贴 PLC

小方框，然后拖拽出一条线，到另外一个 PLC_2 上的 PROFINET 通信口上松开鼠标，连接就建立起来了，如图 6-68 所示。

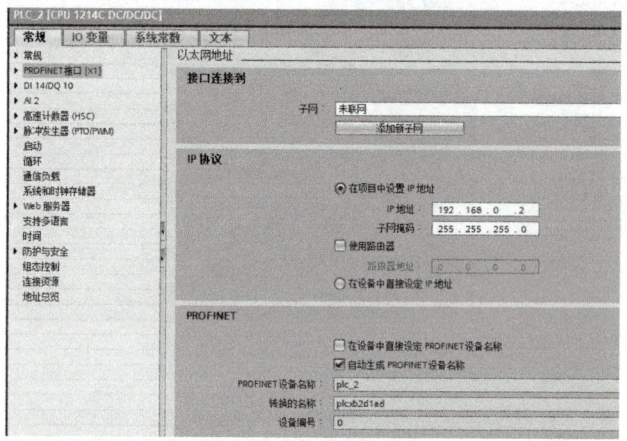

图 6-67　设置 IP 地址

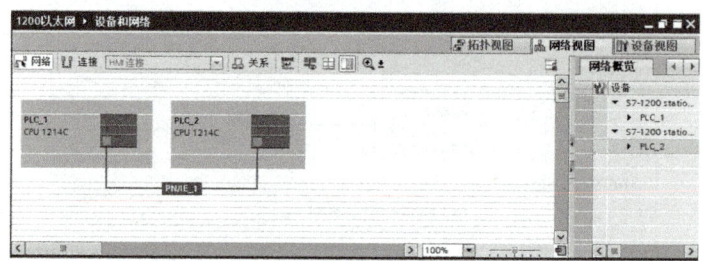

图 6-68　网络连接

（3）组态发送站

1）调用通信发送指令 TSEND_C。在项目树 PLC_1 程序块打开 Main（OB1）主程序块，选择"通信"指令中的"开放式用户通信"子选项，调用"TSEND_C"（通过以太网发送数据）指令，如图 6-69 所示；用鼠标拖放到程序编辑去，自动生成默认背景 DB 块，如图 6-70 所示，单击"确定"按钮，调用指令块如图 6-71 所示。

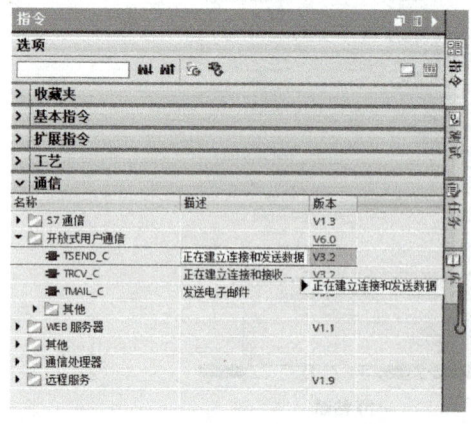

图 6-69　调用 TSEND_C 指令

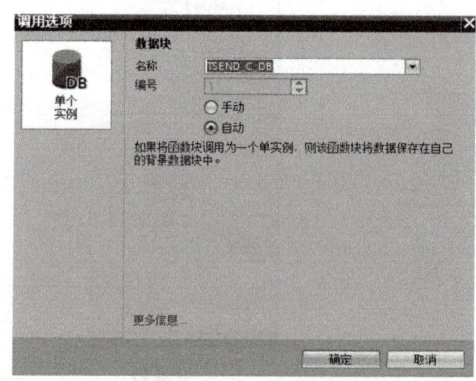

图 6-70　生成默认背景 DB 块

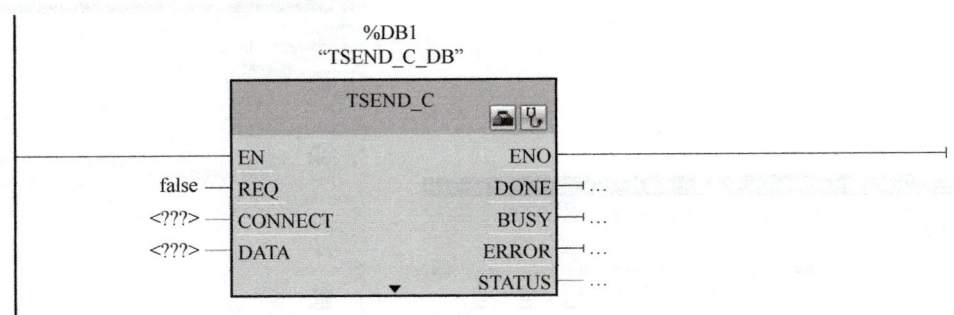

图 6-71　TSEND_C 指令块

2）配置发送指令的 TSEND_C 连接参数。选中指令块，在属性窗口设置连接参数，如图 6-72 所示。

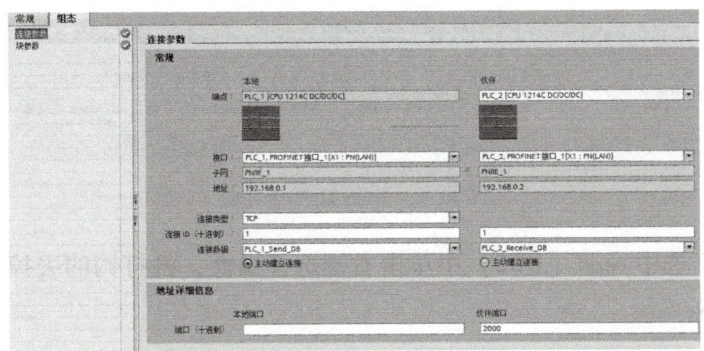

图 6-72　设置连接参数

3）定义 PLC_1 的"TSEND_C"发送通信块接口参数。首先，根据所使用的接口参数定义符号表，在项目树 PLC_1 的 PLC 变量打开添加新变量表添加变量表_1，如图 6-73 所示，添加的变量如图 6-74 所示。

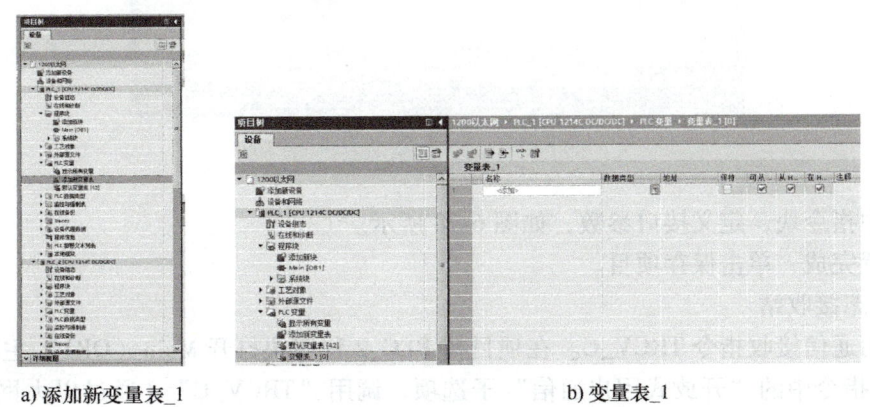

a) 添加新变量表_1　　　　　　　　　　　　b) 变量表_1

图 6-73　添加新变量表

4）添加数据发送区 DB 块，在程序块下打开"添加新块"，名称为"send_db"，类型为"全局 DB"，编号为"2"，其他默认，如图 6-75 所示。

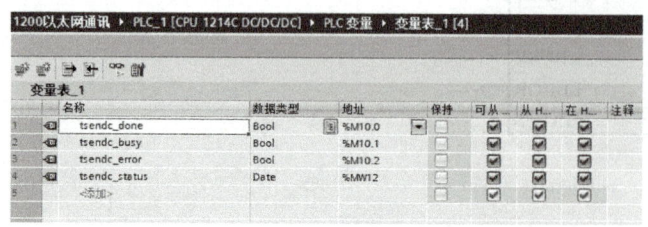

图 6-74 添加的变量

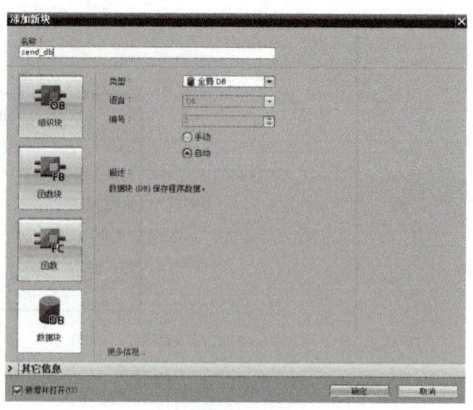

图 6-75 添加数据发送区 DB 块

5）在数据块定义 10 字节作为数据发送区，块名为"send"，如图 6-76 所示。

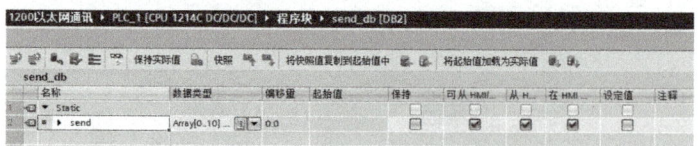

图 6-76 设置数据字节数

6）在程序块下选中 send［DB2］中单击右键选择属性，将打钩的去掉，使用绝对寻址方式，如图 6-77 所示。

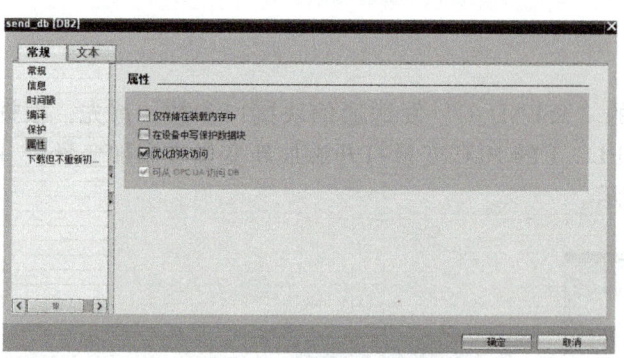

图 6-77 勾掉优化的块访问

7）选中指令块，定义接口参数，如图 6-78 所示。

8）设置完成，单击保存项目。

（4）组态接收站

1）调用通信接收指令 TRCV_C。在项目树 PLC_2 程序块打开 Main（OB1）主程序块，选择"通信"指令中的"开放式用户通信"子选项，调用"TRCV_C"（通过以太网接收数据）指令，如图 6-79 所示。用鼠标拖放到程序编辑去，自动生成背景 DB 块，如图 6-80 所示，单击"确定"按钮，调用 TRCV_C 指令块如图 6-81 所示。

2）配置接收指令的 TRCV_C 连接参数。选中指令块，在属性窗口组态设置连接参数，如图 6-82 所示。

项目 6　电气设备和自动控制系统调试维修

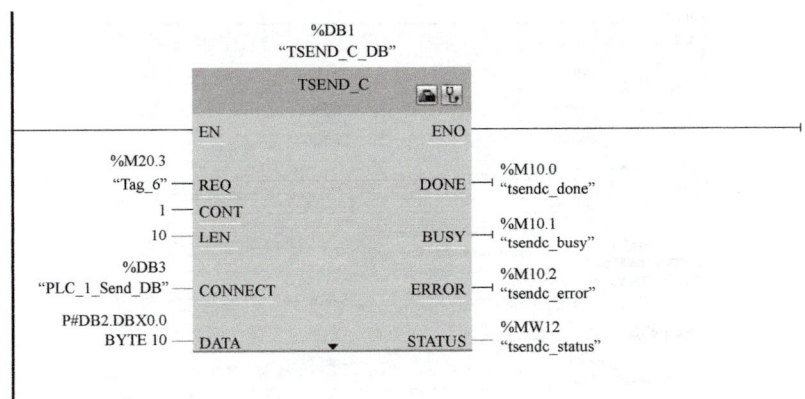

图 6-78　连接接口参数

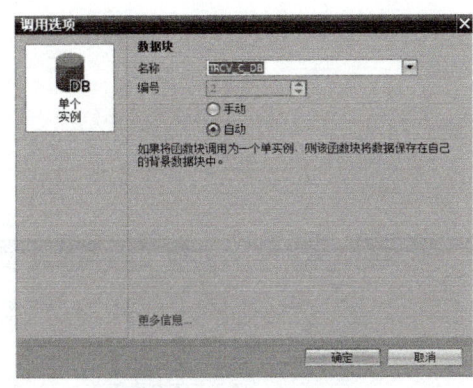

图 6-79　TRCV_C 指令　　　　　　　　图 6-80　生成背景数据块

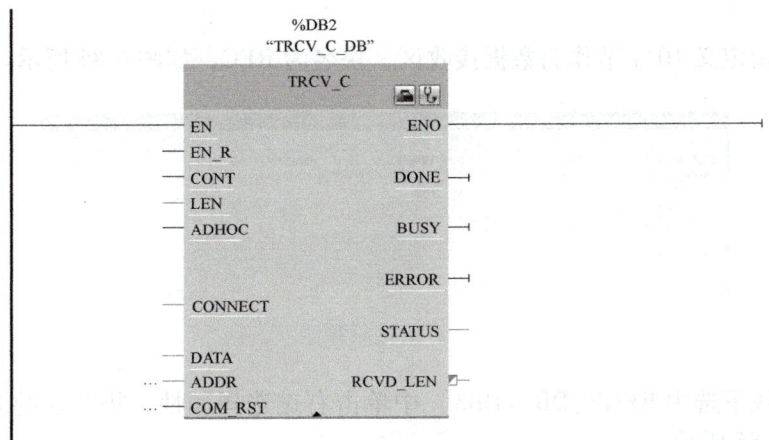

图 6-81　TRCV_C 指令块

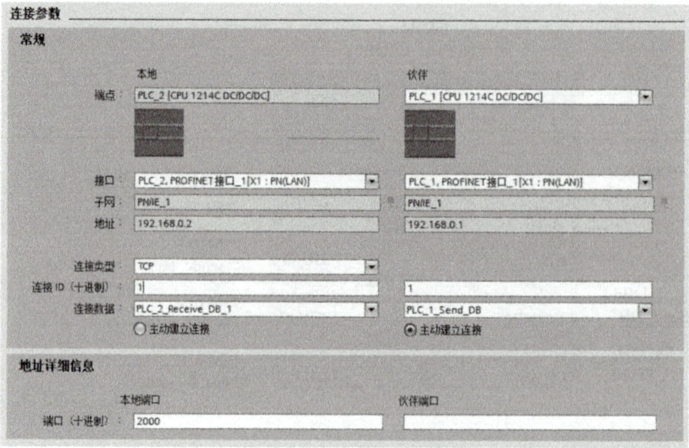

图 6-82 连接参数

3）定义 PLC_2 的"TRCV_C"接收通信块接口参数。首先，根据所使用的接口参数定义符号表，在项目树 PLC_2 的 PLC 变量打开添加新变量表添加变量_1，添加的变量如图 6-83 所示。

4）添加数据接收区 DB 块，在程序块下打开"添加新块"，名称为"RECV_DB"，类型为"全局 DB"，编号"3"，默认自动，如图 6-84 所示。

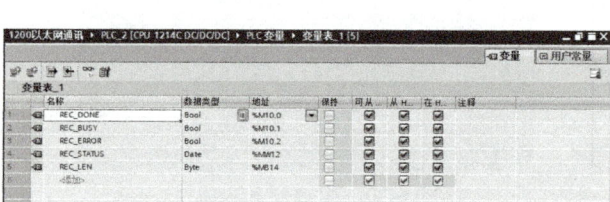

图 6-83 添加的变量

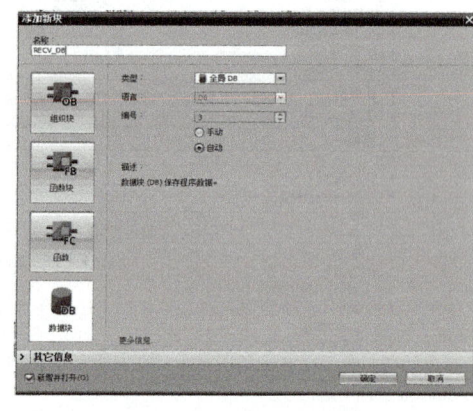

图 6-84 添加接收数据块

5）在数据块定义 10 字节作为数据接收区，块名为 REC，如图 6-85 所示。

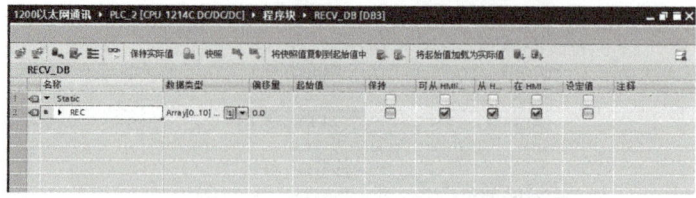

图 6-85 设置接收数据字节数

6）在程序块下选中 RECV_DB［DB3］中单击右键选择属性，将打勾的去掉，使用绝对寻址方式如图 6-86 所示。

7）选中指令块，定义接口参数，如图 6-87 所示。

8）设置完成，单击保存项目。

项目 6 电气设备和自动控制系统调试维修

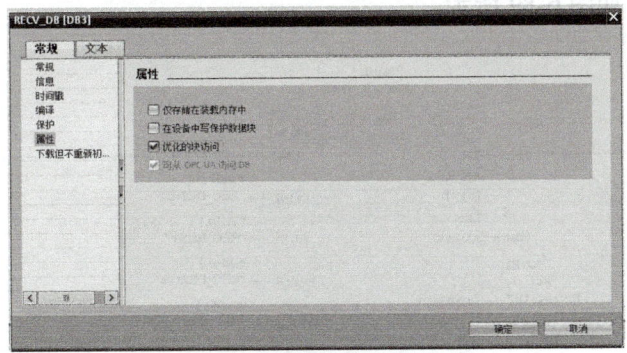

图 6-86 勾掉优化的块访问

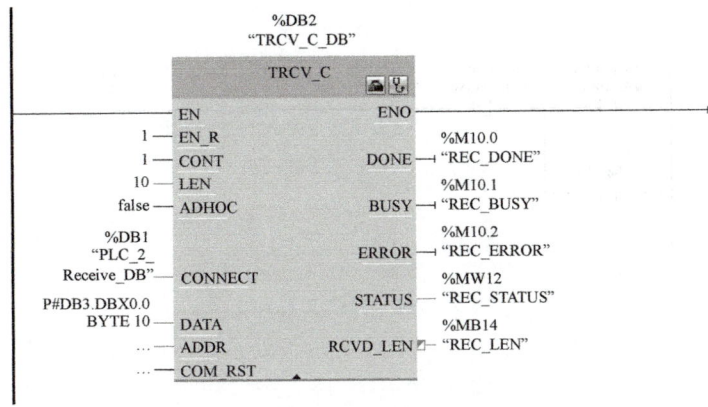

图 6-87 连接接口参数

（5）编写程序

1）PLC_1 程序，如图 6-88 所示。

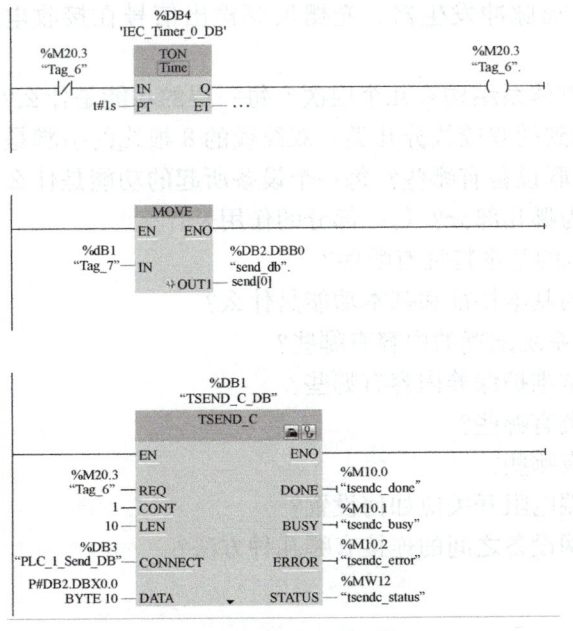

图 6-88 PLC_1 程序

2) PLC_2 程序，如图 6-89 所示。

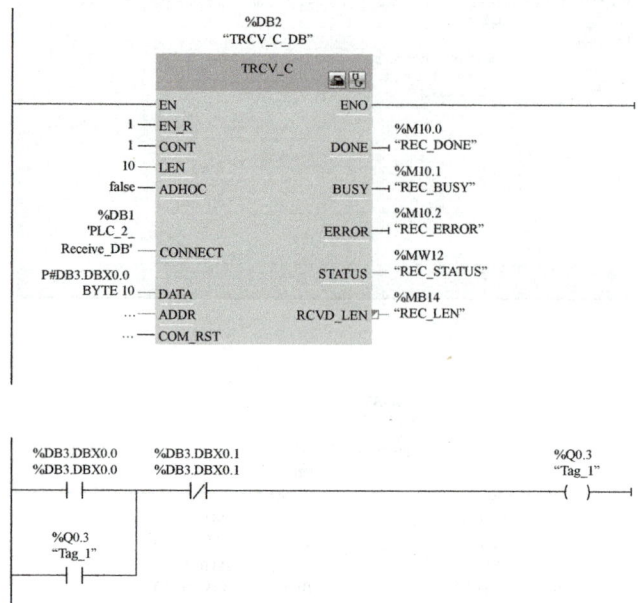

图 6-89　PLC_2 程序

1. 数控机床主要由哪几部分组成？
2. 对数控电气控制柜安装有哪些要求？
3. 光电编码器、手摇脉冲发生器、光栅尺等输出信号在接收电路端是怎样抑制高频干扰的？
4. TCP/IP 参考模型体系结构有几个层次？每一层的功能是什么？
5. 在局域网中常用到的双绞线分几类？双绞线的 8 根线的引脚是如何定义的？
6. 网络传输介质互联设备有哪些？每一个设备所起的功能是什么？
7. 网络 IP 地址分为哪几部分？每一部分的作用是什么？
8. RS-485 传输技术的基本特征有哪些？
9. PROFIBUS-DP 的基本特征和基本功能是什么？
10. PROFIBUS-DP 系统配置的内容有哪些？
11. 控制设备的日常维护保养内容有哪些？
12. 电磁干扰的种类有哪些？
13. 抗干扰的措施有哪些？
14. 总线连接器终端电阻开关应如何设置？
15. 两台工业以太网设备之间的连接有哪几种方法？

项目 7　工业机器人应用技术

培训学习目标：

熟悉工业机器人的结构组成及工作原理；掌握工业机器人编程指令的含义及使用方法；掌握工业机器人手动操作方法及规程；熟悉工业机器人常用的综合应用；熟悉工业机器人视觉系统的应用。

7.1　工业机器人的工作原理

工业机器人是机器人的重要分支，它是面向工业领域的多关节机械手或多自由度的机器装置，它能自动执行工作，是靠自身动力和控制能力来实现各种功能的一种机器。它的出现解放了劳动力并提高了企业生产效率，是目前技术最成熟、应用最多的一类机器人。

国际标准化组织对工业机器人定义（ISO10218-1）为：可自动控制、可重复编程的多功能机械手，可以在三个或更多的轴上编程，其可以固定就位或移动以进行工业自动化应用。

日本工业机器人协会（JIRA）的定义：工业机器人是一种装备有记忆装置和末端执行器的，能够完成各种移动来代替人类劳动的通用机器。

德国标准（VDI）的定义：工业机器人是具有多自由度的、能进行各种动作的自动机器，它的动作是可以顺序控制的，轴的关节角度或轨迹可以不靠机械调节，而由程序或传感器加以控制。工业机器人具有执行器、工具及制造用的辅助工具，可以完成材料搬运和制造等操作。

工业机器人的基本结构组成是实现机器人功能的基础，从外观上由操作机、控制器和示教器等部分组成，从工作原理上由机械系统（主体）、驱动系统、控制系统和感知系统四大部分组成，如图 7-1 所示。

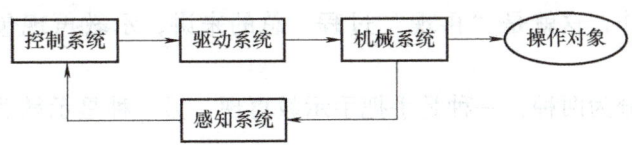

图 7-1　工业机器人组成及各部分关系

（1）机械系统（主体）　又称为操作机或执行系统，相当于工业机器人的骨架，即机器人本体或主体部分。它主要包括机身、臂部、腕部和手部，每一个部分具有若干的自由度，构成一个多自由度的机械系统。

1）机身是整个工业机器人的基础支撑，又称为底座或基座；按安装形式又可以分为固定式和移动式，固定式即直接安装在地面基础上，移动式指安装在移动机构上。由于该部件起承载功能，故要求该部件必须具有足够的刚度、强度和稳定性。

2) 臂部又称为手臂，通常由大臂和小臂两部分组成，是执行机构中的主要运动部件，主要用于改变手腕和末端执行器的空间位置，满足机器人的工作空间，并将各种载荷传递到基座。

3) 腕部是连接手部和臂部的部件。其作用是调整或改变手部的姿态，是操作机中结构最复杂的部分。

4) 手部又称为末端执行器，是工业机器人直接进行工作的部分，其作用是直接抓取和放置物件，也可以是各种手持器。

（2）驱动系统　包括动力装置和传动机构，用以使执行机构产生相应的动作，主要指驱动机械系统动作的驱动装置。传动机构主要包括减速器、滚珠丝杠、链、带及齿轮系等，动力装置又可以分为液压传动、电动传动、气动传动，或者是几种传动结合起来的综合传动。

（3）控制系统　相当于机器人的大脑，是决定机器人功能和性能的主要因素。控制系统主要是根据机器人运行的程序指令以及从传感器反馈回来的信号，控制执行机构完成规定的运动和功能，实现工业机器人在工作空间中的运动位置、姿态和轨迹、操作顺序及动作时间等。

（4）感知系统　其好比人类的五官，为工业机器人提供各种反馈信息，帮助机器人工作过程更加精确。感知系统主要由内部传感器模块和外部传感器模块组成。内部传感器信号被用来反映机器臂关节的实际运动状态，如各关节的位置、速度等变量；外部传感器信号被用来检测工作环境的变化，如距离、温度、接触程度等。

工业机器人在自动工作之前，操作人员必须要预先把工业机器人要完成的动作、姿态或路径等内容以指令代码的形式输入到工业机器人控制系统中，这一过程就是对工业机器人进行编程。当前，工业机器人的编程形式主要包括在线示教编程和离线编程两种。这两种编程方式在一定程度上都可以认为是工业机器人的示教再现编程过程，只不过在线示教发生在真实的工业机器人现场，而离线编程脱离了真实工业现场，是在计算机仿真的工业环境下进行的编程，亲手示教的特征并不明显。因此，通常将在线示教编程称为示教再现编程。

7.1.1　示教再现的概念及其特点

大多数工业机器人都属于"示教再现型"机器人。所谓"示教"就是工业机器人的学习过程，在这个过程中，操作人员要通过"演示"的方式教给工业机器人如何工作，工业机器人的控制系统会将这些工作程序和要领记忆下来，然后再按照记忆下来的程序重复"示教"的过程而自动进行工作，这就是"再现"过程。总的来讲，示教再现包括三个过程：示教、存储和再现。

示教再现编程可分为两种：一种是手把手示教再现，另一种是示教器示教再现。

1. 手把手示教

手把手示教是由人直接搬动机器人的手臂带动末端执行器产生相应的位置移动及姿态变化，同时传感系统对机器人各个关节的角度、力矩等信息记录并存储下来，然后根据所记录的信号让机器人再现与这些关节角度一样的动作，从而实现人们对机器人的示教再现。这个过程类似录音机在录制声音后再重放这种声音的过程。手把手示教有两种：一种是机器人的手臂处于自由状态，由操作者直接搬动机器人产生位移，这种方式一般用于重量较轻的工业机器人；另一种是操作者借助特殊的设备或设施进行示教手臂，通过该设备的移动姿态数据信息映射到工业机器人的手臂中，实现示教再现的过程。

2. 示教器示教

示教器示教是指用示教器上的各种控制功能的按钮或摇杆操作工业机器人产生运动，使其按照任务要求达到需要的目标位置，并把每一位置、姿态等有关数据存储起来，然后控制机器人再现示教器示教过的动作。这种示教形式可以摆脱手把手示教时手臂的重量，操作比较简便直观，示教器可以很方便快捷地设置工业机器人的速度、路径、位置、编程及数据输入等，得到了广泛应用。目前，大部分工业机器人均支持示教器示教。

3. 示教再现的特点

1）利用机器人有较高重复定位精度的优点，降低了系统误差对机器人运动绝对精度的影响。

2）要求操作者有专业知识和熟练的操作技能，近距离示教操作有一定的危险性，安全性较差。

3）示教过程烦琐、费时，需要根据作业任务反复调整末端执行器的位姿，占用了大量时间，时效性较差。

4）机器人在线示教精度完全靠操作者的经验由目测决定，对于复杂运动轨迹则难以取得令人满意的示教效果。

5）机器人示教时关闭与外围设备联系功能，对需要根据外部信息进行实时决策的应用就显得无能为力。

6）在柔性制造系统中，这种编程方式无法与（CAD）数据库相连接。

7）需要实际机器人系统和工作环境，编程时机器人停止工作，在实际系统上试验程序，编程的质量取决于编程者的经验，难以实现复杂的机器人运行轨迹。

7.1.2 离线编程的概念及其特点

离线编程不对实际作业的机器人直接进行示教，而是在专门的离线编程软件环境下，也就是在脱离实际作业环境的情况下生成示教数据，间接地对机器人进行示教。离线编程是利用计算机图形学的成果，建立起机器人及其工作环境的几何模型，通过对图形的控制和操作，使用机器人编程语言描述机器人作业任务，然后对编程的结果进行三维图形动画仿真，离线计算、规划和调试机器人程序的正确性，并生成机器人控制器可执行的代码，最后通过通信接口发送至机器人控制器。

离线编程与示教编程相比，具有如下优点：

1）可以缩减工业机器人停机的时间。离线编程是脱离实际作业现场的编程，在进行任务的编程时，并不影响机器人的实际工作，不占用工业机器人的工作时间。

2）离线编程脱离了工业机器人的工作现场，使编程者可以远离危险工作区域，改善了编程环境。

3）离线编程系统适用范围广，可以对各种机器人进行编程，并能方便地实现优化编程。

4）可以方便地与 CAD/CAM 系统结合，可用 CAD 方法进行最佳轨迹规划，便于组建柔性制造系统或计算机集成制造系统。

5）可使用高级计算机编程语言进行编程，便于实现工业机器人复杂运行轨迹的编程。

6）可以通过仿真试验程序，也便于修改机器人程序。

7.2　工业机器人示教编程的语言及常见指令

早期的工业机器人结构简单、功能单一，一般采用固定程序或示教方式控制它的动作；

随着工业机器人动作多样化及轨迹复杂化的变迁，固定程序方式已不能满足实际需求，能适应作业和环境随时变化的机器人语言编程得到了迅速的发展和完善，机器人编程语言现已成为机器人技术的重要组成部分。

目前，世界上仍然没有专用于工业机器人的统一的标准语言，各工业机器人公司均拥有针对自身产品的编程语言，这些语言的语法规则和指令形式各不相同，如 ABB 公司的 RAPID 语言、KUKA 公司的 KRL 语言、安川的 INFORM 语言等。但这些语言对于工业机器人编程的整体架构和编程逻辑基本是相似的，本节以 ABB 公司的 RAPID 语言为例，介绍工业机器人编程语言及常见指令。

7.2.1 运动指令

ABB 工业机器人常用运动控制指令主要包括 MoveL、MoveJ、MoveC 等，常用控制指令见表 7-1。

表 7-1 常用运动控制指令表

指 令	功 能
MoveC	机器人的 TCP 做圆弧运动
MoveJ	机器人做关节运动
MoveL	机器人的 TCP 做线性（直线）运动
MoveAbsJ	机器人做绝对关节运动
MoveExtJ	控制机器人外部直线轴和旋转轴运动
MoveCDO	做圆弧运动的同时设定一个数字输出信号
MoveJDO	做关节运动的同时设定一个数字输出信号
MoveLDO	做线性运动的同时设定一个数字输出信号
MoveCSync	TCP 圆弧运动的同时执行一个例行程序
MoveJSync	TCP 关节运动的同时执行一个例行程序
MoveLSync	TCP 线性运动的同时执行一个例行程序

1. MoveC——圆弧运动指令

作用：机器人通过中间点以圆弧移动方式运动至目标点，当前点、中间点与目标点三点确定一段圆弧。机器人运动状态可控，运动路径保持唯一。常用于机器人在工作状态下移动。

格式：

MoveC [\Conc] CirPoint ToPoint [\ID] Speed [\V] | [\T] Zone [\z] [\Inpos] Tool [\Wobj] [\Corr]

例：MoveC p1, p2, v500, z30, tool2；工具 tool2 的 TCP 从当前点以圆周运动经过中间点 p1 运动到圆弧终点 p2，移动速度数据是 v500，转弯半径 zone 数据是 z30；圆弧由开始点、中间点 p1 和目标点 p2 确定。

注意：MoveC 指令描述的圆弧一般不超过 240°，因此控制机器人完成整圆路径至少需要两条圆弧指令才能实现。

2. MoveJ——关节运动指令

作用：机器人以最快捷的方式运动至目标点。机器人运动状态不完全可控，但运动路径保持唯一。常用于机器人在空间大范围移动。

格式：

MoveJ[\Conc] ToPoint [\ID] Speed [\V]|[\T] Zone [\Z] [\Inpos] Tool [\WObj]

例：MoveJ p1，v300，z30，tool2；工具 tool2 的 TCP 沿着一个非线性路径运动到位置 p1，移动速度数据是 v300，zone 数据是 z30。

3. MoveL——线性（直线）运动指令

作用：机器人以线性移动方式运动至目标点，当前点与目标点两点确定一条直线。机器人运动状态可控，运动路径保持唯一，但可能会出现死点。常用于机器人在工作状态下移动。

格式：

MoveL[\Conc] ToPoint [\ID] Speed [\V]|[\T] Zone [\Z] [\Inpos] Tool [\WObj] [\Corr]

例：MoveL p1，v1000，z30，tool2；工具 tool2 的 TCP 沿直线运动到位置 p1，移动速度数据是 v1000，zone 数据是 z30。

4. MoveAbsJ——绝对位置运动指令

作用：机器人以单轴运行的方式运动至目标点。绝对不存在死点，运动状态完全不可控，避免在正常生产中使用此指令。常用于检查机器人零点位置，指令中 TCP 与 Wobj 只与运行速度有关，与运动位置无关。常用于机器人六个轴回到机械零点的位置。

格式：

MoveAbsJ [\Conc] ToJointPos [\ID] [\NoEOffs] Speed [\V]|[\T] Zone [\Z] [\Inpos] Tool [\Wobj]

例：MoveAbsJ p50，v1000，z50，tool2；工具 tool2 沿着一个非线性路径移动到绝对轴位置 p50，移动速度数据是 v1000，zone 数据是 z50。

5. MoveExtJ——外部轴直线或旋转运动

作用：机器人外部轴以直线或旋转的移动方式运动至目标点。只用来移动线性或者旋转外部轴，该外部轴可以属于一个或者多个没有 TCP 的外部单元。

格式：

MoveExtJ[\Conc] To JointPos [\ID] Speed [\T] Zone [\Inpos]

例：MoveExtJ jpos10，vrot10，z50；移动旋转外部轴到关节位置 jpos10，旋转速度是 10(°)/s，zone 数据是 z50。

6. MoveCDO——圆周移动机器人并且在终点转弯处设置数字输出

作用：用来把 TCP 圆周移动到一个给定的目标点，指定的数字输出信号在目标点的转弯路径的中间位置时被置位或置零。在运动过程中，相对于圆周的方向通常保持不变。

格式：

MoveCDO CirPoint ToPoint[\ID] Speed [\T] Zone Tool [\Wobj] Signal Value

例：MoveCDO p1，p2，v500，z30，tool2，do1，1；工具 tool2 的 TCP 以圆周运动经中间点 p1 移动到圆弧终点位置 p2，速度数据为 v500，zone 数据为 z30。圆弧由当前点、中间点 p1 和目标点 p2 确定，工具在目标位置 p2 转弯路径的中间位置时设置数字输出信号 do1 的值为 1，如图 7-2 所示。

7. MoveJDO——关节运动移动机器人并且在终点转弯处设置数字输出

作用：在运动不必是直线的时候用来快速把机器人从一个位置点移动到另一个位置点，在目标位置转弯路径的中间位置时，指定的数字输出信号被置位或置零。

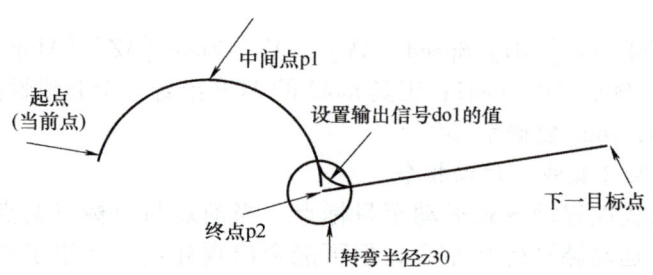

图 7-2　MoveCDO 指令应用示意图

格式：

MoveJDO ToPoint［\ID］ Speed ［\T］ Zone Tool ［\WObj］ Signal Value

例：MoveJDO p1，v300，z30，tool2，do1，1；工具 tool2 的 TCP 沿着一个非线性路径移动到目标位置 p1，速度数据是 v300，zone 数据是 z30，在 p1 的转弯路径的中间位置，输出信号 do1 被置位。

8. MoveLDO——直线移动机器人并且在终点转弯处设置数字输出

作用：用来直线移动 TCP 到指定的目标点，在转弯路径的中间位置，指定的数字输出信号被置位或置零。

格式：

MoveLDO ToPoint［\ID］ Speed ［\T］ Zone Tool ［\WObj］ Signal Value

例：MoveLDO p1，v1000，z30，tool2，do1，0；工具 tool2 的 TCP 直线运动到目标位置 p1，移动速度数据是 v1000，zone 数据是 z30。在目标位置 p1 的转弯路径的中间位置，输出信号 do1 被置零。

9. MoveCSync——圆周移动机器人并且在终点转弯处执行例行程序

作用：机器人从当前点经过中间点以圆弧移动方式运动至目标点，并且在目标点转弯路径的中间位置时调用相应例行程序，相当于在指令 MoveC 基础上增加了例行程序调用功能。

格式：

MoveCSync CirPoint ToPoint［\ID］ Speed ［\T］ Zone Tool ［\Wobj］ ProcName

例：MoveCSync p1，p2，v500，z30，tool2，"proc1"；工具 tool2 的 TCP 从当前点以圆周运动经过中间点 p1 移动到圆弧终点位置 p2，速度数据为 v500，zone 数据为 z30。圆弧由当前点、圆弧中间点 p1 和目标点 p2 确定。在 p2 转弯路径的中间位置时调用例行程序 proc1 并开始执行。

10. MoveJSync——关节移动机器人并且在终点转弯处执行例行程序

作用：机器人以最快捷的方式运动至目标点，并且在目标点转弯路径的中间位置时调用相应例行程序，相当于在指令 MoveJ 基础上增加了例行程序调用功能。

格式：

MoveJSync ToPoint［\ID］ Speed ［\T］ Zone Tool ［\WObj］ ProcName

例：MoveJSync p1，vmax，z30，tool2，"proc1"；工具 tool2 的 TCP 沿着一个非线性路径移动到位置 p1，速度数据是 vmax，zone 数据是 z30。在 p1 转弯路径的中间位置时调用例行程序 proc1 并开始执行。

11. MoveLSync——直线移动机器人并且在终点转弯处执行例行程序

作用：机器人以线性运动的方式运动至目标点，并且在目标点转弯路径的中间位置时调用相应例行程序，相当于在指令 MoveL 基础上增加例行程序调用功能。

格式：

MoveLSync ToPoint［\ID］ Speed［\T］ Zone Tool［\WObj］ ProcName

例：MoveLSync p1，v1000，z30，tool2，"proc1"；工具 tool2 的 TCP 沿线性移动到位置 p1，移动速度数据是 v1000，zone 数据是 z30。在 p1 转弯路径的中间位置时调用例行程序 proc1 并开始执行。

7.2.2 程序调用指令

常用程序调用指令见表 7-2。

表 7-2 常用程序调用指令

指　　令	功　　能
ProcCall	调用例行程序
CallByVar	通过带变量的例行程序名称调用例行程序
RETURN	返回原例行程序

1. ProcCall——调用例行程序指令

作用：机器人调用相应例行程序，同时给带有参数的例行程序中相应参数赋值。

格式：

Procedure {Argument}；

Procedure：例行程序名称。{Argument}：例行程序参数。

例：Weldpipe1；调用无参程序 Weldpipe1。

　　Weldpipe2 10，lowspeed；调用程序 Weldpipe2，并为参数赋值 10 和 lowspeed。

注意：1）机器人调用带参数的例行程序时，必须包括所有强制性参数。

　　　2）例行程序所有参数位置次序必须与例行程序设置一致。

　　　3）例行程序所有参数数据类型必须与例行程序设置一致。

　　　4）例行程序所有参数数据性质必须为 Input、Variable 或 Persistent。

2. CallByVar——调用例行程序指令

作用：通过指令中相应数据，机器人调用相应例行程序，但无法调用带有参数的例行程序。

格式：

CallByVar Name，Number；

Name：例行程序名称第一部分。Number：例行程序名称第二部分。

例：reg1：=2；给变量 reg1 赋值 2

　　CallByVar "proc"，reg1；调用程序 proc2

注意：1）不能调用带参数的例行程序。

　　　2）所有被调用的例行程序名称第一部分必须相同。

　　　3）比直接采用 ProcCall 调用例行程序需要更长时间。

3. RETURN——返回原例行程序

作用：RETURN 语句将终止一项程序的执行，并在合适时，指定一个返回值。当前指令如果使用参变量，只用于机器人函数例行程序内，经过运行返回相应的值；通常情况下，在不使用参变量时，机器人运行至此指令时，无论是主程序 main、标准例行程序 PROC、中断例行程序 TRAP 还是故障处理程序 Eror handler，都代表当前例行程序结束。

格式：

RETURN［Return value］;

［Return value］：返回值。

例：PROC Routine1( )
　　　MoveL p10,v1000,fine,tool1;
　　　Routine2;
　　　Set do1;
　　ENDPROC

PROC Routine2( )
　　IF di1=1 THEN
　　　　RETURN;
　　ELSE
　　　　Stop;
　　ENDIF
ENDPROC

当 di1=1 时，执行 RETURN 指令，程序指针返回到调用 Routine2 的位置并继续向下执行 Set do1 这个指令。

7.2.3　I/O 指令

常用 I/O 指令见表 7-3。

表 7-3　常用 I/O 指令

指　令	功　能
InvertDO	对一个数字输出信号的值置反
PulseDO	数字输出信号进行脉冲输出
Reset	将数字输出信号置为 0
Set	将数字输出信号置为 1
SetAO	设定模拟输出信号的值
SetDO	设定数字输出信号的值
SetGO	设定组输出信号的值
IODisable	关闭一个 I/O 模块
IOEnable	开启一个 I/O 模块

1. InvertDO——数字输出信号值置反

作用：将指令中的数字输出信号的值取反，即 0 变为 1，1 变为 0，在系统参数内也可定义。

格式：

InvertDO signal

例：InvertDO do1; 该指令将数字输出信号 do1 的值取反，若原值为 0 则变为 1，若原值为 1 变为 0。

2. PulseDO——数字输出信号进行脉冲输出

作用：将指令中的数字输出信号端输出数字脉冲信号，一般作为运输链完成信号或计数信号。

格式：

PulseDO［\High］［\Plength］Signal

[\High]：输出脉冲时，输出信号可以处在高电平。
[\Plength]：脉冲长度，0.1~32s，默认值为0.2s。
Signal：数字输出信号的名称。
例：PulseDO do1；该指令将数字输出信号 do1 端输出长度为 0.2s 的脉冲信号。

3. Reset——将数字输出信号置为 0
作用：将机器人相应数字输出信号值置为 0，与指令 Set 对应，是自动化重要组成部分。
格式：
Reset Signal
例：Reset do2；该指令将数字输出信号 do2 的值设置为 0。

4. Set——将数字输出信号置为 1
作用：将机器人相应数字输出信号值置为 1，与指令 Reset 对应，是自动化重要组成部分。
格式：
Set Signal
例：Set do1；该指令将数字输出信号 do1 的值设置为 1。

5. SetAO——设定模拟输出信号的值
作用：设置机器人当前模拟输出信号输出相应的值。例如，机器人焊接时，通过模拟量输出控制焊接电压与送丝速度。
格式：
SetAO Signal，Value
Signal：模拟量输出信号名称。Value：模拟量输出信号值。
例：SetAO ao2，8.5；该指令将模拟输出信号 ao2 的值设置为 8.5。

6. SetDO——设定数字输出信号的值
作用：设置机器人当前数字输出信号的值，与指令 Set 及 Reset 功能雷同，并且可以设置延时，延时范围为 0.1~32s，默认状态为没有延时。
格式：
SetDO[\SDelay] Signal，Value
[\SDelay]：延时输出时间单位为秒。Signal：输出信号名称。Value：输出信号值。
例：SetDO\SDelay:=0.2，do2，1；该指令将数字输出信号 do2 的值延时 0.2s 后设置为 1。

7. SetGO——设定组输出信号的值
作用：设置机器人相应组输出信号的值，可以设置延时输出，延时范围为 0.1~32s，默认状态为没有延时。
格式：
SetGO [\SDelay] Signal，Value
[\SDelay]：延时输出时间单位为秒。Signal：输出信号名称。Value：输出信号值。
例：SetGO \SDelay:=0.2，go_Type，10；该指令将组输出信号 go_Type 的值延时 0.2s 后设置为 10。

8. IODisable——关闭一个 I/O 模块
作用：通过该指令可以使指令中的机器人输入/输出板在程序运行时自动失效，系统将一块输入/输出板失效需要 2~5s 的时间。如果失效时间超过最长等待时间，系统将进入 Error Handler 处理，错误代码为 ERR_IODISABLE，如果例行程序没有 Error Handler，机器人将停机报错。

格式：

IODisable UnitName，MaxTime

UnitName：输入输出板名称。MaxTime：最长等待时间。

例：IODisable "cell1"，7；该指令将输入/输出板 cell1 开始失效，最长等待时间为 7s。

9. IOEnable——开启一个 I/O 模块

作用：通过该指令可以使指令中的机器人输入/输出板在程序运行时自动激活，系统将一块输入/输出板激活需要 2~5s 的时间。如果激活时间超过最长等待时间，系统将进入 Error Handler 处理，错误代码为 ERR_IOENABLE，如果例行程序没有 Error Handler，机器人将停机报错。

格式：

IOEnable UnitName，MaxTime

UnitName：输入输出板名称。MaxTime：最长等待时间。

例：IOEnable "cell1"，8；该指令将输入/输出板 cell1 开始激活，最长等待时间为 8s。

7.2.4 条件指令

常用条件指令见表 7-4。

表 7-4 常用条件指令

指　　令	功　　能
Compact IF	如果条件满足，就执行一条指令
IF	当满足不同的条件时，执行对应的程序

1. Compact IF——紧凑型条件判断指令

作用：如果满足一个给定的条件，只执行一个单一指令的时候才使用 Compact IF。

格式：IF Condition…

Condition：需满足的条件，bool 型数据。

例：IF conter >10 Set do1；即如果 conter >10，那么 do1 信号被设置为 1。

2. IF——条件判断指令

作用：该指令通过判断给定的条件，控制需要执行的相应指令，是机器人程序流程基本指令。

格式：IF Condition THEN …
　　　{ELSEIF Condition THEN … }
　　　[ELSE …]
　　　ENDIF

例：IF reg1>5 THEN
　　　　Set do1;
　　ELSE
　　　　Reset do1;
　　ENDIF

如果变量 reg1 的值大于 5，则将数字输出信号 do1 置 1，否则置 0。

7.2.5 等待指令

常用等待指令见表 7-5。

1. WaitTime——等待一个指定的时间指令

作用：当前指令只用于机器人等待相应时间后，才执行以后指令，使用参变量［\InPos］，机器人及其外轴必须在完全停止的情况下，才进行等待时间计时，此指令会延长循环时间。

表 7-5　常用等待指令

指　令	功　能
WaitTime	等待一个指定的时间程序再往下执行
WaitUntil	等待一个条件满足后程序继续往下执行
WaitDI	等待一个数字输入信号的指定状态
WaitDO	等待一个数字输出信号的指定状态
WaitGI	等待一个组输入信号的指定值
WaitGO	等待一个组输出信号的指定值
WaitAI	等待一个模拟输入信号的指定值
WaitAO	等待一个模拟输出信号的指定值

格式：

WaitTime［\InPos,］Time

［\InPos］：程序运行提前量开关。Time：相应等待时间，单位为 s。

例：WaitTime 3；即等待 3s 后再执行下一行程序指令。

2. WaitUntil——等待一个条件满足后程序继续往下执行

作用：可用于布尔量、数字量和 I/O 信号值的判断，只有条件到达指令中的设定值，才执行后面的指令，否则就一直等待，除非设定了最大等待时间。使用参变量［\InPos］时，机器人及其外轴必须在完全停止的情况下才进行条件判断，此指令比 WaitDI 的功能更广，可以替代其所有功能。

格式：

WaitUntil［\InPos,］Cond ［\MaxTime］［\TimeFlag］

［\InPos］：提前量开关。Cond：判断条件。［\MaxTime］：最长等待时间 s。［\TimeFlag］：超时逻辑量。

例：WaitUntil di_Ready=1；即机器人等待输入信号，直到信号 di_Ready 的值为 1，才执行随后指令。

3. WaitDI——数字输入信号判断指令

作用：用于判断数字输入信号的值是否与目标一致，若输入值与目标值一致，则执行后面的指令。

格式：

WaitDI Signal, Value［\MaxTime］［\TimeFlag］

Signal：输入信号名称。Value：输入信号值。［\MaxTime］：最长等待时间（s）。

［\TimeFlag］：超时逻辑量。

例：WaitDI di1, 1；即等待 di1 的值是否为 1。如果 di1 的值为 1，则程序继续往下执行；如果到达最大等待时间（此时间可根据实际进行设定）以后，di1 的值还不为 1，则机器人报警或进入出错处理程序。

4. WaitDO——数字输出信号判断指令

作用：用于判断数字输出信号的值是否与目标一致，若输出值与目标值一致，则执行后面的指令。

格式：

WaitDO Signal,Value[\MaxTime][\TimeFlag]

例：WaitDO do03_Grip,1；即等待输出信号 do03_Grip 的值，直到为 1 时，才执行随后相应指令。

5. WaitGI——组输入信号判断指令

作用：用于判断组输入信号的值是否与目标一致，若输入值与目标值一致，则执行后面的指令。

格式：

WaitGI Signal,Value[\MaxTime][\TimeFlag]

例：WaitGI gi1,10；即等待 gi1 的值是否为 10。如果 gi1 的值为 10，则程序继续往下执行。

6. WaitGO——组输出信号判断指令

作用：用于判断组输出信号的值是否与目标一致，值一致后再执行后面的指令。

格式：

WaitGO Signal,Value[\MaxTime][\TimeFlag]

例：WaitGO go3,11；即等待输出信号 go3 的值，直到为 11 时，才执行随后相应指令。

7. WaitAI——模拟输入信号判断指令

作用：用于判断模拟输入信号的值是否与目标一致，值一致后再执行后面的指令。

格式：

WaitAI Signal,Value[\MaxTime][\TimeFlag]

例：WaitAI ai1,5.5；即等待 ai1 的值是否为 5.5。如果 ai1 的值为 5.5，则程序继续往下执行。

8. WaitAO——模拟输出信号判断指令

作用：用于判断模拟输出信号的值是否与目标一致，值一致后再执行后面的指令。

格式：

WaitAO Signal, Value [\MaxTime][\TimeFlag]

例：WaitAO ao1,4.5；即等待输出信号 ao1 的值，直到为 4.5 时，才执行随后相应指令。

7.2.6 流程控制指令

常用流程控制指令见表 7-6。

表 7-6 常用流程控制指令

指　　令	功　　能
FOR	根据指定的次数，重复执行对应的程序
WHILE	如果条件满足，重复执行对应的程序
TEST	对一个变量进行判断，从而执行不同的程序
GOTO	跳转到例行程序内标签的位置
Label	跳转标签
Stop	停止程序执行
EXIT	停止程序执行并禁止在停止处再开始
Break	临时停止程序的执行，用于手动调试
ExitCycle	终止当前循环，将程序指针移至主程序中第一个指令处

1. FOR——指定次数的循环指令

作用：该指令根据循环变量将在指定范围内递增（或递减）的次数决定重复执行对应的语句段。当前指令通过循环判断标识从初始值逐渐更改至最终值，从而控制程序相应循环次数。如果不使用参变量［STEP］，循环标识每次更改值为1；如果使用参变量［STEP］，循环标识每次更改值为参变量相应设置，通常情况下，初始值、最终值与更改值为整数。

格式：

FOR Loop counter FROM Start value TO End value［STEP Step value］DO

　　...

ENDFOR

Loop counter：循环计数标识。Start value：标识初始值。End value：标识最终值。［Step value］：计数更改值。

例：FOR I FROM1 TO 10 DO

　　　Routine1；

　　ENDFOR

重复执行10次Routine1例行程序。

注意：1）循环标识只能自动更改，不允许赋值。

　　　2）在程序循环内，循环标识可以作为数字数据（num）使用，但只能读取相应值，不允许赋值。

　　　3）如果循环标识、初始值、最终值与更改值使用小数形式，必须为精确值。

2. WHILE——条件判断循环指令

作用：用于在满足给定条件的情况下，一直重复执行循环体语句段，直到条件不再满足。该循环指令通过判断相应条件，如果符合判断条件则执行循环内指令，直至判断条件不满足时才跳出循环，继续执行该循环指令后的其他指令。需要注意的是，WHILE指令存在死循环，在编写机器人程序时要特别注意。

格式：

WHILE Condition DO

　　...

ENDWHILE

Condition：循环判断条件。

例：WHILE reg1<reg2 DO

　　　reg1：=reg1+1；

　　ENDWHILE

只要变量reg1的值小于reg2的值，一直循环执行reg1：=reg1+1语句，即reg1自动增加1，直到reg1的值大于或等于reg2的值为止。

3. TEST——基于表达式的数值来选择执行不同指令

作用：该指令通过判断相应数据变量与其所对应的值，控制需要执行的相应指令，是一种简单的多分支选择语句。

格式：

TEST Test data

　　｛CASE Test value｛，Test value｝：...｝

　　［DEFAULT：...］

ENDTEST

Test data：判断数据变量。Test value：判断数据值。

例：TEST reg1

　　CASE 1：

　　Routine1；

　　CASE 2：

　　Routine2；

　　DEFAULT：

　　Stop；

　　ENDTEST

判断 reg1 的值，若其值为 1，则执行 Routine1；若其值为 2，则执行 routine2，否则执行 stop。

4. GOTO——跳转到标签位置语句

作用：该指令必须与指令 label 同时使用，执行当前指令后，机器人将从标签指示的位置处继续运行程序指令。

格式：

GOTO Label

Label：程序执行位置标。

例：next：

　　reg1：=reg1+1；

　　IF reg1<=5 GOTO next；

如果变量 reg1 的值小于或等于 5，就会跳转到标签为 next 的指令处执行，即执行指令 reg1：=reg1+1。

注意：1）只能使用当前指令跳跃至同一例行程序内相应的位置标签 Label。

　　　2）如果相应位置标签 label 处于指令 TEST 或 IF 内，相应指令 GOTO 必须同处于相同的判断指令内或其分支内。

　　　3）如果相应位置标签 Label 处于指令 WHILE 或 FOR 内，相应指令 GOTO 必须同处于相同的循环指令内。

5. Label——跳转标签

作用：当前指令必须与指令 GOTO 同时使用，执行指令 GOTO 后，机器人将从相应标签位置 Label 处继续运行程序指令，当前指令使用后，程序内不会显示 Label 字样，直接显示相应标签。

6. Stop——停止程序执行

作用：机器人在当前指令行停止运行，程序运行指针停留在下一行指令，可以用 Start 键继续运行机器人，属于临时性停止。如果机器人停止期间被手动移动，然后直接起动机器人，则机器人将警告确认路径，如果此时采用参变量 [\NoRegain]，机器人将直接运行。

格式：

Stop [\NoRegain]

[\NoRegain]：路径恢复参数。

例：IF nCounter>30 THEN

　　Stop；

　　ENDIF

7. Break——临时停止（跳出）程序的执行

作用：用来在程序执行中制造一个立即跳出，为了调试 RAPID 程序代码。该指令立即停止程序执行，不用等机器人或者外部轴到达它们编程的当时运动的目的点，程序运行指针停留在下一行指令，可以用 Start 键继续运行机器人。

格式：
Break

例：MoveL p2, v100, z30, tool0;
　　Break;（Stop;）
　　MoveL p3, v100, fine, tool0;

以上程序段在执行到第二行指令时都会停止，按下 Start 键后又会继续执行第三行；但 Break 与 Stop 还是有区别的，该程序段使用 Break 与 Stop 的区别如图 7-3 所示。

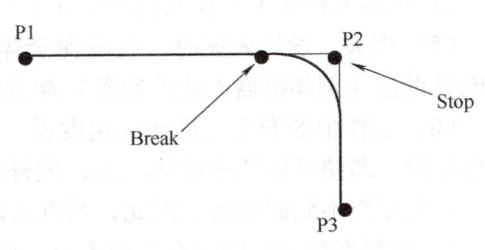

图 7-3　Break 与 Stop 的区别

8. EXIT——终止程序执行

作用：机器人在当前指令行停止运行，并且程序重置，程序运行指针停留在主程序第一行。

格式：
Exit

9. ExitCycle——跳出当前循环并执行下一个指令

作用：机器人在当前指令行停止运行，跳出当前循环指令，并将程序指针 PP 复位到主程序的第一条指令。如果选择了程序连续运行模式，程序将从主程序的第一行指令重新执行。

7.3　示教器使用和操作规程

在机器人领域，从应用环境出发将机器人分为制造环境下的工业机器人和非制造环境下的服务与仿人型机器人两类。工业机器人是集机械、电子、控制、计算机、传感器、人工智能等多学科先进技术于一体的现代制造业重要的自动化装备，被广泛应用于各类工业领域。

目前，大多数工业机器人还只能被动地按照人给它的规定程序工作，不管外界条件有任何变化，机器人本身都不能对程序也就是对所做的工作做相应调整。如果要改变机器人所做的工作，必须由人对程序做相应改变，因此工业机器人的自适应环境能力较差，智能化程度也较低。

在工业机器人实际应用现场，操作人员或使用主体必须严格遵守工业机器人安全操作规程，在确保安全的前提下正确操作和使用工业机器人，以免发生人员伤害或生产设备安全事故。

使用工业机器人前，必须认真学习工业机器人的安全操作注意事项，主要包括以下几点：

（1）关闭总电源　在进行机器人安装、维修、保养时要将总电源关闭。带电作业可能会产生致命性后果。如果不慎遭高压电击，可能会导致心跳停止、烧伤或其他严重伤害。在得到停电通知时，要预先关断机器人的主电源及气源。突然停电后，要在来电之前预先关闭机器人的主电源开关，并及时取下夹具上的工件。

（2）与机器人保持足够的安全距离　在调试与运行机器人时，它可能会执行一些意外的或不规范的运动。并且，所有的运动都会产生很大的力量，从而严重伤害个人或损坏机器人工作范围内的任何设备。所以时刻与机器人保持足够的安全距离。

（3）静电放电危险　静电放电是电势不同的两个物体间的静电传导，它可以通过直接接触传导，也可以通过感应电场传导。搬运部件或部件容器时，未接地的人员可能会传递大量的静电荷。这一放电过程可能会损坏敏感的电子设备。所以在有此标识的情况下，要做好静电放电防护。

（4）紧急停止　紧急停止优先于任何其他机器人控制操作，它会断开机器人电动机的驱动电源，停止所有运转部件，并切断由机器人系统控制且存在潜在危险的功能部件的电源。出现下列情况时应立即按下任意紧急停止按钮：

1）机器人运行中，工作区域内有工作人员。

2）机器人伤害了工作人员或损伤了机器设备。

（5）灭火　发生火灾时，在确保全体人员安全撤离后再进行灭火，应先处理受伤人员。当电气设备（例如机器人或控制器）起火时，使用二氧化碳灭火器，切勿使用水或泡沫。

（6）工作中的安全　机器人速度慢，但是很重并且力度很大。运动中的停顿或停止都会产生危险。即使可以预测运动轨迹，但外部信号有可能改变操作，会在没有任何警告的情况下，产生意想不到的运动。因此，当进入保护空间时，务必遵循所有的安全条例：

1）如果在保护空间内有工作人员，应手动操作机器人系统。

2）当进入保护空间时，应准备好示教器，以便随时控制机器人。

3）注意旋转或运动的工具，例如切削工具和锯。确保在接近机器人之前，这些工具已经停止运动。

4）注意工件和机器人系统的高温表面。机器人电动机长期运转后温度很高。

5）注意夹具并确保夹好工件。如果夹具打开，工件会脱落并导致人员伤害或设备损坏。夹具非常有力，如果不按照正确方法操作，也会导致人员伤害。

6）注意液压、气压系统以及带电部件。即使断电，这些电路上的残余电量也很危险。

（7）示教器的安全　示教器是一种高品质的手持式终端，它配备了高灵敏度的一流电子设备。为避免操作不当引起的故障或损害，在操作时应遵守以下几点：

1）小心操作。不要摔打、抛掷或重击示教器，以免导致破损或故障。在不使用该设备时，应将它挂到专门存放的支架上，以防意外掉到地上。

2）示教器的使用和存放应避免被人踩踏电缆。

3）切勿使用锋利的物体（例如螺钉、刀具或笔尖）操作触摸屏。这样可能会使触摸屏受损。应用手指或触摸笔去操作示教器触摸屏。

4）定期清洁触摸屏。灰尘和小颗粒可能会挡住屏幕造成故障。

5）切勿使用溶剂、洗涤剂或擦洗海绵清洁示教器，应使用软布蘸少量水或中性清洁剂清洁。

6）没有连接USB设备时，应盖上端口保护盖。如果端口暴露到灰尘中，那么它会中断或发生故障。

（8）手动模式下的安全　在手动减速模式下，机器人只能减速（250mm/s或更慢）操作。只要在安全保护空间之内工作，就应始终以手动速度进行操作。

手动全速模式下，机器人以程序预设速度移动。手动全速模式应仅用于所有人员都位于安全保护空间之外时，而且操作人员必须经过特殊训练，熟知潜在的危险。

（9）自动模式下的安全　自动模式用于在生产中运行机器人程序。在自动模式操作情况下，常规模式停止（GS）机制、自动模式停止（AS）机制和上级停止（SS）机制都将处于活动状态。

7.3.1　示教和手动操作时

不同用途的工业机器人由于工作环境的不同，其使用时的操作规程也会有所差异，但基本都是遵循"安全第一，预防为主"的原则，所以在示教和手动操作机器人时，通常都要遵守以下操作规程：

1）操作人员必须经过培训，培训合格后方可进行操作，其他人员禁止操作设备；操作人员要熟识机器人本体和控制柜上的各种安全警示标识，按照操作要领手动或自动编程控制机器人动作。

2）操作人员必须熟悉设备的结构、性能、工作原理、一般故障的处理，如有处理不了的问题，应及时联系专业维护人员。

3）操作人员上岗前，必须按要求穿戴好劳动防护用品；工作服要穿戴整齐，衣服袖口要系好，衣服扣子或拉锁扣好或拉严；女工禁止穿裙子，长发要盘在帽子内。

4）保持工作区域地面清洁，地面上有油、水、工具、工件时，可能会使操作人员摔倒引发严重事故。起动设备前应确认工作区域内无异物。工具或其他物品用完后必须放回机器人动作范围外的固定位置保存。

5）操作前要对设备进行点检，了解设备的状态并做好相应记录；要检查水、电、气等是否已经打开及确认其压力是否在正常状态；要检查控制柜及机器人本体上的电缆及水气管路有无破损、接头裸露等，机器人上各电动机应无异常响声。

6）操作前检查手动示教模式下的运动速度。在手动模式下，机器人的最大运动速度限制在250mm/s以内，检查机器人"急停"按钮是否正常，检查其抱闸是否有异常；检查机器人是否在原点位置，如果不在，应手动操作机器人返到原点。

7）手动操作机器人时，不要戴着手套操作示教器，要与机器人保持一定的安全距离，要确保机器人动作范围内无任何人员或障碍物，确认工件夹紧可靠。

8）手动操作机器人时，禁止将机器人用于允许范围外的其他用途；禁止靠在控制柜上或无意按下任何开关；禁止向机器人本体施加任何不当的外力；保持能够快速面向机器人本体姿势，对危险情况能够及时做出反应。

9）在手动模式下调试机器人，如果不需要移动机器人，要及时释放使能器；进入机器人工作区域时，必须随身携带示教器，以防他人误操作。

7.3.2 再现和生产时

一般情况下，工业机器人在示教再现和生产时应遵守以下几点：

1）机器人处于自动生产模式时，动作速度较快，存在危险性，任何人任何时候不允许进入其运动所及的区域；即使在低速时，机器人仍然动量很大，同样存在一定的危险性。

2）机器人在自动运行生产模式时，若需要机器人暂时停下来，可以按下外部急停按钮、暂停按钮、示教盒上的急停按钮，当需继续工作时，可以按复位按钮让机器人继续工作。

3）在机器人运行时暂停下来修改程序的情况下，应先选择手动模式然后再进行修改程序，当修改完程序后，一定要注意程序上的光标必须和机器人现有的位置一致，然后再选择自动模式，点亮伺服灯，按下复位按钮让机器人继续工作。

4）当机器人在工作过程中发生故障或报警时，先查看示教器把报警代码和内容记录下来，不要随意移动机器人的轨迹和姿态，及时通知维修人员，并向维修人员提供解决问题的思路。

5）机器人再现和生产运转过程中，不得超越护栏进入防护区域或将头探过护栏防护区域，如有紧急情况发生，需按下急停按钮，停止机器人运行后，方可进入作业范围。

6）机器人工作时，操作人员应注意查看线缆和管路状况，防止其缠绕在机器人或其他设备上；严禁线缆绕成麻花状和与硬物摩擦，防止内部线芯折断或裸漏，引起线路故障。

7）机器人运行过程中，严禁操作者离开现场，如需离开现场，应做好交接工作，以确保意外情况的及时处理。

8）示教器和线缆不能放置在变位机上，应随手携带或挂在操作位置上；定期对机器人程序进行备份，严格禁止无关人员随意操作机器人，机器人钥匙不得随意借给他人，应由专人管理。

9）机器人在运行过程中若突然停止工作，不要认为其已经完成工作了，因为机器人很可能是在等待让它继续移动的输入信号。

10）因故离开设备工作区前应按下急停开关，避免突然断电造成关机零位丢失，并将示教器放置在安全位置。

11）工作结束，应将机器人置于零位或安全位置并按正确步骤关闭机器人。

7.3.3 示教再现的方法与步骤

示教再现编程的方法主要有两种：一种是手把手示教再现，另一种是示教器示教再现。手把手示教再现一般用于重量较轻的工业机器人或感知系统发达的自动助力型工业机器人，市场应用数量较少；示教器示教编程比较方便快捷，操作简单，编程方便直接，应用比较普遍，大多数工业机器人均支持示教器示教再现。下面就以示教器示教再现为例介绍示教再现的步骤，示教再现工作流程如图7-4所示。

（1）示教前准备　在示教再现前要确保工业机器人能正常工作，为整体的任务执行过程提前做好准备。主要包括：

1）检查工作：检查工业机器人工作站的电源、气路及液压系统等是否正常；全面确保工业机器人工作环境安全可靠；检查工作站通电开机后的状态是否正常。

2）分析与规划：根据工业机器人的工作任务单分析工作内容，厘清工作步骤，做好工业机器人工作路径规划。

3）安装及清理：清理工业机器人工作站，确保工作环境安全整洁；安装工业机器人末端执行器及液气压零部件等，清理工作台及操作对象表面，安装或装夹可靠。

4）外围设备连接及布局：如果工业机器人的工作任务需要与其他设备配合完成，如数控设备、其他工业机器人等，在示教前要对这些设备做好检查、连接及位置布局等工作，确保工作时的通信正确及工作区域互不干涉等。

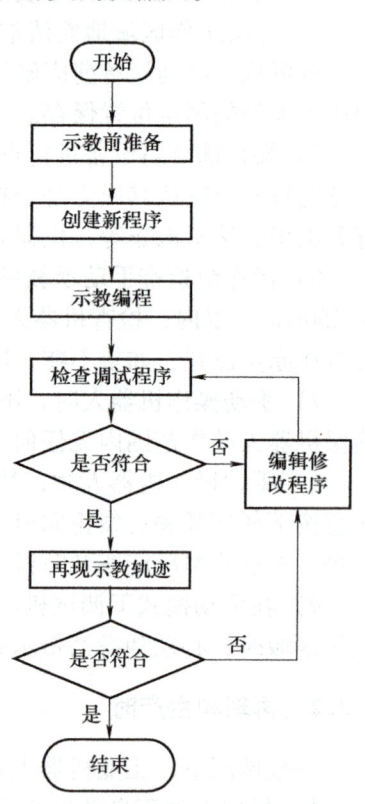

图 7-4　示教再现工作流程

（2）创建新程序　操作示教器完成工业机器人程序模块及例行程序的创建，根据前期任务分析及路径规划，做好程序数据的建立及坐标系的设定等工作，根据任务内容输入工业机器人编程指令，完成工业机器人程序编写。

（3）示教编程　通过示教器手动操作工业机器人，按照任务的规划路径移动工业机器人到各个编程位置点，记录各编程点的位置、角度、姿态等信息，完成工业机器人的示教编程过程。

（4）检查调试程序　待程序编写及示教编程点完毕后，首先要检查程序结构及语法是否有误，通常工业机器人均自带程序检查功能；如果错误需要分析和更正并再次检查，直到无误为止；然后在设定好环境参数或数据的基础上开始调试程序，检查程序执行情况是否与预设情况一致，是否符合前期任务规划要求或能否完成任务要求，如果存在错误要及时修改。

（5）再现示教轨迹　程序检查及调试完毕后，可以将工业机器人调节到自动工作模式，完成示教编程的再现过程。在此过程中，仍要查看工业机器人的执行状态是否符合要求，如有不适，应立即停止工作，分析原因并修改更正程序。

7.4　综合技能训练

工业机器人是面向工业领域的多关节机械手或多自由度的机器装置，被广泛应用于汽车制造、工程机械、轨道交通、工业自动化、IC装备、军工、医药及冶金等行业，主要用途是搬运、码垛、焊接、装配、喷涂及机加工等。这里以ABB工业机器人为例，以工业机器人的搬运、码垛及焊接为应用载体，详细介绍工业机器人的综合应用。

技能训练1　工业机器人搬运

1. 训练目的

了解工业机器人搬运工作站的结构组成及布局；掌握搬运工作站常用I/O配置；熟悉并掌握搬运轨迹规划方法；熟悉搬运程序中的程序数据创建、编程指令用法、编写程序及程序调试等；熟练掌握工业机器人的手动操作方法，能示教搬运目标位置点。

2. 任务描述

以某自动流水线上的物料块搬运为例，采用ABB工业机器人IRB120把传送带已经送达的物料块拾取，将其搬运至物料暂存仓中，以便周转至下一工位进行处理。

（1）搬运工作站的组成及布局　本搬运工作站的硬件组成及布局如图7-5所示。

（2）搬运工作站任务流程　首先，机器人在初始位置等待上一工位的物料是否送达，若已送达则开始拾取物料并准备搬运到指定位置，若没有送达则继续等待。其次，拾取物料后机器人先判断物料仓的6个料位是否已经放满，若还有空余位置，则按序号依次放置，若已经放满则将该料块放入余料仓，搬运结束。物料搬运流程如图7-6所示。

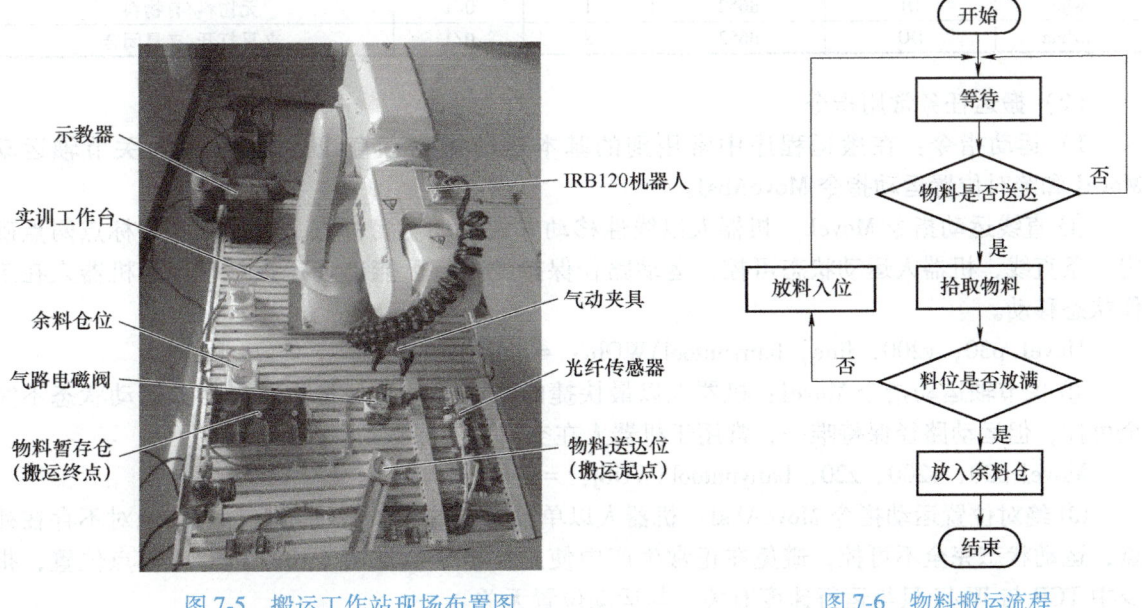

图7-5　搬运工作站现场布置图　　　　　　　　图7-6　物料搬运流程

3. 训练知识准备

（1）标准 I/O 板及 I/O 信号配置　ABB 标准 I/O 板主要有 DSQC651、DSQC652 及 DSQC653 等板卡，标准 I/O 板采用 DeviceNet 现场总线实现连接。这里设备 IRB120 工业机器人所选用的是 DSQC652 标准 I/O 板，此板卡包括 16 个数字输入信号和 16 个数字输出信号。本次搬运案例中该标准 I/O 板参数配置见表 7-7，其他参数采用系统默认值。

在标准 I/O 板配置完毕后，就要对物料搬运项目中用到的 I/O 数字信号进行定义了。在 ABB 工业机器人应用中，I/O 单元上创建一个数字 I/O 信号至少需要设置以下参数，见表 7-8。

表 7-7　搬运工作站 DSQC652 标准 I/O 板参数配置

参数名称	配置值	参数说明
Name	d652	I/O 板的名称
Network	DeviceNet	I/O 板所在的总线
Address	10	I/O 单元所在总线上的地址
Vendor ID	75	供应商 ID
Product Code	26	产品编号
Device Type	7	设备类型

表 7-8　数字 I/O 信号配置参数

参数名称	参数说明
Name	I/O 信号名称
Type of Signal	I/O 信号类型
Assigned to Unit	I/O 信号所在的 I/O 板
Unit Mapping	I/O 信号所在 I/O 板上的地址

本搬运工作站所使用的数字 I/O 信号主要有 2 个，一个是检查所需搬运料块的初始位置是否有物料传送到位，另一个是控制气动夹具打开或加紧动作。具体 I/O 信号配置见表 7-9。

表 7-9　搬运工作站数字 I/O 信号配置

信号名	信号类型	所属 I/O 板	地址值	状态	状态说明
wljc	DI	d652	1	0/1	无物料/有物料
qizhua	DO	d652	8	0/1	夹具打开/夹具闭合

（2）搬运任务常用指令

1）运动指令：在搬运程序中常用到的基本运动指令有直线运动 MoveL、关节轴运动 MoveJ 和绝对位置运动指令 MoveAbsJ。

① 直线运动指令 MoveL：机器人以线性移动方式运动至目标点，当前点与目标点两点确定一条直线，机器人运动状态可控，运动路径保持唯一，可能出现死点，常用于机器人在工作状态移动。

MoveL p30，v200，fine，banyuntool\WObj：=wobj_banyun；

② 关节轴运动指令 MoveJ：机器人以最快捷的方式运动至目标点，机器人运动状态不完全可控，但运动路径保持唯一，常用于机器人在空间大范围移动。

MoveJ p20，v200，z20，banyuntool\WObj：=wobj_banyun；

③ 绝对位置运动指令 MoveAbsJ：机器人以单轴运行的方式运动至目标点，绝对不存在死点，运动状态完全不可控，避免在正常生产中使用此指令，常用于检查机器人零点位置，指令中 TCP 与 Wobj 只与运行速度有关，与运动位置无关。

MoveAbsJ[[0，0，0，0，90，180]，[9E+9，9E+9，9E+9，9E+9，9E+9，9E+9]]\NoEOffs， v200，z20，banyuntool\WObj：=wobj_banyun；

2）I/O 控制指令：

① DO 信号置 1 指令 Set：将某数字输出信号的值设置为 1。

Set do1；将数字输出信号 do1 的值设置为 1。

② DO 信号置 0 指令 Reset：将某数字输出信号的值设置为 0。

Reset do1；将数字输出信号 do1 的值设置为 0。

③ 等待数字输入信号状态指令 WaitDI：等待某一数字输入信号的值，直到为指定值时再执行下面的指令。

WaitDI di1，1；等待数字输入信号的值为 1，然后再执行下一条指令。

3）偏移功能指令 Offs：以选择的某一位置点为基准，分别沿着工件坐标系的 X、Y 及 Z 方向偏移指定的距离。

MoveJ Offs(P1,10,-20,30),v500,z30,tool0\Wobj：=wobj1；

工业机器人的 tool0 工具以关节运动方式移动至以 P1 为基准点，沿着工件坐标系 wobj1 的 X 周正向偏移 10mm、Y 周负向偏移 20mm、Z 周正向偏移 30mm 的位置。

4）逻辑控制指令：

① IF 指令：通过判断条件是否满足，确定执行哪些指令。

② FOR 指令：根据给定的参数范围（次数），确定循环执行指令行（指令段）的次数。

③ WHILE 指令：通过判断条件是否满足，确定循环执行指令行（指令段）的次数。

4. 任务实施

（1）设定坐标系

1）工具坐标系的设定。本工作站的物料搬运是以气动夹具作为工具将料块从传送线末端搬运到物料暂存仓，气动夹具与工业机器人的第六轴法兰盘连接在一起。要实现搬运任务的可靠性，可将工具坐标系的 TCP 重新定义在启动夹具左侧顶端位置。具体工具坐标系的设定步骤见表 7-10。

表 7-10 搬运工作站工具坐标系的设定步骤

步骤	内容	描述	图示
1	机器人通电开机	1）将机器人电源开关旋转至 ON 位置 2）示教器启动并进入主界面	 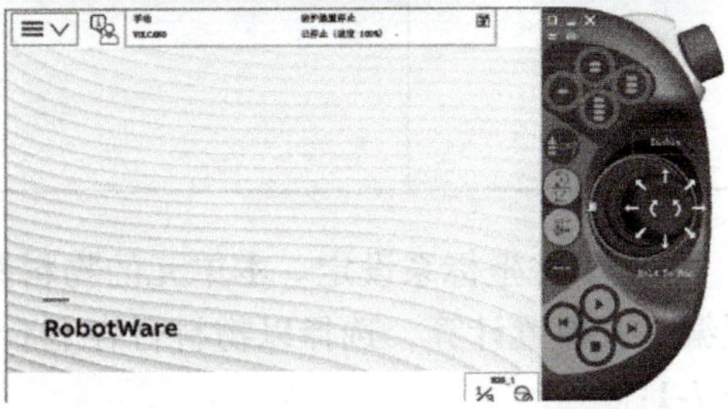

（续）

步骤	内容	描述	图示
2	新建工具坐标系	1）单击主菜单，选择"手动操纵"，再单击"工具坐标" 2）单击"新建..."，在"名称："项目右端单击"..."，输入新建工具坐标系的名称"banyuntool"，单击"确定"后再单击"确定"按钮	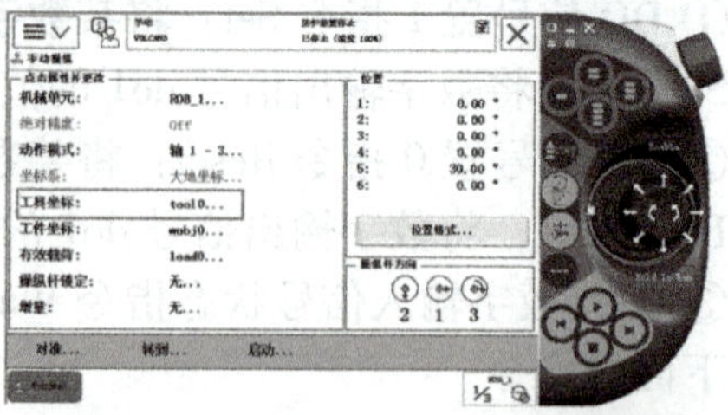 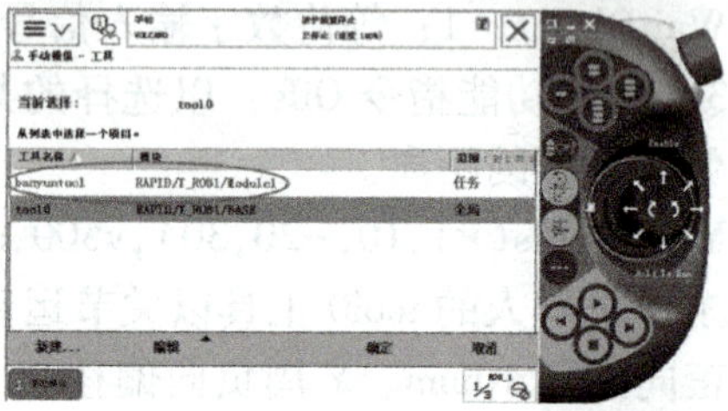
3	设定工具坐标系	1）选中刚建立的工具坐标系，单击"编辑""定义"，在"方法"项目栏选择"TCP 和 Z" 2）按照五点法以 5 种不同姿态靠近标定点后，单击"确定"，查看误差范围，直到符合要求	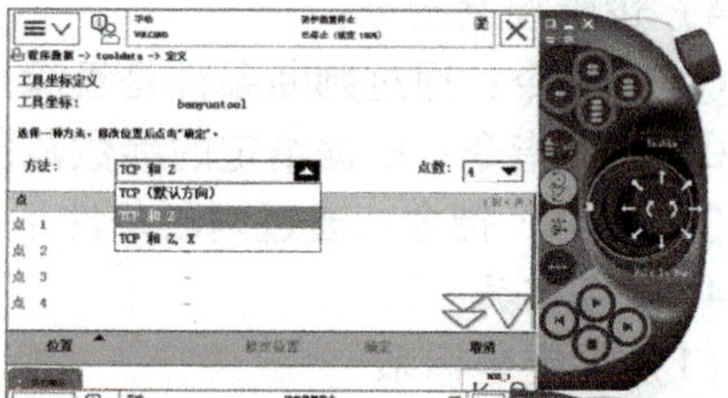 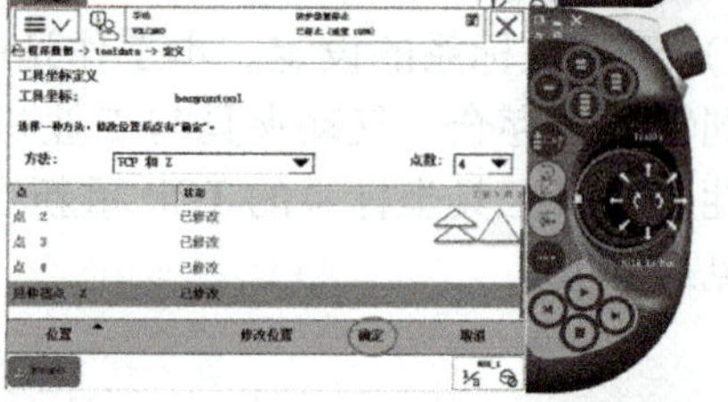
4	设置工具坐标系 mass 值	1）选中刚建立的工具坐标系，单击"编辑""更改值" 2）选中 mass 项双击鼠标左键，输入工具重量值 0.5 后，单击"确定"	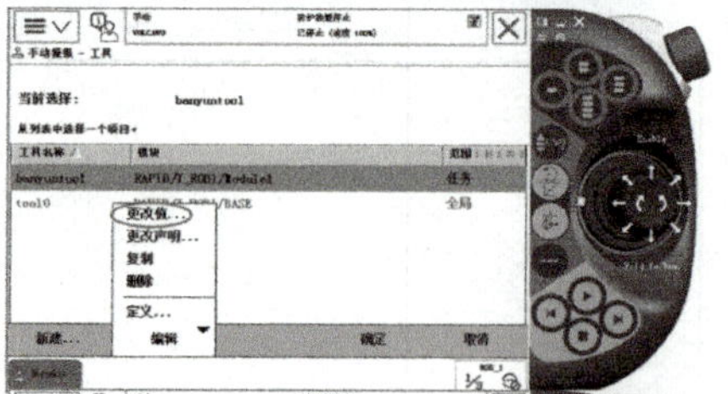 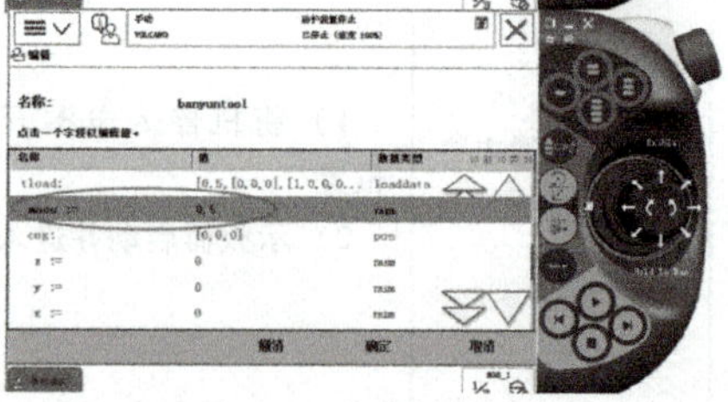

2）工件坐标系设定。本单元的物料搬运是将料块从传送线末端搬运到物料暂存仓，为方便编程及位置计算，选择以物料暂存仓台面作为工件坐标系。具体工件坐标系的设定步骤见表 7-11。

项目7 工业机器人应用技术

表 7-11 搬运工作站工件坐标系的设定步骤

步骤	内容	描述	图示
1	新建工件坐标系	1）单击主菜单，选择"手动操纵"，再单击"工件坐标" 2）单击"新建..."，在"名称："项目右端点击"..."，输入新建工件坐标系的名称"wobj_banyun"，单击"确定"后再单击"确定"按钮	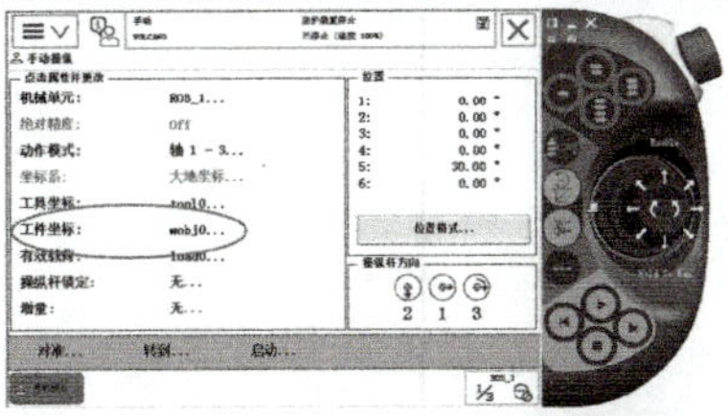 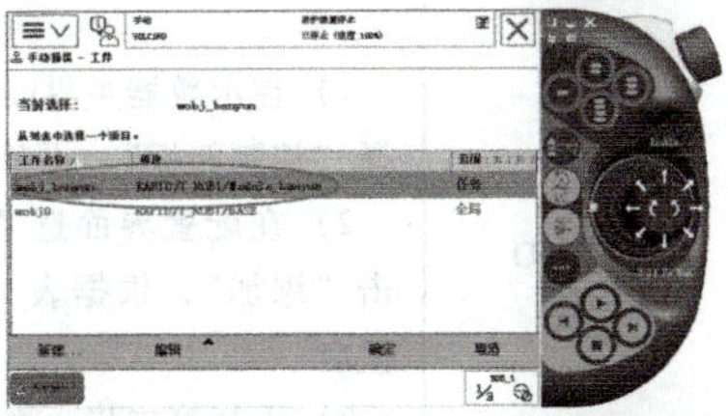
2	设定工件坐标系	1）选中刚建立的工件坐标系，单击"编辑""定义"，在"用户方法"项目栏选择"3点" 2）手动操作机器人设定工具坐标系后，单击"确定"按钮	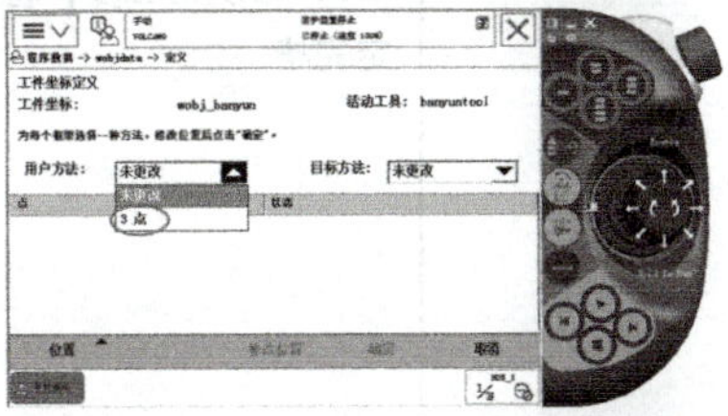 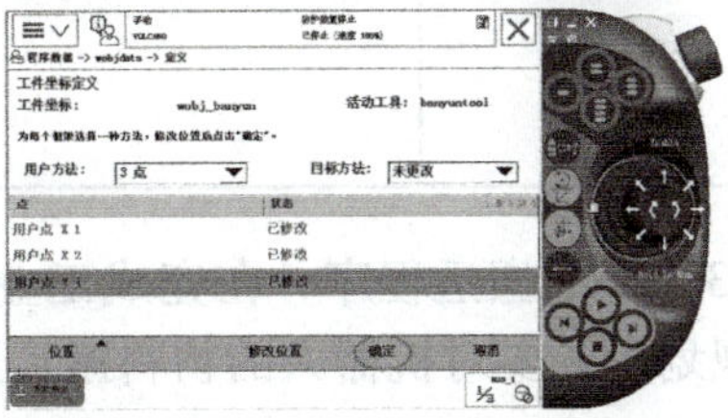

（2）I/O 信号设置　ABB 工业机器人 I/O 信号设定的顺序是：先设定 I/O 模块单元（DeviceNet Device），然后再设定 I/O 信号（Signal）。本单元所设置的数字 I/O 信号为"wljc"和"qizhua"共两个。其设定步骤见表 7-12。

表 7-12 搬运工作站 I/O 信号的设置步骤

步骤	内容	描述	图示
1	设置 I/O 模块单元 d652	1）在示教器主界面单击主菜单，选择"控制面板"，再单击"配置" 2）在配置界面选"DeviceNet Device"项，单击"添加"，在"使用来自模板的值"项中选择"DSQC 652 24 VDC I/O Device"，根据表 7-7 中的值修改，重启	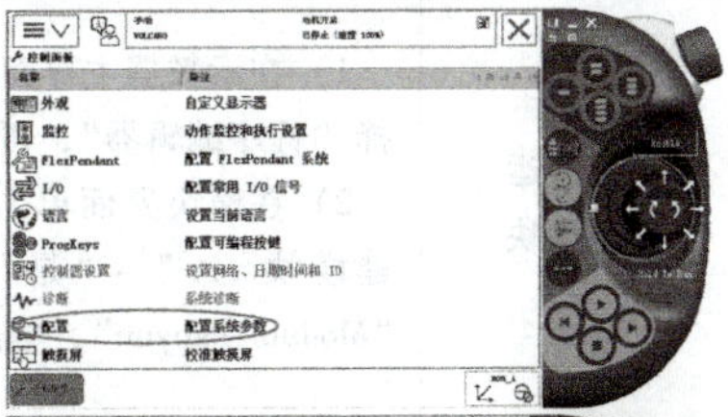 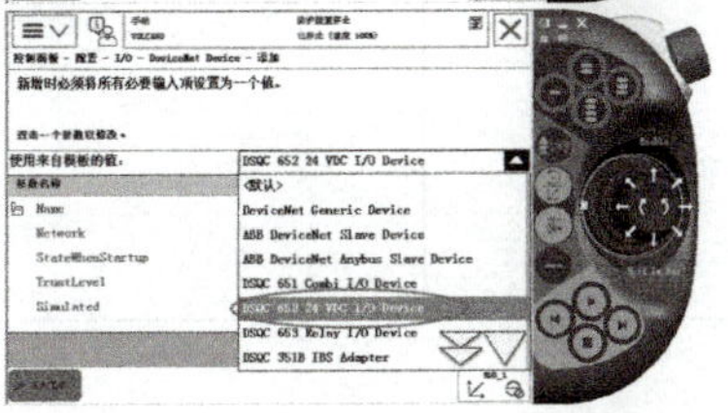

(续)

步骤	内容	描述	图示
2	设定 I/O 信号	1）在示教器主界面单击主菜单，选择"控制面板"，再单击"配置" 2）在配置界面选"Signal"项，单击"添加"，根据表 7-8 中的值修改，重启 3）重复第二步，将两个 I/O 信号设定完毕	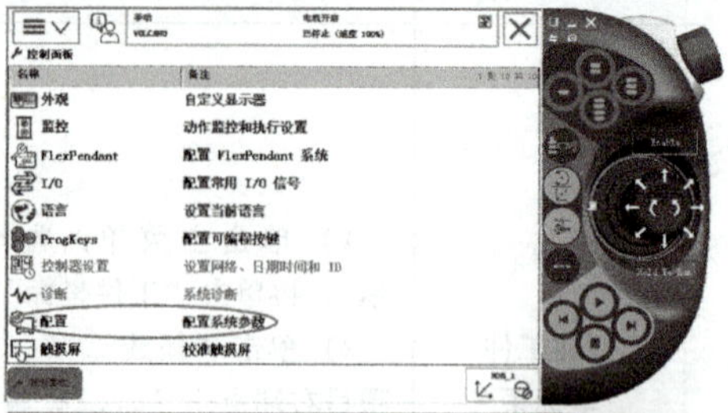 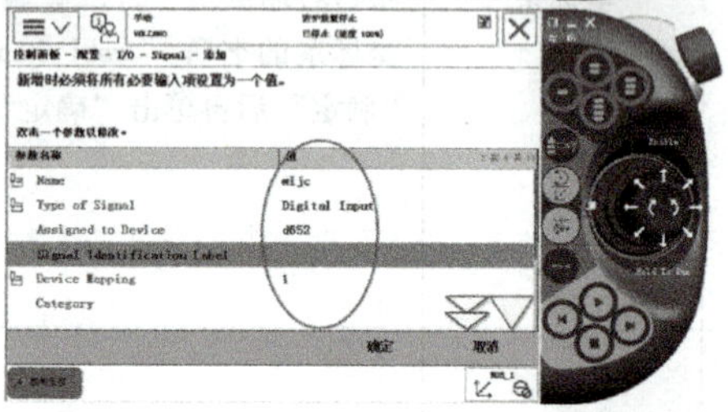 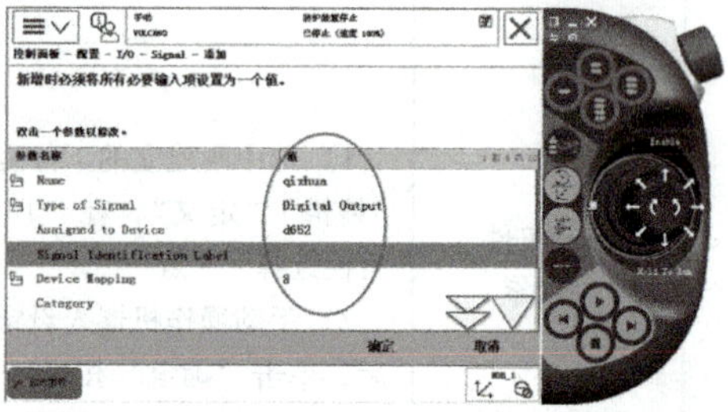

（3）编写搬运程序 在完成工业机器人坐标系设定、I/O 配置、任务规划、动作规划及路径规划后，要对机器人的物料搬运进行程序编写。程序编写步骤见表 7-13。

表 7-13 搬运任务程序编写步骤

步骤	内容	描述	图示
1	新建搬运程序模块	1）在示教器主界面单击主菜单，选择"程序编辑器"，再单击"模块" 2）在模块界面单击"文件"-"新建模块…"-"是"，输入模块名"Module_banyun"，单击"确定"按钮	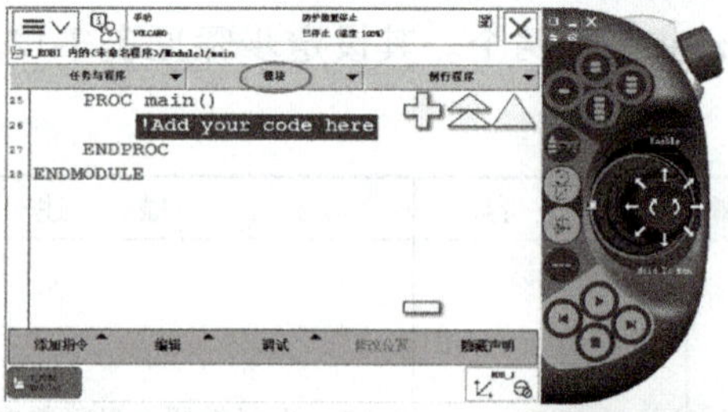 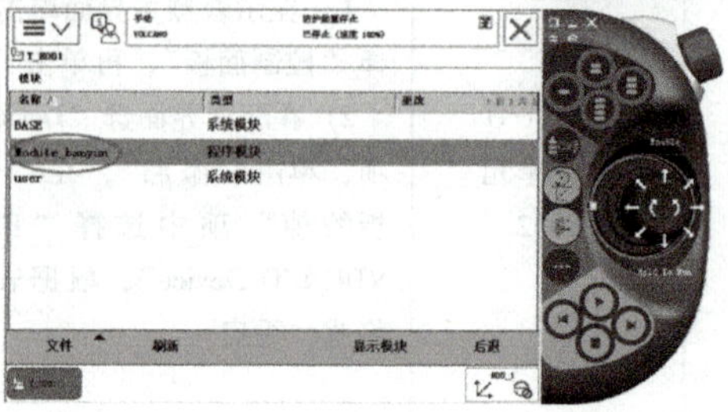

(续)

步骤	内容	描述	图示
2	新建搬运例行程序	1）选中新建模块，单击"显示模块"-"例行程序" 2）在例行程序界面单击"文件"-"新建例行程序…"项，在例行程序声明界面，输入新建程序名"main"，单击"确定"按钮	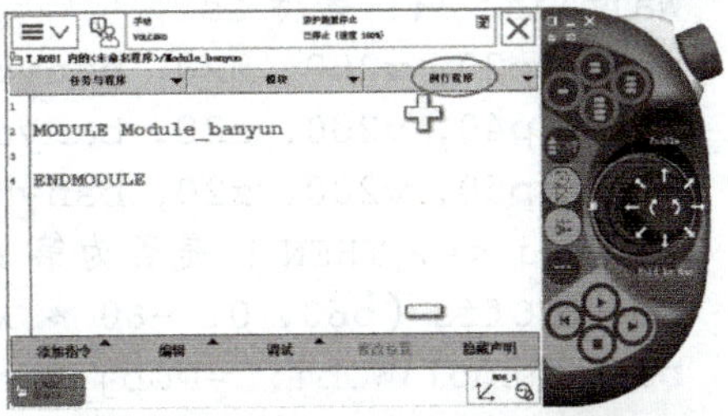 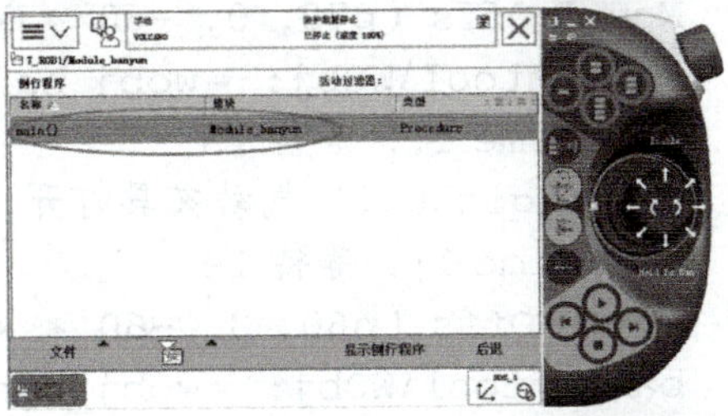
3	输入搬运程序指令	1）在例行程序界面，选中新建程序main，单击"显示例行程序" 2）在 main 程序界面，单击"添加指令"，选择所需指令 3）按照规划要求，依次输入相应指令，最终完成物料搬运程序编写	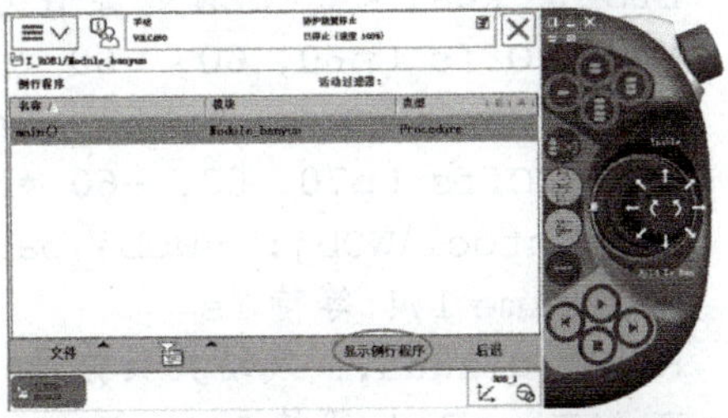 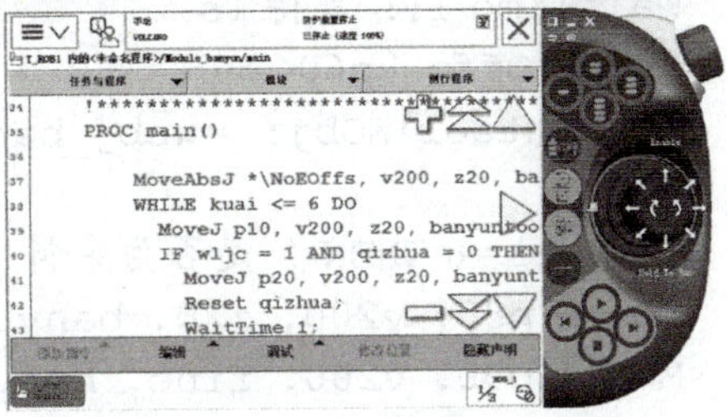

本工作站物料搬运参考程序如下：

```
PROC main( )
MoveAbsJ[[0,0,0,0,90,180],[9E+9,9E+9,9E+9,9E+9,9E+9,9E+9]]\
NoEOffs,
    v200, z20, banyuntool\WObj: =wobj_banyun;! 机器人初始位置
    WHILE kuai <=6 DO ! 物料搬运循环
    MoveJ p10, v200, z20, banyuntool\WObj: =wobj_banyun;! 等待位置
    IF wljc=1 AND qizhua=0 THEN! 判断料块是否送达
    MoveJ p20, v200, z20, banyuntool\WObj: =wobj_banyun;! 取料位上方
    Reset qizhua;! 气动夹具打开
    WaitTime 1;! 等待1s
```

```
MoveL p30,v200,fine,banyuntool\WObj: =wobj_banyun;！取料位
Set qizhua;！气动夹具紧闭
WaitTime 1;！等待1s
MoveJ p20, v200, z20, banyuntool\WObj: =wobj_banyun;！取料位上方
MoveJ p40, v200, z20, banyuntool\WObj: =wobj_banyun;！取料中转位
MoveJ p50, v200, z20, banyuntool\WObj: =wobj_banyun;！放料中转位
IF kuai <=2 THEN ！是否为第1排，即1、2、3号位
MoveJ Offs (p60, 0, -60 * kuai, 0), v200, z20,
banyuntool\WObj: =wobj_banyun;！1、2、3号位上方
MoveL Offs (p70, 0, -60 * kuai, 0), v200, fine,
banyuntool\WObj: =wobj_banyun;！到达1、2、3号位
WaitTime 1;！等待1s
Reset qizhua;！气动夹具打开，放置物料
WaitTime 1;！等待1s
MoveJ Offs (p60, 0, -60 * kuai, 0), v200, z20,
banyuntool\WObj: =wobj_banyun;！1、2、3号位上方
ELSEIF kuai < 6 THEN ！是否为第2排，即4、5、6号位
MoveJ Offs (p60, 60, -60 * (kuai-3), 0), v200, z20,
banyuntool\WObj: =wobj_banyun;！4、5、6号位上方
MoveL Offs (p70, 60, -60 * (kuai-3), 0), v200, fine,
banyuntool\WObj: =wobj_banyun;！到达4、5、6号位
WaitTime 1;！等待1s
Reset qizhua;！气动夹具打开，放置物料
WaitTime 1;！等待1s
MoveJ Offs (p60, 60, -60 * (kuai-3), 0), v200, z20,
banyuntool\WObj: =wobj_banyun;！4、5、6号位上方
ENDIF
IF kuai=6 THEN ！是否为余料
MoveJ p80, v200, z20, banyuntool\WObj: =wobj_banyun;！余料仓位上方
MoveL p90, v200, fine, banyuntool\WObj: =wobj_banyun;！到达余料仓位
WaitTime 1;！等待1s
Reset qizhua;！气动夹具打开，放置物料
WaitTime 1;！等待1s
MoveJ p80, v200, z20, banyuntool\WObj: =wobj_banyun;！余料仓位上方
ENDIF
kuai：=kuai+1;！料块计数加1
MoveJ p10, v200, z20, banyuntool\WObj: =wobj_banyun;！回到等待位置
MoveAbsJ [[0, 0, 0, 0, 90, 180], [9E+09, 9E+09, 9E+09, 9E+09, 9E+09, 9E+09] ] \NoEOffs,
v200, z50, banyuntool\WObj: =wobj_banyun;！结束，返回初始位置
ENDIF
ENDWHILE
ENDPROC
```

项目7 工业机器人应用技术

（4）示教编程点位置 各编程位置点的示教标定过程见表7-14。

表 7-14 搬运任务示教编程位置点的示教标定过程

编程点	位置点的含义	图　示
P10	等待拾取物料位置	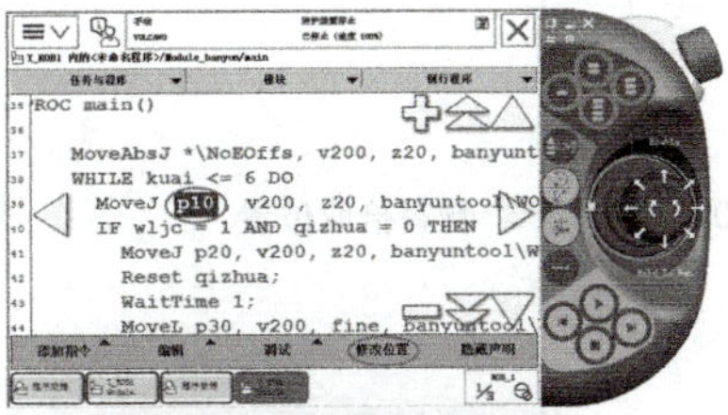 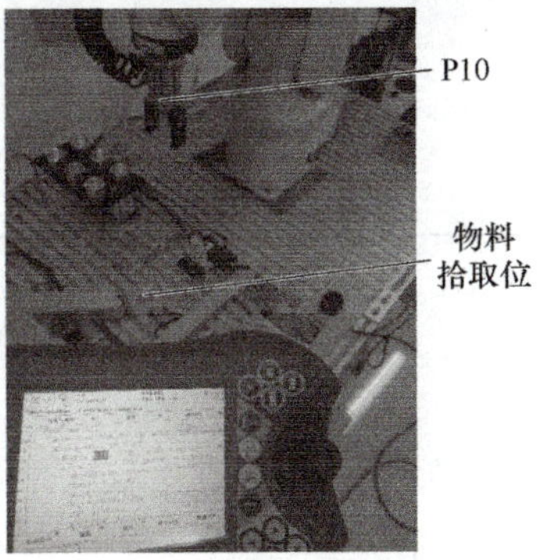
P20	拾取物料位正上方（准备拾料位置）	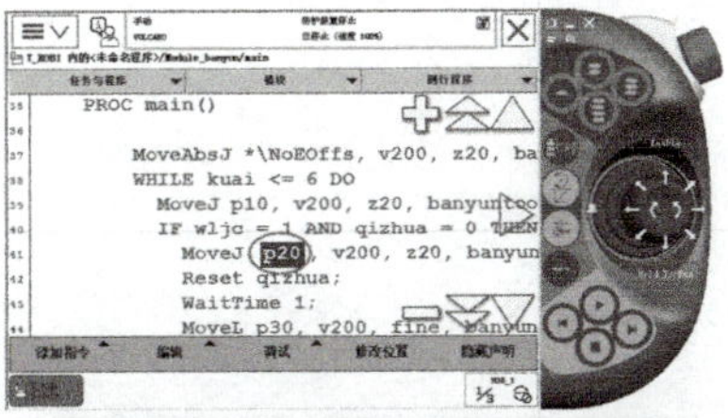 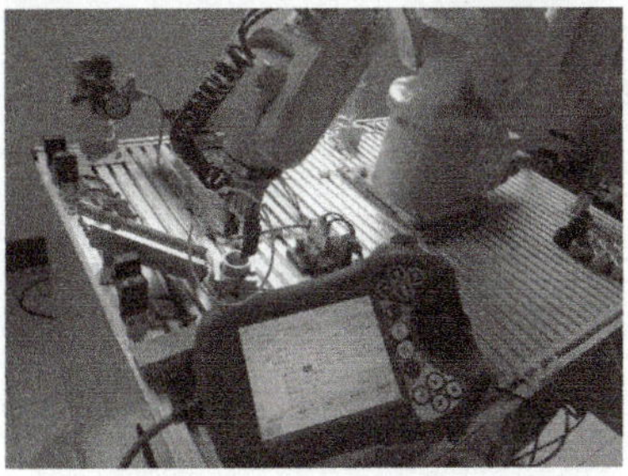

（续）

编程点	位置点的含义	图　　示
P30	物料拾取位置	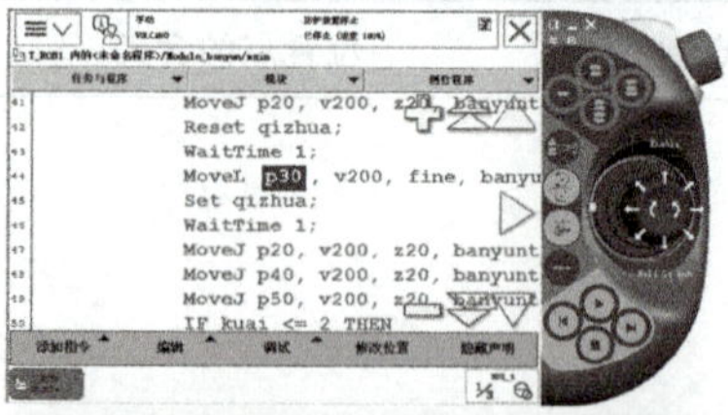 
P40	取料位置过渡点	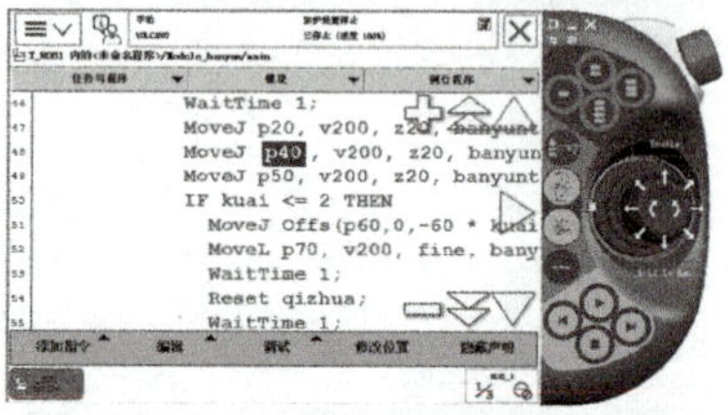 
P50	放料位置过渡点	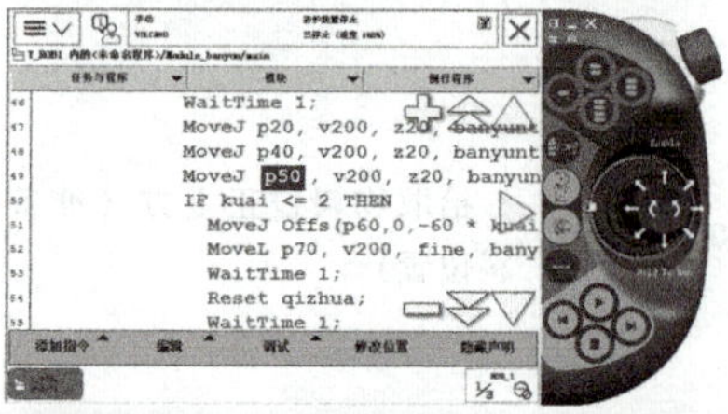 

（续）

编程点	位置点的含义	图　示
P60	1号料块放置位正上方（准备放料位），也是2~6号料块准备放料位偏移参照位置	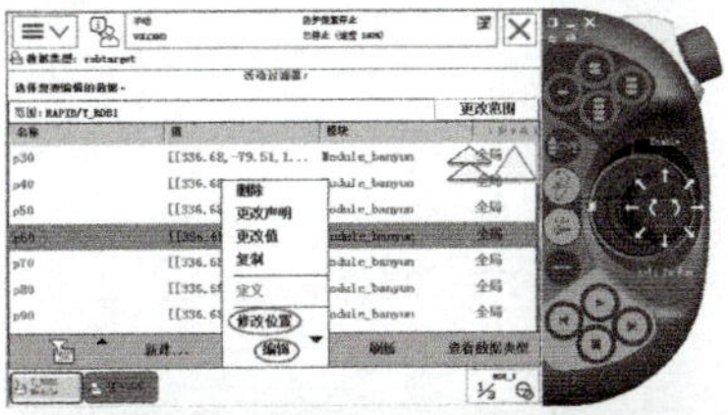 
P70	1号料块放置位，也是2~6号料块放置位偏移参照位置	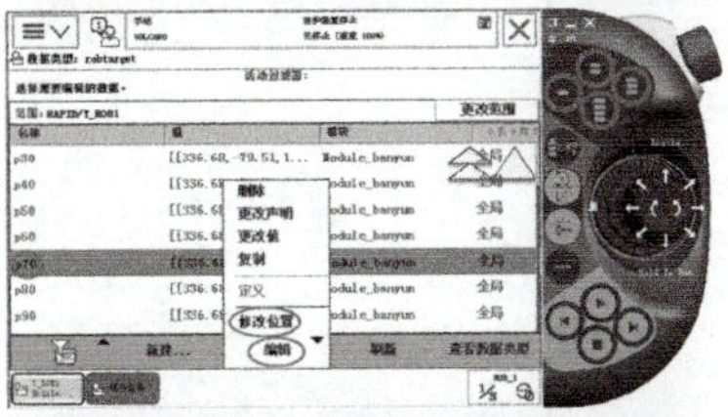 
P80	余料料块放置位正上方（准备放余料位置）	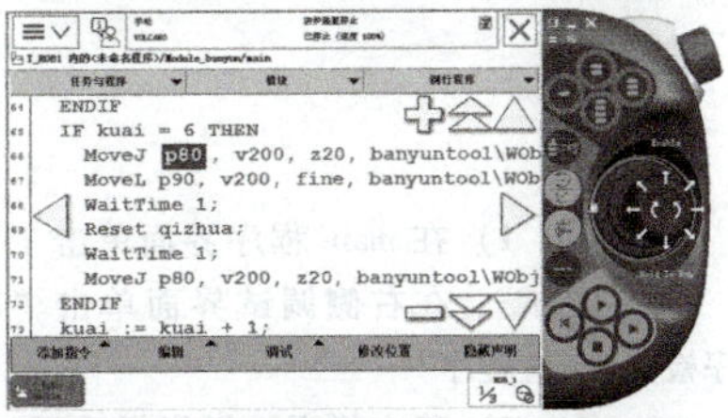 

(续)

编程点	位置点的含义	图示
P90	余料料块放置位置	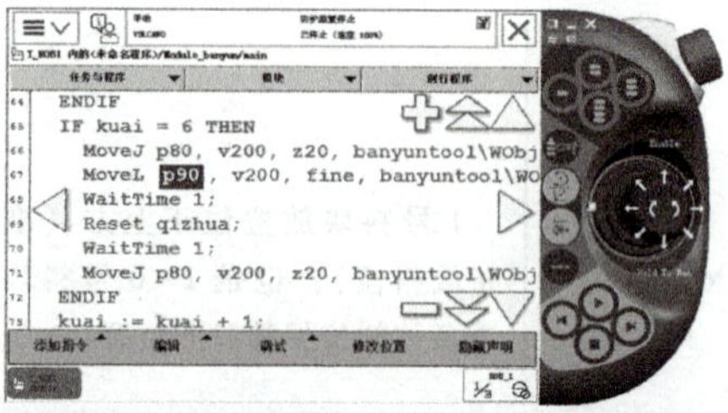 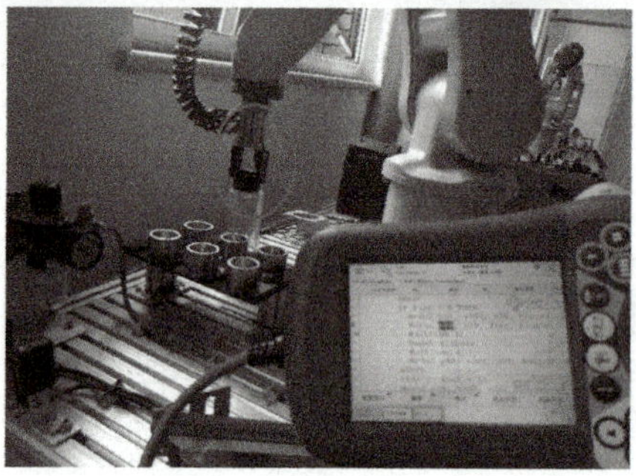

（5）调试搬运程序　物料搬运程序调试步骤见表7-15。

表7-15　物料搬运程序调试步骤

步骤	内容	描　　述	图　　示
1	程序检查	1）在 main 程序界面单击"调试"，在右侧调试界面单击"检查程序" 2）若有错误，根据提示更正；若无误，单击"确定"按钮	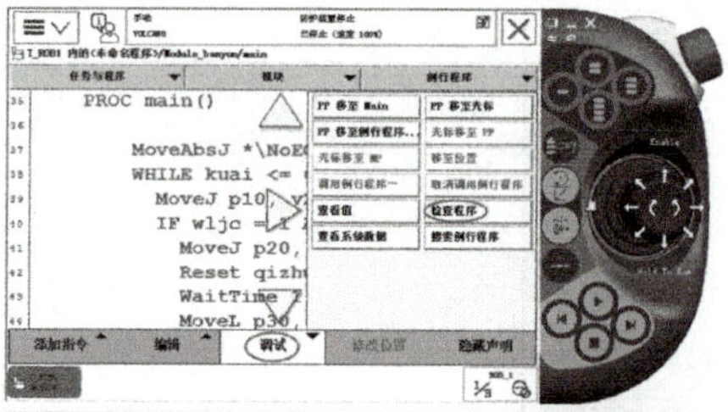 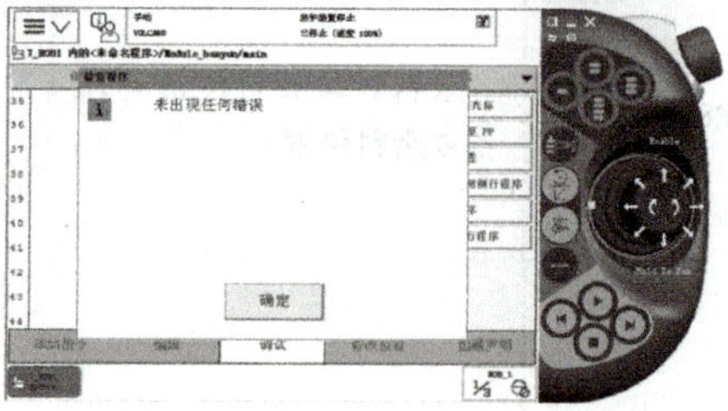

步骤	内容	描　　述	图　　示
2	单步程序运行调试	1）在 main 程序界面单击"调试"，在右侧调试界面单击"PP 移至 main" 2）按下机器人使能按钮，电动机开启，按下步进运行按钮，进行单步运行程序 3）根据规划，查看机器人的运动轨迹、速度等情况，检查程序是否存在错误	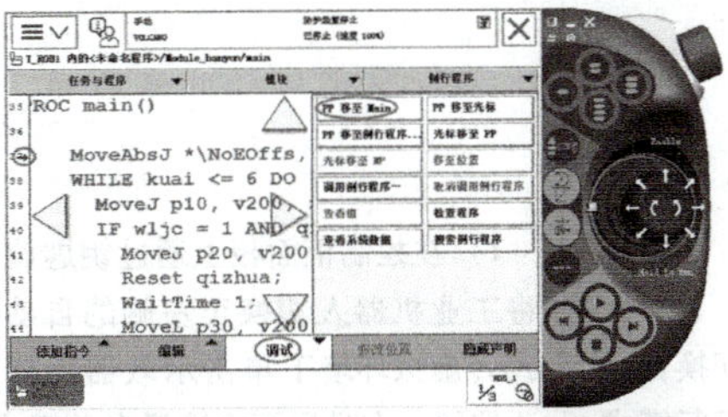 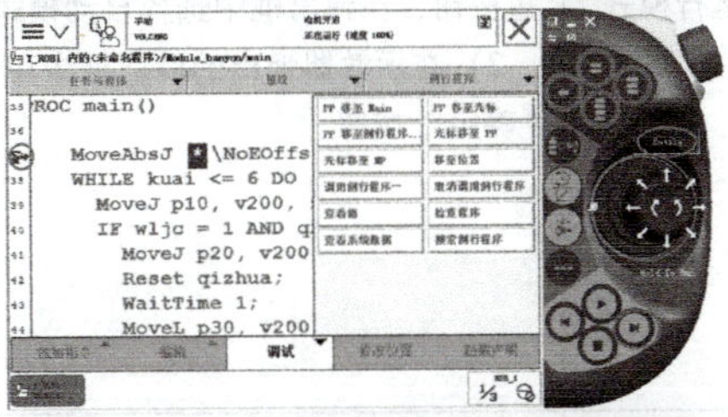 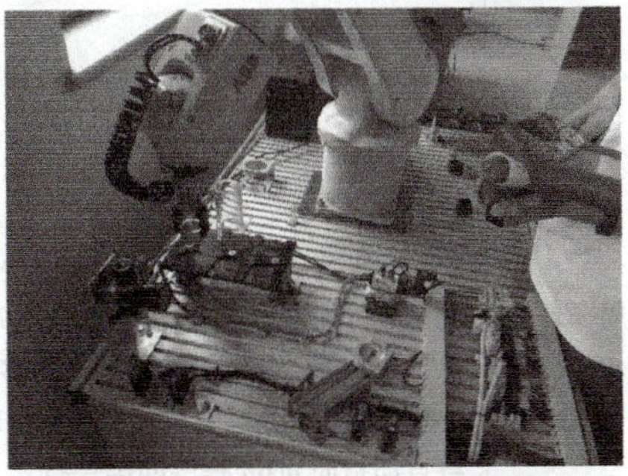
3	整体程序运行调试	1）在 main 程序界面单击"调试"，在右侧调试界面点击"PP 移至 main" 2）按下机器人使能按钮，电动机开启，按下启动按钮，运行整个程序 3）根据规划，查看机器人程序的整体运行情况，检查程序是否存在错误	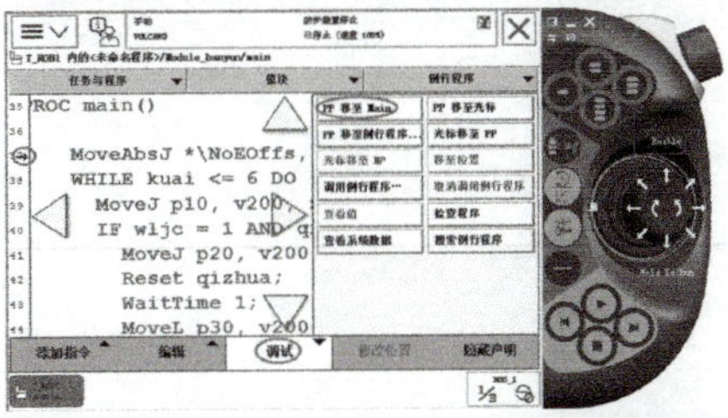 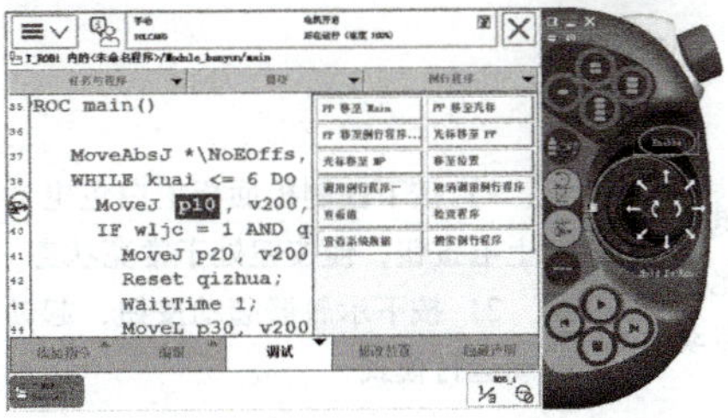

（6）自动运行搬运程序　程序调试完毕后，可以进行程序自动运行，即实际工作运行。在自动运行搬运程序前需提前确认以下几个方面：一是确认机器人设备电源工作正常；二是确认气泵气压保持正常；三是工业机器人运动范围内的工作环境要安全可靠，确保机器人自动运行的安全性。本单元搬运程序自动运行的操作步骤见表 7-16。

表 7-16 搬运程序自动运行的操作步骤

步骤	内容	描述	图示
1	切换自动运行模式	1) 在控制柜面板上通过钥匙旋钮将工业机器人切换至左侧的自动模式（虚拟环境下单击示教器摇杆左边按钮，在弹出框中选择自动模式） 2) 在示教器弹出的对话框中单击"确定"按钮	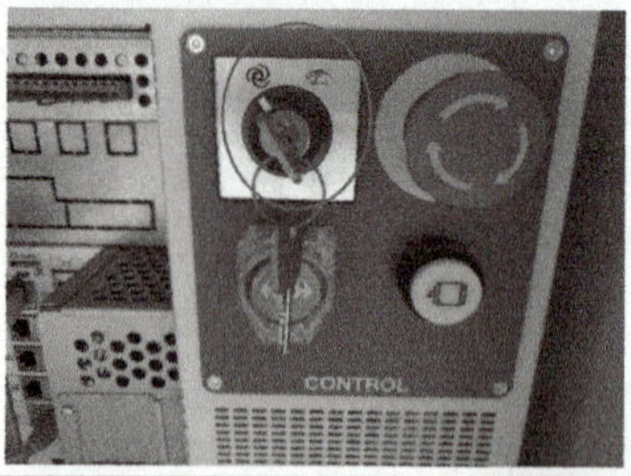 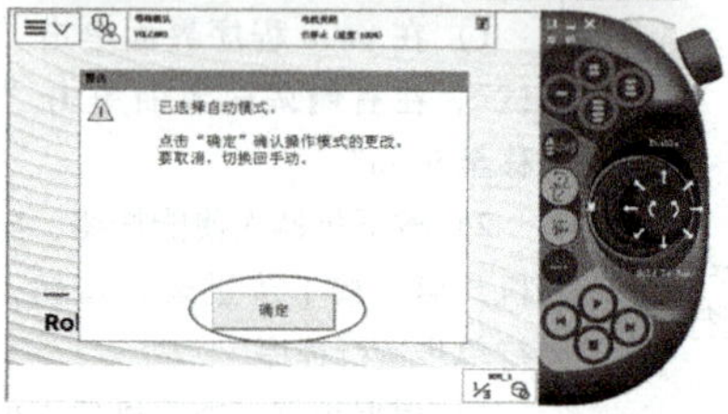
2	单周循环及将 PP 移至 main	1) 单击示教器最右下角的快捷键，选择第三个菜单，选择"单周" 2) 单击示教器下端"将 PP 移至 main"，在弹出框中单击"是"，PP 将自动指向 main 程序的第一行	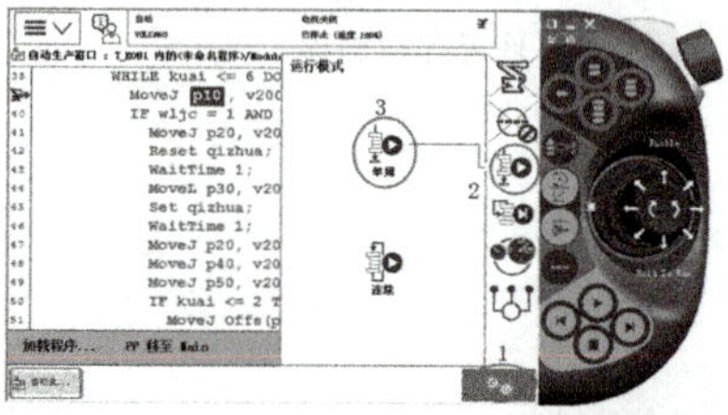 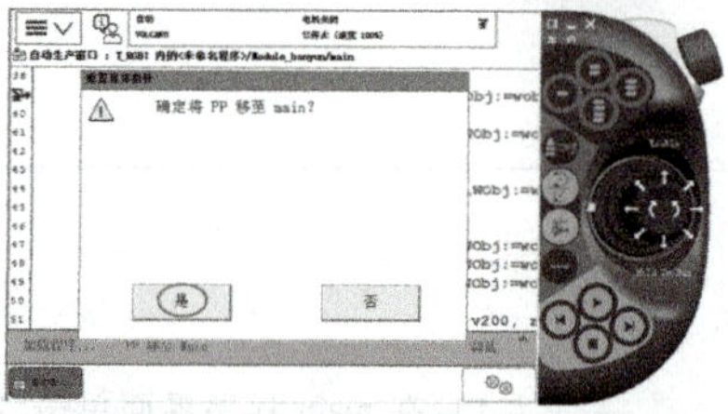
3	电动机上电及起动自动运行	1) 按下控制柜面板上白色电动机上电按钮，使按钮处于常亮状态 2) 按下示教器起动按钮，起动自动运行模式	 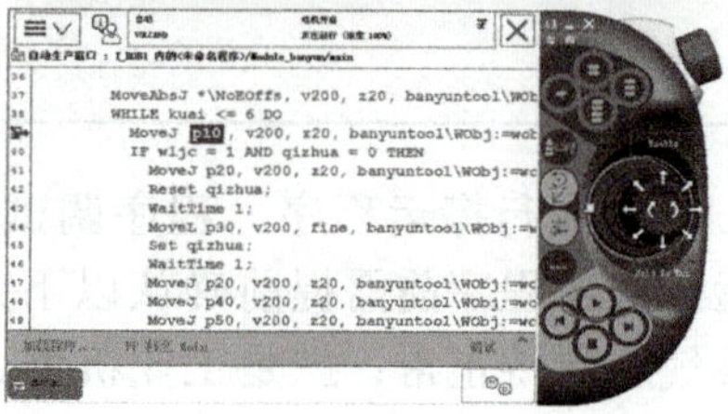

技能训练 2　工业机器人码垛

1. 训练目的

了解工业机器人码垛工作站的结构组成及布局；掌握码垛工作站常用 I/O 配置；熟悉并掌握码垛轨迹规划方法；熟悉码垛程序中的程序数据创建、编程指令用法、编写程序及程序调试等；熟练掌握工业机器人的手动操作方法，能示教程序目标位置点。

2. 任务描述

本次任务以物料块为对象进行码垛操作，物料块由块体和上盖两部分组成，如图 7-7 所示。将块体和上盖装配起来视为一块物料成品，将组装后的物料成品码垛成 3 行 2 列 2 层，成品需按照物料颜色有序摆放。

本次物料码垛的任务主要有两个：一是物料的装配，当物料到达检测位置后，工业机器人将物料块上盖装配到块体上，模拟生产出成品，并等待成品码垛入库；二是物料码垛，待物料块装配完毕后，工业机器人将成品按颜色分别在码垛仓进行码垛操作。通过本单元的学习，能掌握工业机器人码垛的基础知识，学会工业机器人码垛程序的编辑方式，能为拓展到更加复杂的工业机器人码垛应用奠定基础。

（1）码垛工作站的组成及布局　本码垛工作站的硬件组成及布局如图 7-8 所示。

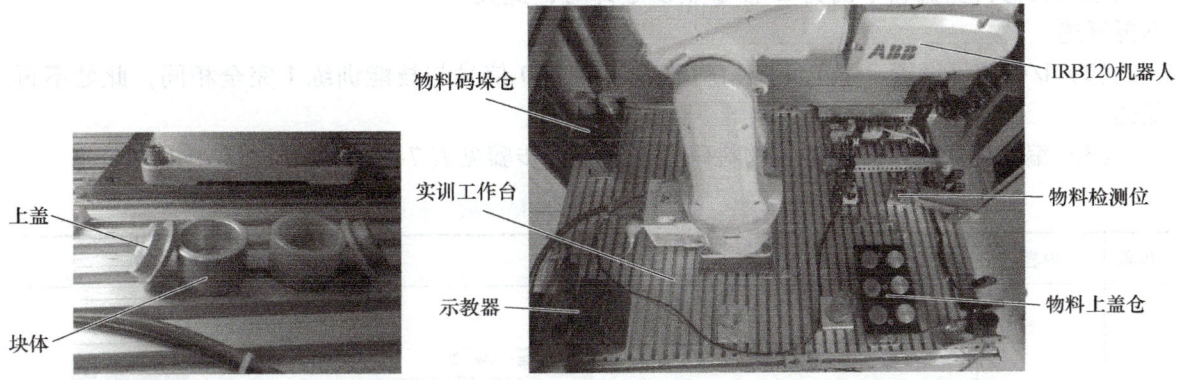

图 7-7　物料块的组成　　　　图 7-8　码垛工作站的硬件组成及布局

物料块上盖仓用于存放物料块的上盖，分两层叠放共 12 块，其中白色铝质物料盖 6 块，红色塑料物料盖 6 块，其分布情况如图 7-9 所示。物料码垛仓共具有 6 个位置，用于存放装配完毕的成品，其码垛方式如图 7-10 所示。

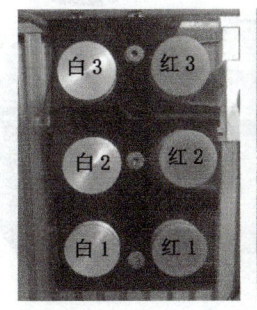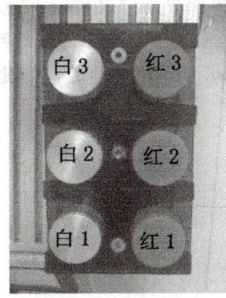

图 7-9　物料块上盖物料块分布情况　　　　图 7-10　物料码垛仓码垛方式

(2) 码垛工作站任务流程 本工作站完成物料码垛的主要流程是：首先，机器人在初始位置等待上一工位的物料块是否送达，若已送达则开始拾取物料上盖并到达物料位进行装配，若物料没有送达则继续等待。其次，拾取装配完毕的成品物料块，机器人先判断物料码垛仓的 6 个料位是否放满，若还有空余位置，则按序号依次放置，若已经放满则机器人返回初始位置，码垛结束。码垛流程如图 7-11 所示。

3. 训练知识准备

在物料码垛实例中所使用的 I/O 配置及常用指令等知识与物料搬运实例中基本相同，此处不再复述，详细情况参照技能训练 1 的内容。

4. 技能训练任务实施

（1）设定坐标系 本单元工具坐标系及工件坐标系的设定步骤与技能训练 1 基本相同。本次码垛任务与技能训练 1 用同一个气动夹具，工具坐标系可以不变；工件坐标系以物料上盖仓平面为 Z 轴零点设定即可，此处不再复述。

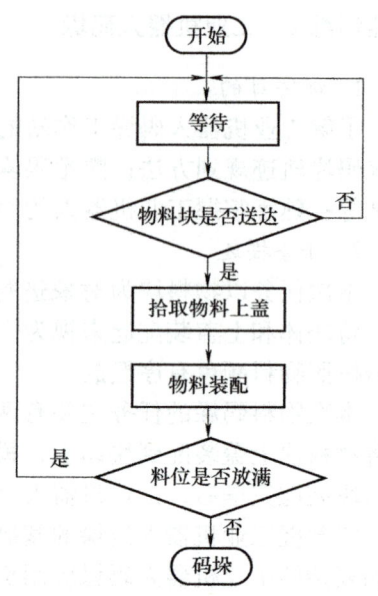

图 7-11 物料码垛流程

（2）I/O 信号设置 本单元的物料码垛所需 I/O 信号与技能训练 1 完全相同，此处不再复述。

（3）编写码垛程序 机器人物料码垛程序编写步骤见表 7-17。

表 7-17 机器人物料码垛程序编写步骤

步骤	内容	描述	图示
1	新建程序模块	1）在示教器主界面单击主菜单，选择"程序编辑器"，再单击"模块" 2）在模块界面单击"文件"-"新建模块…"-"是"，输入模块名"Module_maduo"，单击"确定"按钮	

(续)

步骤	内容	描　　述	图　　示
2	新建例行程序	1）选中新建模块，单击"显示模块"-"例行程序" 2）在例行程序界面单击"文件"-"新建例行程序…"项，在例行程序声明界面，输入新建程序名"main"，单击"确定"按钮 3）按照以上步骤再新建"chushi""qugai""zhuangpei"及"maduo"四个程序	
3	输入程序指令	1）在例行程序界面，选中新建程序main，单击"显示例行程序" 2）在main程序界面，单击"添加指令"，选择所需指令，依次完成程序输入 3）按照上述步骤将其他四个程序输入完毕，最终完成物料码垛程序编写	

本单元物料码垛参考程序如下：

```
MODULE Module_maduo
    CONST robtarget p110:=[[28.52,66.96,147.36],[0.461155,-0.0113362,0.886924,0.0239479],[-1,0,1,0],[9E+09,9E+09,9E+09,9E+09,9E+09,9E+09]];
    CONST robtarget p120:=[[74.65,22.14,25.27],[0.46108,-0.0113472,0.886961,0.0240076],[-1,0,1,0],[9E+09,9E+09,9E+09,9E+09,9E+09,9E+09]];
```

```
        CONST robtarget p130:=[[75.35,22.22,-7.95],[0.461087,-0.0113489,
0.886958,0.0240043],[-1,0,1,0],[9E+09,9E+09,9E+09,9E+09,9E+09,9E+09]];
        CONST robtarget p140:=[[-1.22,-171.48,152.37],[0.461125,-0.0113722,
0.886937,0.0240384],[0,-1,2,0],[9E+09,9E+09,9E+09,9E+09,9E+09,9E+09]];
        CONST robtarget p150:=[[-55.82,-185.22,-30.25],[0.461084,-0.0113803,
0.886958,0.024034],[0,-1,2,0],[9E+09,9E+09,9E+09,9E+09,9E+09,9E+09]];
        CONST robtarget p160:=[[-55.07,-185.14,-65.49],[0.461101,-0.0113843,
0.886949,0.0240394],[0,-1,2,0],[9E+09,9E+09,9E+09,9E+09,9E+09,9E+09]];
        CONST robtarget p170:=[[-54.84,-185.11,-76.85],[0.461088,-0.0113818,
0.886956,0.0240356],[0,-1,2,0],[9E+09,9E+09,9E+09,9E+09,9E+09,9E+09]];
        CONST robtarget p180:=[[270.54,-534.48,177.82],[0.386663,-0.471174,
0.751757,0.251689],[0,-1,2,0],[9E+09,9E+09,9E+09,9E+09,9E+09,9E+09]];
        CONST robtarget p190:=[[789.80,-331.53,187.10],[0.154349,-0.831862,
0.321806,0.424997],[1,-1,2,0],[9E+09,9E+09,9E+09,9E+09,9E+09,9E+09]];
        CONST robtarget p200:=[[822.50,-399.60,70.64],[0.154307,-0.831918,
0.321812,0.424898],[1,-1,2,0],[9E+09,9E+09,9E+09,9E+09,9E+09,9E+09]];
        CONST robtarget p210:=[[823.79,-399.45,8.90],[0.154303,-0.831922,
0.321819,0.424888],[1,-1,2,0],[9E+09,9E+09,9E+09,9E+09,9E+09,9E+09]];
        CONST robtarget p220:=[[77.32,-86.79,342.97],[0.461149,-0.011324,
0.886928,0.0239246],[-1,0,1,0],[9E+09,9E+09,9E+09,9E+09,9E+09,9E+09]];
        PROC chushi( )
            MoveAbsJ
[[0,0,0,0,90,180],[9E+09,9E+09,9E+09,9E+09,9E+09,9E+09]]\NoEOffs,v200,z50,
banyuntool\WObj:=wobj_maduo;
            Reset qizhua;
        ENDPROC
        PROC qugai( )
            MoveJ p110,v200,z20,banyuntool\WObj:=wobj_maduo;
            IF jishu <=2 AND jishu >=0 THEN
              MoveJ Offs(p120,0,60 * jishu,0),v200,z20,banyuntool\WObj:=wobj_
maduo;
                MoveL Offs(p130,0,60 * jishu,0),v30,fine,banyuntool\WObj:=wobj_
maduo;
              WaitTime 1;
              Set qizhua;
              WaitTime 1;
                MoveL Offs(p120,0,60 * jishu,0),v200,z20,banyuntool\WObj:=wobj_
maduo;
            ELSEIF jishu >=3 AND jishu <=5 THEN
              MoveJ Offs(p120,0,60 * (jishu-3),-10),v200,z20,banyuntool\WObj:=
wobj_maduo;
                MoveL Offs(p130,0,60 * (jishu-3),-10),v30,fine,banyuntool\WObj:=
wobj_maduo;
              WaitTime 1;
              Set qizhua;
```

```
            WaitTime 1;
            MoveL Offs(p120,0,60*(jishu-3),-10),v200,z20,banyuntool\WObj:=wobj_maduo;
        ELSEIF jishu >=6 AND jishu <=8 THEN
            MoveJ Offs(p120,-60,60*(jishu-6),0),v200,z20,banyuntool\WObj:=wobj_maduo;
            MoveL Offs(p130,-60,60*(jishu-6),0),v30,fine,banyuntool\WObj:=wobj_maduo;
            WaitTime 1;
            Set qizhua;
            WaitTime 1;
            MoveL Offs(p120,-60,60*(jishu-6),0),v200,z20,banyuntool\WObj:=wobj_maduo;
        ELSEIF jishu >=9 AND jishu <=11 THEN
            MoveJ Offs(p120,-60,60*(jishu-9),-10),v200,z20,banyuntool\WObj:=wobj_maduo;
            MoveL Offs(p130,-60,60*(jishu-9),-10),v30,fine,banyuntool\WObj:=wobj_maduo;
            WaitTime 1;
            Set qizhua;
            WaitTime 1;
            MoveL Offs(p120,-60,60*(jishu-9),-10),v200,z20,banyuntool\WObj:=wobj_maduo;
        ENDIF
        MoveJ p110,v200,z20,banyuntool\WObj:=wobj_maduo;
        MoveJ p140,v200,z20,banyuntool\WObj:=wobj_maduo;
    ENDPROC
    PROC zhuangpei( )
        MoveJ p150,v200,z20,banyuntool\WObj:=wobj_maduo;
        MoveL p160,v30,fine,banyuntool\WObj:=wobj_maduo;
        WaitTime 1;
        Reset qizhua;
        WaitTime 1;
        MoveL p170,v30,fine,banyuntool\WObj:=wobj_maduo;
        WaitTime 1;
        Set qizhua;
        WaitTime 1;
        MoveL p150,v200,z20,banyuntool\WObj:=wobj_maduo;
        MoveJ p140,v200,z20,banyuntool\WObj:=wobj_maduo;
        MoveJ p180,v200,z20,banyuntool\WObj:=wobj_maduo;
    ENDPROC
    PROC maduo( )
        MoveJ p190,v200,z20,banyuntool\WObj:=wobj_maduo;
        IF jishu <=2 AND jishu >=0 THEN
```

```
            MoveJ Offs(p200,0,60 * jishu,0),v200,z20,banyuntool\WObj:=wobj_
maduo;
            MoveL Offs(p210,0,60 * jishu,0),v30,fine,banyuntool\WObj:=wobj_
maduo;
            WaitTime 1;
            ReSet qizhua;
            WaitTime 1;
            MoveL Offs(p200,0,60 * jishu,0),v200,z20,banyuntool\WObj:=wobj_
maduo;
        ELSEIF jishu >=3 AND jishu <=5 THEN
            MoveJ Offs(p200,0,60 * (jishu-3),28),v200,z20,banyuntool\WObj:=
wobj_maduo;
            MoveL Offs(p210,0,60 * (jishu-3),28),v30,fine,banyuntool\WObj:=
wobj_maduo;
            WaitTime 1;
            ReSet qizhua;
            WaitTime 1;
            MoveL Offs(p200,0,60 * (jishu-3),28),v200,z20,banyuntool\WObj:=
wobj_maduo;
        ELSEIF jishu >=6 AND jishu <=8 THEN
            MoveJ Offs(p200,-60,60 * (jishu-6),0),v200,z20,banyuntool\WObj:=
wobj_maduo;
            MoveL Offs(p210,-60,60 * (jishu-6),0),v30,fine,banyuntool\WObj:=
wobj_maduo;
            WaitTime 1;
            ReSet qizhua;
            WaitTime 1;
            MoveL Offs(p200,-60,60 * (jishu-6),0),v200,z20,banyuntool\WObj:=
wobj_maduo;
        ELSEIF jishu >=9 AND jishu <=11 THEN
            MoveJ Offs(p200,-60,60 * (jishu-9),28),v200,z20,banyuntool\WObj:=
wobj_maduo;
            MoveL Offs(p210,-60,60 * (jishu-9),28),v30,fine,banyuntool\WObj:=
wobj_maduo;
            WaitTime 1;
            ReSet qizhua;
            WaitTime 1;
            MoveL Offs(p200,-60,60 * (jishu-9),28),v200,z20,banyuntool\WObj:=
wobj_maduo;
        ENDIF
        MoveJ p190,v200,z20,banyuntool\WObj:=wobj_maduo;
        MoveAbsJ
[[0,0,0,0,90,180],[9E+09,9E+09,9E+09,9E+09,9E+09,9E+09]]\NoEOffs,v200,z50,
banyuntool\WObj:=wobj_maduo;
    ENDPROC
```

```
PROC main( )
  chushi;
  WHILE jishu <=11 DO
    IF wljc=1 THEN
      qugai;
      zhuangpei;
      maduo;
      jishu :=jishu+1;
    ENDIF
  ENDWHILE
  chushi;
ENDPROC
ENDMODULE
```

（4）示教编程点位置 各编程位置点的示教标定过程见表7-18。

表7-18 码垛任务示教编程位置点的示教标定过程

编程点	位置点的含义	图示
P110	取上盖等待位置	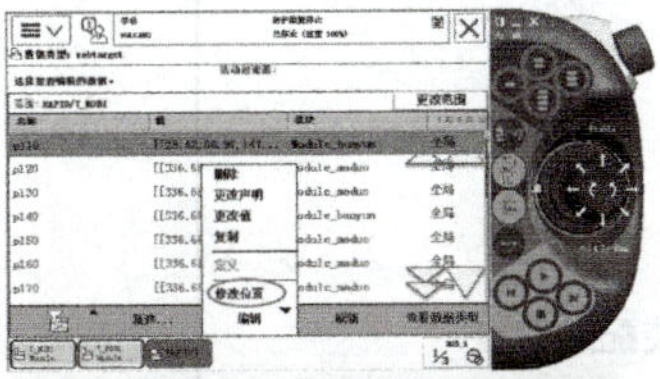 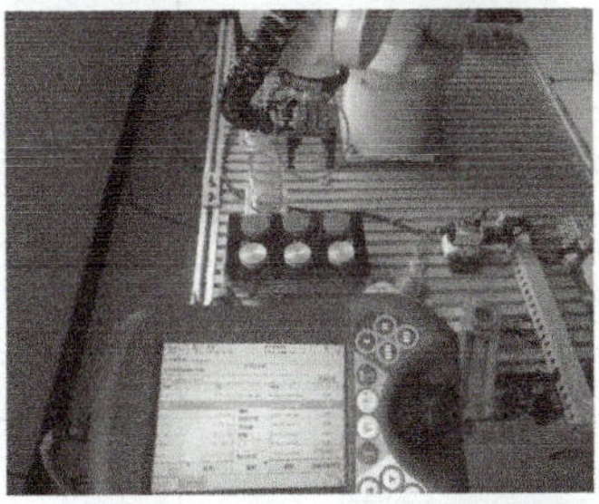
P120	拾取第一块物料上盖位置正上方（准备抓取物料盖位置）	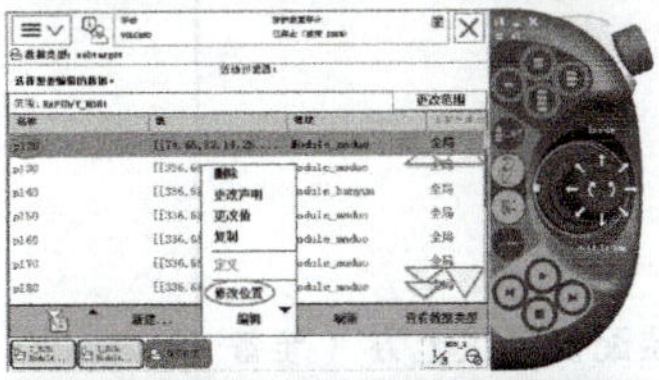 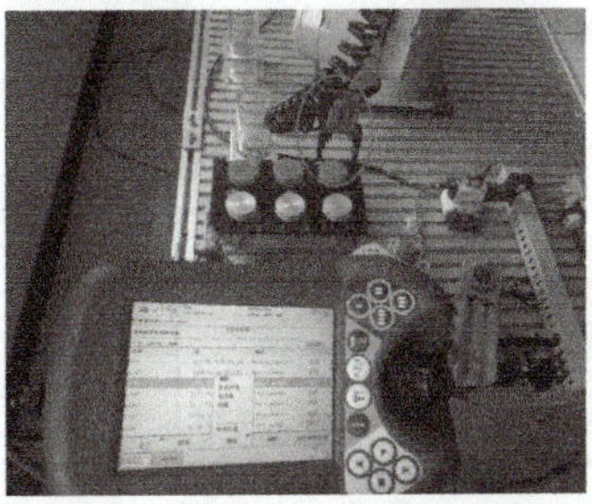

（续）

编程点	位置点的含义	图示
P130	夹取第一块物料上盖位置	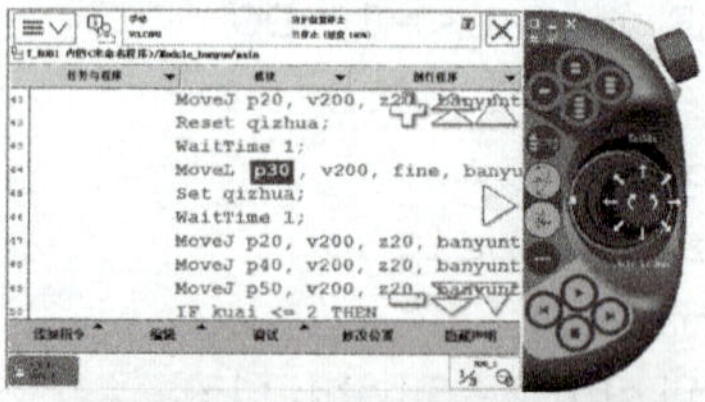 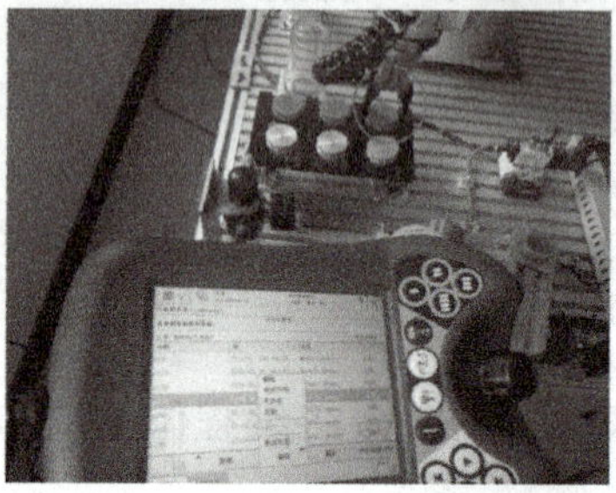
P140	物料装配过渡点	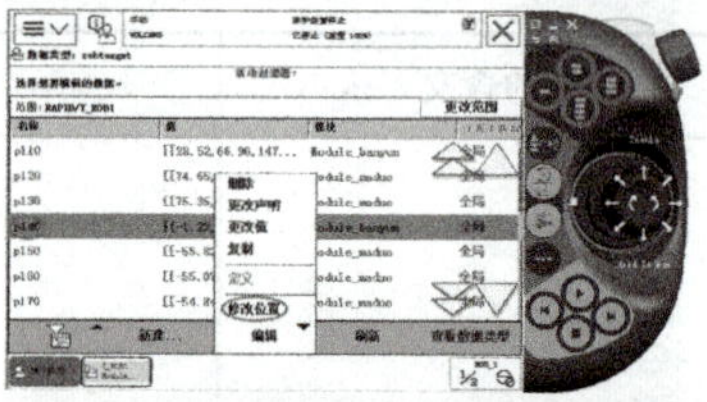 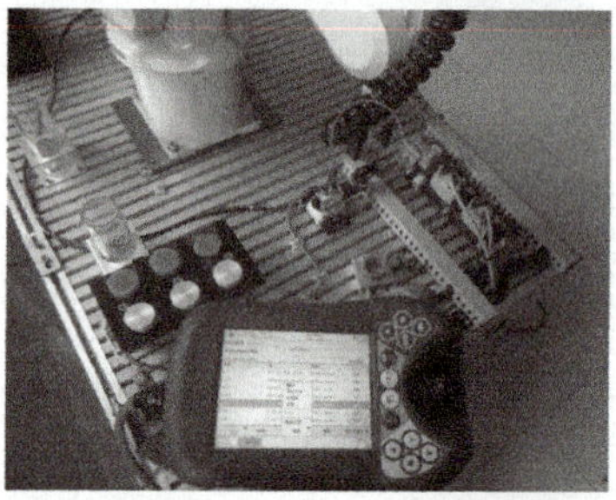
P150	物料装配位置正上方（准备装配物料盖位置）	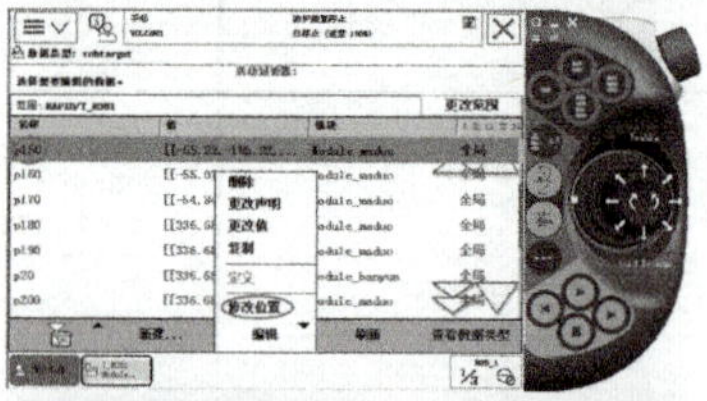 

（续）

编程点	位置点的含义	图示
P160	物料盖与物料体装配位置	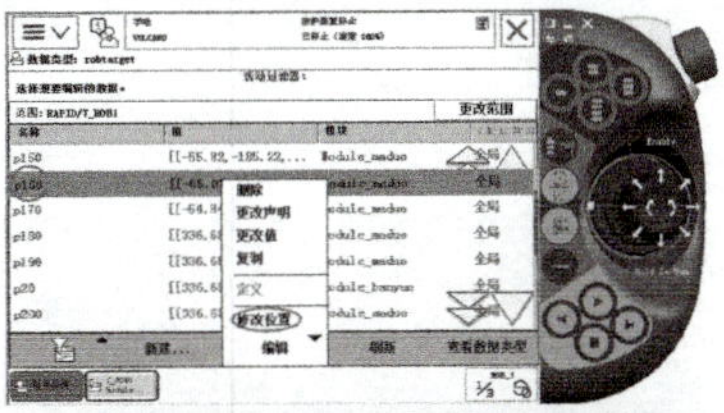 
P170	物料成品的夹取位置	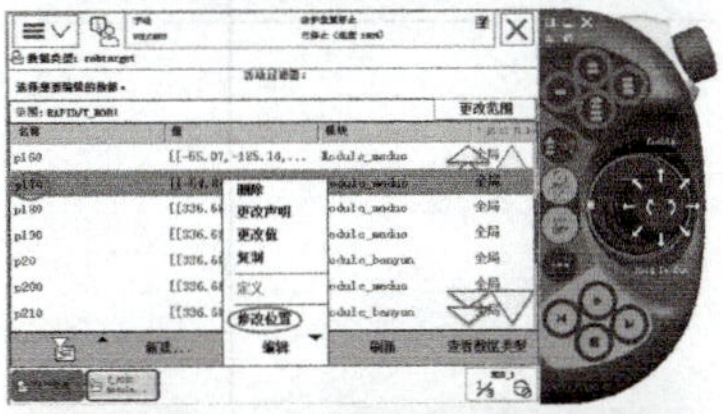 
P180	物料成品码垛过渡位置	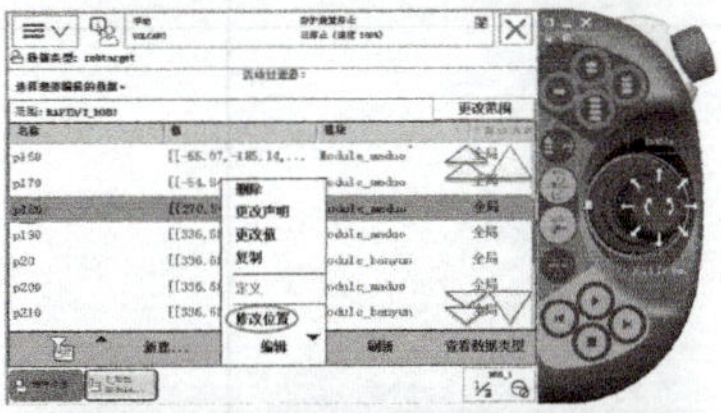 

（续）

编程点	位置点的含义	图　示
P190	物料成品码垛仓上方	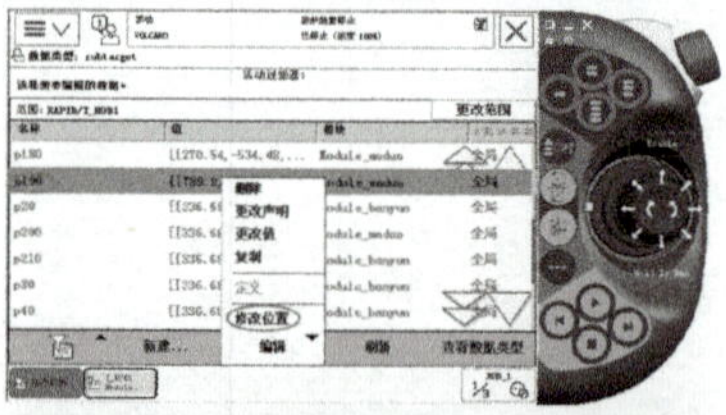 
P200	第一块物料成品码垛位置正上方	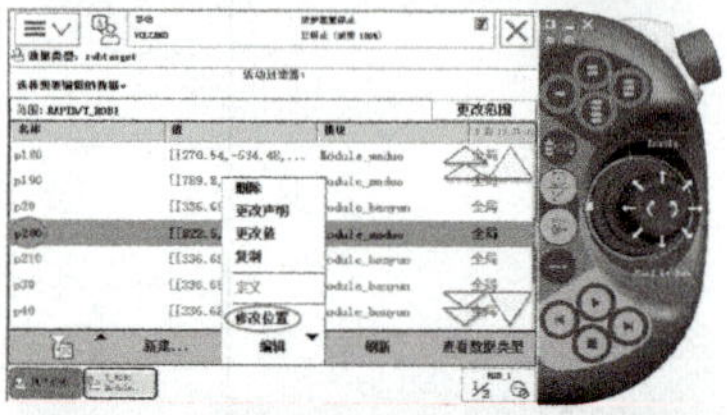 
P210	第一块物料成品码垛位置	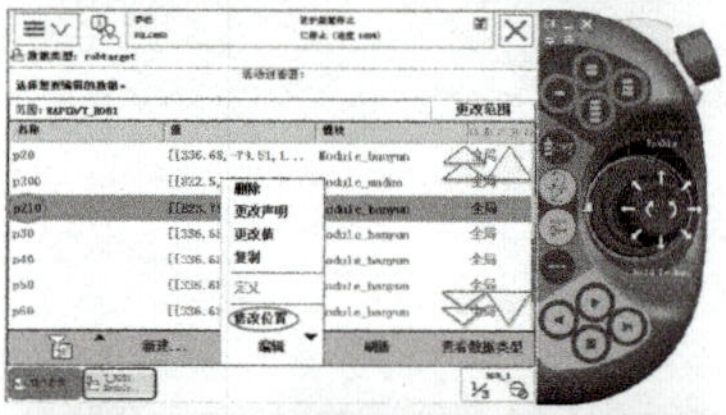 

项目 7 工业机器人应用技术

(5) 调试码垛程序 物料码垛程序调试步骤见表 7-19。

表 7-19 物料码垛程序调试步骤

步骤	内容	描述	图示
1	程序检查	1）在 main 程序界面单击"调试"，在右侧调试界面单击"检查程序" 2）若有错误根据提示更正，若无误单击"确定"按钮	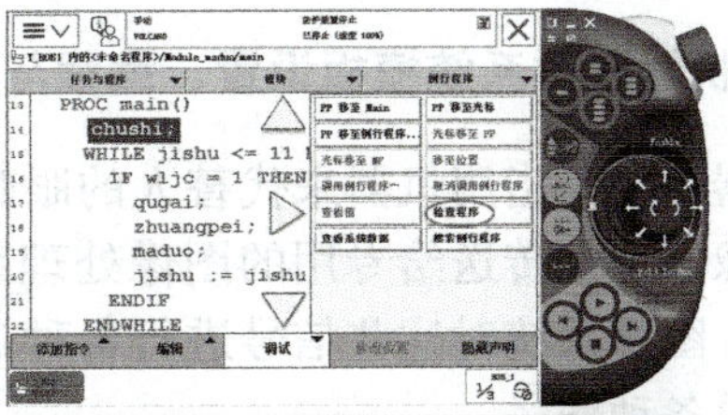 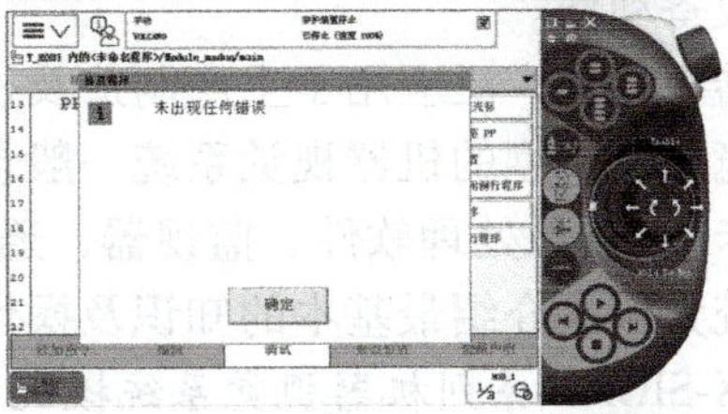
2	单步程序运行调试	1）在 main 程序界面单击"调试"，在右侧调试界面单击"PP 移至 main" 2）按下机器人使能按钮，电动机开启，按下步进运行按钮，进行单步运行程序 3）根据规划，查看机器人的运动轨迹、速度等情况，检查程序是否存在错误	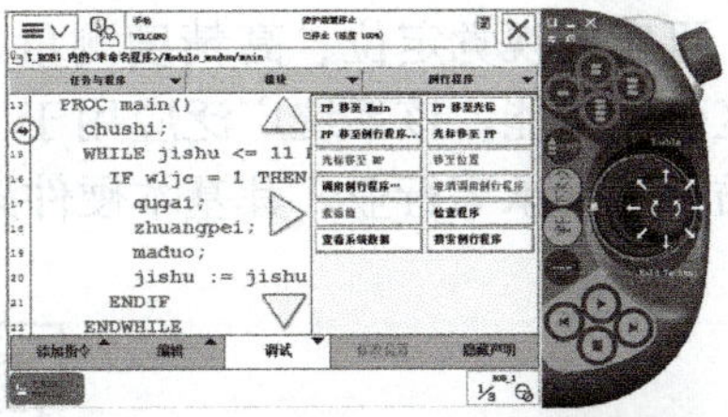 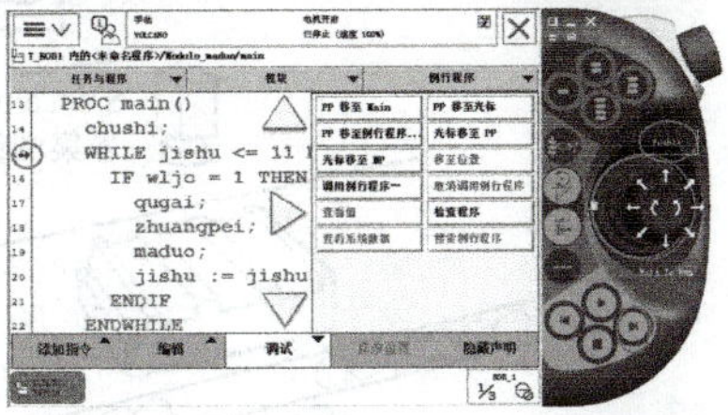
3	整体程序运行调试	1）在 main 程序界面单击"调试"，在右侧调试界面单击"PP 移至 main" 2）按下机器人使能按钮，电动机开启，按下启动按钮，运行整个程序 3）根据规划，查看机器人程序的整体运行情况，检查程序是否存在错误	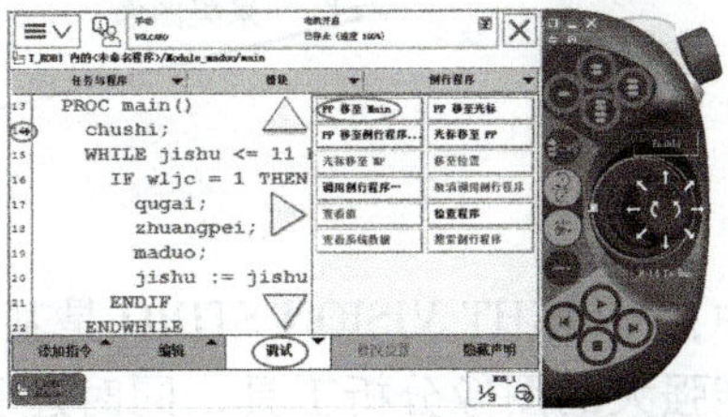 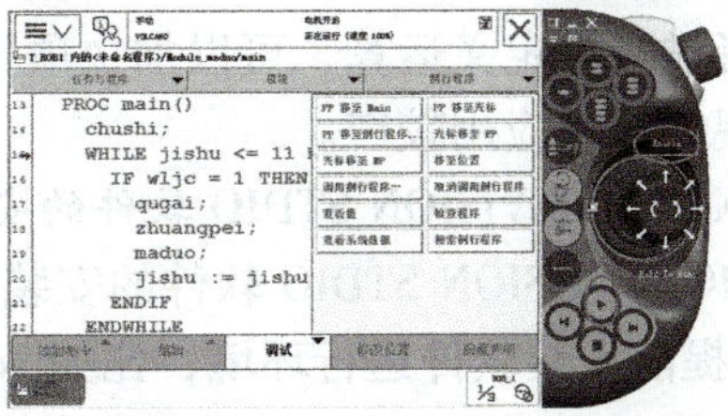

(6) 自动运行码垛程序 本单元码垛程序自动运行的步骤与技能训练 1 基本相同，详细

情况不再复述。

7.5 技能大师高招绝活

7.5.1 机器视觉系统模板设置、编程与调试

机器视觉是指用机器来代替人的眼睛做出测量和判断；机器视觉系统是将被摄取目标转换成图像信号，传送给专用的图像处理系统，根据像素分布、亮度及颜色等信息，转变成数字信号，图像系统对这些信号进行各种运算来抽取目标的特征，进而根据判别的结果来控制现场的设备动作。

机器视觉被广泛应用于生产制造及检测等工业领域，用来保证产品质量，控制生产流程，感知环境等。典型的机器视觉系统一般包括光源、镜头、CCD 照相机、图像处理单元（或图像采集卡）、图像处理软件、监视器、通信及输入输出单元等。这里以信捷 X-SIGHT 系列机器视觉系统为例，介绍最基本的知识及操作。

1. X-SIGHT 系列机器视觉系统概况

X-SIGHT 是信捷电气股份有限公司创立的自动化领域视觉品牌，致力于机器视觉的开发与应用，可实现视觉定位、高精度测量、机械手视觉引导、瑕疵检测、字符读取、条码识别和颜色区分等功能。该系统广泛应用于 3D、机械装配加工、日用品零售、汽车零配件检测、包装、纺织和轴承等行业。其基本硬件架构如图 7-12 所示。

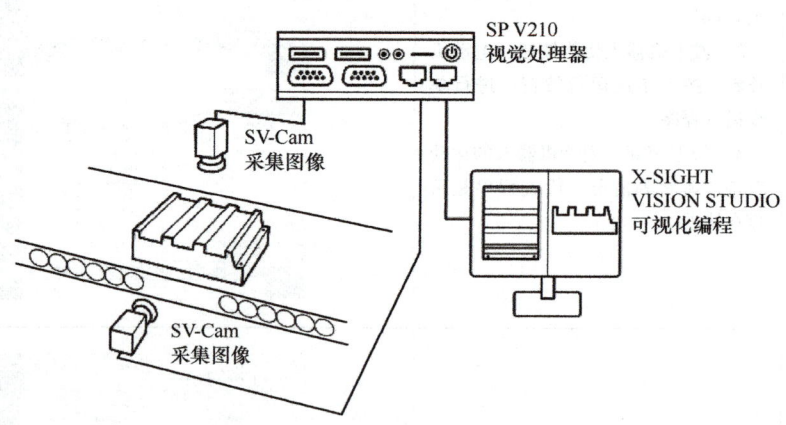

图 7-12　机器视觉系统基本硬件架构

其中，X-SIGHT VISION STDIO 是基于 dataflow 的一种机器视觉应用开发平台。该软件提供了功能强大的图像分析工具，同时还具有丰富的工具结果输出，详尽的特征细节描述，方便操作者进行自定义运算，可以加快项目开发进程，缩短项目周期。其功能强大，操作简单，在机器视觉领域应用较广。

2. X-SIGHT VISION STDIO 软件的安装

X-SIGHT VISION STDIO 软件的安装步骤如下：

1) 提前安装软件运行环境，比如 sense 加密软件、VC 运行库及 dll 库等。双击运行安装文件 XSightStudio_Setup.exe，选择安装路径，并单击"下一步"按钮，如图 7-13 所示。

2) 选择附加任务，并单击"下一步"按钮，如图 7-14 所示。

项目 7　工业机器人应用技术

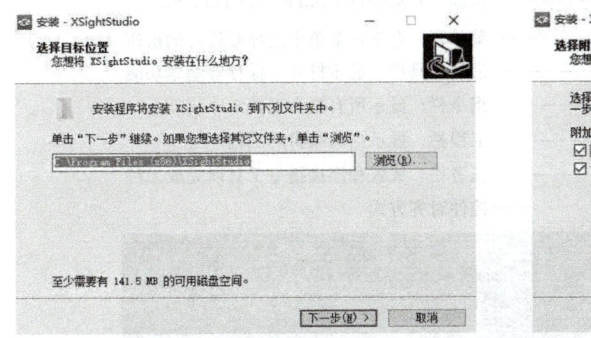

图 7-13　选择安装路径

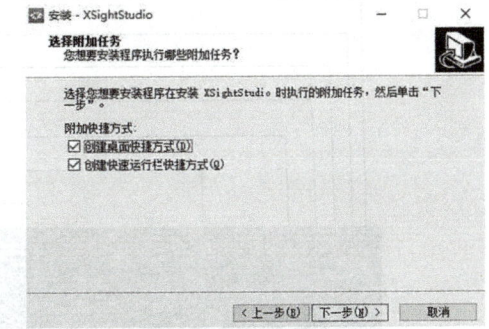

图 7-14　选择附加任务

3）单击"安装"，显示等待安装，安装完毕后，单击"完成"按钮，如图 7-15 所示。

3. 系统界面认知

（1）主界面　双击软件图标，打开软件，主界面如图 7-16 所示。

（2）属性栏　为了获得理想的结果，可以在属性栏设置相应指令的参数，如图 7-17 所示。

（3）图形编辑窗口　要编辑几何数据（例如线段、圆、路径或区域），可单击属性栏中要设置或修改的属性名称后面的按钮，将出现如图 7-18 所示的图形编辑窗口。

（4）常规工具及控件　常用工具包括：新建、打开、保存、单次、连续、运行、停止和布局等，见表 7-20。

图 7-15　安装完成

表 7-20　常用工具的功能

标识	功　能	描　　述
	新建	新建工程
	打开	打开现有工程
	保存	保存当前工程
	单次	执行程序到单次迭代结束
	连续	执行程序直到用户按下"停止"按钮结束
	停止	释放相机资源
	运行	运行当前工程
	布局	将布局调整为初始布局

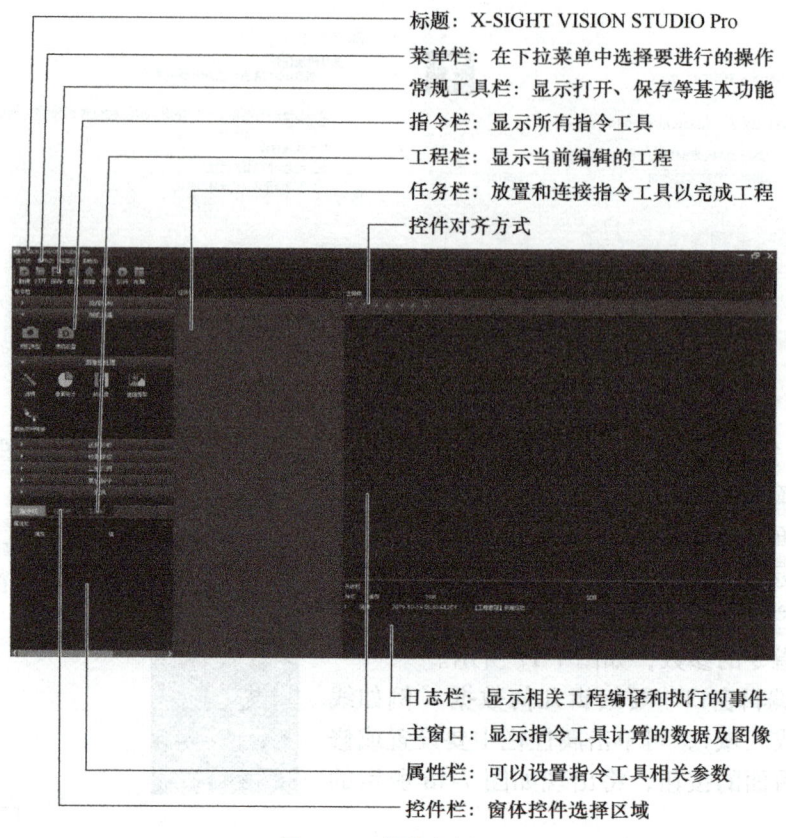

图 7-16 软件主界面

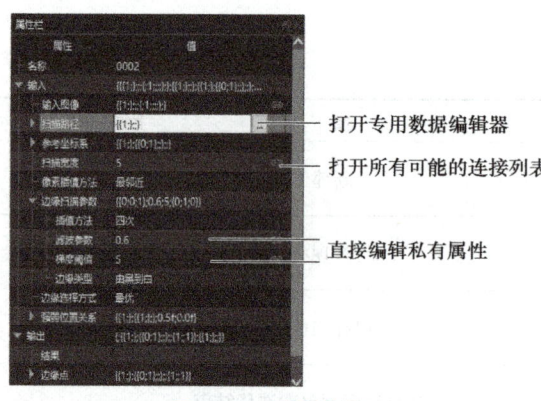

图 7-17 属性栏设置

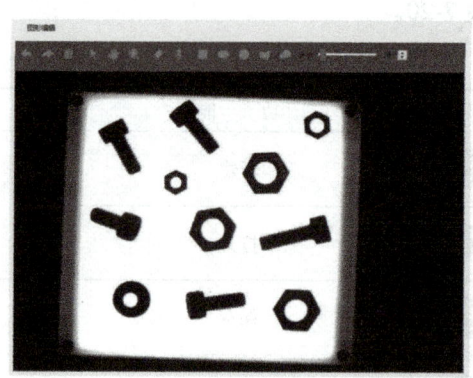

图 7-18 图形编辑窗口

4. 基本操作流程

在上位机的 X-SIGHT VISION STUDIO Pro 软件中，使用指令工具的基本操作流程主要包括以下步骤。

① 从指令栏中选择相应的指令到任务栏，如图 7-19 所示。

② 在属性栏窗口设置指令参数，如图 7-20 所示。

③ 在控制栏拖拽相应的控件到主窗体，如图 7-21 所示。

④ 在属性栏设置控件参数，显示数据或图像，如图 7-22 所示。

项目7 工业机器人应用技术

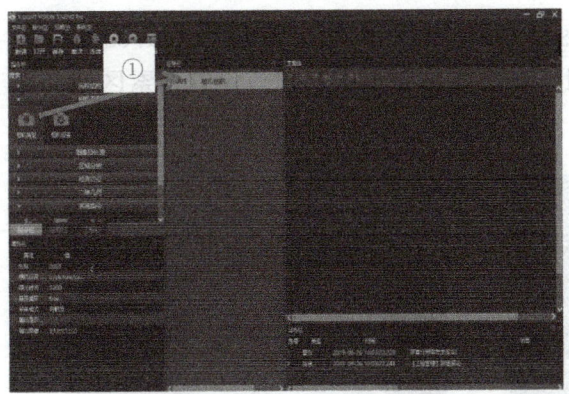

图 7-19 选择指令

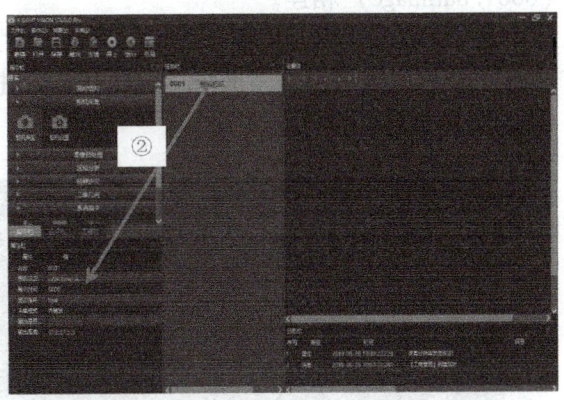

图 7-20 设置指令参数

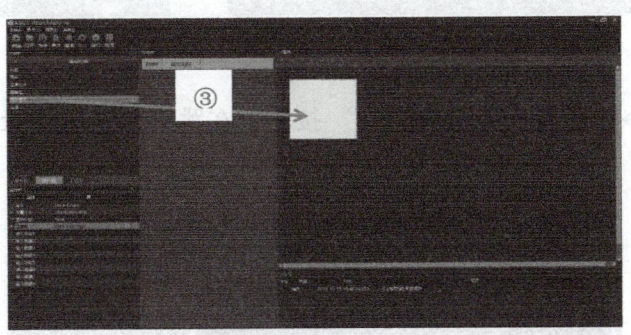

图 7-21 拖拽相应控件到主窗体

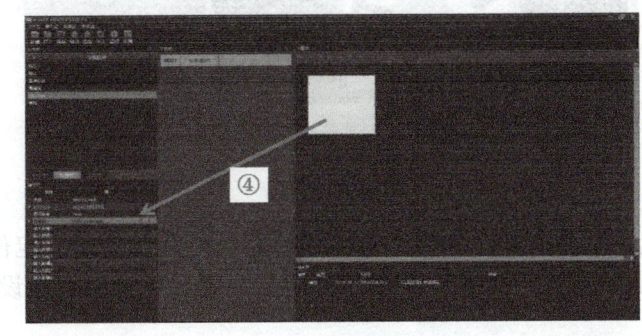

图 7-22 设置控件参数

当程序准备就绪时，单击"单次""连续"或"运行"按钮，右下角日志栏窗口将提供程序执行的一些重要信息，当出现问题时，应仔细检查。

5. 单轮廓模板设定

通过比较物体边缘在图像中查找预定义模板的单个匹配项，主要应用于检测轮廓清晰的刚性物体，其操作步骤如下。

1) 从指令栏选择"模拟相机"指令到任务栏，并单击属性栏→相机标识后面的" "，在跳出的窗口中设置图像的文件路径，如图 7-23 所示。若要将导入的图片显示在主窗体中，可以从控件栏拖拽一个图形显示控件到主窗体，并将属性栏→背景图与模拟相机的输出图像

（0001.outImage）相连。

2）使用单轮廓定位指令，将属性栏→输入图像与模拟相机的输出图像（0001.outImage）相连，单击属性栏→搜索区域后面的"…"按钮，在跳出的图形编辑窗口设置搜索区域，如图7-24所示。

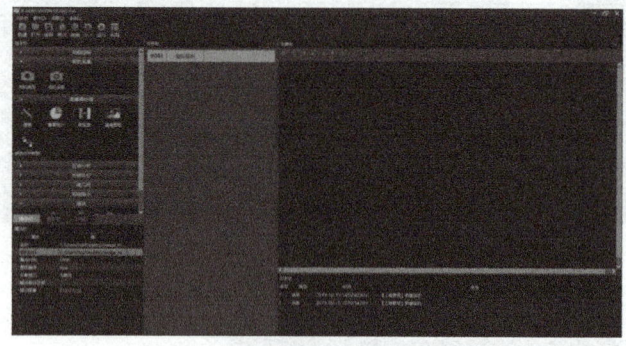

图7-23 导入图片

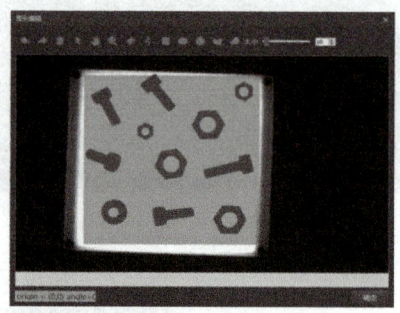

图7-24 设置轮廓搜索区域

3）单击属性栏→轮廓模板后面的"…"按钮，在跳出的定义边缘模型窗口设置轮廓模板，如图7-25所示。

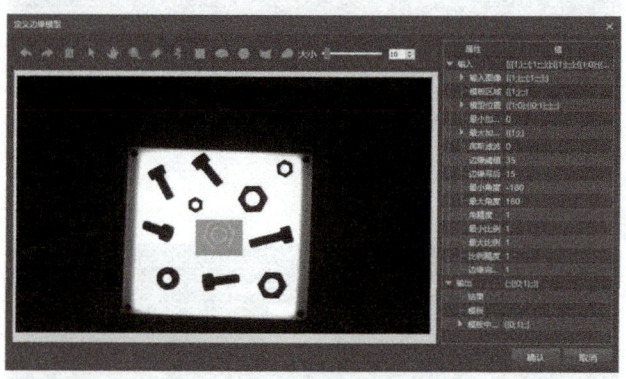

图7-25 定义边缘模型

4）根据需求设置属性栏中其他参数，并将图形显示控件与单轮廓定位指令所定位到的对象（0002.out.outObject.match）相连，如图7-26所示，完成单轮廓模板设定。

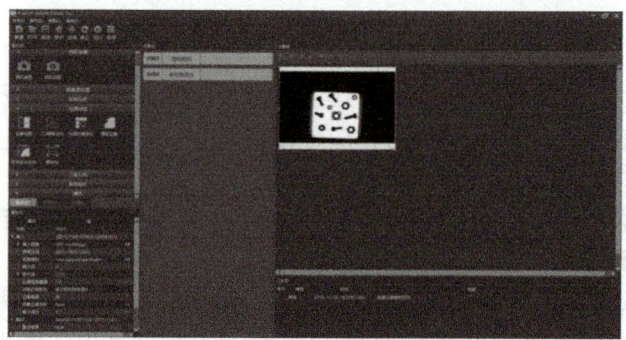

图7-26 设置属性参数

6. 安装孔距测量的编程与调试

通过对软件的指令设置及调试，测量两个安装孔中心之间的距离。由于输入对象的位置及方向均是可变的，因此在处理中需要使用 Blob 分析及对象的相对坐标系，结合使用形状拟合定位找到安装孔的位置，从而完成孔距的测量。具体操作步骤如下：

1）使用模拟相机指令加载本地图像，在相机标识处修改文件路径，如图 7-27 所示。

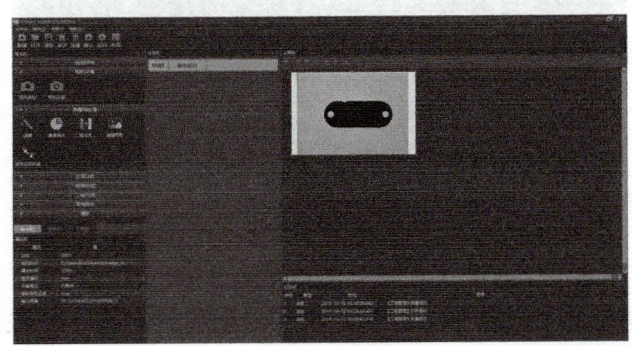

图 7-27　加载本地图像

2）使用提取区域指令从图像中提取对象区域（最大像素值设置为 115），如图 7-28 所示。

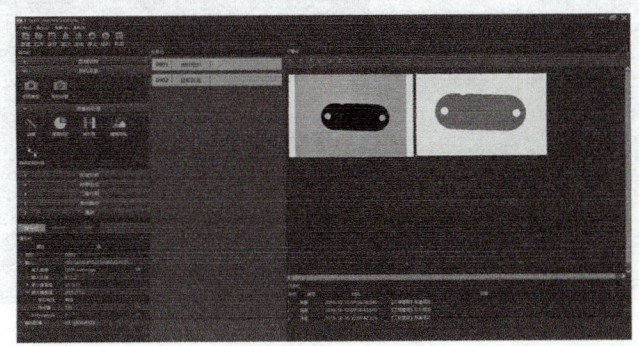

图 7-28　提取对象区域

3）使用区域外接矩形指令求每个对象的区域外接矩形，如图 7-29 所示。

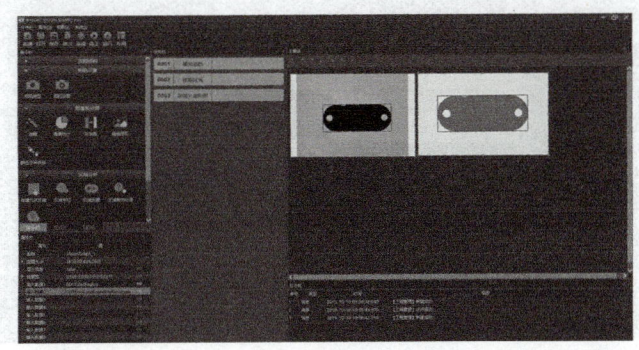

图 7-29　区域外接矩形指令

4）使用基于矩形指令创建对象的相对坐标系，将矩形输入与区域外接矩形相连，如图 7-30

所示。

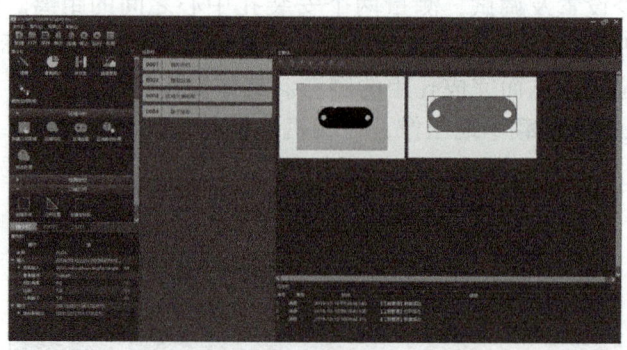

图 7-30　创建相对坐标系

5）添加两个圆定位指令，将输入图像与模拟相机的输出图像相连，设置拟合区域以便找到安装孔的位置，参考坐标系与基于矩形创建的相对坐标系相连，边缘扫描参数、边缘类型设置为由白到黑，如图 7-31 所示。

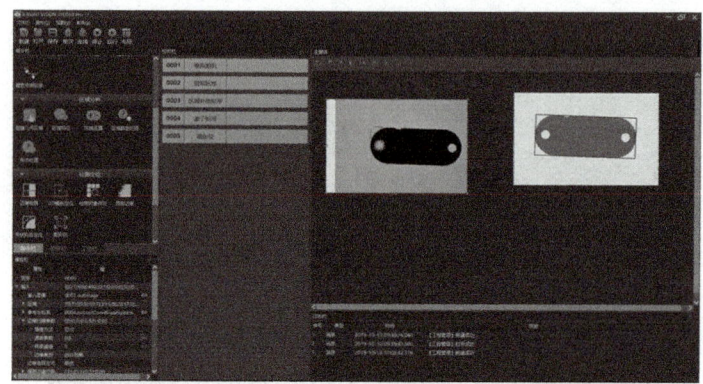

图 7-31　圆定位指令

6）使用点到点距离指令计算找到两个圆的圆心之间的距离，如图 7-32 所示。

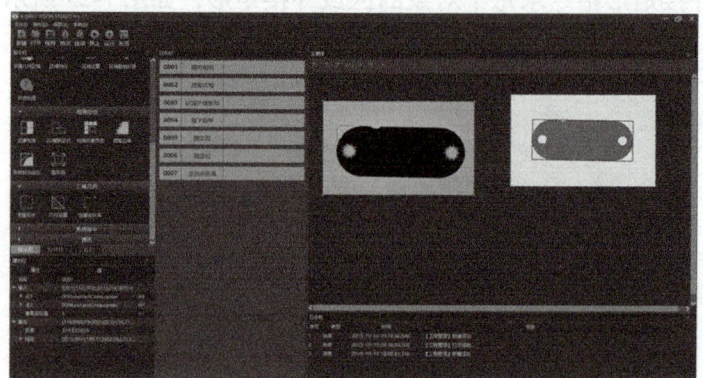

图 7-32　点到点距离指令

7）为了在界面上直观地显示安装孔之间的距离，从控件栏中拖拽一个编辑框到主窗体，并将文本与点到点距离的值相连，如图 7-33 所示。

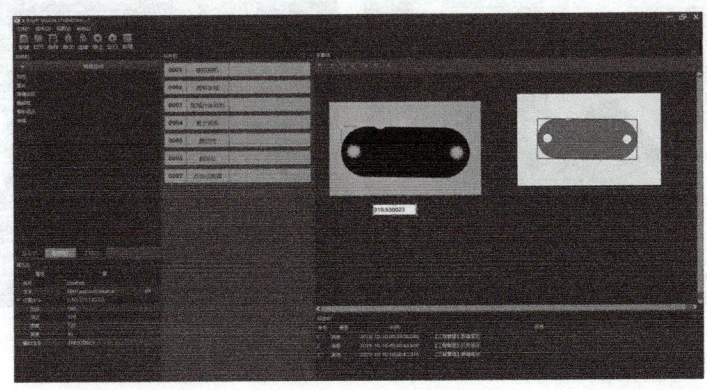

图 7-33 显示孔距值

本实例中使用的主要指令说明见表 7-21。

表 7-21 使用的主要指令说明

图标	名　　称	描　　述
	模拟相机	导入图片
	提取区域	创建一个区域，该区域包含值在指定范围内的图像像素
	区域外接矩形	计算包含区域的最小矩形
	基于矩形	基于矩形创建相对坐标系，定义对象对齐方式
	圆定位	根据其粗略位置精确检测到圆形物体或孔
	点到点距离	计算两点之间的距离

7.5.2 智能视觉系统与工业机器人综合应用

近年来，我国的包装业进入到飞速发展的阶段，然而技术水平与国际先进水平相比仍有较大差距，特别是计算机技术在包装业的应用还比较落后。不少包装企业仍然采用人眼观察或者通过特定压痕的方式将天地盖与外包装面纸贴合。这种纯手工操作方式存在劳动强度大、贴合效率低、实时性差、易受个体因素影响等缺点，因而很难达到高档包装的设计要求。为了解决这些问题，可以通过机器视觉系统与工业机器人协调工作，这样既能降低劳动强度，又可以提升工作效率。

在此以包装盒的天地盖贴合系统应用为例，介绍智能视觉系统与工业机器人的综合应用。包装盒天地盖贴合系统以 SCARA 机械手及双相机为核心部件，以信捷 X-SIGHT VISION STUDIO 为图像处理平台组成双相机天地盖贴盒系统。该系统做到了真正意义上的"手"（即 SCARA 机械人）和"眼"（即双相机），先通过"眼"进行快速定位，再由"大脑"发送执行命令，最后让"手"快速贴盒，从而完全替代传统的人工贴盒，如图 7-34 所示。

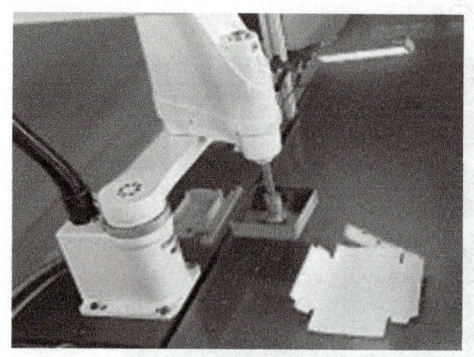
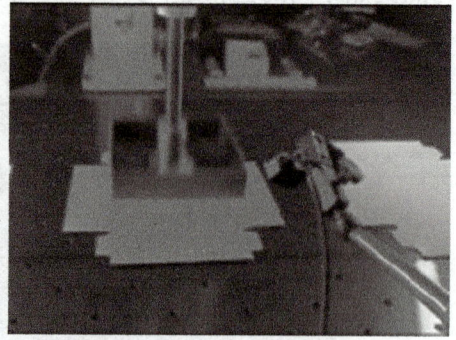

图 7-34　包装盒的天地盖贴合系统

1. 天地盖贴盒系统硬件架构

天地盖贴盒系统主要由光源、光控、HMI、双相机、PLC、工控机、SCARA 机械手等组成，其硬件组成框图如图 7-35 所示。

2. 天地盖贴盒系统工作流程

天地盖贴盒系统的基本工作原理是：首先光电传感器检测目标到位，传送带停止传送，双相机根据外部信号位目标，PLC 系统进行图像位融合识别目标当前的位置，然后将目标的位置传给机械手系统，进而实现静态贴合。

（1）主轴与拉模机构　主轴负责将产品运送至不同的工位，进行折耳、折边、压泡等动作，根据不同的产品，以上位置可在触摸屏中自由设置。

（2）折耳与压泡　当主轴运行至折耳位和压泡位时，绑定在虚拟轴上的所有电子凸轮轴将处于暂停状态，折耳、压泡气缸动作，气缸动作完成后电子凸轮轴将自动跳转至下一段继续接下来的动作流程。

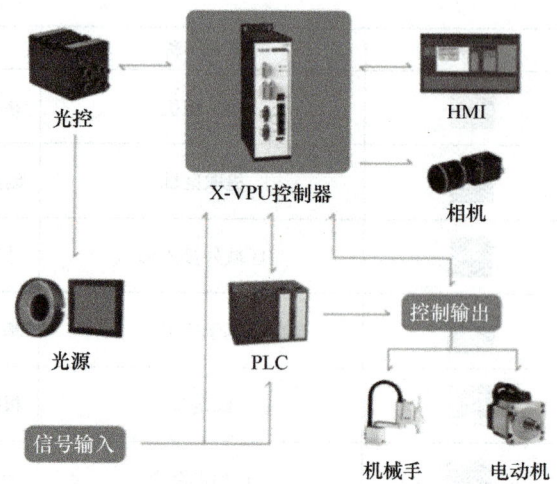

图 7-35　天地盖贴盒系统硬件组成框图

（3）凸轮机构　一共 4 个旋转轴由 4 个伺服控制，这 4 个旋转轴上分别有 3 个机械凸轮控制着毛刷、铲刀、盒定位，4 个旋转轴会根据模式的不同分别或一起动作。4 个电子凸轮轴会跟随虚拟主轴进行定位、折边、折边退回等动作。

复习思考题

1. 工业机器人的定义及结构组成是什么？
2. 简述示教再现的含义、种类及特点。
3. 离线编程的概念及特点是什么？
4. 描述指令 MoveCDO p10，p20，v300，z20，tool1，do1，1 的功能含义。
5. 简述常见程序调用指令的功能。

项目 8

新能源发电系统电路应用

培训学习目标：

熟悉风力发电机组的结构与组成；掌握水平轴风力发电机的结构及其工作原理；掌握风力发电机常见故障及维护；掌握光伏发电原理及控制电路维护。

8.1 风力发电基础知识

风能具有一定的动能，通过风轮机将风能转化为机械能，拖动发电机发电。风力发电的原理是利用风带动风车叶片旋转，再通过增速器将旋转的速度提高来促使发电机发电。依据目前的风车技术，大约 3m/s 的微风速度便可以开始发电。简单的风力发电机由叶片和发电机两部分构成，如图 8-1 所示。空气流动的动能作用在叶轮上，将动能转换成机械能，从而推动片叶旋转，如果将叶轮的转轴与发电机的转轴相连，就会带动发电机发出电来。

8.1.1 风资源概述

（1）风的起源 风的形成是空气流动的结果。风就是水平运动的空气，空气运动主要是由于地球上各纬度所接收的太阳辐射强度不同而形成的。大气的流动也像水流一样，是从压力高处往压力低处流，太阳能正是形成大气压差的原因。由于地球自转轴与围绕太阳的公转轴之间存在 66.5°的夹角，因此对地球上不同地点太阳照射角度是不同的，而且对同一地点一年中这个角度也是变化的。地球上某处所接收的太阳辐射能与该地点太阳照射角的正弦成正比。

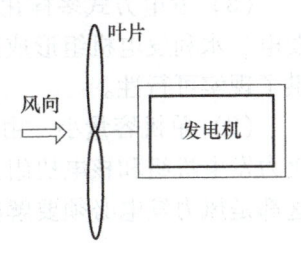

图 8-1 简单风力发电系统的示意图

（2）风的参数 风向和风速是两个描述风的重要参数。风向是指风吹来的方向，如果风是从东方吹来的就称为东风。风速表示风移动的速度，即单位时间内空气流动所经过的距离。风速是指某一高度连续 10min 所测得各瞬时风速的平均值。一般以草地上空 10m 高处的 10min 内风速的平均值为参考。

（3）风能的基本情况

1）风能的特点：风能的特点主要有能量密度低、不稳定性、分布不均匀、可再生、必须在有风地带、无污染、分布广泛、可分散利用、不需能源运输、可与其他能源相互转换等。

2）风能资源的估算：风能的大小实际就是气流流过的动能，因此可以推导出气流在单位时间内垂直流过单位截面积的风能，即

$$W = 0.5\rho v^3 \tag{8-1}$$

式中，W 为风能（W），ρ 为空气密度（kg/m³），v 为风速（m/s）。

风速的随机性很大，一个地方风能潜力的多少要视该地常年平均风能密度的大小。因此，

需要求出在一段时间内的平均风能密度,这个值可以将风能密度公式对时间积分后平均来求得。在风速 v 的概率分布 $P(v)$ 知道后,平均风能密度还可以表示为

$$\omega = 0.5\rho v^3 P(v) \mathrm{d}v \tag{8-2}$$

8.1.2 风力发电的特点

(1) 可再生的洁净能源 风力发电是一种可再生的洁净能源,不消耗化石资源也不污染环境,这是火力发电所无法比拟的。

(2) 建设周期短 一个 10MW 级的风电场建设期不到一年。

(3) 装机规模灵活 可根据资金情况决定一次装机规模,有一台资金就可以安装一台并投产一台。

(4) 可靠性高 把现代高科技应用于风力发电机组使其发电可靠性大大提高,中、大型风力发电机组可靠性从 20 世纪 80 年代的 50% 提高到了 98%,高于火力发电且机组寿命可达 20 年。

(5) 造价低 从已建成的风电场看,单位千瓦造价和单位千瓦时电价都低于火力发电,和常规能源发电相比具有竞争力。随着大中型风力发电机组的国产化和产业化,风力发电的造价和电价也将低于火力发电。

(6) 运行维护简单 现代中大型风力发电机的自动化水平很高,可以在无人值守的情况下正常工作,只需定期进行必要的维护,不存在火力发电的大修问题。

(7) 实际占地面积小 发电机组与监控、变电等建筑仅占火电厂 1% 的土地,其余场地仍可供农、牧、渔使用。

(8) 发电方式多样化 风力发电既可并网运行,也可以和其他能源如柴油发电、太阳能发电、水利发电机组形成互补系统,还可以独立运行,因此对于解决边远地区的用电问题提供了现实可行性。

(9) 单机容量小 由于风能密度低决定了单台风力发电机组容量不可能很大,与现在的火力发电机组和核电机组无法相比。另外风况是不稳定的,有时无风有时又有破坏性的大风,这都是风力发电必须要解决的实际问题。

8.1.3 风力发电机的结构与组成

1. 风力发电机的分类

风力发电机组是将风能转化为电能的装置,按其容量分可分为小型(10kW 以下)、中型(10~100kW)和大型(100kW 以上)风力发电机组;按功率调节方式可分为定桨距(失速型)机组和变桨距机组;按叶轮转速是否恒定可分为定速风力机和变速风力机。其他类型的风力机还有:主动失速型、无齿轮箱型和海上机组。下面对功率调节型风电机组做简要说明:

(1) 风力发电机组——定桨距失速调节型 定桨距是指桨叶与轮毂的连接是固定的,桨距角固定不变,即当风速变化时,桨叶的迎风角度不能随之变化。失速型是指桨叶翼型本身所具有的失速特性,当风速高于额定风速时,气流的攻角增大到失速条件,使桨叶的表面产生涡流,效率降低,来限制发电机的功率输出。为了提高风电机组在低风速时的效率,通常采用双速发电机(即大/小发电机)。在低风速段运行的,采用小发电机使桨叶具有较高的气动效率,提高发电机的运行效率。

失速调节的优点是调节简单可靠,当风速变化引起输出功率变化时,只需通过桨叶的被动失速调节即可实现系统控制,使控制系统大为简化。其缺点是叶片重量大(与变桨距风机

叶片比较），桨叶、轮毂、塔架等部件受力较大，机组的整体效率较低。

（2）风力发电机组——变桨距调节型　变桨距是指安装在轮毂上的叶片通过控制来改变其桨距角的大小。其调节方法是：当风电机组达到运行条件时，控制系统命令将桨距角调节到45°，当转速达到一定时，再调节到0°，直到风力发电机达到额定转速并网发电；在运行过程中，当输出功率小于额定功率时，桨距角保持在0°位置不变，不做任何调节；当发电机输出功率达到额定功率以后，调节系统根据输出功率的变化调整桨距角的大小，使发电机的输出功率保持在额定功率。

随着风电控制技术的发展，当输出功率小于额定功率状态时，变桨距风力发电机组可以根据风速的大小，调整发电机转差率，使其尽量运行在最佳叶尖速比，优化输出功率。

2. 水平轴风力发电机的结构

图 8-1 所示的这种最简单的风力发电机发出的电时有时无，电压和频率也很不稳定。这种风力发电机是没有实际应用价值的。现代风力发电机增加了齿轮箱、偏航系统、液压系统、制动系统和控制系统等，如图 8-2 和图 8-3 所示。

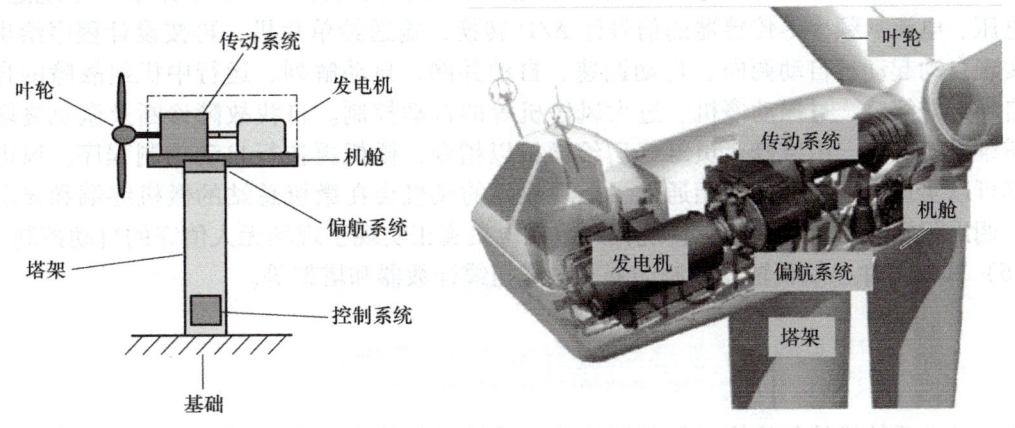

图 8-2　现代风力发电机的结构（1）　　　　图 8-3　现代风力发电机的结构（2）

（1）叶轮　将风能转变为机械能。叶轮由叶片和轮毂组成，是机组中最重要的部件，决定其性能和成本。目前叶轮多数是上风式，三叶片；也有下风式，两叶片。叶片与轮毂的连接有固定式（定桨距）及可动式（变桨距）。叶片多由复合材料（玻璃钢）制成。

（2）传动系统　将叶轮的转速提升到发电机的额定转速。传动系统由风力发电机中的旋转部件组成，主要包括低速轴、齿轮箱和高速轴，以及支撑轴承、联轴器和机械制动系统。齿轮箱有两种：平行轴式和行星式。大型机组中多用行星式，有些机组无齿轮箱，即直驱式。传动系统的设计按传统的机械工程方法，主要考虑特殊的受载荷情况。

齿轮箱可以将很低的风轮转速（17~48r/min）变为很高的发电机转速（通常为1500r/min）；同时也使得发电机易于控制，实现稳定的频率和电压输出。

由于机组安装在高山、荒野、海滩、海岛等风口处，受无规律的变向变负荷的风力作用以及强阵风的冲击，常年经受酷暑严寒和极端温差的影响，齿轮箱安装在塔顶的狭小空间内，一旦出现故障，修复非常困难，故对其可靠性和使用寿命都提出了比一般机械高得多的要求。

（3）发电机　发电机是风力发电机组中最关键的部件，是将风能最终转变成电能的设备。发电机的性能好坏直接影响整机效率和可靠性。大型风电机（100~150kW）通常产生690V的三相交流电，然后电流通过风力发电机旁的变压器，电压被提高至1~3万V。风力发电机上常用的发电机有以下几种：

1）直流发电机，常用在微型与小型风力发电机上。

2）永磁发电机，常用在小型风力发电机上。我国已经发明了交流 440/240V 的高效永磁交流发电机，可以做成多磁极低转速的，特别适合风力发电机。

3）同步或异步交流发电机，它的电枢磁场与主磁场不同步旋转，其转速比同步转速略低，当并网时转速应提高。

（4）机舱与偏航系统　包括机舱盖、底板和偏航系统。机舱盖起防护作用，底板支撑着传动部件。偏航机构是驱动机舱在回转轴承上相对塔架转动的装置，也称为对风装置，其作用是能够快速平稳地对准风向，以便风轮获得最大的风能。偏航系统的主要部件是一个连接底板和塔架的大齿轮。上风式机组采用主动偏航，由偏航电动机或液压马达驱动，受偏航控制系统的控制。偏航制动用来固定机舱位置。

（5）控制系统　使风力发电机在各种自然条件与工况下正常运行的保障机制，包括调速、调向和安全控制。风力发电机的微机控制属于离散型控制，是将风向标、风速计、风轮转速、发电机电压、频率、电流、发电机温升、增速器温升、机舱振动、塔架振动、电缆过缠绕、电网电压、电流、频率等传感器的信号经 A/D 转换，输送给单片机，再按设计程序给出各种指令实现自动起动、自动调向、自动调速、自动并网、自动解列、运行中机组故障的自动停机、自动电缆解绕、过振动停机、过大风停机等的自动控制。自我故障诊断及微机终端故障输出需维修的故障，由维修人员维修后给微机以指令，微机再执行自动控制程序。风电场的机组群可以实现联网管理、互相通信，出现故障的风机会在微机总站的微机终端和显示器上读出、调出程序和修改程序等，使现代风力发电机真正实现了现场无人值守的自动控制。

（6）其他部件　如联轴器、制动器、电缆扭缆计数器和塔架等。

8.2　风力发电系统维护

风力发电系统维护与检修工作都要按照有关维护检修规程要求进行。维护检修时必须佩戴安全帽；必须实行监护制度，不得一个人在维护检修现场作业；转移工作位置时，应经过风场工作负责人许可；登塔维护检修时，不得两个人在同一段塔筒内同时登塔。工作结束后，所有平台窗口应关闭；塔上作业时风机必须停止运行；登塔前应将远程控制系统锁定并挂警示牌；检查机舱外风速仪、风向仪、叶片、轮毂等，应使用加长安全带；雷雨天气不得检修风机等。

在风力发电机组的操作指导手册中关于其维护检修有详细说明。工作人员在维护过程中，对每个项目的检修维护应严格遵守操作规程。风机维护可分为定期维护和日常维护两种方式。这里主要介绍风力发电机组变桨控制系统和解缆系统的维护及故障处理方法。

8.2.1　变桨控制系统常见故障原因及处理方法

（1）检查变桨齿轮箱油位　将齿轮箱旋转至垂直位置，取下油封，油位必须上升到螺纹底部边缘（如果齿轮箱有油溢出，则没必要加油）。变桨电动机与齿轮箱的连接如图 8-4 所示。

（2）变桨齿轮箱换油　变桨齿轮箱换油每 5 年一次。

（3）齿轮箱与电动机密封的检查　检查螺栓是否松动。检查电动机与齿轮箱中分面处有无油漏出，如有漏油，必须立即清理漏油并紧固连接螺栓。

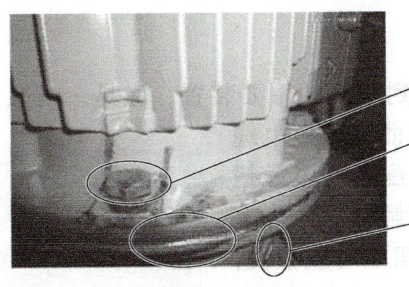

图 8-4 变桨电动机与齿轮箱的连接

（4）检查变桨控制柜的表面、内部情况　外观检查主控柜表面腐蚀、裂纹、接地情况；是否有凝露，如有，需擦拭或吹干。内部检查元器件间连接端子是否松动以及电器元件的安装螺钉是否松动。

（5）A、B编码器的检查　检查电动机侧、轴承侧编码器的电气接头是否松动，检查紧固件是否松动。检查B编码器测速齿轮是否松动，如图8-5所示。

（6）轮毂照明及蓄电池柜内情况　轮毂照明是否正常，检查电池组在柜内的紧固情况，目视电池是否有鼓包。测量电池电压是否正常，正常值为230V左右。注意：测量蓄电池电压时，需断开轴控柜电池开关以及变桨主控柜充电器电源开关，在电池柜内端子处测量电池电压是否为230V左右，严禁在电池柜航空插头插针处测量。

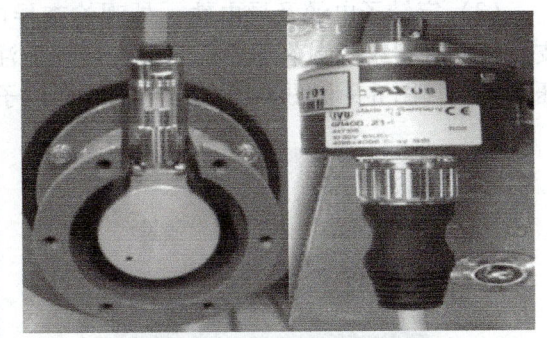

图 8-5 编码器测速齿轮示意图

（7）校正叶片零位　在变桨控制器面板上手动转动叶片从92°至0°位置后，使用叶片调零专用工具校正，校正过程中使轮毂铸件上面的0°刻线与叶片上标记的0°刻线达到一致即可（轮毂铸件、叶片上的0°刻线均是唯一的），当机械0°调整完成后，在变桨控制器面板上进行零位校准即可。校正叶片零位操作如图8-6所示。注意：要求叶片必须清"0"，严禁清"92°"位置。在校正时要注意叶片厂家，了解该叶片的调零要求，由现场留守服务人员进行操作执行。

（8）92°和95°限位装置的检查　92°和95°限位装置如图8-7所示，具体检查项目有：检查限位开关是否安装牢固；检查限位开关信号是否正常；检查限位开关板安装是否牢固。

图 8-6 校正叶片零位操作

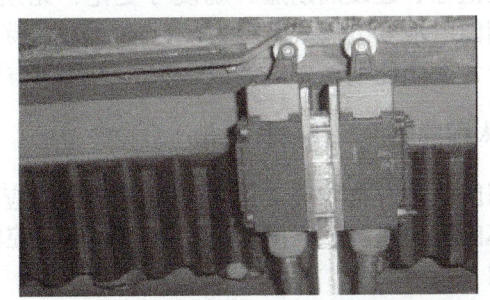

图 8-7 92°和95°限位装置

8.2.2 风力发电解缆系统维护

电缆是用来将电流从风力发电机运载到塔下的重要装置。但是，当风力发电机偶然沿一个方向偏转太长时间时，电缆将越来越扭曲，导致电缆扭断或出现其他故障。因此，风力发电机配备有电缆扭曲计数器，用于提醒操作人员及时将电缆解开。风力发电机还会配备拉动开关，以便在电缆严重扭曲时被激发，断开装置或制动停机，然后解缆。

（1）电缆扭曲情况 机舱处于0°位置时，外观检查电缆的扭曲程度，此时电缆应处于自然垂直无扭曲悬挂状态。机舱处于0°位置时的电缆状态如图8-8所示。

（2）外观检查电缆固定情况 检查电缆保护橡胶片是否脱落，如果脱落，重新用扎带扎上；如果严重磨损，需要加以处理。

图8-8 机舱处于0°位置时的电缆状态

（3）定转子电缆及导电轨 外观检查导电轨，检查支承是否有裂纹、剥落等现象，检查接地。注意：进行此项工作时，必须断开箱式变压器低压侧开关。图8-9和图8-10所示分别为西门子导电轨和施耐德导电轨。

图8-9 西门子导电轨

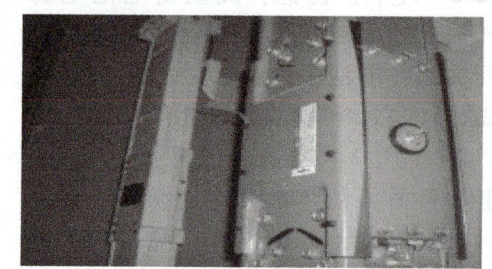

图8-10 施耐德导电轨

8.3 光伏发电基础知识

太阳能电池发电与火力、水力、柴油发电比较具有许多优点，如安全可靠、无噪声、无污染，能量随处可得、不受地域限制、无须消耗燃料、无机械转动部件、故障率低、维护简便、无人值守、建设周期短、规模可变化、无须架设输电线路、便于与建筑物相结合等。因此，太阳能电池发电极具吸引力。目前，大规模太阳能电池发电系统成本比较高，预计到21世纪中叶，太阳能电池发电的成本将会下降到与常规能源发电相当的水平。

8.3.1 太阳能电池应用电路维护

太阳能电池发电系统是利用以光生伏特效应原理制成的太阳能电池将太阳辐射能直接转换成电能的发电系统。它由太阳能电池方阵、控制器、蓄电池组、直流/交流逆变器等部分组成，如图8-11所示。

1. 太阳能电池方阵

太阳能电池单体是光电转换的最小单元，尺寸一般为$4\sim100\mathrm{cm}^2$。太阳能电池单体的工作

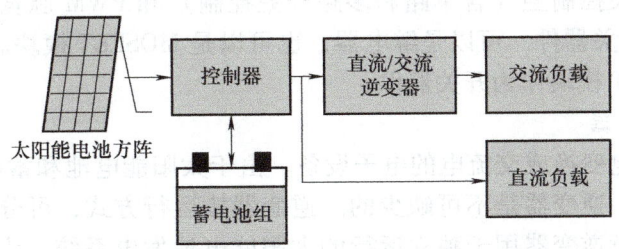

图 8-11 太阳能电池发电系统组成示意图

电压约为 0.5V，工作电流为 20~25mA/cm²，一般不能单独作为电源使用。将太阳能电池单体串并联封装后成为太阳能电池组件，其功率一般为几瓦至几十瓦，是可以单独作为电源使用的最小单元。太阳能电池组件再经过串并联组合安装在支架上，就构成了太阳能电池方阵（见图 8-12），可以满足负载所要求的输出功率。

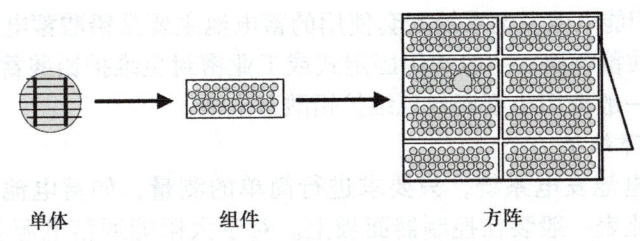

图 8-12 太阳能电池方阵示意图

太阳能电池的工作原理如下：

光由光子组成，而光子是包有一定能量的微粒，能量的大小由光的波长决定。光被晶体硅吸收后，在 PN 结中产生一对对正负电荷，由于在 PN 结区域的正负电荷被分离，因而可以产生一个外电流场，电流从晶体硅片电池的底端经过负载流至电池的顶端。这就是"光生伏特效应"。将一个负载连接在太阳能电池的上下两表面间时，将有电流流过该负载，于是太阳能电池就产生了电流。太阳能电池吸收的光子越多，产生的电流也就越大。光子的能量由波长决定，低于基能能量的光子不能产生自由电子，一个高于基能能量的光子将仅产生一个自由电子，多余的能量将使电池发热，伴随电能损失的影响将使太阳能电池的效率下降。

一个太阳能电池只能产生大约 0.5V 电压，远低于实际应用所需要的电压。为了满足实际应用的需要，需把太阳能电池连接成组件。太阳能电池组件包含一定数量的太阳能电池，这些太阳能电池通过导线连接。一个组件上，太阳能电池的标准数量是 36 片（10cm×10cm），这意味着一个太阳能电池组件大约能产生 17V 的电压，正好能为一个额定电压为 12V 的蓄电池进行有效充电。

通过导线连接的太阳能电池被密封成物理单元，称为太阳能电池组件，具有一定的防腐、防风、防雹、防雨等能力，广泛应用于各个领域和系统。当应用领域需要较高的电压和电流而单个组件不能满足要求时，可以把多个组件组成太阳能电池方阵，以获得所需要的电压和电流。

2. 控制器

充放电控制器是能自动防止蓄电池组过充电和过放电并具有简单测量功能的电子设备。充放电控制器，按照开关器件在电路中的位置，可分为串联控制型和分流控制型；按照控制方式,可分为普通开关控制型(含单路和多路开关控制)和 PWM 脉宽调制控制型(含最大功率跟踪控制器)。开关器件,可以是继电器,也可以是 MOSFET 模块。但 PWM 脉宽调制控制器,只能用 MOSFET 模块作为开关器件。

3. 直流/交流逆变器

逆变器是将直流电变换成交流电的电子设备。由于太阳能电池和蓄电池发出的是直流电,当负载是交流负载时,逆变器是不可缺少的。逆变器按运行方式,可分为独立运行逆变器和并网逆变器。独立运行逆变器用于独立运行的太阳能电池发电系统,为独立负载供电。并网逆变器用于并网运行的太阳能电池发电系统,将发出的电能馈入电网。逆变器按输出波形,又可分为方波逆变器和正弦波逆变器。方波逆变器电路简单,造价低,但谐波分量大,一般用于几百瓦以下和对谐波要求不高的系统。正弦波逆变器成本高,但适用于各种负载。从长远看,SPWM 脉宽调制正弦波逆变器将成为发展的主流。

4. 蓄电池组

其作用是储存太阳能电池方阵受光照时所发出的电能并可随时向负载供电。

目前,我国与太阳能电池发电系统配套使用的蓄电池主要是铅酸蓄电池和镉镍蓄电池。配套 200A·h 以上的铅酸蓄电池,一般选用固定式或工业密封免维护铅酸蓄电池;配套 200A·h 以下的铅酸蓄电池,一般选用小型密封免维护铅酸蓄电池。

5. 测量设备与故障维护

对于小型太阳能电池发电系统,只要求进行简单的测量,如蓄电池电压和充放电电流,测量所用的电压和电流表一般装在控制器面板上。对于太阳能通信电源系统、阴极保护系统等工业电源系统和大型太阳能发电站,往往要求对更多的参数进行测量,如太阳能辐射量、环境温度、充放电电量等,有时甚至要求具有远程数据传输、数据打印和遥控功能,这时要求为太阳能电池发电系统配备智能化的"数据采集系统"和"微机监控系统"。太阳能电池常见故障及维护方法如下:

(1) 故障现象 光伏系统功率输出下降严重。

故障原因:光伏组件受沙尘覆盖,遮挡严重,从而影响到输出电流。

处理办法:定期除尘并进行组件清洗。如果太阳能电池组件被其他物体(如鸟粪、树荫等)长时间遮挡,被遮挡的太阳能电池组件将会严重发热,这就是"热斑效应"。这种效应对太阳能电池会造成很严重的破坏。有光照的电池所产生的部分能量或所有的能量,都可能被遮蔽的电池所消耗。为了防止太阳能电池由于热斑效应而被破坏,需要在太阳能电池组件的正负极间并联一个旁通二极管,以避免光照组件所产生的能量被遮蔽的组件所消耗。

(2) 故障现象 组件破裂,组件不能正常工作。

处理办法:用相同型号的组件替换原损坏的组件或者将损坏组件所在的组件断开。

(3) 故障现象 光伏阵列输出电压过低,系统输出功率降低,长期运行造成组件被击穿。

故障原因:测量时太阳辐照度不同,开路电压有较小(一般不会超过5%)的差别;组件中某块组件的旁路二极管损坏或者组件损坏。

处理办法:检测组件中每个组件的开路电压,查出开路电压异常的组件,检测它的旁路二极管,若二极管有问题应进行更换。若二极管无问题,可能是组件本身的输出存在问题。

(4) 故障现象 组件外观产生形变;组件损坏,发电性能下降,甚至完全不发电。

故障原因:组件安装时由于处在一个倾斜的角度,组件边框受到存在应力和扭曲力作用。如果所配的平垫片不够大,导致组件边框在风力的作用下从支架上脱出,使得组件损坏。

处理办法:需正确安装组件中间夹,并采用足够大的平垫片。

8.3.2 光伏发电系统电路维护

1. 光伏发电系统控制电路分类

光伏充电控制器基本上可分为五种类型：并联型、串联型、脉宽调制型、智能型和最大功率跟踪型。

（1）并联型控制器　当蓄电池充满时，利用电子部件把光伏阵列的输出分流到内部并联电阻器或功率模块上去，然后以热的形式消耗掉。因为这种方式消耗热能，所以一般用于小型、低功率系统，例如电压在12V、20A以内的系统。这类控制器很可靠，没有继电器之类的机械部件。

（2）串联型控制器　利用机械继电器控制充电过程，并在夜间切断光伏阵列。它一般用于较高功率系统，继电器的容量决定充电控制器的功率等级，比较容易制造连续通电电流在45A以上的串联控制器。

（3）脉宽调制型控制器　它以PWM脉冲方式开关光伏阵列的输入。当蓄电池趋向于充满时，脉冲的频率和时间缩短。这种充电过程形成较完整的充电状态，它能增加光伏系统中蓄电池的总循环寿命。

（4）智能型控制器　采用带CPU的单片机（如Intel公司的MCS51系列或Microchip公司的PIC系列）对光伏电源系统的运行参数进行高速实时采集，并按照一定的控制规律由软件程序对单路或多路光伏阵列进行切离/接通控制。对中、大型光伏电源系统，还可通过单片机的RS232接口配合MODEM调制解调器进行远距离控制。

（5）最大功率跟踪型控制器　将太阳电池的电压U和电流I检测后相乘得到功率P，然后判断太阳电池此时的输出功率是否达到最大，若不在最大功率点运行，则调整脉宽，调制输出占空比D，改变充电电流，再次进行实时采样，并做出是否改变占空比的判断，通过这样寻优过程可保证太阳电池始终运行在最大功率点，以充分利用太阳能电池方阵的输出能量。同时采用PWM调制方式，使充电电流成为脉冲电流，以减少蓄电池的极化，提高充电效率。

2. 控制器的基本电路和工作原理

（1）单路并联型充放电控制器　如图8-13所示，并联型充放电控制器充电回路中的开关器件T1并联在太阳电池方阵的输出端，当蓄电池电压大于"充满切离电压"时，开关器件T1导通，同时二极管VD1截止，则太阳能电池方阵的输出电流直接通过T1短路泄放，不再对蓄电池进行充电，从而保证蓄电池不会出现过充电，起到"过充电保护"作用。

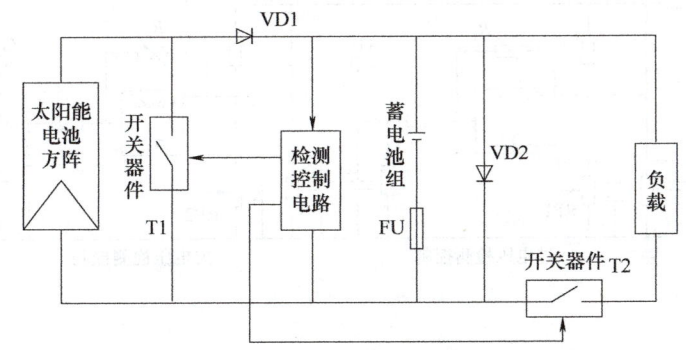

图8-13　单路并联型充放电控制器示意图

VD1为防"反充电二极管"，只有当太阳能电池方阵输出电压大于蓄电池电压时，VD1才能导通，反之 VD1 截止，从而保证夜晚或阴雨天气时不会出现蓄电池向太阳电池方阵反向充电，起到"防反向充电保护"作用。

开关器件 T2 为蓄电池放电开关，当负载电流大于额定电流出现过载或负载短路时，T2 关断，起到"输出过载保护"和"输出短路保护"作用。同时，当蓄电池电压小于"过放电压"时，T2 也关断，进行"过放电保护"。

VD2 为"防反接二极管"，当蓄电池极性接反时，VD2 导通使蓄电池通过 VD2 短路放电，产生很大电流快速将熔断器 FU 烧断，起到"防蓄电池反接保护"作用。

检测控制电路随时对蓄电池电压进行检测，当电压大于"充满切离电压"时，使 T1 导通进行"过充电保护"；当电压小于"过放电压"时，使 T2 关断进行"过放电保护"。

（2）单路串联型充放电控制器　如图 8-14 所示，串联型充放电控制器和并联型充放电控制器电路结构相似，唯一区别在于开关器件 T1 的接法不同，并联型 T1 并联在太阳能电池方阵输出端，而串联型 T1 是串联在充电回路中。当蓄电池电压大于"充满切离电压"时，T1 关断，使太阳电池不再对蓄电池进行充电，起到"过充电保护"作用。

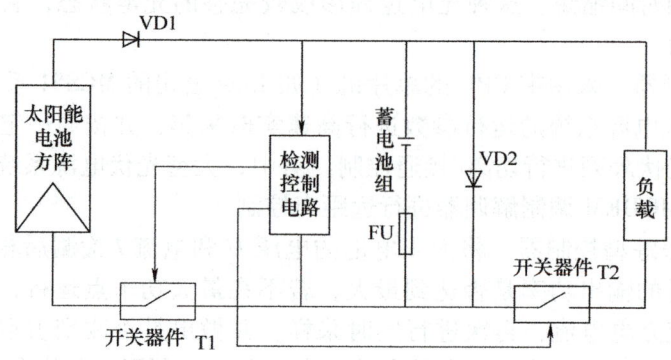

图 8-14　单路串联型充放电控制器示意图

其他元器件的作用和并联型充放电控制器相同，不再赘述。

（3）检测控制电路　如图 8-15 所示，检测控制电路包括过电压检测控制和欠电压检测控制两部分。

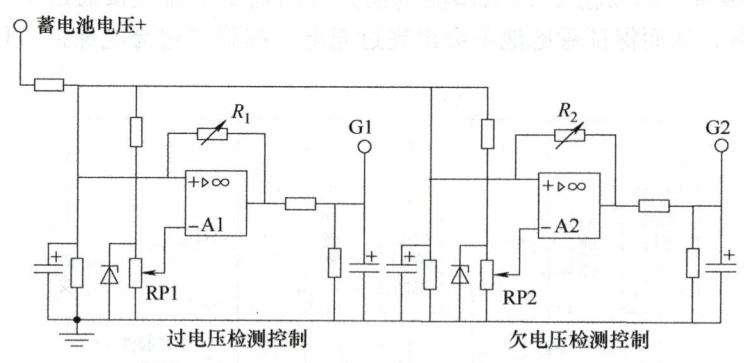

图 8-15　检测控制电路示意图

检测控制电路由带回差控制的运算放大器组成。A1 为过电压检测控制电路，A1 的同相输入端由 RP1 提供对应"过压切离"的基准电压，而反相输入端接被测蓄电池，当蓄电池电压大于"过压切离电压"时，A1 输出端 G1 为低电平，关断开关器件 T1，切断充电回路，起到过电压保护作用。当过电压保护后蓄电池电压又下降至小于"过压恢复电压"时，A1 的反相输入电位小于同相输入电位，则其输出端 G1 由低电平跳变至高电平，开关器件 T1 由关断变导通，重新接通充电回路。"过压切离门限"和"过压恢复门限"由 RP1 和 R_1 配合调整。

A2 为欠电压检测控制电路，其反相端接 RP2 提供的欠电压基准电压，同相端接蓄电池电压（和过电压检测控制电路相反），当蓄电池电压小于"欠电压门限电平"时，A2 输出端 G2 为低电平，开关器件 T2 关断，切断控制器的输出回路，实现"欠电压保护"。欠电压保护后，随着电池电压的升高，当电压又高于"欠电压恢复门限"时，开关器件 T2 重新导通，恢复对负载供电。"欠电压保护门限"和"欠电压恢复门限"由 RP2 和 R_2 配合调整。

3. 逆变器的分类和电路结构

有关逆变器分类的原则很多，例如：根据逆变器输出交流电压的相数，可分为单相逆变器和三相逆变器；根据输出波形的不同可分为方波逆变器和正弦波逆变器；根据逆变器使用的半导体器件类型不同，可分为晶体管逆变器、MOSFET 模块及门极关断晶闸管逆变器等；根据功率转换电路又可分为推挽电路、桥式电路和高频升压电路逆变器等。为了便于光伏电站选用逆变器，这里对方波逆变器、正弦波逆变器和几种功率转换电路加以简要说明。

（1）方波逆变器 方波逆变器输出的交流电压波形为 50Hz 方波。此类逆变器所使用的逆变线路也不完全相同，但共同的特点是线路比较简单，使用的功率开关管数量少。设计功率一般在几十瓦至几百瓦之间。方波逆变器的优点是：价格便宜，维修简单。缺点是：由于方波电压中含有大量高次谐波，在以变压器为负载的用电器中将产生附加损耗，对收音机和某些通信设备也有干扰。此外，这类逆变器中有的调压范围不够宽，有的保护功能不够完善，噪声也比较大。

（2）正弦波逆变器 这类逆变器输出的交流电压波形为正弦波。正弦波逆变器的优点是：输出波形好，失真度低，对通信设备无干扰，噪声也很低。此外，保护功能齐全，对电感性和电容型性负载适应性强。缺点是：线路相对复杂，对维修技术要求高，价格较贵。早期的正弦波逆变器多采用分立电子元器件或小规模集成电路组成模拟式波形产生电路，直接用模拟 50Hz 正弦波切割几千赫兹~几万赫兹的三角波产生一个 SPWM 正弦脉宽调制的高频脉冲波形，经功率转换电路、升压变压器和 LC 正弦化滤波器得到 220V/50Hz 单相正弦交流电压输出。但是这种模拟式正弦波逆变器电路结构复杂、电子元器件数量多、整机工作可靠性低。随着大规模集成微电子技术的发展，专用 SPWM 波形产生芯片（如 HEF4752、SA838 等）和智能 CPU 芯片（如 INTEL 8051、PIC16C73、INTEL80C196 MC 等）逐渐取代小规模分立元器件电路，组成数字式 SPWM 波形逆变器，使正弦波逆变器的技术性能和工作可靠性得到很大提高，已成为当前中、大型正弦波逆变器的优选方案。

（3）几种功率转换电路的比较 逆变器的功率转换电路一般有推挽式逆变电路、全桥式逆变电路和高频升压式逆变电路三种，其主电路分别如图 8-16~图 8-18 所示。

图 8-16 所示为推挽式逆变电路，将升压变压器的中心抽头接于正电源，两只功率管交替工作，输出得到交流电输出。由于功率晶体管共地连接，驱动及控制电路简单，另外由于变压器具有一定的漏感，可限制短路电流，因而提高了电路的可靠性。其缺点是变压器利用率低，带动感性负载的能力较差。

图 8-17 所示的全桥式逆变电路克服了推挽式逆变电路的缺点，功率开关管 VT3、VT6 和 VT4、VT5 反相，VT3 和 VT4 相位互差 180°，调节 VT3 和 VT4 的输出脉冲宽度，输出交流电压的有效值即随之改变。由于该电路具有能使 VT5 和 VT6 共同导通的功能，因而具有续流回

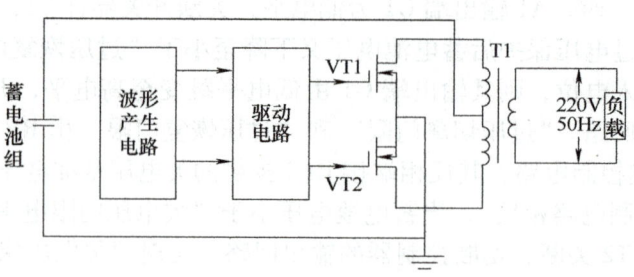

图 8-16　推挽式逆变电路原理框图

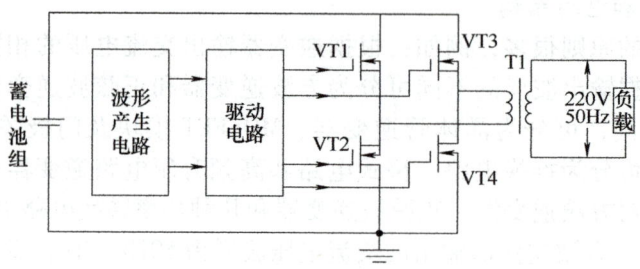

图 8-17　全桥式逆变电路原理框图

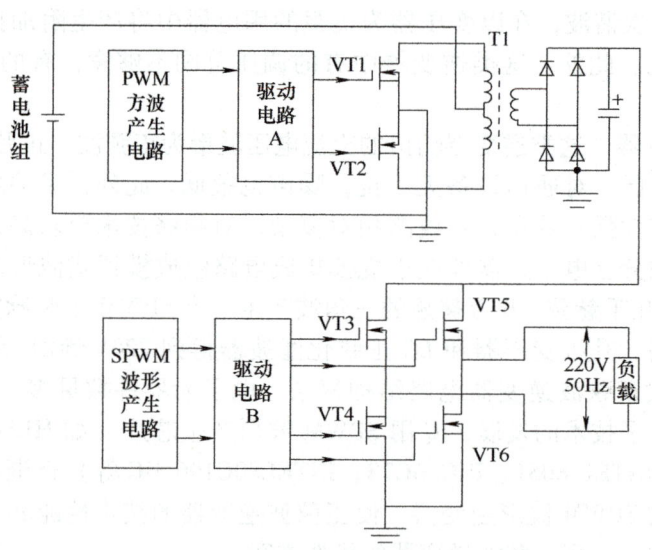

图 8-18　高频升压式逆变电路原理框图

路，即使对感性负载，输出电压波形也不会产生畸变。该电路的缺点是上、下桥臂的功率晶体管不共地，因此必须采用专门驱动电路或采用隔离电源。另外，为防止上、下桥臂发生共态导通，在 VT3、VT6 及 VT4、VT6 之间必须设计先关断后导通电路，即必须设置死区时间，其电路结构较复杂。

图 8-18 所示为高频升压式逆变电路，由于推挽式逆变电路和全桥式逆变电路的输出都必须加升压变压器，而工频升压变压器体积大，效率低，价格也较贵，随着电力电子技术和微电子技术的发展，采用高频升压变换技术实现逆变，可实现高功率密度逆变。这种逆变电路的前级升压电路采用推挽结构（VT1、VT2），但工作频率均在 20kHz 以上，升压变压器 T1 采

用高频磁芯材料,因而体积小、重量轻,高频逆变后经过高频变压器变成高频交流电,又经高频整流滤波电路得到高压直流电(一般均在250V以上),再通过工频全桥逆变电路(VT3、VT4、VT5、VT6)实现逆变。采用该电路结构,使逆变电路功率密度大大提高,逆变器的空载损耗也相应降低,效率得到提高。该电路的缺点是电路复杂,可靠性比上述两种电路偏低。

8.4 综合技能训练

技能训练1 太阳能光电池能量转换组合实验

1. 实验目的
1) 了解风能、太阳能间歇性的特点对其发电量的影响。
2) 最大功率跟踪在本系统中的运用。

2. 实验准备
1) SY-WS500B楼宇新能源实训装置试验平台。
2) 计算机、MCGS上位机软件、RS232-485转换器一只、串口线1根、万用表。

3. 实训装置
实训装置总体如图8-19所示。

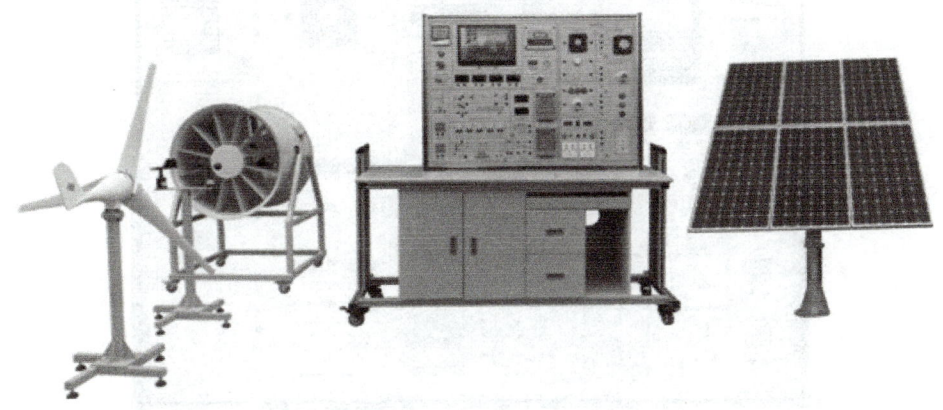

图8-19 实训装置总体

4. 实验原理
(1) 风能发电部分 风力发电机包括两个部分:其一是模拟风场,使用变频器驱动2.2kW/380V三相电动机;其二是风力发电机部分,主要功能是将风能转换成电能。

风力发电机起动时,需要一定的力矩来克服内部阻力,此力矩被称为起动力矩。起动力矩和传动机构的摩擦阻力有关,因而有一个最低的工作风速 v_{fmin},只有风速大于 v_{fmin} 时风力发电机才能工作。而当风速超过某设定值时,基于安全方面的考虑,风力发电机应停止运转;所以也设置了最高工作风速 v_{fmax},此值与风力发电机的材料强度有关。对位于 v_{fmin} 和 v_{fmax} 之间的风速称为工作风速,使风力机的输出功率达到标称功率时的风速称为额定风速。

(2) 太阳能发电部分 太阳能光发电技术是指通过转换装置把太阳辐射能转换成电能,光电转换装置通常是利用半导体器件的光伏效应原理进行,因此称为太阳能光伏技术。光照使不均匀半导体或半导体与金属组合的不同部位之间产生电位差。产生这种电位差的原因有多种,主要是由于阻挡层。

有光照时，P-N 结内将产生一个附加电流（光电流）I_p，其方向与 P-N 结反向电流 I_0 相同，一般 $I_p \geq I_0$。开路电压 V_{oc} 是指光照下 P-N 结外电路开路时 P 端对 N 端的电压。

短路电流 I_{sc} 是指光照下 P-N 结外电路短路时，从 P 端流出，经过外电路，从 N 端流入的电流。

V_{oc} 与 I_{sc} 是光照下 P-N 结的两个重要参数，在一定温度下，V_{oc} 与光照度 E 成对数关系，但最大值不超过接触电势差 U_D。弱光照下，I_{sc} 与 E 有线性关系。太阳能电池单体是光电转换的最小单元，尺寸一般为 4~100cm，太阳能单体的工作电压为 0.45~0.5V，工作电流为 20~35mA；一般不单独作为电源使用。将太阳能单体进行串并联封装后，就成为太阳能电池组件，其功率为几瓦至几百瓦上千瓦；可以单独作为电源使用的最小单元，达到可以满足各类负载所需要的输出功率。

5. 实验内容和步骤

（1）开机　开机通电之前，确保外部交流电源与实训装置保持连通状态，并符合电压要求，该实训装置输入电源为 AC 380V，仪表供电及单元部件供电为 AC 220V。

确认所有开关、按钮处于关断状态，各单元间连接线处于断开状态，确认无误后合上"交流电源开关"，如图 8-20 所示。

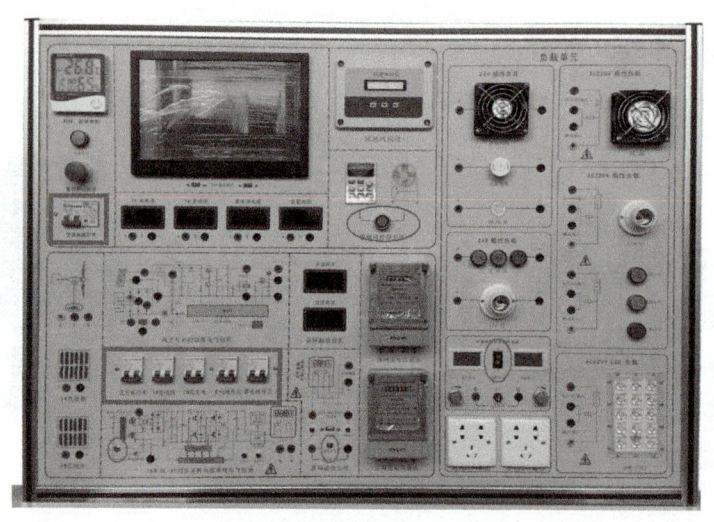

图 8-20　实验装置开机示意图

（2）实验及接线　风力发电机连接方法如图 8-21 所示，太阳能电池连接方法如图 8-22 所示，直流负载连接方法如图 8-23 所示。

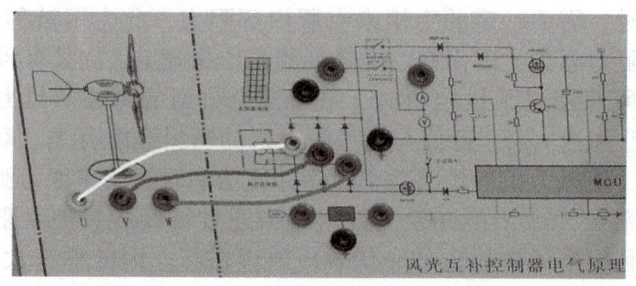

图 8-21　风力发电机连接方法示意图

项目 8　新能源发电系统电路应用

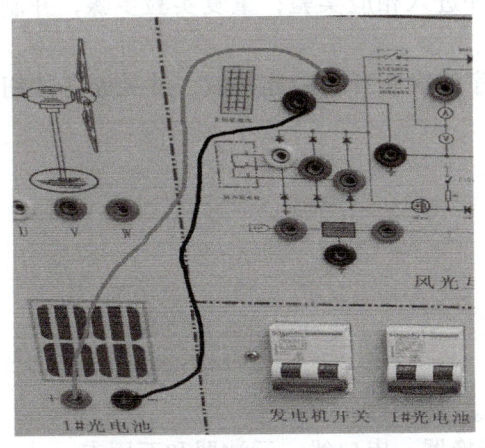

图 8-22　太阳能电池连接方法示意图

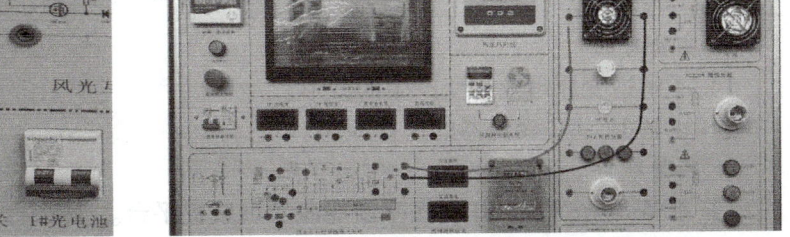

图 8-23　直流负载连接方法示意图

注意：直流负载与交流负载不可以混合使用，更不可两种负载调配使用！

连接好以后，先后打开"交流总开关"和"蓄电池开关"，待控制系统正常工作后由控制器负载端输出直流电，供直流负载使用。

（3）并网发电连接　并网发电连接方法如图 8-24 所示。连接好以后，打开"交流总开关"和"1#光电池开关"并按下"并网运行按钮"并网即开始工作（注意输入端极性，正负极不可接反）。

注意：虚线为扩大功率的连接方式，若 1# 和 2# 太阳能板并联后，前端发电功率扩大的同时，输出功率同样扩大一倍。

另外，由于并网逆变电源输出端在设备内部已经和电网相连接，外部端口不需要再用 A1 型实验线连，实验时可用此端口测量系统的运行情况。

（4）模拟风系统的启动与停止　模拟风系统的启动与停止方法如图 8-25 所示。

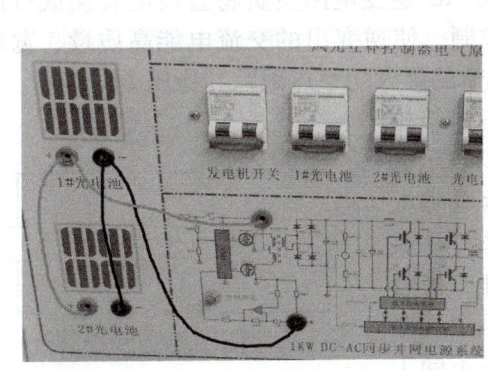

图 8-24　并网发电连接方法示意图

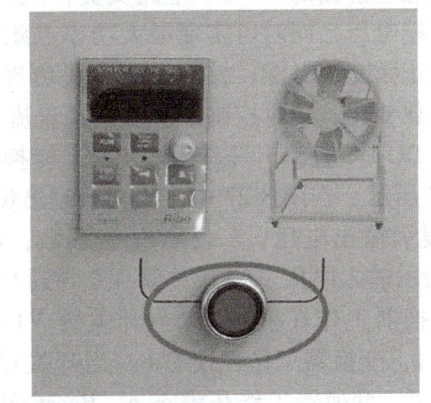

图 8-25　模拟风系统的启动与停止方法示意图

在控制面板上，按下绿色按钮，变频系统则先启动，再次按一次变频器面板上的绿色（运行）按钮，变频器则会启动并带动轴流风机转动；若按下变频器运行按键后轴流风机没有转动，则此时需要手动调节变频器面板变量输出电位器，使轴流风机运行起来。

需要关机时，可分两步，第一步是按下变频器面板红色"停止 STOP"键，或者按一下控制面板上的绿色按钮使其为弹起状态。

(5) 启动计算机 MCGS 组态软件　启动组态软件并进入相应实验；重复实验步骤，并制作图表。

(6) 关机　实验完毕后，根据先交流、后直流顺序依次断开实验连接线，并关断各按钮和各组实验开关，最后关闭"交流电源开关"。

技能训练 2　逆变电源输出功率与光伏能量变换实验

1. 实验目的

1) 了解逆变原理及逆变产生的波形。
2) 了解 DC-DC 变流器的工作原理。

2. 实验准备

1) 准备 SY—WS500B 型楼宇新能源实训装置平台。
2) 准备计算机、MCGS 上位机软件、RS232-485 转换器、串口线、示波器和万用表。

3. 系统结构

离网发电系统结构框图如图 8-26 所示。

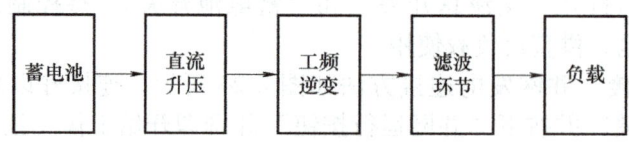

图 8-26　系统结构框图

4. 实验原理

离网发电系统是指不与电网相连而独立运行的发电系统，一般安装在距离电网较远的偏远地区或者为一些便携式设备提供电源。它由光伏阵列、风电场、蓄电池组、电力变换装置（DC-DC）、控制系统和用电负载（直流或交流）构成。其中，蓄电池组用来储存发出的电能；蓄电池组前面的 DC-DC 电路负责将风光输出电压抬升并稳定到一定值，能够满足逆变所需的直流端电压，同时可实现最大功率点跟踪；DC-AC 逆变电路负责将直流电转换成可供负载使用的正弦交流电能；控制系统主要负责逆变控制，使逆变出的交流电能高质量、宽范围地适应负载变化，同时控制系统还负责直流转换环节的最大功率点跟踪和稳压。

(1) DC-DC 直流升压单元　Boost 变换器的拓扑结构如图 8-27 所示。在图 8-27 中，R 表示输出负载，C 表示电容，U_o 表示输出电压，L 表示电感系数，I_L 表示电感电流，U_s 表示输入电压。当开关管 VT 导通且二极管 VD 关断时，变换器工作在模态 a；当开关管 VT 断开且二极管 VD 导通时，变换器工作在模态 b；当开关管断开且电感电流 $I_L \leq 0$ 时，变换器工作在模态 c。Boost 变换器在不同工作阶段的等效工作模态如图 8-28 所示。

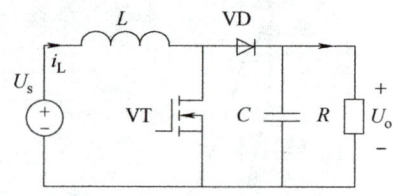

图 8-27　Boost 变换器的拓扑结构

Boost 变换器在工作模态 a 时，电感 L 开始充电且电感电流 $I_L>0$；当 Boost 变换器在工作模态 b 时，电感 L 释放的能量和电源 U_s 开始对负载 R 进行供电，电容 C 开始充电同时电感电流逐渐减小；当 Boost 变换器工作在模态 c 时，电感电流 $I_L=0$ 同时电容 C 开始放电直到开关管闭合。

(2) DC-AC 逆变器单元　图 8-29 所示为单相全桥逆变电路，其结构简单、控制方便，得

项目 8　新能源发电系统电路应用

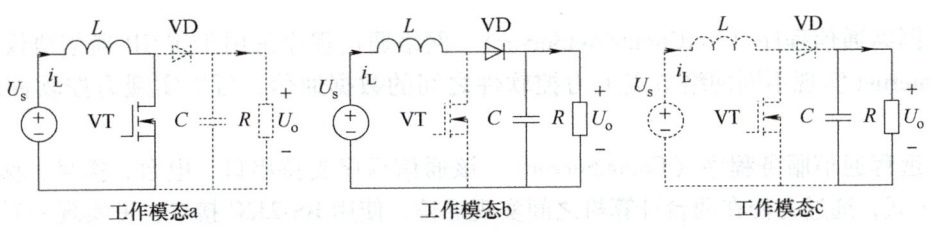

图 8-28　Boost 变换器在不同工作阶段的等效工作模态

到了广泛的应用。

5. 实验内容和步骤

（1）设备的连接和检查

1）关闭总电源开关，关闭光源开关并将光源控制旋钮调至最下刻度。

2）将设备上 RS-485 端口与上位机 USB 口连接，确保通信正常。

3）根据实验指导书，将各模块准确连接。

（2）启动实验装置

1）检查连线是否正确，确保实验人员安全。

2）启动计算机 MCGS 组态软件，进入相应实验。

3）记录各表数据；并制作相关图表。

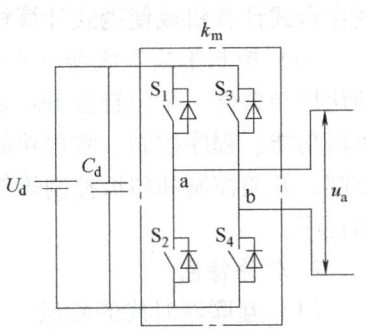

图 8-29　单相全桥逆变电路

8.5　技能大师高招绝活

8.5.1　力控组态软件简介

Forcecontrol（力控组态软件）是北京三维力控科技有限公司推出的一款工业组态软件，其由实时数据库、设备通信服务程序、网络通信程序、HMI 画面、SDK 接口、Web 应用服务、数据存储和转发等功能模块组成，可以广泛地应用于化工、电力、环保、能源管理和智能建筑等领域。

1. 功能介绍

（1）工程管理器（Project Manager）　用于工程管理，包括用于创建、删除、备份、恢复和选择工程等。

（2）开发系统（Draw）　开发系统是一个集成环境，可以完成创建工程画面、配置各种系统参数、脚本、动画和启动力控其他程序组件等功能。

（3）界面运行系统（View）　用来运行由开发系统创建的画面、脚本、动画连接等工程，操作人员通过它来实现实时监控。

（4）实时数据库（DB）　实时数据库是力控软件系统的数据处理核心，是构建分布式应用系统的基础，负责实时数据处理、历史数据存储、统计数据处理、报警处理和数据服务请求处理等。

（5）I/O 驱动程序（I/O Server）　I/O 驱动程序负责力控与控制设备的通信，它将 I/O 设备寄存器中的数据读出后，传送到力控的实时数据库，最后界面运行系统会在画面上动态显示。

（6）网络通信程序（NetClient/NetServer）　网络通信程序采用 TCP/IP 通信协议，可利用 Intranet/Internet 实现不同网络节点上力控软件之间的数据通信，可以实现力控软件的高效率通信。

（7）远程通信服务程序（CommServer）　该通信程序支持串口、电台、拨号、移动网络等多种通信方式，通过力控在两台计算机之间实现通信，使用 RS-232C 接口，可实现一对一（1∶1方式）的通信；如果使用 RS-485 总线，还可实现一对多台计算机（1∶N 方式）的通信，同时也可以通过电台、MODEM、移动网络的方式进行通信。

（8）Web 服务器程序（Web Server）　Web 服务器程序可以为处在世界各地的远程用户实现在台式计算机或便携式计算机上用标准浏览器实时监控现场生产过程。

（9）控制策略生成器（StrategyBuilder）　控制策略生成器是面向控制的新一代软逻辑自动化控制软件，采用符合 IEC 61131-3 标准的图形化编程方式，提供包括：变量、数学运算、逻辑功能、程序控制、常规功能、控制回路和数字点处理等基本运算块，内置常规 PID、比值控制、开关控制和斜坡控制等控制算法；同时提供开放的算法接口，可以嵌入用户自己的控制程序。

2. 软件特色

（1）互联网时代的骄傲　支持通过 PDA 掌上终端在 Internet 实时监控现场的生产数据，支持通过移动 GPRS、CDMA、GSM 网络与控制设备或其他远程力控节点通信；力控软件内嵌分布式实时数据库，数据库具备良好的开放性和互连功能，可以与 MES、SIS、PIMS 等信息化系统进行基于 XML、OPC、ODBC、OLE DB 等接口方式进行互连，保证生产数据实时地传送到以上系统内。

（2）强大的移动网络　支持通过移动 GPRS、CDMA 网络与控制设备或其他远程力控节点通信，力控移动数据服务器与设备的通信为并发处理、完全透明的解决方案，消除了一般软件采用虚拟串口方式造成数据传输不稳定的隐患，有效的流量控制机制保证了远程应用中节省通信费用。

（3）完整的网络冗余及软件容错解决方案　力控软件支持控制设备冗余、控制网络冗余、监控服务器（双机）冗余、监控网络冗余、监控客户端冗余等多种系统冗余方式；支持控制设备冗余如 SIEMENS 公司的 S7400H，GE 的 GE9070 系列 PLC 的冗余模式，支持普通的 RS-232、RS-485、以太网等控制网络的冗余，支持控制硬件的软冗余切换和硬冗余切换。

（4）稳定的通信处理　支持通过 RS-232、RS-422、RS-485、电台、电话轮循拨号、以太网、GPRS、CDMA、GSM 网络等方式和设备进行通信；支持主流的 DCS、PLC、DDC、现场总线、智能仪表等 1000 多种厂家设备的通信；支持离线诊断，在开发环境下可以诊断是否正常通信；支持不同协议的设备在一条通信链路进行通信；支持在大型 SCADA 系统中的远程通道冗余通信。

（5）图形系统主要特点　方便、灵活的开发环境，提供各种工程、画面模板、可嵌入各种格式的图片，方便画面制作，大大降低了组态开发的工作量；强大的分布式报警、事件处理，支持报警、事件网络数据断线存储，恢复功能；支持操作图元对象的多个图层，通过脚本可灵活控制各图层的显示与隐藏；强大的 ActiveX 控件对象容器，定义了全新的容器接口集，增加了通过脚本对容器对象的直接操作功能，通过脚本可调用对象的方法、属性；全新的、灵活的报表设计工具，提供丰富的报表操作函数集、支持复杂脚本控制。

8.5.2 太阳能并网发电系统监控软件开发演示

1. 新建组态软件工程项目

（1）打开力控组态软件，进入力控工程管理器 单击"开始"→"所有程序"→"力控6.0"，如图 8-30 所示；或直接在桌面双击力控工程管理图标。

（2）新建工程 在力控工程管理界面，单击"新建"按钮新建一个工程，工程名称为"太阳能并网发电应用系统"，如图 8-31 所示，如果有需要，可以先改变保存工程的路径，然后单击"确定"按钮。

图 8-30 打开力控软件

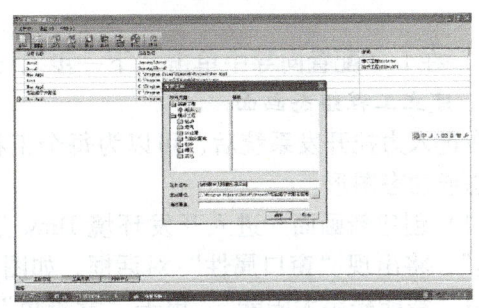

图 8-31 新建工程

（3）把选中工程设置为当前工程 在力控工程管理器界面，选中"太阳能并网发电应用系统"工程，然后单击"设置"→"设置为当前工程"，这样就把"太阳能并网发电应用系统"工程项目声明为当前工程了，如图 8-32 所示。

（4）进入当前工程开发环境 在力控工程管理界面，单击"开发"按钮即可进入工程开发环境，如图 8-33 所示。

图 8-32 设置当前工程

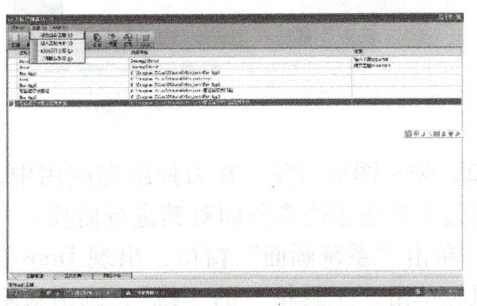

图 8-33 进入开发工程

2. 定义 I/O 设备连接

I/O 设备的通信一般包括 DDE、OPC、PLC、UPS 等，这些设备一般通过串口或以太网等方式与计算机交换数据。组态软件里定义了 I/O 设备连接后，在力控组态软件功能才能通过数据库变量与这些 I/O 设备进行数据交换。

1）在项目导航器的工程栏目双击"I/O 设备组态"，在弹出的画面中单击"力控"前面的"+"，再单击"单片机"，如图 8-34 所示。

2）双击"单片机协议"，在弹出的画面中定义 I/O 设备名称及设备的地址号，如图 8-35 所示。

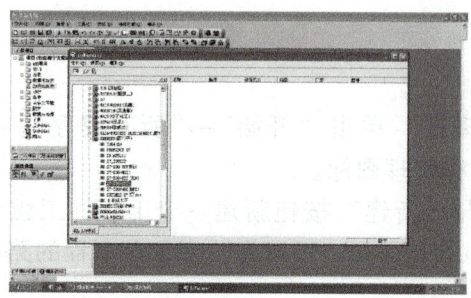

图 8-34　I/O 设备组态

图 8-35　单片机协议

3）在 I/O 配置向导中单击"下一步",选择与 I/O 设备通信的 COM 口,如图 8-36 所示。

3. 建立工程组态画面

在进入力控开发系统后,可以为每个工程建立无数个画面,在每个画面上可以组态相关的静态或动态图形。

（1）创建新画面　进入开发环境 Draw 后,需要创建一个新窗口。单击"文件 [F]"→"新建",将出现"窗口属性"对话框,如图 8-37 所示,在窗口名字栏写上"系统",在说明栏上写"智能楼宇太阳能"。单击"背景色"按钮,在调色板里选择其中一种颜色作为窗口背景色。

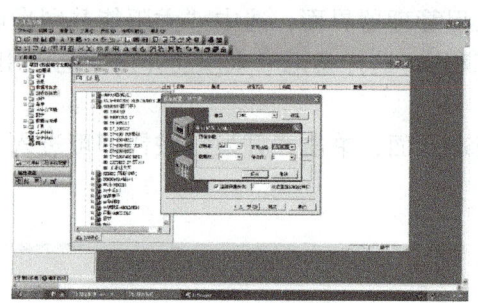

图 8-36　通信 COM 口选择

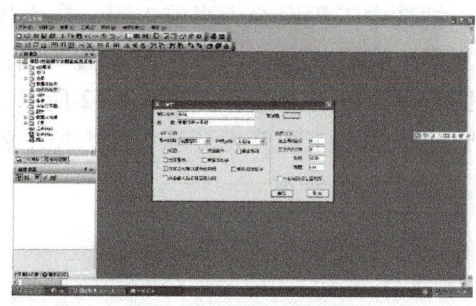

图 8-37　画面属性对话框

（2）创建图形对象　在力控组态应用中,现成数据采集到装有力控组态计算机中,操作人员通过力控组态仿真画面对其进行监控。

① 单击"系统画面"窗口,出现 Draw 的工具箱,在"系统画面"画出太阳能电池板,使用鼠标单击"工具箱"的"线",画出太阳能电池板,如图 8-38 所示。

② 画出蓄电池组,在工程项目的导航器中双击"图库",将出现"图库"界面,单击"罐"。双击需要的图标,将在画面的左上角出现该罐的图标,如图 8-39 所示。如果需要,可以移动罐的位置及修改其大小。单击罐,拖动及其边线修改罐的大小。

③ 画出 2 个水阀以代表 DC-DC 变换器和 DC-AC 变换器,在工程项目导航器中双击"图库",将出现"图库界面",单击"阀门",在精灵图库中选择一个阀门并双击该阀门的图标,将在画面的左上角出现该阀门的图像,按下"Ctrl"键并单击该阀门,进行复制,如图 8-40 所示。

④ 画出 4 个开关,分别代表:太阳能电池为蓄电池充电的开关、太阳能电池直接供电的开关、蓄电池供电的开关、太阳能向电网输电的开关。在工程项目的导航器中双击"图库",

项目8 新能源发电系统电路应用

将出现"图库"界面,单击"开关",在精灵图库中选在一个开关并双击该开关,将出现在画面的左上角,如图8-41所示。同理画出电网、电线等图形,并进行连接,如图8-42所示。

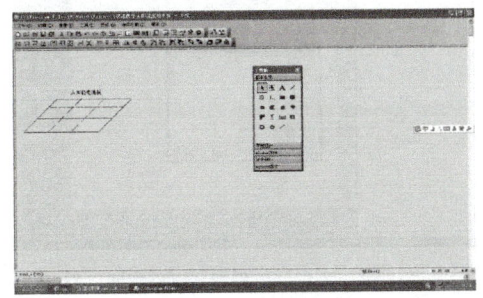

图8-38 工具箱

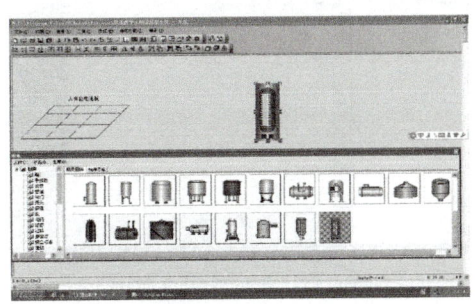

图8-39 图库罐

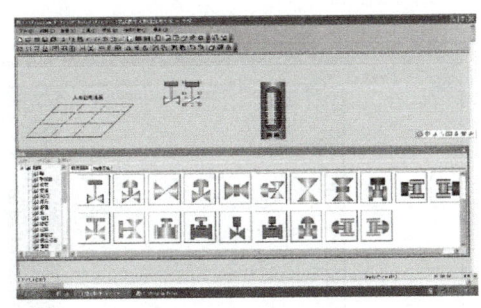

图8-40 图库阀门

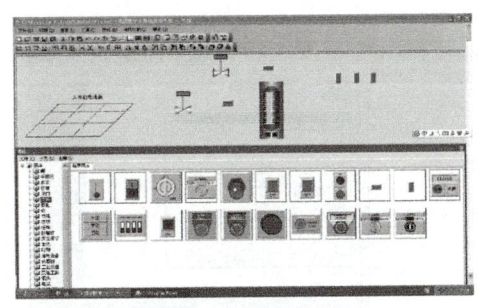

图8-41 图库开关

4. 定义数据库变量

数据库DB是整个应用系统的核心,是构建分布式应用系统的基础。它负责整个力控应用系统的实时数据处理、历史数据存储、统计数据处理、报警信息处理和数据服务请求处理。

数据库中将点作为数据库的基本数据对象,并确定数据库结构,分配数据库的存储空间。

本系统需要定义2个模拟I/O点,一个点的PV参数表示太阳能电池板吸收光能转化电能的值,另一个点的PV参数表示蓄电池电量的值,把2个点分别命名为"sun"和"battery"。系统还需要定义6个数字I/O点,代表DC-DC变换器、DC-AC变换器和4个开关,分别命名为"DC_DC""DC_AC""in_battery""out_battery""DC""AC"和"dianwang"。

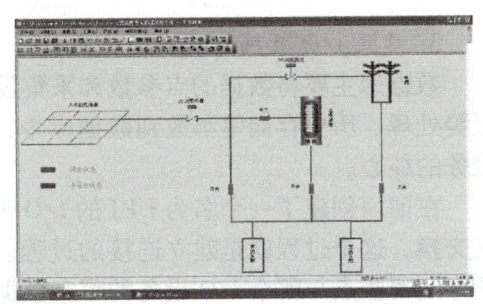

图8-42 系统结构图

创建数据库点的步骤如下:

在Draw导航器中双击"实时数据库"启动组态程序DbManager,将弹出数据库组态界面,如图8-43所示。

在数据库组态界面里,单击菜单栏的"点"→"新建",将出现"请指定区域、点类型"向导界面,如图8-44所示。

在"请指定区域、点类型"界面,双击"区域00"中的"模拟I/O点",将出现如图所示界面，在点名内输入 sun，在点说明中写入太阳能电池板，如图 8-45 所示。

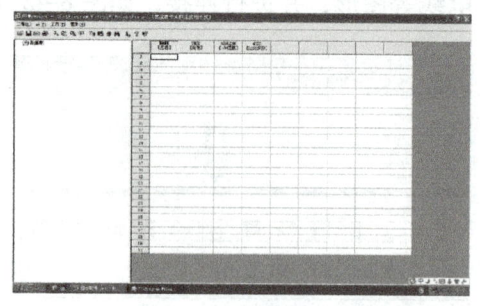

图 8-43　数据库组态界面

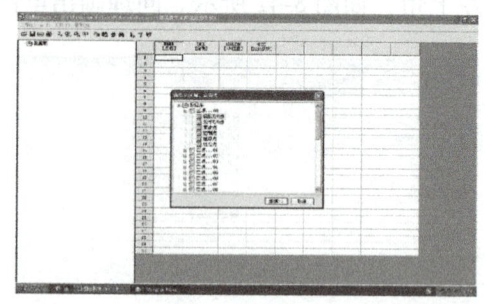

图 8-44　数据库向导界面

在"请指定区域、点类型"界面，双击"区域 00"中的"数字 I/O 点"，同理，如图 8-46 所示。

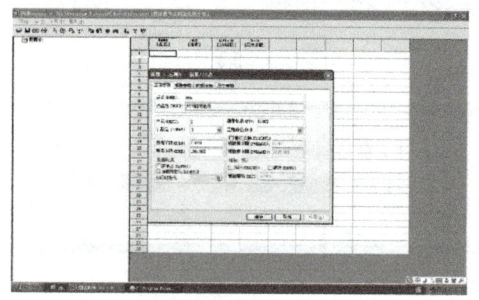

图 8-45　定义模拟 I/O 点

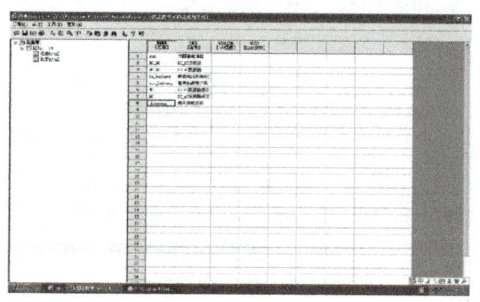

图 8-46　定义数字 I/O 点

5. 建立 I/O 数据连接

数据库主要将数据的点参数和采集设备的通道地址相对应，现场的数据处理、量程变换、报警处理、历史存储等都放到数据库中，数据库提供了数据处理手段，同时又是分布式网络服务的核心。

在前面创建了一个名为 DPJ 的 I/O 设备，现在可以把新增的点与"单片机"进行实时数据交换，这个过程就是建立连接的过程。由于数据库可以与多个 I/O 设备进行连接，所以必须指定哪些点与哪个 I/O 设备的哪个数据项建立数据连接。

双击数据库中点"sun"的单元格，再单击"数据连接"将出现如图 8-47 所示。单击"增加"按钮，出现"DPJ"的数据连接画面，在 I/O 类型选择，地址选择"300"，然后单击"确定"按钮。完成该点数据连接定义。同理建立其他数字 I/O 点的数据连接。

6. 建立动画连接

所有的数据通过数据库变量进行动画连接，人机界面 HMI 里的数据库变量对应区域数据库 DB 的一个点参数，通过点参数的数据连接来完成与设备通信的连接。

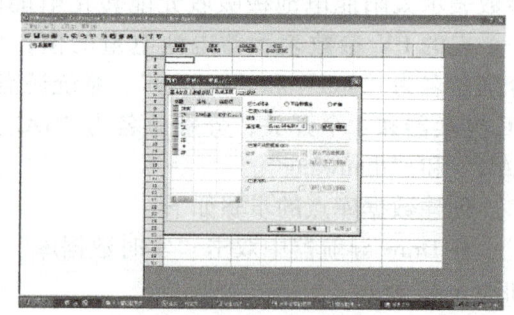

图 8-47　数据连接

项目 8 新能源发电系统电路应用

动画连接是将画面中的图形对象与变量之间建立某种关系,当变量的值发生变化时,在画面上图形对象的动画效果以动态变化的方式体现出来,有了变量之后就可以进行动画连接了。本系统的动画连接如下。

(1) 太阳能电池板的动画连接 双击画面中的太阳能电池板,出现的动画连接界面如图 8-48 所示。

在动画连接界面中,单击数值输入栏的"模拟"按钮,将弹出输入对话界面,如图 8-49 所示。

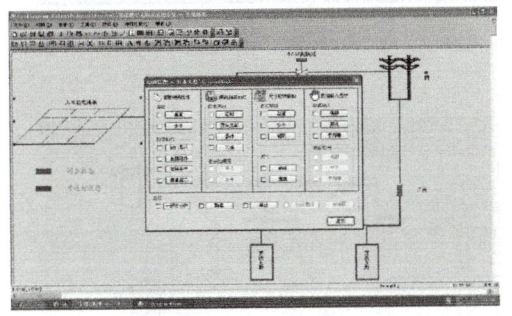

图 8-48 动画连接

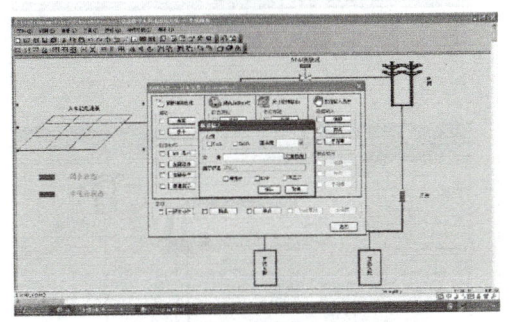

图 8-49 模拟数值输入

在数值输入界面,单击"变量选择"按钮,弹出"变量选择"对话界面,在点名称栏中选择"sun",在右边参数列表中选择"PV"参数,然后单击"选择"按钮,如图 8-50 所示。

(2) DC-DC 和 DC-AC 变换器动画连接 双击"DC-DC 变换器"图形,弹出阀门向导提示框,如图 8-51 所示。在表达式右侧单击弹出"变量选择"提示框,选择变量名称"DC-DC",参数选择 PV,单击"选择"按钮,并且选择开关颜色,如图 8-52 所示。

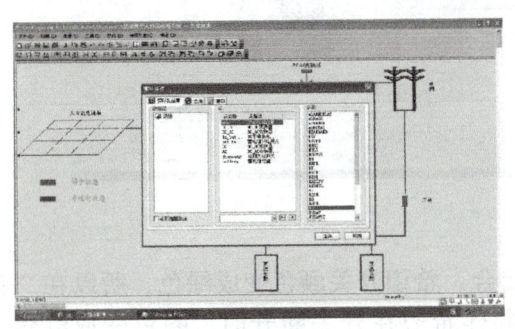

图 8-50 变量选择

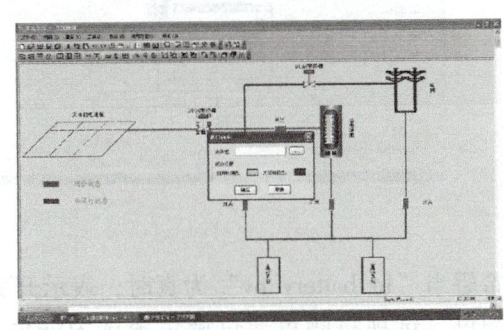

图 8-51 阀门向导

当"DC-DC.PV"为真时,则 DC-DC 变换器为运行状态,希望图形变成绿色,所以在"值为真时颜色"选项将颜色通过调色板选为绿色,同样希望在变换器不运行时,颜色变成灰色,在"值为假时颜色"选择灰色,如图 8-53 所示。同理定义 DC-AC 变换器动画连接。

(3) 蓄电池组动画连接 双击"蓄电池组"图形,弹出罐向导提示框,如图 8-54 所示。
单击表达式右侧按钮,弹出"变量选择"提示框,变量选择"battery",参数选择"PV"。然后单击"选择"按钮,并选择充电时电量填充色,如图 8-55 所示。

(4) 开关的动画连接 双击"开关"图形,弹出"开关向导"提示框,选择表达式,弹出"变量选择"提示框,选择变量名"in_battery",参数选择"PV",如图 8-56 所示。

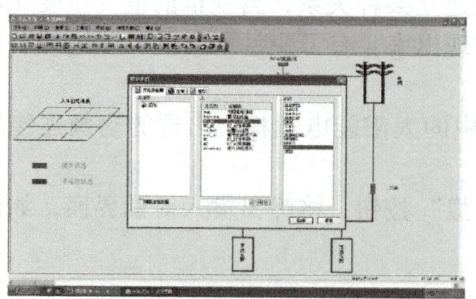

图 8-52 选择开关颜色

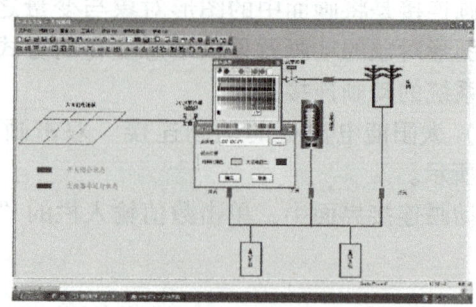

图 8-53 运行状态

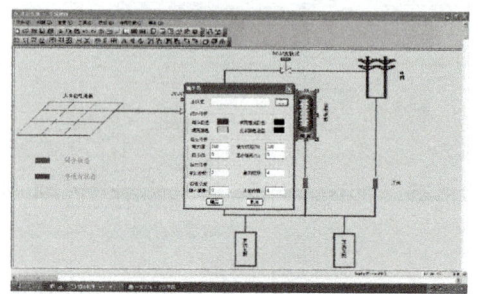

图 8-54 罐向导提示框

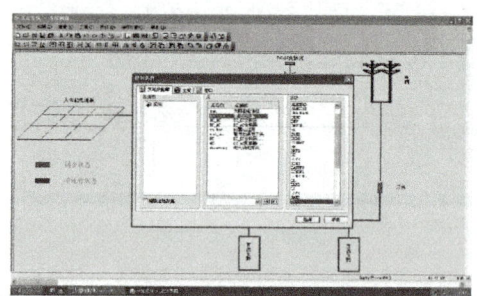

图 8-55 变量选择

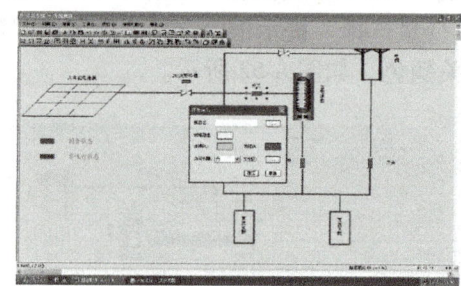

图 8-56 开关向导

希望当"in_battery.pv"为真时，表示开关闭合，希望开关颜色变成绿色，所以在"值为真时颜色"选项将颜色通过调色板选为绿色；同样希望在开关断开时，颜色变成红色，在"值为假时颜色"选择红色，如图 8-57 所示。

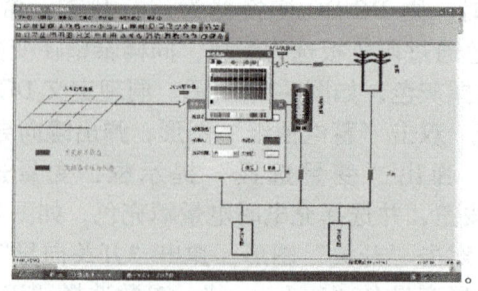

图 8-57 开关向导设置

项目 8　新能源发电系统电路应用

同理为"DC""AC""out_battery"和"dianwang"开关进行动画连接。

1. 风力发电的特点是什么？
2. 风力发电机组有哪些类型？简述定桨距（失速型）机组和变桨距机组的特点。
3. 风力发电机组有哪些主要组成部分？
4. 简述风力发电机组常见故障及处理方法。
5. 简述光伏发电原理。
6. 简述太阳能电池应用故障现象及维护方法。

项目 9

论文答辩与培训指导

培训学习目标：

熟悉电工技师和高级技师编写专业技术论文的一般方法；掌握论文答辩的要领和技术要求；掌握培训与指导不同技术等级人员的方法和技术。

9.1 论文编写与答辩

9.1.1 论文编写的目的和要求

编写论文的过程是实现技师培养目标要求的重要阶段，是学员素质与工程实践能力培养效果的全面检验，也是学员职业资格认证的重要依据。

1. 编写论文的目的与作用

论文应由学员独立完成，也可以在教师指导下完成。指导教师可以是学校的教师，也可以是工厂、科研院（所）的高级技师（或高级工程技术人员）、设计人员及科研人员等。

论文课题应力求来源于实际，具有丰富的工作内涵，可以遇到较为复杂的环境、涉及诸多因素，有利于学员深入生产实际与科研实际，促进理论与实践相结合，从而使基础理论知识得以深化，科学技术知识得以扩展，专业技能得以延伸。

论文的编写可表达自己在生产实践中取得的新成果和新见解；在解决实际问题的过程中，学习的新知识、获取的新信息等。

2. 电工类专业论文的主要内容和基本要求

电工类专业论文的选题，可选择应用基础型，也可选择工程技术研究型，但均以解决工程问题为核心。基本要求如下：

（1）对于一个给定的工程问题，要得到有充分科学依据的解决办法，需要有丰富的工程科学知识。工程问题的解决，需要回答 5 个基本问题，即能不能做、会不会做、值不值得做、是否允许做，以及是复现还是创新。因此，在编写论文时，必须充分了解工程问题的特点及解决工程问题的基本要求。

（2）论文选题的内容　包括国内外技术现状及电气技术发展趋势，方案选择及技术经济比较，环境防护与环境保护等。

（3）编写论文的典型举例　其内容应覆盖电力系统及其自动化、电机电器及其控制、电气技术、电子技术及工业自动化等领域。

（4）编写设计型课题时应遵循的原则　方案上可靠、经济上合理、技术上先进、系统上优良。

9.1.2 论文编写的一般方法

论文编写的一般方法是：确定选题；调研并收集资料；开题；技术分析（或设计）；编写论文。

1. 确定选题

选好课题是编写论文的关键，对充分发挥学员的主观能动性和创造性有着十分重要的作用。确定选题时需注意以下几点：

1）应与从事的工作相结合。

2）应与自己的专业兴趣相结合。专业兴趣是指学员对某专业或专业中某个方向有特别的爱好。例如，机械设备操作不便、运行状况不佳需要改进；电气设备的智能化控制；控制程序的优化等。兴趣能形成求知欲，产生热情与动力，更有利于完成论文（或设计）。

3）应与可能性相结合。完成论文（或设计）除了需要自己的能力以外，还需要一定的客观条件，如参考资料、图样、设备、工作单位和经费，以及工作量与时间等。

电工专业编写论文（或设计）推荐选题：工厂供配电系统的安装与维修，发电厂控制系统的安装与维修，可编程序控制器的应用及维护，变流技术的应用及维修，单片机控制技术及应用，自动检测技术及应用，微型计算机控制技术应用及维护，交直流调速技术应用及维修，楼宇自动化技术应用及维修，电子设备、测量仪器及仪表的使用与维修，电子应用与维修技术，数控技术应用及维修，机电控制技术应用及维修，工艺编制及电控工艺装备技术，机械结构设计和改造，液压和气动控制装置应用与维修技术等。

2. 调研并收集资料

调研是对设计目标及实现目标所要解决的各种问题，进行深入和全面的了解，分析需求的性质与特点，分析解决问题的途径及技术关键，并对获取的信息进行加工和整理，以确定设计时需努力的重点和方向。调研可以去与课题有关的企事业单位、研究部门、生产单位去了解、察看，弄清课题的来龙去脉以及各种影响制约的因素，再将直观的感受提高到理论的高度来分析，找到解决问题的关键所在。

调研也可以到与课题有关的展览会、展销会去考察，会上提供的往往是先进的设备与技术，从中可以了解科技发展的新动向及发展水平，对课题的研究提供最新的启迪和帮助，开阔思路。例如，在电梯控制系统改造（或设计）中所做的调研工作应包括：可通过多种资料查寻方式了解目前电梯控制系统的类型、调速技术、尖端检测技术的应用等，也可到电梯生产厂家或电梯应用现场获得第一手资料。

在设计中必须严格遵守设计规范，即国家制定的相关法令、规定和规划，统称为设计规范。例如，机电类电气专业论文需用的有关规范资料有：电气设备方面的国家相关标准，安全技术的要求和规定，国家制图标准，建筑物电气装置标准及相关规定汇编，供配电系统设计规范，10kV及以下变电所设计规范，低压配电设计规范，机械标准目录总览，中国机械工业标准汇编，技术制图与机械制图标准规定汇编等。

3. 开题

题目一经选定，学员根据题目的和要求进行开题，经开题报告检查后方可进入编写论文（或设计）工作。开题内容应包括：

1）根据任务书的要求，搜集资料，查阅有关文献资料，阐明所选课题在其所属领域的发展现状、对其进行研究开发的价值和意义，并说明本课题的重点、难点和特色。

2）根据任务书的要求，确定编写论文的主要提纲，以及拟提交的成果形式。

3) 根据论文的主要提纲，确定实现编写时涉及的理论基础及拟采用的方案。

4) 对分阶段完成的任务进行合理的时间分配，确定阶段成果的表现形式，以便于指导教师的指导与检查。

4. 技术分析（或设计）

1) 构思出系统框图，对于这一部分必须做到逻辑清楚、思维缜密。根据原技术指标的要求，分析输入与输出信号之间的关系。在初步设想完成后，一定要从头至尾仔细地审查一遍，确定需要做哪些补充、完善和修改。

2) 根据对每个部分的技术指标要求，选择并计算电路中所用元器件的参数，确定其规格与型号。在选择具体电路过程中，除了一些必须自行设计的以外，多数电路可以用"拿来主义"的方法从参考书和文献中找到。但是，不能生搬硬套，一定要经过自己的思考，把需要的东西真正弄懂吃透，才能为己所用。特别是电路的适用性如何、经济性怎样，原电路中用到的元器件能否找到，若找不到能否代用等，都要加以考虑。

为了圆满完成技术分析（或设计）工作，应注意以下几点：

① 抓住关键。技术分析（或设计）是一个系统工程，内容多，涉及面广，在分析（或设计）过程中，应抓住关键问题，分层次地去解决，才能做到头绪清楚，条理井然。

② 掌握方法。只有方法正确，才会少走弯路，并顺利完成设计，迅速得到结果。

③ 联系实际。结合现场实际设计，进行方案校验，方案应经得起实践的检验。能否方便地操作？能否可靠地运行？能否达到设计指标等都会受到实践的检验。

5. 编写论文

编写论文的过程是将技术分析（或设计）工作进行分析、整理、归纳和加工的过程。论文编写的基本步骤如下：

（1）构建论文框架　编写论文前，首先应构建整个论文的框架。论文划分为哪几个部分，每个部分大概安排什么内容；安排几章几节，哪些内容安排在哪些章节中阐述；论文有几个议题，分别使用哪些素材，都应该有个整体考虑。

根据课题的要求和完成情况，拟订出编写提纲，包括粗提纲和细提纲。同时，在与指导教师充分讨论的基础上，边编写边思索边修改，力求获得较满意的方案。

（2）初稿写作　论文整体构架确定后，就应及时开始初稿写作。初稿写作是一个重要的阶段，必须按照提纲的既定框架，尽可能地把自己要说的内容写进去。初稿的内容应尽量丰富，以便为修改定稿提供便利，但也要防止一味地堆砌、罗列材料。

初稿一开始就应注意概念正确，叙述完整，条理分明，措辞恰当，力求论述全面，客观地描述自己的工作成果。

初稿要合乎文体，文句力求精练简明，深入浅出，通顺易读。避免采用不符合语法的口头语言，也要避免采用科技新闻报道式的文体。

引用的参考文献也应该在初稿中给出标注，以避免在今后修改定稿时再来回忆、查找，而浪费时间。

（3）修改定稿　一篇好的论文一般都要经过反复推敲、多次修改，才能获得满意的结果。对于初次编写论文的学员来说，就更应当重视对论文的修改和充实工作。论文修改涉及的内容和形式包括以下两个方面：

1) 在内容上，看看全文的概念是否正确，基本观点以及说明它的若干从属论点是否片面或阐述是否准确，论据是否充分，说明是否透彻。论文的总结有无深度或新意，怎样论述更能突出自己的与众不同之处。还可以通过对基本素材（材料）的增加、删节和调整，使论文内容安排更加合理，阐述更加清晰，说服力更强。

2）在表示形式上，可以根据论文的中心论点和各章节的论点需要，对整篇论文的结构加以适当调整，既要避免相同的观点多次阐述，又要对重点内容作适当的强调和重复。

（4）撰写一般要求

1）论点明确。论述中的正确性意见及支持意见的理由要充分。

2）数据可靠。必须是经过反复验证，确定证明正确、准确可用的数据。

3）引证有力。证明论题判断的论据在引进时要充分，要有说服力，经得起推敲，经得起验证。

4）论证严密。引用论据或个人了解、理解证明时要严密，使读者口服心服。

5）判断准确。结论对事物做出的总结性判断要准确，有科学性、概括性、严密性和总结性。

6）有一定的学术水平。撰写论文时，要注意论文的学术水平。

7）实事求是。文字陈述简练，不夸张臆造，不弄虚作假，全文的长短应根据内容的需要而定。

论文是学术性的文章，尽可能用学术用语，主要是要进行论述。行文要求准确、精练、流畅。总之，编写论文的要求是整洁、完备、内容正确、概念清楚、数据可靠、文字通顺、图样齐全、符合规范等。

6. 论文的书写规范和编写格式

1）毕业设计论文统一使用 A4 纸撰写，单面使用，背面不得书写正文或绘制图表。版心统一为：39 行×40 字。

2）论文可以利用计算机编辑、打印，也可以用手工抄写。若用手工抄写，同一篇论文只能用一种墨水书写（包括文字和图表），绘制图表必须使用直尺或三角板等工具。

3）全篇论文应分章节编写，各章内容应安排得当，不宜太少。一般每一章至少应安排两节，每节内容一般不少于两页。全篇论文的字数要求为：技师不少于 3000 字；高级技师不少于 5000 字。

4）论文编排格式为：每章标题以三号黑体居中书写；"章"下空两行为"节"，以四号黑体左起书写；"节"下另一行为"小节"，以小四号黑体左起书写。换行后空两格书写论文正文。正文采用小四号宋体。具体编排格式说明如下：

第一章　××××（三号黑体居中书写）

1.1　××××　（四号黑体、左起书写）

1.1.1　××××　（小四号黑体、左起书写）

　　1. ××××　（小四号宋体、空两格书写）

　　××××　（正文、采用小四号宋体）

　　2. ××××

　　××××

1.1.2　××××

1.2　××××

1.2.1　××××

5）论文中的图、表、公式一律采用阿拉伯数字分章编号，如：图1-4、表2-5、式(3-6)等。

论文中所有的图都必须有图号和图名。图号、图名居中置于图的下方，图号在前，图名在后，两者间空一格，末位不加标点。图中的术语、符号、单位等应与正文的表述一致。

论文中所有的表都必须有表号和表名。表号、表名居中置于表的上方，表号在前，表名在后，两者间空一格，末位不加标点。表中的参数应标明量和单位的符号。

图号、图名、表号、表名一律采用五号楷体字。公式应另起一行并居中书写，公式的编号用括号括起来，写在右边行末，其间不加虚线。图、表、公式等与正文之间要有一定的距离。

6）"参考文献"四字居中用三号黑体字，空一行左起按顺序依次列出。

7. 工程图的绘制

技术分析（或设计）的结果，除了用文字说明外，还必须用工程图表达。技术分析（或设计）中，要绘制2~5幅工程图。工程图的绘制，一定要符合规范，例如，技术制图的比例要遵循中华人民共和国国家标准 GB/T 14690—1993，而字体要遵循 GB/T 14691—1993。没有国家标准的，应符合部颁标准或行业规范。

9.1.3 论文评阅和答辩

1. 论文评阅

（1）指导教师评阅　编写论文结束后，学员要将论文（或论文复印件）、调研报告等材料分别装订成册，交给鉴定机构（或指导教师）。

指导教师在收到学员交来的论文后，要认真予以批阅，对存在的问题和错误应明确指出，并写出批改意见。若发现论文存在典型问题（在内容、概念上，或是在写作格式、写作行文上），都必须要求学员限期改正，否则不予通过。

（2）论文评阅人评阅　论文评阅人要根据学员和指导教师所提供的材料，着重审查论文的文本质量（包括选题是否符合要求、内容是否正确等），并对编写（或设计）思路、理论观点、知识应用能力、创新能力及文本图样的规范性、文字表达能力，其他附件的质量、水平等，客观地给出评语和评阅成绩。

2. 论文答辩

答辩是专业论文（或设计）编写工作的最后一个环节，培训单位（或鉴定机构）要组织专家、高级考评员和专业教授对学员的论文（或设计）进行审核并进行答辩。

论文答辩是衡量学员编写论文和学习质量的重要手段。通过学员的口述及对答辩委员所提问题做出的答复，对学员的专业素质和工作能力、口头表达能力及应变能力进行综合考核，对学员知识面的宽窄及对所掌握技能的熟练程度做出判断。

每个专业应成立答辩委员会，审查学员的答辩资格，组织学员进行答辩，研究确定答辩意见和论文（或设计）成绩等。毕业设计答辩工作的整个程序和要求如下：

（1）答辩资格审查　对未完成论文编写或编写的论文严重不符合要求的，一律取消答辩资格。综合考虑前期培训学习和后期准备的情况，对严重不符合要求的，也不能获得答辩资格。

（2）进行答辩工作　每个答辩组一般由2~4名专家组成，成员需是教授、高级考评员、高级技师或高级工程师等。答辩组的职责是：审阅学员论文、对学员的答辩资格给予审定、组织并主持答辩、讨论并确定最后成绩及评语。

1）学员自述。学员自述内容的时间一般不少于10min，学员可以使用挂图、投影仪等设备，自述论文（或设计）课题的目的、要求、设计思想、设计方案及主要特点，分析（或计算）的主要依据及结论，软、硬件设计调试的体会和改进意见等。

对于可演示的课题，答辩组可以要求学员在答辩前或答辩后，在计算机房（或实验室）对成果加以演示，时间一般不超过 10min。

2）学员答辩。自述后，答辩组提出问题，学员回答。答辩组提出的问题，一般应围绕学员编写论文（或设计）和本专业的相关知识进行。提出的问题不应过深过偏。对表现突出的学员，可适当地增加问题的难度以考查其水平；对个别基础较差、表现欠佳的学员，也可以进行适当的启发。因此，要求答辩组成员应了解本专业动态和发展状况。

答辩时的注意事项如下：

① 参加答辩的学员在答辩前应做好答辩准备工作，准备答辩提纲、挂图或绘制幻灯片等。

② 答辩过程中学员要严肃认真，介绍内容时应阐述清楚、重点突出，回答问题时应准确、论据充分，切忌答非所问。

③ 答辩学员对不知道的问题要实事求是地说明；对没有听明白的问题，可以请专家重述；当被误解时，一定要据理申辩，但应注意方式和方法。

④ 参加答辩的学员必须着装整洁，注意礼貌，尊重答辩组的专家。

3）答辩组记录成绩。答辩组成员在答辩过程中对每个学员的答辩情况应做必要的记录，以便评议成绩时作为依据。答辩结束后，答辩组根据评阅人和指导教师的意见、学员在答辩会上的表现，经过充分讨论，给出评语及成绩。

3. 答辩成绩评定

论文的成绩一般采用五级计分制（优秀、良好、中等、及格和不及格）。

（1）优秀　按时圆满完成论文任务书所规定的全部任务，能熟练地综合运用所学理论和专业知识，设计方案合理，立论准确，计算、分析、实验正确、严谨，综合分析问题、解决问题能力以及独立工作能力较强，表现出某些独特的见解或有创造性，水平较高。

论文编写完备，内容正确，概念清楚，数据可靠，分析透彻，文字通顺，书写工整，图样、资料齐全，并符合规范。

答辩时，思路清晰，阐述清楚，论点正确，能熟练、正确、深入地回答问题。

（2）良好　按时独立地完成论文任务书所规定的全部任务，能较好地运用所学理论和专业知识，设计方案合理，立论准确，计算、分析、实验正确，工作能力强，具有较强的综合分析问题、解决问题能力，设计有一定的水平。

论文编写完备，内容正确，概念清楚，数据可靠，文字通顺，书写工整，图样、资料齐全，并符合规范。

答辩时，思路清晰，阐述清楚，论点基本正确，能正确地回答问题。

（3）中等　按时独立地完成论文所规定的任务，运用所学理论和专业知识基本正确，在非主要内容上有欠缺和不足，立论准确，计算、分析、实验正确，具有一定的分析问题、解决问题能力，论文水平一般。

论文编写内容正确，但论述有个别错误或表达不太清楚，文字基本通顺，书写不够工整，图样、资料齐全，但质量一般或有小的缺陷。

答辩时，阐述基本清楚，对主要问题的回答基本正确。

（4）及格　在指导教师的帮助下，能按时完成论文任务，独立工作能力较差，运用所学理论和专业知识基本正确，在非主要内容上有欠缺和不足，立论基本准确，计算、分析、实验基本正确，论文基本符合要求。

论文编写内容基本正确，但论述有个别错误或表达不太清楚，书写基本工整，图样、资料质量不高，个别错误明显。

答辩时，主要问题能答出，或经启发后能答出。

（5）不及格　未能完成论文任务，或基本概念和基本技能未能掌握。在运用所学理论和专业知识中出现不应有的原则性错误。在方案论证、计算、分析等工作中，表现能力较差。

论文编写概念不清，图样、资料不全，质量不高，有原则性错误。

答辩时，对论文的主要内容阐述不清，基本概念糊涂，对主要问题回答有错，有些问题经启发后仍不能正确回答。

9.1.4　电工技师论文范例

（一）设备管理方面的论文

数控设备管理与预防性维修实践

摘要：数控机床的使用是企业实力的体现，最大限度地利用数控设备，对提高企业效益是十分有益的。企业不能只注意设备的利用率和最佳功能，还必须重视设备的保养与维修，它是直接影响数控设备能否长期正常运转的关键。

1. 数控设备的管理

（1）数控设备的管理模式　数控设备的使用情况直接影响着企业的生产效率和经济效益，而管理方式又直接决定着数控设备的使用，可见数控设备的管理是十分重要的。在数控设备使用初期，由于数控设备少，类型单一，并且集中在一两个单位，因此，各有关单位自身形成数控设备管理、使用、维修三位一体的封闭型管理模式。随着生产发展，越来越多的设备使用了数控技术，使得数控设备难以集中在一个单位，许多生产车间，都有了数控设备。因此，上述管理模式就难以适用了。若采用上述模式，每个单位均要建立维修机构及人员，必然造成人力、物力和财力的极大浪费，现实条件也是不允许的。所以，目前采用了数控设备使用及数控工艺归车间负责，管理和维修归机动部门负责的现代化管理模式。

（2）数控设备的基础管理和技术管理　对于企业来说，数控机床的使用是企业的实力体现，最大限度地利用数控设备，对企业效益是十分有益的。企业不能只注意设备的利用率和最佳功能，还必须重视设备的保养与维修，它是直接影响数控设备能否长期正常运转的关键。为保持数设备处于完好的技术状态，使其充分发挥效用，在设备基础管理和技术管理工作上应着重抓好以下几方面：

1）健全维修机构。机动部门设置数控设备维修室，承担全厂数控设备的管理和维修工作。由具有丰富经验的老技师和具有很强专业化知识、责任心并有一定实际工作能力的机械、电气工程师组成。设备使用单位设置数控设备维修员，专门负责本单位数控设备的日常维护工作。

2）制定和健全规章制度。针对数控机床的特点，逐步制定相应的管理制度，例如数控设备管理制度、数控设备的安全操作规程、数控设备的操作使用规程、数控设备的维修制度、数控设备的技术管理办法、数控设备的维修保养规程、数控设备的电器、机械维修技术人员的职责范围、数控设备电气和机械维修工人的职责范围等，要使设备管理更加规范化和系统化。

3）建立完善的维修档案。建立数控设备维护档案及交接班记录，将数控设备的运行情况及故障情况详细记录，特别是对设备发生故障的时间、部位、原因、解决方法和解决过程予以详细的记录和存档，以便在今后的操作、维修工作中参考、借鉴。

4)建立基础管理信息库。建立数控设备信息库,详细描述数控设备的基本特征,提供设备能力的基础数据,以作为今后数控设备的管理、应用、产品加工、设备调整和维修的参考依据。

5)加强数控设备的验收。为确保新设备的质量,应加强设备安装调试和验收工作,尤其是设备验收这一环节,应制定严格的把关措施,对照合同、技术协议、国际和国内有关标准及验收大纲规定的项目逐项检查。验收内容包括:出厂时的验收(在制造厂组装质量监检),设备开箱前的包装检查、开箱后零部件外观和数量的检查,对配套的各种资料、使用手册、维修手册、附件说明书、系统软件及说明书等仔细核对妥善保管,特别对系统软件要予以备份。这样,对今后设备附加功能的开发和机床的保养和维修带来方便。机床调试完成后,利用 RS-232 接口对机床参数进行数据传输作为备用,以防机床文件(参数)丢失。

6)加强维修队伍建设。数控设备是集机、电、液(气)、光于一身的高技术产品,技术含量高,操作和维修难度大。所以,必须建立一支高素质的维修队伍以适应设备维修的需要。可以采取多种形式进行培训,一是利用设备安装调试,让生产厂家对操作、维修、编程、管理人员进行现场培训;二是走出去、请进来,学习、参观、实践;三是采用内部办学习班的方法进行培训,以便尽快掌握设备操作技术和维修保养技术。

7)建立数控设备协作网。由于数控设备千差万别,它们的硬件、软件配套不尽相同,这样给维修工作带来了很多困难。为此,应该与使用同类型数控设备的单位建立友好联系,经常就管理和维修方面的经验进行交流,互通信息,这样对数控机床的使用起到了一定的推动作用。

2. 数控设备的预防性维修

所谓预防性维修,就是要把有可能造成设备故障和出了故障后难以解决的因素排除在故障发生之前。一般来说应包含:设备的选型、设备的正确使用和运行中的巡回检查。

(1)从维修角度看数控设备的选型 在设备的选型调研中,除了设备的可用性参数外,其可维修性参数应包含:设备的先进性、可靠性、可维修性技术指标。先进性是指设备必须具备时代发展水平的技术含量;可靠性是指设备的平均无故障时间、平均故障率,尤其是控制系统是否通过国家权威机构的质检考核等;可维修性是指其是否便于维修,是否有较好的备件市场购买空间,各种维修的技术资料是否齐全,是否有良好的售后服务,维修技术能力是否具备和设备性能价格比是否合理等。这里特别要注意图样资料的完整性、备份系统盘、PLC 程序软件、系统传输软件、传送手段、操作口令等,缺一不可。对使用方的技术培训不能走过场,这些都必须在定货合同中加以注明和认真实施,否则将对以后的工作带来后患。

另外,如果不是特殊情况,尽量选用同一企业的同一系列的数控系统,这样,对备件、图样、资料、编程、操作都有好处,同时也有利于设备的管理和维修。

(2)坚持设备的正确使用 数控设备的正确使用是减少设备故障、延长使用寿命的关键,它在预防性维修中占有很重要的地位。据统计,有 1/3 的故障是人为造成的,而且一般性维护(如注油、清洗、检查等)是由操作者进行的,解决的方法是:强调设备管理、使用和维护意识,加强业务、技术培训,提高操作人员素质,使他们尽快掌握机床性能,严格执行设备操作规程和维护保养规程,保证设备运行在合理的工作状态之中。

(3)坚持设备运行中的巡回检查 根据数控设备的先进性、复杂性和智能化高的特点,使得它的维护、保养工作比普通设备复杂且要求高得多。维修人员应通过经常性的巡回检查,如 CNC 系统的排风扇运行情况,机柜、电动机是否发热,是否有异常声音或有异味,压力表指示是否正常,各管路及接头有无泄漏、润滑状况是否良好等,积极做好故障和事故预防,若发现异常应及时解决,这样做才有可能把故障消灭在萌芽状态之中,从而可以减少一切可避免的损失。

3. 数控设备维修实例

(1) 数控系统的故障诊断

1) 系统自诊断。一般 CNC 系统都有较为完备的自诊断系统,上电初始化时或运行中均能对自身或接口做出有限的自诊断。维修人员应熟悉系统自诊断各种报警信息。根据说明书进行分析以确定故障范围。定位故障元器件,对于进口的数控系统一般只能定位到板级。

2) 数控系统的软故障。数控系统的软故障是指控制系统的系统软件和 PLC 程序。有的系统把它们写在 EPROM 中插在主机板上,有的驻留在硬盘上。一旦这些软件出现问题,系统将造成全部或局部混乱,当分析到确定是软件故障时,应当使用备用软件或备用 EPROM 换上,严格按操作步骤经初始化后试运行。这类故障只要有备份文件一般不难恢复。其难度在于备份软件不完备或专用传送设备不具备或生产厂家操作手段中设置口令保密等因素造成无法恢复。

3) 利用 PLC 程序定位机床与 CNC 系统接口故障。现在一般 CNC 控制系统均带有 PLC 控制器,大多为内置式 PLC 控制。维修人员应根据梯形图对机床控制电器进行分析,在 CRT 上直观地看出 CNC 系统 I/O 的状态。通过 PLC 程序的逻辑分析,方便地检查出问题存在部位。如 FANUC—OT 系统中自诊断页面,FANUC—7M 系统中的 T 指令等。

(2) 故障排除步骤

1) 询问操作者故障发生的原因。当故障发生后,维修人员一般不要急于动手,要仔细询问故障发生时机床处在什么工作状态、表现形式、产生的后果、是否是误操作、故障能否再现等。

2) 表面与基本供电检查。主要观察设备有无异常情况,如机械卡住、电机烧坏、熔丝熔断等。首先检查 AC\DC 电源是否正常,尽可能地缩小故障范围。

3) 分析图样,确定故障部位。根据图样 PLC 梯形图进行分析,以确定故障部位是机械、电气、液压还是气动故障。

4) 扩大思路,根据经验分析。根据经验分析,一定要扩大思路,不局限于维修说明书上的内容。维修资料只提供一个思路,有时局限性很大。如本单位有一台 FANUC—OT 数控车床,开机后 CRT 无画面,电源模块报警指示灯亮,根据维修说明书所讲,发现 CRT 和 I/O 接口公用的 DC 24V 电源,正端与直流地之间仅有 1~2Ω 电阻,而同类设备应有 155Ω 电阻,按资料上讲,这类故障一般在主板,只能送到厂家去修,而我们扩大思路,先拔掉 M18 电缆插头,故障仍在,后拔掉 C—Sl4 插头上有短路现象,排除后,机床恢复正常。

(3) 故障排除举例

1) 某 XH716 数控加工中心,系统为 FANUC-OM 系统,一次出现故障 408 报警,经查为伺服系统报警,意为反馈信息不良,经测量电缆信号线正常,但插上去后,该脉冲编码器+5V 电源没有,检查伺服系统上+5V 电源正常,插上去后没有,后怀疑其电缆插头与伺服上的电缆插座接触不良,排除后,机床恢复正常。这台机床在加工中经常出现过载报警,报警号为 434,表现形式为主轴电动机电流过大,电动机发热,停上 40min 左右报警消失,接着再工作一段时间,又出现同类报警。经检查分析,认为电气伺服系统无故障,估计是负载过重带不动造成。为了区分是电气故障不再出现,由此确认为机械丝杠或运动部位过紧造成。调整主轴丝杠防松螺母后,效果不明显,后来又调整主轴导轨斜铁,机床负载明显减轻,该故障排除。

2）某单位改造一台 C6140A 型数控车床，系统为中国台湾产 HUST，开机后，经调整却找不到零点。经分析，回零原理是，回零过程中压零位开关后减速，反方向移动，找脉冲编码器的栅格零脉冲后应停住，前面执行动作均正常，但减速返回时找不到零点，估计无脉冲编码器零脉冲或该信号线断开，后换一个脉冲编码器，机床恢复正常工作。

3）SAJO HMC630—P 型卧式加工中心，数控系统为西门子 840C，一次开机后 B 轴不能运动，经检查，B 轴电磁阀已动作，但 PLC 显示 B 轴未放松。判断压力开关有问题，拆下后经检查，发现该开关触头损坏，更换一个压力开关后该故障被排除。

4．数控设备管理和维修工作的几点体会

1）数控设备作为一种高精尖的机械加工设备，综合了机械、电子、计算机等多门学科，因此对数控设备的专业管理要求越来越高，目前数控设备的主要问题可归结为：管理、维修和提高。即实行科学的管理方法，发挥数控设备的最佳效能：加强维修力量，建立一支机械、电气、动力、计算机软硬件等专业维修队伍，提高维修人员的理论、技术水平，特别是要提高他们对故障的判别能力及排除故障的处理能力，同时也要提高操作、编程人员的技术水平。

2）数控设备维修实际上是一项很复杂、技术含量很高的工作，由于数控设备与普通设备有较大的差别，因而对维修人员技术水平要求也十分高，不但要在电气系统上下功夫，还要具备机械、液压、光学等方面的知识，因为数控设备是机电一体化的综合体，例如数控仿形头既有传感器、A/D 转换，也有机械位移装置，融合在一起，要知识面广才能够胜任工作，认真、仔细、大胆、负责及技术上要过得硬是最基本的要求。

数控管理是一门十分丰富的综合工程学，既要有先进的设备，又要有好的设备维修，更要有科学的设备管理。根据数控设备的特点和工作经验，应进一步探索对数控设备新的管理模式，使其更好地为科研生产服务。

（二）检修工艺方面的论文

数控机床常见故障诊断及排除方法

摘要：本文阐述了数控机床常见故障的诊断原则、诊断技术，以及数控机床的常见故障分析及排除方法，并列举了部分故障实例。

数控机床是一种技术含量较高的机电一体化高效自动化设备，它综合了计算机技术、自动化技术、伺服驱动、精密测量和精密机械等各个领域的新的技术成果，是一门新兴的工业控制技术。不同的数控系统虽然在结构和性能上有所区别，但在故障诊断上有它们的共性，现结合工作实际谈一下数控机床故障分析和维修的一般方法。

数控机床故障维修通常按照：现场故障的诊断与分析、故障的测量维修与排除、数控系统的试车这三个步骤进行。

1．数控机床故障诊断的原则

在故障诊断时应掌握以下原则：

（1）先外部后内部　现代数控系统的可靠性越来越高，数控系统本身的故障率越来越低，而大部分故障的发生则是非系统本身原因引起的。由于数控机床是集机械、液压、电气为一体的，其故障的发生也会由这三者综合反映出来。维修人员应先由外向内逐一进行排查。尽量避免随意地启封、拆卸，否则会扩大故障范围，使机床丧失精度、降低性能。系统外部的故障主要是由于检测开关、液压元件、气动元件、电气执行元件、机械装置等出现问题而引起的。

（2）先机械后电气　一般来说，机械故障较易发觉，而数控系统及电气故障的诊断难度较大。在故障检修之前，首先注意排除机械性故障。

（3）先静态后动态　先在机床断电的静止状态下，通过了解、观察、测试、分析，确认通电后不会造成故障扩大、发生事故后，方可给机床通电。在运行状态下，进行动态的观察、检验和测试，查找故障。而对通电后会发生破坏性故障的，必须先排除危险后，方可通电。

（4）先简单后复杂　当出现多种故障互相交织，一时无从下手时，应先解决容易的问题，后解决难度较大的问题。往往简单问题解决后，难度大的问题也可能变得容易一些。

2. 数控机床的故障诊断技术

数控机床是高技术密集型产品，要想迅速而正确地查明原因并确定其故障部位，要借助于一定诊断技术。随着微处理器的不断发展，诊断技术也由简单的诊断朝着多功能的高级诊断或智能化方向发展。诊断能力的强弱也是评价CNC数控系统性能的一项重要指标。目前所使用的各种CNC系统诊断技术大致可分为以下几类：

（1）起动诊断　起动诊断是指CNC系统每次从通电开始，系统内部诊断程序就自动执行诊断。诊断的内容为系统中最关键的硬件和系统控制软件，如CPU、存储器、I/O等单元模块，以及MDI/CRT单元、纸带阅读机、软盘单元等装置或外部设备。只有当全部项目都确认正确无误之后，整个系统才能进入正常运行的准备状态。否则，将在CRT画面或发光二极管用报警方式指示故障信息。此时起动诊断过程不能结束，系统无法投入运行。

（2）在线诊断　在线诊断是指通过CNC系统的内装程序，在系统处于正常运行状态时对CNC系统本身及与CNC装置相连的各个伺服单元、伺服电动机、主轴伺服单元和主轴电动机以及外部设备等进行自动诊断、检查。只要系统不停电，在线诊断就不会停止。

在线诊断一般包括自诊断功能的状态显示有上千条，常以二进制的0、1来显示其状态。对正逻辑来说，0表示断开状态，1表示接通状态，借助状态显示可以判断出故障发生的部位。常用的有接口状态和内部状态显示，如利用I/O接口状态显示，再结合PLC梯形图和强电控制线路图，用推理法和排除法即可判断出故障点所在的真正位置。故障信息大都以报警号形式出现。一般可分为以下几大类：过热报警类、系统报警类、存储报警类、编程/设定类、伺服类、行程开关报警类和印制线路板间的连接故障类。

（3）离线诊断　离线诊断是指数控系统出现故障后，数控系统制造厂家或专业维修中心利用专用的诊断软件和测试装置进行停机（或脱机）检查。力求把故障定位到尽可能小的范围内，如缩小到某个功能模块、某部分电路，甚至某个芯片或元件，这种故障定位更为精确。

（4）现代诊断技术　随着电信技术的发展，IC和微机性价比的提高，近年来国外已将一些新的概念和方法成功地引用到诊断领域。

1）通信诊断：也称为远程诊断，即利用电话通信线把带故障的CNC系统和专业维修中心的专用通信诊断计算机连接进行测试诊断。如西门子公司在CNC系统诊断中采用了这种诊断功能，用户把CNC系统中专用的"通信接口"连接在普通电话线上，而西门子公司维修中心的专用通信诊断计算机的"数据电话"也连接到电话线路上，然后由计算机向CNC系统发送诊断程序，并将测试数据输回到计算机进行分析并得出结论，随后将诊断结论和处理办法通知用户。

通信诊断系统还可为用户作定期的预防性诊断，维修人员不必亲临现场，只需按预定的时间对机床作一系列运行检查，在维修中心分析诊断数据，可发现存在的故障和隐患，以便及早采取措施。当然，这类CNC系统必须具备远程诊断接口及联网功能。

2）自修复系统：就是在系统内设置有备用模块，在CNC系统的软件中装有自修复程序，当该软件在运行时一旦发现某个模块有故障时，系统一方面将故障信息显示在CRT上，同时自动寻找是否有备用模块，如有备用模块，则系统能自动使故障脱机，而接通备用模块使系统能较快地进入正常工作状态。这种方案适用于无人管理的自动化工作场合。

机床在实际使用中也有些故障既无报警，现象也不是很明显，对这种情况，处理起来就不那样简单了。另外有些设备出现故障后，不但无报警信息，而且缺乏有关维修所需的资料。对这类故障的诊断处理，必须根据具体情况仔细检查，从现象的微小之处进行分析，找出它的真正原因。要查清这类故障的原因，首先必须从各种表面现象中找出它的真实故障现象，再从确认的故障现象中找出发生的原因。

全面地分析一个故障现象是决定判断是否正确的重要因素。在查找故障原因前，首先必须了解以下情况：故障是在正常工作中出现的还是刚开机就出现的；出现的次数是第一次还是已多次发生；确认机床加工程序的正确性；是否有其他人员对该机床进行了修理或调整；故障发生时的现象与现场的情况是否有差别等。

3. 数控机床的常见故障与排除方法

由于数控机床故障比较复杂，同时数控系统自诊断能力还不能对系统的所有部件进行测试，往往是一个报警号指示出众多的故障原因，使人难以入手。以下介绍维修人员在生产实践中常用的故障排除方法。

（1）直观检查法　维修人员根据对故障发生时的各种光、声、味等异常现象的观察，确定故障范围，可将故障范围缩小到一个模块或一块电路板上，然后再进行排除。一般包括以下几方面：

1）询问：向故障现场人员仔细询问故障产生的过程、故障表象及故障后果等。

2）目视：总体查看机床各部分工作状态是否处于正常状态，各电控装置有无报警指示，局部查看有无熔丝烧断，元器件烧焦、开裂、电线电缆脱落，各操作元件位置正确与否等。

3）触摸：在整机断电条件下可以通过触摸各主要电路板的安装状况、各插头座的插接状况、各功率及信号导线的连接状况以及用手摸并轻摇元器件，尤其是大体积的阻容、半导体器件有无松动之感，以此可检查出一些断脚、虚焊、接触不良等故障。

4）通电：为了检查有无冒烟、打火，有无异常声音、气味以及触摸有无过热电动机和元件存在而通电，一旦发现立即断电分析。如果存在破坏性故障，必须排除后方可通电。

【故障现象】一台数控加工中心在运行一段时间后，CRT显示器突然出现无显示故障，而机床还可继续运转；停机后再开又一切正常。

【分析和排除】观察发现，设备运转过程中，每当发生振动时故障就可能发生。初步判断是存在元器件接触不良现象。当检查显示板时，CRT显示突然消失。检查发现有一晶振的两个引脚均虚焊松动。重新焊接后，故障消除。

（2）初始化复位法　一般情况下，由于瞬时故障引起的系统报警，可用硬件复位或开关系统电源依次来清除故障。若系统工作存储区由于掉电、拔插电路板或电池欠电压造成混乱，则必须对系统进行初始化清除，清除前应注意做好数据备份记录，若初始化后故障仍无法排除，则进行硬件诊断。

【故障现象】一台数控车床当按下自动运行键时，微机拒不执行加工程序，也不显示故障自检提示，显示屏幕处于复位状态（只显示菜单）。有时手动、编辑功能正常，检查用户程序、各种参数完全正确；有时因记忆电池失效，更换记忆电池等，系统显示某一方向尺寸超量或各方向的尺寸都超量（显示尺寸超过机床实际能加工的最大尺寸或超过系统能够认可的最大尺寸）。

【分析和排除】采用初始化复位法使系统清零复位（一般要用特殊组合键或密码）。

（3）自诊断法　数控系统已具备了较强的自诊断功能，并能随时监视数控系统的硬件和软件的工作状态。利用自诊断功能，能显示出系统与主机之间的接口信息的状态，从而判断出故障发生在机械部分还是电气部分，并显示出故障的大体部位（故障代码）。

1）硬件报警指示：是指包括数控系统、伺服系统在内的各电气装置上的各种状态和故障指示灯，结合指示灯状态和相应的功能说明便可获知指示内容及故障原因与排除方法。

2）软件报警指示：系统软件、PLC 程序与加工程序中的故障通常都设有报警显示，依据显示的报警号对照相应的诊断说明手册便可获知可能的故障原因及排除方法。

（4）功能程序测试法　将数控系统的 G、M、S、T、F 功能用编程法编成一个功能试验程序，并存储在相应的介质上，如纸带和磁带等。在故障诊断时运行这个程序，可快速判定故障发生的可能起因。功能程序测试法常应用于以下场合：

1）机床加工造成废品而一时无法确定是编程操作不当，还是数控系统故障引起。

2）数控系统出现随机性故障，一时难以区别是外来干扰，还是系统稳定性不好。

3）闲置时间较长的数控机床在投入使用前或对数控机床进行定期检修时。

【故障现象】一台 FANUC9 系统的立式铣床在自动加工某一曲线零件时出现爬行现象，表面粗糙度极差。

【分析和排除】在运行测试程序时，直线、圆弧插补时皆无爬行，由此确定原因在编程方面。对加工程序仔细检查后发现该曲线由很多小段圆弧组成，而编程时又使用了正确定位外检查 G61 指令。将程序中的 G61 指令取消，改用 G64 指令后，爬行现象消除。

（5）备件替换法　用完好的备件替换诊断出损坏的电路板，即在分析出故障大致起因的情况下，维修人员可以利用备用的印制电路板、集成电路芯片或元器件替换有疑点的部分，从而把故障范围缩小到印制电路板或芯片一级，并进行相应的初始化起动，使机床迅速投入正常运转。

对于现代数控系统的维修，越来越多的情况采用这种方法进行诊断，然后用备件替换损坏模块，使系统正常工作。尽最大可能缩短故障停机时间，使用这种方法在操作时注意一定要在停电状态下进行，还要仔细检查电路板的版本、型号、各种标记、跨接是否相同，若不一致则不能更换。拆线时应做好标识和记录。

一般不要轻易更换 CPU 电路板、存储器电路板及电池，否则有可能造成程序和机床参数的丢失，使故障范围扩大。

【故障现象】一台采用西门子 SINUMERIK SYSTEM 3 系统的数控机床，其 PLC 采用 S5-130W/B，一次发生故障时，通过 NC 系统 PC 功能输入的 R 参数，在加工中不起作用，不能更改加工程序中 R 参数的数值。

【分析和排除】通过对 NC 系统工作原理及故障现象的分析，认为 PLC 的主板有问题，与另一台机床的主板对换后，进一步确定为 PLC 主板的问题。经专业厂家维修，故障被排除。

（6）交叉换位法　当发现故障电路板或者不能确定是否是故障板而又没有备件的情况下，可以将系统中相同或相兼容的两个电路板互换检查，例如将两个坐标的指令板或伺服板进行交换，从中判断故障板或故障部位。应特别注意的是，不仅要保证硬件接线的正确交换，还要将一系列相应的参数交换，否则不仅达不到目的，反而会产生新的故障造成思维混乱，一定要事先考虑周全，设计好软、硬件交换方案，准确无误再行交换检查。

【故障现象】一台数控车床出现 X 向进给正常，Z 向进给出现振动、噪声大、精度差，采用手动和手摇脉冲进给时也如此。

【分析和排除】观察各驱动板指示灯亮度及其变化基本正常，怀疑是 Z 轴步进电动机及其引线开路或 Z 轴机械故障。于是将 Z 轴电动机引线换到 X 轴电动机上，X 轴电动机运行正常，说明 Z 轴电动机引线正常；又将 X 轴电动机引线换到 Z 轴电动机上，故障依旧；可以断定是 Z 轴电动机故障或 Z 轴机械故障。测量电动机引线，发现一相开路。修复步进电动机，故障排除。

(7) 参数检查法　系统参数是确定系统功能的依据，参数设定错误就可能造成系统的故障或某项功能无效。发生故障时应及时核对系统参数，参数一般存放在磁泡存储器或存放在需由电池保持的 CMOS RAM 中，一旦电池电量不足或由于外界的干扰等因素，使个别参数丢失或变化，发生混乱，使机床无法正常工作。此时，可通过核对、修正参数，将故障排除。

【故障现象】一台数控车床数控刀架换刀突然出现故障，系统无法自动运行，在手动换刀时，总要过一段时间才能再次换刀。

【分析和排除】通过对刀补等参数进行检查，发现一个手册上没有说明的参数 P20 变为 20，经查有关资料 P20 是刀架换刀时间参数，将其清零，故障排除。

有时由于用户程序和参数错误也可能造成故障停机，对此可以采用系统的程序自诊断功能进行检查，改正所有错误，以确保其正常运行。

(8) 测量比较法　CNC 系统生产厂在设计印制电路板时，为了调整和维修方便，在印制电路板上设计了一些检测端子。维修人员通过测量这些检测端子的电压或波形，可检查有关电路的工作状态是否正常。但利用检测端子进行测量之前，应先熟悉这些检测端子的作用及有关部分的电路或逻辑关系。

(9) 敲击法　当系统故障表现为有时正常有时不正常时，基本可以断定为元器件接触不良或焊点开焊，利用敲击法检查时，当敲击到虚焊或接触不良的故障部位时，故障就会出现。

(10) 局部升温法　数控系统经过长期运行后元器件均要老化，性能变坏。当它们尚未完全损坏时，出现的故障就会时有时无。这时用电烙铁或电吹风对被怀疑的元器件进行局部加温，会使故障快速出现。操作时，要注意元器件的温度参数等，注意不要损坏好的元器件。

(11) 原理分析法　根据数控系统的组成原理，可从逻辑上分析各点的逻辑电平和特性参数，如电压值和波形，使用仪器仪表进行测量、分析、比较，从而确定故障部位。

除以上常用的故障检测方法之外，还可以采用拔插板法、电压拉偏法、开环检测法等。

总之，根据不同的故障现象，可以同时选用几个方法灵活应用、综合分析，才能逐步缩小故障范围，较快地排除故障。

4. 数控机床维修后的开机调试

在数控机床的故障排除后，通常分两步进行通电试机：

(1) 自动状态试验　将机床锁住，用编制的程序进行空运转试验，验证程序的正确性，然后放开机床，分别将进给倍率开关、快速超调开关、主轴速度超调开关进行多种变化，使机床在上述各开关的多种变化的情况下进行充分的运行，最后将各超调开关置于 100% 处，使机床充分运行，观察整机的工作情况是否正常。

(2) 正常加工试验　夹装好工件按正常程序进行加工，加工后检查工件的加工精度是否符合标准要求。

5. 数控机床维修调试后的技术处理

在现场维修调试结束后，应认真填写维修记录，列出有关必备的备件清单，建立用户档案。对于故障时间、现象、分析诊断方法，以及所采用的排除故障的方法，如果有遗留问题也应详尽记录，这样不仅使每次故障都有据可查，而且可以不断积累维修经验。

9.2 理论培训与指导

技师和高级技师应具有对高级工及以下技术等级的工人进行培训与指导的能力。

9.2.1 培训与指导的方法和要求

培训与指导应根据学员的实际情况，合理使用科学的教学方法。

培训教学方法是指在培训与指导教学过程中经常运用的方法。主要有以下几种形式：

（1）讲解法　讲解法，是教师根据培训与指导教学课题的要求，运用准确而系统的语言向学员讲解教程，叙述事实，说明意义、任务和内容，并说明完成这些工作的操作要领等。在讲解中，语言应具有逻辑性、针对性和指示性。

（2）示范操作法　示范操作法，是直观性的教学形式，是实践教学中极为重要的教学手段。示范操作可以使学员直观、具体、形象、生动地进行学习。只讲解而不操作，学员是很难掌握好操作技能的。这样，不仅易于理解和接受，同时可以清晰地把观察过的示范操作形象地在头脑中重现，然后进行模仿训练。因此，示范操作法就成为操作技能教学中十分重要的、经常采用的方法。按其内容可分为操作演示、直观教具演示和产品（实物）展示等。

1）操作演示。演示动作一定要准确无误，可以分以下几种：

① 慢速演示：有时用通常速度演示不易看清演示的内容，可以慢速反复演示的方法，这样可以收到良好的效果。

② 分解演示：就是把完整的操作过程，划分为几个简单的动作进行分解演示。

③ 重点演示：对关键部分要重点演示，以便于学员理解、记忆和掌握。

④ 边演示边讲解：在演示的同时，还要讲清动作的特点和要点，以及如何防止发生事故。

⑤ 正常操作的演示：演示在开始和结束时，都要以正常速度，把几个不同的操作动作进行有机地衔接，形成一个完整的操作过程进行演示，以便使学员获得完整的操作过程的概念。

2）直观教具演示。直观教具是多种多样的，大体可分为实物和图表两种。实物教具有设备、材料、工具、量具、实习样品等。图表教具有图样、图画、技术卡片、表格等。

在培训教学中实物演示更为重要，要充分发挥它的作用。图表的演示，可以弥补实物演示的不足，便于教师讲解，也是培训时不可缺少的方法。培训指导教师必须说明在演示过程中要求学员观察什么，掌握什么，通过演示给学员以具体、生动的形象，从而掌握知识和技能。

3）产品（实物）展示。产品（实物）展示，主要是通过产品或实物的形象运动或操作给学员以实感，增加学员对产品（实物）的认识能力。也可以选择优良的产品进行展览，通过展品与学员自己的实习产品作比较，使学员学习到制作优质产品的经验，以进一步提高自己的操作技能。

（3）指导操作训练法　指导操作训练法，是指导学员应用专业理论知识进行反复地、多样性地实际操作的方法。此方法是培养学员掌握最基本的生产操作技能的主要方法，也是在操作技能教学中占用时间最多的方法。

在学员整个学习期间，操作训练是以基本操作训练、综合操作训练和独立操作训练这三个不同阶段、不同水平、不同要求、不同方式进行的。

基本操作训练，是根据培训要求，对操作基本功的练习，是练习基本功阶段，是把完整连续的操作过程分解为许多个单一的最简单的操作进行反复地、多次地、自觉地练习。使知识转化为技能、技巧，达到动作自如，接近自动化的程度。在这个阶段，必须使学员的每个动作姿势做得准确、协调，绝不能把不正确的动作，不文明的作风，让学员接受下来而形成习惯。

综合操作训练，是根据技能练习的要求，使学员在训练中动用已掌握的几个工序操作的技能和技巧，进行综合运用，以进一步巩固和提高所学的技能，使技能和技巧逐步达到训练程度，同时完成一定的任务。

无论哪个训练课题，都不应机械地重复操作，而是有目的、有步骤地实践活动。这些训练正是由低级到高级、由简单到复杂不断发展变化的。这种变化必然引起训练程度的不断变化。这就要求培训与指导都是加强指导，给学员创造有效的训练条件。

培训教学的直接目的，是把学员的专业知识转化为生产技能和技巧。而生产的技能和技巧是通过操作训练获得的。操作训练是学员形成准确要领的延续，是应用理论知识指导完成一定训练任务的实践活动。因此，指导操作训练法是使学员感觉技能、动作技能和技巧形成的基本方法，也是操作技能指导的最基本方法。有以下几点原因：

① 反复练习有助于形成技能、技巧。
② 多样化练习有利于形成复杂的技能、技巧。
③ 创造性练习可以促进学员迅速掌握技术，并做到熟能生巧。

9.2.2 培训与指导教学的基本环节

教学的实践活动证明，课堂化教学是理论和操作技能培训的最佳组织形式。教学的正常进行，必须遵循教学规律，这主要体现在课前准备、授课、作业、辅导和考核五个教学步骤。

所谓教学环节，是指一节课（即一个课时）的组成部分，以及各部分进行的顺序，即阶段划分、时间分配、上课的开始和结束等。

1. 理论培训教学

理论培训的目的是通过课堂教学方式，使被培训者掌握维修电工相关等级的技术理论知识，并促进操作技能的提高。理论培训一般采用课堂讲授方法进行，主要内容如下：

第一，根据培训教材，编制出相应的教学计划，确定培训登记、内容、期限、场地等。

第二，做好学习的物质和心理准备，认真做好学员考勤记录，维持良好的教学环境和秩序。

第三，认真备课，不要脱离教材内容随意引申和发挥。

第四，教学过程中要有条理性和系统性，做到深入浅出、循序渐进，注意理论联系实际，培训学员解决实际工作的能力。

第五，做好定期复习、课堂提问、问题解答和成绩考核等工作。

（1）编写培训讲义

1）培训讲义的内容应由浅入深，并具有条理性和系统性。
2）结合本职业在生产技术质量方面存在的问题进行分析，并提出解决的方法。
3）结合本职业介绍一些新技术、新工艺、新材料、新设备应用方面的内容。
4）对于没有根据的内容不要写进培训讲义。
5）培训讲义的文字叙述应生动，能吸引学员的注意力。

（2）培训讲义编写的步骤

1）明确培训对象的等级、内容、目标和要求。
2）认真研究，理解培训内容和有关技术资料，确定培训的方法、时间、场地等。

3）根据培训内容和要求，编写培训讲义的教学顺序、内容以及所需的教具、工具、器材等。

（3）理论培训教学的方法　理论培训教学是对技师或高级技师提出的一项要求，其目的是考察学员是否具有较高的理论培训水平，它要求学员既要有牢固的理论知识，又要有一定的语言表达能力，以便能把自己的知识传授给学员。

理论培训与指导的内容包括培训计划的编写、备课和授课。

1) 编写培训计划。培训计划的编写应注意以下几点：

① 充分了解学员的技术等级、专业知识的水平和技能操作熟练的程度，做到有的放矢和因材施教。

② 根据培训要求，确定培训时间。

③ 根据培训要求和教材，编写培训计划和教学大纲。

2) 编写教案：

① 要明确教学目的和任务，充分理解教学大纲。

② 要科学地处理教材，根据学员的情况及培训任务，合理地选择教学方法。

③ 科学地进行版面设计。

④ 编写教案，可根据具体培训内容编写详案或简案进行选用。

3) 授课。讲授时一般应注意以下几个方面：

① 授课内容的科学性和思想性。

② 讲授要有系统性、逻辑性，更要注意其中的重点、难点和关键点，使培训对象能透彻理解，融会贯通。

③ 讲授时要注意教学方法的多样性，特别是要有启发性。

④ 语言要通俗易懂，具体生动、有感染力，以表情和姿势帮助说话，注意运用语音的高低强弱和速度。

⑤ 板书要有计划，有条理，字迹要工整、正确、清楚。

2. 技能培训与指导

操作技能课堂教学的典型结构，由组织教学、入门指导、巡回指导和结束指导四个环节所组成。

（1）组织教学　在教学过程中，组织教学是重要的一环。没有良好的教学环境和纪律，教学就不能顺利进行，教学任务就无法完成。在上课过程中，也要做好各项组织工作，使其有计划、有组织地进行。任何类型的培训与指导教学，都必须做好组织教学工作。

（2）入门指导　每个课题或分课题授课开始，教师根据教学大纲和教材的内容进行指导，是引导学员动用理论知识和讲解操作要求的过程。入门指导是一个课日的关键环节，其中包括：检查复习、讲解新课、示范操作、分配任务四部分。

1) 检查复习。检查复习的目的，在于引导学员运用已学过的理论知识和操作技能，加强新旧知识的联系，用以指导新课程的实践。检查复习的方法有问答法、分析法和讲述法等。

2) 讲解新课。教师讲解课题的目的在于使学员掌握新知识、新技能。首先明确课题的目的、任务、意义和要求，对图样的技术要求要进行必要的讲解；对使用的机器设备和材料、工具等的基本知识要介绍清楚；确定最合理的工艺方案及工艺过程，合理的操作方式、方法和如何防止操作中易出现的问题等。注意贯彻安全操作规程，检查设备的技术安全准备情况，说明可能发生的故障及如何防止的方法。

讲授新课阶段要求教师做到：目的明确、内容具体、方法正确、语言简练、重点突出、条理清楚。

3) 示范操作。它的作用是使学员获得感性知识，加深对学习内容的印象，把理论知识和实际操作联系起来。示范操作是重要的直观教学形式，也是技能培训的重要步骤，可以使学员具体、生动、直接地感受到所学的动作技能和技巧是怎样形成的。在进行示范操作时，要组织好学员的观看位置，使每个学员都能看得清楚。示范操作时要严格按照教材的要求进行，边示范，边讲解，使讲解和操作严格一致。示范操作要求做到：步骤清晰可辨，动作准确无误。

4) 分配任务。讲解和操作示范后，要给学员分配训练工位和训练工件，并要求学员对使用工具、材料、设备、图样等进行全面检查，做好操作前的准备。

（3）巡回指导　巡回指导，是对课题讲解与示范的基础上，在学员进行训练操作的过程中，有计划、有目的地对学员的技能作全面的检查和指导。通过这种具体指导，使学员的操作技能和技巧不断提高。这个阶段的指导应根据不同层次、不同程度、不同学习内容分别进行。在这个阶段主要是检查指导学员的操作姿势和操作方法，安全文明操作及产品加工质量。在指导中既注意共性的问题，又要注意个别差异，共性问题采取集中指导，个性问题作个别指导。

（4）结束指导　结束指导是在培训指导教学结束时，由指导教师验收学员工件，检查学员在课程进行时，是否按规范要求操作，清扫现场。对于学员在整个训练过程中各方面的表现进行成绩考核和讲评，对学员起促进和鼓励作用。

以上这四个教学环节，虽有划分，但必须紧密联系，相辅相成。培训教师应根据每一课题类型的不同，分别选择不同的教学环节，正确合理地运用教学环节，这对研究指导教学规律，提高培训质量是极为重要的。

9.2.3　培训与指导的注意事项

在培训工作中，面对的大部分对象是在职人员，具有初、中、高各种不同技术等级的、知识和技能水平不同的人员，在一次培训中，可能是同技术等级的人员，也可能是不同技术等级的人员；可能是需要全面的知识和技能培训，也可能是某种专业知识和技能的培训或指导，还可能是对个别知识和技能的指导，情况往往比较复杂。

培训与指导时应注意：

1) 培训前应充分了解学员的技术等级和技能熟练程度以及所从事的工作。在人数较多时，应按技术等级或技能水平分批培训，人数较少时，培训与指导要有针对性。

2) 应根据不同的培训性质，编写相应的教案，灵活运用各种教学方法。

3) 培训与指导过程中，应注重理论与实践的结合、培训与实际工作的结合，注重引导学员用理论指导自己的操作。

4) 加强安全文明操作规程的教育，培养学员良好的职业道德和工作作风。

复习思考题

1. 如何撰写技术论文？
2. 论文答辩前需做哪些准备工作？
3. 如何对低级别技工进行理论培训和指导？
4. 技能培训和指导的方法和步骤有哪些？培训中应注意哪些问题？

模拟试卷样例

一、判断题（对画√，错画×；每题1分，共20分）

1. 为了获得更大的输出电流，可以将多个三端集成稳压器直接并联使用。（   ）
2. 查阅设备档案，包括设备安装验收纪录、故障修理纪录，全面了解电气系统技术状况。（   ）
3. 额定电流为100A的双向晶闸管与额定电流为50A的两只反并联的普通晶闸管，两者的电流容量是相同的。（   ）
4. 选择步进电动机时，通常应考虑的指标有：相数、步距角、精度（步距角误差）、起动频率、连续运行频率、最大静转矩和起动转矩等。（   ）
5. 逻辑代数的基本公式和常用公式中同一律 $A+0=A$，$A×1=A$。（   ）
6. 根据真空三极管的特性曲线可以看出，改变栅极电流就可使阳极电流发生变化。（   ）
7. 直线运动各轴的反向误差属于数控机床的定位精度检验。（   ）
8. 由于各种原因引起故障报警，报警指示灯亮，可进一步通过编程器查看报警信息。（   ）
9. 两电压叠加后产生脉冲前沿幅度很低，陡度很小的触发脉冲，从而大大提高了对晶闸管触发的可靠性。（   ）
10. 根据梯形图分析和判断故障是诊断所控制设备故障的基本方法。（   ）
11. 带有辅助晶闸管换流电路的特点是，主晶闸管的关断是由LC串联谐振电路中电流反向来实现。（   ）
12. 串联二极管式逆变器，在变频调速系统中应用广泛，VD1～VD6为隔离二极管，其作用是使换相回路与负载隔离，防止电容器的充电电压经负载放掉。（   ）
13. 为了实现频率的自动跟踪，逆变触发电路采取自激工作方法，自激信号来自负载端。（   ）
14. 串级调速可以将串入附加电动势而增加的转差功率，回馈到电网或者电动机上，因此它属于转差功率回馈型调速方法。（   ）
15. 用NOP指令取代已写入的指令，对原梯形图的构成没有影响。（   ）
16. 空心杯形转子异步测速发电机输出特性具有较高的精度，其转子转动惯量较小，可满足快速性要求。（   ）
17. 实际运放在开环时，其输出很难调整到零电位，只有在闭环时才能调至零电位。（   ）
18. 施密特触发器能把缓慢变化的模拟信号转换成阶段变化的数字信号。（   ）
19. 安装前熟悉电气原理图和PLC及有关资料，检查电动机、电气元器件，准备好仪器、仪表、工具和安装材料，并根据电气原理图安装电气管路。（   ）

20. 晶闸管触发电路的触发信号可以是交流、直流信号，也可以是脉冲信号。（ ）

二、**选择题**（将正确答案的序号填入括号内；每题1分，共80分）

1. CMOS集成电路的输入端（   ）。
   A. 允许悬空　　　B. 不允许悬空　　　C. 必须悬空　　　D. 无任何要求
2. 8421BCD码（0010 1000 0011）8421BCD所表示的十进制数是（   ）。
   A. 643　　　　　B. 283　　　　　　C. 640　　　　　　D. 683
3. 进行理论教学培训时，除依据教材外，应结合本职业特点讲解些关于（   ）的知识。
   A. 案例　　　　　B. 科技动态　　　　C. "四新"应用　　D. 与本职业无关
4. PLC改造设备控制是采用PLC可编程序控制器替换原设备控制中庞大而复杂的（   ）控制装置。
   A. 模拟　　　　　B. 继电器　　　　　C. 时序逻辑电路　D. 数字
5. 高性能的高压变频器调速装置的主电路开关器件采用（   ）。
   A. 功率场效应晶体管　　　　　　　　B. 电力晶体管
   C. 绝缘栅双极晶体管　　　　　　　　D. 晶闸管
6. 对逻辑函数进行化简时，通常都是以化简为（   ）表达式为目的。
   A. 与　　　　　　B. 与非　　　　　　C. 或非　　　　　　D. 与或
7. 直流电动机的调速方案，越来越趋向于采用（   ）调速系统。
   A. 直流发电机-直流电动机　　　　　　B. 交磁电机扩大机-直流电动机
   C. 晶闸管可控整流-直流电动机　　　　D. 直流电动机-直流发电机
8. 在数控指令中，T代码用于（   ）。
   A. 主轴控制　　　B. 换刀　　　　　　C. 辅助功能　　　　D. 无任何功能
9. 通过（   ），能使学员的动手能力不断增强和提高，从而熟练掌握操作技能。
   A. 示范操作　　　B. 安全教育　　　　C. 现场技术指导　　D. 指导操作
10. 热电偶输出的（   ），是从零逐渐上升到相应的温度后，不再上升而呈平台值。
    A. 电阻值　　　　B. 热电势　　　　　C. 电压值　　　　　D. 阻抗值
11. （   ）会有规律地控制逆变器中主开关的通断，从而获得任意频率的三相输出。
    A. 斩波器　　　　　　　　　　　　　B. 变频器
    C. 变频器中的控制电路　　　　　　　D. 变频器中的逆变器
12. 电气控制电路设计应最大限度地满足（   ）的需要。
    A. 电压　　　　　　　　　　　　　　B. 电流
    C. 机械设备加工工艺　　　　　　　　D. 功率
13. 修理工作中要按照设备（   ）进行修复，严格把握修理的质量关，不得降低设备原有的性能。
    A. 损坏程度　　　　　　　　　　　　B. 原始数据和精度要求
    C. 运转情况　　　　　　　　　　　　D. 维修工艺要求
14. 绝缘栅双极型晶体管的导通与关断是由（   ）来控制。
    A. 栅极电流　　　B. 发射极电流　　　C. 栅极电压　　　　D. 发射极电压
15. 能够实现有源逆变的电路为（   ）。
    A. 三相半控桥式整流电路　　　　　　B. 三相全控桥式整流电路

C. 单相半控桥式整流电路 D. 单相半波可控整流电路

16. 晶闸管供电直流电动机可逆调速系统主电路中的环流是（　　）电动机或负载的。
  A. 不流过 B. 正向流过 C. 反向流过 D. 正向与反向交替流过
17. 自然环流可逆调速系统，若正组晶闸管处于整流状态，则反组必然处于（　　）状态。
  A. 待逆变 B. 逆变 C. 待整流 D. 整流
18. 在自然环流可逆调速系统中，均衡电抗器（环流电抗器）所起的作用是（　　）。
  A. 限制动态环流 B. 使主电路电流连续
  C. 用来平波 D. 限制静态环流
19. 在自然环流可逆调速系统中，触发器的初始相位角 α 和最小逆变角 β 分别是（　　）。
  A. 0°和30° B. 30°和90° C. 90°和0° D. 90°和30°
20. 在逻辑无环流可逆调速系统中，逻辑装置有以下工作状态：①检测主回路电流信号为零；②检测转矩极性变号；③经过"触发等待时间"的延时，发出开放原来未工作的晶闸管装置的信号；④经过"关断等待时间"的延时，发出封锁原来工作的晶闸管装置的信号。以上过程的正确顺序为（　　）。
  A. ①→②→③→④ B. ①→②→④→③
  C. ②→①→④→③ D. ②→①→③→④
21. 双闭环调速系统包括电流环和速度环，其中两环之间关系是（　　）。
  A. 电流环为内环，速度环为外环 B. 电流环为外环，速度环为内环
  C. 电流环为内环，速度环也为内环 D. 电流环为外环，速度环也为外环
22. 自动控制系统中反馈检测元件的精度对控制系统的精度（　　）。
  A. 无影响 B. 有影响
  C. 不能确定 D. 有影响，但被闭环系统补偿了
23. 在速度、电流双闭环直流调速系统中，在起动、过载和堵转的条件下（　　）。
  A. 速度调节器起主要作用 B. 电流调节器起主要作用
  C. 两个调节器都起作用 D. 两个调节器都不起作用
24. 在速度、电流双闭环直流调速系统中，在负载变化时出现偏差，消除偏差主要靠（　　）。
  A. 速度调节器 B. 电流调节器
  C. 电流、速度调节器 D. 比例、积分调节器
25. 逻辑无环流可逆调速系统与自然环流可逆系统在主回路上的主要区别是（　　）。
  A. 增加了逻辑装置 B. 取消了环流电抗器
  C. 采用了交叉连接线路 D. 采用了反并联接法
26. 电流调节器（ACR）的调试不包括（　　）。
  A. 调整输出电流值 B. 调整输出正、负电压限幅值
  C. 测定输入输出特性 D. 测定PI特性
27. 在 U/f 控制方式下，当输出频率比较低时，会出现输出转矩不足的情况，要求变频器具有（　　）功能。
  A. 频率偏置 B. 转差补偿 C. 转矩补偿 D. 段速控制
28. PWM 调制器产生的调宽脉冲的特点是（　　）。
  A. 频率不变，脉宽随控制信号的变化而变化
  B. 频率变化，脉宽由频率发生器产生的脉冲本身决定

C. 频率不变，脉宽也不变

D. 频率变化，脉宽随控制信号的变化而变化

29. 在变频器装置中，中间直流环节采用大电容滤波、无法实现回馈制动的是（　　）变频器。

  A. 电压源型　　　B. 电流源型　　　C. 交-交型　　　D. 可控整流型

30. 在起重机械中，由于变频器的数量较多，可以采用公用母线方式，即所有变频器的（　　）是公用的。

  A. 交流电源部分　B. 整流部分　　　C. 逆变部分　　　D. 电压输出部分

31. 对电动机基本频率向上的变频调速属于（　　）调速。

  A. 转矩补偿　　　B. 频率偏置　　　C. 段速控制　　　D. 弱磁恒功率

32. 采用空间矢量分析方法，采用定子磁场定向，直接对逆变器的开关状态进行控制的技术是（　　）。

  A. 矢量控制　　　B. 恒磁通控制　　C. 恒转矩控制　　D. 直接转矩控制

33. 工业洗衣机甩干时转速快，洗涤时转速慢，烘干时转速更慢，故需要变频器的（　　）功能。

  A. 多段速　　　　B. 恒转矩　　　　C. 恒磁通　　　　D. 恒转差率

34. 下列哪种制动方式不适应变频调速系统（　　）。

  A. 直流制动　　　B. 回馈制动　　　C. 反接制动　　　D. 能耗制动

35. 变频器升降速模式中，（　　）适用于带式输送机、纺织机一类的负载。

  A. 线性方式　　　B. S型方式　　　C. 前半S　　　　D. 后半S

36. 主要用于机械准确停车控制和制止电动机在启动前电动机由于外因引起的不规则自由旋转的通用变频器制动方案是（　　）。

  A. 直流制动　　　　　　　　　　　B. 制动单元/制动电阻

  C. 回馈制动　　　　　　　　　　　D. 机械抱闸制动

37. 变频器超载输出电流超过额定工作电流的150%时，规定持续时间不超过（　　）。

  A. 0.5s　　　　　B. 60s　　　　　C. 600s　　　　　D. 10min

38. 由于模拟量信号的抗干扰能力较差，因此必须采用屏蔽线，在连接时，屏蔽层靠近变频器一侧应（　　），另一端应悬空。

  A. 悬空　　　　　　　　　　　　　B. 控制电路的公共端

  C. 接地　　　　　　　　　　　　　D. 接继电器输出端子

39. 变频器的外接给定配置不包括（　　）。

  A. 外接电压给定信号控制　　　　　B. 外接电流给定信号控制

  C. 电阻给定　　　　　　　　　　　D. 辅助给定

40. 用计算机控制变频器网络时，若通信距离较远，应采用（　　）通信口通信。

  A. RS-485　　　B. RS-232　　　C. RS-422　　　D. 采用双绞线

41. 如果变频器散热不好，温度一旦超过某一数值，会立即导致逆变管的损坏，风冷时，每带走1kW热量所需要的风量为（　　）。

  A. $0.1cm^3/s$　　B. $0.1m^3/s$　　C. $1m^3/s$　　D. $1cm^3/s$

42. （　　）传感器一种检测精密位移、常用作各种机床位移检测的装置。

  A. 感应同步器　　B. 旋转变压器　　C. 光电编码器　　D. 自整角机

43. 在步进电动机驱动电路中，脉冲信号经（　　）放大器后控制步进电动机励磁绕组。

A. 电流   B. 功率   C. 电压   D. 直流

44. I/O 接口芯片 8255A 有（   ）个可编程（选择其工作方式的）通道。

A. 一   B. 二   C. 三   D. 四

45. 三相桥式电路平均逆变电压 U_d =（   ）。

A. $2.34U_2\cos\beta$ B. $-2.34U_2\cos\beta$

C. $1.17U_2\cos\beta$ D. $-1.17U_2\cos\beta$

46. 变频器的输出不允许接（   ）。

A. 纯电阻   B. 电感器   C. 电容器   D. 电动机

47. 要求传动比的稳定性较高的场合，宜采用（   ）传动方式。

A. 齿轮   B. 传动带   C. 链   D. 蜗轮蜗杆

48. 变频器在故障跳闸后，要使其恢复正常状态应先按（   ）键。

A. MOD   B. PRG   C. RESET   D. RUN

49. 无速度传感器调节系统的速度调节精度和范围，目前是（   ）有速度传感器的矢量控制系统。

A. 超过   B. 相当于   C. 低于   D. 远远低于

50. 三相桥式半控整流电路，晶闸管承受的最大反向电压是变压器（   ）。

A. 次级相电压的最大值   B. 次级相电压的有效值

C. 次级线电压的有效值   D. 次级线电压的最大值

51. 维修电工班组制定质量管理活动方案的内容包括制定该方案的主要原因、准备采取的措施、要达到的目的、（   ）、主要负责人、配合单位和人员。

A. 工作量   B. 技术要求   C. 完成日期   D. 技术措施

52. 测绘 ZK7132 型立式数控钻铣床电气控制系统的第一步是测绘（   ）。

A. 控制原理图   B. 安装接线图   C. 控制草图   D. 布置图

53. 电子测量装置的静电屏蔽必须与屏蔽电路的（   ）基准电位相接。

A. 正电位   B. 负电位   C. 零信号   D. 静电

54. 采用数控技术改造旧机床，以下不宜采用的措施为（   ）。

A. 采用新技术   B. 降低改造费用   C. 缩短改造周期   D. 突破性的改造

55. 计算机集成制造系统的功能不包括（   ）。

A. 经营管理功能   B. 工程设计自动化

C. 生产设计自动化   D. 销售自动化

56. 西门子 840C 控制系统采用通道结构，最多可有（   ）通道。

A. 2   B. 3   C. 4   D. 6

57. （   ）是利用功率器件，有规律地控制逆变器中主开关的通断，从而得到任意频率的三相交流输出。

A. 整流器   B. 逆变器   C. 中间直流环节   D. 控制电路

58. 计算机控制系统依靠（   ）来满足不同类型机床的要求，因此具有良好的柔性和可靠性。

A. 硬件   B. 软件   C. 控制装置   D. 执行机构

59. 测绘数控机床电气图时，在测绘之前准备好相关的绘图工具和合适的纸张，首先绘出（   ）。

A. 安装接线图   B. 原理图   C. 布置图   D. 接线布置图

60. 维修电工班组完成一个阶段的质量活动课题，成果报告包括课题的（　　）全部内容。
   A. 计划→实施→检查→总结   B. 计划→检查→实施→总结
   C. 计划→检查→总结→实施   D. 检查→计划→实施→总结
61. 计算机制造系统 CIMS 不包含的内容是（　　）。
   A. 计算机辅助设计 CAD   B. 计算机辅助制造 CAM
   C. 计算机辅助管理   D. 计算机数据管理结构
62. 根据基础和专业理论知识，运用准确的语言对学员讲解、叙述设备工作原理，说明任务和操作内容完成这些工作的程序、组织和操作方法称之为（　　）教学法。
   A. 示范教学法   B. 现场讲授   C. 课堂讲授   D. 技能指导
63. （　　）可完成对逆变器的开关控制、对整流器的电压控制和通过外部接口电路发送控制信息。
   A. 整流器   B. 逆变器   C. 中间环节   D. 控制电路
64. CNC 定义为采用存储程序的专用计算机来实现部分或全部基本数控功能的一种（　　）。
   A. 数控装置   B. 数控程序   C. 数控设备   D. 数控系统
65. 西门子 SINUMERIK802S 系统是（　　）控制系统，是专门为经济型的数控车床、铣床、磨床及特殊用途电动机设计的。
   A. 自整角机   B. PLC   C. 步进电动机 D. 控制仪
66. 采用高导磁材料作屏蔽层，将磁场干扰磁力线限制在磁阻很小的磁屏蔽体内部，称为（　　）屏蔽。
   A. 静电   B. 电磁   C. 低频   D. 驱动
67. 数控机床的伺服系统一般包括机械传动系统和（　　）。
   A. 检测元件   B. 反馈电路   C. 驱动元件   D. 控制元件和反馈电路
68. 在三相半控桥式整流电路带电阻性负载的情况下，能使输出电压刚好维持连续的触发延迟角 α 等于（　　）。
   A. 30°   B. 45°   C. 60°   D. 90°
69. 以下合同中，（　　）不属于技术合同。
   A. 技术开发合同 B. 技术转让合同 C. 技术服务合同 D. 技术租赁合同
70. 西门子 840C 控制系统的数控分辨率可达（　　）mm。
   A. 1   B. 0.1   C. 0.01   D. 0.001
71. 电气控制设计的一般程序包括：拟订设计任务书、选择拖动方案与控制方式、设计电气控制原理图、（　　）和编写设计任务书。
   A. 设计电气任务书   B. 设计电气略图
   C. 设计电气施工图   D. 设计电气布置图
72. 安装变频器时，在电源与变压器之间，通常要接入（　　）和接触器，以便在发生故障时能迅速切断电源，同时便于安装修理。
   A. 断路器   B. 熔断器   C. 继电器   D. 组合开关
73. SINUMERIK850/880 系统是西门子公司开发的高自动化水平的机床及柔性制造系统，具有（　　）的功能。
   A. 智能人   B. 机器人   C. PLC   D. 工控机

74. 采用可编程序控制器替换原设备中庞大复杂的继电器控制装置，这种数控改造手段称为（　　）。
    A. 变频器改造设备　　　　　　　　B. 经济型数控改造设备
    C. 数控专用改造设备　　　　　　　D. PLC 改造设备

75. （　　）的储能元件用于缓冲直流环节和电动机之间的无功功率的交换。
    A. 继电器　　　B. 放大器　　　C. 中间直流环节　　　D. 交流环节

76. 维修电工班组主要是为生产服务的，活动课题一般都需要围绕提高（　　）、保证设备正常运转而提出的。
    A. 经济效益　　　B. 产品质量　　　C. 产品数量　　　D. 技术水平

77. 计算机集成制造系统由管理信息、技术信息、制造自动化和（　　）四个分系统组成。
    A. 质量管理　　　B. 技术管理　　　C. 制造信息　　　D. 电感效应

78. 低频干扰电压滤波器电路，对抑制因电源波形失真含有较多（　　）谐波的干扰很有效。
    A. 低频　　　B. 中频　　　C. 高频　　　D. 直流

79. 在编写数控机床一般电气检修工艺前应先（　　）机床实际存在的问题。
    A. 了解　　　B. 解决　　　C. 研究　　　D. 考虑

80. 伺服系统与 CNC 位置控制部分构成位置伺服系统，即进给驱动系统和（　　）。
    A. 主轴驱动系统　　B. 控制系统　　C. 伺服控制系统　　D. 进给伺服系统

模拟试卷样例答案

一、判断题

| 1. × | 2. ✓ | 3. × | 4. ✓ | 5. ✓ | 6. × | 7. ✓ | 8. ✓ | 9. × | 10. ✓ |
| 11. × | 12. ✓ | 13. ✓ | 14. ✓ | 15. × | 16. ✓ | 17. ✓ | 18. ✓ | 19. × | 20. ✓ |

二、选择题

1. B	2. B	3. C	4. B	5. C	6. D	7. C	8. B	9. D	10. B
11. D	12. C	13. B	14. C	15. B	16. A	17. A	18. A	19. D	20. C
21. A	22. B	23. B	24. A	25. A	26. B	27. C	28. A	29. A	30. B
31. D	32. D	33. A	34. C	35. B	36. D	37. B	38. B	39. C	40. A
41. B	42. A	43. B	44. C	45. B	46. C	47. A	48. C	49. C	50. D
51. C	52. B	53. C	54. D	55. D	56. C	57. B	58. B	59. A	60. D
61. A	62. B	63. D	64. D	65. C	66. C	67. D	68. C	69. D	70. C
71. C	72. A	73. B	74. C	75. C	76. B	77. A	78. C	79. A	80. A

参 考 文 献

[1] 杨小庆. 电工技能实训教程 [M]. 北京：机械工业出版社，2020.
[2] 韩雪涛，吴瑛，韩广兴. 电工自学成才手册 [M]. 北京：机械工业出版社，2020.
[3] 李爱秋. 电工基础项目教程 [M]. 北京：机械工业出版社，2019.
[4] 孟祥. 电工技术 [M]. 北京：机械工业出版社，2018.
[5] 姜平. 电工技师培训教材 [M]. 北京：机械工业出版社，2017.
[6] 机电类技师鉴定培训教材编审委员会. 维修电工技师鉴定培训教材 [M]. 北京：机械工业出版社，2009.
[7] 王明礼. 维修电工（技师）技能培训与鉴定考试用书 [M]. 北京：机械工业出版社，2008.

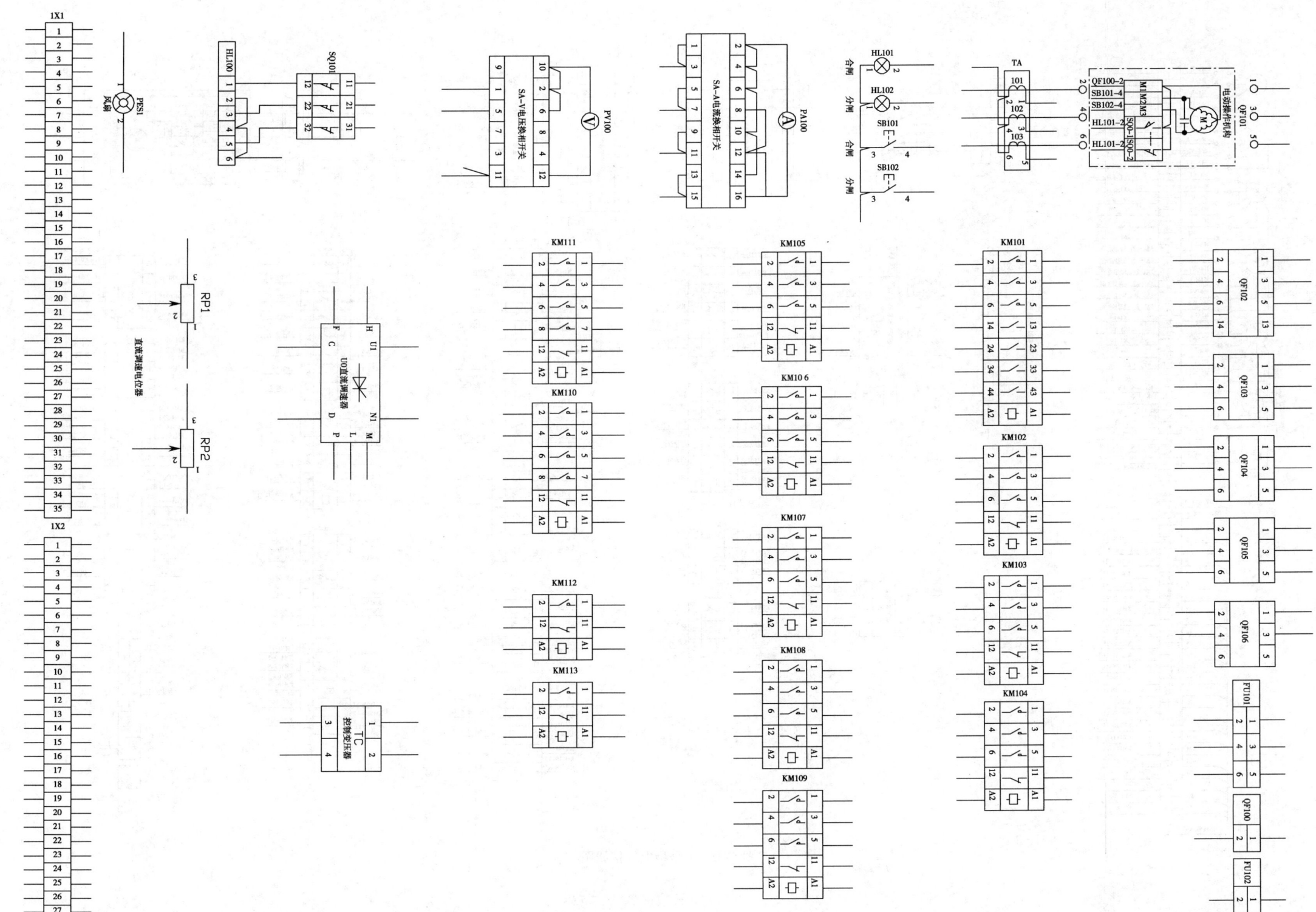

图 5-12 1号柜的元件布置图

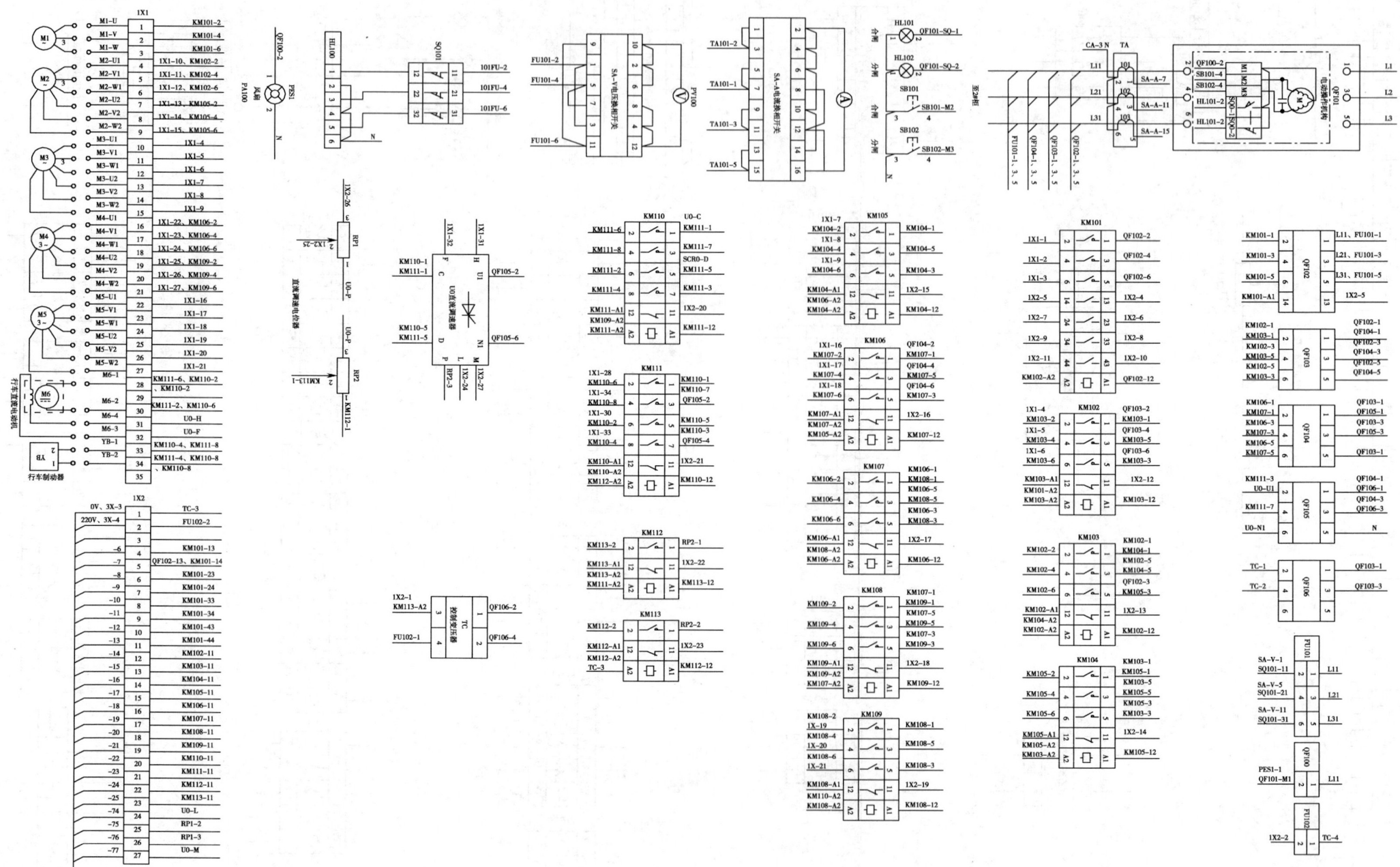

图 5-13　1号柜电气接线图

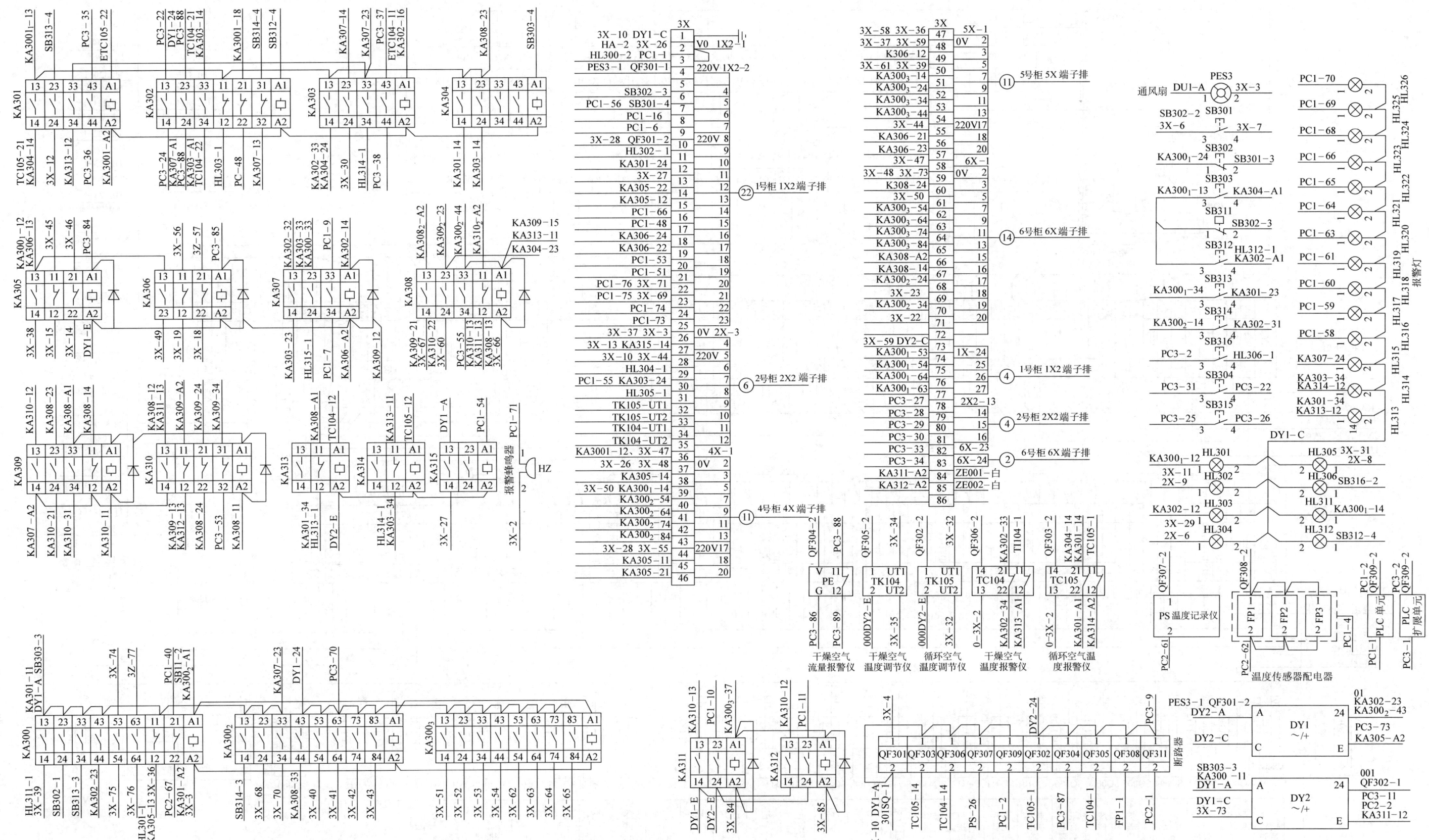

图 5-14 3号柜强电和仪表接线图

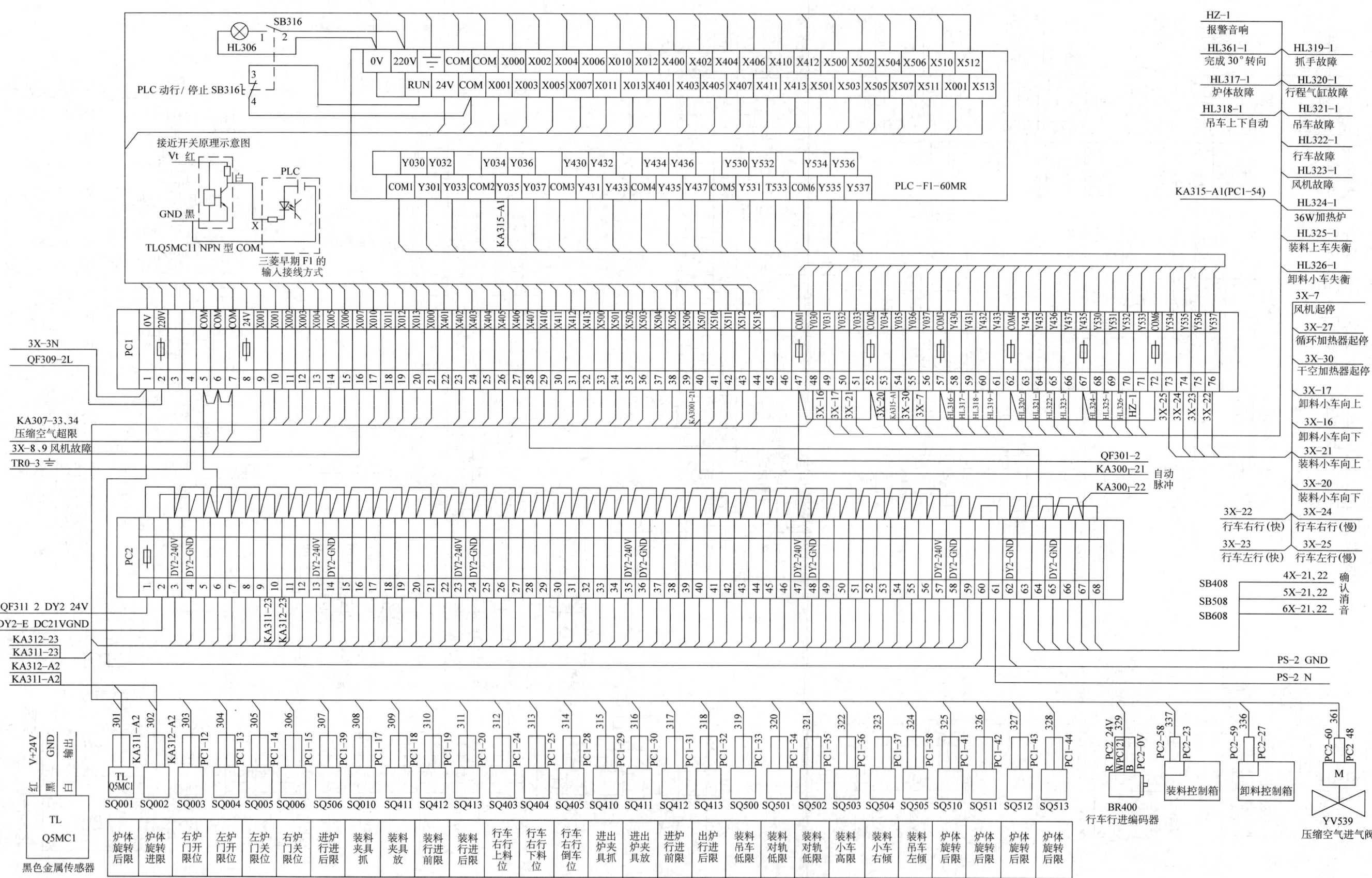

图 5-15　3号柜的元件布置图 PLC 主单元接线图

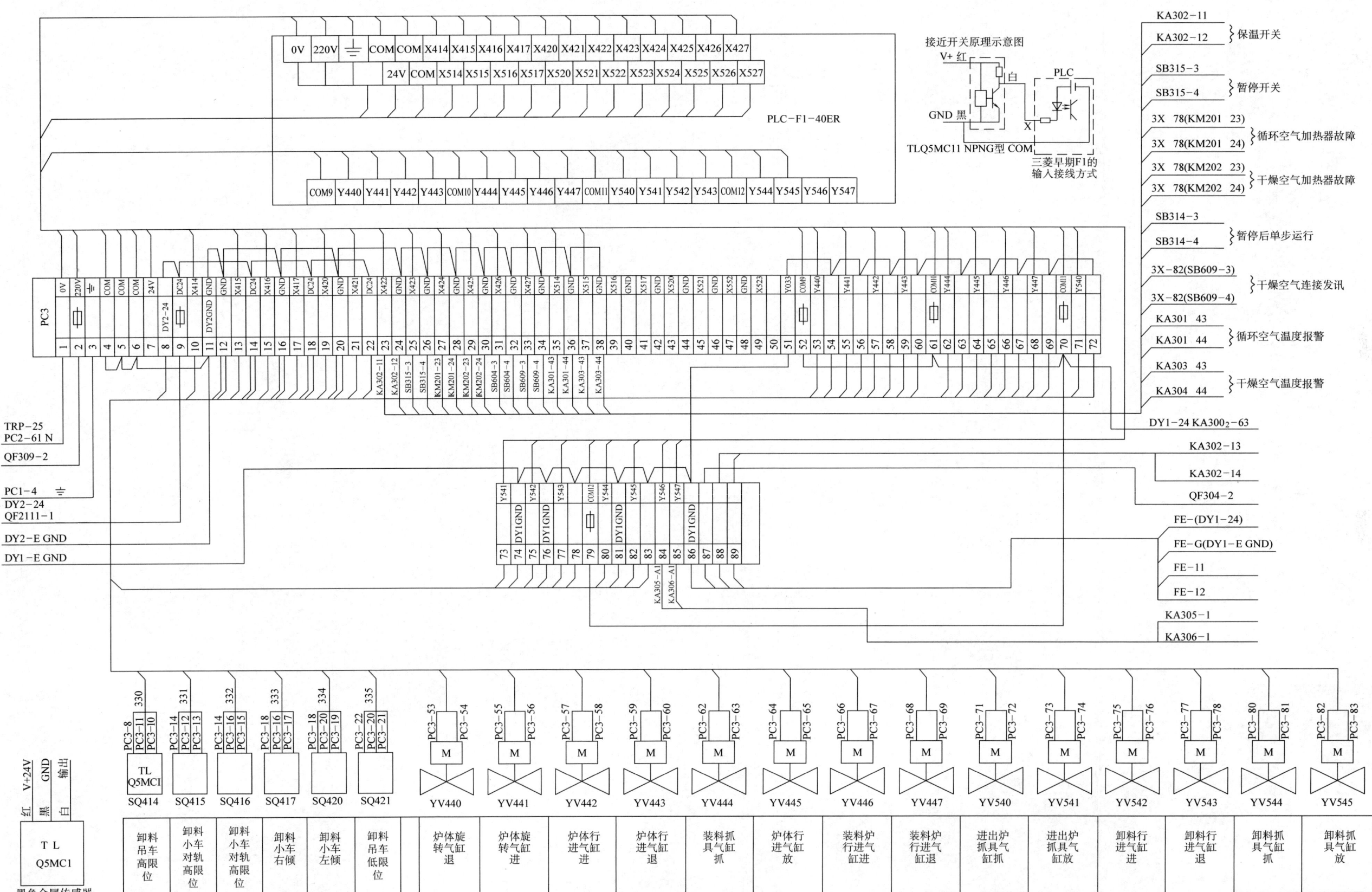

图 5-16 3号柜 PLC 扩展单元接线图